中国轻工业"十四五"规划教材

国家级一流本科课程配套教材

高等学校食品科学与工程类专业教材

乳品工艺学

李晓东　主编

中国轻工业出版社

图书在版编目（CIP）数据

乳品工艺学 / 李晓东主编. — 北京：中国轻工业出版社，2024.9
ISBN 978-7-5184-4680-3

Ⅰ.①乳… Ⅱ.①李… Ⅲ.①乳制品—食品加工 Ⅳ.①TS252.4

中国国家版本馆CIP数据核字（2024）第068300号

责任编辑：马　妍　武艺雪
策划编辑：马　妍　　　　　责任终审：白　洁　　封面设计：锋尚设计
版式设计：砚祥志远　　　　　责任校对：晋　洁　　责任监印：张　可

出版发行：中国轻工业出版社（北京鲁谷东街5号，邮编：100040）
印　　刷：北京君升印刷有限公司
经　　销：各地新华书店
版　　次：2024年9月第1版第1次印刷
开　　本：787×1092　1/16　印张：24.25
字　　数：550千字
书　　号：ISBN 978-7-5184-4680-3　定价：58.00元

邮购电话：010-85119873
发行电话：010-85119832　010-85119912
网　　址：http://www.chlip.com.cn
Email：club@chlip.com.cn
版权所有　侵权必究
如发现图书残缺请与我社邮购联系调换
201478J1X101ZBW

本书编写人员

主　编　李晓东（东北农业大学）

副主编　刘　璐（东北农业大学）

　　　　　刘妍妍（黑龙江八一农垦大学）

　　　　　蔡　丹（吉林农业大学）

　　　　　马春丽（东北农业大学）

　　　　　刘美玉（河北工程大学）

　　　　　车云波（黑龙江生物科技职业学院）

参　编　（按姓氏笔画排序）

　　　　　马丽媛（绥化学院）

　　　　　王立娜（西南民族大学）

　　　　　王翠娜（吉林大学）

　　　　　朱永明（黑龙江立高科技股份有限公司）

　　　　　孙　颖（黑龙江旅游职业学院）

　　　　　宋慧敏（黑龙江立高仪器设备有限公司）

　　　　　张秀秀（东北农业大学）

　　　　　张宏伟（东北农业大学）

　　　　　张金凤（绥化学院）

　　　　　饶伟丽（河北农业大学）

　　　　　程金菊（东北农业大学）

　　　　　薛　璐（天津商业大学）

PREFACE 前言

乳品工业是食品工业的重要组成部分，是关系国计民生的重要基础产业。我国乳品行业结构不断改善，质量安全保障水平进一步提升，行业发展总体良好。为顺应时代潮流，紧跟行业和企业发展，本书全面系统地阐述了乳的基础理论知识、乳品的加工技术以及相关国家标准，以产教融合为出发点，以培养乳品加工技术应用能力为主线。本书内容丰富、结构清晰、语言精练、通俗易懂。

本书共十四章，主要包括乳的物理化学性质、乳中常见微生物及污染因素控制、原料乳的生产、乳品加工处理与设备、液态乳制品、发酵乳制品、干酪、乳粉、冰淇淋和其他类型冷冻饮品、奶油、炼乳、乳蛋白制品及乳糖、乳中活性物质及功能性乳制品等。作为国家级一流本科课程"乳品工艺学"的配套教材，本书紧跟信息化教育技术发展，可通过扫描二维码在线学习慕课视频。为落实立德树人的编写理念，本书融入思政元素，包含"乡村振兴""大食物观""大国工匠""创造精神""文化自信"等党的二十大精神核心元素，在每章前列出思政目标，并在章节结束部分设立思政小模块，强化思政教育。

本书的编者均为乳品领域的专家及乳品相关课程的主讲者，有丰富的教学和科研经验。绪论由李晓东、刘璐编写，第一章由马春丽、程金菊编写，第二章由孙颖编写，第三章由车云波编写，第四章由朱永明、宋慧敏、张宏伟编写，第五章由蔡丹编写，第六章由刘妍妍编写，第七章由李晓东、刘璐编写，第八章由王翠娜、王立娜编写，第九章由薛璐编写，第十章由饶伟丽、张秀秀编写，第十一章由马丽媛编写，第十二章由刘美玉编写，第十三章由张金凤编写。同时，李晓东教授的博士研究生孙玥、王宇鑫、潘悦，硕士研究生夏宇、刘一博、于晓雪、马帅毅参与了相关章节的辅助工作。本书的出版离不开他们的辛勤劳动，在此深表感谢。本书适合作为高等院校乳品工程、食品科学与工程等专业本科生以及相关学科的研究生教材，也适合作为高等职业院校教材，同时，对乳品生产企业以及相关行业的技术人员具有参考作用。

在编写中，我们力争完美，但由于本书涉及知识面广泛，本领域发展迅速，加之作者水平有限，书中难免出现不妥之处，恳请广大同行与读者给予批评指正，以便本书修订时加以更正和完善！

编者

2024 年 1 月

CONTENTS | 目录

绪 论 1

第一章 乳的物理化学性质 7
第一节 乳的化学组成 7
第二节 乳的物理性质 20

第二章 乳中常见微生物及污染因素控制 25
第一节 乳中常见微生物 25
第二节 原料乳中微生物污染及控制 33

第三章 原料乳的生产 45
第一节 主要乳畜品种 45
第二节 挤乳与挤乳设备 48
第三节 原料乳质量标准与验收 51
第四节 原料乳质量控制 59

第四章 乳品加工处理与设备 65
第一节 离心分离 65
第二节 热交换 69
第三节 均质 81
第四节 浓缩 89
第五节 干燥 101
第六节 设备清洗与消毒 111

第五章 液态乳制品 123
第一节 巴氏杀菌乳 124
第二节 延长保质期的巴氏杀菌乳 132

第三节　灭菌乳 ··· 136
　　第四节　调制乳与含乳饮料 ··· 144
　　第五节　其他液态乳 ·· 154

第六章　发酵乳制品 ·· 159
　　第一节　概述 ··· 159
　　第二节　发酵剂选择与制备 ··· 165
　　第三节　酸乳加工 ··· 170
　　第四节　乳酸菌饮料 ·· 181
　　第五节　其他发酵乳制品的生产 ··· 183

第七章　干酪 ·· 191
　　第一节　概述 ··· 191
　　第二节　干酪发酵剂 ·· 197
　　第三节　凝乳酶 ·· 199
　　第四节　天然干酪一般生产工艺 ··· 203
　　第五节　再制干酪加工 ·· 211
　　第六节　模拟干酪及酶修饰干酪生产 ··· 214
　　第七节　典型干酪加工 ·· 221

第八章　乳粉 ·· 233
　　第一节　乳粉种类与化学组成 ·· 233
　　第二节　一般乳粉生产 ·· 234
　　第三节　速溶乳粉与速溶工艺 ·· 239
　　第四节　婴幼儿配方乳粉生产 ·· 244
　　第五节　功能性乳粉生产 ··· 253
　　第六节　其他乳粉生产 ·· 255

第九章　冰淇淋和其他类型冷冻饮品 ··· 261
　　第一节　冰淇淋分类与组成 ··· 261
　　第二节　冰淇淋生产主要原辅料 ··· 263
　　第三节　冰淇淋生产工艺 ··· 266

第四节 冰淇淋质量标准及控制 ……………………………………………… 277
第五节 其他类型冷冻饮品 …………………………………………………… 280

第十章 奶油 ……………………………………………………………………… 287
第一节 奶油概念、种类与特性 ……………………………………………… 287
第二节 稀奶油生产工艺 ……………………………………………………… 289
第三节 甜性和酸性奶油生产工艺 …………………………………………… 291
第四节 无水奶油生产工艺 …………………………………………………… 301
第五节 新型涂抹制品 ………………………………………………………… 305

第十一章 炼乳 …………………………………………………………………… 309
第一节 加糖炼乳生产 ………………………………………………………… 309
第二节 淡炼乳生产 …………………………………………………………… 327
第三节 其他浓缩乳制品的生产 ……………………………………………… 333

第十二章 乳蛋白制品及乳糖 …………………………………………………… 337
第一节 干酪素生产 …………………………………………………………… 337
第二节 乳清粉与乳清蛋白制品 ……………………………………………… 346
第三节 乳糖 …………………………………………………………………… 357

第十三章 乳中活性物质及功能性乳制品 ……………………………………… 363
第一节 牛初乳制品 …………………………………………………………… 363
第二节 乳生物活性肽 ………………………………………………………… 367
第三节 功能性乳制品 ………………………………………………………… 371

主要参考文献 ……………………………………………………………………… 377

本书数字资源索引

资源名称	二维码	页码	资源名称	二维码	页码
第一章微课视频		24	第八章微课视频		260
第二章微课视频		43	第九章微课视频		286
第三章微课视频		63	第十章微课视频		307
第四章微课视频		121	第十一章微课视频		336
第五章微课视频		158	第十二章微课视频		362
第六章微课视频		190	第十三章微课视频		376
第七章微课视频		231			

绪 论

> **本章目标与重难点**
>
> **学习目标：** 了解我国乳品历史文化以及我国乳品产业的发展现状与趋势。
>
> **思政目标：** 树立民族自豪感和专业自信，了解国情，理解科学研究要面向世界科技前沿、服务地方经济、践行使命担当。
>
> **重点和难点：** 本章重点为我国乳品产业的发展现状及发展趋势。

一、我国乳品传统文化

中国作为四大文明古国之一，拥有5000多年的历史。在漫长历史中，中华民族的农耕文明与游牧民族文明相互碰撞，诞生了具有中国特色的乳制品文化，这些历史都被记录在了史书中。在古籍《释名》《周礼》中均有乳品的相关记载。在中国佛教经典《大涅槃经》中第十四卷《圣行品》中提到"譬如从牛出乳，从乳出酪，从酪出生酥，从生酥出熟酥，从熟酥出醍醐，醍醐最上"，这里的"酪""酥""醍醐"均是乳制品。

我国饲养乳畜、食用乳和乳制品的历史悠久，根据考古学家推测，早在12000年前，人类就开始驯服哺乳动物作为家畜，并把乳汁作为重要食物来源；西周时期，乳制品已经被广泛地应用于日常生活以及国家的礼仪祭祀之中；北朝时期，贾思勰在著作《齐民要术》中记载了当时北方少数民族制作乳粉、干酪、乳干、发酵干酪等乳制品的方法，几乎与今天如出一辙，被称为是世界上最早的食品加工百科全书；唐朝是乳业发展最旺盛的时期，《旧唐书·地理志》记载，干酪等乳制品是唐代边疆少数民族朝贡唐朝皇室的贡品。唐代著名医学家孙思邈的千古奇书《千金要方》中记叙了关于多种乳制品的制作方法，唐代药学家陈藏器也在《本草拾遗》一书中把水牛乳列为医疗滋补食品；据《宋史》记载，宋代设有专门管理乳制品生产的机构，《职官志》记有："牛羊司乳酪院，供造酥酪"，负责乳畜的饲养管理和奶油以及干酪等乳制品的制造；元朝时期，我国就发明了最早的冰淇淋，源自公元1260—1295年在皇宫中制作的"冰酪"，同时，元朝军队将马乳和乳干作为常备的军需食物；明朝著名医药学家李时珍在《本草纲目》中进一步阐述了牛乳、羊乳、马乳、驼乳等乳制品，并在此基础上总结了干酪、奶酥、醍醐、乳腐、乳团、乳线等乳制品的食用和制作方法。

几十年来，中国乳业也朝着现代化发展。1923—1949年，全国仅有4家乳品厂，原乳产量仅为21.7万t。改革开放以来，中国乳制品行业取得了巨大的发展，1978—2020年，中国乳类产量从 97.1 万 t 增长至 3075.0 万 t，乳制品消费量从 1978 年到 2020 年增长近 40 倍。随着社会进步及生活水平提升，人们越来越重视营养价值，乳制品已成为居民饮食重要组成部分。《中国居民膳食指南（2022）》中将乳及乳制品的摄入量由 300g 提升至 300~500g。牛乳及其制品中蛋白质、钙、维生素 A、维生素 D、维生素 B 等营养物质含量丰富，组成比例适宜，易于消化吸收，营养丰富的乳制品受到更多人的青睐，人们也倾向于消费高端的乳制品，干酪销量有所提升。目前，中国液态乳市场已处在成熟期，干酪市场正进入快速发展阶段，我国乳品行业向着世界前列不断迈进。

二、我国乳品工业发展现状

1. 我国规模化养殖比例持续提升

世界优质乳源带多分布于南北纬 40°~50°的温带草原地区，我国优质乳源带横贯东北、西北与华北草原带。根据《中国奶业质量报告（2023）》数据显示，我国存栏百头以上规模养殖比例达到 72%，乳牛平均单产 9.2t，较 2021 年增加 500kg，规模牧场乳牛单产超过欧盟平均水平。规模牧场 95% 以上配备全混合日粮搅拌车，原料乳生产 100% 实现机械化挤乳。

2. 我国乳品产量及市场规模持续提升

2022 年我国乳类产量 4026.5 万 t，同比增长 6.6%。乳制品产量 3117.7 万 t，同比增长 2.0%。国产婴幼儿配方乳粉市场占有率超过 68%，2022 年全国规模以上乳制品企业主营业务收入为 4717.3 亿元，同比增长 1.1%，人均乳制品消费量 42kg。

3. 乳品进口仍呈上升态势

2022 年中国进口量最大的三类产品分别是大包粉、包装牛乳和乳清类产品，进口量分别为 127.5 万 t、99.6 万 t 和 72.3 万 t。除婴幼儿配方乳粉和酸乳两类产品出现较大幅度下降外，炼乳、稀奶油、干酪类、大包粉和乳清类产品同比增长均在 20% 以上。近年来，我国乳粉、干酪、炼乳等干乳制品的产量与进口量持续增长，同比增速显著高于液态乳，在乳制品消费结构中的比重逐年上升。

4. 我国乳品质量水平显著提升

2022 年我国乳制品和生鲜乳抽检合格率均达到 100%，乳制品总体抽检合格率 99.88%，乳制品质量安全水平在食品行业继续处于领先位置，保持较高水准；生乳中乳蛋白、乳脂肪、菌落总数抽检平均值达到乳业发达国家水平；体细胞抽检平均值优于欧盟标准；三聚氰胺等重点监控违禁添加物抽检合格率连续 14 年保持 100%。

三、未来乳品工业发展方向

1. 发展趋势

在乳制品产品方面，随着国民健康意识的普及，高端化、健康化、功能化是乳制品行业未来的发展方向。我国乳品产业的发展需突破传统的开发思路，开创性地研究高端配方系列乳粉、开发干酪、酪蛋白衍生物、功能性乳基料、奶油等高附加值化干乳制品，大力发展高端低温乳制品，实现从单一的常温纯牛乳发展为多个品类齐头并进的发展态势。

在乳制品生产方面，随着中国制造业转型的不断深入，乳制品行业也迎来在技术革新浪潮下生产流通效率升级的机遇。传统的乳制品快销行业销量波动频繁、保鲜要求度高、产线供给复杂、物流网络庞大，因而需要新型技术提升乳品行业的效益。从无人饲养牧场到全自动化生产，再到全覆盖网络营销，数字化技术在乳制品行业中的应用能够提高生产效率、降低能耗、科学管控全流程、提升产品质量，从全方位促进了中国乳业的发展。此外，几年来乳制品生产也逐渐向着乳品营养成分的精细化及最大化利用发展，充分挖掘乳成分中的功能成分，将其最大化利用，从而最大化提升产品的价值，满足消费者在品质上和个性化上的追求和喜好，因而需要新型技术助推乳制品的高端化进程。例如，激光散射分析技术可精准分析乳制品各物质成分，数字模拟技术可有效模拟乳制品生产加工过程，流变学分析技术能够把控乳制品包装及运输质量等。现代加工技术已将乳制品生产加工发展到了分子水平，从分子层面去控制乳制品的生产、检测等全过程，这将极大提高乳制品的质量水平，为我国乳制品品质引领世界奠定基础。

2. 产品优先发展领域

（1）大力发展科技含量高的婴幼儿配方乳粉　建立母乳化数据库，开辟第五代婴幼儿配方乳粉，如有机婴儿乳粉、婴儿羊乳粉，并利用母乳低聚糖、乳脂肪球膜等进行功能成分模拟。

（2）着力开发特需医疗和营养配方乳粉　乳粉品类结构多元化发展，逐渐向提供"全家"营养裂变，以婴儿乳粉为核心，在此基础上为家庭其他成员提供优质专业产品。针对病理状况下具有特殊营养需求的人群以及正常生理状况下具有特殊营养需求的人群，如儿童、孕产妇、老年人，开发具有针对性的特殊医疗配方乳粉和功能性营养乳粉，提升乳粉的市场占有率。

（3）鼓励发展干酪、酪蛋白衍生物、乳基料、奶油等干乳制品　干酪是乳制品全链条上的关键产品，一旦突破可带动整个乳制品产量提升和行业发展。加快干酪、乳清等生产工艺和设备创新，支持扩大乳清、乳糖等干乳制品生产，鼓励发展民族乳制品，加快研发适合国人的高品质原制及再制干酪，包括益生菌干酪、儿童干酪及焙烤行业的再制干酪，干酪素、酪蛋白磷酸肽等酪蛋白及其衍生制品，以及浓缩乳、稀奶油、奶油等其他乳制品；对干酪副产物乳清进行综合利用，自主生产脱盐乳清制品、乳清浓缩蛋白和乳清蛋白肽等功能型高附加值乳基料，实现其在配方粉以及功能性乳制品中的应用，摆脱乳基料长期依赖进口的局面，提升高附加值乳制品的比例。

（4）重点发展巴氏乳、功能型发酵乳等高品质低温液态乳产品　低温鲜奶是差异化乳品的重要品类，随着冷链建设的加快，我国巴氏杀菌乳、低温酸乳的消费占比不断提高，有望成为液态乳市场的主导产品。液体乳制品应围绕着巴氏杀菌乳、低温功能型酸乳等产品向低温化、高端化发展。开发巴氏杀菌乳、功能型发酵乳、高活性乳酸菌饮料等，提高鲜乳加工量，扩大优质巴氏消毒液体乳生产，将其定位为基础营养品，降低价格，并对酸乳、乳饮料产品进行功能细分，加快由跟随增量向高品质发展转变，满足消费差异化和个性化需求。

四、"乳品工艺学"课程的内容和任务

乳品工艺学属于应用技术科学，讲述乳的物理、化学性质及各种乳制品加工工艺。乳品工艺学主要包括乳畜品种、乳的组成成分和性质、乳的理化特性、微生物学特性，各种乳制品的加工工艺和技术特点等，是一门具有很强实践性又与理论性相结合的涉及多门学科的实用技术。

在乳品科学方面，主要学习内容是乳的化学成分、理化性质、营养价值、微生物学性质等，重点为乳各组分的化学性质以及与加工过程密切相关的乳微生物学等。

在乳品加工方面，主要学习内容是原料乳的收购与验收、原料乳的常规检验项目、乳品加

工工艺与技术要点等。重点在于掌握乳的加工原理、加工处理过程的设备工艺状况，以及产品易出现问题的解决方法。主要乳制品为消毒乳、酸乳、乳粉、干酪、冰淇淋、奶油等。

通过此书的学习，可以对乳的性质及乳制品加工工艺有较为深入的理解，再配合实验的实际操作，可以初步掌握有关乳制品加工的基本技能，提高动手能力，并以此促进对所学理论知识的融会贯通。

思考题

1. 简述我国乳品工业的发展现状。
2. 简述我国乳品工业的发展方向。

思政小模块

《国务院办公厅关于推进奶业振兴保障乳品质量安全的意见》

乳业是健康中国、强壮民族不可或缺的产业，是食品安全的代表性产业，是农业现代化的标志性产业和一二三产业协调发展的战略性产业。近年来，我国乳业规模化、标准化、机械化、组织化水平大幅提升，龙头企业发展壮大，品牌建设持续推进，质量监管不断加强，产业素质日益提高，为保障乳品供给、促进乳农增收做出了积极贡献，但也存在产品供需结构不平衡、产业竞争力不强、消费培育不足等问题。为推进乳业振兴，保障乳品质量安全，提振广大群众对国产乳制品信心，进一步提升乳业竞争力，2018年6月，印发《国务院办公厅关于推进奶业振兴保障乳品质量安全的意见》。此文件中提出，到2025年，乳业实现全面振兴，基本实现现代化，奶源基地、产品加工、乳品质量和产业竞争力整体水平进入世界先进行列。

乳品企业在数字化转型中的实践

W企业的数字化实践大体上可以归纳为企业管理信息化、生产智能化、营销数字化三个部分。

1. 企业信息化

在实现企业管理信息化方面，最早可追溯至1997年第一次引进信息系统，此后大致可以分为四个发展阶段：一是1997—2003年初步实现了销售和财务的业务信息化。二是2004—2008年的企业资源计划（ERP）应用阶段。三是2009—2014年的全面升级阶段。四是2015年至今的移动智能化阶段。

2. 生产智能化

数字化推动了W企业从"制造"向"智造"的转型，使生产变得互联、智能、安全、绿色。W企业很早就开始实施智能化转型升级，近些年先后设立了精密机械公司、机电研究院、智能机器人公司等科研机构，致力于智能化饮料生产线和智能装备产业化研究，从"自动化"转向"智能化"。

3. 渠道与营销数字化

①快销网：作为食品饮料电商平台，快销网把W企业销售体系内的经销商、批发商、零售

终端都收录到平台里,依托于 W 企业强大的销售网络及配送能力,可以实现线上下单、就近配送、线下交付的闭环。

②哈宝游乐园:哈宝游乐园是一个集品牌、售卖、社交于一体的平台,以数据为连接,延伸物流体系、线下渠道及其他产业,打造了一体化的线上平台。

③保健品电商平台:W 企业打造主营保健品的平台,拥有小程序和 App 两种渠道,产品线几乎囊括了大健康行业所有赛道。

④打磨王牌单品,互联网 IP 精细化运营。

⑤创新营销方式,一物一码引商机:"一物一码"的扫码营销方式是最为简便、快捷、高效帮助品牌企业触达用户的手段,以"在线化"的能力捕捉在线化用户注意力、提升竞争实力。

⑥圈层渗透,对话年轻新时代:依托互联网传播媒介, W 企业用圈层渗透的方式,成功打入互联网活跃群体。

第一章

乳的物理化学性质

> **本章目标与重难点**
>
> **学习目标：** 掌握乳中主要营养成分、化学性质及物理性质。
> **思政目标：** 了解乳品知识在生活中的应用，通过乳品理化性质的学习，理解推行"每天一杯奶计划"，以及乳制品对国民健康的重要意义，树立食品专业人才诚信价值观，培养社会责任感。
> **重点和难点：** 本章重点为乳的营养成分及化学性质；难点为乳的热学性质、电学性质、酸度、密度等物理性质。

第一节 乳的化学组成

一、水分和气体

1. 水分

水分是乳中的主要组成部分，占87%~89%，主要作为乳中其他成分的溶剂，可分为自由水和结合水。自由水是指没有被非水物质化学结合的水，是乳中水分的主要存在形式，结合水是以化学键结合水的形式，如蛋白质中的水合水或结合在乳糖晶体中的水。

2. 气体

乳中含有二氧化碳、氧气和氮气等，刚挤出的牛乳中气体体积分数为5.7%~8.6%，其中二氧化碳最多，氧最少。在挤乳及贮存加工过程中与空气接触后，二氧化碳减少，而氧、氮含量增多。

二、乳脂质

乳中含有乳脂质，其中有97%~99%的成分是甘油三酯（TAG），还含有约1%的磷脂和0.3%的固醇、甘油二酯、甘油一酯、游离脂肪酸和脂溶性维生素等。

(一)乳脂肪

乳脂肪是牛乳的主要成分之一,含量一般为3%~5%,对牛乳风味起重要作用。

1. 乳脂肪球

乳脂肪以脂肪球的形式分散于乳中,呈乳浊液。每毫升牛乳中含有20亿~40亿个脂肪球,形状呈球形或椭球形。乳脂肪球的大小依乳牛的品种、个体、健康状况、泌乳期、饲料及挤乳情况等因素而异,其直径为 0.1~22μm,平均为3μm,大部分在4μm以下,10μm以上的很少。乳中脂肪球的大小和粒度分布可以通过光学显微镜、光散射仪等测定。脂肪球的大小对乳制品加工的意义在于:脂肪球的直径越大,上浮的速度就越快,故大脂肪球含量多的牛乳,容易分离出稀奶油。当脂肪球的直径为1~2μm时,脂肪球基本不上浮,乳可长时间保持不分层,这就是牛乳均质化抑制脂肪上浮的原因。

乳脂肪球表面被一层5~10 nm厚的膜所覆盖,称为脂肪球膜,它可以使脂肪在乳中保持稳定的乳浊液状态,并使各个脂肪球独立地分散于乳中。在机械搅拌或化学物质作用下,脂肪球膜遭到破坏后,脂肪球才会互相聚结在一起。因此,可以利用这一原理生产奶油和测定乳中的含脂率。

乳脂肪球及乳脂肪球膜结构见图1-1。

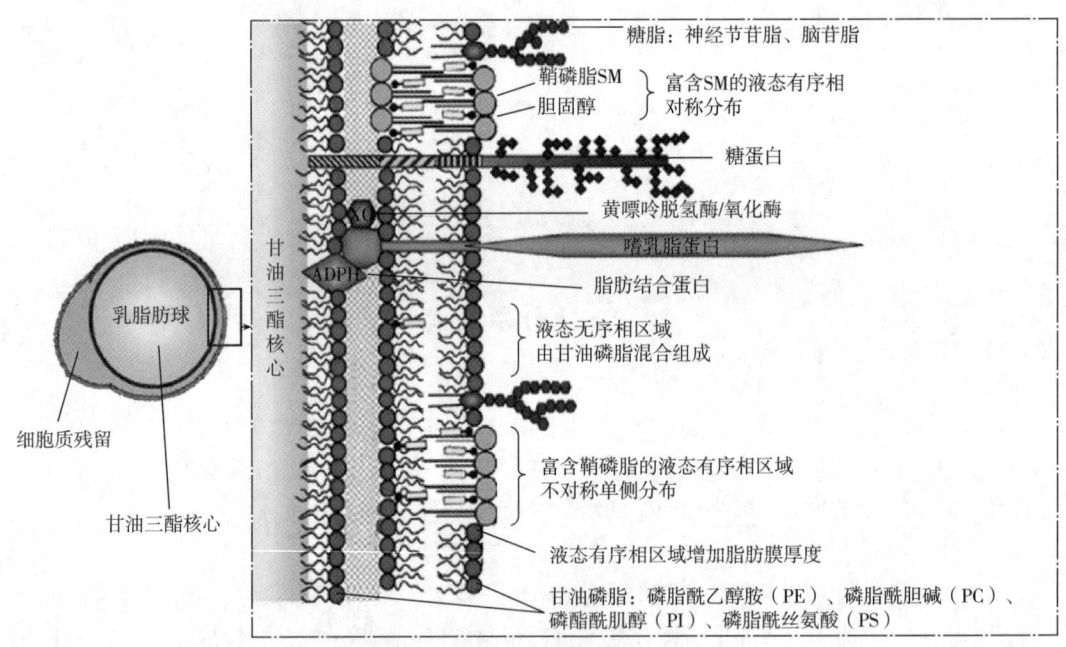

图1-1 乳脂肪球及乳脂肪球膜结构

2. 脂肪的化学组成

乳脂肪球的化学组成包括甘油三酯(占98%~99%)、甘油二酯、甘油一酯、脂肪酸、固醇、胡萝卜素、脂溶性维生素和其他一些痕量物质。其中,甘油三酯是由一个分子的甘油和三个分子相同或不同的脂肪酸所组成的甘油三酯的混合物。乳脂肪球膜主要由蛋白质、磷脂、高熔点甘油三酯、固醇、维生素、金属离子及一些酶类等构成,同时还有盐类和少量结合水。其中,磷脂-蛋白质复合物定向排列在脂肪球与乳浆的界面上,构成了脂肪球膜的主体结构。磷脂是极性分子，其疏水基朝向脂肪球的中心，与甘油三酯结合形成膜的内层；磷脂的亲水基向外朝向乳浆，联结着具有强大亲水基的蛋白质，构成了膜的外层，其表面有大量结合水，从而形成了脂相到水相的过渡。磷脂层间还夹着固醇与维生素 A。

乳脂肪的脂肪酸组成受饲料、营养、环境、季节等因素的影响，这些变化会影响乳脂肪的理化性质，进而影响到产品的特性。组成乳脂肪的脂肪酸种类很多，现已鉴定的多达 400 多种，不过大多数脂肪酸的含量极低。乳中的脂肪酸可分为三类：第一类为水溶性挥发性脂肪酸，例如，丁酸、乙酸、辛酸和癸酸等，与其他食物来源的脂肪相比，乳脂肪中富含短链脂肪酸（$C_{4:0} \sim C_{10:0}$），占总脂肪酸的 10%~20%，使得乳脂风味良好且易消化；第二类是非水溶性挥发性脂肪酸，例如，十二碳酸等；第三类是非水溶性不挥发性脂肪酸，例如，十四碳酸、二十碳酸、十八碳烯酸和十八碳二烯酸等。一般天然脂肪中含有的脂肪酸绝大多数为碳原子数为偶数的直链脂肪酸，而在牛乳脂肪中发现了含有 $C_{20} \sim C_{23}$ 的奇数碳原子脂肪酸，也发现有带侧链的脂肪酸。乳脂肪中饱和脂肪酸含量约为 70%，不饱和脂肪酸主要是油酸，油酸占不饱和脂肪酸的 70%。母乳中饱和脂肪酸占 44%~56%，其中含量最高的是棕榈酸，单不饱和脂肪酸占 31%~43%，多不饱和脂肪酸占 11%~14%，以亚油酸和亚麻酸为主。

乳脂肪中脂肪酸分布模式见表 1-1，脂肪酸的连接位置并不是随意的，$C_4 \sim C_6$ 脂肪酸几乎全部结合在 sn-3 位上，$C_8 \sim C_{10}$ 脂肪酸大部分结合在 sn-3 位上，$C_{12} \sim C_{16}$ 脂肪酸主要连接在甘油分子的 sn-2 位上，不饱和脂肪酸主要结合在 sn-1，sn-3 位上，如母乳中含量较高的两种甘油三酯：1,3-二油酸-2-棕榈酸甘油酯（OPO）和 1-油酸-2-棕榈酸-3-亚油酸甘油酯（OPL）。母乳中以棕榈酸为主的饱和脂肪酸大多酯化在甘油三酯的 sn-2 位上。

表 1-1　　　　　　　　乳脂肪中脂肪酸的分布模式（摩尔分数）　　　　　　　　单位：%

脂肪酸	牛乳			母乳		
	sn-1	sn-2	sn-3	sn-1	sn-2	sn-3
$C_{4:0}$	—	—	35.4			
$C_{6:0}$	—	0.9	12.9	—	—	—
$C_{8:0}$	1.4	0.7	3.6	—	—	—
$C_{10:0}$	1.9	3.0	6.2	0.2	0.2	1.1
$C_{12:0}$	4.9	6.2	0.6	1.3	2.1	5.6
$C_{14:0}$	9.7	17.5	6.4	3.2	7.3	6.9
$C_{16:0}$	34.0	32.3	5.4	16.1	58.2	5.5
$C_{16:1}$	2.8	3.6	1.4	3.6	4.7	7.6
$C_{18:0}$	10.3	9.5	1.2	15.0	3.3	1.8
$C_{18:1}$	30.0	18.9	23.1	46.1	12.7	50.4
$C_{18:2}$	1.7	3.5	2.3	11.0	7.3	15.0
$C_{18:3}$	—	—	—	0.4	0.6	1.7
$C_{20} \sim C_{22}$						

3. 乳脂肪的理化特性

乳脂肪的化学组成与结构决定其理化性质，表1-2是乳脂肪的理化常数。其中，皂化值是指每皂化1 g脂肪酸所消耗的氢氧化钠的质量（mg）。赖克特迈斯尔值即水溶性挥发性脂肪酸值，是指中和从5 g脂肪中蒸馏出来的溶解性挥发性脂肪酸时所消耗的0.1mol/L氢氧化钾的体积（mL）。波伦斯克值是指非水溶性挥发性脂肪酸值，即中和5 g脂肪中挥发出的不溶于水的挥发性脂肪酸所需0.1mol/L氢氧化钾的体积（mL）。碘值是指在100 g脂肪中，使不饱和脂肪酸变成饱和脂肪酸所需的碘的质量（mg）。

表1-2　　　　　　　　　　　　乳脂肪的理化常数

项目	范围	项目	范围
相对密度（d_{15}）	0.935~0.943	赖克特迈斯尔值	21~36
熔点/℃	28~38	波伦斯克值	1.3~3.5
凝固点/℃	15~25	酸价/（mL/g）	0.4~3.5
折射率（n_D^{25}）	1.4590~1.4620	丁酸值	16~24
皂化值/（mg/g）	218~235	碘值/（mg/100g）	26~36

乳脂肪在40℃以上呈液体状态，在-40℃以下则完全凝固，中间温度时呈结晶与液态的混合状态。乳脂肪易受光，空气中的氧、热、金属铜、铁等作用而氧化，这是乳与乳制品腐败的一个主要原因。在乳脂肪中，多不饱和脂肪酸在中性脂类中含量较少，而在极性脂类中含量较多，并多存在于脂肪球膜中，易与氧化剂接触。金属来源除乳中固有的，也可能来自设备、水、土壤等的污染，使用不锈钢设备可以减少这种金属的污染。乳中的核黄素是一种光敏剂，见光分解主要生成了两个具有生物活性的产物，即光黄素和光色素，光黄素是一种强氧化剂，对乳中一些成分有强烈的破坏作用，故乳与乳制品应避免光照。

乳脂肪可在脂肪酶作用下发生水解，原料乳中含有脂肪分解酶，它主要与酪蛋白胶粒缔合，脂肪球膜可将其与乳脂肪隔开，很少能有效分解脂肪而产生异常风味。然而，当脂肪球膜发生破损后，酶与底物之间接触，从而引起脂肪水解酸败。搅打、均质等处理会引起脂解作用，在实际应用时，均质可在杀菌之前或之后立刻进行，使乳中脂肪酶在水解脂肪之前受到热失活，将刚挤下的乳冷却到5℃，再加热到30℃，然后冷却到5℃，就可以将脂肪酶系统激活，这样的温度波动在牧场可能发生，例如，在少量的冷却乳中加入大量温热的乳，再进行冷却。因此，挤乳桶或贮罐必须完全倒空，这是良好卫生条件的要求。此外，微生物脂肪酶可引起脂肪水解酸败。

（二）磷脂

乳中含有三种磷脂：磷脂酰胆碱（卵磷脂）、磷脂酰乙醇胺和神经鞘磷脂，60%的磷脂存在于脂肪球中，主要为卵磷脂，与脂肪球膜蛋白形成脂肪球的磷脂蛋白膜，使乳趋于稳定的乳浊液状态。

牛乳经分离机分离出稀奶油时，约有70%的磷脂被转移到稀奶油中，稀奶油再经搅拌制造奶油时，大部分磷脂又转移到酪乳中，所以酪乳是富含磷脂的产品，可作为再制乳、冰淇淋及婴儿乳粉类的乳化剂和营养剂。磷脂具有良好的亲水亲油性，在速溶全脂乳粉制造工艺中采用喷涂卵磷脂技术，可改善制品的冲调性能。

(三) 固醇

乳中固醇含量很低,牛乳中含 7~17mg/100mL,主要存在于脂肪球膜上,乳脂肪中固醇的最主要部分是胆固醇,牛乳中大多数胆固醇(85%~95%)是以游离形式存在的,只有少量与脂肪酸形成胆固醇酯。

三、含氮化合物

牛乳含有 3.0%~3.5%含氮化合物,其中 95%为乳蛋白质,还有约 5%的非蛋白含氮化合物,如氨、游离氨基酸、尿素、尿酸、肌酸及嘌呤碱等。这些物质基本上是机体蛋白质代谢的产物,通过乳腺细胞进入乳中,另外还有少量维生素氮。

乳蛋白质可分为酪蛋白和乳清蛋白两大类,另外还有少量脂肪球膜蛋白质。乳清蛋白质中有对热不稳定的乳白蛋白和乳球蛋白,以及对热稳定的胨及䏡。乳蛋白质的分类及有关性质见表 1-3。

表 1-3 牛乳中主要蛋白质的种类和性质 *

蛋白质	质量浓度/ (g/L 乳)	含量/(g/100g 总蛋白)	相对分子 质量	氨基酸 残基数	脯氨 酸数	半胱 氨酸数	磷酸 基团数
酪蛋白	26.0	78.5					
α_{s1}-酪蛋白	10.0	31	23614	199	17	0	8
α_{s2}-酪蛋白	2.6	8	25230	207	10	2	11
β-酪蛋白	9.3	28	23983	209	35	0	5
κ-酪蛋白	3.3	10	19023	169	20	2	1
γ-酪蛋白	0.8	2.4	20500				
乳清蛋白	6.3	19					
α-乳白蛋白	1.2	3.7	14176	123	2	8	0
β-乳球蛋白	3.2	9.8	18283	162	8	5	0
血清白蛋白	0.4	1.2	66267	582	34	35	0
免疫球蛋白	0.8	2.4					
IgG1、IgG2	0.65	1.8	150000				
IgA	0.14	0.4	385000				
IgM	0.05	0.2	900000				
小分子蛋白、胨	0.8	2.4	4000~40000				
其他	0.9	2.5					
脂肪球膜蛋白	0.7	2					
乳铁蛋白	0.1		86000				
转铁蛋白	0.1		76000				

注:* 近似组成。

(一) 酪蛋白

1. 酪蛋白的组成

在温度20℃下调节脱脂乳的pH至4.6时沉淀的一类蛋白质称为酪蛋白（casein），占乳蛋白总量的80%~82%。酪蛋白不是单一的蛋白质，而是由α-酪蛋白，β-酪蛋白，κ-酪蛋白和γ-酪蛋白组成。它们主要区别在于磷的含量，α-酪蛋白含磷多，又称磷蛋白，含磷量对皱胃酶的凝乳作用影响很大，γ-酪蛋白含磷量极少，因此，γ-酪蛋白几乎不能被皱胃酶凝固。它们的氮含量几乎相同，硫的含量区别不大。

α_{s1}-酪蛋白在几种酪蛋白中含量最多，在脱脂牛乳中约占酪蛋白总量的38%。含有199个氨基酸残基，8个磷酸根的结合位点主要在43~79位置处，在这个部位经酶解作用，形成磷肽，其可结合钙、铁、铜、锌等金属离子形成可溶性盐，促进金属离子在体内的吸收。α_{s1}-酪蛋白中的疏水性残基、带电荷残基分布不均匀，疏水区在1~44、90~113、132~199氨基酸区段。

α_{s2}-酪蛋白约占总酪蛋白的10%，207个氨基酸残基，在所有酪蛋白中亲水性最强，其结构中有三簇带负电的磷酸丝氨酸-谷氨酸残基，位于8~12、56~63、129~133氨基酸区段，仅有两个区域相对疏水，即C序列160~207和90~120。

β-酪蛋白含量仅次于α_{s1}-酪蛋白，在脱脂牛乳中约占酪蛋白总量的35%，是所有酪蛋白中最疏水的，含有209个氨基酸残基，5个磷酸根的结合位点主要集中在肽链的14~21位置，形成一个高度磷酸化的区域。含有负电荷的磷酸化丝氨酸的N端（占链长1/4）和非常疏水的C端（占链长3/4）明显分开，极性区域占链长度的1/10，带全部电荷的1/3，而占整个链长3/4的疏水性C端的特定结构决定了β-酪蛋白的强疏水性质。

κ-酪蛋白是酪蛋白中唯一含有糖成分且对钙不敏感的酪蛋白，在酪蛋白胶束中主要分布在外部，可稳定乳中酪蛋白胶束，含有169个氨基酸残基和1个磷酸根，在距离肽链C端1/3处结合有一些碳水化合物的糖蛋白，如半乳糖、N-乙酰氨基半乳糖、N-乙酰神经氨酸，富含脯氨酸、丙氨酸、谷氨酰胺、谷氨酸等，在脱脂牛乳中约占总酪蛋白的13%，在人乳中占总酪蛋白的30%。与钙敏性酪蛋白相比，最大的不同点在于没有磷酸丝氨酸簇和苏氨酸糖苷化残基，因此，不能像其他酪蛋白一样结合钙，对钙离子不敏感。κ-酪蛋白有1~105的强疏水性N端和一个极性的C端。在干酪加工中，凝乳酶专一性地裂解苯丙氨酸Phe_{105}—蛋氨酸Met_{106}键，使得极性糖肽从κ-酪蛋白中分离，除去酪蛋白胶粒的表面极性静电和位阻稳定性，使表面疏水性增加，而产生交替凝集。

2. 酪蛋白在乳中存在形式

乳中的酪蛋白与钙结合生成酪蛋白酸钙，再与胶体状的磷酸钙结合形成酪蛋白酸钙-磷酸钙复合体，以微胶粒的形式存在于牛乳中，其胶体微粒直径在30~300nm变化，一般80~120nm占大多数。此外，酪蛋白微胶粒中还含有镁等物质。

酪蛋白酸钙-磷酸钙复合体微胶粒大体上呈球形。对于酪蛋白胶束的结构，许多学者提出各自的理论。据研究者设想，酪蛋白胶粒内β-酪蛋白以细丝状态形成网状结构，在其上附着α_s-酪蛋白，外面覆盖有κ-酪蛋白，并结合有胶体状的磷酸钙（图1-2）。因此，κ-酪蛋白覆盖层对胶体起保护作用，使牛乳中的酪蛋白酸钙-磷酸钙复合体胶粒能保持相对稳定的胶体悬浮状态。

3. 酪蛋白的性质

（1）酪蛋白的酸凝固　酪蛋白是两性电解质，等电点为4.6，普通牛乳的pH约为6.6，即

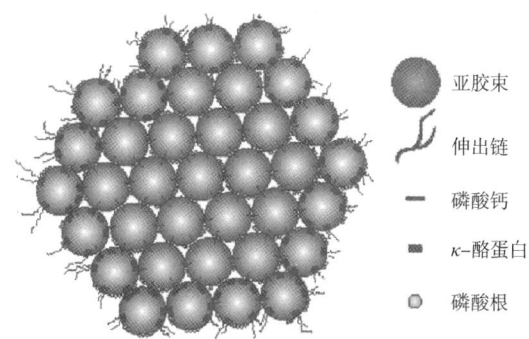

图 1-2 酪蛋白胶束结构

接近于等电点的碱性方向，此时的酪蛋白充分地表现出酸性，而与牛乳的碱性基结合，以酪蛋白酸钙的形式存在于乳中。此时若加入酸，酪蛋白酸钙的钙被酸夺去，生成游离酪蛋白，当 pH 达到酪蛋白的等电点 4.6 时，就会形成酪蛋白凝固。酪蛋白的酸凝固过程以盐酸为例，表示如下：

$$\begin{bmatrix} 酪蛋白酸钙 \\ Ca_3(PO_4)_2 \end{bmatrix} + 2HCl \rightarrow 酪蛋白\downarrow + 2CaHPO_4 + CaCl_2$$

由于加酸程度不同，酪蛋白酸钙-磷酸钙复合体中钙被酸取代的情况也有差异，当牛乳中加酸后 pH 达到 5.2 时，磷酸钙先行分离，酪蛋白开始沉淀，继续加酸而使 pH 达到 4.6 时，钙又从酪蛋白钙中分离，游离的酪蛋白完全沉淀，在加酸凝固时，酸只和酪蛋白酸钙-磷酸钙作用。所以除了酪蛋白外，白蛋白、球蛋白都不起作用。

牛乳在乳酸菌（LAB）的作用下分解乳糖生成乳酸，乳酸将酪蛋白酸钙中的钙分离形成乳酸钙，同时生成游离的酪蛋白而沉淀。由于乳酸能使酪蛋白形成硬的凝块，并且稀乳酸及乳酸盐都不溶解酪蛋白，因此，乳酸是最适合沉淀酪蛋白的酸。在制造工业用干酪素时，往往用盐酸作凝固剂，此时如加酸不足，则钙不能完全被分离，所以在干酪素中往往包含一部分钙盐。如果要获得纯的酪蛋白，就必须在等电点下使酪蛋白凝固。硫酸也能沉淀乳中的酪蛋白，但硫酸钙不能溶解，因此有使灰分增多的缺点。

（2）酪蛋白的凝乳酶凝固　牛乳中的酪蛋白在皱胃酶等凝乳酶的作用下会发生凝固，工业上生产干酪就是利用此原理。酪蛋白在皱胃酶的作用下水解为副酪蛋白（para-casein），后者在钙离子等二价阳离子存在下形成不溶性的凝块，这种凝块称为副酪蛋白钙，其凝固过程如下：

$$酪蛋白酸钙 \xrightarrow{皱胃酶} 副酪蛋白钙\downarrow + 糖肽$$

（3）盐类及离子对酪蛋白稳定性的影响　乳中的酪蛋白酸钙-磷酸钙胶粒容易在氯化钠或硫酸铵等盐类饱和溶液或半饱和溶液中形成沉淀，这种沉淀是由于电荷的抵消与胶粒脱水而产生。

酪蛋白酸钙-磷酸钙胶粒，对于其体系内二价的阳离子含量的变化很敏感。钙或镁离子能与酪蛋白结合，而使粒子形成凝集作用，故钙离子与镁离子的浓度影响着胶粒的稳定性。由于乳汁中的钙和磷呈平衡状态存在，所以鲜乳中酪蛋白微粒具有一定的稳定性。当向乳中加入氯化钙时，则能破坏平衡状态，因此在加热时使酪蛋白发生凝固现象。在乳汁中加入 0.005mol/L 氯化钙，经加热后酪蛋白就会发生凝固。乳汁在加热时，加入氯化钙不仅能够使酪蛋白完全分离，而且也能够使乳清蛋白等分离。在这方面利用氯化钙沉淀乳蛋白质，要比其他沉淀法有较明显的优点。采用钙凝固时,乳蛋白质的利用程度,一般要比酸凝固法高5%,比皱胃酶凝固法约高10%以上。

(4) 酪蛋白与糖的反应　具有还原性羰基的糖可与酪蛋白作用形成氨基糖而产生芳香味及色素。

酪蛋白和乳糖的反应,在乳品工业中有特殊的指导意义。乳品（如乳粉、乳蛋白粉和其他乳制品）在长期贮存中,由于乳糖与酪蛋白发生反应产生颜色、风味及营养价值的改变。在有氧存在时,则能加速这种变化,因此,贮存乳粉应保持在真空状态。工业用干酪素由于洗涤不干净,贮存条件不佳,同样也能发生这种变化。

(5) 其他　酪蛋白在高温下很稳定,在 pH 6.7、100℃条件下加热 24h,酪蛋白不凝固,而且酪蛋白可耐受 140℃、20min 热处理。酪蛋白易被吸附到油-水界面上,同时提供亲水、疏水基团,具有良好的乳化性。

(二) 乳清蛋白

乳清蛋白是指溶解于乳清中的蛋白质,占乳蛋白质的 18%～20%,乳清蛋白水合能力强,分散度高,在乳中呈高分子溶液状态。乳清蛋白可分为热稳定和热不稳定的乳清蛋白两部分。

1. 热不稳定的乳清蛋白

调节乳清 pH 为 4.6～4.7 时,煮沸 20min,发生沉淀的一类蛋白质为热不稳定的乳清蛋白,约占乳清蛋白的 81%,包括乳白蛋白和乳球蛋白两类。

(1) 乳白蛋白　指中性乳清中,加饱和硫酸铵或饱和硫酸镁盐析时,呈溶解状态而不析出的蛋白质,属于乳白蛋白。主要包括 α-乳白蛋白和血清白蛋白,α-乳白蛋白约占乳清蛋白的 19.7%,血清白蛋白约占乳清蛋白的 4.7%。乳白蛋白在乳中以 1.5～5.0μm 直径的微粒分散在乳中,对酪蛋白起保护胶体作用,这类蛋白常温下不能用酸凝固,但在弱酸性时加温即能凝固,该类蛋白不含磷,但含丰富的硫。

α-乳白蛋白由 123 个氨基酸残基组成,等电点为 4.1～4.8,含有 8 个半胱氨酸残基,形成 4 个分子内二硫键,分别在 6 和 120、28 和 111、61 和 77 及 73 和 91 氨基酸残基之间形成。二级结构中 26% 为 α-螺旋,14% 为 β-折叠,60% 为无序结构。α-乳白蛋白为结构紧密的球蛋白。α-乳白蛋白为金属结合蛋白,分子中的 4 个天冬氨酸（Asp）可结合 1 分子的 Ca^{2+},当 pH 低于 5 时,Asp 残基质子化,失去了结合 Ca^{2+} 的能力,含 Ca^{2+} 的 α-乳白蛋白热稳定性高,变性后可恢复,除去 Ca^{2+} 后,热稳定性降低,在很低温度下就可变性,而且变性后不能再恢复。

血清白蛋白来自血液,等电点为 4.7。它是由 582 个氨基酸组成,在氨基酸序列中,有 17 个二硫键和 1 个游离—SH。

(2) 乳球蛋白　中性乳清中加饱和硫酸铵或饱和硫酸镁盐析时,能析出而不呈溶解状态的乳清蛋白为乳球蛋白,包括 β-乳球蛋白和免疫球蛋白等。

β-乳球蛋白约占乳清蛋白的 43.60%,而初乳中含量较多。它由 162 个氨基酸残基组成,富含含硫氨基酸,含有 5 个半胱氨酸,其中有 4 个形成 2 个分子内二硫键,在 66 和 160、119 和 121、106 和 119 氨基酸残基之间,1 个游离的—SH 基分布在 119～121 之间。在正常牛乳中,β-乳球蛋白以二聚体的形式存在,相对分子质量为 36000,等电点为 4.5～5.5,在等电点时加热至 75℃即沉淀,凝乳酶不能使其凝固。当温度由 30℃升至 55℃时,β-乳球蛋白二聚体解离为单体,在较高温度下其结构伸展,同时伴随巯基化合物的增加和氧化,在热变性后可与 κ-酪蛋白和 α-乳白蛋白发生分子间二硫键反应,同时与加热后产生的蒸煮味有关。示差量热分析法在

pH 6.5 时测得其变性温度为 80℃，在 pH 8 时，变性温度为 60℃，呈 pH 依赖。β-乳球蛋白与尿素、盐酸胍、乙醇等有机物作用而变性，金属离子可引起其不可逆变性。

在乳中具有抗体作用的球蛋白称为免疫球蛋白，包括 IgG、IgM、IgA，牛乳中 IgG 占优势，人乳中以 IgA 为主，占乳清蛋白的 5%~10%，初乳中的免疫球蛋白含量比常乳高。

乳铁蛋白由大约 700 个氨基酸构成，是一种铁结合性糖蛋白，其组成包括半乳糖、甘露糖、唾液酸等。天然状态的乳铁蛋白大多呈铁不饱和状态，牛乳乳铁蛋白有 15%~20% 达到铁饱和，这使它能够继续螯合铁离子，使需铁细菌的生长因缺铁而受到抑制，同时也可螯合游离的铁离子，从而起到富集和转运铁的作用。

2. 热稳定的乳清蛋白

当将乳清煮沸 20min，pH 4.6~4.7 时，仍溶解于乳中的乳清蛋白为热稳定性乳清蛋白。它们主要是小分子蛋白和胨类，约占乳清蛋白的 19%。

(三) 脂肪球膜蛋白

有一些脂肪球膜蛋白质是吸附于脂肪球表面的蛋白质与酶的混合物，其中含有脂蛋白、碱性磷酸酶和黄嘌呤氧化酶等。脂肪球膜蛋白对热较为敏感，且含有大量的硫，牛乳在 70~75℃ 瞬间加热，—SH 基就会游离出来，产生蒸煮味。脂肪球膜蛋白由于受细菌性酶的作用而产生的分解现象，是奶油在贮藏时风味变劣的原因之一。加工奶油时，大部分脂肪球膜蛋白留在酪乳中，故酪乳不仅含有蛋白质，而且富含磷脂酰胆碱，酪乳最好加工成酪乳粉作为食品乳化剂加以利用。牛乳所含微量的金属元素，被认为也可能与脂肪球膜蛋白结合，而以金属蛋白质形式存在。

(四) 非蛋白含氮物

牛乳的含氮物中，除蛋白质外，还有非蛋白态的氮化物，约占总氮的 5%。其中包括氨基酸、尿素、尿酸、肌酸及叶绿素等。这些含氮物是活体蛋白质代谢的产物，从乳腺细胞进入乳中。

四、乳糖

乳中重要糖类是乳糖，牛乳中含有 4.6%~4.7% 乳糖，人乳中含量为 6%~8%，在乳中全部呈溶解状态。乳中除了乳糖外还含有少量其他的糖类。例如，在常乳中含有极少量的葡萄糖、半乳糖。另外，还含有微量的果糖、低聚糖 (oligosaccharide)、己糖胺 (hexosamine)。

1. 乳糖的结构

乳糖为 D-葡萄糖与 D-半乳糖以 β-1,4-糖苷键结合的二糖，又称为 1,4-半乳糖苷葡萄糖，因其分子中有羰基，属于还原糖。乳糖有 α-乳糖和 β-乳糖两种异构体。α-乳糖很容易与一分子结晶水结合，变为 α-乳糖水合物 (α-lactose monohydrate)，所以乳糖实际上共有 3 种构型。

α-乳糖水合物是乳糖溶液浓缩液在 93.5℃ 以下结晶得到的乳糖，常温下较稳定。市售乳糖一般为 α-乳糖水合物。

β-乳糖是乳糖溶液浓缩液在 93.5℃ 以上结晶得到的晶体，易溶解，甜度较 α-乳糖高 1.5 倍。

α-乳糖无水物是将 α-乳糖水合物以 120~130℃ 的温度加热而失去结晶水或者减压在 65℃ 以上温度下脱水得到的，该乳糖不稳定，吸湿性很强。3 种构型的特性如表 1-4 所示。

表 1-4 乳糖异构体的特性

项目	α-乳糖水合物	α-乳糖无水物	β-乳糖无水物
制法	乳糖浓缩液在93.5℃以下结晶	α-乳糖含水物减压加热或无水乙醇处理	乳糖浓缩液在93.5℃以上结晶
熔点/℃	201.6	222.8	252.2
比旋光度 $[\alpha]_D^{20}$	+86.0	+86.0	+35.5
溶解度/(g/100mL，20℃)	8	—	55
甜味	较弱	—	较强
晶型	单斜品三棱形	针状三棱形	金刚石、针状三棱形

2. 乳糖的溶解度和结晶

乳糖在水溶液中以 α-乳糖水合物和 β-乳糖形式存在，两者相互转化，在一定温度的水溶液中，这两种乳糖保持一定的比例关系。α-乳糖和 β-乳糖虽都溶解于水，但溶解性却存在差别。α-乳糖较难溶解，溶解度较小；β-乳糖易于溶解，且溶解度较大。

把乳糖投入一定温度的水中，有部分乳糖立即溶解，形成饱和溶液，就是 α-乳糖水合物的溶解度，这时的溶解度为初溶解度。在溶液中 α-乳糖和 β-乳糖能相互转化，由于 α-乳糖逐渐转化为 β-乳糖，而 β-乳糖容易溶解，所以溶解度随之上升，将乳糖最初溶解度的溶液加以振荡或搅拌，再继续添加乳糖，乳糖仍可溶解，当 α-乳糖达到饱和，剩下的乳糖不再溶解，α-乳糖和 β-乳糖转化达到平衡，此时的溶解度为终溶解度。将饱和的乳糖溶液在饱和温度以下冷却时，则生成过饱和溶液，此时如果冷却操作比较缓慢或温度降低很多，则结晶不会析出，而形成过饱和状态，此时溶解度为过饱和溶解度。如果继续冷却直至达到低的温度时，则开始析出结晶，这时析出的结晶为无水 α-乳糖，由于结晶的析出，α-乳糖和 β-乳糖之间的平衡被破坏，β-乳糖向 α-乳糖转化，再析出结晶以重新达到平衡，结晶的析出一直持续到这个温度的饱和状态为止。

乳糖的溶解度随温度的升高而增大，乳糖在不同温度时的最终溶解度见表 1-5。

表 1-5 乳糖在不同温度时的最终溶解度 单位:%

温度/℃	α-乳糖	β-乳糖	总计
0	4.0	6.6	10.6
10	5.0	8.1	13.1
20	6.2	9.9	16.1
25	6.9	10.9	17.1
30	7.7	12.2	19.9
40	9.7	14.9	24.6
50	12.1	18.3	30.4

续表

温度/℃	α-乳糖	β-乳糖	总计
60	14.9	22.1	37.0
70	17.9	26.0	43.9
80	21.0	30.0	51.0
90	24.6	34.4	59.0

若以乳糖溶液的浓度为横坐标，溶液温度为纵坐标，可绘出乳糖的溶解度曲线，如图 1-3 所示。与其他糖类相比，乳糖的溶解度不高，但乳糖能在自发结晶前形成高浓度的过饱和溶液。乳糖的过饱和溶液中尚未析出结晶时的状态为不稳定状态，在经过冷却后，自然析出结晶的状态为稳定状态，乳糖的亚稳定区发生于冷却饱和乳糖溶液产生过饱和溶液的初期，在这个区域不容易发生结晶，需要加入乳糖晶种诱导结晶。在制造炼乳时，为了获得组织状态良好的甜炼乳，会在进行浓缩、冷却后，向浓缩乳中添加诱导结晶的晶种，进行强制结晶。在不稳定区发生乳糖自然结晶。

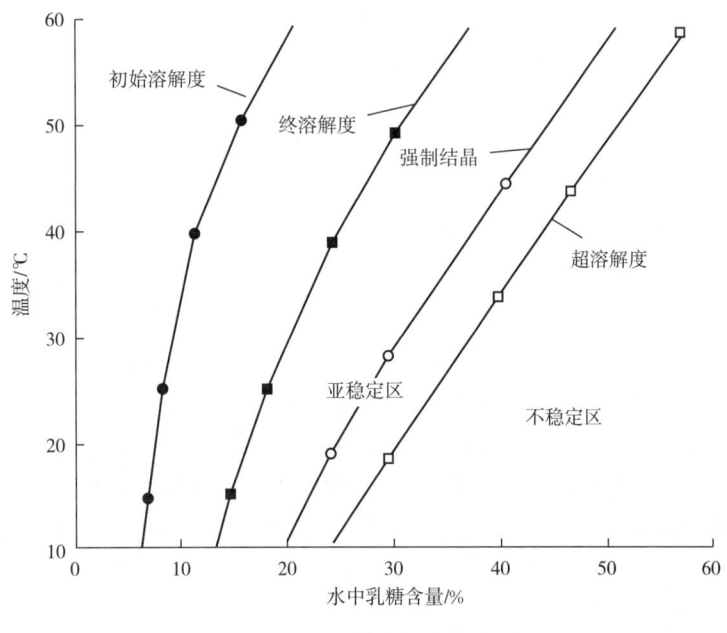

图 1-3 乳糖溶解度曲线

非结晶态乳糖又称玻璃态乳糖，当乳糖溶液在急速脱水干燥时，黏度增加很快，结晶作用不可能发生，因此可得到玻璃态无定形的乳糖无水物。主要特点是：α-乳糖和 β-乳糖仍以脱水前的比例存在，吸水性极强，当吸水量达到 8% 时开始出现结晶体，最后形成乳糖水合物。在喷雾干燥的乳粉中乳糖基本上是以这种形式存在的，一般在隔绝空气的条件下乳糖是稳定的，但暴露在空气中，很快就会吸收水分而使乳粉结块。

3. 乳糖的水解

乳糖在稀酸加热的条件或乳糖酶的作用下水解，生成葡萄糖和半乳糖。乳糖分解成单糖后再由酵母的作用生成乙醇，也可以由细菌的作用生成乳酸、乙酸、丙酸以及二氧化碳等，这种作用在乳品工业上有很重要的意义。牛乳中乳酸含量达0.25%~0.30%时，则可感到酸味，当乳酸度为0.8%~1.0%时，乳酸菌的繁殖停止。通常乳酸发酵时，牛乳中有30%以上的乳糖不能分解，如果添加中和剂则可以全部发酵成乳酸。

乳糖在消化器官内经乳糖酶作用水解后才能被吸收，乳糖水解后产生的半乳糖是形成脑神经中重要成分糖脂质的主要来源，所以对于初生婴儿有很重要的作用，是很适宜的糖类，有利于婴儿的脑及神经组织发育。同时，由于乳糖水解比较困难，因此，一部分被送至大肠中，在肠内由于乳酸菌的作用使乳糖形成乳酸而抑制其他有害细菌的繁殖，所以对于防止婴儿下痢也有很好的作用。

一部分人随着年龄增长，消化道内缺乏乳糖酶不能分解和吸收乳糖，饮用牛乳后会出现呕吐、腹胀、腹泻等不适应症，称其为乳糖不耐症。在乳品加工中利用乳糖酶，将乳中的乳糖分解为葡萄糖和半乳糖；或利用乳酸菌将乳糖转化成乳酸，可预防乳糖不耐症，而且可提高乳糖的消化吸收率，改善制品口味。

五、酶类

牛乳中酶类来自乳腺分泌和微生物代谢。牛乳中的酶种类很多，但与乳品生产有密切关系的主要为水解酶类和氧化还原酶类。

1. 水解酶类

（1）脂酶　由乳腺进入乳中的脂酶数量不大，而微生物是脂酶的主要来源。牛乳中的脂酶至少有两种，一种是吸附于脂肪球膜间的膜脂酶，它在常乳中不常见，而在末乳、乳房炎乳及其他一些生理异常乳中常出现。另一种是存在于脱脂乳中与酪蛋白相结合的乳浆脂酶（plasma lipase）。

乳脂肪在脂酶的作用下分解产生游离脂肪酸，易使牛乳带上脂肪分解的臭味，这是乳制品，特别是奶油，生产上常见的一种缺陷。为了抑制脂酶的活性，在奶油生产中，一般采用不低于80~85℃的高温或超高温处理，另外要避免使用末乳、乳房炎乳等异常乳，尽量减少微生物的污染。另外，加工过程也能使脂酶增加其作用机会，例如，均质处理，由于破坏脂肪球膜而增加了脂酶与乳脂肪的接触面，使乳脂肪更易水解，故均质后应及时进行杀菌处理。

（2）磷酸酶　磷酸酶可水解磷酸酯键，释放磷酸基团。乳中磷酸酶主要是碱性磷酸酶，也有一些酸性磷酸酶。碱性磷酸酶是乳中原有酶，经63℃加热30min或71~75℃加热15~30s后可钝化，可以利用这种性质来检验低温巴氏杀菌法处理的消毒牛乳的杀菌程度是否完全。

（3）蛋白酶　牛乳中的蛋白酶分别来自乳本身和污染的微生物。蛋白酶可以使蛋白质水解后形成蛋白胨、多肽及氨基酸等。其中，由乳酸菌形成的蛋白酶在乳中，特别是在干酪生产中具有非常重要的意义。

2. 氧化还原酶

（1）过氧化氢酶　牛乳中的过氧化氢酶主要来自白细胞的细胞成分，特别在初乳和乳房炎乳中含量较多。所以，利用对过氧化氢酶的测定可判定牛乳是否为乳房炎乳或其他异常乳。经65℃加热30min，95%过氧化氢酶会钝化；经75℃加热20min，则全部钝化。

（2）过氧化物酶　过氧化物酶是最早从乳中发现的酶，它能促使过氧化氢分解产生活泼的新生态氧，从而使乳中的多元酚、芳香胺及某些化合物氧化。过氧化物酶主要来自白细胞的细胞成分，其数量与细菌无关，是乳中固有的酶。

过氧化物酶作用的最适温度为25℃，最适pH是6.8，钝化时间在76℃下约为20min，在77~78℃下约为5min，在85℃下约为10s。通过测定过氧化物酶的活性可以判断牛乳是否经过热处理或判断热处理的程度。

3. 还原酶

还原酶能将甲基蓝还原为无色。还原酶是乳中微生物的代谢产物，乳中还原酶的量与微生物的污染程度成正比，因此，微生物检验中常用还原酶试验来判断乳的新鲜程度。

六、维生素

牛乳含有几乎所有已知的维生素。牛乳中的维生素包括脂溶性维生素A、维生素D、维生素E、维生素K和水溶性的维生素B_1（硫胺素）、维生素B_2（核黄素）、维生素B_6、维生素B_{12}、维生素C等两大类。牛乳中的维生素，部分来自饲料中的维生素，如维生素E；有的要靠乳牛自身合成，如B族维生素。牛乳中维生素含量如表1-6所示。

表1-6　　　　　　　　牛乳中各种维生素含量比较　　　　　　　　单位：mg/L

维生素	平均值	范围
维生素A	1560	1190~1760
维生素D	—	—
硫胺素	0.44	0.20~2.80
核黄素	1.75	0.81~2.58
烟酸	0.95	0.30~2.00
维生素B_6	0.64	0.22~1.90
泛酸	3.46	2.60~4.90
生物素	0.031	0.012~0.060
叶酸	0.0028	0.0004~0.0062
维生素B_{12}	0.0043	0.0024~0.0062
维生素C	21.1	16.5~27.5
胆碱	121	43~218

泌乳期对乳中维生素含量有直接影响，如初乳中维生素A及类胡萝卜素含量多于常乳中的。青草饲养与牛舍饲养的乳相比，前者维生素含量高。发酵法生产的酸乳由于微生物的生物合成，能使一些维生素含量增高，所以酸乳是一类维生素含量丰富的营养食品。在干酪和奶油中脂溶性维生素可得到充分的利用，而水溶性维生素则主要残留于酪乳、乳清及脱脂乳中。维生素C和维生素B_1等在日光照射下会遭受破坏，所以用避光容器包装乳与乳制品。牛乳中维生素的热稳定性不同，维生素A、维生素D、维生素B_2、维生素B_6、维生素B_{12}等对热稳定，维生素C、维生素B_1的热稳定性差，牛乳经62~65℃，30min杀菌后，维生素C被破坏30%~60%，加糖炼乳中几乎不含维生素C。一般到达消费者手中的乳及乳制品几乎不含维生素C。因此，用乳及乳制品哺育婴儿时，必须补充富含维生素C的食物，或食用专用婴儿乳粉。

七、盐类

乳中矿物质大部分与有机酸和无机酸结合，主要是以无机磷酸盐及有机柠檬酸盐的状态存在，一部分与蛋白质结合或吸附在脂肪球膜上。乳中的无机物主要有磷、钙、镁、氯、硫、铁、钠、钾等，表1-7为牛乳中主要无机成分的含量，此外还含有微量元素，通常以灰分的量表示无机物的量，测定时通常先将牛乳蒸发干燥，然后灼烧成灰分，一般牛乳中灰分的含量为0.3%~1.21%，平均为0.7%左右，而人乳中灰分约为0.2%。牛乳中的钙含量较人乳多3~4倍，因此，牛乳在婴儿胃内所形成的蛋白凝块比人乳的更坚硬，不易消化。牛乳中铁的含量为10~90g/100mL，比人乳中少，故乳粉哺育幼儿时应补充铁。

表1-7　　　　　　　　牛乳中的主要无机成分的含量　　　　　　　　单位：mg/100mL

项目	钾	钠	钙	镁	磷	硫	氯
含量	158	54	109	14	91	5	99

牛乳中的盐类含量虽然很少，但对乳品加工，特别是对热稳定性起着重要作用。牛乳中的盐类平衡，特别是钙、镁等阳离子与磷酸、柠檬酸等阴离子之间的平衡，对于牛乳的稳定性具有非常重要的意义。当受季节、饲料、生理或病理等影响，牛乳发生不正常凝固时，往往是由于钙、镁离子过剩，盐类的平衡被打破。此时，可向乳中添加磷酸及柠檬酸的钠盐，以维持盐类平衡，保持蛋白质的热稳定性。生产炼乳时常利用这种特性。

第二节　乳的物理性质

一、乳的色泽

新鲜正常的牛乳呈不透明的乳白色或淡黄色。乳白色是由乳中的酪蛋白酸钙-磷酸钙胶粒及脂肪球等微粒对光的不规则反射所产生。牛乳中的脂溶性胡萝卜素和叶黄素使乳略带淡黄色，而水溶性的核黄素使乳清呈荧光性黄绿色。

牛乳的折射率由于有溶质的存在而比水的折射率大，但在全乳脂肪球的不规则反射影响下，不易正确测定。由脱脂乳测得的较准确，折射率 n_D^{20} 为1.344~1.348，该值与乳固体的含量有比例关系，由此可判定牛乳是否掺水。

二、乳的滋味和气味

新鲜纯净的乳稍带甜味，这是由于乳中含乳糖。乳中除甜味外，因其含有氯离子，所以稍带咸味。常乳中的咸味受乳糖、脂肪、蛋白质等调节，咸味较淡，但异常乳，如乳房炎乳中氯的含量较高，故有浓厚的咸味。乳中的苦味来自镁离子和钙离子，而酸味是由柠檬酸及磷酸所产生的。

乳中含有挥发性脂肪酸及其他挥发性物质，这些物质是牛乳气味的主要构成成分。这种香味随温度的高低而异,乳经加热后香味强烈,冷却后减弱。乳中羰基化合物,如乙醛、丙酮、甲醛等均与牛乳风味有关。牛乳除了原有的香味之外很容易吸收外界的各种气味,挤出的牛乳如在牛舍中放置时间太久会带有牛粪味或饲料味,贮存器不良时则产生金属味,消毒温度过高则产生焦糖味。所以每一个处理过程都必须注意周围环境的清洁以及各种因素的影响。

三、乳的密度与相对密度

乳的密度指乳在20℃时的质量与同体积水在4℃时的质量之比。20℃时,正常乳的密度平均为1.030;乳的相对密度指乳在15℃时的质量与同体积水在15℃时的质量之比。15℃时,正常乳的相对密度平均为1.032。

在同温度下乳的密度较相对密度小0.0019,乳品生产中常以0.002的差数进行换算。密度受温度影响,温度降低乳密度增高,温度升高乳密度降低,温度每升高或降低1℃实测值就减少或增加0.0002。刚挤出来的乳在放置2~3h后,密度升高0.001左右,这是由气体的逸散、蛋白质的水合作用及脂肪的凝固使体积发生变化而造成的,故不宜在挤乳后立即测定密度或相对密度。乳的密度和相对密度通常用乳稠计测定。

四、乳的酸度

刚挤出的新鲜乳的酸度称为固有酸度或自然酸度,主要由乳中的蛋白质、柠檬酸盐、磷酸盐及二氧化碳等酸性物质构成,挤出后的乳在微生物的作用下发生乳酸发酵,导致乳的酸度逐渐升高,由于发酵产酸而升高的这部分酸度称为发酵酸度。固有酸度和发酵酸度之和称为总酸度。一般条件下,乳品工业所测定的酸度就是总酸度。

乳品工业中,酸度是指以标准碱液用滴定法测定的滴定酸度。滴定酸度有多种测定方法和表示形式,我国滴定酸度用吉尔涅尔度(°T)或乳酸度(乳酸%)来表示。酸度可以衡量乳的新鲜程度,乳的酸度越高,乳对热的稳定性就越低,因此测定乳的酸度对生产有重要的意义。

1. 吉尔涅尔度(°T)

取10mL牛乳,用20mL蒸馏水稀释,加入5g/L酚酞指示剂0.5mL,以0.1mol/L氢氧化钠溶液滴定,将所消耗的体积(mL)乘以10,即中和100mL牛乳所需0.1mol/L氢氧化钠体积(mL),消耗1mL为1°T。

2. 乳酸度(乳酸%)

用乳酸量表示酸度时,按上述方法测定后用式(1-1)计算:

$$乳酸(\%) = \frac{0.1mol/L\ NaOH 体积(mL) \times 0.009}{(乳样体积 \times 相对密度)或供试牛乳质量(g)} \times 100 \quad (1-1)$$

3. pH

酸度可用氢离子浓度(pH)表示,正常新鲜牛乳的pH 6.4~6.8,一般酸败乳或初乳的pH<6.4,乳房炎乳或低酸度乳pH>6.8。

正常乳的酸度为16~18°T,若以乳酸度计酸度为0.15%~0.18%,其中来源于二氧化碳的占0.01%~0.02%(2~3°T),乳蛋白占0.05%~0.08%(3~4°T),柠檬酸盐占0.01%(2°T),磷酸盐占0.06%~0.08%(10~12°T)。

五、乳的黏度与表面张力

牛乳可认为属于牛顿流体。正常乳在25℃时黏度为0.0015~0.002Pa·s,牛乳的黏度随温度升高而降低。在乳的成分中,脂肪及蛋白质对黏度的影响最显著,随着含脂率、乳固体含量的增高,黏度也增高。初乳、末乳的黏度都比正常乳高。在加工中,黏度受脱脂、杀菌、均质等操作的影响。

在液体表面,分子所受作用力是不对称的,存在指向液体相内部的引力,因此,液体表面存在缩成最小的趋势,这种使液体表面积减少的力被称为表面张力,能降低液体表面张力的物质就是表面活性剂。牛乳表面张力在20℃时为40~60N/m。乳中含有天然的表面活性剂,如乳蛋白、乳脂肪、磷脂和游离脂肪酸等。牛乳的表面张力随含脂率的减少而增大,全脂乳的表面张力略低于脱脂乳,脂肪水解可降低乳的表面张力,这是因为释放出了游离脂肪酸。牛乳的表面张力与牛乳的起泡性、乳浊状态、微生物的生长发育、热处理、均质作用及风味等有密切关系。乳经均质处理,脂肪球表面积增大,这是由于表面活性物质吸附于脂肪球界面处,从而增加了表面张力。如果不将脂酶先经加热处理而使其钝化,均质处理会使脂肪酶活性增加,使脂肪水解生成游离脂肪酸,导致表面张力降低。牛乳的表面张力也会随温度上升而降低,而热处理对牛乳表面张力的影响很小。

六、乳的热学性质

1. 乳的冰点

牛乳的冰点一般为-0.565~-0.525℃,平均为-0.542℃。牛乳的冰点受其可溶性组分乳糖和盐类的影响,正常的牛乳中乳糖及盐类的含量变化很小,所以冰点很稳定。酸败牛乳的冰点会降低,所以测定冰点要求牛乳的酸度必须在20°T以内。如果牛乳中掺水,会导致冰点升高。可根据冰点变动用式(1-2)来推算掺水量:

$$w = \frac{t - t'}{t} \times (100 - w_s) \tag{1-2}$$

式中 w——掺水量,%;
  t——正常乳的冰点;
  t'——被检乳的冰点,℃;
  w_s——被检乳固体含量,%。

2. 沸点

水中可溶性物质会使水的沸点上升,因此,牛乳的沸点比纯水高,在101.33kPa(1个大气压)下为100.55℃,牛乳的总固体含量增高,沸点也会轻微上升,当乳浓缩到原体积一半时,沸点上升到101.05℃。

3. 比热容

比热容是指使1g物质温度升高1℃所需要的热量。牛乳中水、蛋白质、脂肪、乳糖以及盐类的比热容分别为4.2J/(g·℃),1.6J/(g·℃),2.2J/(g·℃),1.4J/(g·℃)和0.8J/(g·℃)。比热容具有加和性,即可根据各组分的比热容和质量分数计算混合体系的比热容。乳和乳制品的比热容,在乳品生产过程中常用于加热量和制冷量计算。

七、乳的电导率与氧化还原电位

1. 电导率

乳中因含有电解质而能传导电流。牛乳的电导率与其可溶性成分,特别是钠、钾、氯等盐类离子的含量有关。正常牛乳在25℃时，电导率为0.0040~0.0055S/m。乳房炎乳中钠、氯等离子增多，电导率上升，一般电导率超过0.006S/m即可认为是患病牛乳。因此，可利用电导率进行乳房炎乳的快速鉴定。脱脂乳中由于妨碍离子运动的脂肪已被除去，电导率比全脂乳高。乳在蒸发过程中，干物质浓度在36%~40%以内时电导率增高，此后又逐渐降低。因此，在生产中也可以利用电导率来检查乳的蒸发程度并调节真空蒸发器的运行。

2. 氧化还原电位

乳中含有很多具有氧化还原作用的物质，如维生素 B_2、维生素 C、维生素 E、酶类、溶解态氧、微生物代谢产物等。乳中进行氧化还原反应的方向和强度取决于这类物质的含量。氧化还原电位可反映乳中进行的氧化还原反应的趋势。一般牛乳的氧化还原电位（Eh）为 +0.23~+0.25 V。乳经过加热则产生还原性的产物而使 Eh 降低，铜离子的存在可使 Eh 增高。牛乳如果受到微生物污染，随着氧的消耗和还原性代谢产物的产生，可使其氧化还原电位降低，当与甲基蓝、刃天青等氧化还原指示剂共存时出现褪色，此原理可以应用于微生物污染程度的检验。

思考题

1. 乳中蛋白质的种类有哪些？各有什么特点？
2. 简述酪蛋白的特性及其在生产中的应用。
3. 酪蛋白凝固方法有哪些？各自原理是什么？
4. 酪蛋白和乳清蛋白性质的主要区别是什么？
5. 乳中酶的种类有哪些？对乳品加工的意义是什么？
6. 乳糖有哪些类型，各有什么特点？
7. 乳脂肪酸组成有什么特点？
8. 简述乳脂肪球的结构。
9. 简述牛乳的主要理化性质及其在乳品加工中的应用。

思政小模块

"每天一杯奶"计划

食品中的营养素分为宏量营养素和微量营养素，其中宏量营养素包括碳水化合物、蛋白质和脂肪。蛋白质对于人体而言具有非常重要的功能。为了使国民的身体素质得到良好的发展，我国于2000年开始推行中小学生"每天一杯奶"计划，旨在改善中小学生的营养状况，促进中小学生发育成长，提高中小学生健康水平。牛乳不仅含有丰富的优质蛋白质，而且含有多种微量营养素，如钙、磷、维生素 A、维生素 D 等。经过20年的推广实施，目前我国中小学生的身体素质得到普遍提高。根据2020年国家卫健委组织中国疾病预防控制中心、国家癌症中心、国家心血管病中心编写的《中国居民营养与慢性病状况报告（2020年）》，我国居民体格发育与营养不足问题持续改善，城乡差异逐步缩小，居民的平均身高持续增长，"每天一杯奶计划"取得了良好成效，同时该计划也是"健康中国"战略的重要内容。

乳制品对国民健康具有重要意义,应从自身做起,践行"每天一杯奶"计划,并努力提升自身技能和素养,利用所学知识为人民的健康美好生活贡献力量,成为对国家、社会和家庭有用的人。

第一章微课视频

乳的物理化学性质

第二章

乳中常见微生物及污染因素控制

本章目标与重难点

学习目标： 掌握可能污染原料乳的各种微生物因素，能够针对性地控制，保证原料乳的质量，生产安全优质的乳制品。

思政目标： 了解微生物污染控制在食品安全危害控制的重要性，强化乳品行业安全、环保和可持续发展的意识，理解并遵守职业道德规范，履行责任。

重点和难点： 本章重点为乳中微生物污染的来源和原料乳微生物数量的动态变化规律，难点为原料乳中微生物污染及控制措施。

第一节 乳中常见微生物

一、乳酸菌

分解乳糖产生乳酸的细菌称为乳酸菌，乳酸菌又可分为同型发酵乳酸菌和异型发酵乳酸菌。发酵乳糖只能产生乳酸的乳酸菌是同型发酵乳酸菌，而发酵乳糖产生乳酸并同时产生乙醇、乙酸、二氧化碳及氢气等产物的乳酸菌是异型发酵乳酸菌。牛乳和乳制品中常见乳酸菌的种类非常多。

（一）乳酸球菌

1. 乳酸乳球菌

乳酸乳球菌（*Lactococcus lactis*）是乳球菌属的代表菌种，为最普通的乳酸菌，其中某些菌株是制备奶油发酵剂、干酪发酵剂和一些发酵乳制品（如酸牛乳）所需发酵剂纯培养的重要菌种。该菌株在健康乳牛乳房中不存在，但在牛乳中能分离出来，可能是来自毛、粪以及挤乳桶等。牛乳凝固90%是由于这种菌。乳酸乳球菌呈椭圆形，直径$0.5 \sim 1 \mu m$，一般呈双球或短链球状，个别的有时呈长链球状。无运动性，不形成芽孢，革兰氏阳性，兼性厌氧，繁殖最适温度为$30 \sim 35 ℃$，产酸温度为$10 \sim 40 ℃$，可耐$40 g/L$氯化钠溶液和pH 9.2的环境，灭菌条件是$62.80 ℃$、30 min。

2. 乳脂乳球菌

乳脂乳球菌（*Lactococcus cremoris*），原称乳酸乳球菌乳脂亚种，常用于制备奶油、干酪的发酵剂，有时与乳酸乳球菌共同培养以制备菌种发酵剂。乳脂乳球菌菌体呈球形或椭圆形，直径 0.6~1.0μm，两个菌体相连成短链球状，无运动性，不形成芽孢；革兰氏阳性，兼性厌氧，繁殖温度为 30℃，温度达 40℃时停止繁殖，在 40g/L 氯化钠溶液和 pH 9.2 环境中停止繁殖。乳脂乳球菌产酸温度是 18~20℃，产酸快，但不耐酸，在 20~30℃ 的凝固乳中只能存活数日。

3. 粪肠球菌

粪肠球菌（*Enterococcus faecalis*）存在于动物的肠道粪便以及腐败物中，在乳与乳制品中也时有发现。菌体呈椭圆形，直径 0.5~1.0μm，一般为双球或短链球状。粪肠球菌属中个别菌株能使柠檬酸发酵生成乙酸、甲酸、乳酸和二氧化碳。粪肠球菌中的个别菌株有运动性，革兰氏阳性，繁殖温度为 10~40℃，有的菌株可耐 62.8℃ 的温度，有的甚至耐 90℃ 的高温。

4. 肠膜明串珠菌乳脂亚种

肠膜明串珠菌乳脂亚种（*Leuconostoc mesenteroides* subsp. *cremoris*），又称乳脂明串珠菌，在制备奶油和干酪发酵剂时，常和乳酸菌混合使用。可以从柠檬酸生成联乙酰和 3-羟基丁酮，一般和乳酸乳球菌及乳脂乳球菌共同生存。菌体呈球形，直径 0.6~1.0μm，连成两个或呈锁链状，无运动性；不形成芽孢，革兰氏阳性，微好气性，通常厌氧，繁殖温度 20~25℃。

5. 肠膜明串珠菌葡聚糖亚种

肠膜明串珠菌葡聚糖亚种（*Leuconostoc mesenteroides* subsp. *dextranicum*）为兼性厌氧至微好气。在生活过程中除产生乳酸外，同时还产生挥发性酸类及气体等。该菌在牛乳中产酸能力较弱，活性比肠膜明串珠菌乳脂亚种强，产香能力差。常用于干酪、奶油发酵剂。

（二）乳酸杆菌

1. 德氏乳杆菌保加利亚亚种

德氏乳杆菌保加利亚亚种（*Lacticaseibacillus delbrueckii* subsp. *bulgaricus*）是了解最早的乳杆菌，菌体呈棒状，有时呈长、大链状。其繁殖需要乳成分或乳清成分，混合培养基加入蛋白分解物发育更好。繁殖过程中，其产酸能力在乳酸菌中是最高的，可使牛乳凝固，分解蛋白质生成氨基酸的能力很强，能使牛乳稀奶油变黏稠。德氏乳杆菌保加利亚亚种是生产酸牛乳的主要菌种，并可用于生产酸乳饮料或用乳清生产乳酸，与唾液链球菌嗜热亚种（原名嗜热链球菌）一起作为瑞士干酪的发酵剂。德氏乳杆菌保加利亚亚种的繁殖最适温度是 37~42℃，20℃ 不能发育，60℃ 以上可杀死。

2. 嗜酸乳杆菌

嗜酸乳杆菌（*Lacticaseibacillus acidophilus*）主要存在于动物肠道中，可从幼儿及成年人的粪便中分离出来。菌体呈细长形，可单独存在或 2~3 个形成短链状存在。耐酸性很强，但凝固牛乳的作用弱，在 37℃ 条件下 2~3d 才能使牛乳凝固。在肠道内分解乳糖、麦芽糖、淀粉类生成乳酸，有抑制肠道菌群的作用，因而可以起到调整肠道内菌群的作用。嗜酸乳杆菌是制备发酵乳制品、嗜酸菌乳的纯培养发酵剂的有用菌种。嗜酸乳杆菌发育适温为 37℃，最高温度可达 43~48℃，22℃ 以下不产酸。

3. 干酪乳酪杆菌

干酪乳酪杆菌（*Lacticaseibacillus casei*）在牛乳中存在较多，菌体呈细长链状，无运动性，不形成芽孢，革兰氏阳性，微好气性。在发酵乳糖形成乳酸的发酵过程中同时分解蛋白质产生香味物质，干酪乳酪杆菌是干酪成熟中必要的菌株。生长最高酸度条件是含乳酸 1.5%～1.8%，最适温度是 30℃，但 10℃ 以下也能生长。

二、嗜温菌

(一) 肠杆菌科

肠杆菌科是革兰氏阴性杆菌，有十二个属，分别是埃希氏菌属（*Escherichia*）、爱德华氏菌属（*Edwardsiella*）、柠檬酸杆菌属（*Citrobacter*）、沙门氏菌属（*Salmonella*）、志贺氏菌属（*Shigella*）、克雷伯氏菌属（*Klebsiella*）、肠杆菌属（*Enterobacter*）、哈夫尼亚菌属（*Hafnia*）、沙雷氏菌属（*Serratia*）、变形菌属（*Proteus*）、耶尔森氏菌属（*Yersinia*）和欧文氏菌属（*Erwinia*）。除欧文氏菌属和爱德华氏菌属外，其余都与牛乳有关。肠杆菌科的特性是细胞为较小直杆状，尺寸范围为 (0.4～0.7) μm×(1.0～4.0) μm，通常是单个，有时也会聚集在一起，革兰氏阴性，好氧或兼性厌氧，不耐热，牛乳经巴氏杀菌就可以消除。为了检验巴氏杀菌的效果，一般在巴氏消毒乳、奶油和其他乳制品中检测是否残留大肠菌群和磷酸酶。若两者都显阳性，则说明巴氏杀菌操作不当；若大肠菌群结果为阳性，而磷酸酶的结果为阴性，则说明巴氏消毒后产品被污染了。

(二) 丙酸菌

丙酸菌（*Propionibacterium*）的菌体形态与乳酸菌的相似，与乳酸链球菌的完全相同，也有和德氏乳杆菌保加利亚亚种类似的。无运动性，革兰氏阳性，有不产色素和产褐色色素的。丙酸菌能分解碳水化合物，发酵乳糖生成丙酸、丁酸、乙酸和二氧化碳等。广泛存在于牛乳和干酪中，并可使干酪产生气孔和特殊的风味。丙酸菌的生长适温为 15～40℃。

(三) 丁酸杆菌

丁酸杆菌（*Butyribacterium*）是能分解碳水化合物并产生丁酸、二氧化碳和氢气的丁酸发酵菌。丁酸杆菌种类非常多，目前确认的不少于 20 种，而且它们的性质也不尽相同。在牛乳中繁殖的丁酸杆菌一般无运动性、嫌气。例如，丁酸杆菌中产气荚膜杆菌，菌体呈单个或两个相连接，形态有时呈链状，无运动性，产芽孢；革兰氏阳性，嫌气，最适生长温度是 35～37℃。丁酸杆菌的污染源是牛粪及含有牛粪的土壤和水源，所以乳牛在饲用质量不良的青贮料的舍饲期，所产的牛乳含丁酸杆菌较多，而在放牧季节被丁酸杆菌污染的机会很少。

三、嗜冷菌

在 0～20℃ 温度下能够生长的细菌都属于低温菌。国际乳品联合会（IDF）提出，凡是在 7℃ 以下能生长的细菌即称为低温菌，而在 20℃ 以下能繁殖的细菌称为嗜冷菌。牛乳与乳制品中的低温菌属有假单胞菌属（*Pseudomonas*）、醋酸杆菌属、无色杆菌属、黄杆菌属、产碱杆菌属和一部分大肠菌群。此外，一部分乳酸菌、微球菌、酵母菌和霉菌也属于低温菌，尤其是霉菌更喜欢低温环境。

(一) 假单胞菌属

假单胞菌属在自然界中广泛存在，能产生各种荧光色素，能发酵葡萄糖。该属多数菌能使乳与乳制品蛋白质分解而变质。例如，荧光极性鞭毛杆菌除了能使牛乳胨化外，还能分解脂肪，导致牛乳酸败。此外，牛乳中除了有极性鞭毛杆菌和强力分解脂肪的蛇果假单胞菌外，还有绿脓菌等病原菌。这种菌是使食品发生腐败变质的菌种之一。这类菌生长快且大多数在低温条件下生长良好（最适温度为20℃左右），大部分对防腐剂具有抵抗力。其生长弱点是需较多水分，在盐、糖作用下可以降低其活力，加热易被杀死。牛乳和乳制品中的假单胞菌还有产黄假单胞菌（*Pseudomonas synxantha*）、臭味假单胞菌（*Pseudomonas mephitica*）和莓实假单胞菌（*Pseudomonas fragi*）等。

（二）明串珠菌属

明串珠菌的菌株多见于牛乳、乳制品及其发酵剂中，也可见于水果、蔬菜上和蔬菜发酵（如泡菜等）过程中。其菌体细胞呈球形，但通常呈豆状，尤其当生长在琼脂上时，常成对和链形排列。革兰氏阳性，不运动，不形成芽孢，兼性厌氧。菌落直径通常小于1.0 mm，光滑，圆形，灰白色。培养液生长物混浊均匀，但形成长链的菌株趋向于生成沉淀。可在5~30℃生长，最适温度20~30℃。乳及乳制品中常见的明串珠菌有：类肠膜明串珠菌（*Leuconostoc paramesenteroides*）、肠膜明串珠菌（*Leuconostoc mesenteroides*）、葡聚糖明串珠菌（*Leuconostoc dextranicum*）、乳脂明串珠菌（*Leuconostoc cremoris*）和乳明串珠菌（*Leuconostoc lactis*）等。

（三）醋酸杆菌属

醋酸杆菌属能使有机物，尤其是乙醇氧化生成有机酸和各种氧化物，当乳与乳制品发生酸败或出现酒精发酵时，醋酸杆菌则能使发酵产物氧化以致腐败。

醋酸杆菌属中有醋化醋酸杆菌、纹膜醋酸杆菌（*Acetobacter aceti*）和产醋醋酸杆菌（*Acetobacter acetigenum*）等。

（四）莫拉氏菌属和不动杆菌属

莫拉氏菌属是包括人体在内的温血动物的致病菌，它们对营养的要求较挑剔。莫拉氏菌在37℃生长或不生长，可以从食品甚至冷藏的牛乳和乳制品中分离到。不动杆菌属的菌株营养多样化，无特殊的营养需要，平时营腐生生活。30~32℃下生长良好，可以以嗜冷菌或嗜温菌的形式出现在牛乳中。虽然不是所有有荚膜的菌都会导致牛乳变黏稠，但目前人们认为黏乳不动杆菌（*Acinetobacter viscolactis*）是造成牛乳变黏稠的菌源之一。作为牛乳中嗜冷菌系的成员，这两类菌的一些菌株可能也能代谢胞外降解酶。

（五）气单胞菌属、色杆菌属和黄杆菌属

气单胞菌属、色杆菌属和黄杆菌属的菌落色素不同。色杆菌的菌落呈紫色干酪状，在适宜的培养基上，它们能产生紫色杆菌素。紫色杆菌素不溶于水但溶于乙醇，不容易扩散，是一种具有抗菌活性的色素。黄杆菌在固体培养基上产生具有黄色、橙色、红色或褐色的色素，其色泽可随培养基和湿度而变化。色素不溶于水，一般假定为类胡萝卜素（至少有两种菌产生的是非类胡萝卜素）。

虽然这三类菌的最高和最低生长温度各不一样，但绝大多数都能在25~30℃生长很好。在适用于牛乳和乳制品中嗜冷菌的平板上，许多气单胞菌、色杆菌和黄杆菌都能生长。当然，色杆菌属主要是生长在泥土中，所以很少出现在牛乳中。这些菌属的菌株可能产生热稳定性胞外酶，因此是牛乳和乳制品中嗜冷菌源。另外，黄杆菌的某菌株在4℃时会引起牛乳变黏稠。

（六）微球菌科

微球菌科包括微球菌属、葡萄球菌属和动性球菌属，其中前两个菌属可能会出现在牛乳和

乳制品中。微球菌细胞呈球形，直径为 0.5~3.5μm，革兰氏阳性，通常不运动好氧或兼性厌氧。大多数在 10℃生长，但在 45℃不能生长，最适生长温度是 22~37℃。微球菌与葡萄球菌的区别是后者能发酵葡萄糖，1963 年就有研究证实了葡萄球菌能发酵或氧化乳糖。其中，变异微球菌（*Micrococcus varians*）通常出现在牛乳和乳制品、哺乳动物表皮、灰尘和土壤中，非致病性。微球菌产生有光泽的深黄色色素，菌落黄色光滑、凸起，有规则边缘。在半乳糖、乳糖、麦芽糖、蔗糖中产酸，但产酸是可变的，有时水解脂肪和酪朊。

四、嗜热菌

高温菌或嗜热细菌是指在 40℃以上能正常发育的菌群。乳酸菌中的唾液链球菌嗜热亚种、德氏乳杆菌保加利亚亚种、好气性芽孢杆菌（如嗜热脂肪地芽孢杆菌）、嫌气性芽孢杆菌（如好热纤维梭状芽孢杆菌）和放线菌等都属于嗜热菌。嗜热细菌体内原生质的大部分是由高级不饱和脂肪酸组成，在低温下这些不饱和脂肪酸固化而失去活力，这就是嗜热菌或高温菌在低温下不能发育的原因。耐热性细菌，广义是指能形成嗜热芽孢的菌群，生产上是指经巴氏杀菌（63℃、30min）还能生存的细菌，如一部分乳酸菌、耐热性大肠菌、小杆菌以及一部分放线菌和球菌等。用超高温（135~137℃、数秒）灭菌，这些耐热菌及其芽孢都能被杀死。

1. 唾液链球菌嗜热亚种

唾液链球菌嗜热亚种（*Streptococcus salivarius* subsp. *thermophilus*）为球形或卵圆形细胞，直径为 0.7~0.9μm，成对或长链状，45℃时细胞或其一部分变为不规则。菌体大小为（0.4~0.7）μm×（1.0~3.0）μm。无运动性，也不形成芽孢，革兰氏阳性，兼性厌氧，于 60℃加热、30min 可以存活。生长最低温度为 19~21℃，最高为 52℃，低于 10℃或高于 53℃不生长，最适温度为 37℃。71℃加热 30min 或 82℃加热 2.5min 可杀死。通常混合使用嗜热发酵剂与其他发酵剂，以生产酸乳、瑞士干酪和意大利干酪，也可以用来检测牛乳中的抑制物质。它们一般可以从 40~45℃的牛乳中分离到，尤其是当乳中含有足够的碳水化合物时。

2. 嗜热脂肪地芽孢杆菌

嗜热脂肪地芽孢杆菌（*Geobacillus stearothermophilus*）菌落形状圆形至卵圆形，透明或模糊，光滑或粗糙，形态不易辨别。它能在 65℃条件下生存，但只有微弱的抗酸性，在 pH 5.0 以下就停止生长。该菌能导致罐头类食品（包括炼乳等乳制品）变质。乳制品中的嗜热脂肪地芽孢杆菌并不是来自牛乳本身，而是来源于淀粉、糖或谷物等配料中。该种菌的芽孢比芽孢杆菌属的其他嗜温菌芽孢更耐热，但营养体对不良条件非常敏感，若将它们冷至室温，营养体立即失去活性。它的芽孢经过罐式热处理仍能生存，并引起产品酸败；但嗜热脂肪地芽孢杆菌不产气，所以产品即使已经过期变质，也并不胀罐。

3. 牛链球菌

从牛、羊和其他的反刍动物的食道中、猪的粪便中分离得到牛链球菌（*Streptococcus. bovis*），偶尔出现在人粪中，偶尔也会存在于心脏内膜炎患者的心脏中，有的可以从生乳、稀奶油和干酪分离得到。来源于人体和牛体的菌株无差异性。菌落呈圆形或卵圆形，成对或成链状，链为中等长度，偶尔也很长。牛链球菌发酵葡萄糖、乳糖等糖产酸。体内存在 α-淀粉酶，可将淀粉水解成麦芽糖和葡萄糖。大多数菌株在 60℃环境中可耐 30min，最适生长温度是 37℃，最低生长温度为 22℃。

五、芽孢菌

芽孢菌为典型的内生孢子，革兰氏阳性杆菌，是芽孢菌科（Bacillaceae）菌群的总称。一般可发酵许多糖类，多数为产气性，广泛存在于自然界，常寄生于死物上，有的具有致病性，由土壤、水、尘埃等为介质污染牛乳及乳制品。因为它可以生成耐热性的芽孢，故在杀菌处理后仍能生存。引起乳变质的菌种有很多。

1. 芽孢杆菌属

芽孢杆菌属（Bacillus）的菌株可按芽孢的形状和菌的大小区分，枯草芽孢杆菌（B. subtilis）为其代表菌种。枯草芽孢杆菌好气，自然界分布很广，经常从干草、谷类、皮和草等散落到牛乳中，所以常从牛乳中检出。菌体大小为（0.7~0.8）μm×（2~3）μm，单个或呈链状，有运动性，革兰氏阳性；能形成芽孢，生长温度为28~50℃，最适温度为28~40℃，最高生长温度可达55℃。枯草杆菌分解蛋白能力强，可使牛乳胨化，一般不分解乳糖，可发酵葡萄糖、蔗糖，能利用柠檬酸。牛乳在好气性芽孢杆菌作用下会出现异臭和苦味。巨大芽孢杆菌的生理活性与枯草芽孢杆菌相似，它和蜡样芽孢杆菌能分解乳蛋白并产生非酸性凝固（酶凝固），使牛乳迅速胨化。地衣芽孢杆菌的耐盐性高，100g/L氯化钠溶液中也能生长，可从干酪中分离出来。短小芽孢杆菌也可从干酪和污染乳中分离。凝结芽孢杆菌存在于牛乳、稀奶油、干酪和青贮饲料中，它和短芽孢杆菌、环状芽孢杆菌等可使牛乳酸败。多黏芽孢杆菌（B. polymyxa）可使牛乳凝固并产气，这种菌和浸麻芽孢杆菌在用生乳制作干酪初期可形成气孔。在牛乳和干酪中常有短芽孢杆菌以及环状芽孢杆菌，此外还有坚硬芽孢杆菌（B. firmus）、蜂房芽孢杆菌、嗜热脂肪地芽孢杆菌、泛酸芽孢杆菌（B. pantothenticus）和巴氏芽孢杆菌（B. pasteurii）等。从淡炼乳检出菌中常有苦味芽孢杆菌、嗜乳芽孢杆菌、面包芽孢杆菌和简单芽孢杆菌等，病原菌则有炭疽芽孢杆菌。因为芽孢杆菌对干燥、高温等有抗性，所以即使在恶劣环境下也可以生存较长时间，绝大多数好氧芽孢杆菌芽孢无所不在，可以从许多物体上分离到。

2. 梭状芽孢杆菌属

梭状芽孢杆菌属是可发酵许多糖，生成丁酸等各种酸的芽孢杆菌。与乳制品有关的菌多为嫌气性（严格厌氧菌），导致干酪成熟后期形成气孔缺陷。创伤梭菌、丙酮丁醇梭菌、金黄丁酸梭菌、产气荚膜梭菌、费新尼亚梭菌、肖氏梭菌、败毒梭菌等会出现在乳制品中。

干酪成熟后期造成气孔缺陷的原因就是丁酸菌，代表菌株是丁酸芽孢杆菌。在乳酸菌繁殖产酸到达一定程度时，这些丁酸菌就停止生长，并开始显示其活性。在产气的同时，产生丁酸并进行酒精发酵，在这些发酵过程中还伴随产生甲酸、乙酸、丙酸等有机酸和戊醇、丁醇等。

3. 芽孢乳杆菌属

菊糖芽孢乳杆菌是芽孢乳杆菌属的代表菌，它能将乳糖发酵生成酸。偶尔也会出现在牛乳和乳制品中。

六、原料乳微生物数量的动态变化

通常情况下，微生物会从牛体（包括挤乳环境、牛粪、乳房等）、空气、盛乳容器、饲料等处进入牛乳中，由于牛乳的营养非常丰富，又含有大量水分，特别适合微生物的需要，所以牛乳在贮存期间，微生物会出现大量的繁殖。

(一) 刚挤出的新鲜牛乳含菌量的变化

刚挤出的新鲜牛乳含菌量依牛的健康、泌乳期、乳房状况以及挤乳前对乳房的卫生处理、挤乳环境卫生等情况而有所不同。在挤乳过程中细菌含量变化情况是，先挤出的牛乳中细菌含量较高，随后挤出的含菌量逐渐下降。

(二) 混合乳中细菌含量的变化

新挤出的鲜乳一般含菌量较少，但受不同挤乳用具、容器和牛体、牛舍空气不同程度的污染，因此，混合乳中细菌数量变化很大。不同的挤乳条件对牛乳污染程度如表2-1所示。

表2-1　　　　　　　　　不同的挤乳条件对牛乳污染程度比较　　　　　　单位：CFU/cm^2

污染来源	遵守卫生条件	不遵守卫生条件
牛皮肤与毛	50	20000
空气	1	30
挤乳者的手	1	10000
滤乳器	1	100000
挤乳用小桶	70	1000000

(三) 生鲜牛乳保存期间细菌的变化

1. 牛乳在室温下贮存时微生物的变化

(1) 微生物增长方式　细菌增长方式是成倍增加，一个细胞分裂产生两个新的细菌细胞。以这样的方程 $2^0 \rightarrow 2^1 \rightarrow 2^2 \rightarrow \cdots 2^n$ 增加。如果生长的细菌培养物每毫升细菌计数为 N_0，n 次分裂后的细菌计数 N 可用式 (2-1) 或式 (2-2) 计算：

$$N = N_0 \cdot 2^n \tag{2-1}$$

$$\lg N = \lg N_0 + n \lg 2 = \lg N_0 + 0.3n \tag{2-2}$$

因此，整个细胞分裂所需的时间决定了生长速率。它称为生成时间 g，可以从单位时间内发生的分裂得出 t，如式 (2-3) 所示：

$$g = t/n \tag{2-3}$$

因此，在特定的条件下，存储时间 t 后，可以从式 (2-4) 中计算出 N 的数量。

$$\lg N = \lg N_0 + 0.3t/g \tag{2-4}$$

生成时间 g 取决于几个因素。在牛乳中，细菌的种类（或菌株）和温度是特别重要的。其他涉及的因素还有pH、氧压力、抑制剂和营养物质的浓度，但这些因素在生牛乳中都是相当稳定的。

因此，细菌的生长伴随着细菌数量的增加。目前的测定方法通常给出每毫升菌落形成单位（CFU）的数量。由于一些细菌在分裂后往往仍然附着在一起，形成较短或较长的单个细胞链（约100，但通常较少），菌落数可能比实际的活细胞数量少得多。运用方程计算菌落数量时应该注意，对于乳球菌和链球菌，以及某些种类的乳酸菌，还有酵母、霉菌时可能有很大的差异，因为这些菌比大多数细菌大得多，每个细胞可以产生更多的代谢物。

(2) 生长阶段　新鲜牛乳在杀菌前都有一定数量的、不同种类的微生物存在，如果放置在室温（10~21℃）下，会因微生物在乳中活动而逐渐使乳变质。室温下微生物的生长过程可分为以下几个阶段，见图2-1。

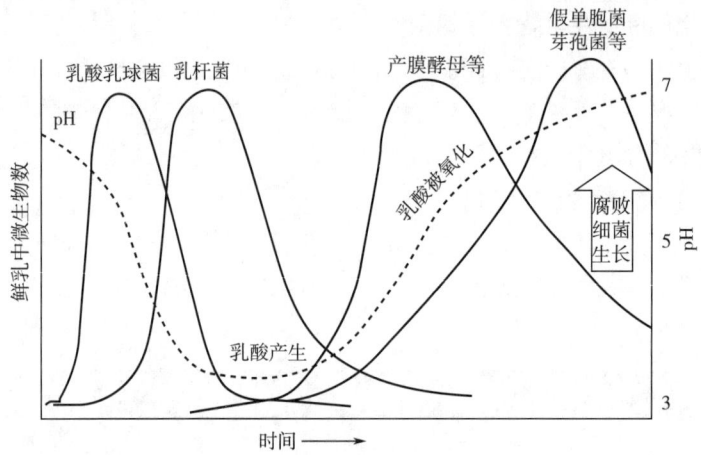

图2-1　鲜乳中的微生物菌群演替

原料乳中含有乳过氧化物酶系统（LP-S）、溶菌酶等抑菌物质，使乳汁本身具有抗菌特性，在一定时间内不会发生变质现象。这种特性延续时间的长短，随乳汁温度高低和细菌的污染程度而不同。通常新挤出的乳，迅速冷却到0℃可保持48h，5℃可保持36h，10℃可保持24h，25℃可保持6h，30℃仅可保持2h，在这段时间内，乳内细菌是受到抑制的。当乳的自身杀菌作用消失后，若乳静置于室温下，即可观察到乳所特有的菌群交替现象。这种有规律的交替现象分为以下几个阶段，最后导致原料乳腐败变质。

①抑制期（混合菌群期）：在新鲜的乳中含有乳过氧化物酶系统、溶菌酶等抑菌物质，对乳中存在的微生物具有杀灭或抑制作用。在杀菌作用终止后，乳中各种细菌均发育繁殖，由于营养物质丰富，暂时不发生互生或拮抗现象。这个时期持续12h左右。

②乳酸乳球菌期：鲜乳中的抗菌物质减少或消失后，存在于乳中的微生物，如乳链球菌、乳酸乳球菌、乳杆菌、大肠杆菌和一些蛋白质分解菌等迅速繁殖，其中以乳酸乳球菌生长繁殖居优势，分解乳糖产生乳酸，使乳中的酸性物质不断增高。由于酸度的增高，抑制了腐败菌、产碱菌的生长。以后随着产酸增多乳链球菌本身的生长也受到抑制，数量开始减少。

③乳杆菌期：当乳球菌在乳中繁殖，乳的pH下降至4.5以下时，由于乳杆菌耐酸力较强，尚能继续繁殖并产酸。在此时期，乳中可出现大量乳凝块，并有大量乳清析出，这个时期约有2d。

④真菌期：当酸度继续升高，至pH 3.0~3.5时，绝大多数的细菌生长受到抑制或死亡。而霉菌和酵母菌尚能适应高酸环境，并利用乳酸作为营养来源而开始大量生长繁殖。由于酸被利用，乳液的pH回升，逐渐接近中性。

⑤腐败期（胨化细菌期）：经过以上几个阶段，乳中的乳糖已基本上消耗掉，而蛋白质和脂肪含量相对较高，因此，此时能分解蛋白质和脂肪的细菌开始活跃，凝乳块逐渐被消化，乳的pH不断上升，向碱性转化，同时并伴随有芽孢杆菌属、假单胞杆菌属、变形杆菌属等腐败细菌的生长繁殖，于是牛乳出现腐败臭味。在菌群交替现象结束时，乳也产生各种异色、苦味、恶臭味及有毒物质，外观上呈现黏滞的液体或清水。

2. 牛乳在冷藏中微生物的变化

温度对细菌的生长影响很大（表2-2）。降低温度延缓了细胞中几乎所有过程的速率，从而减缓了生长和降低了发酵速率。

生鲜牛乳在未消毒、冷藏保存的条件下，一般的嗜温微生物在低温环境中被抑制；而低温微生物却能够增殖，但生长速度非常缓慢。低温中，牛乳中较为多见的细菌有：假单胞菌、醋酸杆菌、产碱杆菌、无色杆菌、黄杆菌属等，还有一部分乳酸菌、微球菌、酵母菌和霉菌等。结果表明，乳酸菌不会破坏冷藏的牛乳，假单胞菌在30℃生长比其他细菌更慢。生长速率对温度的依赖性对于牛乳的保藏质量有影响（表2-3）。

表2-2　　　　　　　　单位时间内牛乳中部分细菌最快生长速度　　　　　　　单位：s^{-1}

菌种	温度/℃		
	5	15	30
乳酸菌	>20	2.1	0.5
假单胞菌	4	1.9	0.7
大肠菌群	8	1.7	0.45
唾液链球菌嗜热亚种	>20	3.5	0.5
需氧芽孢菌	18	1.9	0.45

表2-3　　　　　　牛乳保持温度24h后计数和适合加工的贮存时间

保持温度/℃	24h后的计数/（CFU/mL）	适合加工的贮存时间/h
4	2.5×10^3	>75
10	1.2×10^4	30
15	1.8×10^5	19
20	4.5×10^6	11
30	1.4×10^9	5

注：适合加工的贮存时间为菌落计数不超过$1.0 \times 10^6 CFU/mL$。

表2-3显示，在较高的贮存温度下，牛乳的保存质量很低，鲜乳中的微生物数量应该被控制，低温是目前有效的手段。

冷藏乳的变质主要指乳脂肪的分解。多数假单胞菌属中的细菌，均具有产生脂肪酶的特性，它们在低温时活性非常强并具有耐热性，即使在加热消毒后的牛乳中，残留的脂肪酶还有活性。

冷藏牛乳中可经常见到低温细菌促使牛乳中蛋白分解的现象，特别是产碱杆菌属和假单胞菌属中的许多细菌，它们可使牛乳胨化。

第二节　原料乳中微生物污染及控制

一、乳中微生物污染来源及途径

(一) 乳房内微生物的污染

从健康乳牛的乳房挤出的鲜乳并不是无菌的。在一般健康乳牛的乳房内，总是有一些细菌存在，但仅限于极少数的几种细菌，其中以小球菌属和链球菌属最为常见，其他如棒状杆菌属和乳杆菌属等细菌也可能出现。乳房内的细菌主要存在于乳头管及其分支处。在乳腺组织内无菌或含有很少细菌。乳头前端因容易被外界细菌侵入，细菌在乳管中常能形成菌块栓塞，所以在最先挤出的少量乳液中，会含有较多的细菌，为 $10^3 \sim 10^4 \text{CFU/mL}$，中间挤出的乳中约为 550CFU/mL，最后挤出的乳中微生物含量最少，约为 400CFU/mL。因此，挤乳时要求弃去最先挤出的少数乳汁。

从不健康乳牛的乳房中挤出的鲜乳，微生物也会进入牛乳中。在乳腺炎的情况下，致病微生物已经存在于乳房中，从而存在于牛乳中。因此，乳汁通常有较高的菌数。乳腺炎微生物，包括结核分枝杆菌、链球菌、金黄色葡萄球菌和大肠杆菌菌株。

如果乳房以外的其他器官发炎，病原体可能会直接通过身体进入牛乳，也可以通过粪便或尿液进入牛乳。在这些对人类具有致病性的微生物中，有硬血清型钩端螺旋体、结核分枝杆菌、空肠弯曲杆菌、单核细胞增生性李斯特菌、炭疽芽孢杆菌（引起炭疽）、流产布鲁氏菌（引起类似人类马耳他热的疾病）和口蹄疫病毒。显然，必须将患病动物的乳排除在加工过程之外，并将乳加热以杀死任何病原体。饮用生牛乳是非常不可取的。

（二）挤乳过程中的微生物污染

由于饲料、牛舍、空气、乳牛粪便、污水等周围环境的污染，使乳房、腹部以及牛体其他部分附着有大量细菌，多数属于带芽孢的杆菌和大肠杆菌等。乳牛的皮肤、毛，特别是腹部、乳房、尾部是细菌附着严重的部位。不洁的牛体附着的尘埃，其 1g 中的细菌数可达几亿到几十亿。1g 湿牛粪含菌数为几十万到几亿，1g 干牛粪可达几亿到 100 亿。因此，在挤乳前 1h 应对牛腹部、乳房进行清理；挤乳前 10min 对乳房进行洗涤按摩；最后在挤乳前用 3~5g/L 氯己定溶液药浴乳房不仅可以减少牛乳的带菌量，而且对预防隐性乳房炎也效果良好。

饲料往往含有大量的微生物。饲料有时会直接落入乳中，但更重要的是，饲料中的某些微生物通过消化道存活下来，随后通过粪便进入乳中，它包括一些人类病原体。饲料中的芽孢杆菌、枯草芽孢杆菌和酪丁酸梭菌等可破坏牛乳和乳制品，劣质青贮饲料中会出现大量的酪酸梭菌。芽孢细菌的芽孢在低温巴氏杀菌的干酪乳中存活，因为不能进行更强烈的热处理，并可能导致某些类型的干酪"迟吹"。因此，高质量的青贮饲料是最重要的，应该严格防止牛乳受到粪便等污染。在一些地区，青贮是被严格禁止的，例如，在瑞士埃门塔勒地区和意大利北部的帕尔马干酪产地。当乳牛腹泻时（例如，由于喂食过多的精料引起的），就会增加粪便对牛乳的污染。

牛舍内通风不良，以及不注意清扫的牛舍，会有地面、牛粪、褥草、饲料等飞起尘埃，这种浮游于空气中的尘埃小微粒中，附着有大量细菌。如果不新鲜的空气中含有大量这种尘埃，则空气会成为严重的污染源。牛舍环境主要是带芽孢的杆菌、球菌，其次为霉菌及酵母菌等。另外，舍内蚊蝇、昆虫也是乳中微生物的主要来源，因为每只苍蝇身上带菌可多达 600 万个以上。进行牛舍管理活动，如喂料、洗刷牛体、打扫牛舍等，可使空气中的尘埃和微生物数量急剧下降，洁净牛舍内空气中的含菌量为 50~100 个/L。

挤乳桶是第一个与牛乳直接接触的容器，如果平时对挤乳桶的洗涤消毒杀菌不严格，它对牛乳的污染是很严重的。如果是用机器挤乳，则平时对于挤乳器的洗涤消毒杀菌必须严格注意，进行得不彻底者，污染程度会极为严重。挤乳前或挤乳后必须进行有效的清洗和消毒。经测定，如用清水冲洗后盛乳，原料乳中含菌量为 250 万个/mL，若用蒸汽消毒后再装乳，乳中含菌量仅2.3万个/mL。清洗和消毒的方法很大程度上决定了污染生物的种类。如果使用高温，挤乳器具的清洁和消毒不理想时，主要污染菌是耐热菌，包括微球菌、乳酸菌、部分链球菌和芽孢形成菌。另一方面，如果使用低温，则主要涉及乳酸菌，如乳酸乳球菌、假单胞菌和大肠菌群。因此，使用能够充分清洁和消毒的挤乳设备是至关重要的。应避免在磨损的橡胶装置和设备的死角处出现小裂缝。

自来水的质量很重要，任何私人供水都必须定期检查。地表水可能含有许多微生物，包括人类病原体，因此，它绝不能用于清洁和漂洗。革兰氏阴性菌如假单胞菌、无色杆菌、黄杆菌等，大多数是嗜冷菌，经常出现在污染的水中（也存在于粪便、土壤和清洁不良的器皿中）。特别是在热带国家城市，水可能有非常高的含菌数。

工作人员本身的卫生状况和健康状况也影响鲜乳中微生物的数量。例如，挤乳员的手不清洁或衣服不清洁，或者挤乳员咳嗽等，都会将微生物带入乳中；如果工作人员是病原菌的携带者，那会将病原菌传播到乳中，污染牛乳。

（三）挤乳后的细菌污染

挤乳后污染细菌的机会仍然很多，例如，过滤器、冷却器、乳桶、贮乳槽、乳槽车等都与牛乳直接接触，故对这些设备和管路的清洗消毒杀菌是非常重要的。此外，车间内外的环境卫生条件，如，空气、蝇、人员的卫生状况，都对牛乳污染程度有密切关系。

清洁卫生管理良好的乳牛场的牛乳中，细菌数可以控制在很少的程度，一般为500个/mL，特好者可保持在200个/mL以下，如果不注意清洁卫生则每毫升乳中细菌数可达几百万个。而且细菌在乳中于常温状态下繁殖极快，挤乳后迅速进行冷却是非常必要的。挤乳结束后立即用过滤布进行过滤，并冷却到4℃，不要贮存在冰箱或冰柜中，应贮存在保温储乳缸或直冷式乳缸内。

二、原料乳中腐败微生物

腐败微生物本身不会损害牛乳的质量，但这些微生物需要营养物质，通过水解乳糖、蛋白质、脂肪或牛乳中的其他物质的酶来获得的，以产生适合其生长的化合物。这些转化导致牛乳产生异味，不适合加工成零售牛乳和乳制品，例如，牛乳的热稳定性下降。此外，大多数应用于乳制品加工的加热过程不会破坏所有微生物或所有微生物酶。

（一）蛋白质分解细菌

蛋白质分解菌指在发育过程中能产生蛋白酶分解蛋白质的菌群，部分菌群有利于乳品生产。能产生蛋白酶或肽酶的蛋白质分解菌，可使蛋白质分解成低分子的肽（缩氨醇）。此外，也有分解蛋白质产生氨以及许多有害的含氮化合物的蛋白分解菌、腐败性的蛋白分解菌、碱化细菌、胨化细菌、产生苦味的细菌等。在低温细菌中，有很多能产生蛋白酶的菌群。

1. 酸性蛋白分解菌

酸性蛋白分解菌分有益菌和有害菌两种，其中使蛋白质分解为肽或者氨基酸的菌株，对干酪和稀奶油、发酵乳的成熟产生香气非常重要。

乳酸菌包括乳球菌属和乳杆菌属。乳酸乳球菌乳酸亚种和乳酸乳球菌乳脂亚种在20℃以上的牛乳中生长迅速。所以如果不冷却，牛乳大多会变酸。在牛乳被认为真正酸化之前，它已经不适合加工，主要是因为失去了热稳定性。

中温乳酸菌可被低温巴氏杀菌（72℃，15s）杀死，很大程度上是预热杀菌（65℃，15s）

杀死的。嗜热乳酸菌（唾液链球菌嗜热亚种）不能被低温巴氏杀菌杀死，在高温环境，如在清洗挤乳装置时使用的高温下依然存活，但是嗜热乳酸菌在冷贮牛乳中不是很活跃。

乳酸细菌生产发酵乳制品，包括酸乳、干酪和黄油。菌株在控制条件下生长。用于干酪和发酵乳生产的菌株有乳酸杆菌、乳酸链球菌、嗜酸乳杆菌和德氏乳杆菌保加利亚亚种等。这几种细菌分泌的酶需在中性或酸性条件下发挥作用。另外，部分乳酸菌分解蛋白质过程中产生带苦味的肽类影响干酪质量。

2. 产气菌

大肠菌群属于肠杆菌，在消化道等处广泛分布。大肠菌群包括大肠杆菌和产气杆菌，它们在牛乳中迅速生长，特别是在20℃以上，分解蛋白质和乳糖，形成气体，牛乳的味道发生改变，同时在酸性环境下也能分解蛋白质。大肠菌群可采用低温杀菌法。杀菌后如果没有检出大肠菌群，则产品被充分杀菌，没有被再污染，因此，除了耐热微生物外，致病微生物很可能也没有。大肠菌群可作食品污染检测指标。另外，产气细菌中还有丁酸菌和丙酸菌等。

3. 分解蛋白质的有害菌

分解蛋白质的有害菌是一群在碱性环境中分解消化蛋白质的菌群。能使乳蛋白分解陈化、碱化，其中有假单胞菌属革兰氏阴性低温菌和微球菌属、溶解微球菌、枯草杆菌等好气性芽孢杆菌以及一部分放线菌。

假单胞菌属很容易在低于15℃下生长，在牛乳中，即使在温度低至4℃时，它们也能增殖，最佳生长温度20~30℃。它们产生蛋白酶和脂肪酶，从而分解蛋白质和脂肪，导致"腐化"和腐臭。与细菌本身不同的是，所产生的酶可以高度耐高温，即使在贮存的超高温灭菌（UHT）牛乳中，也可能会导致变质和改变物理化学性质。例如，它们可以水解蛋白质，这样牛乳就会变苦，最终乳或多或少变得透明。牛乳中菌超过$5×10^5$ CFU/mL 可能就是有害的。在低温巴氏杀菌的生乳中，由于牛乳的贮存时间短和贮存温度低，风味缺陷直到菌数超过10^7 CFU/mL 才会发生。

芽孢杆菌属（有氧或兼性厌氧）和梭状芽孢杆菌属（严格厌氧）可以形成芽孢。其中大多数都能在相当强烈的热处理中存活下来。它们来源于土壤、灰尘和粪便，也来自牛的饲料。

蜡样芽孢杆菌会导致乳糖结晶、异味或形成脂肪球团，从而使巴氏杀菌牛乳品质降低。它不太耐热，可以在大约7℃的温度下生长。枯草芽孢杆菌和硬脂嗜热芽孢杆菌足够耐热，如果加热不足，可使已杀菌过的牛乳腐败变质。酪丁酸属于丁酸细菌，可引起"迟吹"，这是高达或其他干酪的严重缺陷。气体的形成（如H_2），会导致形成较大的空洞和裂缝。同时菌体利用干酪中的乳酸中分解产生丁酸，形成可怕的味道。

与乳业有关的有害菌有分枝杆菌属、放线菌科的放线菌属，链霉菌科的链霉菌属。放线菌属中与乳制品有关的主要是干酪链霉菌（*Streptomyces casei*）、白色链霉菌（*Streptomyces albus*）和灰色链霉菌（*Streptomyces griseus*）等，能使蛋白质分解以致腐败变质。

（二）脂肪分解菌

脂肪分解菌指能使甘油酯分解生成脂肪酸的菌群。脂肪分解菌中除一部分在干酪生产方面有用外，一般都是能使牛乳及乳制品变质的细菌，尤其对稀奶油、奶油生产害处更大。

主要脂肪分解菌（包括酵母、霉菌）有荧光极毛杆菌、莓实假单胞菌、无色解脂菌、解脂小球菌、干酪乳酪杆菌、乳酸链杆菌、白地霉、黑曲霉、大毛霉等。

大多数脂肪酶既有耐热性又能在0℃低温下保持活力，因此，感染脂肪分解菌的牛乳，冷却和杀菌后，还可能产生脂肪分解味。

(三) 酵母及霉菌

乳与乳制品中的酵母主要有酵母属的脆壁酵母（*Sacharomyces fragilis*）、毕赤酵母属的膜醭毕赤酵母（*Pichia membranefaciens*）、德巴利氏酵母属的汉森德巴利氏酵母（*Debaromyces hamsenii*）、圆酵母及假丝酵母属等。

脆壁酵母能分解乳糖成乙醇和二氧化碳，是制造牛乳酒的重要菌种，也用于乳清发酵制造乙醇。毕赤酵母能使酒精饮料表面生成一层干燥皮膜，又称产膜酵母。膜醭毕赤酵母主要存在于酸凝乳和酸奶油中，汉氏酵母多存在于干酪和乳腺炎牛乳中。圆酵母属是无孢子酵母的代表，能发酵乳糖；污染这种酵母的乳与乳制品可产生酵母味道，并能使干酪和炼乳罐头膨胀。假丝酵母属的氧化分解能力很强，能使乳酸分解形成二氧化碳和水；由于它们的酒精发酵能力很强，所以也用于开菲尔乳的制造和酒精发酵。

牛乳与乳制品中主要霉菌有毛霉、曲霉、青霉、根霉，霉菌的大多数（如污染奶油、干酪表面的霉菌）属于有害菌。娄地青霉和沙门柏干酪青霉等在干酪生成方面属于有用的霉菌。毛霉中有一个菌种能产生微生物凝乳酶，这种凝乳酶已应用于工业生产。

三、原料乳中病原微生物

(一) 病原微生物分类

大多数微生物在牛乳中是不受欢迎的，因为它们可能有致病性或产生酶，导致牛乳中营养物质不可逆地转化。

进入牛乳的致病微生物可能对人类或动物致病。病原微生物通常分为引起感染和引起食物中毒的病原体。

食物感染意味着牛乳等食物作为微生物的载体进入人体。根据所涉及的病原体，食物感染一般不足以引起疾病。在食物中毒中，微生物在食物中形成一种毒素（这种毒素通过另一种途径污染食物）。通常需要大量的病原微生物来引起食物中毒，产生的毒素量应该大到足以出现症状。与食物感染不同，食物中毒并不意味着病原体仍然在食物中。一些毒素比产生毒素的微生物本身更耐热，如葡萄球菌。这些病原菌在生长发育过程中产生外毒素（exotoxin）和内毒素（endotoxin）以及其他特殊毒素，这就是它们具有致病性的原因。

有些细菌在生长过程中，能产生外毒素，并可从菌体扩散到环境中。若将产生外毒素细菌的液体培养基用滤菌器过滤除菌，即能获得外毒素。

产外毒素的细菌主要是某些革兰氏阳性菌，也有少数是革兰氏阴性菌，如志贺痢疾杆菌的神经毒素、霍乱弧菌的肠毒素等。外毒素具亲组织性，选择性地作用于某些组织和器官，引起特殊病变。例如，破伤风杆菌、肉毒杆菌及白喉杆菌所产生的外毒素，虽对神经系统都有作用，但作用部位不同，临床症状也不相同。破伤风杆菌毒素能阻断胆碱能神经末梢传递介质（乙酰胆碱）的释放，麻痹运动神经末梢，出现眼及咽肌等的麻痹；白喉杆菌外毒素和周围神经末梢及特殊组织（如心肌）之间有亲和力，通过抑制蛋白质合成可引起心肌炎、肾上腺出血及神经麻痹等。菌体外毒素大多是蛋白质，其中有的起着酶的作用。

一般外毒素是蛋白质，相对分子质量 27000~900000，不耐热。白喉毒素经 58~60℃ 加热 1~2h，破伤风毒素经 60℃ 加热 20min 即可被破坏。外毒素可被蛋白酶分解，遇酸发生变性。在甲醛作用下可以脱毒成类毒素，但保持抗原性，能刺激机体产生特异性的抗毒素。

外毒素毒性强，小剂量即能使易感机体致死。如纯化的肉毒杆菌外毒素毒性最强，1mg 可杀死 2000 万只小白鼠；破伤风毒素对小白鼠的致死量为 6~10mg；白喉毒素对豚鼠的致死量为 3~10mg。

细菌内毒素是由多糖、脂质及蛋白质组成的复合体。主要见于革兰氏阴性菌，如沙门氏菌、痢疾杆菌、大肠杆菌、奈瑟球菌等；也存在于革兰氏阳性菌、真菌及某些动植物组织中。内毒素在细菌生活时不扩散到环境中，仅当细菌死亡裂解后才释放出来。

内毒素是磷脂-多糖-蛋白质复合物，主要成分为脂多糖（LPS）。各种细菌内毒素的成分基本相同，都是由类脂 A、核心多糖和菌体特异性多糖（O 特异性多糖）三部分组成。类脂 A 是一种特殊的糖磷脂，是内毒素的主要毒性成分。在沙门氏菌属的许多种中，类脂 A 都相同，类脂 A 含有 2-酮-3-脱氧辛酸、七碳糖、葡萄糖、半乳糖和 N-乙酰葡萄糖胺。从纯化的脂多糖片段可以看出类脂 A 复合物起着毒性作用，而多糖主要起着使脂类呈水溶性的作用。通过动物研究表明，内毒素复合体即含多糖和类脂才可以导致毒性反应。

内毒素的一般特性如下。①性质稳定：具有耐热性，在 100℃的高温下加热 1h 也不会被破坏，只有在 160℃的温度下加热 2~4h，或用强碱、强酸或强氧化剂加温煮沸 30min 才能破坏它的生物活性。②作用无特异性：内毒素致病症状和病理变化大致相同，如发热、白细胞增高、腹泻、血管舒缩机能紊乱、糖代谢紊乱，严重时甚至发生休克。③主要由革兰氏阴性菌产生，存在于细菌细胞内，为细胞壁结构成分，细菌细胞崩解时才释放出来，化学成分主要为磷脂-多糖-蛋白质复合物。④毒性较小，经甲醛处理后，毒性可降低，但不能成为类毒素。抗原性弱，免疫动物后，形成的抗体较少，所产生的抗体主要为 IgM。

真菌毒素（mycotoxins）是某些丝状真菌产生的具有毒性的次级代谢产物，这些毒性真菌包括曲霉、青霉、镰刀霉、棒孢霉和毛壳菌等。这些真菌通常容易污染乳牛饲料。此外，发霉的壳类、青草与叶子都可能含有霉毒素，霉毒素几乎是原封不动地通过小肠、血管进入牛乳，影响牛乳的品质。真菌毒素可通过饲料间接进入乳中，也可通过挤乳直接进入乳中。

黄曲霉毒素（aflatoxin，AF）是真菌毒素，实际上是指一组化学组成相似的毒素，黄曲霉和寄生曲霉是产生黄曲霉毒素的主要菌种，其他曲霉、毛霉、青霉、镰孢霉、根霉等也可产生黄曲霉毒素。

乳制品中真菌毒素的直接污染是在乳制品生产（尤其是干酪生产）中混入（有意或无意）的能产生毒素的真菌。乳制品很容易被霉菌污染，而且一旦被污染，很可能产生真菌毒素。真菌毒素产生的原因可能是真菌的非正常生长，也可能来自某些乳制品生产中的真菌发酵剂。在污染了曲霉属的乳与乳制品中可能产生黄曲霉毒素 B_1（AFB_1），但浓度比黄曲霉毒素 M_1（AFM_1）低。硬质干酪意外污染的杂色曲霉能产生杂色曲霉素，杂色曲霉素的结构与 AFB_1 的结构类似，并且被认为是 AFB_1 生物合成的前体，其毒性与黄曲霉毒素的毒性相当。在干酪中已经检测到了可以致癌的和引起肾中毒的赭曲霉素 A。从乳制品中分离出的低浓度真菌毒素已被报道的有橘霉素、黄绿青霉毒素、β-硝基丙酸及娄地青霉毒素。尽管在乳制品中已经检测到镰刀霉菌属（Fusarium）的毒素，但只有曲霉属和青霉属产生的毒素引起了关注。

（二）乳中常见病原微生物

一般牛乳与乳制品常见的致病菌有：葡萄球菌、结核菌、溶血性链球菌、病原性大肠菌、沙门氏菌、赤痢菌、炭疽菌、肉毒杆菌以及布鲁氏菌等。

1. 结核分枝杆菌

结核分枝杆菌源于牛和人,牛型结核分枝杆菌也对人类致病。在非芽孢形成的致病菌中,结核分枝杆菌是最耐热的,它被牛乳的低温巴氏杀菌杀死,例如,在72℃条件下加热15s。牛乳应通过巴氏杀菌法使碱性磷酸酶失活,以使其不再被检测到。这主要是因为该酶的失活确保了结核分枝杆菌已被杀死。相关的副结核分枝杆菌也可能发生在牛乳中,但它不太可能对人类致病。

2. 金黄色葡萄球菌

金黄色葡萄球菌常出现在乳腺炎乳牛的乳房。这种细菌在人类体内含量很丰富。某些菌株可以形成耐热毒素并引起炎症(溃疡)。形成毒素需要大量的物质。低温(牛乳)、低pH和乳酸菌(如干酪中形成的拮抗成分)可以减缓其生长。低温巴氏杀菌法可杀死金黄色葡萄球菌。所有这些因素都抑制了金黄色葡萄球菌在牛乳和牛乳制品生长。

3. 沙门氏菌和志贺氏菌

沙门氏菌和志贺氏菌广泛存在于自然界中,例如,在粪便和被污染的水中。它们会引起肠道疾病。低温巴氏杀菌法就足以杀死它们。这些细菌几乎不会导致牛乳和乳制品的食物中毒。

4. 空肠弯曲杆菌

空肠弯曲杆菌属于螺旋菌科,可发生在许多动物的肠道中。空肠弯曲杆菌通常会引起肠炎。腹泻和腹部绞痛是该病的主要特征。牛乳通常被粪便污染,也可能是患乳腺炎。这种微生物可以在低温下的生牛乳中继续生长几天,但它对热非常敏感,不能在低温巴氏杀菌中存活下来。它在干酪中迅速死亡,部分原因是pH较低。据报道,有一些食物中毒是由生牛乳被空肠弯曲杆菌污染引起的。

5. 单核细胞增生性李斯特菌

单核细胞增生性李斯特菌通常在自然界中被发现。它对人类和动物都有致病性,严重的感染甚至可能是致命的。已知有一些通过牛乳造成污染的案例。这种微生物是需氧的,可以在低至5℃的温度下生长;它通常可被巴氏杀菌杀死。

6. 霍乱弧菌

霍乱弧菌发生在受污染的水中、牛中。如果乳牛患有霍乱,就会污染牛乳。

7. 伯氏菌

伯氏菌属于立克次体科,引起人类发热。它可以发生在牛、山羊和绵羊身上,也可以由蜱虫携带。这种微生物可引起乳腺炎,但动物通常是携带者而不会生病。低温巴氏杀菌,即在72℃加热15s,可以杀死,但在60℃加热30min则不能杀死。

8. 蜡样芽孢杆菌

蜡样芽孢杆菌的芽孢无处不在,例如,在土壤、灰尘和饲料中。可在巴氏杀菌过程中存活下来,因此,通常存于巴氏杀菌乳中。大量明显变质牛乳(糟糕的味道、糖的凝结)中,蜡样芽孢杆菌可以产生一种毒素。如果牛乳感染蜡样芽孢杆菌变质,而乳又被用于加工成食品,它可能会导致食物中毒。加热到100℃以上的温度会杀死蜡样芽孢杆菌的芽孢。在芽孢杆菌中,蜡样芽孢杆菌是耐热性最低的。一些同样被蜡样芽孢杆菌污染的含有大量淀粉的食品,因为腐败更难检测,因此食用的风险较高。

9. 肉毒梭菌

肉毒梭菌是一种可怕的芽孢形成细菌,有时存于土壤和地表水中。它会引起肉毒中毒,这是由在食品生长过程中形成的一种剧毒的毒素导致的。大多数干酪生产是厌氧环境,氧化还原电位低，不含适合微生物体的碳源，微生物不能生长。尽管肉毒杆菌可能存在于牛乳中，牛乳和乳制品从来不是肉毒中毒的原因。对于牛乳产品，如消毒乳或浓缩乳，工业杀菌可以杀死任何肉毒杆菌。

10. 产气荚膜梭菌芽孢

产气荚膜梭菌芽孢出现在土壤、粪便中，因此经常存在于生乳中。尽管它在消化道产孢过程中产生毒素，牛乳和乳制品几乎都不是这种微生物导致食物中毒的原因。这是因为产气荚膜梭菌在生乳中的数量超过了其他细菌，而且需要大量的细菌营养细胞才能引起疾病。大多数干酪都不含有合适的碳源。乳品厂使用的消毒技术可以杀死产气荚膜梭菌。婴儿比成人更容易患产气荚膜梭菌。因此，拟用于生产婴儿配方乳粉的牛乳必须充分加热，即约100℃或更高，以杀死产气荚膜梭菌的芽孢。

四、原料乳中微生物的控制

（一）微生物生长环境控制

乳制品是个生态系统。换句话说，细菌和环境之间的相互作用决定了将发生什么，细菌的作用影响环境，环境决定了哪些细菌可以增殖。环境包括底物的性质（即，牛乳或衍生物）和外部条件，其中温度是迄今为止最重要的变量。许多牛乳制品是封闭或受控制的生态系统，微生物变化很大程度上取决于细菌的特定污染。细菌的特定污染，对细菌的种类和数量及它们的生理条件有要求。环境的影响通常对生长、发酵、产孢影响显著。一般来说，允许生长的条件比允许发酵的条件更受限制。例如，一些乳酸菌在5℃附近不会生长，但在其他条件下，它们可能会继续从乳糖中产生乳酸。诱导产孢的条件以及随后的细菌生长和发酵的条件，通常是相当严苛的。因此，控制好微生物生长环境，可以控制微生物。

牛乳中含有如此广泛的营养物质，包括所有的维生素，为许多细菌提供了足够的原料来发酵和生长。其结果众所周知：生乳在室温下迅速变质。但由于在牛乳中生长的细菌可能有非常不同的特性，在应用环境控制法时应该谨慎。对于某些细菌来说，乳糖并不是一种合适的能源。另一些则依赖于游离氨基酸作为氮源，而新鲜的牛乳中只含有少量的氨基酸。因此，这种细菌通常在其他细菌水解蛋白质后开始生长，从而提供合适的营养。另一个例子是一些乳酸链球菌，通过产出二氧化碳，刺激某些特殊乳酸菌的生长。

牛乳中的某些条件可能不利于某些细菌的生长。有研究利用营养缺乏方式控制微生物，pH仅针对少数微生物有效果，但是控制氧化还原电位和氧压力，大多厌氧细菌不能生长，好氧细菌的生长也取决于此。在奶油层氧压力可能比靠近深容器牛乳底部的压力要高得多。在室温下，细菌的作用通常会降低氧气水平和pH，这样更利于微生物生存。

（二）乳中天然抑制剂

牛乳中含有天然的抑制剂。尽管有足够的营养物质和合适的条件，有些细菌仍不能在牛乳中生长。在牛乳中有抑制剂后，仅仅是生长的延迟（或延迟阶段）并不能证明它有抑制作用；细菌可能不适应牛乳（也就是说，它们必须在使用可用的营养物质之前改变自己的酶系统）。一类重要的抑制剂是免疫球蛋白，它通常是针对细菌特定抗原的抗体。因此，它们是针对牛乳所遇到的细菌的种类和菌株的，而其他细菌则不受到抑制。混合牛乳中可能含有对多种细菌都有活性的免疫球蛋白，但浓度通常很低。虽然IgG和IgA也是抑制剂，但是在牛乳中，IgM的凝集作用最为明显。有一种凝集素对化脓性链球菌菌株有作用，另一种对乳酸乳球菌菌株有作用。

通常，蜡样芽孢杆菌在生牛乳或低温巴氏杀菌牛乳中也表现出凝集。

凝集意味着细菌由于其布朗运动而相遇，并通过凝集素的黏附作用而保持在（大的）絮凝体中。絮凝物会变大以至于沉积，可去除掉牛乳中大部分的细菌。如果温度较低，细菌也可以通过凝集素附到脂肪球上。脂肪球的冷凝集和快速形成，会导致大多数牛乳中的细菌被快速去除。微生物没有死亡，而是由于营养物质的耗尽和抑制代谢物，微生物在絮凝物沉积层中受到抑制。那些集中在奶油层的物质也可能被较高的氧压力所抑制。如果凝集受到机械阻碍，例如，发酵剂后直接回乳时（此时细菌被包围在副酪氨酸酶的网状物中），凝集作用就微不足道了。牛乳中凝集素的含量变化很大，通常初乳中的含量相对较高。

一些非特异性细菌抑制剂是溶菌酶和乳铁蛋白，但它们在牛乳中的浓度很低，几乎没有效果，母乳含有更多。溶菌酶是一种酶，主要通过破坏细胞壁中的 N-乙酰胞壁酸和 N-乙酰氨基葡萄糖之间的 β-1,4-糖苷键，使细胞壁不溶性黏多糖分解成可溶性糖肽，导致细胞壁破裂内容物逸出而使细菌溶解。乳铁蛋白与细菌所需要的铁结合，从而降低铁离子的活性。也可能通过蛋白质水解产生的一些乳铁蛋白片段表现出其他抗菌活性。

牛乳中最重要的非特异性抑制剂是过氧化物酶-硫氰酸盐-H_2O_2 这个系统，它在唾液中也相当活跃。乳酶乳过氧化物酶不引起抑制，但它催化 H_2O_2 氧化硫氰酸盐，其中一个中间体抑菌性很强。牛乳含有的过氧化物酶含量高达 $0.4\mu mol/L$。硫氰酸盐含量是可变的（它取决于饲料，因为它主要来自芸薹属的葡萄糖苷），主要范围在 $0.02\sim0.25mmol/L$。如果浓度为 $0.25mmol/L$，硫氰酸盐与过氧化物酶结合，对没有过氧化氢酶的细菌起作用，从而产生 H_2O_2（例如，某些乳酸细菌有代谢 H_2O_2 的酶系统，就不会受到抑制）。新鲜的牛乳不含 H_2O_2，但如果添加一点，比如 $0.25mmol/L$，该系统也能抑制过氧化氢酶阳性微生物，就像大多数革兰氏阴性细菌一样。如果有足够的硫氰酸盐存在（天然或添加），就可有效地防腐，即使在严重污染的牛乳中，细菌的生长也可以被阻止，例如，在 15℃下 24h，添加一些葡萄糖氧化酶也能诱导形成 H_2O_2，这时天然乳酶黄嘌呤氧化酶在一定条件下也能起到同样的作用。牛乳中过氧化氢酶的天然含量即使很高（主要是因为体细胞数量高）也不会干扰系统。然而，在牛乳中的抑制效果是很不稳定的，很大程度上取决于硫氰酸盐含量的变化。

抑制剂可能通过污染进入牛乳，不但发酵可能会受损，而且这些物质可能对消费者的健康有害。乳中存在青霉素等抗生素可能是因为它们被注入乳房以控制乳腺炎，在注射后 3d 可以在牛乳中检出。特别是一些乳酸菌对这些抗生素很敏感。用于处理挤乳或加工设备的消毒剂很容易污染牛乳，然后抑制甚至杀死细菌。在一些国家，H_2O_2 可作为防腐剂添加到生牛乳中（10~15mL），在牛乳加工前，通过添加过氧化氢酶将其除去。

（三）热处理

鲜乳消毒和灭菌是为了杀灭致病菌和部分腐败菌，消毒的效果与鲜乳被污染的程度有关。牛乳消毒的温度和时间确定的原则是保证最大限度地消灭微生物和最大限度地保留牛乳的营养成分和风味，首要是必须消灭全部病原菌。

鲜乳的消毒灭菌方法有多种，以巴氏消毒法最为常见。巴氏消毒的操作方法有多种，其设备、温度和时间各不相同，但都能达到消毒目的，目前鲜乳的消毒灭菌方法主要有以下几种。

（1）低温长时消毒法 于 60~65℃加热保温 30min，市场上见到的玻璃瓶装、罐装的消毒乳、啤酒、酸渍食品、盐渍食品采用的就是这种常压喷淋杀菌法。但此法由于消毒时间长，杀菌效果不太理想，目前许多乳品厂已不再使用。

（2）高温短时消毒法　将牛乳置于 72~75℃ 加热 4~6min，或 80~85℃ 加热 10~15s，可杀灭原有菌数 99.9%。用此法对牛乳消毒时，有利于牛乳的连续消毒，但如果原料污染严重时，难以保证消毒的效果。

（3）高温瞬时消毒法　目前许多大城市已采用高温瞬时消毒法。即控制条件为 85~95℃，2~3s 加热杀菌，其消毒效果比前两者好，但对牛乳的质量有影响，如容易出现乳清蛋白凝固、褐变和加热臭等现象。

（4）超高温瞬时灭菌法　许多科学家做了大量的研究，发现在保证相同杀菌效果的前提下，提高温度比延长杀菌时间对营养成分的损失要小些，因而目前比较常用的乳灭菌方法是超高温瞬时灭菌法。即牛乳先经 75~85℃ 预热 4~6min，接着通过 136~150℃ 的高温加热 2~3s。预热过程中，可使大部分的细菌杀死，其后的超高温瞬时加热，主要是杀死耐热的芽孢细菌。该方法生产的液态乳可保存很长的时间。

（四）乳制品加工

乳酸菌的发酵会形成乳酸，它是许多细菌的有效抑制剂。几乎没有任何细菌能在被乳酸带到 pH<4.5 的牛乳中生长，但一些酵母和霉菌可以。乳酸菌发酵时 pH 约为 3.95，较低 pH 的抑制作用较强。乳酸链球菌发酵时还产生的一种天然生物抗菌肽，能有效抑制大多数革兰氏阳性菌及其芽孢的生长繁殖。

发酵意味着成分的剧烈变化，其他这样的变化也可能有效地抑制细菌。条件可以严格地厌氧，水分活度可以降低到任何细菌都不能生长的程度，如乳粉（去除水）和含糖炼乳（添加糖）。加入干酪中的盐也有类似的效果，也能增加离子强度。

（五）卫生措施

低微生物污染是第一个目标，特别要清洁住房（清洁乳牛）和控制饲料生产（丁酸细菌）。细菌通常没有滞后阶段，可以在牛乳中快速生长，所以必须要对挤乳设备进行清洁和消毒。

1. 场内工作人员卫生要求

挤乳人员用一定浓度的苯扎溴铵（新洁而灭）、有机碘混合物或煤酚皂的水溶液，进行手部、工作服或胶靴的消毒；工作人员进入生产区应更衣并进行紫外线消毒，工作服不应穿出场外；饲养人员应具有健康合格证明，每年体检一次，工作中不得患有疮痈、出疹、外伤（染毒创伤）及结核等传染性疾病；外来参观者进入场区参观应彻底消毒，更换场区工作服和工作鞋，并遵守场内防疫制度。

2. 挤乳间环境要求

挤乳间外保持整洁，无废纸、果皮、废弃包装物、积水；在特定地点堆放垃圾，并且及时清除垃圾，免除异味等污染；房屋维护良好，地面无裂缝、凹陷；外墙无裂缝、缺瓷瓦、粉漆剥落、肮脏等现象；内墙无裂缝、粉漆剥落、肮脏及霉菌生长等现象；所有门窗玻璃保持清洁、明亮、无破损；卫生设施齐全有效，有足够的措施保障卫生间及更衣室无异味，并保持清洁、干燥；有足够的洗手设施（例如，充足的水源、皂液和干手器等）及明显的洗手标志；通道的指示灯明显并保持完好的工作状态；电源开关、线路、插座及用电器符合消防要求并保持安全状态；有效的虫鼠控制措施；消防设施符合要求。

3. 挤乳要求

要严格按照挤乳规程进行挤乳，剃除乳牛乳房上的长毛，以减少粘在毛和皮肤上的脏物、粪便及垫草。

思考题

1. 原料乳中微生物的污染途径有哪些？
2. 举例说明原料乳中可能污染哪些微生物。
3. 绘图说明生牛乳在室温下贮存时微生物的变化过程。

思政小模块

婴幼儿配方乳粉微生物污染事件

微生物虽小，但危害却很大，尤其是大肠杆菌、沙门氏菌、克罗诺杆菌等致病菌对婴幼儿的危害很大，比如，大肠杆菌容易引发败血症，作为一类全球性致病菌的沙门氏菌致病性强，克罗诺杆菌引发疾病而导致的死亡率高达40%~80%。

关于婴幼儿配方乳粉微生物污染事件也时有发生，2017年12月法国卫生部发布公告，因疑似沙门氏菌感染，有关部门紧急召回由法国某乳品企业生产的12批婴儿配方乳粉（1段），召回范围包括法国、英国、中国、巴基斯坦、苏丹等国家和地区；2018年7月，欧盟食品和饲料类快速预警系统（RASFF）通报称，法国某婴幼儿配方乳粉疑受非致病性微生物污染；美国食品与药物管理局（FDA）发布消息，美国多家公司召回不同品牌含有受沙门氏菌污染的乳清粉；2022年，FDA在当地某工厂检出克罗诺杆菌阳性，涉及乳粉灌装区、干燥区等。

为了保证婴幼儿配方乳粉的安全，我国出台了一系列法律法规和生产规范，包括《中华人民共和国食品安全法》、《食品生产许可管理办法》、《婴幼儿配方乳粉生产许可审查细则（2013版）》、GB 23790—2023《食品安全国家标准 粉状婴幼儿配方食品良好生产规范》、GB 14881—2013《食品安全国家标准 食品生产通用卫生规范》、GB 12693—2023《食品安全国家标准 乳制品良好生产规范》等，以规范乳粉生产企业。其中，微生物控制是生产过程中重要的一环，贯穿了婴幼儿配方乳粉生产的全过程。各大乳品企业也在努力提升生产标准，国家食品安全监督抽检结果显示，我国乳制品、婴幼儿配方乳粉合格率连续6年达到99%以上。

在国家监督、乳品企业的严控下，国产婴幼儿配方乳粉的安全生产正迈向新的台阶，在专业自信感提升的同时，也应始终严格把控好食品安全关，理解并遵守职业道德规范，履行责任。

第二章微课视频

乳中常见微生物及污染因素控制

第三章 原料乳的生产

本章目标与重难点

学习目标：了解乳畜品种的产地、品种、外貌特征、产乳量及乳脂率等；熟悉挤乳设备及方法；掌握原料乳的验收标准与检验方法；掌握原料乳的质量控制方法。

思政目标：从食品原料养殖到食品消费，整个供应链的每个环节都可能存在食品安全危害，在掌握基础理论的同时，理解和认同"绿水青山就是金山银山"的理念，培养社会责任感和爱国情怀。

重点和难点：本章重点为原料乳的验收标准和检测方法，难点为原料乳的质量控制方法。

第一节 主要乳畜品种

一、乳用牛品种

1. 黑白花乳牛

黑白花乳牛原产于荷兰，原称荷兰牛，因其毛色有黑白花片，故通称黑白花牛，由于德国北部荷尔斯坦省也有分布，又称荷斯坦牛。黑白花牛是目前世界上产乳量最高，数量最多，分布最广的乳用品种。此类牛体格高大，结构匀称，皮薄骨细，皮下脂肪少，乳房特别硕大，乳静脉明显。毛色有明显的黑白花片，腹下、肢端及尾帚为白色。年平均产乳量为6560~7500kg，乳脂率为3.6%~3.7%。

2. 中国黑白花牛

中国黑白花乳牛是纯种黑白花公牛与全国各地的本地黄牛杂交，其后代经过长期选育形成了中国黑白花乳用牛品种。中国黑白花乳牛具有明显的乳用特征，毛色呈黑白花，花片美观，界线分明，富有弹性，乳腺发育良好，乳头大小适中，成年公牛体重一般为1000~1100kg，母牛550~650kg。平均产乳量一般为6000~7000kg，平均乳脂率为3.3%，脂肪球小，宜作鲜乳或干酪。

纯种是指遗传上相对稳定，具有相似的体质、类别、生物学特性、生产性能和产品质量，并且来源清楚的同一品种或类型公母畜相互交配而产生的后代。此外，通过三代以上的杂交改良，也可以把非本品种牛改良为达到本品种标准的纯种牛。

（1）头部特征　黑白花牛的头部特征是清秀，鼻镜宽，鼻孔大，腭部强壮，额宽，略呈盘状，鼻梁直。纯种黑白花牛与杂种牛（指乳役杂种或乳肉杂种牛，下同）的区别如下。头部的最大区别是黑白花牛头轻并稍长，其长度一般可以达到体长的 1/3 以上；杂种牛则相对较短而宽，个别牛还显粗重。黑白花牛的角根不粗，多数由两侧向前向内弯曲，形状宛如新月；杂种牛的角根则较粗，有的向前向上弯曲，酷似黄牛的"龙门大角"，有的向两侧直长、无弯曲，长成"八字角"。

（2）颈部特征　黑白花牛的颈部较薄、长而且平直，颈侧有纵行的细致皱纹；杂种牛的颈较粗，肌肉较发达。黑白花牛的尻部不但宽大而且有棱角，乳房基部宽阔，四肢较高；杂种牛的尻部一般较窄，有的虽然不窄，但缺乏棱角，给人以圆乎乎的感觉，更明显的特征是乳房基部狭窄，两后腿距离较近，而且四肢较短，往往给人一种"敦实"感。

3. 娟姗牛

娟姗牛是英国培育出的乳用牛品种，本品种以乳脂率高、乳房形状良好而闻名。此种牛体格较小，体型清秀，乳房发育良好。毛色深浅不一，以银灰至黑色，栗褐色毛最多。鼻镜、舌与尾帚为黑色，鼻镜上部有灰色圈，一般公牛毛色比母牛深。娟姗牛成年公牛体重 650~700kg，成年母牛体重 360~400kg。年产乳量 3000~3600kg，乳脂率为 5%~7%，是乳用品种中的高脂品种。乳脂黄色，脂肪球大，适于制造黄油。

二、乳肉兼用牛品种

1. 西门塔尔牛

西门塔尔牛原产于瑞士西部阿尔卑斯山区的河谷地带西门塔尔平原，为大型乳肉兼用品种。在世界各国分布很广，我国东北、内蒙古、华北、西北及南方部分省区均有饲养。体格粗壮结实，头部轮廓清晰，嘴宽，眼大，腰宽身躯长。成年公牛体重为 1000~1300kg，母牛为 650~800kg。泌乳期平均为 285d，年平均产乳量为 3500~4500kg，乳脂率为 3.9%~4.2%，乳蛋白为 3.5%~3.9%。此牛体躯高大，肌肉发达，产肉性能良好。瘦肉多，脂肪少且分布均匀，肉质好。中等肥度的牛屠宰率达 53%~55%，肥育的牛可达 60%~65%。

2. 中国草原红牛

中国草原红牛是引进乳肉兼用的短角牛与蒙古牛杂交而育成的一个新品种。该牛适应性强，可在高海拔地区放牧，耐严寒，耐高温，耐粗饲，抗病力强。此种牛有角，深褐色，被毛有光泽，多为深红色。成年公牛体重为 950kg，母牛体重为 430kg。乳房发育好，泌乳期平均为 220d，平均产乳量为 2150kg，乳脂率为 4% 左右。

3. 乳肉兼用型黑白花牛

德国、法国、丹麦等国家所饲养的黑白花牛多属此型。毛色与乳用型黑白花牛相同。其特点是体格偏小，头宽颈粗，体躯宽深，乳房发育良好，全身肌肉较乳用型丰满，有较好的产肉性能，但体格较矮，体重较乳用型小，故在我国习惯上称为小荷兰牛。成年公牛体重为 900~1100kg，母牛为 555~700kg。年产乳量一般平均为 5000~6500kg，乳脂率为 3.8%~4.1%。产肉性能较好，经育肥后屠宰率可达 55%~60%。

4. 瑞士褐牛

原产于瑞士阿尔卑斯山东南部，为乳肉役兼用品种。全身毛色为褐色，鼻为黑色，在鼻镜四周有一浅色或白色带。瑞士褐牛身体壮，肌肉发达，成熟较晚，通常比荷坦牛生产晚 3 个月。

成年牛体高 134 cm，体重为 550~650kg。平均产乳量为 5000~6500kg，乳脂率为 3.6%~4.0%。

5. 其他乳肉兼用牛品种

（1）三河牛　我国最早开始培育也是我国唯一的优良乳肉兼用品种牛。毛色为红（黄）白花，花片分明。肩部较宽，胸较深，背腰平直，体躯较长。乳腺发育中等。成年公牛体重为 850~1000kg，母牛为 450~550kg。年产乳量一般平均为 2000kg，乳脂率平均在 4% 以上，泌乳期约 300d。

（2）爱尔夏牛　原产于苏格兰爱尔夏郡。该种牛早熟，具有很强的适应性能。体格中等，结构匀称，色白，乳房匀称，头部毛色为红白花，尾稍白色。成年公牛体重为 800kg，母牛为 550kg。年均乳产量一般为 4000~5000kg，乳脂率为 4.0%~5.0%。

（3）更姗牛　原产于英吉利海峡的更姗岛，古老品种，适应性能良好，遗传稳定，抗病力强。头小额窄，角较长，乳房发达，毛色浅黄为主，额、四肢、尾稍多为白色，鼻镜淡红色。成年公牛体重 750kg，母牛 500kg。年均产乳量一般为 3500~4500kg，乳脂率平均为 4.4%。

（4）短角牛　原产于英国，世界著名的乳肉兼用型品种，由肉用短角牛培育而成。该牛耐高温耐严寒，耐粗饲，而且发育较快，抗病率强，繁殖率高。毛色为红白混斑或全身赤褐色，腹下为白色，背部两侧为红斑毛，鼻镜呈玫瑰色，牛乳房体积大，发育匀称，体型清秀。成年公牛体重 900kg，成年母牛体重 500kg。年均产乳量 3500~3800kg，乳脂率为 4.0%~4.2%。

三、乳用山羊品种

乳山羊是仅次于乳牛的主要乳畜，在世界各国历来被誉为"农家的乳牛"。世界上有 60 多个乳山羊品种，其中以萨能乳山羊、吐根堡乳山羊、奴比亚乳山羊数量多、分布广，产乳量高而闻名于世。

1. 萨能乳山羊

萨能乳山羊是世界著名的乳山羊品种之一，几乎遍布世界各国，原产于瑞士柏龙县萨能山谷。萨能乳山羊体格较大，具有头长、颈长、躯干长及腿长的"四长"特点。被毛白色，皮肤呈红色，公、母均有髯，多数无角。成年公羊体重为 70~90kg，母羊体重为 50~60kg。萨能乳山羊利用年限可达 10 年以上，以第二至五胎产乳量最高。泌乳期 300d 左右，泌乳高峰期在第二至三泌乳月。年平均泌乳量为 600~1200kg，乳脂率为 3.3%~4.4%，乳蛋白为 3.3%，乳糖为 3.9%，干物质为 11.28%~12.38%，乳中膻味重。

2. 关中乳山羊

关中乳山羊主要产于陕西关中平原地区。由萨能乳山羊与当地山羊杂交培育而成，分布于陕西关中平原的渭南、咸阳、宝鸡、西安等地。体型较小，体重较轻。成年公羊体重一般约为 80kg，成年母羊 50~60kg。泌乳期 8~9 个月，产乳量 500~600kg，第二至三胎的产乳量较高，泌乳高峰期在第二至三泌乳月，乳脂率 3.6%~3.8%，蛋白质 3.53%，乳糖 4.31%，干物质 12.8%。

3. 崂山乳山羊

崂山乳山羊是我国的主要山羊品种之一，产于山东省胶东半岛，主要分布在青岛、烟台等临近黄海和渤海之滨的平原。丘陵与山地也有分布。与萨能乳山羊相比较，体躯稍短，体格略小。成年公羊体重一般为70~80kg，成年母羊体重45~50kg。以第二至四胎泌乳量最高，泌乳高峰期多在第二泌乳月。泌乳期8~9个月，产乳量为450~700kg，乳脂率为3.5%~4.0%。

4. 吐根堡乳山羊

吐根堡乳山羊是引入我国的国外乳山羊品种，原产瑞士。毛色呈浅或深褐色，分长毛和短毛两种类型。头部颜面两侧各有一条灰色条纹，四肢下部、腹部及尾部两侧灰白色。成年公羊体重为60~80kg，成年母羊体重为45~60kg。泌乳期为8~10个月，平均产乳量一般为600~1200kg，乳脂率3.5%~4.0%。

5. 其他乳山羊品种

（1）努比亚乳山羊　努比亚乳山羊是我国引入的国外乳山羊品种之一，原产于非洲东北部的努比亚地区及埃及、埃塞俄比亚、阿尔及利亚等。该品种羊头比较小，颈长、躯干短、肢细长，无须无角，个别公羊有螺旋形角。肌肉较薄，被毛细短有光泽。体型较小，成年母羊体重为40~50kg。繁殖力强，年产2胎，每胎2~3只羊羔。泌乳期较短，仅有5~6个月，产期日产乳2~3kg，高产者可达4kg以上。乳脂率较高，一般4%~7%。由于其含脂率较高，所以乳的风味较好，而且乳无膻味。

（2）东佛里生乳用羊　东佛里生乳用羊是目前世界绵羊品种中产乳性能最好的品种，原产于荷兰及德国西部地区。该品种对温带气候条件有良好的适应性。该品种体格大，无角。被毛多为白色，体躯宽而长，乳房结构优良。成年公羊体重为90~120kg，成年母羊体重一般为70~90kg。泌乳期较长，可达到260~300 d，产乳量达550~810kg，乳脂率为6%~6.5%。

除以上乳山羊外，目前国内较好的乳用山羊类群还有山东的文登乳山羊、河南的开封乳山羊、河北的唐山乳山羊、广东的广州乳山羊及山西的洪洞乳山羊等。

第二节　挤乳与挤乳设备

一、挤乳

（一）手工挤乳

手工挤乳是通过挤压的方式，增加乳头管内压，从而使括约肌开放，将乳汁挤出乳房。

1. 挤乳前的准备工作

挤乳员在挤乳前要剪短指甲，以免损伤乳牛的乳头及乳房。要先洗刷乳牛的后躯，避免牛体的碎草、粪土等物落入乳中。在准备好清洁的挤乳用具并穿好工作服，洗净双手之后，就可进行挤乳前的预备操作。

第一步是擦洗乳房，促进母牛排乳，减轻挤乳负担，获得清洁牛乳所必不可少的工作。洗乳房用的水，应该是清洁的温水，水温以50℃左右为宜。

第二步是进行预备按摩，擦洗完乳房后接着将牛尾拴在牛的后腿上，立即进行预备按摩乳房操作。乳房按摩是提高乳牛产乳能力，保证乳房正常泌乳的重要环节。操作方法是：用双手按摩乳房表面，然后轻轻按摩乳房各部。这时乳房膨胀，皮肤表面血管扩张，呈淡红色，皮温升高，触之很硬，这是乳房内开始排乳的象征，这时应立刻挤乳，不要耽误。

2. 挤乳方法

挤乳顺序有双向挤乳法、单向（先挤一侧两乳头）挤乳法、交叉挤乳法、单乳头挤乳法。以交叉挤乳效果较好，即先同时挤右侧前乳头和左侧后乳头，然后再挤左侧前乳头和右侧后乳头，交替进行。单乳头挤乳法是在挤乳结束时，对一些特殊乳房或已经变了形的乳房（如漏斗状乳房），为榨取其中的余乳而采用。

挤乳时常采用拳握法或压榨法。此方法是用手的全部指头把乳头握住，从手底几乎看不见乳头，用全部指头和关节来同时进行。握力一般为 15~20kg。压榨速度应稍快，为 80~120 次/min。一般在开始挤乳的 1min，速度为 80~90 次/min，当大量排乳时，速度为 120 次/min，最后排乳较少，速度又降为 80~90 次/min。挤乳量应能达到 1~2kg/min。

对于乳头短小的母牛，可采取指挤法或滑榨法挤乳，即以拇指、食指捏住乳头基向下滑动，将乳捋出。当大部分乳已挤完后，应再次按摩乳房。挤毕可在乳头上涂以油脂，防止龟裂。

3. 挤乳时的注意事项

（1）擦洗乳房后，要立即挤乳　每头牛要在 6~10min 内挤完，其中包括擦洗乳房和按摩乳房的时间，时间太长，将降低产乳量。缓慢的挤乳可降低约 12% 乳量，许多细菌通过乳头管栖生于乳池下部，这些细菌从乳头端部进入乳房，由于细菌本身的繁殖和乳房的物理运动，而进入乳房内部，故最初挤出的奶，细菌含量比较高，随着挤奶的进行，奶中细菌储量逐渐减少。所以，在挤奶时，最初挤出的奶应单独存放，另行处理。

（2）挤乳时精力要集中，严防乳牛受惊　挤乳时精力要集中，禁止喧哗、嘈杂和特殊音响等，勿让生人站在母牛附近，以防乳牛受惊，影响产乳量。挤乳时创造安静、良好的环境，使乳牛感到舒适，有利于乳汁的良好分泌。

（3）严格执行作息时间　严格执行作息时间，并以一定次序进行作业，不可任意打乱或改变，否则会引起乳牛不安，造成挤乳困难，降低产乳量。

（4）其他　每挤完一头牛的乳，应分别称重，做好记录。患乳房炎的牛应在最后挤乳，并单独存放。一切与牛乳接触的用具，在使用前后，均应洗净晾干，保持清洁。

（二）机械挤乳

现代牧场大多采用机械挤乳，机械挤乳和手工挤乳的原理完全不同，而与犊牛吸吮乳的过程一样。机械挤乳是通过脉动器使空气间断、周期性地进入乳杯内，形成压力脉动式变化使乳排出。现代牧场中，挤下的乳马上得到冷却和冷藏，以确保原乳的卫生和新鲜。

二、挤乳设备

挤乳设备包括有挤乳机、真空泵、CIP 清洗机、计量器和直冷式乳罐。

1. 挤乳机的构成及原理

挤乳机利用真空原理把乳从乳头中吸出。该设备由一个真空泵，一个作为乳采集器的真空容器、由软管与真空容器连接的吸乳杯，以及一个交替地对吸杯施以真空和常压的脉冲器组成。每套挤乳机包括 8~10 副挤乳器，足够 100~120 头母牛挤乳。在中型以上的农场常使用类似图 3-1 所示的挤乳机挤乳。

吸乳杯由一个被称为吸杯套筒的橡皮内管和一个不锈钢外管组成。在吸乳过程中，吸乳杯的吸杯套筒内维持 5×10^4Pa 的压力。脉冲室（在套管和外管之间）通过脉冲器的作用交替地接受真空和大气压，由此在吸乳阶段，乳从乳头中吸出，进入真空容器，然后转为常压，进入按摩阶段，原乳腺被挤压停止吸乳，乳从腺泡流入乳池，随后进行另一吸乳段，如此反复，如图3-2所示。

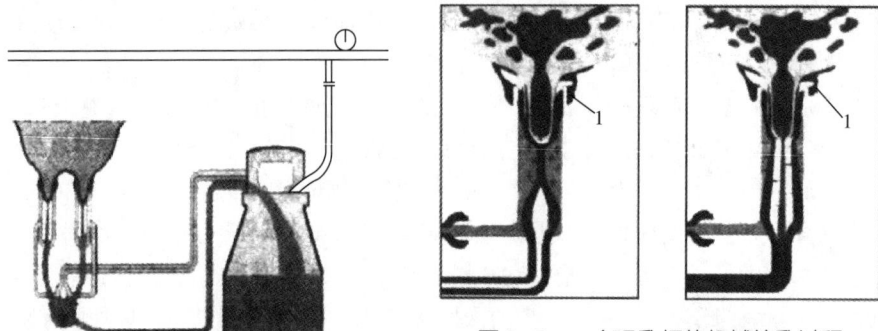

图 3-1　机械挤乳设备图

图 3-2　一个吸乳杯的机械挤乳过程
1—挤乳杯角衬垫

2. 挤乳机的类型

常用的挤乳机有三种形式：手推式挤乳机（图3-3）、管道式挤乳机（图3-4）、鱼骨式挤乳厅。

（1）手推式挤乳机　手推式挤乳机适用于家庭饲养，牛群数量少，60头以下的牧场。挤乳时将挤乳机推到牛位上，插上电源，套上乳杯即能挤乳。它的特点是机械结构简单，投资小，使用简便。但机械化程度较低，效率是三种形式中最低的。

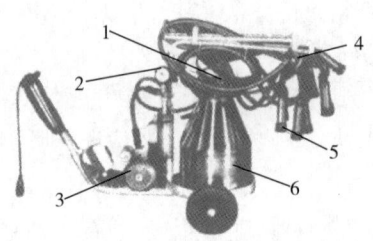

图 3-3　手推式挤乳机
1—脉动器　2—真空表控制阀　3—真空泵　4—挤乳器　5—挤乳杯　6—挤乳桶

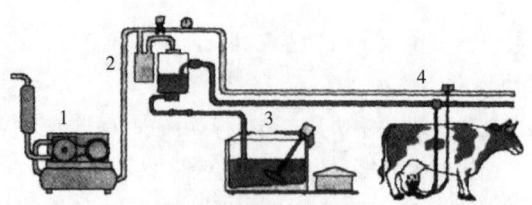

图 3-4　管道式挤乳系统的一般流程
1—真空泵　2—真空管道　3—牛乳冷却罐　4—牛乳管线

（2）管道式挤乳机　管道式挤乳机是在桶式挤乳机的基础上发展而来的。管道式挤乳的特点是通过管道把挤下来的乳自动输送到固定的贮乳容器中。因此，工人不必把每头牛挤出的乳送到乳罐中，降低了劳动强度。通过输乳管道的循环冲洗，有利于挤乳过程中卫生条件的控制。同时，由于在挤乳过程中乳始终在封闭条件下进行，大大减少了空气中尘埃、杂物的污染。

在大中型农场普遍采用这种系统。根据牛舍中牛群数量，每舍60~120头乳牛可配备4台、6台、8台不等数量的挤乳器。挤乳时由挤乳工将挤乳器挂到被挤的乳牛牛位上，将真空管、输乳管插入该牛位上相应接口，套上挤乳杯，便可挤乳。这种设备应该经常检查牛舍真空管的始端和末端的真空度是否一致，以防因真空泄漏而引起的挤乳速度减慢和真空度不高引起的乳房疾病。这种设备的特点是投资少，挤乳时牛群不移动，操作简便。

（3）鱼骨式挤乳厅　鱼骨式挤乳厅适用于大型牧场，牛群分批走入挤乳厅，易操作，投资省，效率高。鱼骨式挤乳厅适用于中大型牧场，根据牛群数量的多少，如2~4舍牛，每舍100~120头，即牛群总数在200~500头，可采用2×8位、2×12位、2×16位的鱼骨式挤乳厅，挤乳时，牛群分批走入挤乳厅。乳牛通过牛舍到挤乳厅的通道进入挤乳厅，一次可挤乳牛16头、20头、32头。这种挤乳设备，使用人力少，效率高，结构紧凑，管线短，易管理，自动化程度高，是一种最常用的先进挤乳设备。

牛舍管道式挤乳器和鱼骨式挤乳厅都带有就地清洗（CIP）设备，CIP清洗机是清洗输乳管道和挤乳机用的。挤完乳后将输乳管道用一定浓度的碱性和酸性清洗液，经过水→碱洗→水→酸液→水的程序清洗，同时挤乳杯放在清洗座上，用上述同样程序清洗，以保证挤乳设备的清洁卫生。

3. 机械挤乳技术

与手工挤乳一样，挤乳前也应先以热水（50~55℃）擦洗和按摩乳房。打开电闸，接通电源，使电动机转动，调节真空压力表。然后将粗橡皮管接在导管的开关上，打开开关。这时一手紧握挤乳杯的通乳管，另一手打开挤乳桶盖上的开关，从较远的一侧依次把挤乳杯套在乳头上。脉动器的搏动频率一般调节到50~60次/min。在挤乳过程中，可通过挤乳器上的窥视玻管观察乳流情况，如无乳流通过时，即应关闭挤乳桶上的开关或导管上的开关，轻轻取下挤乳杯，挂在挤乳桶盖上。新式的挤乳杯根据乳流情况能自动脱落。

每次挤完乳后，应将乳桶及与乳接触的有关部件拆卸清洗，先用冷水冲洗，再用85℃热水洗。方法是接上总管（粗橡皮管），打开导管上的开关，倒转集乳器，使挤乳杯浸入水中，然后打开挤乳桶盖上的开关，使水吸到挤乳桶中，洗涤挤乳杯和通乳管后再洗涤桶盖和桶壁。洗毕再用热水照样洗涤，然后将挤乳器挂在架子上晾干。

机械挤乳的操作程序：先挤三把乳（观察是否正常，扔掉或单独处理）→清洗和按摩乳房→套乳杯→挤乳→卸乳杯→清洗消毒。

第三节　原料乳质量标准与验收

一、原料乳质量标准

原料乳应符合GB 19301—2010《食品安全国家标准　生乳》要求。食品安全标准给出了生乳的定义，即从符合国家有关要求的健康乳畜乳房中挤出的无任何成分改变的常乳。产犊后7d的初乳、应用抗生素期间和休药期间的乳汁、变质乳不应用作生乳。此标准也规定了生乳的主要质量标准，包括感官要求、理化指标、污染物限量、真菌毒素限量、微生物限量、农药残留限量和兽药残留限量。

1. 感官要求

原料乳的感官评定项目包括色泽、滋味和气味、组织状态三项，要符合GB 19301—2010《食品安全国家标准 生乳》要求，见表3-1。

表3-1 感官要求

项目	要求
色泽	呈乳白色或微黄色
滋味、气味	具有乳固有的香味，无异味
组织形态	呈均匀一致液体，无凝块、无沉淀、无正常视力可见异物

2. 理化指标

GB 19301—2010《食品安全国家标准 生乳》中规定的理化指标详见表3-2。

表3-2 鲜乳理化指标

项目	指标
冰点[a,b]/℃	−0.560~−0.500
相对密度（20℃/4℃）	≥1.0270
蛋白质/（g/100g）	≥2.8
脂肪/（g/100g）	≥3.10
杂质度/（mg/kg）	≤4.0
非脂乳固体/（mg/kg）	≥8.1
酸度/°T	
牛乳[b]	12~18
羊乳	6~13

注：a 挤出3h后检测。
    b 仅适用于荷斯坦乳牛。

3. 污染物限量

污染物限量应符合GB 2762—2022《食品安全国家标准 食品中污染物限量》的规定。

4. 真菌毒素限量

真菌毒素限量应符合GB 2761—2017《食品安全国家标准 食品中真菌毒素限量》的规定。

5. 微生物限量

GB 19301—2010《食品安全国家标准 生乳》微生物限量应符合表3-3的规定。

表 3-3　　　　　　　　　　　　　　　微生物限量

项目	限量/［CFU/g（mL）］
菌落总数	≤2×10^6

二、原料乳验收标准与检验

(一) 感官检验

感官检验按检验时所利用的感觉器官，可分为视觉检验、嗅觉检验、味觉检验和触觉检验。

1. 视觉检验

通过被检验物作用于视觉器官所引起的反应对食品进行评价的方法称为视觉检验。在感官检验中，视觉检验占有重要位置，几乎所有产品的检验都离不开视觉检验。视觉检验即用肉眼观察食品的形态特征。如观察色泽可判断水果、蔬菜的成熟状况和新鲜程度，通过透光感可以判断饮料的清澈与混浊，把瓶装液体倒过来可检验有无沉淀物和夹杂物，据此判断食品是否受到了污染或变质。

视觉检验不宜在灯光下进行，因为灯光会给食品造成假象，给视觉检验带来错觉。检验时应从外往里检验，先检验整体外形，如罐装食品有无鼓罐或凹罐现象；软包装食品是否有胀袋现象等，再检验内容物，然后给予评价。

2. 嗅觉检验

通过被检物作用于嗅觉器官而引起的反应评价食品的方法称为嗅觉检验。

嗅觉是辨别各种气味的感觉，人的嗅觉非常灵敏，有时用一般方法和仪器不能检测出来的轻微变化，用嗅觉检验可以发现。如鱼、肉蛋白质的最初分解和油脂开始腐败时，其理化指标变化不大，但敏感的嗅觉可以觉察到有氨味和哈喇味。

气味是由食品中散发出来的挥发性物质，它受温度的影响较大，温度低时挥发慢，气味轻，反之则气味浓。因此在进行嗅觉检验时，可把样品稍加热，或取少许样品于洁净的手掌上摩擦，再嗅验。嗅觉器官长时间受气味浓的物质刺激会疲劳，灵敏度降低，因此，检验时应由轻气味到浓气味的顺序进行，检验一段时间后，应休息一会。

3. 味觉检验

通过被检物作用于味觉器官所引起的反应评价食品的方法称为味觉检验。味觉是由舌面和口腔内味觉细胞（味蕾）产生的，基本味觉有酸、甜、苦、咸四种，其余味觉都是由基本味觉组成的混合味觉。味觉还与嗅觉、触觉等其他感觉有联系。味蕾的灵敏度与食品的温度有密切关系，味觉检验的最佳温度为 20~40℃，温度过高会使味蕾麻木，温度过低也会降低味蕾的灵敏度。

味觉检验前不要吸烟或吃刺激性较强的食物，以免降低感觉器官的灵敏度。检验时取少量被检食品放入口中，细心品尝，然后吐出（不要咽下），用温水漱口。若连续检验几种样品，应先检验味淡的，后检验味浓的食品，且每品尝一种样品后，都要用温水漱口，以减少相互影响。对已有腐败迹象的食品，不要进行味觉检验。

4. 触觉检验

通过被检物作用于触觉感受器官所引起的反应评价食品的方法称为触觉检验。触觉检验主要是借助手、皮肤等器官的触觉神经来检验某些食品的弹性、韧性、紧密程度、稠度等，以鉴别其质量。例如，对谷物，可以抓起一把，凭手感评价其水分；对肉类，根据它的弹性可判断其品质和新鲜程度；对饴糖和蜂蜜，用掌心或指头揉搓时的润滑感可鉴定其稠度。此外，在品尝食品时，除了味觉外，还有脆性、黏性、弹性、硬度、冷热、油腻性和接触压力等触感。进行感官检验时，通常先进行视觉检验，再进行嗅觉检验，然后进行味觉检验及触觉检验。

(二) 酒精检验

酒精检验是为观察鲜乳的抗热性而广泛使用的一种方法。通过酒精的脱水作用，确定酪蛋白的稳定性。新鲜牛乳对酒精的作用表现出相对稳定；而不新鲜的牛乳，其中蛋白质胶粒已呈不稳定状态，当受到酒精的脱水作用时，其聚沉加速。此法可验出鲜乳的酸度，以及盐类平衡不良乳、初乳、末乳及细菌作用产生凝乳酶的乳和乳房炎乳等。

酒精检验与酒精体积分数有关，一般以68%、70%或72%中性酒精与原料乳等量相混合摇匀，无凝块出现为标准，正常牛乳的滴定酸度不高于18°T，不会出现凝块。但是影响乳中蛋白质稳定性的因素较多，如乳中钙盐增高时，在酒精检验中会由于酪蛋白胶粒脱水失去溶剂化层，使钙盐容易和酪蛋白结合，形成酪蛋白酸钙沉淀。

通过酒精检验可鉴别原料乳的新鲜度，了解乳中微生物的污染状况。新鲜牛乳存放过久或贮存不当，乳中微生物繁殖使营养成分被分解，则乳中的酸度升高，酒精检验易出现凝块。

新鲜牛乳的滴定酸度为16~18°T。酸度不超过22°T 的原料乳尚可用于制造奶油，但其风味较差。酸度超过22°T 的原料乳只能供制造业用的干酪素、乳糖等。酒精检验过程中，两种液体必须等量混合，两种液体的温度应保持在10℃以下，混合时化合热会使温度升高5~8℃，否则会使检验的误差明显增大。

(三) 滴定酸度

乳品工业中习惯称的酸度，是指以标准碱溶液用滴定法测定的"滴定酸度"，通常用吉尔涅尔度表示，简称°T（TepHep 度）或用乳酸质量分数（乳酸%）来表示。滴定酸度就是用相应的碱中和鲜乳中的酸性物质，根据碱的用量确定鲜乳的酸度和热稳定性。一般用 0.1mol/L 氢氧化钠滴定，计算乳的酸度。该法测定酸度虽准确，但在现场收购时收到实验室条件限制，故采用酒精试验来判断乳的酸度。

(四) 相对密度

相对密度是常作为评定鲜乳成分是否正常的一个指标，但不能只凭这一项来判断，必须再通过脂肪、风味的检验，可判断鲜乳是否经过脱脂或是加水。相对密度测定时要注意正确操作，读数是以鲜乳液面的最上端所示刻度为准，在读取数值时应迅速，在比重计放入后静止即刻进行读数。如果放置时间过长，脂肪球上浮，使鲜乳上层中脂肪增多，而下层脂肪减少，使比重计球部的相对密度增大，所测数值也偏高。测定最好在 10~20℃范围内进行，倒入鲜乳时不要泡沫过多，否则密度变小。

(五) 细菌数、体细胞数、抗生物质检验

一般现场收购鲜乳不做细菌检验，但在加工以前，必须检查细菌总数、体细胞数，以确定原料乳的质量和等级。如果是加工发酵制品的原料乳，必须做抗生物质检查。

1. 细菌检查

细菌检查方法很多，有美蓝还原试验、细菌总数测定、直接镜检等方法。

(1) 美蓝还原试验　美蓝还原试验是用来判断原料乳的新鲜程度的一种色素还原试验。新

鲜乳加入亚甲基蓝后染为蓝色，如污染大量微生物产生还原酶使颜色逐渐变淡，直至无色，通过测定颜色变化速度，间接地推断出鲜乳中的细菌数。该法除可间接迅速地查明细菌数外，对白细胞及其他细胞的还原作用也敏感。因此，还可检验异常乳（乳房炎乳及初乳或末乳）。

（2）稀释倾注平板法　平板培养计数是取样稀释后，接种于琼脂培养基上，培养24h后计数，测定样品的细菌总数。该法测定样品中的活菌数，测定需要时间较长。

（3）直接镜检法（费里德氏法）　利用显微镜直接观察确定鲜乳中微生物数量的一种方法。取一定量的乳样，在载玻片涂抹一定的面积，经过干燥、染色、镜检观察细菌数，根据显微镜视野面积，推断出鲜乳中的细菌总数，而非活菌数。直接镜检比平板培养法更能迅速判断结果，通过观察细菌的形态，推断细菌数增多的原因。

2. 细胞数检验

正常乳中的体细胞，多数来源于上皮组织的单核细胞，如有明显的多核细胞出现，可判断为异常乳。常用的方法有直接镜检法（同细菌检验）或加利福尼亚细胞数测定法（GMT法）。GMT法基细胞表面活性剂的表面张力测定，细胞在遇到表面活性剂时，会收缩凝固。细胞越多，凝集状态越强，出现的凝集片越多。

3. 抗生物质残留量检验

抗生物质残留量检验是验收发酵乳制品原料乳的必检指标。常用的方法有以下几种。

（1）氯化三苯基四氮唑（TTC）试验　如果鲜乳中有抗生物质的残留，在被检乳样中，接种细菌进行培养，细菌不能增殖，此时加入的指示剂TTC保持原有的无色状态（未经过还原）。反之，如果无抗生物质残留，试验菌就会增殖，使TTC还原，被检样变成红色，可见，被检样保持鲜乳的颜色，即为阳性。如果变成红色，为阴性。

（2）纸片法　将指示菌接种到琼脂培养基上，然后将浸过被检乳样的纸片放入培养基上，进行培养。如果被检乳样中有抗生物质残留，会向纸片的四周扩散，阻止指示菌的生长，在纸片的周围形成透明的阻止带，根据阻止带的直径，判断抗生物质的残留量。

（六）乳成分的测定

近年来随着分析仪器的发展，乳品检测方法出现了很多高效率的检验仪器。采用光学法来测定乳脂肪、乳蛋白、乳糖及总干物质，并已开发使用各种微波仪器。

1. 微波干燥法测定总干物质（TMS检验）

通过2450MHz的微波干燥牛乳，并自动称量、记录乳总干物质的质量，测定速度快，测定准确，便于指导生产。

2. 红外线牛乳全成分测定

通过红外线分光光度计，自动测出牛乳中的脂肪、蛋白质、乳糖三种成分的含量。红外线通过牛乳后，牛乳中的脂肪、蛋白质、乳糖的不同浓度，减弱了红外线的波长，通过红外线波长的减弱率反映出三种成分的含量。该法测定速度快，但设备造价较高。

三、异常乳

母畜在泌乳期间，由于生理、病理或其他因素的影响，乳的成分与性质发生变化，这种成分与性质发生了变化的乳，称为异常乳。一般情况下，异常乳不宜作为加工乳制品的原料。异常乳可分为生理异常乳、病理异常乳、化学异常乳及微生物污染乳等几大类。相对于异常乳来说，成分与性质正常的乳为正常乳。乳牛产犊7d以后挤出的乳，其性质与成分基本稳定，从这时开始一直继续到乳牛下一次产犊的泌乳期前所产的乳,就是正常乳。在乳制品加工中,原料乳的质量直接影响着产品的质量,因此,控制和改善原料乳的品质具有很重要的意义。

(一) 生理异常乳

生理异常乳主要是指初乳和末乳以及营养不良乳。由于牛体病理原因造成乳成分与性质异常的乳为病理异常乳,如乳房炎乳等。

1. 初乳

色黄、浓厚并有特殊气味,黏度大。脂肪、蛋白质,特别是乳清蛋白(球蛋白和白蛋白)含量高,乳糖含量低,灰分高,特别是钠和氯含量高。维生素 A、维生素 D、维生素 E 含量较常乳多,水溶性维生素含量一般也较常乳中含量高。初乳中含铁量为常乳的 3~5 倍,铜含量约为常乳的 6 倍。初乳中还含有大量的免疫球蛋白,为幼儿生长所必需。由于初乳的成分与常乳显著不同,因而其物理性质也与常乳差别很大,故不适于作为一般乳制品生产用的原料乳。但其营养丰富、含有大量免疫体和活性物质,可作为特殊乳制品的原料。

2. 末乳

末乳中各种成分的含量除脂肪外,其他均较常乳高。末乳具有苦而微咸的味道,因乳中脂肪酶活性较强,常带有油脂氧化味,且末乳中微生物数量比常乳高,因此不宜作为加工原料乳。

3. 营养不良乳

饲料不足、营养不良的乳牛所产生的乳与皱胃酶作用几乎不凝固,所以这种乳不能制造干酪。当喂以充足的饲料、加强营养之后,牛乳即可恢复对皱胃酶的凝固特性。

(二) 化学异常乳

化学异常乳是指由于乳的化学性质发生变化而形成的异常乳。包括酒精阳性乳、低成分乳、风味异常乳和混入杂质乳等。

1. 酒精阳性乳

酒精阳性乳是指以酒精检验规定方法检出絮状物的乳。酒精阳性乳主要包括高酸度酒精阳性乳、低酸度酒精阳性乳和冻结乳。

(1) 高酸度酒精阳性乳　挤乳后鲜乳的贮存温度太高,或鲜乳未经冷却而远距离运送时,途中会造成乳中的乳酸菌大量生长繁殖,产生乳酸和其他有机酸,导致牛乳酸度升高而呈酒精检验阳性。一般酸度在 24°T 以上的乳酒精检验均为阳性。挤乳时的卫生条件不合格也会造成酸度升高。因此,要预防高酸度酒精阳性乳,必须注意挤乳时的卫生条件并将挤出的鲜乳保存在适当的温度条件下,以免造成微生物污染和繁殖。

(2) 低酸度酒精阳性乳　低酸度酒精阳性乳是指牛乳滴定酸度低于 16°T,加 70% 等量酒精产生细小凝块的乳。这种乳加热后不出现凝固现象,其特征是刚刚从乳房内挤出后即表现为酒精阳性。

低酸度酒精阳性乳与正常牛乳相比,其钙、氯、镁以及乳酸含量高,尤其以钙含量增高明显,钠较少;蛋白质、脂肪以及乳糖等含量与正常乳几乎没有差别,但蛋白质成分差异大,尤其是 α_s-酪蛋白含量增高,蛋白质不稳定,从而导致乳的稳定性降低;在温度超过 120℃ 时易发生凝固,不利于加工,降低了其利用价值。

低酸度酒精阳性乳是一个极其复杂的临床表现,一些研究表明环境因素、饲养管理、生理机能、气象因素等都会对低酸度酒精阳性乳的产生造成影响。

① 环境因素的影响:产乳期和季节的不适等都会造成低酸度酒精阳性乳。一般来讲,春季

发生较多,到采食青草时自然恢复。初冬开始舍饲,气温发生剧烈变化,或者在夏季盛暑期,都易发生。畜龄在 6 岁以上的发生率居多。卫生管理越差,发生的情况越多。因此,采用日光浴、放牧、改进换气设施等使环境改善具有一定的效果。

②饲养管理的影响:喂以腐败饲料或者喂量不足、长期饲喂单一饲料、过量喂给食盐、饲料骤变、维生素不足等都会造成低酸度酒精阳性乳的发生。挤乳过度而热量供给不足时,容易产生耐热性能低的酒精检验阳性乳。产乳旺盛时,单靠供给饲料不足以维持乳牛的营养,所以分娩前必须给予充分的营养。因饲料骤变或维生素不足而引起时,可喂根菜类饲料加以改善。

③生理机能的影响:乳腺的发育、乳汁的生成是受各种内分泌机能所支配。内分泌中,特别是发情激素、甲状腺素、副肾上腺皮质素等与酒精阳性乳的产生都有关系。而这些情况一般与肝脏机能障碍、乳房炎、软骨症、酮体过剩等并发。感冒、发烧、乳房炎、肺炎、产后疾病等也是酒精阳性乳的促发因素。由于牛体健康状况下降、抵抗力下降、内分泌失调、机体代谢紊乱会引起乳的成分及其化学性质发生变化,进而出现盐类不平衡、蛋白质稳定性降低最终导致酒精阳性乳的产生。

(3) 冻结乳 冬季因气候和运输的影响,鲜乳产生冻结现象,这时乳中一部分酪蛋白变性。同时,在处理时因温度和时间的影响,酸度相应升高,表现为酒精阳性。但这种酒精阳性乳的耐热性要比由其他原因引起的酒精阳性乳高。

2. 低成分乳

由于乳牛品种、饲养管理、营养素配比、高温多湿及病理等因素的影响而产生的乳固体含量过低的牛乳,称为低成分乳。除了遗传因素外,产生低成分乳还有以下原因。

(1) 季节和气温对产乳量和成分的影响 季节对乳量和乳质的变化有相当大的影响,从日照时间到温度、湿度都是重要的因素。以乳量而论,东北地区以青草丰富的 6~7 月份为最高,南方则以 4~5 月份为最高。而含脂率则与乳量相反,冬季高,夏季低。无脂干物质以舍饲后期最低,春季由舍饲转变到放牧采食青草时,无脂干物质迅速升高。其原因除了青草的营养价值较高以外,也受青草中发情激素的影响。

(2) 饲养管理的影响 饲养管理对乳的成分具有重要的影响。限制精饲料或过量给予精饲料会使含脂率降低。长期营养不良,不仅产乳量下降,而且无脂干物质和蛋白质含量也减少。甚至连受饲料影响较小的乳糖和无机盐类,如果长期热量供给不足,也会使乳中的乳糖下降,并影响盐类平衡。研究证明,由于镁含量的不足,可能会出现原料乳对酒精检验不稳定的情况。此外,饲料与乳中微量元素和维生素(脂溶性)的含量也有很大的关系。

3. 风味异常乳

风味异常乳是指风味与常乳不同的乳。乳中异常风味来源较广,主要是通过畜体或空气吸收的饲料味;由于乳中酶的作用而使脂肪分解产生的脂肪分解味;盛乳器带来的金属味及畜体的气味,乳脂肪氧化产生的氧化味及阳光照射产生的日光味等。

带有这些气味的乳会给乳制品造成风味上的缺陷,要注意畜舍及畜体卫生,防止这些异味的出现。另外,将乳贮存在有农药及其他化学药品的房间,会出现农药等气味。这种异常乳对人体有害,所以,贮存乳时要避免和农药存放,杜绝乳吸收农药味。

4. 混入异物乳

异物混杂乳中含有随摄取饲料而经机体转移到乳中的污染物质或有意识地掺杂到原料乳中的物质。关于经机体转移到乳中的污染物质问题,其潜在的影响是应予以注意的,需要依靠卫生管理与"三废"控制进行综合防治；至于其他异物混杂问题，只要加强乳品与卫生管理工作，是容易解决的。

（1）偶然混入的异物　由于牛舍不清洁、牛体管理不良、挤乳用具洗涤不彻底、工作人员不卫生而引起的异物混入。来源于牛舍环境的异物有昆虫、杂草、饲料、土壤、污水等；来源于牛体的异物有乳牛皮肤、粪便等；来源于挤乳操作过程中的异物有头发、衣服片、金属、纸、洗涤剂、杀菌剂等。

（2）人为混入的异物　人为混入的异物包括为了增加质量而掺的水、为了中和高酸度乳而添加的中和剂、为了保持新鲜度而添加的防腐剂、非法增加含脂率和无脂干物质含量而添加的异种成分（异种脂肪、异种蛋白）等。

（3）经牛体污染的异物　出现该种情况是由于为促进牛体生长和治疗疾病，对乳牛使用激素和抗生素；乳牛采食被农药或放射性物质污染的饲料和水。这些激素、抗生素、放射性物质和农药会通过牛机体进入牛乳中，对牛乳造成污染。这些异物对人体健康的危害更大。

研究表明，即使乳中含有微量的抗生素，也可成为人对抗生素产生过敏或增加抗药性的原因，因此有害于大众健康，同时影响发酵乳制品的生产。

（三）微生物污染乳

由于挤乳前后的污染、不及时冷却和器具的洗涤杀菌不完全等原因，使鲜乳被微生物污染，鲜乳中的细菌数量大幅度增加，以致不能用作加工乳制品的原料，这种乳称为微生物污染乳。

1. 原料乳的微生物污染状况

原料乳从挤乳开始到运到工厂，每个过程都容易受到微生物的侵袭而造成污染。刚挤下来的鲜乳，如果挤乳时的卫生条件比较好，则乳中的细菌数为300~1000个/mL。最初挤出的乳细菌数高，随着挤乳的延续，细菌数逐渐减少。因此，最初挤出的乳应该分别处理，这样对提高鲜乳的质量有良好的效果。挤出后的鲜乳，因受挤乳用具、容器和牛舍空气等的污染，在运到收乳站或工厂的过程中，微生物性状变化很大。为了防止微生物的繁殖，挤出后的鲜乳至少要维持在10℃以下，并尽可能降至4℃左右。

挤出后的鲜乳保存期间，在一定时间内细菌数反而减少，这是由于牛乳本身有杀菌作用。鲜乳继自身杀菌阶段以后，接着乳酸菌、蛋白质分解菌或大肠杆菌开始繁殖，以致产生酸败、碱化、胨化、产气等现象。其过程是首先乳酸菌繁殖，分解乳糖产生乳酸使乳产生凝固；接着乳酸菌因酸度升高受到抑制，而耐酸的丙酸杆菌、芽孢形成菌、酵母、霉菌等大量生长而消耗乳酸；最后由于芽孢形成菌和腐败菌的作用，出现腐败现象。

2. 微生物污染乳种类

原料乳被微生物严重污染产生异常变化而成为微生物污染乳。

其中，酸败乳是由乳酸菌、丙酸菌、大肠杆菌、微球菌等造成，常导致牛乳酸度增加，稳定性降低；黏质乳是由嗜冷菌、明串珠菌等造成，常导致牛乳黏质化，蛋白质分解；着色乳是由嗜冷菌、球菌、红色酵母引起，使乳色泽变黄、变红、变蓝；异常凝固分解乳是由蛋白质分解菌、脂肪分解菌、嗜冷菌、芽孢杆菌引起，导致乳胨化、碱化，以及脂肪分解臭和苦味的产生；细菌性异常风味乳是由蛋白质分解菌、脂肪分解菌、产酸菌、嗜冷菌、大肠杆菌引起，导致乳产生异臭异味。

(四) 病理异常乳

病理异常乳是指由于病菌污染而形成的异常乳。主要包括乳房炎乳、其他病牛乳。这种乳不仅不能作为加工原料，而且对人体健康有危害。

1. 乳房炎乳

乳房炎乳是由于外伤或细菌感染，使乳房发生炎症时所分泌的乳。常见的乳房炎疾病主要是由缺乳链球菌引起的慢性乳房炎和葡萄球菌或大肠杆菌等引起的急性乳房炎。乳房炎乳中免疫球蛋白、血清白蛋白、氯、钠的含量及细菌数、上皮细胞比常乳中含量高；产乳量、乳干物质、酪蛋白、乳清蛋白中的 α-乳白蛋白、β-乳球蛋白及乳糖、钾、钙的含量比常乳低。乳房炎乳的 pH 在 6.8 以上，比常乳高，导电率也有所提高；而相对密度、酸度均有所下降。乳房炎乳的氯糖值大于 3，正常乳为 2.0~3.0；酪蛋白值 [（酪蛋白氮含量/总氮含量）×100] 低于 78%，正常乳为 79%。造成乳房炎的原因主要是畜体和畜舍环境卫生不符合要求，挤乳方法不妥，特别是用挤乳机挤乳时，对挤乳机不严格清洗消毒以及使用方法不当，则更容易引起乳房发病。

2. 其他病牛乳

其他病牛乳是指主要由口蹄疫、布氏杆菌病等的乳牛所产生的乳，乳的质量变化大致与乳房炎乳相类似。另外，患酮体过剩、肝机能障碍、繁殖障碍等的乳牛，易分泌酒精阳性乳。

第四节　原料乳质量控制

一、原料乳预处理

原料乳的质量是影响乳制品质量的关键，只有优质原料乳才能保证优质的产品。为了保证原料乳的质量，挤出的牛乳在牧场必须立即进行过滤，冷却等初步处理，其目的是除去机械杂质并减少微生物的污染。

(一) 过滤与净化

1. 过滤

牧场在没有严格遵守卫生条件下挤乳时，乳容易被大量粪屑、饲料、垫草、牛毛和蚊蝇等所污染。因此，挤下的乳必须及时进行过滤。所谓过滤就是将液体微粒的混合物，通过多孔质的材料（过滤材料）将其分开的操作。

凡是将乳从一个地方送到另一个地方，从一个工序到另一个工序，或者由一个容器送到另一个容器时，都应该进行过滤。过滤的方法，除用纱布过滤外，也可以用过滤器进行过滤。过滤器具、介质必须清洁卫生，如及时用温水清洗，并用 5g/L 的碱水洗涤，然后再用清洁的水冲洗，最后煮沸 10~20min 杀菌。

2. 净化

原料乳经过数次过滤后，虽然除去了大部分的杂质，但是，由于乳中污染了很多极为微小的机械杂质和细菌细胞，难以用一般的过滤方法除去。为了达到最高的纯净度，一般采用离心净乳机净化。

离心净乳就是利用乳在分离钵内受强大离心力的作用，将大量的机械杂质留在分离钵内壁上，而乳被净化。离心净乳机的构造与奶油分离机基本相似。只是净乳机的分离钵具有较大聚尘空间，杯盘上没有孔，上部没有分配杯盘。没有专用离心净乳机时，也可以用奶油分离机代替，但效果较差。现代乳品厂，多采用离心净乳机。但普通的净乳机，在运转2~3 h后需停车排渣，故目前大型工厂采用自动排渣净乳机或三用分离机（奶油分离、净乳、标准化），对提高乳的质量和产量起了重要的作用。

（二）冷却

净化后的乳最好直接加工，如果短期贮藏时，必须及时进行冷却，以保持乳的新鲜度。刚挤下的乳温度约36℃左右，是微生物繁殖最适宜的温度，如不及时冷却，混入乳中的微生物就会迅速繁殖，使乳的酸度增高，凝固变质，风味变差。故新挤出的乳，经净化后须冷却到4~10℃以抑制乳中微生物的繁殖。冷却对乳中微生物的抑制作用见表3-4。

表3-4　　　　　　　乳的冷却与乳中细菌数的关系　　　　　　　单位：个/mL

乳冷却情况	贮存时间				
	刚挤出	3h	6h	12h	24h
冷却乳	11500	11500	8000	7800	62000
未冷却乳	11500	18500	102000	114000	1300000

由表3-4看出，未冷却的乳其微生物增加迅速，而冷却乳则增加缓慢。6~12h微生物还有减少的趋势，这是因为低温和乳中自身抗菌物质——乳烃素（lactenin）使细菌的繁育受到抑制。

新挤出的乳迅速冷却到低温可以使抗菌特性保持较长的时间。另外，原料乳污染越严重，抗菌作用时间越短。例如，乳温10℃时，挤乳时严格执行卫生制度的乳样，其抗菌期是未严格执行卫生制度乳样的2倍。因此，刚挤出的乳迅速冷却，是保证鲜乳较长时间保持新鲜度的必要条件。通常可以根据贮存时间的长短选择适宜的温度。

二、原料乳贮存

1. 贮存要求

为了保证工厂连续生产的需要，必须有一定的原料乳贮存量。一般工厂总的贮乳量应根据各厂每天牛乳总收纳量、收乳时间、运输时间及能力等因素决定。一般贮乳罐的总容量应为日收纳总量的2/3~1。而且每个贮乳罐的容量应与每班生产能力相适应。每班的处理量一般相当于两个贮乳罐的乳容量，否则用多个贮乳罐会增加调罐、清洗的工作量和增加牛乳的损耗。贮乳罐使用前应彻底清洗、杀菌、待冷却后贮入牛乳。每罐须放满，并加盖密封。如果装半罐，会加快乳温上升，不利于原料乳的贮存。贮存期间要定时搅拌乳液防止乳脂肪上浮而造成分布不均匀。24h内搅拌20min，乳脂率的变化在0.1%以下。冷却后的乳应尽可能保持低温，以防止温度升高保存性降低。表3-5为牛乳的贮存时间与冷却温度的关系。

表3-5　　　　　　　牛乳的贮存时间与冷却温度的关系

乳的贮存时间/h	应冷却的温度/℃
6~12	10~8

续表

乳的贮存时间/h	应冷却的温度/℃
12~18	8~6
18~24	6~5
24~36	5~4

贮乳设备一般采用不锈钢材料制成,并配有适当的搅拌机构。10 t 以下的贮藏罐多装于室内,分为立式或卧式;大罐多装于室外,带保温层和防雨层,均为立式。贮乳罐外边有绝缘层(保温层)或冷却夹层,以防止罐内温度上升。贮罐要求保温性能良好,一般乳经过 24 h 贮存后,乳温上升幅度不得超过 2~3℃。

2. 乳在贮存过程中的变化

原料乳的成分组成、特性及质量的变化会直接影响加工过程以及最终产品的组成和质量,乳在一个大的贮存罐中混合会发生以下变化。

(1)微生物的繁殖 乳在乳罐中微生物质量变化主要取决于嗜冷菌的生长。生产之前,如果乳中细菌数超过 $5×10^5$ 个/mL 时,就说明嗜冷菌已产生了足够的耐热酶,即脂酶和蛋白酶,这些酶能破坏产品质量。特别值得一提的是,若将来自含有许多嗜冷菌的少量乳与含有少量嗜冷菌的大量乳混合,乳中含有的高数量嗜冷菌所造成的危害要比含有菌数相同的乳更大,这是因为嗜冷菌在对数生长期的最后阶段胞外酶产生占优势。乳应该被冷却到 4℃ 以下,这是因为乳温在从牧场到乳品厂的运输过程中增高,在高温下细菌的传代间隔明显缩短,因此,必须采取一定措施以使原料乳保存更长时间。

预热(65℃加热 15s)是一种控制原料乳质量较好的方法,采用一种较为温和的热处理方法以降低贮藏原料乳中嗜冷菌的数量,同时该法在乳中保留了大部分完好的酶和凝集素。热处理之后,假如乳没有再次受到嗜冷菌的污染,这种乳可以在 6~7℃ 保持 4~5d,细菌数量不增加。乳应该尽可能地在运抵乳品厂之后立即进行预热,预热后的乳仍会受到非常耐热的嗜冷菌(例如,耐热性产碱杆菌)的威胁。

(2)酶活性 虽然乳中其他酶(例如,蛋白酶和磷酸酶)也引起乳的变化,但是脂酶对鲜乳质量影响更为突出。因此,5~30℃ 条件下的乳应避免温度反复波动破坏脂肪球。

(3)化学变化 应该避免乳受到阳光曝晒,因为这会导致乳变味。也应避免冲洗水(引起稀释)、消毒剂(氧化)的污染,特别是铜(起触媒作用引起油脂氧化)的污染。

(4)物理变化 以下是贮存过程中发生的主要物理变化。

①在低温条件下原料乳或预热乳脂肪会迅速上浮,通过有规律的搅拌(例如每小时搅拌 2min)能避免稀奶油层的形成。常用通入空气的方法来完成,所用空气必须是无菌的,空气泡需要非常大,否则的话许多脂肪球就会吸附在气泡上。

②脂肪球的破坏主要是由于空气的混入和温度的波动引起的。温度的波动使一些脂肪球融化和结晶,能导致脂肪分解加速,如果脂肪球是液态的就会导致脂肪球的破坏。如果这种脂肪部分是固体(10~30℃),就能使脂肪球结块。

③在低温条件下,部分酪蛋白(主要是 β-酪蛋白)就会由胶束溶解于乳清中。这种溶解是一个缓慢的过程,大约经过 24h 才能达到平衡。一些酪蛋白的溶解增加了乳清的黏度,约增加 10%,从而降低了这种乳的凝乳能力。凝乳能力的降低部分是由于钙离子活力的变化。将乳

暂时加热至50℃或更高温度可使其凝乳能力全部恢复。

三、原料乳运输

乳的运输是乳品生产上重要的一环，运输不妥，往往造成很大的损失。目前我国乳源分散的地方，多采用乳桶运输；乳源集中的地方，采用乳槽车运输。无论采用哪种运输方式，都应注意以下几点：①防止乳在途中升温，特别是在夏季，运输最好在夜间或早晨，或用隔热材料盖好桶。②所采用的容器须保持清洁卫生，并加以严格杀菌。乳桶盖内应有橡皮衬垫，绝不能用碎布、油纸或碎纸等代替。③夏季必须装满盖严，以防振荡；冬季不得装得太满，避免因冻结而使容器破裂。④长距离运送乳时，最好采用乳槽车。利用乳槽车运乳的优点是单位体积表面小，乳的升温慢，特别是在乳槽车外加绝缘层后可以基本保持在运输中不升温。

思考题

1. 主要乳畜品种有哪些？
2. 挤乳时的注意事项有哪些？
3. 原料乳的验收标准有哪些？
4. 什么是异常乳？异常乳的种类有哪些？
5. 原料乳的预处理流程是什么？

思政小模块

《中国乳业质量报告（2023）》及启示

《中国奶业质量报告（2023）》在第十四届中国奶业大会上发布，该报告由农业农村部指导、中国奶业协会和农业农村部奶及奶制品质量监督检验测试中心（北京）编撰。报告指出，2022年，中国乳业生产继续增长，产业素质稳步提升，规模化养殖比例进一步提高，乳品质量持续保持较高水平，国产品牌美誉度和国际竞争力逐步增强。

一是乳品量质持续增长。全国乳类产量4026.5万t，同比增长6.6%；乳制品产量突破3117.7万t，同比增长2.0%。全国生鲜乳抽检合格率100%；乳制品总体抽检合格率99.88%；生乳中乳蛋白、乳脂肪、菌落总数抽检平均值达到乳业发达国家水平，体细胞抽检平均值优于欧盟标准；三聚氰胺等重点监控违禁添加物抽检合格率连续14年保持100%。

二是产业素质稳步提升。全国存栏百头以上规模养殖比例达到72%，同比提高2%。乳牛平均单产9.2t，较去年增加500kg；规模牧场95%以上配备全混合日粮搅拌车，原料乳生产100%实现机械化挤乳。

三是消费增长趋于平缓。规模以上乳制品加工企业主营业务收入4717.3亿元，同比增长1.1%，增速降低10.6%，人均乳制品消费量42kg，比上一年减少0.6kg；乳业主产省生乳收购平均价4.16元/kg，4年来出现首次下降。

四是民族乳业竞争力持续增强。2022年，国产乳与进口乳比较评估显示，巴氏杀菌乳、超高温灭菌乳和婴幼儿配方乳粉的安全指标均符合中国、美国及欧盟限量标准；其中，国产乳的乳铁蛋白、β-乳球蛋白和糠氨酸等指标均优于进口同类产品。

乳源的质量决定了乳制品的品质，加强乳源建设和监管，才能促进我国乳业的良性和健康发展。我国幅员辽阔，拥有丰富的乳源资源，应充分发挥我国的乳源优势，引领我国乳业高质量优质发展。另外，在加强乳源基地建设的同时，要秉持着与生态协同发展的可持续理念，既要乳业发展的金山银山，也要生态保护的绿水青山。

---- 第三章微课视频 ----

原料乳的生产

第四章
乳品加工处理与设备

本章目标与重难点

学习目标： 了解各类加工设备与设施的类型；掌握各类加工设备与设施的基本结构、工作原理、系统配置、性能特点和应用。

思政目标： 能够将理论与实际结合，熟悉典型单元操作设备的构造及工作原理，弘扬科技工作者的"工匠精神"，提升解决实际复杂工程技术问题的能力。

重点和难点： 本章重点是离心分离机、板式换热器、均质机、降膜蒸发器、压力喷雾干燥机组、CIP 系统等关键设备的工作原理和性能特点。难点是膜式真空浓缩设备、板式 UHT 系统、管式 UHT 系统配置流程。

第一节 离心分离

一、离心分离的目的与原理

牛乳在采集过程中通常混杂有机械杂质，并需要除去牛乳中的所有杂质、上皮细胞、白细胞等，因此有必要对牛乳进行净化处理；发酵乳、乳粉、炼乳等乳制品要满足产品标准，需对原料乳进行标准化。在乳及乳制品生产中，进行离心分离的目的主要包括获得奶油和/或脱脂牛乳；分离酪乳中的乳清或甜奶油；使牛乳和乳制品标准化至所需脂肪含量；净乳，去除外界杂质、细菌及其芽孢。

各种类型的离心分离机原理都是基于牛乳中杂质密度大于脱脂乳，脂肪密度小于脱脂乳，利用离心力的作用将相对密度不同的组分分开，并从各自的排出口排出，得到不同组分的产品。如图 4-1 所示，在离心分离机的分离钵内装有许多保持一定间距的锥形碟片，伴随着分离钵的高速转动，牛乳在碟片间呈薄层流动而分离。利用惯性离心力，牛乳中的杂质颗粒和脂肪球根据它们相对于连续介质（即脱脂肪乳）的密度不同的性质，开始在分离通道中径向朝里或朝外运动。密度大的杂质沉降于鼓壁，通过排渣孔排出；密度最小的稀奶油（脂肪）向转动轴方向移动，并集中于转动轴附近，通过稀奶油出口排出；密度稍大的脱脂乳向外移动至碟片组空间，通过脱脂乳出口排出。

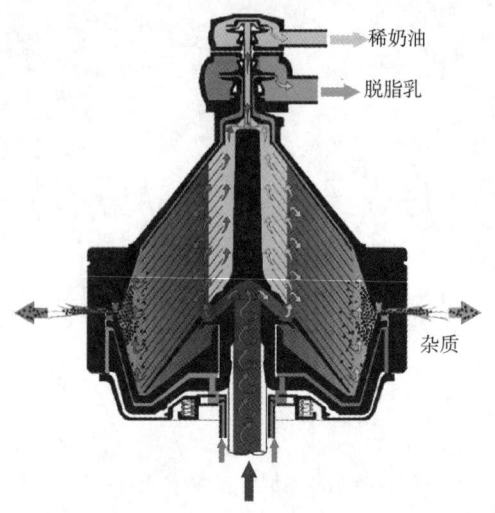

图 4-1 离心分离

二、离心分离设备

离心分离设备是根据各组分相对密度不同,通过重力或外界的离心力,利用惯性离心力,在离心力场中进行固-液、液-液、液-液-固相离心分离的机械。离心分离机是乳品厂最精密的专用设备之一,主要用于牛乳的净化、奶油的分离与均质。在乳及乳制品生产中,常用的是碟片式离心分离机,其结构如图 4-2 所示。在转鼓里装有许多互相保持一定间距的锥形碟片,使液体在碟片间成薄层流动而进行分离,减少液体扰动,减小沉降距离,增加沉降面积,从而提高分离效率和生产能力。

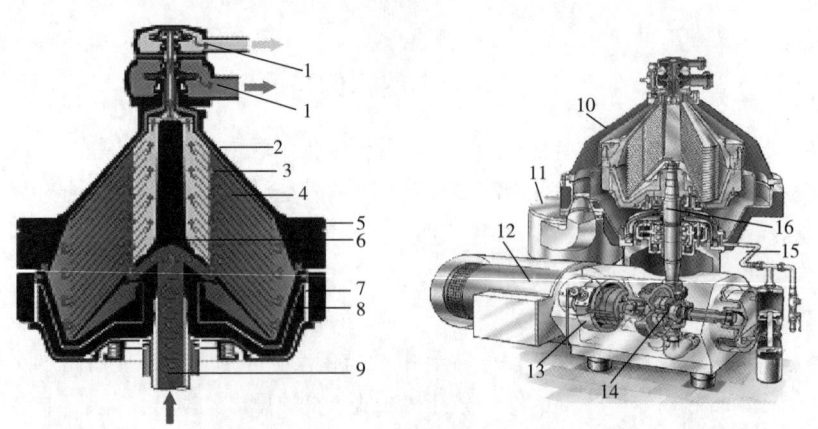

图 4-2 离心分离机结构

1—出口泵 2—钵罩 3—分配孔 4—碟片组 5—锁紧环 6—分配器 7—滑动钵底部 8—钵体
9、16—空心钵轴 10—机盖 11—沉渣器 12—电机 13—制动器 14—传动齿轮 15—操作水系统

离心分离设备可依据不同方式进行分类。

1. 依据操作方式分类

澄清型是用于固相粒度为 0.5~500μm 悬浮液的固-液分离(又称净化)。主要为离心式净

乳机。

分离型用于乳浊液的分离，含少量固相，进行轻液-重液-固三相分离（如稀奶油、脱脂乳和固体杂质）。主要为离心乳脂分离机。

离心净乳机和离心式分离机主体结构类似，主要差别在于碟片组的设计，分离机碟片组转速比净乳机高。分离机碟片上有分配孔而净乳机碟片上没有分配孔，并且净乳机有一个物料排出口，分离机有两个排出口。

（1）澄清型碟片式离心分离机　澄清型碟片式离心分离机又称净乳机。如图4-3所示，牛乳从碟片组的外侧边缘进入分离通道，经碟片组流过通向转轴的通道由上部排出口排出；流经旋转的碟片组途中由于离心力的作用，固体杂质被分离出来，并沿着碟片的下侧被甩出，在分离钵沉渣空间沉降下来，经过一段时间后由排渣孔排出。

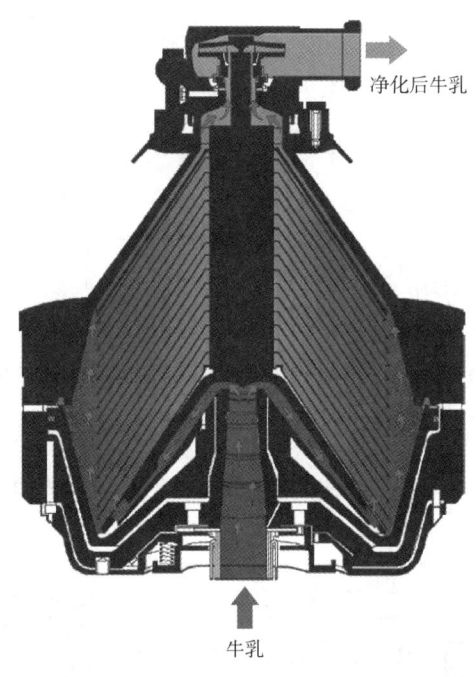

图4-3　净乳机分离钵

（2）分离型碟片式离心分离机　分离型碟片式离心分离机又称碟片式乳脂分离机。如图4-4所示，牛乳进入距碟片边缘一定距离的垂直排列的分配孔中，在离心力的作用下，牛乳中的颗粒和脂肪球根据它们相对于连续介质（即脱脂肪乳）的密度而开始在分离通道中径向朝里或朝外运动。稀奶油，即脂肪球，比脱脂乳的密度小，因此在通道内朝着转动轴的方向运动，稀奶油通过轴口连续排出。脱脂乳向外流动到碟片组的空间，通过最上部的碟片与分离钵锥罩之间的通道排出。

2. 依据进料和排液方式分类

（1）开放式分离机　如图4-5所示，采用开放式进料和出料。依靠牛乳重力作用进料，稀奶油与脱脂乳在常压下排出。该设备处理量小，多用于实验室。

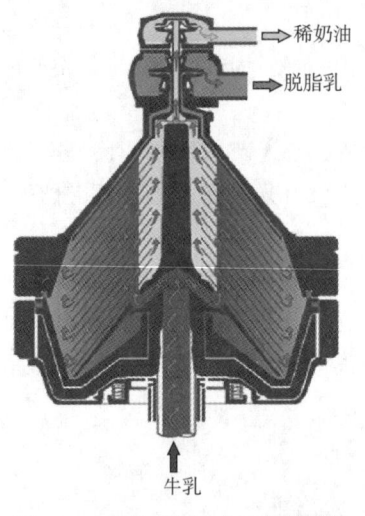
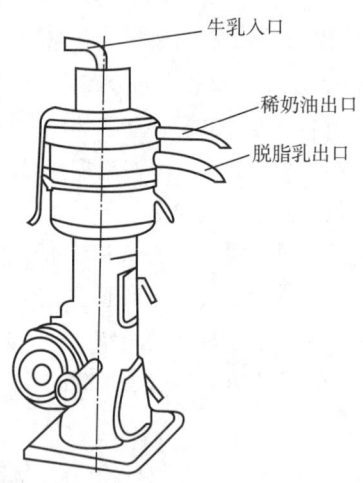

图 4-4 碟片式离心分离机分离钵　　　图 4-5 开放式分离机

（2）半封闭式分离机　如图 4-6 所示，也称作压力盘式。采用开放式进料，封闭式出料。依靠牛乳重力作用进料，由于在稀奶油与脱脂乳出口处装有压力盘，稀奶油与脱脂乳会以一定压力排出。

（3）封闭式分离机　如图 4-7 所示，采用封闭式进料，封闭式出料。进料采用泵送进料，在稀奶油与脱脂乳出口处装有压力盘，牛乳完全充满钵体，内部无空气，不会产生泡沫。

封闭式牛乳分离机可用于排出含脂率超过 72% 的稀奶油，而半封闭式牛乳分离机则无法完成。

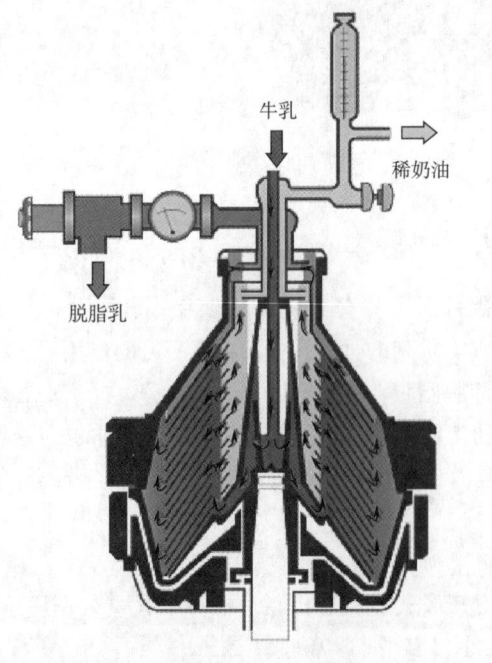
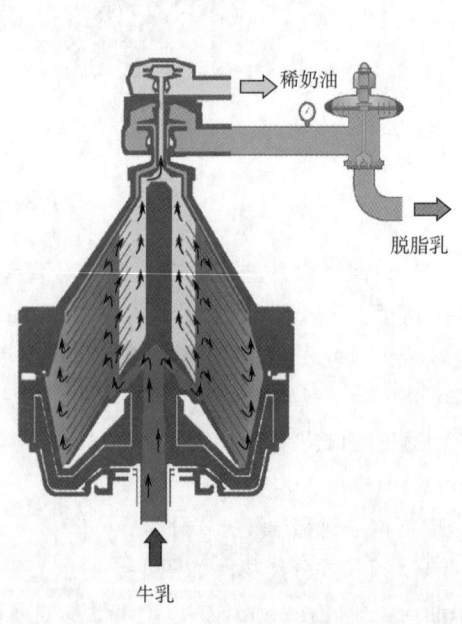

图 4-6 半封闭式分离机　　　图 4-7 封闭式分离机

3. 离心除菌机

离心除菌机是一种经特殊设计的碟片式离心分离机。细菌，尤其是耐热性的芽孢，比牛乳的密度高很多。当将微生物菌液作为杂质处理时，可按净乳方式处理；当将微生物菌液与除菌后的牛乳作为重液和轻液来处理时，可按离心分离方式处理。离心除菌机、净乳机和分离机主要差别在于碟片上分配孔的位置，并且碟片组具有更高的转速。离心除菌机有两种类型。

（1）单相离心除菌机　如图4-8所示，单相离心除菌机在钵顶部只有一个出口，用于排出微生物已减少的牛乳。除掉的微生物被聚集在钵体沉渣空间的污泥中，按预定的间隔定时排出。

（2）两相离心除菌机　如图4-9所示，两相离心除菌机在顶部有两个出口：一个用于除去细菌的牛乳排出，另一个通过特殊的顶钵片上部连续将细菌浓缩液排出。

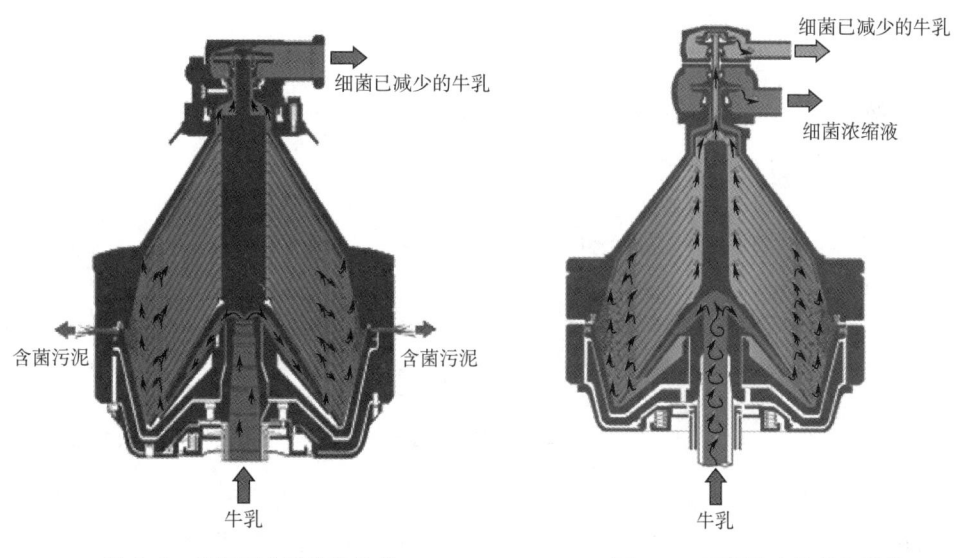

图4-8　单相离心除菌机钵体　　　　图4-9　两相离心除菌机钵体

第二节　热交换

几乎所有乳及乳制品生产中都涉及热处理，对乳与乳制品进行冷却、预热、杀菌、蒸发、结晶和干燥等均需通过热交换设备来完成。热处理的主要目的是杀死微生物和使酶失活，或实现其他一些化学变化，例如，增加黏度，这些变化程度取决于热处理强度。热处理强度体现为不同温度和时间的组合，不同热处理强度带来的热可逆变化和热不可逆变化对产品品质影响非常大。热处理在生产加工过程中带来有利影响，如杀菌、促进发酵过程进行、蒸发浓缩、凝乳酶凝乳等，也可能引起一些产品不期望的变化，如褐变、蒸煮味、营养损失、品质下降、酶失活等，这就意味着乳及乳制品生产中热处理强度的控制非常重要。

一、热交换目的

1. 预热

预热的作用有：在加入其他成分前进行预热，以便更好地溶解，如，配料前的预热等；为满足下一工艺操作条件做准备，例如，均质前的预热以及杀（灭）菌前的预热等。

2. 冷却

便于贮存，例如原料乳入厂后，快速冷却至4~5℃，防止微生物进一步生长；满足下一步工艺操作条件，例如杀（灭）菌后，物料快速冷却，满足成品包装及成品品质要求等。

3. 杀（灭）菌、灭酶

杀灭乳及乳制品中所有致病菌、腐败菌，最大程度破坏乳及乳制品中的酶活性，使乳及乳制品在保持一定风味和组织状态时，在特定的条件下（如密闭的瓶内、罐内或其他环境中）有一定的保存期。例如，巴氏杀菌和超高温灭菌对乳及乳制品的杀菌及灭菌处理等。

4. 预杀菌

为下一步工艺创造条件，例如，许多工厂收乳之后不能立即对所有牛乳及时加工处理，为防止变质，采用低于巴氏杀菌温度的杀菌方法对乳预热，暂时阻止微生物增殖。这种处理方法也对某些芽孢类微生物的后期杀灭起到积极作用。

5. 保温

保持一定温度以满足某些工艺条件，如乳制品的发酵过程等。

6. 热能回收

降低成本，简化设备。例如，在板式或管式杀（灭）菌机对物料处理过程中，物料杀（灭）菌之后，需快速降温冷却，其热量可用于设备进口处冷物料的预热。

二、热处理方式

热处理有直接加热和间接加热两种方式。直接加热是指加热介质和食品物料直接混合，使食品物料快速加热杀（灭）菌的方法。间接加热是指在加热（冷）介质和食品物料之间放置间壁，热量通过间壁在介质和物料之间传递。对于间接加热，间壁两边的流体流动方向有以下两种形式。

1. 并流

参与热交换的流体沿传热壁的两边分别以相同的方向流动（图4-10）。其特点是两流体起始温差和终点温差的差值大；传热的平均温差 Δt_m 小，传热不充分；热交换强烈，易结垢。

2. 逆流

参与热交换的流体沿传热壁的两边分别以相反的方向流动（图4-11）。其特点是两流体在同一端的温差较大，在另一端的温差较小，可减少结垢；传热的平均温差 Δt_m 大，传热效果好，热交换充分。

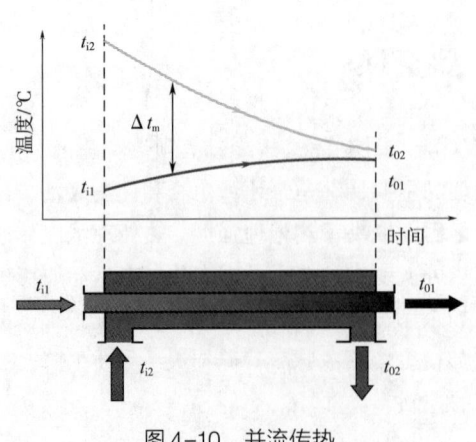

图4-10 并流传热

三、热交换设备

(一) 直接加热设备

直接加热设备主要有蒸汽喷射式和注入式直接加热杀菌两种形式。喷射式是把蒸汽喷射到被杀菌的料液中进行加热杀菌。注入式是把食品物料注入热蒸汽中进行杀菌。主要设备包括物料泵、蒸汽（或物料）喷嘴、真空罐及各种控制仪表等。加热介质与物料混合的装置是关键设备。

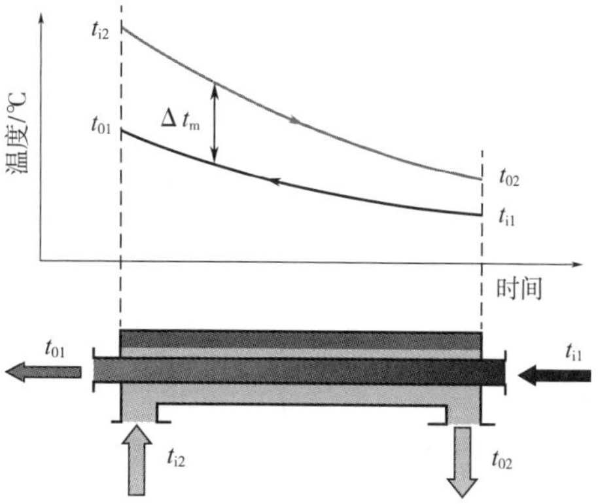

图 4-11 逆流传热

1. 蒸汽喷射杀（灭）菌装置

蒸汽喷射杀菌装置主要包括：预热器、蒸汽喷射器、膨胀罐、冷凝器、保温管及泵等，这一原理常用于蒸汽直喷杀菌（DSI）降膜蒸发器中，杀菌器主要结构为洁净蒸发发生器、蒸汽喷射器、保持管等。

(1) 工作原理　蒸汽喷射杀菌装置的关键设备是蒸汽喷射器（图4-12），外形是不对称的T形三通，内管管壁四周有许多直径小于1mm的细孔（与物料流动方向成直角）。通过这些细孔将蒸汽强制喷射到物料中去，使物料瞬间加热到杀（灭）菌温度，经过一定的保温时间，对物料进行杀（灭）菌的处理。物料在进入喷射器前，压力一般保持在0.4MPa左右，以防止物料在喷射器内沸腾。蒸汽必须是高纯度的，不含任何固体颗粒，蒸汽压力为0.48~0.5MPa。

(2) 工作流程　蒸汽喷射杀（灭）菌装置的工作流程（图4-13）为：物料从平衡槽通过泵送入预热器中预热之后，通过高压离心泵将物料抽送入喷射器与高压蒸汽混合，瞬间将物料加热至所设定杀（灭）菌温度，在保温管内保持数秒杀（灭）菌的时间后，经转向阀进入真空罐对杀菌后的物料蒸发浓缩并且冷却，当达到杀（灭）菌前物料的浓度和

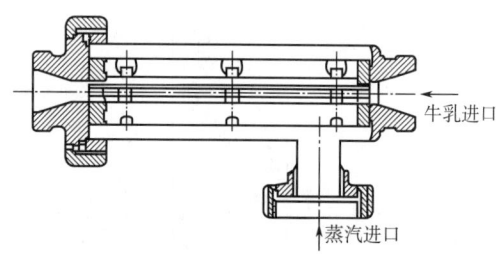

图 4-12 蒸汽喷射器

温度后，进入冷却器中冷却。未达到杀（灭）菌温度的物料由控制器控制转向阀，将其送入真空罐，由无菌泵输送并经冷凝器冷凝后回流至平衡槽中。

2. 注入式直接加热杀（灭）菌装置

注入式直接加热杀（灭）菌装置主要包括：注入器、预热器、加热器、闪蒸罐、冷却器、真空泵、无菌泵、高压泵等。

(1) 工作原理　注入式直接加热杀（灭）菌装置工作原理如图4-14所示，蒸汽由中间喷入，物料由上端注入蒸汽中，由蒸汽瞬间加热到杀（灭）菌温度，并保温一段时间，以达到对物料杀（灭）菌的目的。

(2) 工作流程　以拉吉奥尔超高温装置为例，典型的注入式直接加热杀（灭）菌装置工作流程，如图4-15所示。物料由高压泵通过平衡槽送入第一管式换热器预热，经第二管

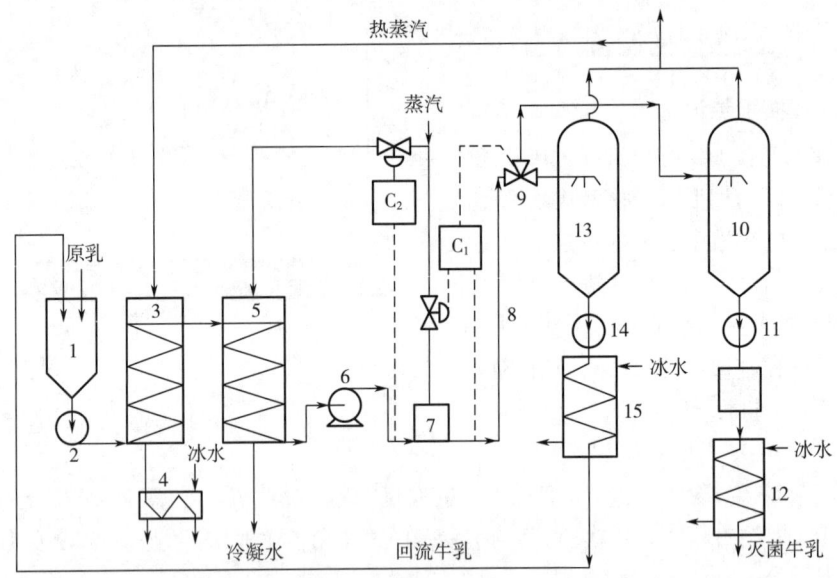

图 4-13 蒸汽喷射杀菌装置流程图

1—平衡槽 2—泵 3、5—预热器 4、15—冷凝器 6—高压离心泵 7—喷射器
8—保温管 9—转向阀 10、13—真空罐 11、14—无菌泵 12—冷却器
C_1、C_2—温度反馈调节,根据物料温度调节蒸汽阀门开度和转向阀方向

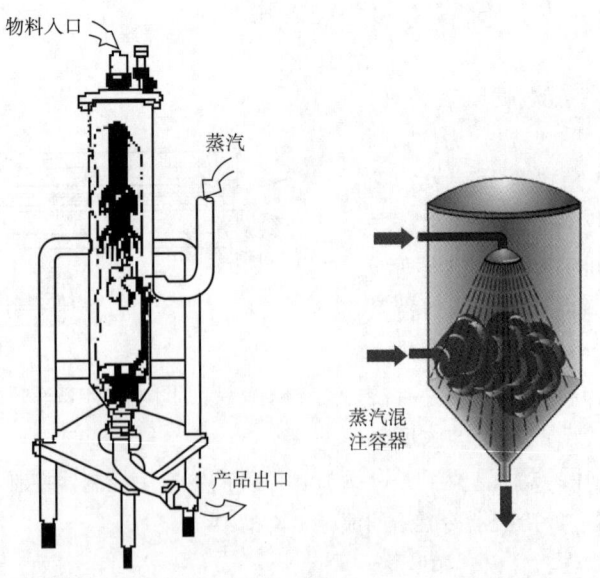

图 4-14 注入式直接加热杀(灭)菌装置工作原理

式换热器加热至75℃左右,注入加热器加热至140℃,并保持一段时间,达到对物料杀(灭)菌的目的。杀(灭)菌后的物料在加热器底部因压力作用,强制喷入闪蒸罐,物料急剧膨胀,水分蒸发,并且温度快速降至75℃左右,并由无菌泵抽出,进入冷却器中冷却至4℃左右排出。

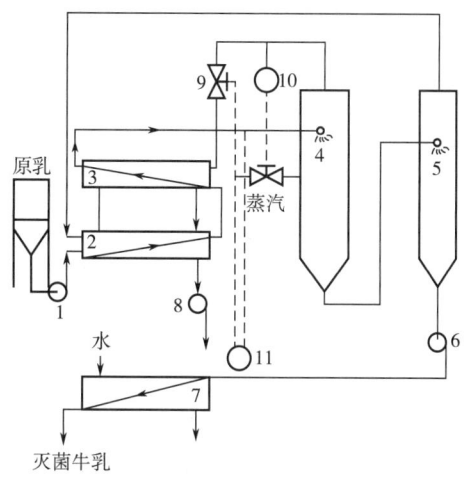

图 4-15　拉吉奥尔超高温装置流程

1—高压泵　2—第一管式热交换器（水汽）　3—第二管式热交换器（蒸汽）　4—加热器
5—闪蒸罐　6—无菌泵　7—冷却器　8—真空泵　9—自动阀门　10、11—调节器

（二）间接加热设备

1. 贮槽式热交换器

贮槽式热交换设备又称"冷热缸"，主要由贮槽和搅拌器组成，贮槽由不锈钢内胆、外壳和夹层组成。夹层与外壳间覆以绝热层，夹层内通入热交换介质（载热体或冷媒）。

（1）贮槽式热交换器类型　根据热交换介质在夹层的流动方式，贮槽式热交换器可以分为压力式、沉浸式、喷淋式，如图4-16所示。

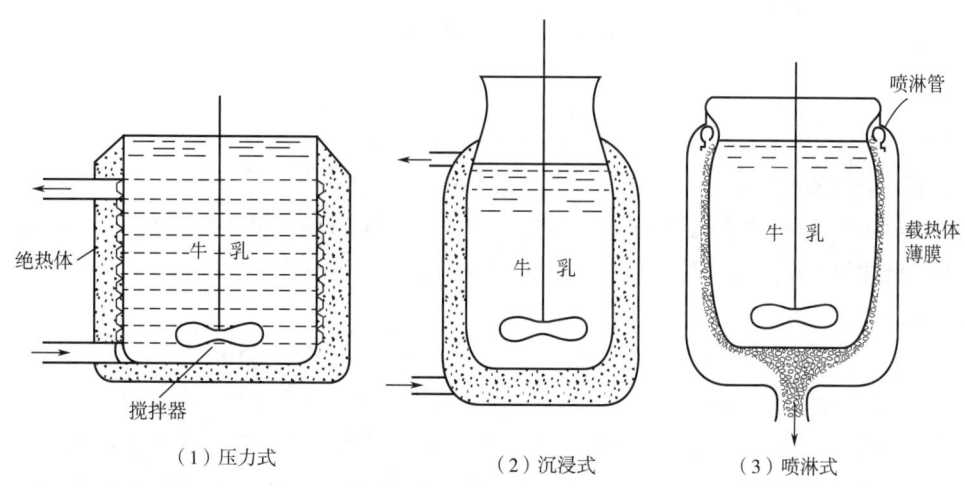

图 4-16　贮槽式热交换设备

①压力式：热交换介质通过覆于内胆外壁上的盘管或者采用半球形锅底做成夹层锅的夹层，来完成与物料的热交换。热交换介质通常采用蒸汽或冷水。

②沉浸式：热交换介质于缸底通入夹层，并从上端溢流而出，内胆完全浸没在向上流动的

热交换介质中。传热介质通常采用热水或冷水。

③喷淋式：将热交换介质喷在内胆外壁上，形成流动的传热薄膜，流入底部的热交换介质再利用泵通过热交换装置进行热交换后循环使用。传热介质通常采用热水或冷水。

(2) 设备结构与工作原理　贮槽式热交换设备基本结构如图 4-17 所示，主要包括内胆、夹套、外壳、保温层、搅拌器、放料阀等。内胆采用不锈钢制造，外壳采用优质碳素钢，外覆以玻璃棉及镀锌铁皮作为保温层。内胆与外壳间为传热夹层。为了达到均匀加热或冷却的目的，内部装有锚式或框式搅拌桨及挡板，加强物料与器壁的热交换作用。通过在夹层内通入流动的热交换介质（载热体或冷媒），并利用搅拌器的搅动促进贮槽内的物料强制热交换，以达到对物料加热、冷却和保温的目的。

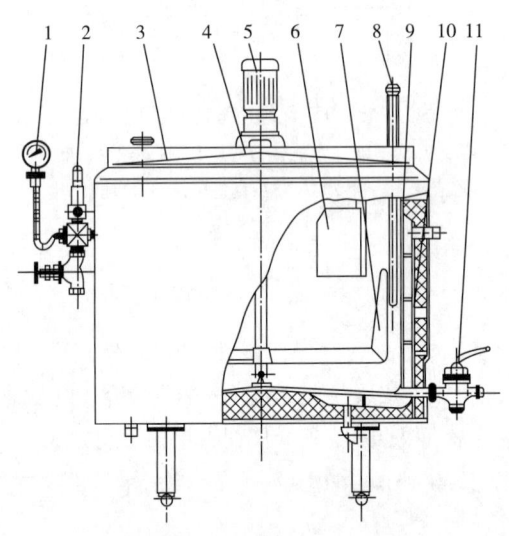

图 4-17　贮槽式热交换设备
1—压力表　2—安全阀　3—缸盖　4—电机底座　5—电机及减速器　6—挡板
7—锚式搅拌　8—温度计　9—内胆　10—夹套　11—放料旋塞

2. 板式热交换设备

板式热交换器是一种间接式热交换设备，由许多冲压成型的金属薄板组成。乳品厂多数热处理都采用这种形式，广泛用于乳及乳制品的预热、冷却、巴氏杀菌及超高温灭菌等方面的热处理加工。

(1) 板式热交换器类型　板式热交换器依据其结构和加工处理目的可分为：冷排、热排、板式巴氏杀菌机、板式超高温瞬时灭菌机等。在乳品工厂中，用于冷却或加热的一段式或二段式板式热交换器又称冷排或热排，如图 4-18 所示，冷却器是用于发酵后酸乳冷却的冷排（冷却器）。用于杀菌或灭菌的三段式或五段式板式热交换器常称作板式巴氏杀菌机或超高温瞬时（UHT）灭菌机，如图 4-18 所示巴氏杀菌器和图 4-19 所示板式 UHT 灭菌机。

(2) 设备结构与工作原理　板式热交换器是以冲压成型的传热板片为传热面的高效间壁换热器，主要由传热板片、密封垫片、分界板、前支架（固定板）、压紧螺杆、压紧板和框架等组成，如图 4-20 所示。传热板为不锈钢薄板冲压成一定波纹的一组板片，它被悬挂于上导杆下，并以橡胶垫密封。压紧板悬挂于传热板与后支架之间，通过压紧螺杆对压紧板的作用，使

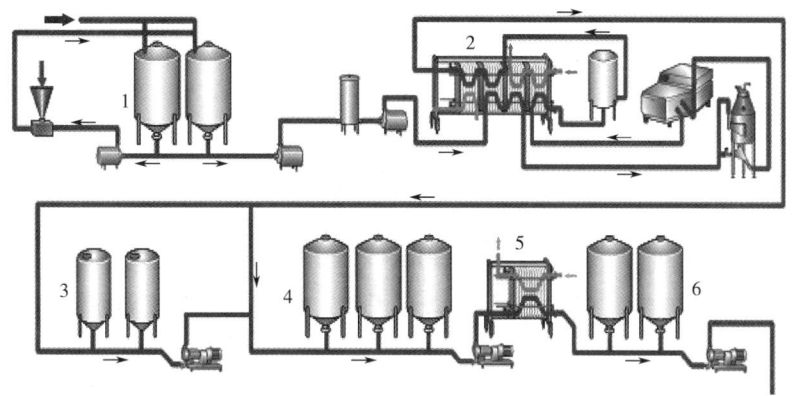

图 4-18 酸乳发酵中的板式热交换器
1—混料罐 2—巴氏杀菌器 3—生产发酵剂罐 4—发酵罐 5—冷却器 6—缓冲罐

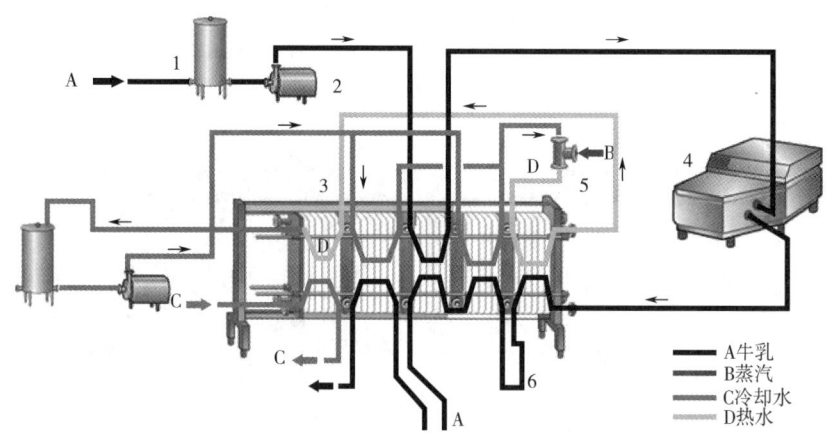

图 4-19 以板式热交换器间接加热的 UHT
1—平衡槽 2—供料泵 3—板式 UHT 灭菌机 4—均质机 5—蒸汽喷射头 6—保持管

传热板片叠合在一起，板间的橡胶密封垫圈既保证了两板之间具有一定的空隙，又保证了板片的密封。传热板的四角开有角孔，根据不同的工艺要求，传热板片间可设必要的中间分配板，在前后支架和中间分配板相对于角孔的位置安装必要的管接头。冷热流体分别通过支架或中间分配板上的管接头经由板片角孔进入传板片的两边流动，冷热两种流体间隔流入封闭流道中，实现物料的热交换，如图 4-21 所示。

3. 管式热交换设备

管式热交换器是一种间接式换热设备，是乳品企业常用的一种热处理设备。

（1）管式热交换器类型　管式热交换器分为立式和卧式两种，按盘管形式可分为列管式和盘管式热交换器；按加热热源可分为电加热和蒸汽加热两种。列管式热交换器多采用多管道式，盘管式热交换器多采用单管道式。

（2）设备结构与工作原理　壳体内装有不锈钢加热管，形成加热管束；壳体与加热管通过管板连接，采用间接热交换。物料用高压泵送入不锈钢加热管内，加热介质通入壳体空间将管内流动的物料加热，物料在管内往返数次后达到杀菌所需的温度和保持时间后，经逐段冷却后排出。管式热交换器的热交换可分为多（单）管道式换热器和多（单）流道式换热器两种

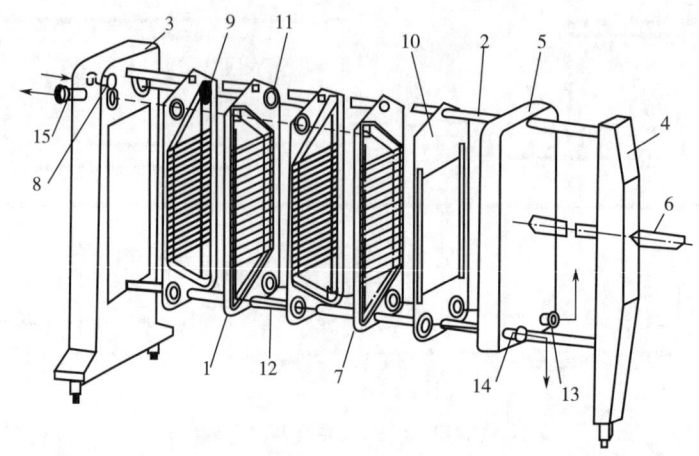

图 4-20 板式热交换器

1—传热板 2—上导杆 3—前支架（固定板） 4—后支架 5—压紧板 6—压紧螺杆
7—板框橡胶垫圈 8—连接管 9—上角孔 10—分界板 11—环形橡胶垫圈 12—下角孔
13~15—连接管

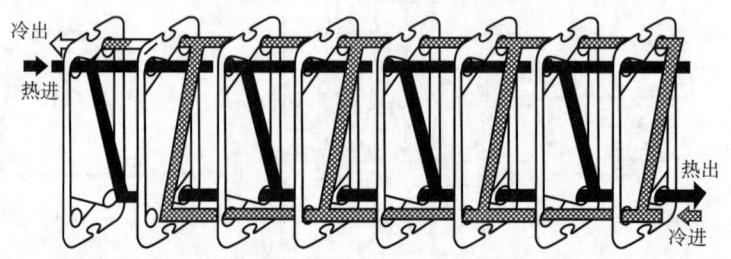

图 4-21 板式热交换器工作原理

形式。

多（单）管式换热器，如图 4-22 所示。传热界面为一组平行的波纹管或是光滑管。这些管子焊接在管板的两端，管板与出口的管壳通过一个 O 形环密封。物料流过一组平行的通道，换热介质围绕在管子的周围，通过管子和壳体上的螺旋波纹，产生紊流，实现强制热交换。

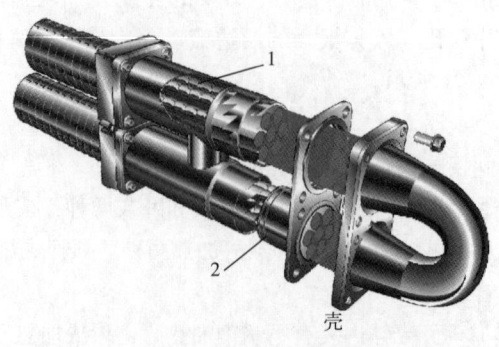

图 4-22 多（单）管式热交换末端

1—被冷却介质包围的产品管束 2—双 O 形密封

多(单)流道式换热器,如图4-23所示。由一系列不同直径的不锈钢管组成。这些管子同心放置于顶盖两端的轴线上,不锈钢管由2个O形密封件密封于顶盖上,通过轴线压紧螺栓将其安装成一个整体。两种热交换介质通过逆流的方式交替流过同心管的环形通道。最外侧的通道流过的是热交换介质。顶盖的两端既是分布器,又是收集器,其将一种介质引入一组通道,从另一端排出。波纹状构造的不锈钢管保证了两种介质呈现紊流状态,从而得到最大的传热效率。

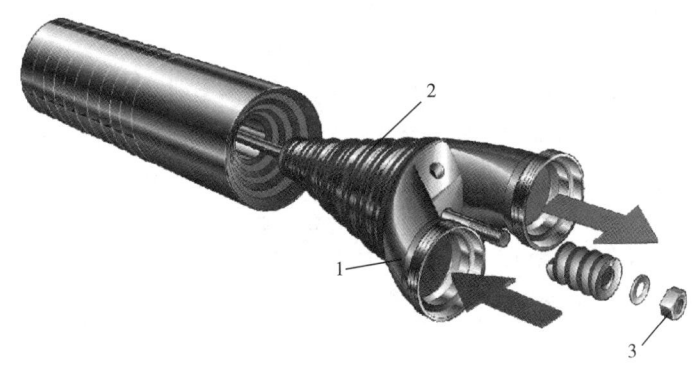

图4-23 多(单)流道式换热器
1—顶盖　2—O形环　3—末端螺母

(3) 管式杀(灭)菌系统　管式热交换系统设备主要由平衡槽、物料泵、均质机、管式热交换器、控制系统等组成。

列管式热交换设备,以多管式热交换器的UHT系统为例,如图4-24所示。工作流程如下:物料由物料平衡槽经物料泵送入预热段,物料被加热至75℃后送入均质机。均质后的物料进入加热段,加热至灭菌温度(通常为137℃),在保温管中保持4s,之后进入热回收段,物料冷却至灌装温度。达到灭菌温度的物料直接进入灌装机中灌装或送入无菌贮存罐后,再送入灌装机中灌装。未达到灭菌温度的物料沿着返回平衡槽。加热循环热水的流程:热水经平衡槽、离心泵后进入预热段和热回收段,由蒸汽喷射阀注入蒸汽,调节至灭菌所需要的加热介质温度后进入,热水温度通常高于物料温度1~3℃,之后热水经冷却返回平衡槽。

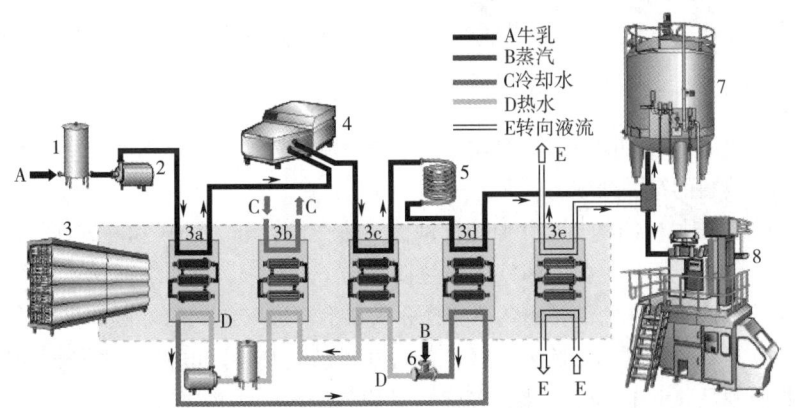

图4-24 多管式热交换器的UHT系统
1—物料平衡槽　2—物料泵　3—管式热交换器　3a—预热段　3b—中间冷却段　3c—加热段　3d—热回收冷却段
3e—启动冷却段　4—非无菌均质机　5—保持管　6—蒸汽喷射类　7—无菌缸　8—无菌灌装

套管式热交换设备,以斯托克管式热交换系统为例,如图 4-25 所示。工作流程如下:物料由物料泵从物料平衡槽中抽出送到高压泵,经循环消毒器(物料灭菌作业时不起加热作用),进入换热器预热至 65~70℃,通过均质阀均质(非无菌均质阀)之后,送入下一段换热器物料升温至 120℃,再进入超高温加热器,通过加热介质加热至 135~150℃,之后在保持管中保温 2~4s,进入冷却段,与进入的冷物料进行热交换,冷却至 65~70℃经均质阀均质(无菌均质阀)后再次冷却,送入冷段段经冷水降温至 15℃左右,如有必要可经冰水冷却器将物料冷却至 5℃左右。灭菌冷却后物料排出送入无菌罐或罐装机罐装。

斯托克管式热交换系统配有 CIP 清洗系统,包括循环消毒器、清洗缸、排气管、贮缸、加热器、酸碱罐以及自动配比系统等,可进行设备的预消毒、中间清洗和生产结束后的最后清洗。

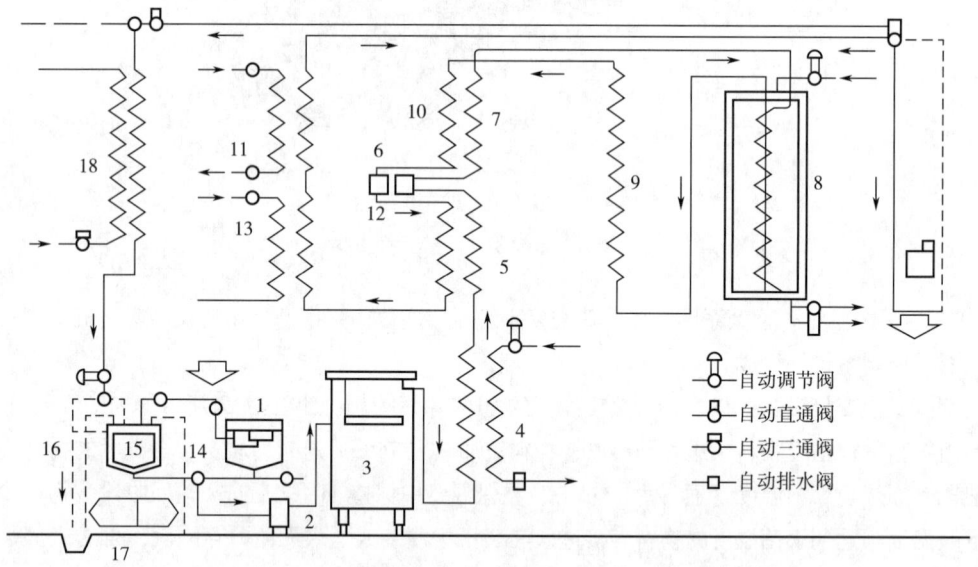

图 4-25 斯托克套管式热交换器的 UHT 系统
1—物料平衡槽 2—物料泵 3—高压泵 4—循环消毒器 5、7—换热器 6、12—均质阀
8—超高温加热器 9—保持管 10、13—冷却段 11—冷却器 14—排水管 15—清洗缸
16—排气管 17—贮缸 18—加热器

4. 刮板式热交换设备

刮板式热交换器是一种间接式换热设备,常用于流动性差的、黏稠的、成块的物料冷却或加热,也可用于物料的结晶处理。

(1) 刮板式热交换器结构与工作原理 刮板式热交换器分为卧式和立式两种。图 4-26 为立式旋转刮板式热交换器,主要由圆柱形传热筒、转子、刮板、电机、减速器等组成。物料从底部经泵送至传热筒中,从上部排出。热交换介质从上部进入传热筒外侧的夹套中,从底部排出。物料与热交换介质通过传热筒壁以逆流的方式进行热交换。电机通过转子驱动刮板旋转,连续不断地把物料从筒壁上刮除下来,确保热量均匀地传给物料,避免了传热筒内壁的沉积。刮除下来的物料流向传热筒中心,后续物料继续向传热筒内壁移动,并在传热筒内壁上与热交换介质进行热交换,如此反复完成热交换。可以依据具体情况调节产品的流量和转子的转速,更换转筒和刮刀。

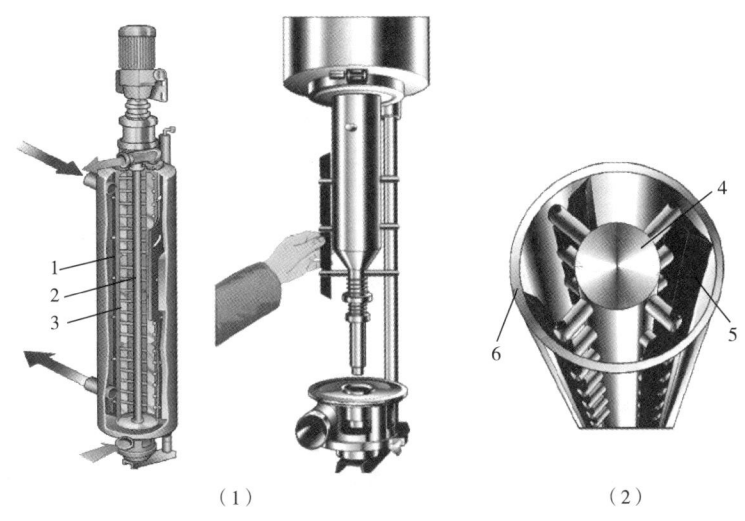

图 4-26 立式旋转刮板式热交换器
(1) 侧面　(2) 断面
1—传热筒　2—转子　3—刮板　4—转筒　5—刮刀　6—缸体

(2) 刮板式热交换器杀（灭）菌系统　刮板式热交换器可设计用于物料的杀（灭）菌系统。依据加工能力要求，可以将两个或多个立式刮板式热交换器串联或并联在一起，产生更大的传热面积。图 4-27 为以立式刮板式热交换器为基础的 UHT 系统，其主要由产品缸、正位移泵、立式刮板式热交换器、保持管、无菌罐等组成。

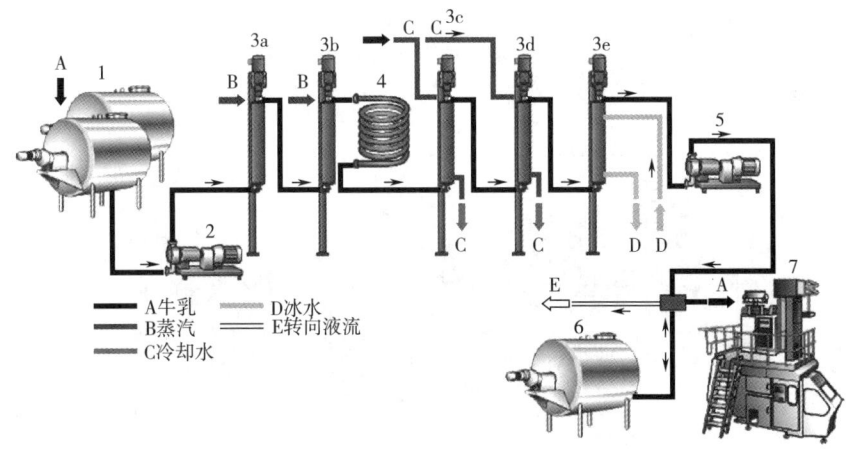

图 4-27 立式刮板式热交换器的 UHT 系统
1—物料罐　2、5—正位移泵　3a—预热段　3b—加热段　3c—一段冷却段　3d—二段冷却段
3e—冰水冷却段　4—保持管　6—无菌罐　7—无菌灌装机

物料从物料罐由正位移泵送入预热段预热后，进入加热段加热至灭菌温度，在保持管内保温一段时间，送入一段冷却器降温，再送入二段冷却器进一步降温，最后经冰水冷却段冷却至灌装所需温度，排出进入无菌罐或无菌灌装机。一段冷却器和二段冷却器是以冷水为热交换介质的冷却段，冰水冷却段以冰水为热交换介质的冷却段。未达到灭菌温度的物料通过回流阀可返回物料罐重新灭菌。

5. 釜式杀（灭）菌设备

釜式杀（灭）菌设备又称杀菌锅、杀菌釜、高压灭菌釜，是用于对已密封包装的产品进行杀（灭）菌处理的热交换设备，分为卧式和立式，常用的为卧式釜式杀（灭）菌设备。在乳及乳制品生产中釜式杀（灭）菌设备主要用在对预包装产品的杀（灭）菌处理上。

（1）设备结构与工作原理　卧式釜式杀（灭）菌设备中乳品常用的为卧式杀菌锅和全水式回转杀（灭）菌机，其结构如图4-28和图4-29所示。主要包括：贮水锅、杀菌锅、回转体、杀菌篮、回转架、循环泵、冷水泵、蒸汽管、压缩空气管、压力表、温度记录仪、控制柜等。

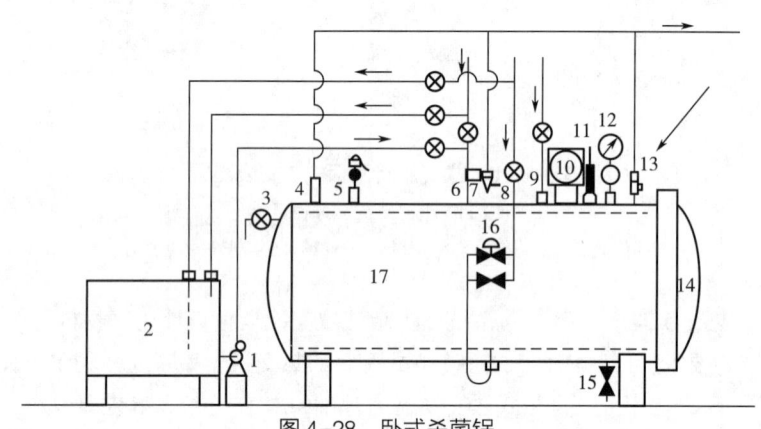

图4-28　卧式杀菌锅
1—水泵　2—水箱　3—溢流管　4、7、13—放空气管　5—安全阀　6—进水管　8—进汽管
9—压缩空气管　10—温度记录仪　11—温度计　12—压力表　14—锅门　15—排水管
16—蒸汽薄膜阀　17—锅体

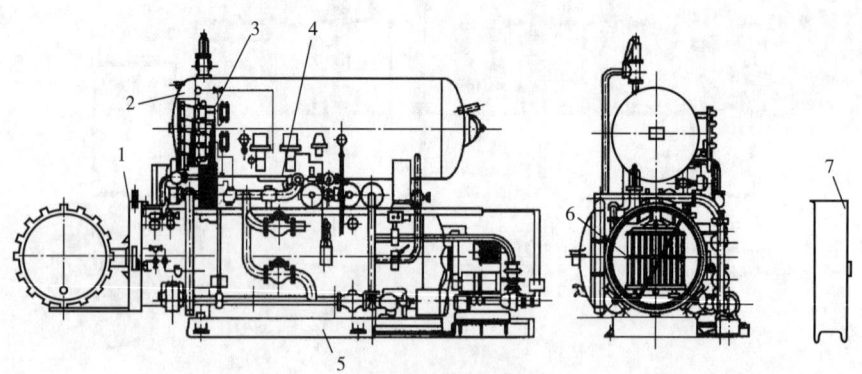

图4-29　全水回转杀菌机
1—杀菌锅　2—贮水锅　3—控制管路　4—水汽管路　5—底盘　6—杀菌篮　7—控制柜

（2）性能特点和主要用途　由于回转杀菌篮的搅拌作用以及热水由泵强制循环，可使锅内热水形成强烈的涡流，水温均匀一致，保证杀菌效果；对高黏度、半流体和热敏性的食品，不会产生过热形成黏结等现象，对产品品质有良好保障；过热水可重复利用，减少蒸汽消耗量；杀菌与冷却压力可以自动调节，可用压缩空气进行反压，减少了压力差对包装容器的影响。

四、新型加热技术

新型加热技术对产品的质地、营养和感官特性影响小,加热均匀和加热速率快。新型加热技术包含通电加热技术(OH,直接加热)、微波加热(MWH)和射频加热技术(RFH,间接加热)。

1. 通电加热技术

通电加热作为食品领域一种新兴的电加热技术,早在19世纪时就被应用于牛乳的巴氏消毒。但由于加热过程电极材料腐蚀、电力成本高、难以控制工艺参数等原因,该技术大多情况仅用于食品解冻。随着新电极材料不断被发现、改造优化加热装置、控制系统完善以及电力系统的发展促使通电加热技术得到更广泛的应用。

通电加热技术是通过使用与食品直接接触的电极,施加具有给定电导率的电场来实现加热处理。由于牛乳含水分子和盐离子,电流通过流体,流体起到电阻作用,导致温度瞬间升高,在几秒钟内对牛乳进行巴氏杀菌。

2. 微波加热和射频加热技术

射频(radio frequency,RF)和微波(microwave,MW)都是高频交流电磁波,其频率范围分别为 3 kHz~300MHz 和 300MHz~300 GHz,射频和微波加热属于介电加热,将电能转换为热能。在射频和微波的交变电磁场中,牛乳中的极性分子,比如牛乳中偶极性的水分子,会随着不断变化的电场而进行高速的摆动、旋转,从而与周围其他分子产生摩擦,使牛乳在短时间内温度升高;另外一种射频和微波加热的途径则是通过离子传导或离子极化,通常牛乳中的盐离子,经过电离作用会解离成具有相反电荷的离子或颗粒,而这些带电离子在交变电场中往复移动,也会相互之间以及与周围发生碰撞和摩擦,而达到加热目的。

第三节 均质

在乳及乳制品生产中均质已成为一种标准化的工业加工方式,粉碎牛乳中大量粒度大小不等的脂肪球,使脂肪球的上浮力减小甚至消失,从而防止牛乳分层,达到牛乳均一化的效果。

一、均质的目的与原理

均质是一种特殊的混合操作,包含着粉碎和混合的双重作用,将两种通常互不相溶的液体进行密切混合,使一种液体或胶体颗粒粉碎成为小球滴而后分散在另一种液体之中,获得粒子很小且均匀一致的混合液料。均质的原理有冲击、剪切、空穴等学说(图4-30)。

(1)冲击 液滴或胶体颗粒随液流高速撞向固定构件表面时,因拉应力发生碎裂,细小液滴因自身速度而向外围连续相中分散。

(2)剪切 因液流涡动或机械剪切作用使得液体和胶体颗粒内部形成巨大的速度梯度,沿剪切面滑移产生破坏,继而在液流涡动的作用下完成分散。

(3)空穴 液滴因内部的汽化膨胀形成气泡,当外界压力过大时,液膜产生拉应力破坏而破碎并分散。

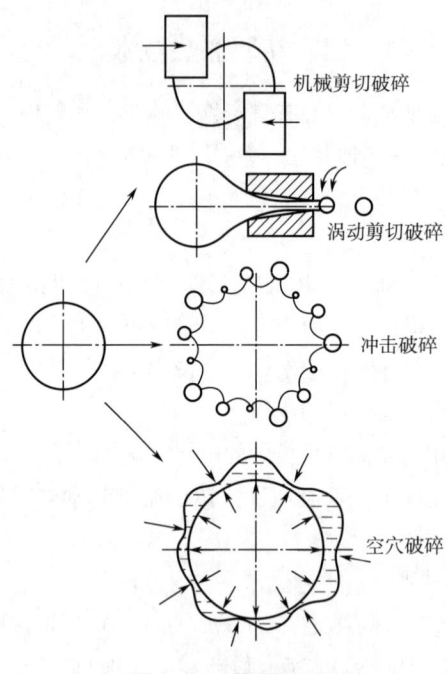

图 4-30 均质原理

二、均质设备

均质设备主要包括高压均质机、离心均质机、超声波均质机、胶体磨均质机、高速剪切装置等。常用的高压均质机有单柱塞（小型）、三柱塞及五柱塞（大型）三类均质机。这里介绍生产过程中最常用的三柱塞高压均质机和胶体磨。

（一）三柱塞高压均质机

物料在高压作用下通过非常狭窄的间隙（一般<0.1mm），均质头就是把高压力静压能转变成液体的高流速动能，造成高流速（150~200m/s），使料液受到强大的机械剪切力。同时，由于料液中的微粒同机件发生高速撞击以及液料流在通过均质阀时产生的漩涡作用，发生涡动剪切，使微粒碎裂，从而达到均质的目的，如图 4-31、图 4-32 所示。

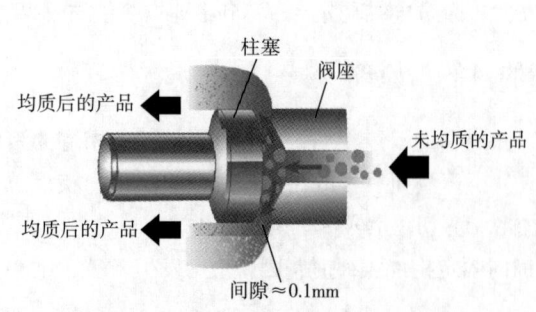

图 4-31 物料通过均质阀

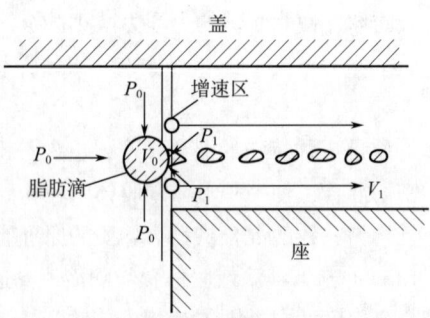

图 4-32 均质阀内脂肪滴的破碎

P_0—脂肪球在狭缝前受到的高压力静压 V_0—脂肪球在狭缝前的速度 P_1—狭缝后压力 V_1—脂肪球通过狭缝后高压力静压能转变完的小脂肪球的高流速度

在乳品工业中，广泛使用的是以三柱塞往复泵作为主体，并在泵的排出管路中安装均质阀的三柱塞高压均质机。其基本结构由柱塞往复泵、均质阀、传动机构及壳体等组成，如图 4-33、图 4-34 所示。

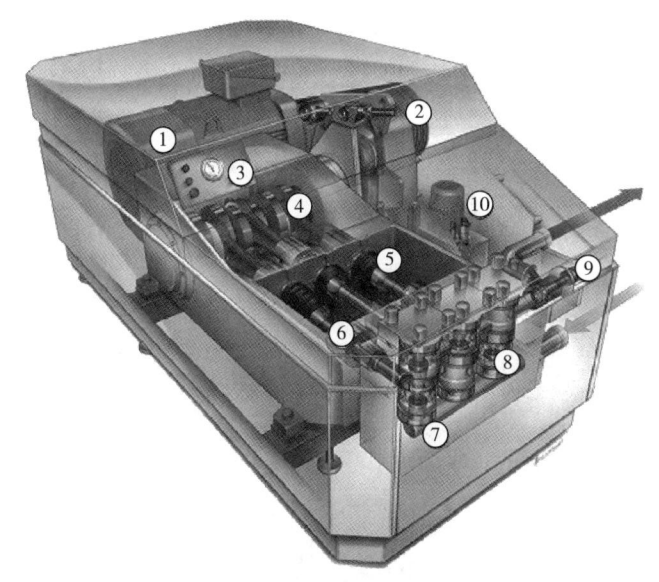

图 4-33　三柱塞高压均质机
1—驱动电机　2—V 形传动带　3—压力表　4—曲轴箱　5—柱塞　6—柱塞密封座
7—不锈钢泵体　8—阀　9—均质阀　10—液压设置系统

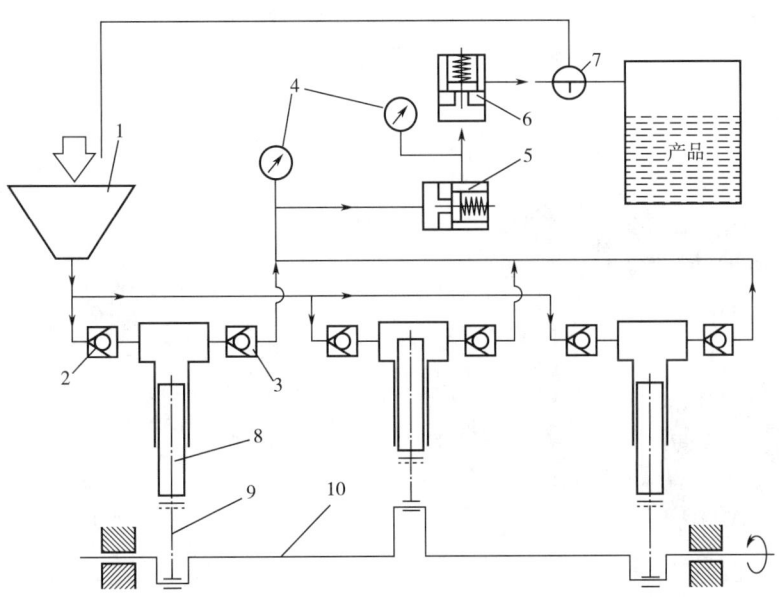

图 4-34　三柱塞高压均质机系统简图
1—进料部　2—吸入阀　3—排出阀　4—压力表　5——级均质阀　6—二级均质阀
7—回流阀　8—柱塞　9—连杆　10—曲轴

1. 三柱塞往复泵

由三个柱塞泵并列组成。柱塞泵结构如图4-35所示。

泵体为长方体，内有三个泵腔，活塞在泵腔内往复运动，使物料吸入，加压后流向均质阀。每个柱塞泵配有两个活阀（吸入阀和排出阀），三柱塞泵有三组共六个活阀，其中吸入和排出阀各三个。均质阀可通过调整弹簧对阀芯的压力，以达到调节流体压力的目的。三个柱塞泵依次交替完成吸入-排出动作。泵体、柱塞、活阀均由不锈钢制造。

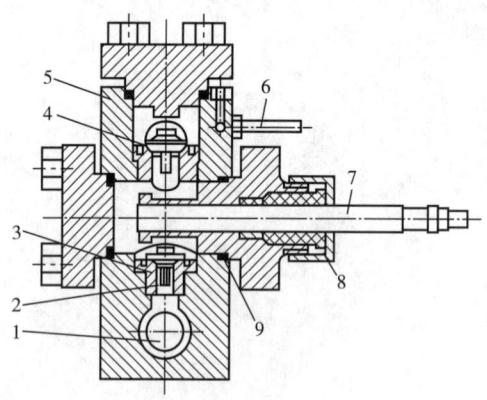

图4-35　柱塞泵

1—进料腔　2—吸入阀　3—活门座　4—排出阀　5—泵体　6—冷却水管
7—柱塞　8—密封件　9—垫片

2. 均质阀

三柱塞高压均质机的均质分为一级均质和两级均质两种形式。如图4-36、图4-37所示。一级均质只使用一套均质阀（均质头、均质环、均质阀座），而两级均质使用两套均质阀。

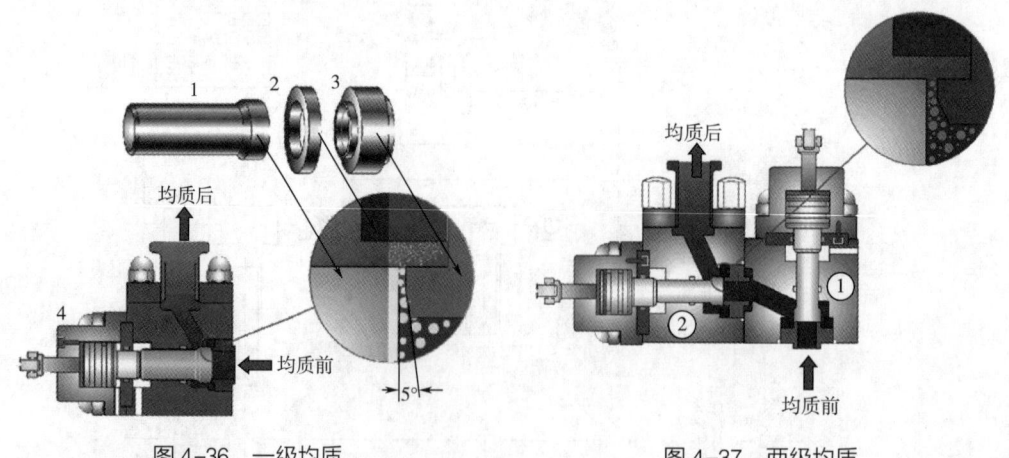

图4-36　一级均质　　　　　　　　图4-37　两级均质
1—均质头　2—均质环　3—均质阀座　4—均质压调节装置　　1—第一级均质　2—第二级均质

在两级均质中，第一级均质起主要的均质作用。第二级均质是为第一级提供一个恒定的、可控制的背压，为均质创造一个最好的条件，并且起着分散的作用。

均质阀多采用硬质合金制造，工作部多覆以高耐磨的合金。常见的均质阀类型如图4-38所示。

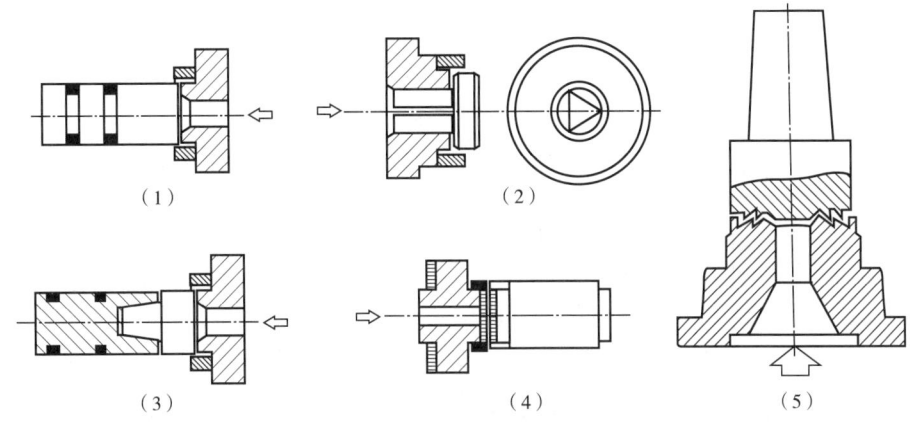

图4-38 均质阀类型
(1) 整体阀　(2) 带导向杆阀　(3) 组合阀　(4) 敷料阀　(5) 环形槽阀

3. 性能特点和主要用途

三柱塞高压均质机的传动机构是容积式往复泵，可以得到很高的工作压力，均质阀的阀芯和阀座之间间隙小，物料处于高压、高流速下发生撞击、剪切、空穴作用，使液态物质或以液体为载体的固体颗粒得到超微细化，均质化的作用更为强烈，效果更好。三柱塞高压均质机的均质化主要是撞击、剪切、空穴作用，研磨作用力较小，物料的发热量较小，不会产生因热而引起的物料性状改变的现象。三柱塞高压均质机采用容积式往复泵，物料流速较稳定。三柱塞高压均质机耗能较大，不适于黏度高的物料的均质化处理。

三柱塞高压均质机是乳品企业关键设备之一，主要用来完成对液滴和固体团粒破碎、细化、分散的处理工作，以得到更优良稳定的物性品质和某些特殊性状。在对原料乳的脂肪均质化处理，发酵乳、乳饮料、各类花色乳等的副配料细化处理，奶油、冰淇淋、乳粉以及其他乳制品生产中得到广泛应用。

（二）胶体磨

1. 工作原理

胶体磨是一种用于磨制胶体或近似胶体物料的超微粒粉碎的均质机械。胶体磨对物料的均质化主要是剪切、研磨及高速搅拌作用。

如图4-39所示，主体工作部分由一组同轴动磨盘和定磨盘组成；动磨盘外表面开有齿形斜面，定磨盘内表面开有齿形斜面；动磨盘与定磨盘同轴套在一起，两者齿形斜面相对，且两者之间形成一定间隙。粉碎研磨依靠磨盘齿形斜面的相对运动而成，其中动磨盘高速旋转，定磨盘静止。

当物料通过动磨盘与定磨盘间隙时，由于动磨盘高速旋转，附于其齿形斜面上的物料速度最大，附于定磨盘齿形斜面上的物料速度为零，两者产生急剧的速度梯度，齿形斜面之间的物料受到极大的高速剪切力和摩擦力，同时又在高频振动和高速旋涡等复杂力的作用下使物料受到强烈的剪力摩擦和搅动，从而使物料研磨、剪切、粉碎、混合、分散和乳化。

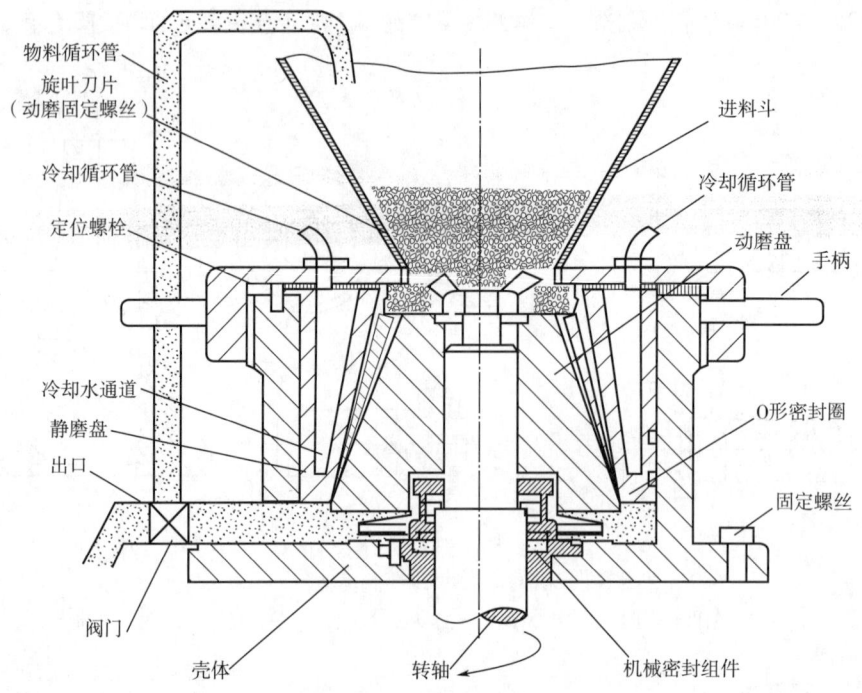

图 4-39　胶体磨工作原理

2. 胶体磨结构

图 4-40　胶体磨
1—进料斗　2—调节装置　3—磨头部分
4—底座传动部　5—专用电机

如图 4-40 所示，胶体磨主要由进料斗、调节装置、磨头部分、底座传动部、专用电机五部分组成。磨头部件中的动磨盘与静磨盘是胶体磨最关键的部分。材质均由不锈钢或特殊材料制造而成。

胶体磨的定磨盘和动磨盘是一对同轴工作部件。动磨盘的外形和定磨盘的内腔均为截锥体，锥度为 1：2.5 左右；动磨盘外表面开有齿形斜面，定磨盘内表面开有齿形斜面；齿纹按物料流动方向由粗到密排列，有一定倾角。定磨盘和动磨盘间具有可调的环形间隙；定磨盘不动，动磨盘高速转动，物料受到剪切力、摩擦力、撞击力和高频振动等复合作用力。

胶体磨一般配有冷却装置，用来冷却磨头部分，避免机体过热造成对机体密封部件的损坏，以及因过热而对物料性状造成的影响。通常采用冷水冷却的方式。胶体磨具有间隙调节装置，用来调整定磨盘和动磨盘之间的间隙，以适应不同性质的物料，得到不同粒度的成品。转动调节装置的手柄，通过调整环带动定盘轴向位移而使间隙发生改变。为了避免引起定、动磨盘相碰，设有限位螺钉。胶体磨的定磨盘和动磨盘齿纹的倾角、齿宽、齿间间隙、物料在间隙中的停留时间等因素都会影响物料细化程度。

3. 胶体磨类型

胶体磨主要有立式胶体磨、卧式胶体磨、分体式胶体磨三种类型。如图4-41、图4-42和图4-43所示。

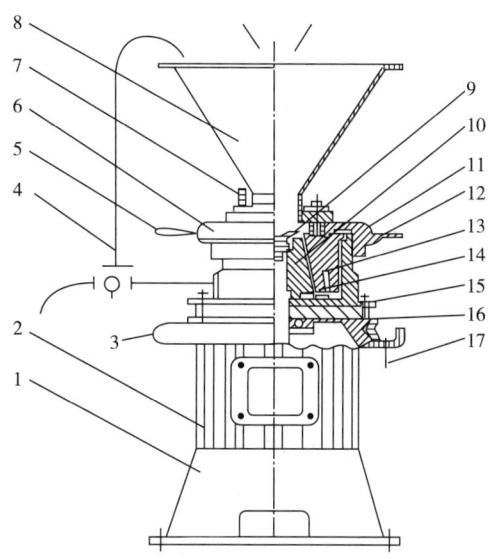

图4-41 立式胶体磨结构

1—底座 2—电动机 3—端盖 4—循环管 5—手柄 6—调节盘 7—冷却水管接头 8—加料斗 9—旋叶刀（动磨盘紧固螺纹） 10—动磨盘 11—定位螺钉 12—静磨盘 13—冷却通道 14—机械密封组件 15—壳体 16—主轴轴承 17—排漏管接头

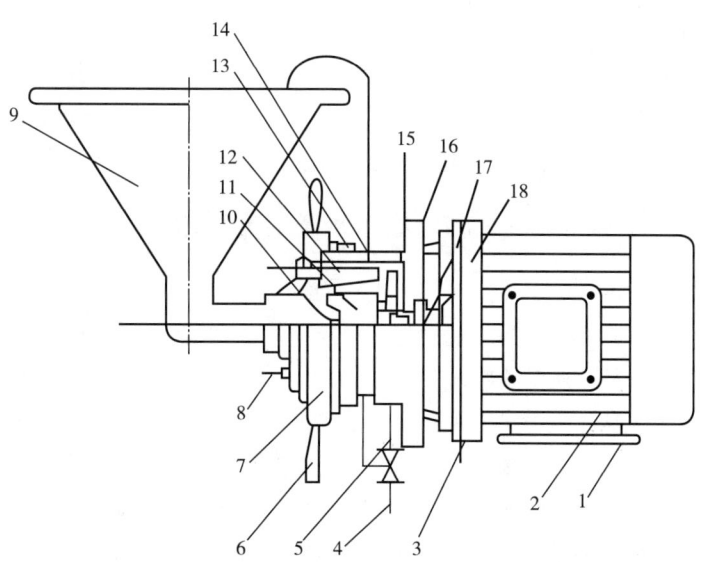

图4-42 卧式胶体磨

1—底座 2—电动机 3—排漏口 4—出料口 5—循环管 6—手柄 7—调节盘 8—冷却接头 9—加料斗 10—旋叶刀 11—动磨盘 12—静磨盘 13—刻度 14—O形圈 15—机械密封 16—壳体 17—滚球轴承 18—端盖

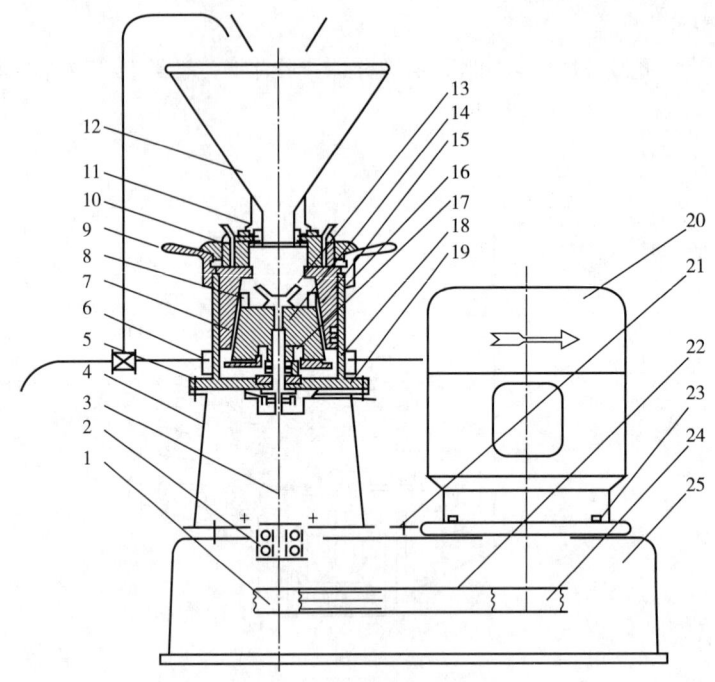

图 4-43 分体式胶体磨

1—从动带轮 2、5—轴承 3—主轴 4—机座 6—出料口 7—O形密封圈 8—进料刮板 9—手柄 10—压盖 11—活接 12—加料斗 13—旋叶刀 14—动磨盘 15—静磨盘 16—调节盘 17—机械密封组件 18—壳体 19—冷却水进出口及排泄孔 20—电动机 21—调节螺钉 22—三角皮带 23—电动机座 24—主动带轮 25—底座

4. 性能特点和主要用途

胶体磨结构简单、维修方便、占地面积小；具有较高的剪切、搅拌作用，对液滴和固体颗粒具有良好的破碎和微粒化作用；适用范围广，尤其适合高黏度的胶体类物料的均质化处理。该设备主要应用在乳饮料、冰淇淋、炼乳、乳粉等乳制品的生产过程中。

三、高压均质及微射流技术

1. 高压均质技术

近年来，高压均质技术在食品工业中得到广泛应用，高压均质可对微生物产生破坏作用，从而抑制食品中微生物及致病菌的生长，延长食品保质期。同时，还可以用来提高乳制品及乳状液的稳定性，改善风味，延长保质期。

高压均质机主要由高压往复泵、均质阀、传动装置等构成。高压均质机在工作时，液体物料在高压往复泵的作用下通过柱塞管输送至均质阀内，在未有物料通过时，阀座与均质阀处于闭合状态，一旦有液体物料通过，阀座和均质阀之间会形成一道狭窄的间隙。当物料通过间隙，所受的压力也会随之增大，流速变快，随后又在撞击环的配合下形成剪切、高频振荡、撞击、空穴等作用；物料通过间隙后，压力逐渐减小，物料在这一过程中受到均质作用。

因为高压均质可以灭活乳中的细菌，该过程可以作为牛乳巴氏杀菌和均质化的一步替代方法。足够高的压力和入口温度（例如>150MPa 和>40℃）的组合可以使乳中微生物失活，达到高温巴氏杀菌的效果；经高压均质后牛乳的冷藏保质期与传统的灭菌、均质处理后的牛乳相同；另外，高压均质处理使脂肪球尺寸更小可有效降低牛乳脂肪聚集。但 200MPa 压力下均质残留脂肪酶活性会导致牛乳中脂肪分解，造成游离脂肪酸含量升高和 pH 降低。在 300MPa 压力下，均质牛乳非常容易发生脂质氧化，这是因为在此压力下产生的脂肪球表面积极大，不能被牛乳中存在的表面活性物质充分覆盖。因此，虽然从微生物学的角度来看，高压均质有可能成为牛乳巴氏杀菌和均质化的一步替代方案，但高压均质牛乳中的脂质氧化和脂肪分解会产生不良风味。

2. 动态高压微射流技术

动态高压微射流技术是一种新兴的高压加工技术，以超高压理论、流体力学理论、撞击流理论为基础，集输送、混合、超微粉碎、加压、膨化等多种单元操作于一体，能对流体混合物料进行强烈剪切、高速撞击、压力瞬时释放、高频振荡、膨爆和气穴等一系列的综合作用。

高压微射流均质机主要是由液压泵和撞击腔所组成，利用液压泵所产生的高压使撞击腔内的流体分散成两股或更多股细流，并在极小空间内进行强烈的高速撞击。在撞击的过程中瞬间转化其大部分能量产生巨大的压力降从而使得液体颗粒高度破碎。

该技术可在较温和条件下达到杀菌、灭酶，减少高温引起的活性成分的损失和色、香、味的劣化等优点。微射流技术已被用于减少高温灭菌乳贮存过程中脂肪分离，传统经灭菌、均质处理牛乳中脂肪可以相对稳定 2~3 个月，相比微射流技术处理牛乳脂肪可以稳定长达 9 个月。

3. 高压均质和微射流技术特点

虽然高压均质和微射流技术都可能应用于乳制品行业，但考虑成本，目前的均质、灭菌技术更适合。高压均质及微射流技术这两种技术都可以产生出色的粒径减小和窄的粒径分布，但可能对一些乳制品生产造成不利影响，如微射流不适合干酪的生产。从技术上和从成本效益的角度考虑，目前，高压均质和微射流技术仅适合用于生产高端和高附加值产品。

第四节 浓缩

牛乳中含有大量的水分，在炼乳、乳粉等乳制品生产过程中，为了达到产品的质量标准，必须除去一部分水分，利用浓缩设备使牛乳浓度不断提高，直至达到预定浓度。乳品浓缩机械与设备，广泛应用于炼乳、乳糖、乳粉、乳清粉、乳蛋白浓缩物等各类乳制品的生产过程。

一、浓缩的目的

乳浓缩的目的主要包括以下几方面：

①浓缩作为干燥乳制品的预处理过程，减少干燥费用，保证干燥产品质量。由于原料乳中水分含量高，用浓缩方法去除部分水分再进行干燥比直接进行干燥在时间和能量上更节约。例如，乳粉生产过程中，喷雾干燥每蒸发 1kg 水需消耗蒸汽 3~4kg（蒸汽加热器），常用的三效降膜蒸发器蒸发 1kg 水仅需要消耗 0.35kg 蒸汽；

②用于炼乳等浓缩乳制品生产，去除原料乳中大量的水分，减少贮藏和运输费用并提高保存质量；

③提高乳制品浓度，增加乳制品的保藏性。降低水的活性，保证微生物及化学方面的稳定

性,如炼乳制品;

④用作某些结晶操作的预处理过程,如乳糖的生产;

⑤从乳制品的废液中回收副产品,例如,从生产干酪的副产物乳清中制造乳糖和乳清粉等。

目前,乳制品加工厂常用的浓缩方法主要包括蒸发浓缩和膜过滤浓缩。

二、蒸发浓缩

蒸发浓缩多采用间壁式加热浓缩,最简单的蒸发器是一个普通的开放式器皿,由蒸汽或者热气直接进行加热。当液体被加热到与环境压力相应的沸点时,液体表面处就会发生蒸发现象。由于器皿容量的限制,仅在表面处发生蒸发,完成蒸发过程所需要的时间较长,在这种情况下,牛乳暴露于高温下,就会发生蛋白质变性及化学反应,如美拉德反应,甚至凝结。随着蒸发技术的进步,出现了强制循环蒸发器的浓缩工艺。在这种蒸发器中,牛乳上行穿过管束。管束外侧为加热介质,由于流动相对增大了加热面积,但是因管束内充满了牛乳,蒸发表面依然小,牛乳只有在离开管束顶部出口以后,才能将二次蒸汽释放出来,所以会产生过热现象。图4-44所示为一台强制循环蒸发器,但目前强制循环蒸发器逐渐被降膜蒸发器所取代。

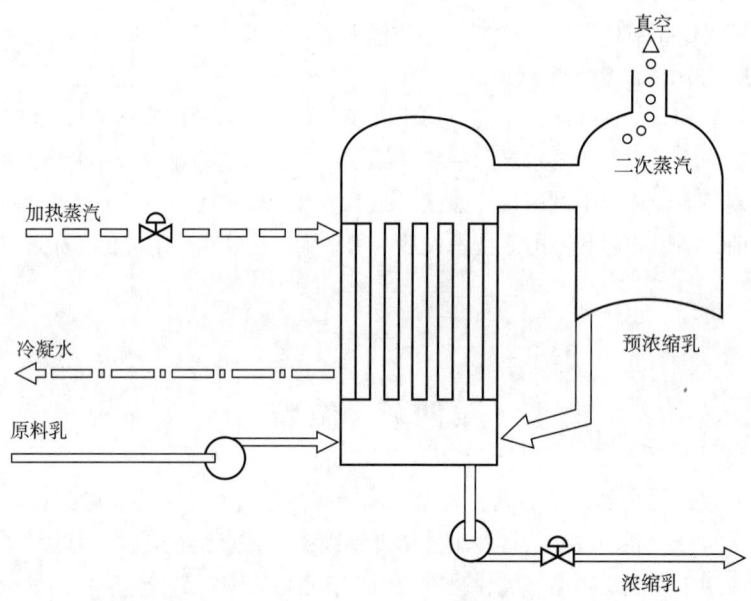

图4-44 强制循环蒸发器

降膜蒸发器的性能优良,能缩短牛乳的停留时间,进而减少了蒸发器中的牛乳保持量,增加了蒸发面积,提高蒸发效率的同时保证浓缩后牛乳品质,图4-45所示为降膜蒸发器。

降膜蒸发器中大量的加热管平行排列,加热管的两端被固定在管板上,管束封闭在管壳内,牛乳均匀地分配在加热管的内表面上,液体呈薄膜状向下流动,在加热管外通入蒸汽,薄膜料液发生沸腾(蒸发),牛乳中水分以蒸汽形式在管壳内,这部分蒸汽被称为二次蒸汽,浓缩牛乳和二次蒸汽从底部离开列管式加热器,浓缩牛乳的大部分会在此处直接排出,而少部分浓缩乳随二次蒸汽一起进入分离器进行分离,二次蒸汽从顶部离开分离器进入冷凝器,二次蒸汽变为冷却水被收集,不凝气体排出系统。

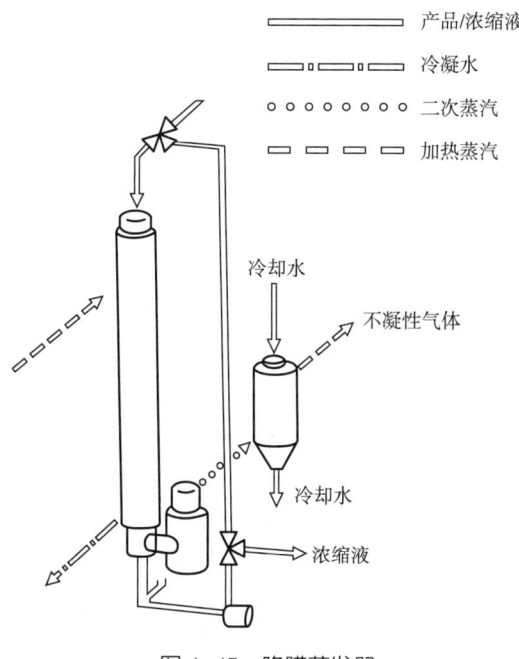

图 4-45 降膜蒸发器

蒸发浓缩分为常压浓缩蒸发和真空浓缩蒸发。常压浓缩蒸发面上为大气压或稍高于大气压，系统中的不凝结气体依靠本身的压力从冷凝器中排入大气层，蒸发效率低。真空浓缩蒸发面上方压力状态低于大气压的负压，必须依靠抽真空装置不断从系统中抽取不凝结气体，并保持系统负压状态。牛乳中含有蛋白质，属于热敏性产品，常压下沸腾蒸发会引起蛋白质变性，使得浓缩后牛乳品质下降甚至不宜食用。在真空状态下，沸腾/蒸发的温度比相应于大气压力下的温度要低。蒸发器的真空状态是依靠工作前启动的真空泵提供的，并且通过使用冷却水冷凝二次蒸汽而保持该真空状态，真空泵或者类似的装置用于抽出乳中的不凝性气体。真空蒸发浓缩有利于保证乳制品的色、香、味等方面的品质，是乳品工业最广泛应用的一种浓缩方法。

三、膜分离

（一）膜分离的工作原理和设备结构

膜分离是以天然或人工合成的高分子薄膜，利用膜的选择性，以膜两侧存在的外界能量差或化学位差（压力差或电位差）作为推动力，因溶液中各组分通过膜的能力不同，实现对不同组分的溶剂和溶质进行分离的一种方法。膜分离包括分离、分级、浓缩、纯化等。

膜分离设备主要包括膜组件、膜清洗系统、泵等。膜分离用膜主要是由高分子材料制造的聚合物膜，常用的分离膜包括纤维素类聚合物、芳香聚酰胺、聚砜等。

（二）膜分离类型

1. 按分离膜孔径范围分类

膜分离主要包括：微滤（MF）、超滤（UF）、纳滤（NF）、反渗透（RO）和电渗析（ED）。

（1）微滤 微滤又称微孔过滤，在压力差的作用下，截留 $0.1 \sim 1 \mu m$ 的颗粒，微滤膜允许大分子有机物和无机盐等通过。孔径范围为 $0.1 \sim 75 \mu m$。

（2）超滤 在压力差的作用下，利用半透膜的微孔过滤，截留溶液中的大溶质分子的操作过程。孔径范围为 0.001~0.02μm。

(3) 纳滤　纳滤是一种介于反渗透和超滤之间的压力驱动膜分离过程，纳滤膜的孔径范围在几个纳米左右。

2. 按作用方式分类

(1) 反渗透　在压力差的作用下，通过反渗透膜将溶液中的溶剂分离出来的操作过程。适用于分离直径 2nm 以下的低分子和离子。孔径为 0.1~1nm。

(2) 电渗析　在外电场的作用下，利用离子交换膜对离子具有不同的选择透过性，将溶液中阳离子、阴离子与溶剂分离开的操作过程。

3. 按膜组件形式分类

按照膜组件类型不同，分为板框式膜组件、管式膜组件、卷式膜组件、中空纤维超滤装置。其中，板框式主要用于超滤和反渗透；管式主要用于微滤、超滤和反渗透；卷式主要用于超滤、纳滤和反渗透；中空纤维超滤装置主要用于超滤。

(1) 板框式膜组件　如图 4-46 所示，支撑板为双层空心结构，滤膜紧贴在支撑板两面。原液并流进入一组并联的膜板后汇集，再进入下一组并联膜板（相邻两组串联，流向相反），经多组膜板依次被浓缩后，由浓缩液出口排出。透过液从每个膜面透过流出、汇集之后从透过液出口排出。

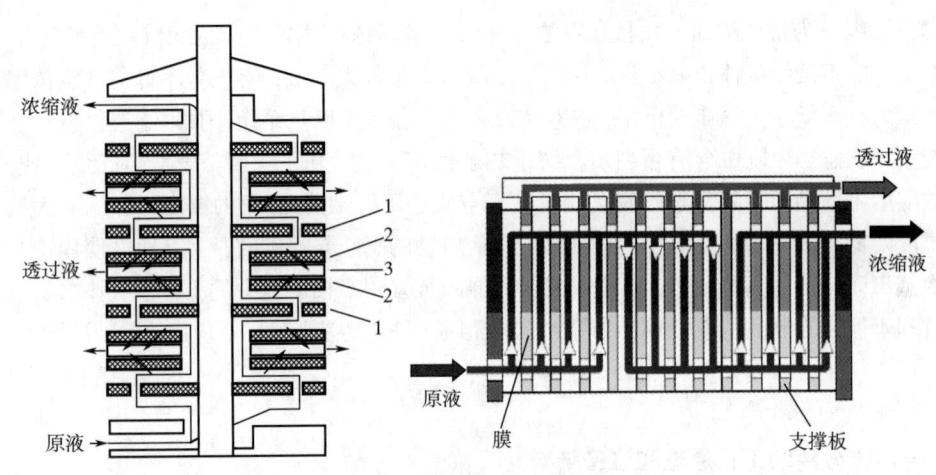

图 4-46　板框式膜组件
1—隔板　2—膜　3—支撑板

板框式膜组件特点是制造、组装比较简单，易于进行膜的更换、清洗和维护，更换膜费用少。受压力变动的影响不大，工作的可靠性也高；当处理量增大时，可以只简单地增加膜的层数；原液流道截面积较大，适用广，对预处理的要求较低，也可将原液流道隔板设计成各种凹凸波纹的形状以利于液体湍流，这对于超滤组件是极为重要的；阻力损失较小，可进行多段操作以增大回收率。对膜的机械强度要求比较高；单程的回收率低。

(2) 管式膜组件　如图 4-47 所示，管式膜组件内层是由滤膜材料黏附于支撑管内壁或外壁，形成的管状滤膜，中间为多层合成纤维布过滤层，外套多孔金属管、玻璃纤维管或陶瓷。被处理的原液在压差的作用下在管内流动，透过液从管内经滤膜透过排出。管式膜组件有串联、并联等方式。

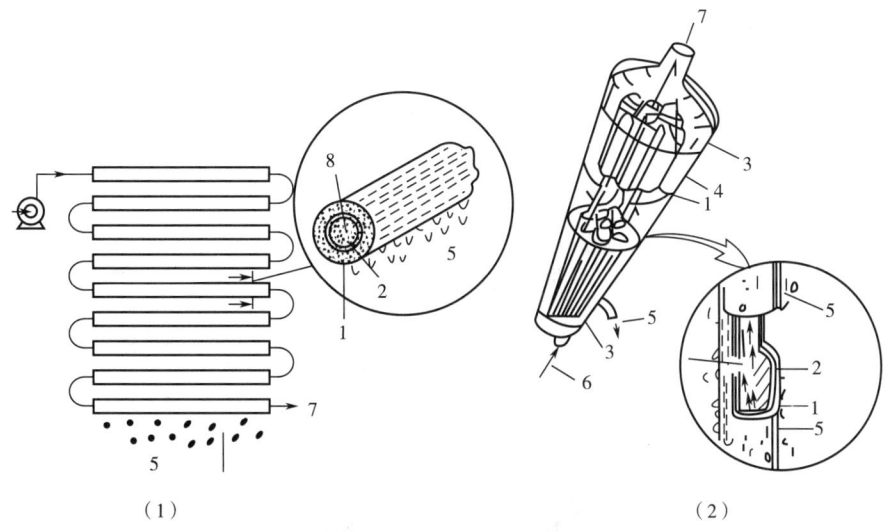

图 4-47 管式膜组件（管式反渗透装置）

(1) 串联　(2) 并联

1—玻璃纤维管　2—反渗透膜　3—装配墙　4—聚氯乙烯外管　5—淡水　6—料液　7—浓缩液出口　8—盐水

管式膜组件特点是流速易控制，流动性好；维修、更换膜较方便；可采用化学或机械清洗；原液流道大，可处理悬浮颗粒和溶解性的物料；装填密度较低，单位体积内有效滤膜面积小。

（3）卷式膜组件　如图 4-48 和图 4-49 所示，卷式膜组件是将滤膜-多孔渗透物侧间隔材料-滤膜-原料侧间隔材料依次层合一起，绕中央渗透物管卷成膜卷，将一个或多个这样的膜卷装入压力容器内，形成卷式膜组件。

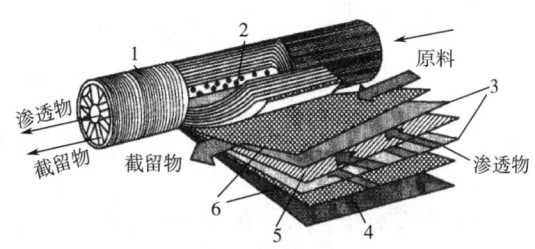

图 4-48 卷式膜组件

1—膜组件外壳　2—中央渗透物管　3—膜　4—外壳　5—多孔渗透物侧间隔器　6—膜原料侧间隔器

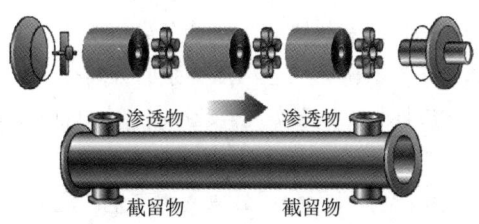

图 4-49 卷式膜组件安装方式

卷式膜组件特点是单位体积中膜的表面积比率大；安装和更换容易，结构紧凑；料液的流动线路短，通道截面积小，不适宜处理含悬浮颗粒的料液，对料液的前处理要求高，再循环较困难。

(4) 中空纤维超滤装置　如图 4-50 所示，中空纤维超滤装置是由许多中空纤维膜管集束而成，装填于管状膜筒内。中空纤维膜管依靠本身强度承载压力，本身无支撑材料。原液在中空的膜管内流动，通过膜管做选择性透过，物料在流动过程中被不断浓缩。

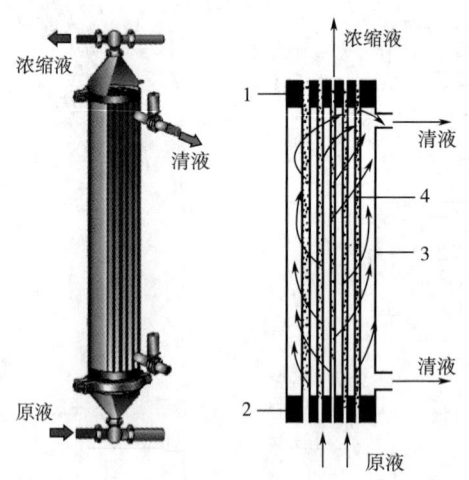

图 4-50　中空纤维膜组件

1、2—端板　3—膜筒　4—中空纤维

中空纤维超滤装置特点是具有极高的膜装填密度，单位体积滤过面积大；结构紧凑，设备费用较低；透过液侧压强损失大；对料液的前处理要求严格；滤膜受损无法更换；只能采用化学清洗；不适合处理含悬浮颗粒的料液。

(三) 膜分离的性能特点和主要用途

1. 性能特点

(1) 有利于食品成分的保存　膜分离过程在常温下进行，特别适用于热敏性物料的处理，有效保证了原有的色、香、味，且营养物质损失也极少。膜分离过程一般是在闭合的回路中运转，减少了氧气对食品成分的氧化作用。

(2) 能耗少，费用低　膜分离过程中，只需给泵提供一定的能量，在一定压力下，被分离的物质只需移动不到 1μm 的距离就可以进行分离、提纯、浓缩，能耗少。因此，膜分离技术又称为省能技术。采用膜分离技术还可以大大节省操作费用。

(3) 分离范围广　膜分离法在不发生相变化和不使用第三种化学成分的情况下，可将相对分子质量不同的物质分离开，适用于有机物和无机物分离以及许多特殊溶液体系的分离，如对溶液中分子和无机盐的分离、某些共沸物或近沸点物系的分离等。

(4) 其他　工艺简单、适应性强；易于实现自动控制；占地面积小，操作简单，易于维修。

2. 主要用途

(1) 微滤　主要用来去除微生物及大分子分离。用于生产乳清蛋白浓缩物过程中乳清的脱脂以及蛋白分馏；减少脱脂乳、乳清和盐溶液中的微生物等。

(2) 超滤　主要用于大分子浓缩。用于脱脂乳及乳清蛋白的浓缩；生产酸乳、干酪等乳制品的乳蛋白标准化；乳制品生产中蛋白质的回收等。

(3) 纳滤　主要用于无机盐分离，包括乳清、超滤清液和浓缩液部分的脱盐等。

（4）反渗透　主要用于溶剂及溶液浓缩，包括乳清、超滤清液和浓缩液的脱水；滚筒干燥前乳的预浓缩；乳及乳制品的增浓等。

（5）电渗析　主要用于去除离子，包括干酪乳清的脱盐等。

四、浓缩设备

（一）真空蒸发浓缩设备分类

真空蒸发浓缩设备由浓缩器、冷凝器和抽真空装置组合而成。料液进入浓缩器后，加热蒸汽对料液进行加热浓缩，二次蒸汽进入冷凝器冷凝，不凝结气体由真空装置抽出，并使整个浓缩装置处于真空状态。料液根据工艺要求的浓度，可间歇或连续排出。

1. 按加热蒸汽被利用次数分类

按加热蒸汽被利用的次数可分为单效浓缩设备、多效浓缩设备、带有热泵的浓缩设备。乳品工厂的多效设备，一般采用双效、三效，有时还带有热泵装置。

（1）单效蒸发浓缩　将二次蒸汽不再利用，直接送到冷凝器冷凝以除去蒸汽的蒸发操作。

（2）多效蒸发浓缩　将二次蒸汽通到另一压力较低的蒸发器作为加热蒸汽，提高加热蒸汽（生蒸汽）的利用率的串联蒸发操作。

2. 按料液流程分类

（1）单程式　物料经一次循环即达到所要求浓度。

（2）循环式　包括有自然循环与强制循环。自然循环是指物料按加热上升规律完成浓缩过程；强制循环物料通过泵等按规定的路径循环完成浓缩。循环式较单程式的热利用率高。

3. 按料液蒸发时分布状态分类

（1）非膜式浓缩设备　料液在蒸发器内聚集在一起，只是翻滚或在管中流动从而形成大的蒸发面。盘管式浓缩设备、中央循环管式浓缩设备属于这一类。

（2）薄膜式浓缩设备　料液在蒸发器内蒸发时被分散成薄膜状流动，形成极大的蒸发面积。蒸发快，其蒸发面积大，热利用率高。

4. 按加热器结构分类

按加热器结构分为板式、盘管式和列管式浓缩设备。

（二）膜式真空浓缩设备

膜式真空浓缩是将料液在管壁或器壁上分散成液膜的形式流动，从而使得蒸发面积大大增加，提高蒸发浓缩效率。配合抽真空系统，料液在低压下蒸发浓缩。

按液膜运动的方向分为升膜式、降膜式、升降膜式真空浓缩设备；按照液膜形成的方式分为自然循环式和强制循环式真空浓缩设备；按照节能方式分为喷射式蒸汽再压缩（TVR）和机械蒸汽再压缩（MVR）。

1. 升膜式真空浓缩设备

（1）主要结构　如图 4-51 所示，升膜式浓缩设备主要包括加热器、分离器、雾沫捕集器、抽真空系统、循环管。

（2）工作原理　料液自加热器的底部进入加热管，加热蒸汽在管外对料液进行加热沸腾，产生大量二次蒸汽，在管内高速上升，将料液挤向管壁，料液不断地形成薄膜。料液呈薄膜状在管内上行，在管顶部呈喷雾状，以较高速度进入气液分离器，在离心力作用下与二次蒸汽分离。二次蒸汽从分离器顶部排出，经雾沫分离器进一步分离后，二次蒸汽导入水力喷射器冷凝。

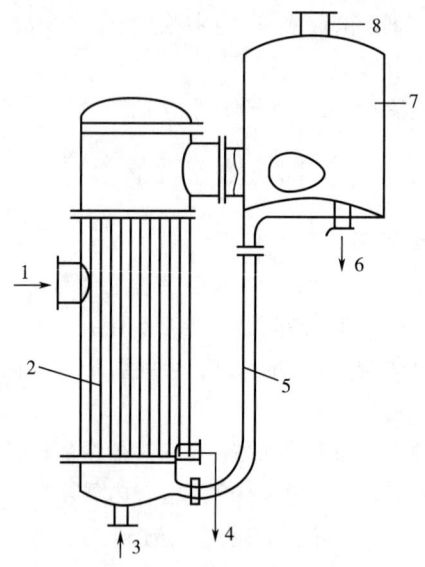

图 4-51 升膜式浓缩设备
1—蒸汽入口 2—加热管 3—料液入口 4—冷凝水出口 5—下导管
6—浓缩液出口 7—分离器 8—二次蒸汽出口

分离得到的浓缩液沿循环管下降，回入加热器底部，与新进入的料液自行混匀后，进入加热管内，再次受热蒸发，如此反复。经数分钟后，料液被浓缩后的浓度即可达到要求。

(3) 性能特点及用途　升膜式真空浓缩设备结构简单，占地面积小；生产能力大，传热系数高；热能利用率高，蒸汽消耗量低；蒸发速率快；可连续出料。生产需要连续进行，中途停止易使加热管内表面结垢，甚至结焦；加热管较长，清洗不方便。因料液在管内速度较快，故特别适用于易起泡沫的物料；不适宜于黏稠、高浓度、易结晶的物料的浓缩。升膜式真空浓缩设备是乳及乳制品企业常用的一种浓缩设备，常用于乳粉、炼乳生产中的浓缩过程。

2. 降膜式真空浓缩设备

(1) 主要结构　如图 4-52 所示，降膜式浓缩设备与升膜式结构相似。主要区别在于料液从加热器顶部加入，在管的顶部或管内安装有降膜分配器。气液分离器在下方。

(2) 工作原理　料液自加热器的顶部进入经降膜分配均匀地进入加热管加热，液膜在重力作用及二次蒸汽快速流动的诱导下，沿管内壁成液膜状向下流动，快速受热蒸发。浓缩料液随二次蒸汽一起进入分离器，进一步汽化，经气液分离后，由底部排出。

(3) 性能特点及用途　料液在加热管表面形成膜状，传热系数高，可避免泡沫的形成。每根加热管上端入口处，装有分配器，以保证获得厚度一致的液膜。料液液位的变化，影响薄膜的形成及厚度的变化，甚至会使加热管内表面暴露而结焦。不可随意中断生产，否则，易结垢或结晶。生蒸汽需要较高的稳定压力。加热管较长，清洗困难。物料的受热时间短，适于不宜结晶、结垢的热敏性物料的浓缩。降膜式真空浓缩设备常用于乳粉、炼乳生产中的浓缩过程。

3. 板式浓缩设备

(1) 主要结构与工作流程　如图 4-53 所示，板式浓缩设备是由板式加热器与蒸发分离器组合而成。板式加热器与前面讲的板式热交换器相似，加热板片用不锈钢板冲压而成，并由两端压板及上下拉杆压紧；由四片传热板片构成一组；板片的四周由密封垫圈密封，板片之间形成蒸汽与

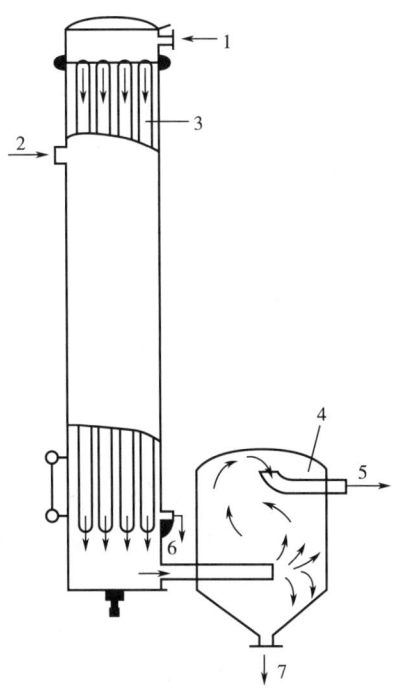

图 4-52　降膜式浓缩设备
1—料液入口　2—蒸汽入口　3—加热管　4—分离器　5—二次蒸汽出口
6—冷却水出口　7—浓缩液出口

料液流动通道。板式浓缩设备有单效、双效流程。板式浓缩设备的传热板组合及流程如图 4-54 和图 4-55 所示。料液由泵强制送入加热器体，在板片 a、b 之间上升（升膜部分），然后从板片 c、d 之间下降（降膜部分）。加热蒸汽通入板片 b、c 和 a、d 之间，通过板片壁对料液加热，之后冷凝而排除。二次蒸汽与浓缩液一起进入底部通道，引入气液分离器分离。浓缩液汇集排出。

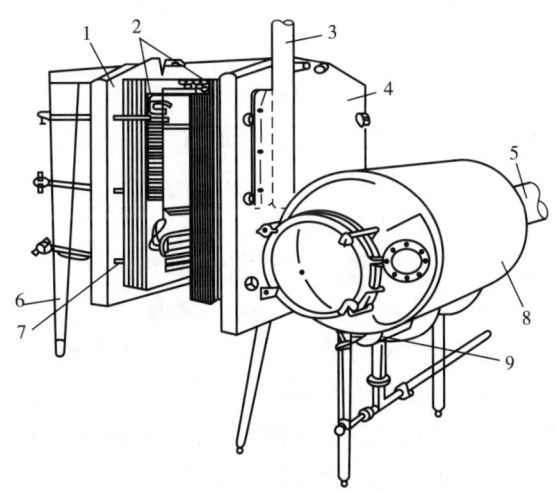

图 4-53　板式浓缩设备
1—随动板　2—传热板　3—蒸汽入口　4—端面板　5—二次蒸汽出口　6—后端支架
7—紧固螺栓　8—气液分离器　9—浓缩液排出口

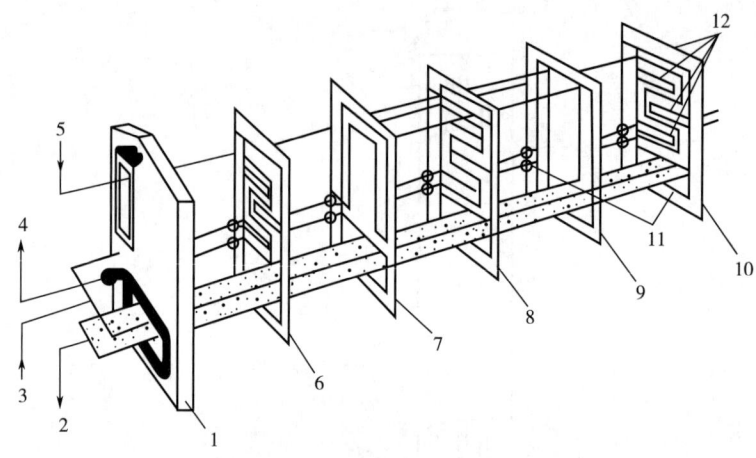

图4-54 板式浓缩设备的传热板组合

1—端面板 2—浓缩液与二次蒸汽出口 3—料液入口 4—冷凝水出口 5—蒸汽入口
6、8、10—蒸汽板 7—升膜板 9—降膜板 11—密封垫圈 12—折流棱

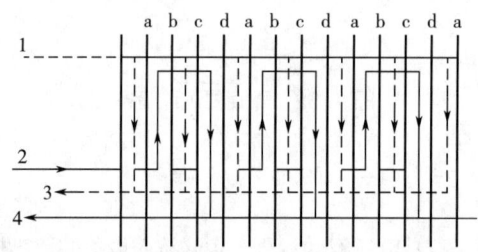

图4-55 加热板片间蒸汽与料液的流程

1—加热蒸汽 2—料液进入 3—冷凝水排出 4—浓缩液与二次蒸汽排出引向分离器

(2) 性能特点及用途 板式浓缩设备结构紧凑、体积小；料液流经换热面时间短（仅数秒）；液流分布均匀，传热系数高；易清洗，加热面积可随意调整；密封垫圈易老化泄漏，承载压力有限。适用于具有热敏性的乳及乳制品浓缩。

4. 刮板式薄膜浓缩设备

(1) 主要结构 刮板式薄膜浓缩设备主要由转轴、料液分配盘、刮板、蒸发室和夹套加热室等组成。分为固定刮板式和活动刮板式两种，按安装形式可分为立式和卧式。图4-56和图4-57为固定刮板和活动刮板式薄膜浓缩设备结构图。

(2) 基本原理 料液经料液分配盘进入浓缩器内，在离心力作用下被抛向加热圆筒内壁。由于重力和刮板离心力的作用，料液在内壁形成螺旋下降或上升的薄膜，或螺旋向前推进的薄膜。筒体的加热室为夹套，蒸汽在夹套内必须流动均匀，加热料液。二次蒸汽经顶部（立式）或浓缩液出口端的气液分离器后至冷凝器冷凝排出。浓缩液从浓缩液出口排出。

(3) 性能特点及用途 刮板式薄膜浓缩设备传热面上的料液被不断更新，热系数较高；加热室直径较小，清洗不方便；刮板式薄膜浓缩设备非常适合于高黏度、含有悬浮颗粒料液的浓缩。

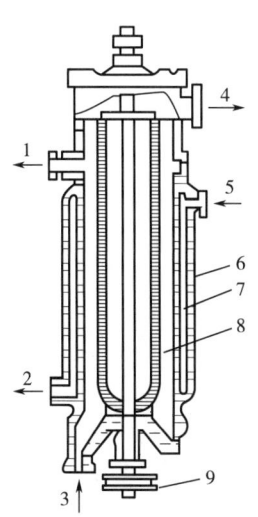
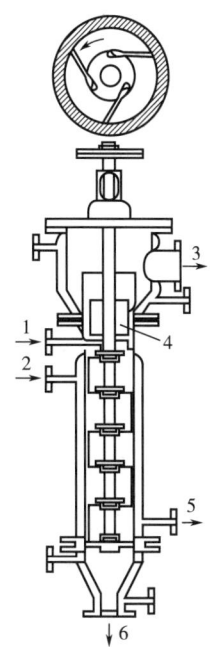

图 4-56　固定刮板式薄膜浓缩设备　　图 4-57　活动刮板式薄膜浓缩设备
1—浓缩液出口　2—冷凝水出口　3—料液入口　　1—料液入口　2—加热蒸汽入口
4—二次蒸汽出口　5—加热蒸汽入口　　3—二次蒸汽出口　4—液滴分离器
6—夹套　7—换热面　8—刮板　9—皮带轮　　5—冷凝水出口　6—浓缩液出口

(三) 非膜式真空浓缩设备

1. 中央循环管式真空浓缩设备

（1）作用原理　料液由沸腾管及中央循环管所组成的竖式加热管面加热，因传热产生重度差，从而形成自然循环，液面上的水汽向上部负压空间迅速蒸发，料液在低压下完成浓缩。

（2）主要构造　如图 4-58 所示，中央循环管式真空浓缩设备主体结构包括加热室、中央循环管、外壳、蒸发室、冷凝器、抽真空装置等，其他附属设备还有视孔、人孔、洗水、照明、仪表、取样装置、雾沫捕集器等。

（3）性能特点　中央循环管式浓缩设备结构紧凑、操作可靠；因结构上的限制，循环速度较慢，溶液沸点高，有效温度差减小；设备的清洗和检修不方便。

2. 盘管式真空浓缩设备

（1）作用原理　加热蒸汽在盘管内对管外的料液进行加热，料液受热后体积膨胀，密度减小，料液上升，当到达液面时即气化，使其浓度提高，密度增大。浓缩盘管中心处的料液，相对来说距加热管较远，与同一液位的料液相比，其密度较大，呈下降趋势。受热蒸发的那部分料液不但密度大，而且液位也高，故向盘管中心处下落。形成料液自锅壁及盘管处上升，又沿盘管中心向下的反复循环状态，在低压下完成蒸发浓缩。

（2）主要构造　如图 4-59 所示，盘管式真空浓缩设备主要由加热盘管、蒸发室、冷凝器、抽真空装置、进料阀、气液分离器及各种控制仪表等组成。其他附属设备还有视孔、人孔、洗水、照明、仪表、取样装置、雾沫捕集器等。

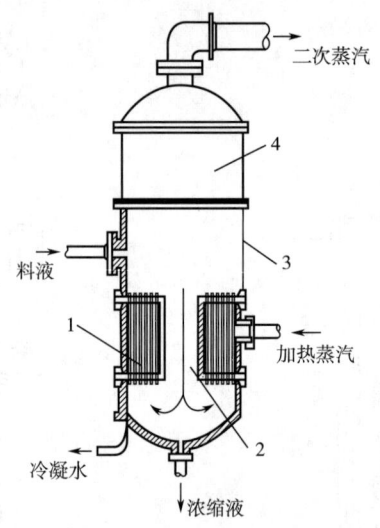

图 4-58 中央循环管式真空浓缩设备
1—加热室　2—中央循环管　3—锅体　4—蒸发室

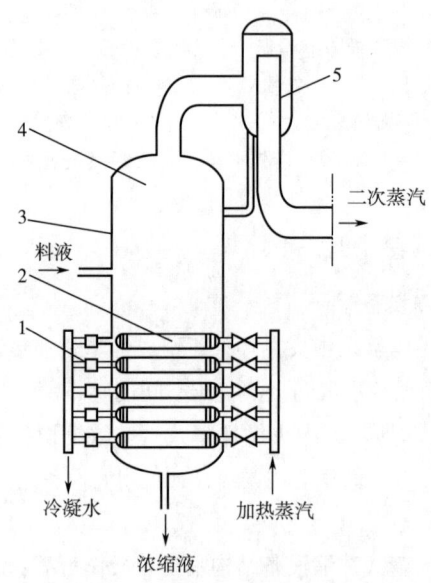

图 4-59 盘管式真空浓缩设备
1—气液分离器　2—加热盘管　3—锅体　4—蒸发室　5—雾沫捕集器

(3) 性能特点及用途　盘管式真空浓缩设备结构简单,易于控制;传热系数较高,蒸发速率快;间歇出料,受热时间较长,在一定程度上对产品质量有所影响;传热面积较小,料液循环较差,盘管表面易结垢,清洗较困难,不能连续操作,间歇排出浓缩液。盘管式真空浓缩设备适用于黏稠性物料的浓缩,常用于中小型工厂,如炼乳的浓缩操作等。

3. 带搅拌的夹套式真空浓缩器

(1) 作用原理　带搅拌的夹套式真空浓缩器下部夹套内通入加热蒸汽,料液由夹套内加热蒸汽加热,在搅拌器搅拌的作用下强制循环,液面上的水汽向上部负压空间迅速蒸发,料液在负压下完成浓缩。

(2) 主要构造 如图 4-60 所示，带搅拌的夹套式真空浓缩器主要由加热夹套、蒸发室、冷凝器、抽真空装置、搅拌器、气液分离器及各种控制仪表等组成。其他附属设备还有视孔、人孔、洗水、照明、仪表、取样装置、雾沫捕集器等。

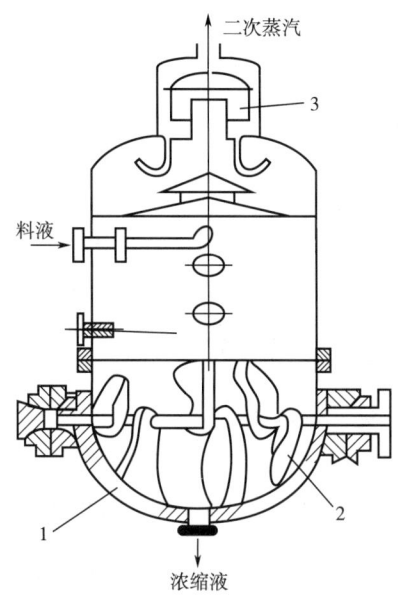

图 4-60 带搅拌的夹套式真空浓缩设备
1—加热夹套 2—搅拌器 3—雾沫捕集器

(3) 性能特点及用途 带搅拌的夹套式真空浓缩器结构简单，操作控制容易；传热面积小，受热时间较长，不能连续生产，适宜于黏度大、高浓度，以及含有少量固体颗粒的料液的浓缩。

第五节 干燥

在乳及乳制品生产上，干燥设备主要用于牛乳、脱脂乳、乳清、奶油、冰淇淋混合料、蛋白质浓缩物、婴儿食品等的生产过程中。本节仅介绍乳品工厂常用的滚筒干燥、流化床干燥和喷雾干燥。

一、喷雾干燥

喷雾干燥法是目前乳品工厂用于生产各种乳粉的主要方法。

(一) 基本原理与系统组成

喷雾干燥法是在一个密闭的干燥室内，料液液滴与热载体（热空气）直接接触使水分蒸发的过程。将液态料液通过雾化器作用，分散成细小的雾滴，使其表面积大幅度地增加，通过载热体（热空气等）同细小的雾滴均匀混合，进行热交换和质交换，短时间内使水分（或称溶剂）蒸发。

喷雾干燥系统的基本组成包括空气加热系统、雾化系统、干燥室、产品收集系统、废气排放及微粉回收（附聚）系统、系统控制装置及废热回收装置等，如图4-61所示。

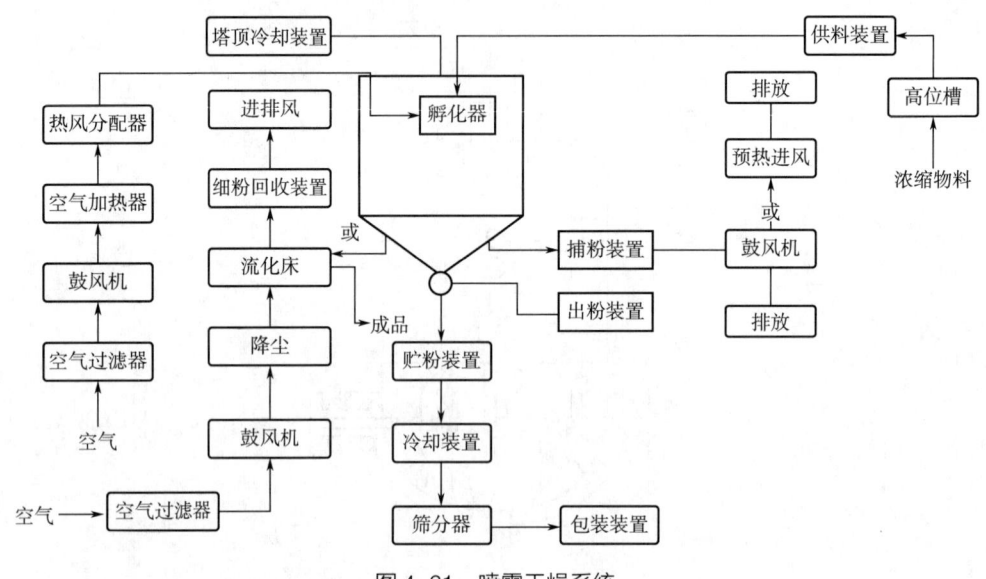

图 4-61　喷雾干燥系统

（二）喷雾干燥特点

1. 喷雾干燥优点

与其他几种干燥方法比较，喷雾干燥方法具有许多优点，因而获得广泛使用与迅速发展。其主要优点表现在以下几个方面。

（1）物料干燥速度快，受热时间短　料液被雾化成微细液滴，表面积大。每升料液可分散成146亿个50μm微小雾滴，雾滴在150~200℃的热风中迅速地气化，水分可瞬间蒸发。

（2）干燥温度低，成品质量好　干燥的粉末，即使在它的表面，一般也不超过干燥空气流的湿球温度（50~60℃）。尽管干燥室内的热空气温度很高，但干燥却极为缓和，物料受热时间短、温度低、营养成分损失少。适合热敏性物料的干燥。

（3）干燥条件和产品的质量指标易于调节　在密封的条件下进行的产品较为纯净。选择适当的雾化器，调节工艺条件，可以控制成品颗粒状态、大小、容重、含水量等，成品冲调性良好。

（4）成品粒径通常可以控制，产品呈松散状态，无需再粉碎　喷雾干燥后，呈粉末状，经筛分可得到不同粒度的产品。

（5）生产效率高　操作人员少，可连续化和自动化生产。

2. 喷雾干燥缺点

（1）系统配置的设备多，较复杂，体积庞大，占用面积、空间大，而且造价高、投资大。

（2）热效率低，热能消耗量大。需耗用较多的热风量，热效率低。每蒸发1kg水需要蒸汽3.0~3.3kg。热效率仅为30%~55%。

（3）粉尘粘壁现象严重，清扫、收粉的工作量大。

（4）附属装置比较复杂，增加了投资费用及能耗。

（三）喷雾干燥的类型

喷雾干燥依据雾化器形式不同分为：压力式喷雾干燥、离心式喷雾干燥和气流式喷雾干燥。目前常用的是压力喷雾法和离心喷雾法，两者最主要的差别在于雾化器结构不同以及干燥室设计上的不同。

1. 压力式喷雾干燥

压力式的雾化原理是利用高压泵压力将料液以一定速度送入喷雾室，并沿切线方向进入喷嘴的旋转室，料液加速由喷嘴高速喷出，料液分裂成许多细小雾滴，如图4-62所示。

压力式雾化器分为旋流式压力雾化器和离心式压力雾化器（M型和S型），如图4-63、图4-64和图4-65所示。

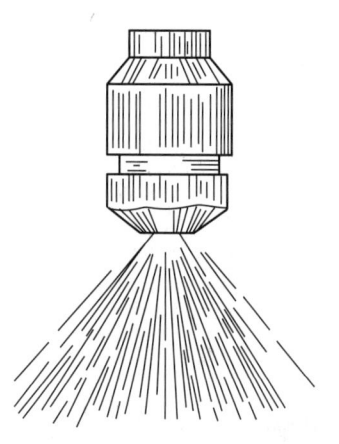

图4-62 压力式雾化器雾化效果

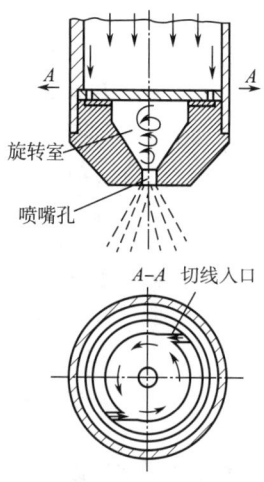

图4-63 旋流式压力雾化器

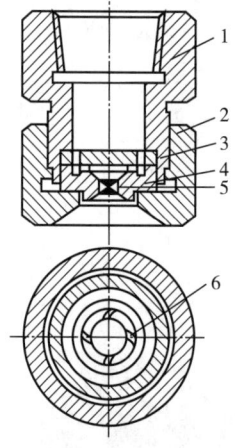

图4-64 M型离心式压力雾化器
1—管接头 2—螺母 3—分配孔板 4—喷嘴板
5—人造宝石喷头 6—切向通道

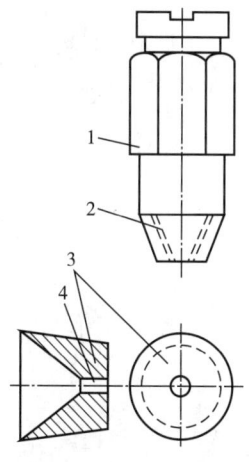

图4-65 S型离心式压力雾化器
1—喷芯 2—导沟
3—喷嘴 4—喷嘴孔

压力式雾化器特点是结构简单，可以调节液体雾化锥形喷嘴的角度，因此，可用直径相对小的干燥室，并且粉粒中液胞含量较少；改变喷嘴的内部结构，可得到不同的喷嘴形状；可多喷嘴喷雾；流量难以良好调节；要求具有较为稳定的供料压力；喷嘴耐用性差，并易堵塞；不适宜黏度高料液的干燥处理。

2. 离心式喷雾干燥

离心式的雾化原理是在水平方向作高速旋转运动的圆盘上注入料液，料液在离心力的作用下以高速甩出，被甩出的料液，受到重力作用以及因圆盘高速转动而带动旋转的空气的摩擦、阻碍和撕裂等作用而被分散成微小的液滴，料液雾化，如图4-66所示。

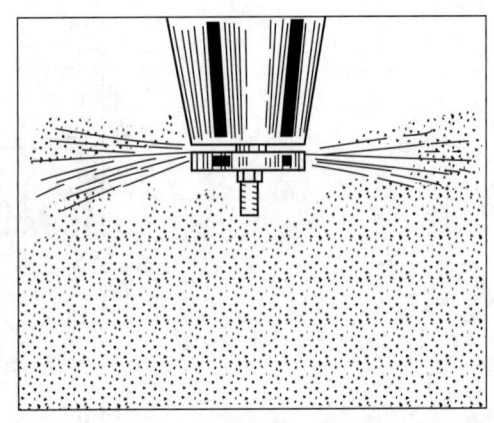

图4-66　离心式雾化器雾化效果

常用的离心式雾化器主要有以下几种形式：单排喷嘴、多排喷嘴雾化器，矩形通道离心雾化器等，如图4-67和图4-68所示。

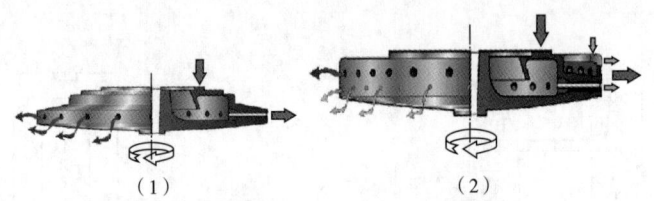

图4-67　单排喷嘴与多排喷嘴离心雾化器
(1) 单排喷嘴　(2) 多排喷嘴

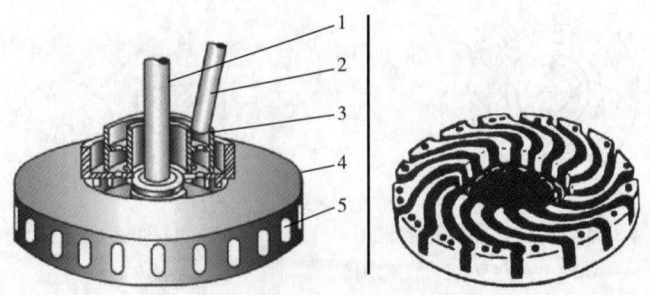

图4-68　矩形通道离心雾化器
1—主轴　2—进料管　3—分配槽　4—转盘　5—喷孔

喷嘴雾化器的喷嘴直径较细，较易堵塞，多排喷嘴雾化器比单排喷嘴雾化器雾化角度小，雾化均匀，常用于速溶乳粉生产。矩形通道离心雾化器料液喷射截面积大，减小料液滑动现象，雾化均匀，不易堵塞。

离心喷雾干燥法生产过程灵活，生产范围大；转盘不易堵塞；高黏度下仍可实现雾化，可处理较高黏度料液；离心盘结构简单坚固，质轻，易拆洗，无死角，生产效率高；调整转速，可以调整雾化料液的粒径；进液量变化±25%时，对产品质量影响不大。离心喷雾干燥法易发生料液粘壁现象，需要直径更大的干燥室；雾化器的材料要求质轻、强度高，要具有良好的动平衡。

（四）典型的乳粉喷雾干燥系统

1. 一段干燥系统

一段干燥系统是乳粉由浓缩乳液在喷雾干燥塔室内经一次干燥成粉，冷却后经筛分即为成品乳粉。如图4-69所示，浓缩乳由一个高压泵送至干燥室中的喷雾器，雾化乳滴与热空气进行混合，失水干燥后成乳粉，乳粉在塔中沉降到塔底排出，风力输送系统收集乳粉离开喷雾塔室，主旋风分离器用来分离干燥塔排出废气中的细粉粒，乳粉与细粉混合，一并送入旋风分离输送系统进行气粉分离，并输送至下道生产工序，乳粉在输送和分离过程中不断冷却。

经过过滤器过滤的空气由引风机送入加热器加热至150~250℃，然后将热空气送入干燥室内。经主旋风分离器、旋风分离输送系统排出的废气中夹杂的细粉经细粉回收装置（如布袋过滤器等）回收。

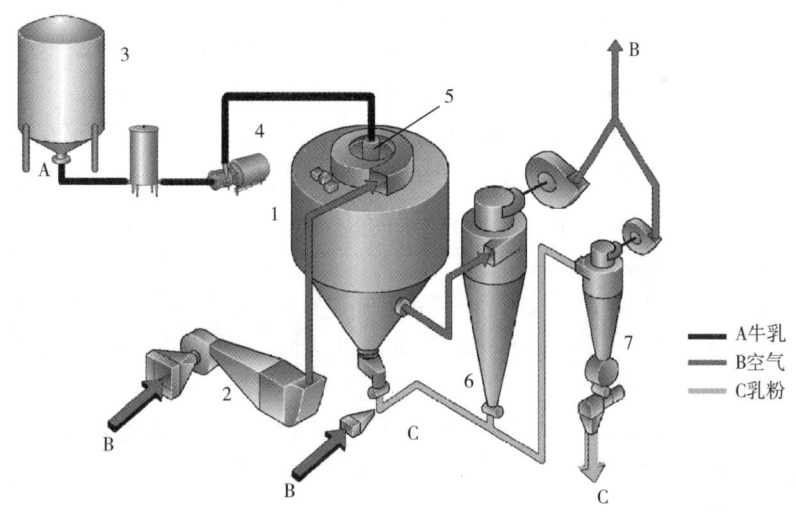

图4-69 一段喷雾干燥系统
1—干燥室 2—空气加热器 3—浓乳缸 4—高压（多级）泵
5—雾化器 6—主旋风分离器 7—旋风分离输送系统

一段干燥系统只有一次干燥过程，出粉温度较高，对产品质量有一定不利影响，成品全部由单个小颗粒粉粒组成，粉粒孔隙空气含量小，密度比较大，冲调性不佳。

2. 二段干燥系统

二段干燥系统与一段干燥系统使用相同的喷雾干燥塔，但是在乳粉出塔后不是送入风力运送系统，而是送入振动流化床干燥器进行二次干燥，经振动筛筛分后排出。旋风分离器用来分离回收干燥塔和振动流化床干燥过程产生的废气中的细粉粒，并送回振动流化床干燥并再制粒。乳粉离开干燥室的水分含量比成品粉高 2%～3%，流化床干燥器的作用就是除去这部分超量水分并将乳粉冷却下来，如图 4-70 所示。

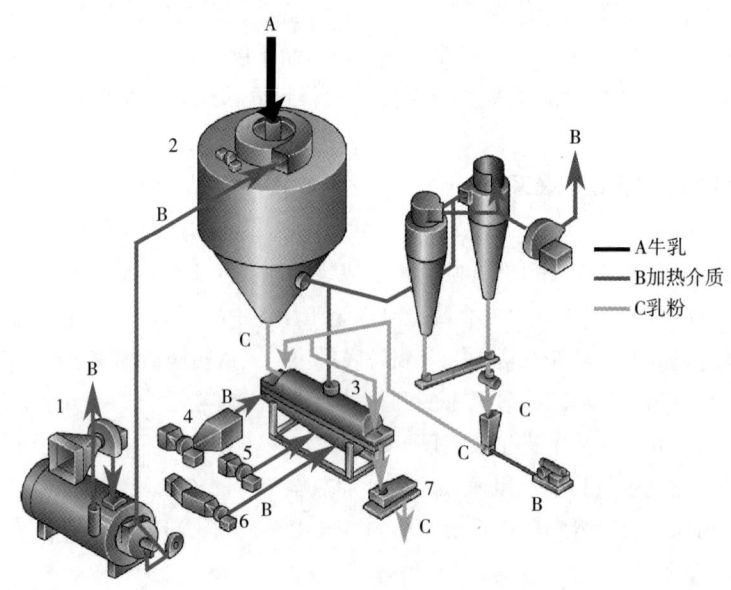

图 4-70 配有流化床的二段喷雾干燥系统
1—空气加热器　2—干燥室　3—振动流化床　4—用于流化床的空气加热器
5—用于流化床的冷却空气　6—用于流化床的脱湿冷却空气　7—振动筛

二段干燥系统中在喷雾干燥塔中空气进风温度高，粉末停顿的时间短；在流化床干燥中进风温度相对低（130℃），粉末停留时间较长，流化床干燥机更适合最后阶段的干燥。二段式干燥，乳粉质量通常更好。流化床除干燥外还可有其他功能，例如，简单地加入一个冷却部分能用于粉粒附聚来生产大颗粒乳粉；向粉末中吹入蒸汽（即再湿润，多应用于生产脱脂乳粉中）以提高附聚；通过调整流化床中空气速度，将细粉末微粒吹离返回到干燥箱中，进入雾化液体入口，与湿滴附聚（尤其应用于全脂乳粉生产）。通过以上措施可以增加乳粉的速溶性。

3. 三段干燥系统

如图 4-71 所示，带有固定流化床的干燥系统喷雾干燥室与前面的干燥系统相同。内置式固定流化床安装于喷雾干燥室的锥形底部，用于干燥；外置式振动流化床安装在喷雾干燥室外部，用于粉粒再干燥和冷却。

牛乳在喷雾干燥室内雾化干燥后，其水分含量能降至 10% 左右（第一段干燥）。进入内置式固定流化床继续干燥至水分含量为 6% 左右（第二段干燥），再进入外置式振动流化床干燥至最终所需成品水分含量（第三段干燥），冷却后排出进入下步工序。

旋风分离器用来分离回收喷雾干燥塔和外置式振动流化床干燥过程产生的废气中的细粉粒，并送回振动流化床干燥和再制粒。

二、冷冻干燥

真空冷冻干燥（又称升华干燥）利用冰晶升华的原理，将含水物料先行冻结，然后在高真

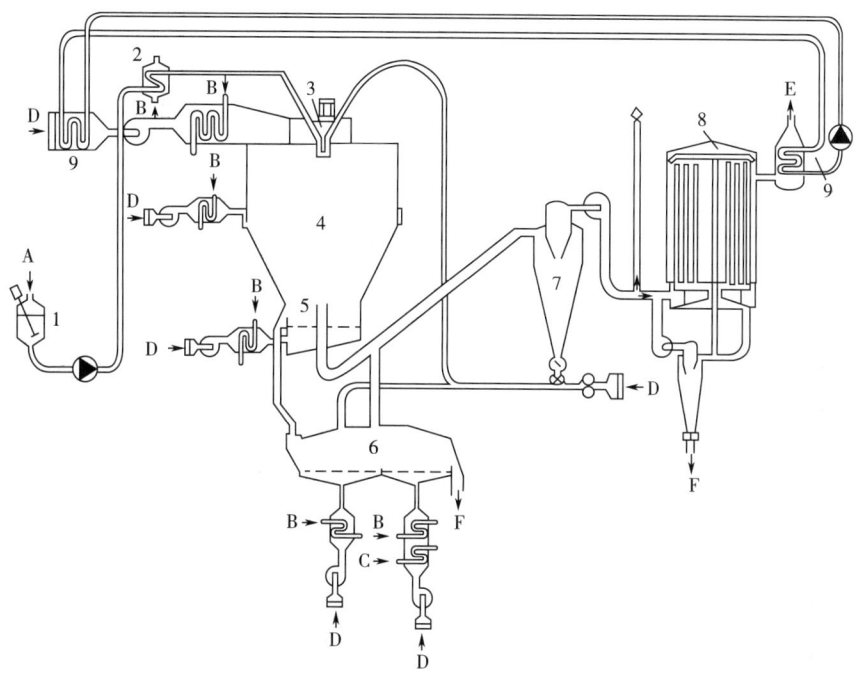

图 4-71 带有固定流化床的三段喷雾干燥系统

1—进料缸 2—浓缩乳预热器 3—雾化器 4—干燥室 5—内置式固定流化床
6—外置式振动流化床 7—旋风分离器 8—布袋过滤器 9—热交换器
A—浓缩乳入口 B—加热蒸汽 C—冷却水 D—空气入口 E—空气出口 F—乳粉出口

空的环境下,使已冻结了的物料的水分不经过冰的融化直接从固态升华为气态,从而达到去除水分干燥的目的。

1. 装置基本构成

如图 4-72 所示,真空冷冻干燥装置由制冷系统、真空系统、加热系统、干燥系统和控制系统等组成。

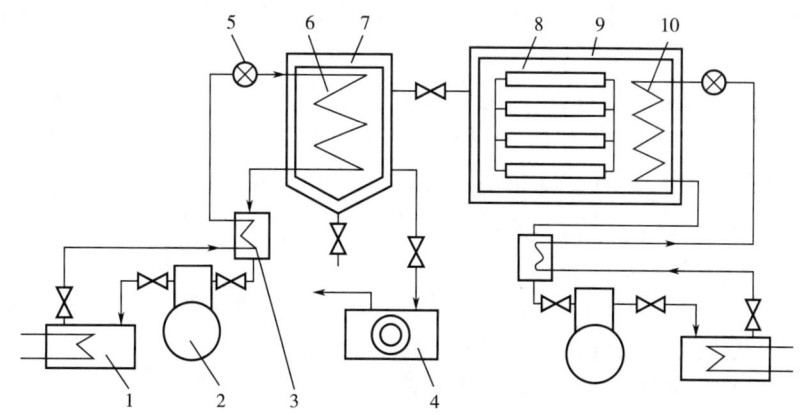

图 4-72 间歇式冷冻干燥设备

1—冷凝器 2—制冷压缩机 3—热交换器 4—真空泵 5—膨胀阀
6—蒸发器 7—水汽凝结器 8—搁板 9—干燥箱 10—蒸发器

(1) 冷冻干燥室　冷冻干燥室是盛装物料的空间，有圆柱形、箱形等结构形式，内设数层盛放物料的搁板和制冷蒸发器，通过一个装有真空阀门的管道与冷凝器相连，将水汽排往冷凝器。其内部装有测量真空、搁板温度和产品温度的传感器。一般要求能够在-40~+50℃作业，可承受足够高温的真空。

(2) 冷阱　冷阱用于冷凝干燥室内排出的水蒸气，同时降低干燥室内压力。冷阱为真空容器，内有表面积很大的蒸发器与制冷机相通，可制冷到-80~-40℃。还有除霜装置和排出阀、热空气吹入装置等，用来排出内部水分且吹干内部。

(3) 真空系统　真空系统由冷冻干燥室、冷凝器、真空阀门和管道、真空设备和真空仪表构成。目前，真空设备及其组合有三种，即罗茨泵、低温冷凝器和多级蒸汽喷射器。其中，多级蒸汽喷射器结构简单，无需机械动力，检修方便，故障率低，对材质要求不高，通常需要设置4~5级。

(4) 制冷系统　制冷系统由制冷机组、冷冻干燥室、冷凝器及蒸发器等组成。制冷机可以是互相独立的两套，即一套用于冷冻干燥室，一套用于冷凝器，也可合用一套。

(5) 加热系统　加热系统的作用是加热冷冻干燥室内的搁板，促使物料内的冰晶升华。有直接和间接加热两种方式。直接加热是指用电直接在箱内加热搁板，间接加热是利用电或其他热源加热传热介质，再将传热介质通入搁板。

(6) 控制系统　控制系统由各种监控元件、安全装置、仪表等组成，自动化程度较高的控制系统可按工艺设定的冻干曲线完成自动操作，同时对真空度、加热板温度和制冷系统进行监视和报警，记录各种数据。

2. 真空冷冻干燥设备类型

为降低生产成本，提高设备利用率，可先将乳及乳制品在预冷库速冻，然后再装入冷冻干燥室；也可采用将乳及乳制品直接装入干燥室，抽真空，借其本身含有的水分蒸发潜热来冷冻。真空冷冻干燥设备分为间歇式和连续式两种。

(1) 间歇式真空冷冻干燥设备　间歇式真空冷冻干燥设备的操作方式为全进全出，即装填一批物料，待整个干燥过程完成后才取出。这种间歇式真空冷冻干燥设备结构简单，造价低，使用和维修保养方便；一般采用单机操作形式，一套设备发生的故障不会影响其他设备的正常运行；便于控制物料干燥时不同阶段的加热温度和真空度的要求。但装料、卸出、启动等预备操作所占用时间较多，设备的利用率较低。适合多品种小产量的生产，绝大多数的升华干燥装置均采用这种形式。

(2) 连续式真空冷冻干燥设备　在连续式真空冷冻干燥装置中，从进料到出料连续进行操作。处理能力大，设备利用率高，便于实现生产的自动化，劳动强度低。但对于不同的干燥阶段，虽可实现在不同的温度下进行，但不能控制在不同真空度下进行，设备复杂、庞大，且投资费用大，仅适合于单品种大批量的生产。

3. 性能特点和主要用途

冷冻干燥能有效地防止热敏感物质的氧化变质，防止产品表面硬化，增强复水性等优点，但由于成本高，生产效率低，在乳及乳制品工业化生产中应用很少。目前主要应用在发酵剂的冻干生产、牛初乳等免疫功能保健食品生产方面。

三、流化床干燥

流化床干燥设备是将固体颗粒在沸腾状态下通过干燥介质，使固体颗粒在沸腾状态下进行干燥的过程。流化床干燥又称沸腾床干燥。

1. 基本原理

如图4-73所示，流化床干燥是将湿颗粒物料堆放在流化床的分布板上，气流由设备下部通入流化床层，随着气流速度加大到某种程度，固体颗粒在床内产生沸腾状态，在热空气流中被吹起、翻滚、互相混合和摩擦碰撞，同时进行传热和传质，从而达到干燥的目的。干燥后的颗粒经冷却、筛分后排出。热空气既是流化介质，又是干燥介质。流化干燥分三个阶段：固定床阶段、流化床阶段、气流输送阶段。

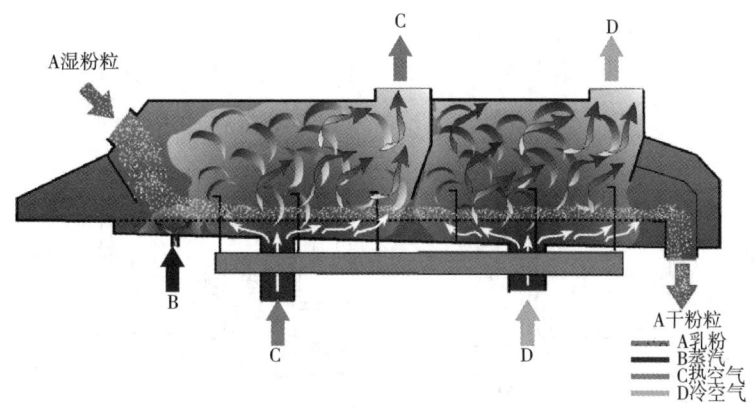

图4-73 流化床干燥

流化床种类很多，乳品工厂最常用的是振动流化床干燥设备。振动流化床干燥器由分配段、流化（沸腾）段和筛选段三部分组成（图4-74）。

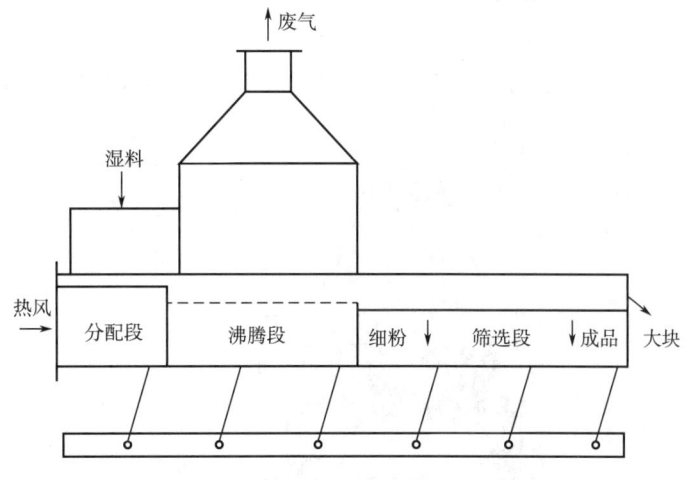

图4-74 振动流化床干燥器

2. 特点及应用

流化床干燥器装置简单，设备造价低廉，维修费用低；物料与干燥介质接触面大，搅拌激烈，表面更新机会多，热传导效果好；易于控制制品的含水率；干燥速度快，物料停留时间短，适宜于对热敏性物料的干燥。被干燥物料的颗粒度要求在0.03~6mm。

采用振动流化床干燥可用于干燥过粗或过细、易黏结、不易流化的物料以及对产品质量有特殊要求的物料。常用于乳粉生产过程中粉粒的再干燥、冷却、粉粒附聚等。

四、滚筒干燥设备

滚筒干燥设备是一种接触式内加热传导型的干燥机械，主要用于膏状和高黏度物料的干燥。滚筒干燥设备按滚筒的数量分为单滚筒、双滚筒、多滚筒干燥机；按操作压力分为常压式和真空式两种；按布膜形式分为顶部进料、浸液式、喷溅式。

1. 设备结构与工作原理

滚筒干燥机械的结构主要包括滚筒、布膜装置、刮料装置、传动装置、设备支架、抽气罩或密封装置、产品输送和最后干燥器等。图 4-75 为对滚式双滚筒干燥机结构图。

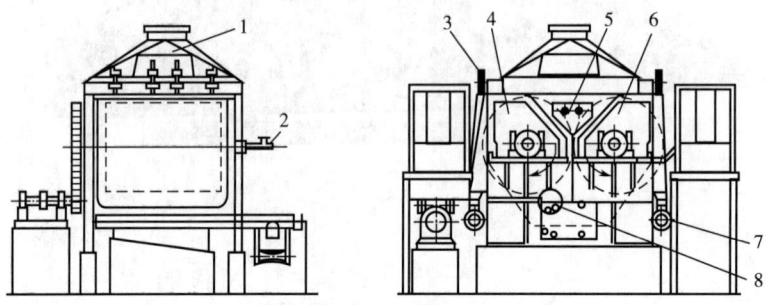

图 4-75　对滚式双滚筒干燥机
1—密封罩　2—进气口　3—刮料器　4—主动滚筒　5—料堰
6—从动滚筒　7—螺旋输送器　8—传动齿轮

如图 4-76 所示，料液通过布膜装置在滚筒上形成薄膜状，热量由滚筒的内壁传到其外壁，将附在滚筒外壁面上的液膜状物料加热使其水分蒸发，随着滚筒转动，料液被不断干燥，并由刮料装置刮下，由产品输送装置排出。滚筒干燥机械是一种连续式干燥生产机械。

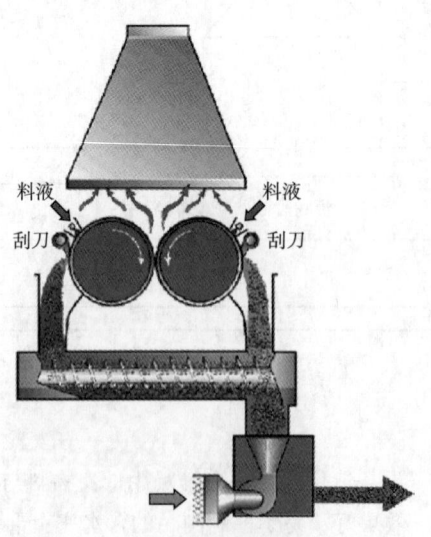

图 4-76　喷洒式双滚筒干燥机工作原理

2. 性能特点与用途

滚筒干燥适应范围广，操作弹性大，热效率较高，由于滚筒表面温度高，产品质量较差。常用于膏状和高黏度物料的干燥，特别是预糊化食品的干燥。但常压滚筒干燥法生产的乳粉呈片状，冲调性差，风味差，色泽较暗，国内很少采用此法生产乳粉，目前应用较多的是真空滚筒干燥法生产婴儿乳粉。

第六节　设备清洗与消毒

乳品工厂设备的清洗与消毒贯穿于乳品生产的全过程，是乳品加工过程中不可缺少的组成部分，是保证产品质量安全的必要前提和手段。乳品工厂设备设施与管路清洗消毒的目的是清除残留物，减少微生物繁殖场所；清除积垢和"乳石"，保证良好的热交换效率；进行相应设备、管路、包材的杀菌或灭菌处理，以达到生产工艺的基本要求，从而有效保障产品品质和质量安全。

乳品生产过程中乳品设备和管路中保留有大量的残留物，如脂肪、蛋白质、乳糖、钙盐和细菌等，设备使用后如果不进行彻底清洗，残留于牛乳中的微生物将大量繁殖，影响产品品质和产品安全；设备的加热段和热回收段工作一段时间后表面会形成磷酸钙（和镁）、蛋白质、脂肪等沉积物，形成大量的"乳石"，极大地影响热交换效率，并对产品品质带来不良影响；另外，为保证产品质量安全，在生产前以及生产过程中对设备、管路及相关设施进行杀菌或灭菌处理。因此，必须采用合适的方式对设备和管路进行良好的清洗与消毒，以有效保障生产的顺利进行和产品质量安全。

一、设备与管路清洗

清洗是指通过物理和化学的方法去除被清洗表面上可见和不可见杂质的过程；消毒是指通过物理或化学方法杀死或全部杀死那些可能侵染乳制品，并毁坏其品质的微生物。清洗消毒所要达到的标准是指被清洗表面所要达到的清洁程度，有以下几种表示方法。

1. 物理清洁

清除被清洗表面肉眼可见的全部污垢。物理清洁有时会在被清洗表面上留下化学残留物，目的为阻止微生物在被清洗表面上的繁殖。

2. 化学清洁

清除被清洗表面上肉眼可见的污垢，以及微小的、通常为肉眼不可见但可嗅出或尝出的沉积物。

3. 微生物清洁

通过消毒杀死被清洗表面绝大部分的细菌和病原菌。微生物清洁通常会伴有物理清洁，但不一定伴有化学清洁。

4. 无菌清洁

杀灭被清洗表面上的所有微生物。例如，在 UHT 和无菌包装生产中，为达到合格产品的要求，无菌清洁是在生产产品前的必要操作。无菌清洁通常伴有物理清洁，但不一定伴有化学清洁。

清洗不仅能够去除被清洗表面的污垢，而且可以杀死大量微生物，但是这并不能有效保证生产所要求的杀菌或灭菌条件，因此，通常在乳品生产中，对设备、管路等先用化学洗涤剂进行彻底清洗，然后再进行消毒处理。

(一) 清洗的基本步骤

乳品工厂设备设施与管路的清洗操作常于生产操作过程中或者生产操作结束后立即进行。清洗操作的基本步骤如下。

1. 物料残留物回收

生产操作结束后，将残余物料从罐壁和管道中，采用刮落、排出、水置换或者用压缩空气排除等方法清除，以减小物料损失，便于清洗，节约一定的废水处理费用。

2. 清水预洗

物料残留物回收后，立即用不超过60℃温水对设备及管路进行预洗，直至从设备中排出的水干净为止。目的是避免残留物干涸并黏着在设备表面上，降低清洗难度；同时也减少清洗剂的消耗量。

3. 清洗剂清洗

清水预洗后，采用一定的清洗剂清洗设备和管路。清洗剂清洗的过程要求清洗剂保持一定的浓度、温度、流速、流量和清洗循环时间。

4. 清水冲洗

洗涤剂清洗后，采用一定温度的清水冲洗以除去所有残留的洗涤剂。清水冲洗要求保持一定的温度、流量、流速和冲洗时间。以保证残留清洗剂的彻底清除。

在生产过程中，有时进行设备与管路的清洗操作，主要是对设备的加热段和热回收段进行清洗，以减少换热面污垢，保证良好的热交换效率，这一过程就是所谓的"中间清洗"。例如，在UHT产品生产过程中，加热段和热回收段会因加热造成蛋白质变性而产生乳石，UHT设备使用一段时间后，乳石大量沉积在热交换界面，严重影响热交换效率，易造成UHT灭菌温度的不稳定性，不能有效保持灭菌温度的恒定，影响产品的品质和质量安全。这时只需要在不破坏UHT设备生产工艺操作条件下对UHT设备加热段和热回收段进行"中间清洗"，就能恢复良好的热交换效率。

在某个或全部生产操作结束后，对设备、管路的清洗操作，通常称为"最后清洗"。这时的清洗只需要符合清洗操作要求即可，通常无需考虑生产操作的工艺条件。例如，UHT生产结束后对UHT生产线的清洗；预处理结束后对全部预处理设备、管路的清洗等。

(二) 常用清洗剂

作为乳品设备的清洗剂应具有从设备表面除去蛋白质、脂肪等有机物质的能力；具有高度的润湿能力，能使洗涤剂渗透沉淀污物的内部；能将沉淀物分解成小颗粒并使其保持分散状态，不再沉淀；具有溶解钙盐沉淀物的能力，并将钙盐保留在溶液中不留下水垢沉淀；具有一定杀菌效果；洗涤剂应是低泡型的；不损害设备表面；符合污染控制和安全要求；性能稳定，不易分解。

1. 碱性清洗液

常用的有氢氧化钠（苛性钠）、硅酸钠、磷酸三钠、碳酸钠（苏打）、碳酸氢钠（小苏打）。

(1) **氢氧化钠** 乳品工厂大多数碱性洗涤剂以氢氧化钠为主，它对有机污物，如蛋白质，具有良好的溶解作用，在高温下具有良好的乳化（把脂肪转化成水溶性的形式）性能，是一种有效的清洗剂。

（2）碳酸钠　对乳化脂肪、溶解蛋白质的能力一般。由于会产生碳酸钙沉淀，所以不适用于硬水。碳酸钠适用于手工清洗。

（3）磷酸三钠　具有良好的乳化和分散能力，溶解蛋白质的能力一般。在硬水中不会形成水垢，适用于手工清洗。

（4）硅酸钠　可以溶解蛋白质，也可以水解脂肪，在硬水中会产生钙和镁的硅酸盐沉淀。

2. 酸性清洗液

常用酸性清洗液的有硝酸、磷酸、氨基磺酸等，有机酸如羟基乙酸、葡萄糖酸、柠檬酸等。

（1）硝酸　是乳品工厂最常用的酸性清洗剂。酸性强，对去除矿物质盐沉淀非常有效，也可以溶解一些蛋白质，硝酸盐类绝大多数溶于水。

（2）磷酸　酸性比硝酸弱。当使用磷酸作为清洗剂时，需注意冲洗一定要彻底，否则，磷酸根的残留会导致产品出现质量问题，引起消费者投诉。如果乳中有磷酸根残留，产品的理化检测值虽然会在正常范围内，产品从表面看也处于正常的状态，但是对这样的产品进行加热后，就会出现白色沉淀，原因是正常的乳中磷酸钙生成与解离的可逆反应（如下式）存在平衡状态。产品中残留的磷酸根在加热时会促使反应向逆向移动，从而形成磷酸钙沉淀。

$$Ca_3(PO_4)_2 \downarrow \rightleftharpoons 3Ca^{2+} + 2PO_4^{3-}$$

3. 螯合剂

防止沉淀的钙盐和镁盐在洗涤剂溶液中形成不溶性化合物。在清洗用水的硬度较高时，碱洗过程中会发生一定的化学反应。例如，氢氧化钠溶液作为清洗液时发生的化学反应有：

$$Ca(HCO_3)_2 + 2NaOH \rightarrow CaCO_3 \downarrow + Na_2CO_3 + 2H_2O$$

$$MgSO_4 + 2NaOH \rightarrow Mg(OH)_2 \downarrow + Na_2SO_4$$

$$CaSO_4 + Na_2CO_3 \rightarrow CaCO_3 \downarrow + Na_2SO_4$$

螯合剂能承受高温，能与四价氨基化合物共轭。有几种不同的螯合剂可供选择，根据洗液的 pH 进行选择。常用的螯合剂包括三聚磷酸盐、多聚磷酸盐等聚磷酸盐以及较适合作为弱碱性手工清洗液原料的乙二胺四乙酸（EDTA）及其盐类、葡萄糖酸及其盐类。

4. 表面活性剂

表面活性剂有阴离子型、非离子型的胶体和阳离子型几种类型。阴离子表面活性剂通常是烷基磺酸钠等。阳离子表面活性剂主要是季铵化合物。阴离子表面活性剂与非离子表面活性剂最适合于作洗涤剂，而胶体与阳离子的产物通常用作消毒剂。

5. 酶类

在某些特定场合可选择一些酶类，利用酶选择性作用于某种物质，来分解处理残余物和污垢，如淀粉酶、蛋白酶等。

（三）清洗用水

乳品工厂清洗环节需要大量清水，清洗用水的质量影响到清洗效果。

清洗过程中的溶解作用、热作用以及机械作用都需要有水的参与才能完成，否则清洗将无法取得良好的效果。清洗用水应达到 GB 5749—2022《生活饮用水卫生标准》。其中，对清洗用水来说，最重要的是水的理化指标和微生物学指标。

水的 pH、氯含量和硬度水平是主要的清洗用水理化指标，其中水的硬度是影响 CIP 和杀菌效果的重要因素。因为水的硬度是形成乳石的主要原因，随着硬度的增加，乳石呈增加趋势，清洗剂消耗量也随之增加。同时，使用高硬度的水进行清洗后可能会在杀菌设备表面形成碳酸钙膜，这将对 HTST、UHT 和其他高温设备生产前的杀菌造成负向影响。

清洗用水最好用软化水，碳酸钙在 0.1~0.2mmol/L（5~10mg/L）是最理想的。清洗用水微生物学指标包括细菌总数和大肠菌群两项。考虑 CIP 最后水冲洗可能对产品带来的污染，清洗用水必须保证无致病菌的存在，并要定期检查清洗用水细菌总数和大肠菌群数量。一般情况，清洗用水要求细菌数<500CFU/mL，大肠菌群<1 CFU/100mL。

二、设备与管路消毒

乳品设备、管路的消毒简单讲就是一个对设备、管路杀（灭）菌的过程。单纯的清洗并不能很有效地达到微生物清洁，尤其是无菌清洁，因此对微生物的处理需要在清洗的基础上，配合一定的消毒措施来达到微生物清洁和无菌清洁的目的。乳品设备、管路等设施的消毒多采用化学和物理方法。

乳品设备、管路的消毒通常在设备使用之前来进行，即"预杀菌"或"预消毒"。对于非无菌操作设备来说通常是采用 90℃ 的热水来加热设备，或用化学药剂进行处理，杀死那些可能侵染乳制品，并毁坏其质量的微生物。

对于 UHT 系统和无菌操作设备则通常需要高温高压热水或蒸汽，也可采用化学方法杀灭所有微生物，以达到无菌状态。

物理消毒常用煮沸、热水、蒸汽来处理微生物。化学消毒常采用酸、卤素、氧化剂、季铵盐化合物等。不同杀菌方法所能达到的杀（灭）菌效果如表 4-1 所示。

表 4-1　　　　　　　　　　不同杀菌方法所达到的杀菌效果

杀（灭）菌方法	能杀死的微生物						
	霉菌	酵母	革兰氏（+）	革兰氏（−）	芽孢	致病菌	病毒
50~70℃，10min	+	+					
70℃，30min	+	+					
100℃，5min	+	+	+	+		+	+
120℃，20min	+	+	+	+	+	+	+
70% 酒精	+	+	+	+		+	+
碘液，pH<4	+	+	+	+		+	+
氯气/（100mg/L）	+	+	+	+		+	+
20%~30% 双氧水，90~95℃	+	+	+	+	+	+	+
季铵盐			+				
酚醛树脂	+	+	+	+		+	
酚衍生物	+	+	+	+		+	
pH<4 的酸			阻止生长				+

注："+"表示杀菌方法能杀死当列微生物。

1. 物理消毒法

物理消毒法是指通过加热、辐射、照射等物理性的处理手段使微生物致死的过程。乳品工厂中常用的处理手段有蒸汽杀（灭）菌、热水杀（灭）菌以及紫外灯照射三种方法。

（1）蒸汽杀菌　设备使用前对设备和管道采用高温蒸汽杀（灭）菌，设备和工艺要求不同采用的方法也不同。例如，对于非无菌操作设备，通常在冷出口温度至少为 76.6℃ 时喷射 15min 以上，或冷出口温度最低 93.3℃ 时喷射 5min；对于某些无菌包装系统来说通常采用加热空气至 280℃ 以上配合双氧水蒸汽，保持 20~30min 来完成无菌消毒。

（2）热水杀菌　设备使用前对设备和管道采用循环的高温热水来杀（灭）菌处理。对于非无菌操作，所用循环热水温度应在 82.2℃ 以上，最少要保持 15min 以上的时间。对于无菌操作系统来说通常采用 120℃ 高温高压热水循环保持 20min 以上。

（3）紫外线灯杀菌　紫外线杀菌法主要用于设备表面及生产环境中空气的杀菌。乳品工厂加入原料中的水可用紫外光处理；无菌或非无菌灌装机灌装时包材以外环境部分，可用紫外灯杀菌；无菌包装机包材也可采用紫外线配合双氧水的方法来对包材进行灭菌消毒。

2. 化学消毒法

化学消毒主要是指采用化学消毒剂来处理设备、管路等设备的消毒方法。乳品工厂常用的化学消毒剂主要有以下几种：

（1）酸碱　用作杀菌的酸有硝酸、盐酸、乳酸、醋酸和苯甲酸等，由于它们对设备有腐蚀作用，其使用浓度一般都控制在 0.1mol/L 以下，实际上酸的浓度，只要达到 0.01mol/L 就能起到杀菌作用。乳酸多用浓液熏蒸，也可用 10% 的水溶液熏蒸，一般使用量为 0.5mL/m³ 浓液熏蒸后，关闭 30min 即可。碱主要是氢氧化钾、氢氧化钠、氢氧化氨以及其他碱性物质。一般强碱，其使用浓度为 0.1~0.5mol/L 即可。

（2）卤素　常用的卤素消毒剂是漂白粉或次氯酸钠，用于对设备、器具的消毒。

①次氯酸钠：作用迅速，无泡沫、无矿物质膜形成，杀菌范围广泛，容易配制和控制，经济。但是其稳定性受光、热、有机物的影响，而且由于氯散失较快会降低杀菌效果，同时在铁离子含量较高的水中使用次氯酸时会产生锈色沉淀。此外，次氯酸盐与酸混合会产生有毒气体，也具有刺激性气味并易使皮肤过敏。次氯酸盐应按范围应用，如表 4-2 所示。

②氯水：可用作喷射消毒剂，其使用仅可在上班前、下班后对车间的空气进行喷射，其用量为 1000mg/kg 的溶液 0.4mL/m³。

热的含卤素溶液绝对不能使用，高温时氯离子对不锈钢有腐蚀性。

表 4-2　　　　　　　　次氯酸盐的推荐应用范围及质量浓度　　　　　　　　单位：mg/L

应用范围	推荐使用的质量浓度
不锈钢设备	100~200
CIP 杀菌	100
空气喷雾	500~1 000
多孔表面	200~2 000
加工用水	5~20
墙壁	200~400
不要求冲洗的设备内表面杀菌	<200

(3) 氧化剂

①过氧乙酸：杀菌作用迅速、应用广泛，对细菌（包括芽孢）、酵母、霉菌和病毒都有杀灭效果，但是其有效性与温度有关，而且会受有机物的干扰而很快丧失。过氧乙酸不产生泡沫，可用于喷雾和管道循环。过氧乙酸杀菌液的使用质量浓度一般为 50~750mg/L 有效过氧乙酸。过氧乙酸可用于玻璃瓶、塑料类、橡胶材料的杀（灭）菌，但要其对有些橡胶材料可能有降解作用。当将过氧乙酸用于不锈钢材料的设备、容器时，水中的氯含量不能超过 150mg/L，即便如此，过氧乙酸也不能经常用于马口铁表面、铝、锌和铜制品的杀（灭）菌。

②过氧化氢：与过氧乙酸相比，过氧化氢作用缓慢。过氧化氢不产生泡沫，可用于喷雾。虽然有将其用于设备（罐、管道）杀菌的，但更多情况下是将其用作包装材料和灌装环境的杀（灭）菌剂，例如，灌装机纸盒，成形前使用的过氧化氢配以高温蒸汽做灭菌消毒；其他一些无菌包装机中也可采用过氧化氢配合紫外线对包材进行灭菌以及对灌装环境采用过氧化氢配合高温蒸汽来灭菌消毒。过氧化氢对细菌和真菌都有杀菌效果，但其需要与杀菌表面的接触时间较长。过氧化氢对芽孢的杀伤效果达到100%。用于包装材料和灌装环境杀（灭）菌消毒的过氧化氢体积分数一般要求在35%左右。

(4) 含碘杀菌剂　含碘杀菌剂受杀菌环境的 pH 影响较大，只在酸性条件下起作用。碘杀菌剂作用范围广泛、迅速，使用过程中渗透性好，容易配制，容易控制，有效期长。在有机物存在时，杀菌作用效果比次氯酸盐强。碘杀菌剂稀释时基本无毒，也不受水的硬度影响，当加入酸时，碘杀菌剂还有助于防止矿物质膜的形成。当温度高于46℃时，由于碘挥发溢出，碘杀菌剂的杀菌效果将会降低，而且会产生有刺激性的碘的味道。含碘杀菌剂推荐使用的范围和质量浓度如表4-3所示。

表 4-3　　含碘杀菌剂的推荐应用范围及质量浓度　　单位：mg/L

应用范围	推荐使用的质量浓度
瓷砖墙	25
传送带	25
手杀菌	25
高铁离子水	25
CIP 杀菌	25
不锈钢设备	25
铝设备	25
无冲洗要求的设备表面	≤25

(5) 季铵盐化合物　季铵盐化合物是由四个有机基团与氮原子连接而成的阳性大分子，季铵盐杀菌活力取决于附在氮原子上的烷基链的长度和结构。常用的季铵盐包括二辛基二甲基溴化铵、十二烷基二甲基苄基氯化铵等。

在正常的使用浓度下，季铵盐一般会产生高泡沫且具有轻微润湿性和清洗特性。季铵盐杀菌作用的pH范围较宽，且不受有机物的影响。另外，季铵盐杀菌剂的保质期长、渗透性好，易于配制和控制，对大部分金属无腐蚀性。季铵盐作用于绝大多数细菌，但对革兰氏阴性菌有选择性或作用缓慢。季铵盐能与洗剂的残留物反应形成一层白膜，在CIP清洗程序中起泡。季铵盐的使用范围和质量浓度如表4-4所示。

表4-4　　　　　　　　　季铵盐的推荐应用范围及质量浓度　　　　　　　　单位：mg/L

应用范围	推荐使用的质量浓度
不要求冲洗的设备表面	≤200
设备杀菌	200
地面和地漏消毒	400~800
用于墙壁和天花板霉菌的控制	2000~5000

应当注意的是在发酵乳生产设备中最好不要使用季铵盐来杀菌，因为它能黏附于不锈钢设备表面，从而可能会导致发酵失败，造成严重的经济损失。

（6）酸性阴离子表面活性化合物　酸杀菌剂是特殊的阴离子表面活性剂与磷酸或柠檬酸的混合物，其保质期较长，性质稳定，能防止矿物质膜的形成。但是这类杀菌剂对软质金属具有腐蚀作用，易起泡。酸杀菌剂对细菌营养体细胞有杀菌效果，对酵母、霉菌的杀菌效果较差，而对芽孢不起作用。酸杀菌剂在 pH 维持在 2.0 左右时，才具有良好的杀菌效果，有机物的存在、碱液、水的硬度高会降低酸杀菌剂杀菌的有效性。酸杀菌剂主要用于酸冲洗或杀菌并防止矿物质膜形成。

（7）酒精　100%酒精一般不具备杀菌性，其在700g/L质量浓度（77%体积分数）时具有最大的杀菌效能。平常用来消毒的酒精，多为75%体积分数。常用于容器、器皿、灌装部位等的消毒处理。

三、CIP 系统

通常大中型乳品工厂设备的清洗采用自动或半自动清洗系统，最常见的就是 CIP 系统。CIP 是指不用拆开或移动装置，即可用高温、高浓度的洗净液，对装置加以强力的作用，将与食品的接触面洗净的一种方法。CIP 具有安全可靠，被清洗设备无须拆卸；清洗效果理想、稳定；清洗成本降低，水、洗剂、杀菌剂及蒸汽的耗量少；节省劳动力、保证操作安全；节省操作时间、提高效率；自动化水平高，按规定程序运行，有效减少人为失误等特点。

1. CIP 系统组成

乳品工厂的清洗通常采用酸、碱、水，其 CIP 系统主要由碱罐、酸罐、热水罐、浓酸罐、浓碱罐、隔膜泵、清洗泵、板式热交换器、自动阀门、清洗液浓度检测系统、控制柜等组成，如图 4-77 所示。

（1）碱罐和酸罐　用于盛装按清洗要求配制的一定浓度的酸、碱清洗液。

（2）热水罐　用于盛装水洗用的清洗热水。

（3）浓酸罐和浓碱罐　盛装用于配制酸、碱清洗液的液态高浓度酸、碱。

（4）隔膜泵　用于输送高浓度酸、碱。

（5）清洗泵　用于配制好的一定浓度清洗液向被清洗设备的输送。

（6）板式热交换器　用于清洗液的加温处理，保证稳定、符合规定要求的清洗液温度。某些 CIP 不使用板式热交换器，而采用具有加热功能的碱罐和酸罐。

（7）自动阀门　按规定的程序要求，完成酸、碱、水清洗液的供给、回收和排出。

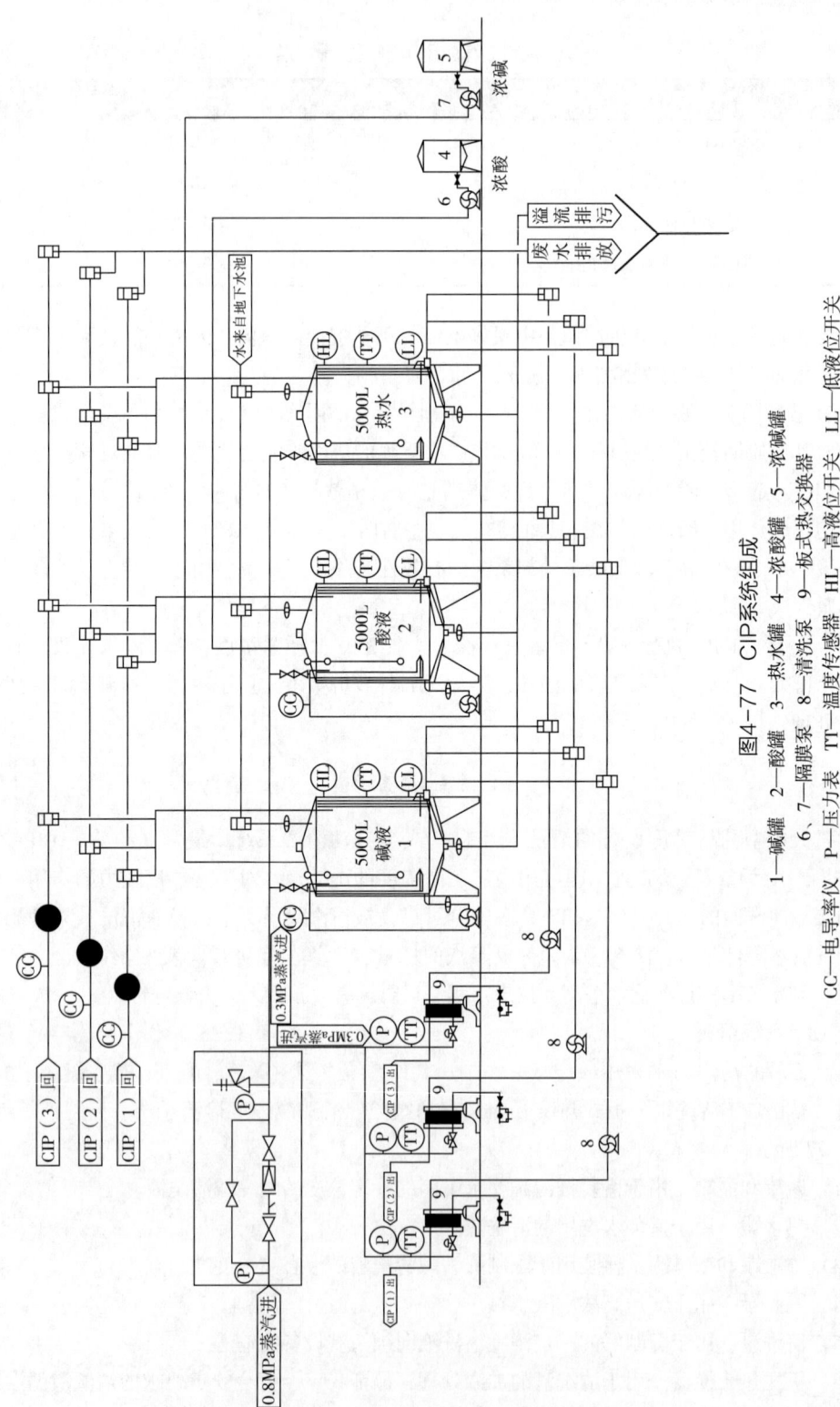

图4-77 CIP系统组成

1—碱罐 2—酸罐 3—热水罐 4—浓酸罐 5—浓碱罐
6、7—压力表 8—隔膜泵 9—板式热交换器
CC—电导率仪 P—压力表 TT—温度传感器 HL—高液位开关 LL—低液位开关

（8）清洗液浓度检测系统　自动检测酸、碱清洗液的浓度，以使系统保持规定的酸、碱清洗液的浓度。

（9）控制柜　CIP 控制部分，控制 CIP 自动完成清洗程序，在此可设定和调整清洗程序的参数，完成对设备的不同清洗要求。

2. CIP 系统形式

在乳品工厂常用的 CIP 系统主要由两种形式：集中式清洗和分散式清洗。

（1）集中式就地清洗系统　集中式 CIP 系统主要用于设备连接线路相对较短的乳品车间或工厂，如图 4-78 所示。水与清洗液从中央清洗站的酸、碱罐泵至各个就地清洗线路。清洗液与热水在保温罐中保温，通过清洗站的热交换器加热至规定温度。最终的冲洗水被收集回冲洗水罐中，并作为下次清洗程序中的预洗水。清洗液使用后回流至酸、碱罐中，并补充酸、碱至设定浓度范围。

清洗液经重复使用变脏后必须排掉，酸、碱罐也必须进行清洗，再注入新的符合规定浓度的清洗液。每隔一定时间排空并清洗就地清洗站的水罐，避免使用污染的冲洗水，使已经清洗干净的设备或生产线受到污染。

集中式 CIP 系统能够较容易地控制清洗溶液的正确浓度，并对清洗溶液进行重复使用。但是反复使用的清洗液会造成清洗不彻底，也加大了设备清洗后再污染的风险。

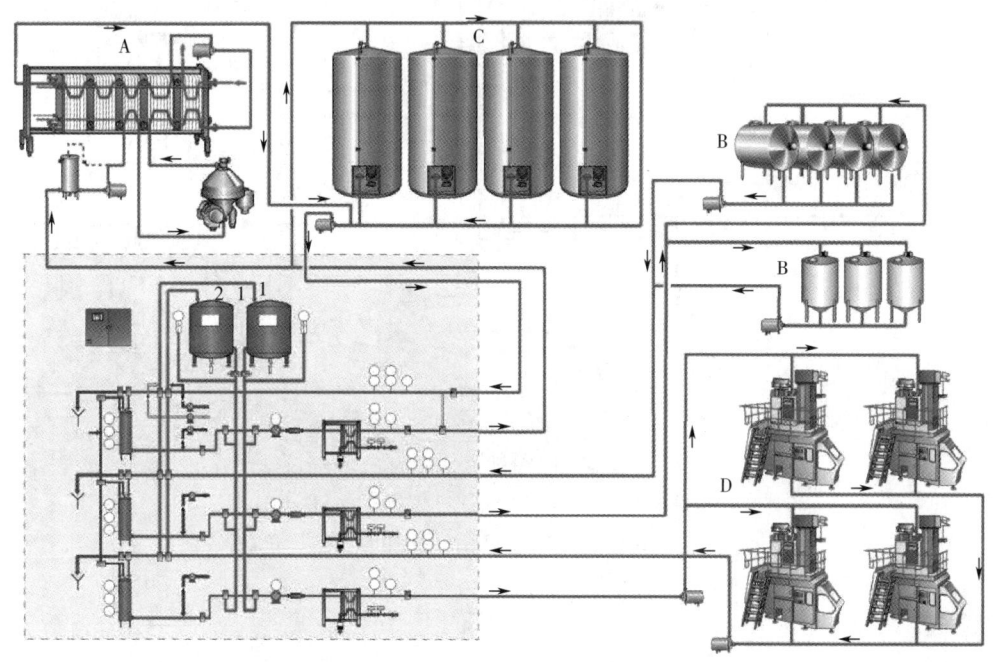

图 4-78　集中式 CIP 系统

中央清洗站（虚线之内的）：1—碱罐　2—酸罐

清洗对象：A—板式杀菌机　B—罐组　C—乳仓　D—灌装机

（2）分散式就地清洗系统　在大型的乳品厂中，由于集中安装的就地清洗站和周围的就地清洗线路之间距离太长，对清洗不利，大型的集中式就地清洗站就被一些分散在各组加工设备附近的小型装置所取代。形成分散式 CIP 系统，也称卫星式 CIP 系统，如图 4-79 所示。

分散式 CIP 系统保留酸、碱清洗液贮存罐的中央清洗站。酸碱清洗液通过主管道分别送至各个 CIP 洗装置中，每个 CIP 洗装置负责只一个或几个生产单元的清洗。酸碱清洗液、清洗水的加热，清洗水的提供，酸碱浓度的配比，清洗程序控制与完成都由各个 CIP 洗装置来完成。中央清洗站仅提供酸碱液。

分散式 CIP 系统也可采用无中央清洗站的方式，CIP 洗装置自身带有浓酸、浓碱罐，自动按设定配比酸碱清洗液浓度，无需中央清洗站来提供酸碱液即可完成清洗工作。酸碱清洗后的残液不回收，直接排掉，酸碱清洗液只使用一次。分散式 CIP 系统与集中式 CIP 系统相比，消耗水与蒸汽量更少，清洗效果较好，清洗的安全性有所提高。

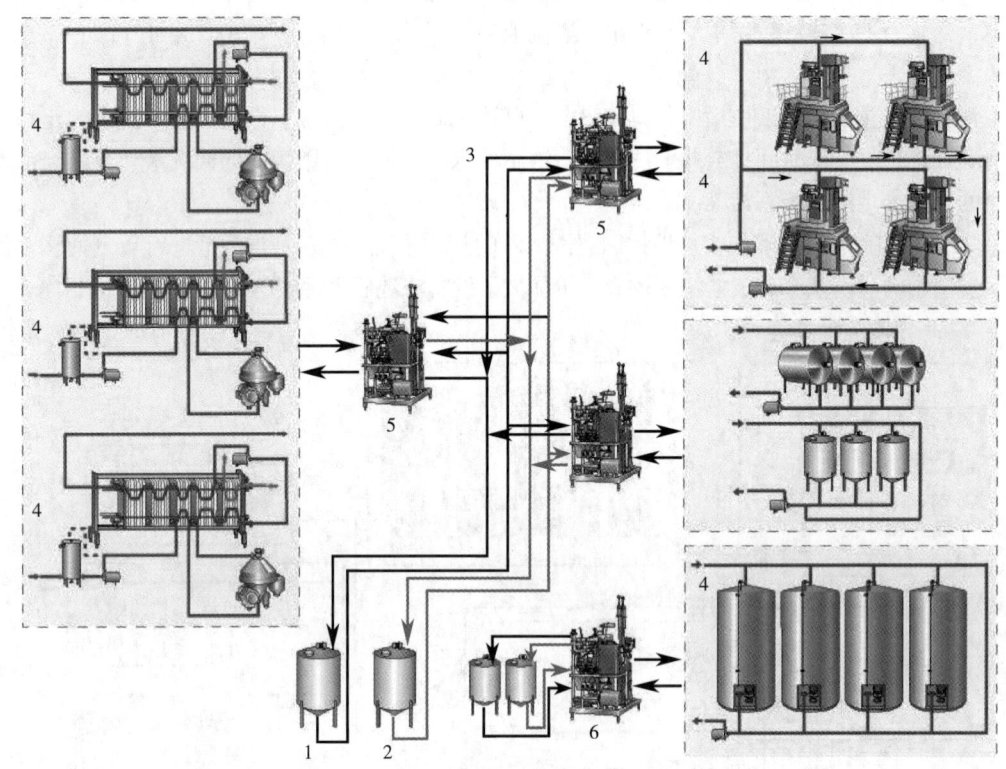

图 4-79 分散式 CIP 系统
1—碱罐 2—酸罐 3—清洗剂的环线 4—被清洗单元
5—分散式 CIP 装置 6—带有自己清洗液贮罐的分散式 CIP 装置

思考题

1. 未经离心分离机，可能引起的乳制品产品质量问题有哪些？
2. 简述直接加热和间接加热在乳品加工中的典型应用。
3. 简述均质机和胶体磨的特点及适用对象。
4. 为什么乳粉在喷雾干燥前要进行蒸发浓缩？
5. 喷雾干燥中影响乳粉粒径设备因素有哪些？
6. 简述 CIP 清洗程序顺序对清洗效果的影响。

思政小模块

乳品机械：中国制造助力乳业强势崛起

20多年来，伴随着乳品消费市场的持续增长，中国乳业取得了令人瞩目的成就。在此背景下，助力乳品质量品质提升的乳业机械装备产业也快速崛起，为乳业的创新发展提供了强有力的保障，使中国逐步跃升为达到世界先进水平的乳品加工业大国。中国乳品机械装备伴随着乳业快速成长，如今已经进入"智能制造"的新时代。这一成绩的取得，离不开每一位产业人多年的匠心精神和创新思路。

以前我国乳制品加工设备全依赖进口，设备价格十分昂贵，随着国产乳制品加工技术装备不断打破国外垄断，拉近、超越世界先进装备水平，乳品机械从当初完全依赖进口到如今出口世界百余个国家，一些国产核心设备不仅比世界同类产品更有价格优势，还拥有自主知识产权、专利与定价权。例如，国内首次研制开发出的固体乳制品充氮包装机，它主要用于婴幼儿配方乳粉等高附加值乳制品的包装，防止乳粉变质，突破了无菌灌装自动化生产线制造的关键技术，解决了国内乳品及饮料包装"卡脖子"问题。大国重器支持民族工业的发展，随着中国乳业的脱胎换骨、转型升级，中国的乳品装备制造业取得了飞跃式的高质量发展，为乳业崛起提供了强力支撑。

与国外乳品机械制造巨头相比，虽然目前中国乳品机械制造企业部分核心技术、关键产品仍尚存短板，品牌核心竞争力和市场影响力也有待提升，但随着我国经济技术的迅速发展，相信会有更多中国制造走向世界。科技工作者和从业人员要紧跟时代发展，弘扬科技工作者的"工匠精神"，勇于创新，敢于创新，为创造人民的美好生活贡献力量。

第四章微课视频

乳品加工处理与设备

第五章 液态乳制品

本章目标与重难点

学习目标： 掌握巴氏杀菌乳、超巴氏杀菌乳、UHT灭菌乳、瓶装灭菌乳、再制乳、复原乳和含乳饮料的生产路线、加工要点和主要的生产设备。

思政目标： 对我国特色的乳制品文化及加工技术有所了解，培养民族自豪感，结合当今快速发展的加工技术，通过研讨，培养开拓进取的创新意识。

重点和难点： 重点是巴氏杀菌乳和灭菌乳的加工工艺、质量问题及解决方法，以及无菌灌装的相关内容；难点是了解超巴氏杀菌乳与灭菌乳的区别，以及超巴氏杀菌乳的主要加工方法。

一、概述

液态乳是由健康乳牛所产的鲜乳汁，经有效的加热杀菌方处理后，分装出售的饮用牛乳。根据加工过程中采用的杀菌工艺区别，包括巴氏杀菌乳和灭菌乳两大类，但目前在我国生产实践中，液态乳杀菌工艺存在着三种：巴氏杀菌、超巴氏杀菌、灭菌；根据灌装工艺有无菌和非无菌两类。

二、液体乳种类

1. 根据杀菌方法分类

液态乳加工过程中最主要的工艺是热处理，根据产品在生产过程中采用热处理方式的不同，可将液体乳分为巴氏杀菌乳、超巴氏杀菌乳、超高温灭菌乳和罐装高压灭菌乳。

2. 根据脂肪含量分类

我国根据产品中脂肪含量的不同，可将液体乳分为以下几类：

(1) 全脂乳　脂肪含量≥3.1%，蛋白质含量≥2.9%，非脂乳固体含量≥8.1%；

(2) 部分脱脂乳　脂肪含量为1.0%~2.0%；

(3) 脱脂乳　脂肪含量≤0.5%。

3. 根据营养成分分类

根据液体乳中的营养成分可将液体乳分为：

(1) 普通牛乳　以合格牛乳为原料，不加任何添加剂而均质杀菌加工成的鲜乳，各项指标符合国家标准关于巴氏杀菌乳或灭菌乳的规定。普通牛乳根据脂肪的含量又可以分为全脂、部分脱脂和脱脂牛乳。

（2）高脂和/或高蛋白牛乳　通过浓缩或添加稀奶油、浓缩乳蛋白等提高产品中脂肪和/或蛋白的含量，使得产品营养物质更丰富，口感更香浓。

（3）强化营养素牛乳　在新鲜牛乳中添加各种维生素、微量元素和/或其他营养配料，以增加牛乳的营养成分为目的的产品。

（4）含乳饮料　在新鲜牛乳中添加咖啡、可可或各种果汁及食用香精等原料，在风味和外观上和普通牛乳都有较大差别。

（5）再制奶　是以全脂乳粉、浓缩乳、脱脂乳粉和无水奶油等为原料，经混合溶解后，制成与牛乳成分相同的饮用乳。再制奶分为两类：①复原乳（reconstituted milk），以全脂乳粉或全脂浓缩乳为原料，加水复原而成的制品。②再制乳，以脱脂乳粉和无水奶油等为原料加水而成的乳制品。

第一节　巴氏杀菌乳

在欧美等乳制品工业发达的国家及地区，巴氏杀菌乳大约占有消毒乳市场份额的90%以上。而在我国，液体乳制品市场主要还是以超高温灭菌乳为主，只有几个大型城市销售巴氏杀菌乳制品。巴氏杀菌乳在冷藏条件（2~6℃）下保质期一般为7d，其风味、营养价值和其他性质与新鲜原料乳差异很小。

巴氏杀菌确保了产品的安全性，并在一定程度上提高了产品的保质期。温和的热处理，如72℃加热15s，可杀死所有可能存在的病原体（尤其是结核分枝杆菌、沙门氏菌、肠致病性大肠杆菌、空肠弯曲菌和单核细胞增生性李斯特菌），不会对人体健康造成危害。

一、巴氏杀菌乳生产工艺流程

巴氏杀菌乳的生产工艺流程如图5-1所示。

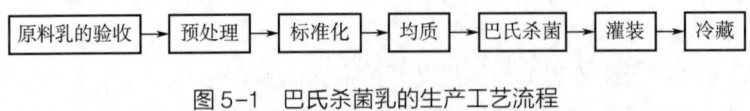

图5-1　巴氏杀菌乳的生产工艺流程

二、巴氏杀菌乳生产工艺要求

（一）原料乳的验收及预处理

1. 原料乳的验收

在乳制品生产过程中，未经过任何处理加工的生鲜乳称为原料乳。原料乳的验收要按照国家标准GB 19301—2010《食品安全国家标准　生乳》中规定生乳的验收指标收购。有些国家规定牛乳中体细胞数不得超过500000个/mL，否则定为乳房炎乳。原料乳在验收时，应测量乳的温度。一般来说，接收到的原料乳应在36h内进行加工。有的国家规定，送到乳品厂的原料乳温度不得超过 10℃，否则要降价。瑞典规定，原料乳保存时温度不能超过 15.5℃，并要求牧场在挤乳后 1h 内降温至 10℃，3h 内降至 4.4℃。NY/T 1172—2006《生鲜牛乳质量管理规范》规定，验收合格的牛乳应迅速冷却至 4~6℃，贮存期间温度不得超过 6℃。

原料乳的验收主要有感官检测、微生物检验、理化指标测定三个方面：

（1）感官指标　包括外观、味觉、嗅觉。优良的原料乳具有新鲜牛乳的乳香味，无异味，无肉眼可见的杂质。

（2）滴定酸度　通过酸碱滴定测定原料乳的酸度，可检验出原料乳的新鲜程度，微生物的污染状况，正常新鲜牛乳的酸度为 16~18 °T。

（3）酒精检验　通过酒精脱水作用鉴定酪蛋白稳定性。以 72% 中性酒精与原料乳等量相混合摇匀，无凝块出现为标准。

2. 原料乳的净化

原料乳验收后，必须净化。其目的是去除乳中的机械杂质并减少微生物数量。可采用过滤净化和离心净化。

简单的粗滤，在受乳槽上装过滤筛网并铺上多层纱布进行。进一步过滤则使用双筒过滤器或双联过滤器。必须注意滤布的清洗和灭菌。连续过滤 5000~10000L 乳之后，应该将滤布更换清洗灭菌。连续生产设有两个过滤器交替使用。

原料乳经过数次过滤后，虽然除去了大部分的杂质，但乳中污染的很多微小的细菌细胞和机械杂质、白细胞及红细胞等，不能用一般的过滤方法除去，需用离心式净乳机进一步净化。使用离心净乳机可以显著提高净化效果，还能将乳中密度大的尘埃、剥落细胞、白细胞、红细胞及一些细菌除去，例如，大肠杆菌、枯草芽孢杆菌等大型菌可除去 90%，乳酸菌可除去 15%~16%。净乳机应设在粗滤之后，冷却之前。

3. 原料乳的冷却

将乳迅速冷却是获得优质原料乳的必要条件。刚挤下的乳，温度在 36℃ 左右，是微生物发育最适宜的温度，如果不及时冷却，则侵入乳中的微生物会大量繁殖，酸度会迅速增高，不仅降低乳的质量，甚至使乳凝固变质。所以挤出后的乳应迅速进行冷却，以抑制乳中微生物的繁殖，保持乳的新鲜度。

牛乳挤出后，微生物变化过程可分为四个阶段，即抗菌期、混合微生物期、乳酸菌繁殖期和霉菌发育期。其中，在抗菌期乳中细菌的繁育受到抑制，这是因为在抗菌期乳中自身存在抗菌物质——乳烃素（lactenin）。这种物质抗菌特性持续时间的长短与原料乳温度的高低和细菌污染程度有关。

表 5-1　　　　　　　　　　乳温与抗菌作用的关系

乳温/℃	37	30	25	10	5	0	-10	-25
抗菌期/h	2	3	6	24	36	40	240	720

从表 5-1 中可以看出，新挤出的乳迅速冷却到低温可以使抗菌特性保持较长的时间。因此，经过净化的原料乳应立即冷却至 4℃ 左右。

另外，原料乳污染越严重，抗菌作用时间越短。例如，乳温 10℃ 时，挤乳时严格执行卫生制度的乳样，其抗菌期时长是未严格执行卫生制度乳样的 2 倍。在中大型的乳品厂，乳冷却通常采用板式热交换器,对原料乳进行热交换。

4. 原料乳的贮存

为了保证工厂连续生产需要,必须有一定的原料贮存量。一般工厂的贮存量应为生产能力的 50%~100%。贮存原料乳的设备要有良好的绝热保温措施,要求贮存原料乳在经过 24h 之后,温度升高不超过 2~3℃。并配有适当的搅拌装置,定时搅动乳液,防止乳脂肪上浮,造成原料乳成分不均匀。

原料乳贮存在大型立式贮乳罐中,贮乳罐的规格有 5t、10t 或 30t 不等,现代化大规模的乳品厂的贮乳罐甚至可达到 100t。较小的贮存罐常安装在室内,较大的则安装在室外。大的贮乳罐装有某种形式的搅拌装置。如贮乳罐中无搅拌装置,则脂肪会从牛乳中分离出来,导致牛乳不能均匀一致。搅拌必须非常平稳,剧烈的搅拌导致牛乳中混入空气和脂肪球破裂,使脂肪游离,并在脂肪酶的作用下分解。在非常高大的乳罐中,有必要在不同的高度安装两个搅拌器以达到所希望的效果。

(二) 真空脱气

牛乳刚刚被挤出后含 5.5%~7% 的气体;经过贮存、运输和收购后,一般其气体含量在 10% 以上,而且绝大多数为非结合的分散气体。在牛乳处理的不同阶段进行脱气是非常必要的。首先,要在乳槽车上安装脱气设备,以避免泵送牛乳时影响流量计的准确度。其次,是在乳品厂收乳间流量计之前安装脱气设备。但是上述两种方法对乳中细小的分散气泡是不起作用的。因此,在进一步处理牛乳的过程中,还应使用真空脱气罐,以除去细小的分散气泡和溶解氧。

(三) 标准化

标准化的目的是保证巴氏杀菌乳中含有规定含量的脂肪、蛋白质等。以满足不同消费者的需求。我国部分脱脂巴氏杀菌乳的脂肪含量为 1.0%~2.0%,全脂巴氏杀菌乳的脂肪含量≥3.1%,脱脂巴氏杀菌乳脂肪含量≤0.5%,但是不同的国家有不同的规定。标准化主要包括在脂肪含量、蛋白质含量及其他一些成分方面。

在标准化时,脂肪不足就要添加稀奶油,或用标准化机除去一部分脱脂乳以提高其含脂率。如果原料乳脂肪过高时,则要除去一部分稀奶油,或添加一些脱脂乳。

生产上采用方块图解法比较简捷,其原理是设原料乳的含脂率为 P,脱脂乳或稀奶油的脂肪含量为 Q,按比例混合后,使混合乳的脂肪含量为 R,原料乳量为 x,脱脂乳或稀奶油量为 y,对脂肪进行物料衡算,则形成如式 (5-1) 和式 (5-2) 所列关系:

$$Px+Qy=R(x+y) \tag{5-1}$$

$$则 \ x(P-R)=y(R-Q) \ 或 \ \frac{x}{y}=\frac{R-Q}{P-R} \ 或 \ y=\frac{P-R}{R-Q}x \tag{5-2}$$

式中,若 $Q<R$,$P>R$,表示需要添加脱脂乳;若 $Q>R$,$P<R$,则表示应添加稀奶油。

(四) 均质

牛乳在放置一段时间后,有时上部分会出现一层淡黄色的脂肪层,此现象被称为脂肪上浮。原因主要是因为乳脂肪的相对密度小、脂肪球粒径大,容易聚结成团块。脂肪上浮影响乳的感官质量,所以原料乳在经过验收、净化、冷却、标准化等预处理之后,必须进行均质处理。

均质的目的是防止巴氏杀菌乳在包装中形成稀奶油层,以满足消费者的喜好要求。在低强度巴氏杀菌牛乳(碱性磷酸酶刚刚失活)中,形成一层松散的凝集脂肪球,可以很容易地重新分散到整个牛乳中。在高强度巴氏杀菌的牛乳中，冷凝集素已被灭活且形成奶油层相对较慢，但奶油层是一个致密的、难以分散的层；脂肪球的部分聚结甚至可能导致固体奶油塞。因此，这部分牛乳是需要进行均质的。均质是在强力的机械作用下（16.7~20.6MPa）将乳中大的脂肪球破碎成小的脂肪球，均匀一致地分散在乳中的过程。均质影响到牛乳的化学和物理结构，使其产生许多优点，如脂肪分布均匀，没有乳脂层，更白，更能增加食欲，降低氧化敏感性；此外，均质减少脂肪球大小，有利于消化吸收，均质后的消毒牛乳，口感厚重浓郁，很多国家在生产中都采用。但均质后的牛乳也呈现出一些不足，如对阳光、脂解酶等敏感，导致味觉缺陷，如酸败、氧化，有时还会产生金属腥味；与微生物的接触污染面积增加；蛋白质的热稳定性降低。

巴氏杀菌乳采用二级均质，即第一级均质使用较高的压力（16.7~20.6MPa），目的是破碎脂肪球。第二级均质使用低压（3.4~4.9MPa），目的是分散已破碎的小脂肪球，防止粘连。二级均质对一级均质后的乳提供了有效稳定的背压，而加强的空穴作用对脂肪球只有轻微的破坏作用（图5-2）。另外，牛乳的温度也影响均质的效果，一般温度越高，形成凝块越少，均质的温度一般在50~65℃，并且奶油的脂肪含量应该为10%~12%，在这个温度下，乳脂肪成熔融状态，脂肪球膜软化，有利于提高均质效果。

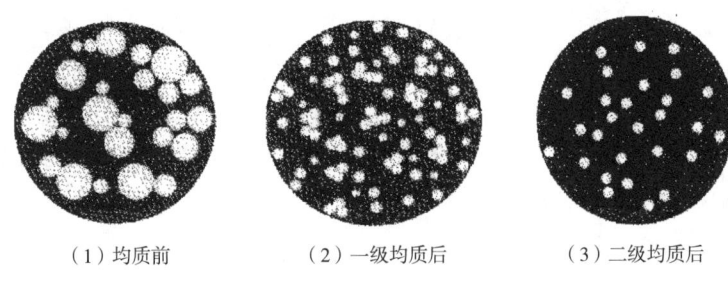

（1）均质前　　　（2）一级均质后　　　（3）二级均质后

图5-2　均质前后脂肪球大小的变化

实际上，并非全部牛乳都需要进行均质，大部分只对其稀奶油部分均质（部分均质），以节约成本。采用这样的工艺，所有的牛乳都应进行脂肪分离。均质后不应存在均质化的脂肪球簇，因此，要求分离出的稀奶油脂肪含量应较低（1%~12%），并且均质温度不应太低（≥55℃）。通常，均质在巴氏杀菌之前进行，以使二次污染的程度降至最低。因为乳脂酶仍然存在，均质后乳应立即进行巴氏杀菌处理。

均质的效果可以通过显微镜、离心和静置等方法检验。①显微镜检验方法：一般采用100倍的显微镜镜检，可直接观察均质后乳脂肪球的大小和均匀程度。在显微镜下直接用油镜镜检脂肪球的大小是最简便、直接和快速的方法，但缺点是只能定性不能定量，而且需要较丰富的实践经验。②均质指数法：用分液漏斗或量筒量取250mL均质乳样，4~6℃下保持48h，然后将上层1/10的乳吸出，并将下层9/10的乳混匀，分别测定上层及下层的脂肪含量。均质指数=[（上层F-下层F）/上层F]×100，其中，F为脂肪含量。一般均质指数在1~10以内。该方法的特点是可定量测出均质效果，但需时间较长且精确度不是很高。

（五）巴氏杀菌

巴氏杀菌的第一个目的是杀死引起人类疾病的所有微生物（尤其是结核分枝杆菌、沙门氏菌属、肠致病性大肠杆菌、空肠弯曲杆菌和单核细胞增生性李斯特菌）。某些金黄色葡萄球菌菌株的某些细胞可以在热处理后存活，但它们的生长程度不及形成有害数量的毒素。原料乳中的大多数腐败微生物，如大肠菌群、中温乳酸菌和嗜冷菌，也可以通过低强度巴氏杀菌法杀灭，没有被杀死的是耐热的微球菌（微细菌属），一些嗜热的链球菌和细菌芽孢。但除了蜡样芽孢杆菌外，这些微生物在牛乳中不会生长得太快。经巴氏杀菌的产品必须完全没有致病微生物。如果在巴氏杀菌后的牛乳中仍有病原菌存在，其原因可能是热处理没有达到要求，或者是该产品被再次污染。第二个目的是尽可能多地破坏牛乳中含有的能影响产品味道和保存期的微生物和酶类系统，以保证产品质量。这就需要比杀死致病微生物更强的热处理。

为了保证杀死所有的致病微生物，牛乳加热必须达到某一温度，并在此温度下持续一定时间，然后再冷却。温度和时间组合决定了热处理的强度，从杀死微生物的观点来看，牛乳的热处理强度是越强越好。但是，强烈的热处理对牛乳外观、味道和营养价值会产生不良后果。例如，牛乳中的蛋白质在高温下将变性；强烈的加热使牛乳味道改变，先是出现"蒸煮味"，然后是焦味。因此，时间和温度组合的选择必须考虑到微生物和产品质量两方面，以达到最佳效果。

乳品厂中主要的巴氏杀菌方法有两种。①低温长时间杀菌（LTLT）：这是一种间歇式的巴氏杀菌方法，即牛乳在62.8~65.6℃下保持30min达到巴氏杀菌的目的。目前，这种方法已很少使用。②高温短时间杀菌（HTST）：这是一种连续式的巴氏杀菌方法，即牛乳在72~75℃，保持15~20s后再冷却。

从图5-3可看到，存在于牛乳中的磷酸酶被上述时间和温度的处理所破坏。因此，磷酸酶试验可用来检查牛乳是否已进行了适当的巴氏杀菌。试验结果必须是阴性的，即必须没有发现活性磷酸酶。另外，对脂肪含量高于8%的乳制品来说，磷酸酶试验不起作用，因为有些酶在巴氏杀菌后的再激活非常快。同时，这类产品的热处理温度要高一些才能达到巴氏杀菌的要求。此外，磷酸酶试验也不适用于酸性乳制品的巴氏杀菌，但可以用过氧化氢酶试验代替磷酸酶试验。

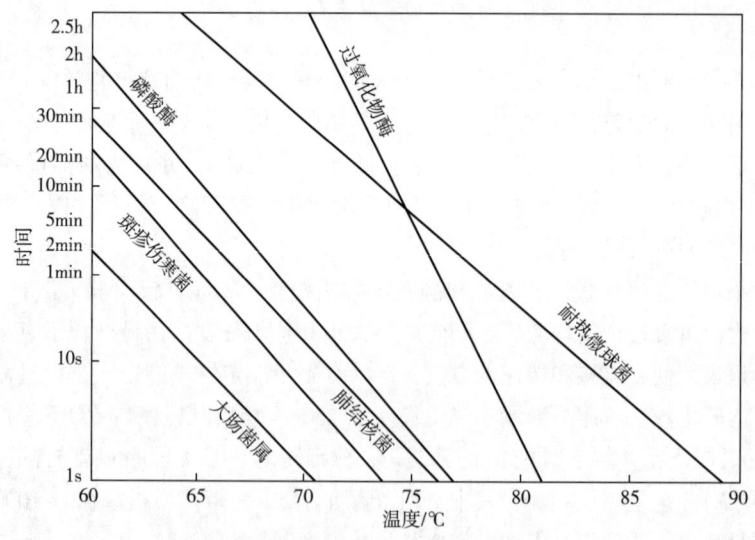

图5-3 温度和时间对细菌和酶的影响

(六) 冷却

牛乳加热过程后立即进行冷却。温度降低到加热温度以下,这是为了降低牛乳的热风险。最终温度的选择取决于冷却牛乳的预期利用率。随后需要处理的牛乳可保持在 10~25℃。这可防止或显著减少再污染微生物的生长,从而更好地保存牛乳。牛乳的冷却主要分几个阶段进行。它先与未经热处理的牛乳进行热交换,以回收部分能量。之后进行淡水冷却,然后是冰水(人工冷却至0℃),最后是利用盐水(盐溶液)或其他制冷剂。牛乳冷却器可区分为开放式和封闭式设计。开放式冷却器可以是喷雾冷却器,也可以是管式蒸发冷却器。封闭式冷却器使用板式换热器,有时使用管式冷却器,牛乳通过管式系统,冷却介质在外部。除了卫生优势外,封闭式冷却器还具有能源优势;因此,它们在牛乳的冷却的应用最为广泛。

(七) 包装和运输

低强度巴氏杀菌乳的包装通常采用一次性容器(如纸盒、塑料袋等),但也有采用玻璃瓶包装的。从产品安全性方面考虑,包装过程应高度重视卫生条件,理想的是无菌灌装。在巴氏杀菌乳的包装过程中,首先应该注意的就是避免二次污染,如包装环境、包装材料及包装设备的污染。尤其是在使用可回收乳瓶时,很难使之清洗干净和达到灭菌条件。其次,应尽量避免灌装时的产品温度升高,因为包装以后的产品,冷却是比较缓慢的。最后,对包装材料应提出较高的要求,如包装材料应干净、避光、密闭,且有一定的机械强度。目前,在我国乳源分散的地区,多采用乳桶运输;在相对集中的地方采用乳槽车运输。

(八) 巴氏杀菌乳的保质期

保质期是指在一定温度下,巴氏杀菌产品能够被保存而不出现任何不良变化的时间。巴氏杀菌乳贮藏过程中的变化有:①乳中细菌生长造成的如产酸、蛋白质降解和脂肪水解。②乳中的酶或细菌的胞外酶分解,如脂肪和蛋白质的分解。③化学反应引起的氧化或日晒味。④物理化学变化,如脂肪上浮、絮凝和形成凝胶,这些变化可能是由上述提到的几种变化所引发的。

牛乳的保质期主要取决于原料乳的微生物质量、贮存和处理过程中的温度和时间、巴氏杀菌条件、设备卫生、包装条件以及随后的配送实践。从杂货店购买的牛乳的保质期在很大程度上取决于贮存温度。高强度巴氏杀菌产品在接近无菌的预灭菌容器中的环境中包装,并冷藏以延长保质期。当高强度巴氏杀菌产品在特殊设计的多层容器中进行无菌包装时,其保质期甚至可以比其他包装的液态乳和奶油产品的保质期更长。

多数情况下,由于细菌生长造成的变化在细菌数量达到 10^6 个/mL 之前都不会被察觉,这在一定程度上取决于细菌的种类。如果蜡样芽孢杆菌是腐败的来源,则限量为 10^6 个/mL。然而,在消费者购买产品时,其中的细菌数不应达到这样的数量级。巴氏杀菌乳购买后在冷藏(低于7℃)的条件下应该可以保存 7d。

巴氏杀菌乳的变质主要是由微生物的生长引起的。它由以下因素决定:贮存温度;再污染程度;所涉及细菌的生长速度;原乳中蜡样芽孢杆菌芽孢数;抑制细菌生长的物质的活性。牛乳的贮存温度很重要,因为微生物的繁殖速度高度依赖于温度,如表5-2所示。将温度降低到4~5℃以下没有实际意义,因为在运输和贮存过程中通常会出现较高的温度,例如7℃。温度对巴氏杀菌乳可以保存的时间的影响如表5-3所示。

表5-2　　不同温度下某些菌株在低强度巴氏杀菌乳中的生成时间

（杀菌结束后微生物能够检出的时间）　　　　单位：h

菌株	温度/℃			
	4	7	10	20
蜡样芽孢杆菌（Bacillus cereus）	∞	10	4	1
环状芽孢杆菌（Bacillus circulans）	20	12	10	3
阴沟肠杆菌（Enterobacter cloacae）	8	5	3	1
恶臭假单胞菌（Pseudomons putida）	6	4	3	1
李斯特菌（Listeria monocytogenes）	—	20	—	—
超高温巴氏杀菌乳中单核细胞增生性李斯特菌	30	11	9	2

表5-3　　低强度巴氏杀菌乳在达到最终销售保证日（A）和保质期（B）

之前在不同温度下的平均贮存时间　　　　单位：d

牛乳样品	$5×10^4$/mL（A）			$5×10^6$/mL（B）		
	4℃	7℃	10℃	4℃	7℃	10℃
巴氏杀菌后	>14	9.6	5.8	>14	10	9.8
玻璃瓶	12.8	6.0	4.7	20	12	7.3
纸盒	>14	7.8	5.2	>14	11	7.0

　　经过巴氏杀菌处理后，牛乳中微生物的数量通常达到500~1000个/mL，除非原牛乳中存在许多耐热细菌。一般来讲，牛乳是由蜡样芽孢杆菌引起的"甜凝乳"而变质的。蜡样芽孢杆菌形成磷脂酰胆碱酶，也是造成非均质乳中"小奶油"缺陷的原因，即该酶使乳中脂肪小球凝固，这一层位于这些细菌的"菌落"附近。在低于6℃的贮存温度下，蜡状芽孢杆菌不能生长。加热到100℃左右的高强度高温巴氏杀菌牛乳，主要是被地衣芽孢杆菌破坏，如果保存温度比较高，也会被枯草芽孢杆菌破坏。例如，牛乳每100mL含有10个蜡状芽孢杆菌芽孢；如果没有再次污染，其在正常贮存条件下的保质期为12~14d。通过杀菌减少蜡样芽孢杆菌芽孢的数量可以延长保质期。然后应采取措施防止酶变质，同时必须采用无菌包装。

　　巴氏杀菌乳通常在包装过程中被二次污染。在20℃贮存的巴氏杀菌乳中，检出大肠杆菌的存在是已被二次污染的一个指标。已被二次污染的乳在非冷藏的条件下贮藏，由于嗜温乳酸菌等的生长而变酸，产生的腐臭和哈喇味分别是由于蛋白质降解和脂肪水解造成的。加工过程中需要经常并彻底的消毒来防止二次污染的发生和满足产品可销售期限的要求。采用巴氏杀菌法可以杀死病原微生物，但其他污染物大多不能以这种方式消除。显然，适当的管理以及收集和处理牛乳的适当方式对于防止健康危害是必要的。因此，在加工过程中需要经常和彻底的检查，以限制再污染，并在最终销售的那天满足要求。样品可以保存在不同的温度下，并每隔一段时间进行测试。

（九）巴氏杀菌乳生产线范例

　　巴氏杀菌乳的生产线示意图如图5-4所示。

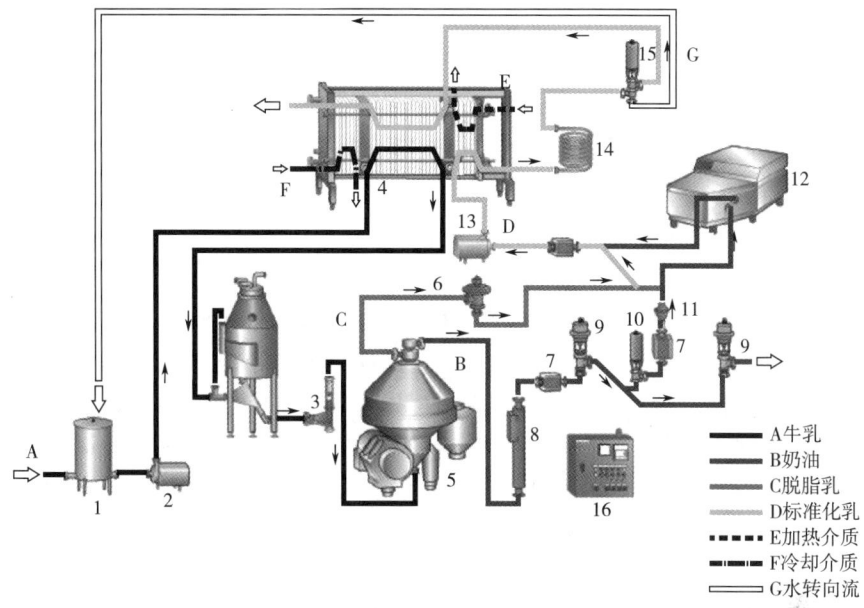

图 5-4　巴氏杀菌乳生产线

1—平衡槽　2—进料泵　3—流量控制器　4—板式热交换器　5—分离机　6—稳压阀
7—流量传感器　8—密度传感器　9—调节阀　10—截止阀　11—检查阀　12—均质机
13—增压泵　14—保温管　15—回流阀　16—控制盘

巴氏杀菌乳的加工工艺因各国的法规不同而有所差别，而且不同的乳品厂也有不同的规定。例如，脂肪的标准化可采用前标准化、后标准化或直接标准化；均质可采用全部均质或部分均质。最简单的全脂巴氏杀菌乳加工生产线应配备巴氏杀菌机、缓冲罐和包装机等主要设备，而复杂的生产线可同时生产全脂乳、脱脂乳、部分脱脂乳和含脂率不同的稀奶油。

如图 5-4 所示，原料乳先通过平衡槽，然后经进料泵送至板式热交换器。预热后，通过流量控制器送至分离机，以生产脱脂乳和稀奶油。其中，稀奶油的脂肪含量可通过流量传感器、密度传感器和调节阀确定并保持稳定，而且为了在保证均质效果的条件下节省投资和能源，仅使稀奶油通过一个较小的均质机。实际上该图中稀奶油的去向有两个分支，一是通过截止阀和检查阀与均质机相连，以确保巴氏杀菌乳的脂肪含量；二是使多余的稀奶油进入稀奶油处理线。此外，进入均质机的稀奶油的脂肪含量不能高于 10%，所以一方面要精确地计算均质机的能力，另一方面应使脱脂乳混入稀奶油进入均质机，并保证其流速稳定。随后，均质的稀奶油与多余的脱脂乳混合，使物料的脂肪含量稳定在 3%，并送至板式巴氏杀菌机（板式热交换器）和保温管进行杀菌。然后通过转向阀和增压泵使杀菌后的巴氏杀菌乳在杀菌机内保证正压。这样就避免了由于杀菌机的渗漏，导致冷却介质或未杀菌的物料污染杀菌后的巴氏杀菌乳。当杀菌温度低于设定值时，温感器将指示回流阀，使物料回到平衡槽。巴氏杀菌后，杀菌乳继续通过杀菌机热交换段与流入的未经处理的乳进行热交换，而本身被降温，然后继续到冷却段，用冷水和冰水冷却，冷却后先通过缓冲罐，再进行灌装。

第二节　延长保质期的巴氏杀菌乳

一、概述

ESL（extended shelf life）乳，即延长保质期的巴氏杀菌乳。由于冷链的不完善、原料乳质量差或加工和灌装工艺不合理等原因，液态乳的稳定性及保质期在很多地区都存在着很大的问题。传统的巴氏杀菌乳保质期在4~6℃冷藏条件下只有7d左右，产品的运输、销售区域就会受到很大的限制。在这一需求下，开发出了ESL乳生产工艺。ESL乳生产采用的杀菌温度要高于传统的巴氏杀菌法，但低于超高温瞬时杀菌，称为超巴氏杀菌。通常采用的温度/时间组合为125~130℃保持2~4s。

超巴氏杀菌的目的是延长产品的保质期，其采取的主要措施是尽最大可能避免产品在加工和包装过程中再污染。这需要极高的生产卫生条件和优良的冷链分销系统。一般冷链温度越低，产品保质期越长，但最高不得超过7℃。ESL乳制品的保质期一般定在巴氏杀菌乳与UHT乳之间，其保质期在冷藏条件下至少15d，最长可达45d。

ESL乳一般的广义定义为比巴氏杀菌乳保质期更长的液体乳。在北美，ESL乳的保质期一般为45~60d。但无论超巴氏杀菌强度有多高，生产的卫生条件有多好，ESL乳本质上仍然是巴氏杀菌乳，与超高温灭菌乳有根本的区别。首先，超巴氏杀菌产品并非无菌灌装；其次，超巴氏杀菌产品不能在常温下贮存和分销；最后，超巴氏杀菌产品不是商业无菌产品。一般把ESL乳产品的保质期定位在巴氏杀菌乳和UHT乳制品之间，这主要取决于产品从原料到销售的整个过程中的加工工艺、技术装备以及质量控制。

二、ESL乳生产工艺要求

1. 原料乳质量要求

原料乳中的细菌数是影响ESL乳保质期的重要因素。为了保证ESL乳的稳定性和理想的保质期，除了制定合理的热处理条件、改进包装技术外，高质量的原料乳也是必不可少的关键因素。欧盟规定原料乳细菌总数<10^5个/mL，德国规定原料乳细菌总数≤$5×10^4$个/mL。当原料乳中的微生物数量达到一定数量，特别是超过10^6个/mL时，一些芽孢杆菌如巨大芽孢杆菌、嗜热脂肪地芽孢杆菌等在杀菌过程中不能完全被杀灭，在长时间的贮存过程中容易被激活，最终导致产品变质。同时，原料乳在生产中要尽量缩短贮存时间，防止低温菌繁殖产生一些酶使产品感官品质降低。因此，在ESL乳的生产中，在保证原料乳细菌总数≤$5×10^5$个/mL时，原料乳中的芽孢数应控制在≤$5×10^3$个/mL，同时，应选取低温菌数量和体细胞数量都较低的原料乳。

2. 热处理

目前，生产ESL乳主要采用超巴氏杀菌法，不同温度的超巴氏杀菌条件对产品的保质期也有影响。世界各国生产ESL乳通常采用138℃保持2s的杀菌方法。超巴氏杀菌条件的制定不仅要考虑可显著地减少牛乳中微生物的数量来延长产品的保质期，同时又要最大限度地减轻由于热处理造成的产品感官质量的变化。典型的超巴氏杀菌条件为125~130℃保持2~4s，ESL乳的保质期有7~10d、30d、40d，甚至更长，这主要取决于产品从原料到分销的整个过程的卫生和质量控制。

3. 避免二次污染

超巴氏杀菌产品并非无菌灌装，尽最大可能避免产品在加工和包装过程中的二次污染是确保ESL乳保质期的关键。二次污染途径包括空气、管道、包装材料、与产品接触的其他设备表面等。

4. 包装

为减少包装材料的污染，包装材料在灌装之前也要经过杀菌和消毒处理，通常与无菌包装材料的处理相似。另外，包装材料还应有很好的抗氧渗透性和阻光性。防止因为氧化反应能导致乳中脂肪和维生素氧化，产生不良风味和降低营养；同样，光也能加速乳制品的氧化腐败，太阳光、紫外线、零售商店的灯光对牛乳的保质期都有很大的影响。因此，ESL牛乳产品应采用低透光材料包装。此外，不同的包装材料对ESL乳的口味保持也有一定的影响，因为氧化反应和阳光均能导致乳中脂肪腐败和维生素氧化，产生不良风味并降低营养成分，从而影响牛乳的保质期。同时，具有高疏水性的包装材料表面表现出更快的芽孢灭活特性，减少污染，可延长ESL乳的保质期。

5. ESL乳对冷链系统的要求

冷链系统对超巴氏杀菌乳的保存和销售极其重要。低温能够抑制细菌的生长，增加产品的保质期。据报道，贮藏温度提高3℃，牛乳的保质期将减少50%。在美国和加拿大等国，冷链系统十分健全，多数仓库的温度为4℃，零售的冷柜温度为7℃。因此，这些国家ESL乳的保质期都很长，已经逐渐成为主流产品。在冷链系统不完善的地区，ESL乳的生产必须在生乳的质量、特定销售时间和温度的基础上选择适宜的热处理、灌装系统和包装容器类型。冷链温度越低产品保质期越长，但最高不得超过7℃。

三、新技术在ESL乳中的应用

为了保证ESL乳的稳定性和理想的保质期，除了制定合理的热处理条件外，一些新技术、新工艺也可应用到ESL乳的生产中。

（一）离心除菌技术

离心除菌技术已经在欧洲一些国家的干酪生产中得到了广泛应用，现在许多国家开始把它应用于ESL乳的生产中。离心除菌工艺去除的主要是牛乳中的好氧菌，尤其是巴氏杀菌后仍存在的耐热性微生物。通过一次分离除菌工艺，乳中80%~95%的细菌将被除去。其中好氧菌去除率在95%以上、厌氧芽孢为98%~99%、嗜冷菌为82%~89%，经过离心除菌的原料乳再经巴氏杀菌，可使产品的保质期在8℃左右的贮藏条件下达到15d以上，二次离心除菌后，牛乳中剩余细菌量的70%将被去除掉，而通过这道工艺，产品的保质期可达到30d左右。在离心除菌过程中，只有0.5%~1.0%的原料乳损耗。

（二）蒸汽直接加热技术

ESL乳的主要特征是要保持新鲜的口感，因此，ESL乳杀菌方法十分重要。延长保质期要尽量减少细菌数和芽孢数，超高温处理是达到这一目的的好方法，但超高温影响乳的口感。为解决这一矛盾，蒸汽直接加热技术已经被应用在生产ESL乳上。

蒸汽直接加热系统主要包括一个可保持杀菌温度的蒸汽加压仓，牛乳融入蒸汽后从加压仓的顶部喷入，在下降过程中蒸汽冷凝，当产品到达底部时的温度和需要的温度相平衡。经研究开发，在蒸汽直接加热杀菌设备上增加了控制单元，命名为 Pure-Lac 系统。Pure-Lac 系统控制杀菌温度为 125~145℃，热处理时间<1s，即瞬时加热<0.2 s，闪蒸冷却时间<0.3 s。此系统主要侧重于减少存活于巴氏杀菌的需氧嗜冷菌的芽孢数，配合超清洁包装技术，产品在高于 10℃ 贮存销售时，保质期没有缩短很多，达到 2~3 周，同时，新鲜乳口感特性也没有明显降低。

Pure-Lac 系统热处理条件与巴氏杀菌及 UHT 相比见图 5-5，其保质期见表 5-4。各种热处理条件下不同乳制品的保质期及感官分值见表 5-5。

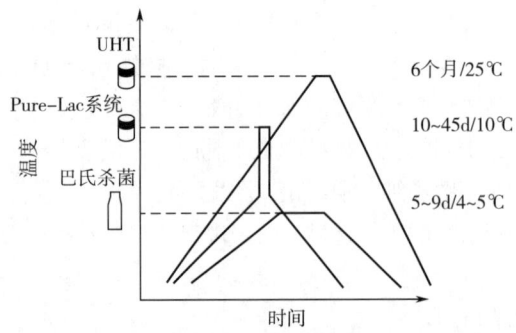

图 5-5　各种热处理条件及产品保质期的比较

表 5-4　　　　　　　　　各种 ESL 乳生产方法产品保质期　　　　　　　　　单位：d

处理	贮存温度/℃		处理	贮存温度/℃	
	4℃	10℃		4℃	10℃
巴氏杀菌	10	1~2	微滤	30	6~7
离心除菌	14	4~5	Pure-Lac	>45	达 45

表 5-5　　　　　不同热处理条件下各种乳制品在 7℃ 下贮存的保质期及感官质量

产品	保质期/d	平均可接受分值		
		120℃，1s	125℃，1s	74℃，15s
乳	>37	7.7	7.6	7.8
单倍稀奶油	>49	7.7	7.6	6.75
发泡奶油	>37	—	6.9	7.6
双倍稀奶油	>37	—	6.8	6.9

注：分值 1~10，1=不可接受，10=好、新鲜。

(三) 微滤技术与巴氏杀菌相结合

微滤（MF）最适合脱脂牛乳的消毒。该设备基本上具有"三流"配置：进料流、渗透液流和滞留液流。原料乳通过微滤处理后，细菌和细菌芽孢几乎完全被除去，对于超巴氏乳的加工十分有利。由于陶瓷膜技术的进一步发展，该方法可以很容易地应用于牛乳的加工。采用低

于 1×10^5 Pa 的压力,可以实现高流量和长时间连续运转。因为膜的孔径大约 $1\mu m$,脂肪球也会被截留,因此,乳脂肪应首先被分离出来,图 5-6 给出了加工过程要点。

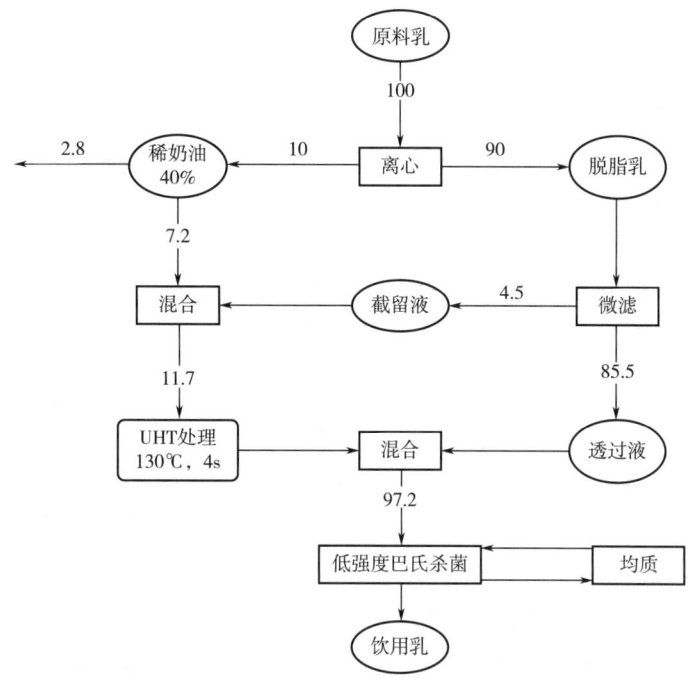

图 5-6 采用微滤处理的巴氏杀菌乳加工过程

在这些条件下,细菌细胞和芽孢从 10^6 CFU/mL 减少到 10^3 CFU/mL,巨大优势是去除了在连续贮存期间导致牛乳变质的相关酶(蛋白酶和脂肪酶)。然而,由于必须保证成品中不含致病菌,MF 过程必须与热处理相结合,至少是巴氏杀菌。与其他类型的 ESL 牛乳(即高温和超高温巴氏杀菌乳)相比,MF 巴氏杀菌乳具有更好的感官特性,并满足广泛的消费者接受度。通过采用事先对牛乳进行杀菌或通过特定的原位清洁处理,可以进一步去除细菌芽孢。在微滤过程中,0.1%~1%的菌体细胞总数可透过到滤出液中,蜡样芽孢杆菌可透过率<0.05%。通过采用孔径更小的膜可以更有效地降低菌数甚至可达到无菌状态。

(四) CO_2 填充技术

CO_2 可以有效地抑制许多引起食物腐败的微生物的生长,尤其是革兰氏阴性嗜冷菌,可以延缓革兰氏阴性嗜冷菌产生胞外酶引起蛋白质与脂肪分解。研究结果发现,通过填充 CO_2 和采用 CO_2 低渗透性薄膜袋组合,可明显延长乳制品保质期,并且初始细菌数越低效果越好。另外,在牛乳中充入适当的 CO_2,不会改变乳的风味、外观特征和乳香味。

(五) 其他技术

其他技术如超声波、超高压杀菌、脉冲电场杀菌等技术现在已经应用于 ESL 牛乳的生产中。

1. 乳酸链球菌肽

乳酸链球菌肽(Nisin)是一种天然、高效、安全、无毒副作用、无抗药性、与其他抗生素无交叉抗性、在食品中易扩散、使用方便、无污染的生物防腐剂。许多研究发现,在巴氏杀菌乳中添加 Nisin 可解决由于耐热芽孢繁殖而使牛乳变质的问题,并且只使用较低浓度的 Nisin 便可以使乳制品保质期大大延长，由于 Nisin 的作用降低了热处理温度，还可以改善牛乳由于高温加热出现的不良风味。

2. 超高压杀菌

超高压杀菌加工技术是指利用 100MPa 以上压力，在常温或较低的温度下，使食品中的酶、蛋白质、核糖核酸和淀粉等物质改变活性、变性或糊化，同时杀死微生物，达到杀菌效果。超高压杀菌技术主要机制是能够使微生物细胞膜和细胞壁损伤、改变细胞形态、影响细胞内酶活力及细胞内营养物质和废弃物的运输，从而杀死食品中的腐败菌和致病菌；同时，超高压杀菌能够有效或部分钝化食品中的内源酶。大量研究表明，牛乳中的多数微生物在 100MPa 以上加压处理即会死亡，且致死压力大小随微生物种类和实验条件的不同而有所差异。一般而言，细菌、霉菌、酵母的营养体在 300~400MPa 压力下可被杀死；病毒在稍低的压力下即可失活；寄生虫的杀灭和其他生物体相近，只要低压处理即可杀死；而芽孢对压力比其他营养体具有较强的抵抗力，需要更高的压力才会被杀死。一般而言，压力越高，则处理所需的时间越短，杀菌效果越好。但是，如果处理过程压力过高，食品中压敏性成分会受到不同程度的破坏，其过高的压力还会使得能耗增加，对设备要求过高。尽管超高压处理装置的设备投资要比热处理装置高，但其运行费用低，耗能低，对产品营养口感等特性影响小，是未来 ESL 牛乳生产过程中具有重要前途的杀菌方式。

3. 脉冲电场杀菌

脉冲电场（PEF）技术意味着交流电通过食品基质中的电极通过，与欧姆加热（OH）技术完全一样。为避免电场引起的过热，用高压（5~50kV）脉冲发生器产生的短电脉冲（1~60μs）处理牛乳。PEF 被认为是一种非热技术，因为其微生物灭活效果完全依赖于电场。然而，由于脉冲期间的欧姆加热，PEF 加工使食物温度有相对较小的升高。PEF 杀菌是利用强电场脉冲的介电阻断原理对食品微生物产生抑制作用。55℃预热，在 20Hz、25.7±0.2kV/cm 持续 34μs，细菌总数（TBC）显著减少了 $10^{1.14}$ 个。在 4℃下贮存 21d 后，PEF 处理的牛乳中的 TBC 低于相同贮存条件下 LTLT 或 HTST 处理的牛乳。在贮存期间，PEF 处理的样品观察到更高水平的 pH。PEF 或热处理后碱性磷酸酶（ALP）降低了 96%~97%。PEF 处理后黄嘌呤氧化酶和纤溶酶活性分别降低了 30% 和 7%。在贮存结束时，PEF 处理过的牛乳比热处理过的牛乳显示出更高的脂肪分解活性。总体而言，现有研究表明 PEF 技术本身并不能确保牛乳安全，但当与预热处理相结合时，可作为传统牛乳巴氏杀菌的有效替代方案。在低于 40℃ 的温度下使用 PEF 进行加工会诱导细菌芽孢萌发，而在高于 60~65℃ 的温度下，热效应与杀菌效果相关并且该过程将不再与其最初的非热意图一致。该技术已在商业化工厂中用于连续流动牛乳加工，其产能高达 10000L/h。

第三节 灭菌乳

一、概述

(一) 灭菌乳的概念

灭菌乳又称长久保鲜乳，指以新鲜牛乳（羊乳）为原料，经净化、均质、灭菌和无菌包装或包装后再进行灭菌，从而具有较长保质期的可直接饮用的商品乳。牛乳灭菌的目的是杀死所有存在的微生物，包括细菌芽孢，使包装好的产品能够在环境温度下长期保存，而不被微生物腐蚀。由于霉菌和酵母很容易被杀死。UHT 灭菌可以减少瓶内灭菌的二次效应，如褐变、灭菌风味和维生素损失。在包装 UHT 灭菌牛乳时，必须严格防止细菌污染。UHT 灭菌后，仍可能发生某些酶反应和理化变化。但灭菌乳不是真正意义上的无菌乳，只是产品达到了商业无菌状态，即不含危害公共健康的致病菌和毒素；不含任何在产品贮存运输及销售期间能繁殖的微生物；在产品有效期内保持质量稳定和良好的商业价值，应能在非冷藏条件下分销。

（二）灭菌乳的分类

1. 按是否添加辅料分类

（1）灭菌纯牛（羊）乳　以牛乳（或羊乳）或复原乳为原料，脱脂或不脱脂，不添加辅料盘经超高温瞬时灭菌、无菌包装或保持灭菌制成的产品。

（2）灭菌调味乳　以牛乳（或羊乳）或复原乳为主料，脱脂或不脱脂，添加辅料，经超高温瞬时灭菌、无菌包装或保持灭菌制成的产品。

以上每类又分为全脂、部分脱脂、脱脂三种。

2. 按杀菌条件分类

（1）超高温灭菌（UHT）乳　指物料在连续流动的状态下通过热交换器加热，经135℃以上不少于1s的超高温瞬时灭菌以达到商业无菌水平，然后在无菌状态下灌装于无菌包装容器中的产品。

（2）瓶装灭菌乳（又称保持灭菌乳）　指物料经预先杀菌（或不杀菌）进行灌装后，在密闭容器内被加热到至少110℃，保持10min以上，然后经冷却制成的商业无菌产品。

二、超高温灭菌乳

（一）超高温灭菌乳生产工艺要求

超高温灭菌乳（UHT 乳）的生产工艺流程如图 5-7 所示。

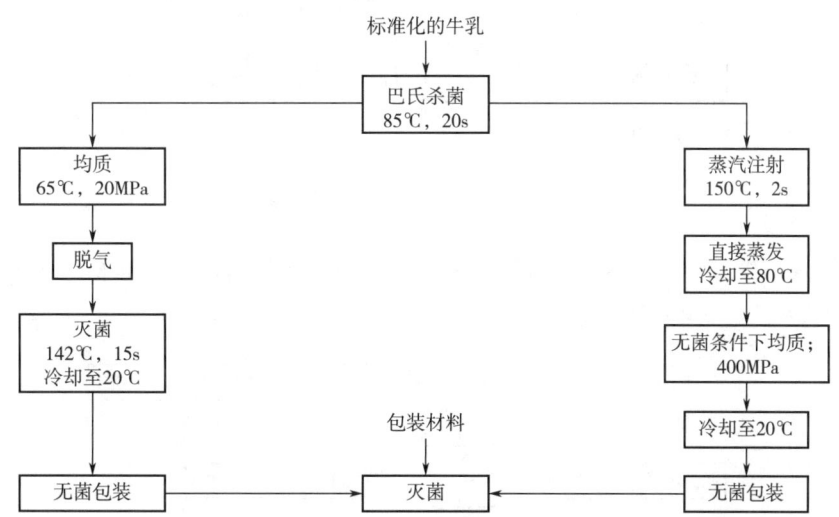

图 5-7　无菌包装 UHT（直接或间接加热）灭菌乳加工工艺

1. 原料乳质量要求

（1）乳蛋白质的稳定性　乳蛋白的热稳定性对灭菌乳的加工相当重要，因为它直接影响到 UHT 系统的连续运转时间和灭菌情况。生产 UHT 产品的原料乳，一般至少是要通过 76% 酒精检验的热稳定性良好的牛乳。

（2）对原料乳中微生物种类及含量的要求

①芽孢数：根据生长温度范围，芽孢主要分为两大类，即嗜中温芽孢和嗜热芽孢。仅从灭菌效率考虑，进行灭菌前物料的微生物指标应符合要求。

②细菌数：因为绝大多数细菌是不耐热的，经灭菌之后，原来每毫升牛乳中含有的几百万甚至上千万的细菌总数并不会影响灭菌效果。但灭菌乳是长保质期产品，原料中含有过高的细菌，其代谢将产生各种脂肪酶和蛋白酶。其中，有些酶是相当耐热的，尤其是嗜冷菌产生的酶类。这些酶存活于灭菌乳中，并在产品的贮存期内复活，分解蛋白和脂肪而产生一系列非微生物的质量缺陷，如凝块、脂肪上浮等。研究表明，残留于牛乳中的过多的细菌的代谢残物，如热原质等，仍会使人有一些不良反应，如发热、关节发炎等。因此，控制原料乳的质量对保证灭菌乳至关重要。

（3）体细胞数　体细胞数应小于 $3.0×10^5$ 个/mL。

2. 预处理

灭菌乳加工中预处理，即净乳、冷却、标准化、巴氏杀菌等技术要求见巴氏杀菌乳。

3. 超高温瞬时灭菌法

超高温瞬时灭菌法（UHT 灭菌法）是用蒸汽将加压牛乳加热到 135℃（或以上）保持 2~5s。与高温短时间杀菌相比，它具有温度高、时间短，可达到灭菌的特点。超高温灭菌方法有两种，即直接加热和间接加热。

①直接加热法：此工艺是将原料乳先是用蒸汽直接加热再急剧冷却，起到灭菌的作用。此法又可采用两种形式的加热器——直接喷射器和直接注入器。直接喷射器把蒸汽喷射到牛乳流体里，注入器则是把牛乳注入热蒸汽中。其工艺流程如图 5-8 所示。

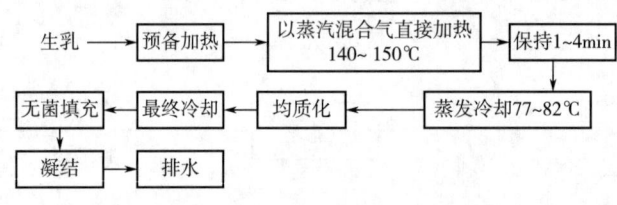

图 5-8　UHT 直接加热法工艺流程

②间接加热法：间接加热法是通过热交换器器壁间的介质间接加热制品的过程。间接加热法可分为板式加热、管式加热和刮板加热。其工艺流程如图 5-9 所示。

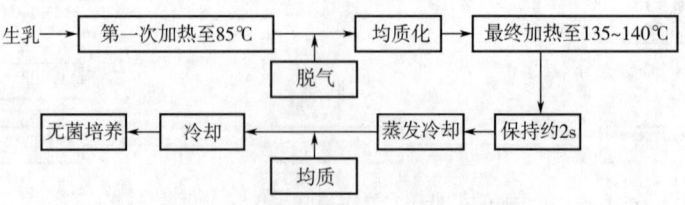

图 5-9　UHT 间接加热法工艺流程

所要求的灭菌效果决定了要选择的时间-温度关系的下限；杀菌强度也有一个上限，当牛乳蛋白开始凝固时达到上限。几乎所有高质量的生乳都足够稳定，经得起灭菌。UHT 过程中直接加热的加热步骤会导致酪蛋白胶束聚集物的形成，这可能会导致牛乳存在一种涩味和一些沉淀物。

UHT 灭菌主要在 140℃ 以上的温度进行。因此，所要求的灭菌效果是很容易达到的。但只有在乳蛋白酶（纤溶酶）的剩余活性不超过 1% 的情况下，才能获得足够长的常温贮藏期。

（二）超高温灭菌乳的无菌包装

经超高温灭菌及冷却后的灭菌乳，应立即进行无菌包装。灭菌乳不含细菌，包装时应严加保护，使其不被细菌污染。这种包装方法称作无菌包装。

1. 包装容器的灭菌方法

（1）饱和蒸汽灭菌　饱和蒸汽灭菌是一种比较可靠、安全的灭菌方法。这种灭菌方法是在压力室中进行的，容器通过适当的阀门进入和离开压力室，同时，为防止空气沉积于压力室内影响传热，必须及时去除压力室内由容器带入的空气。蒸汽灭菌后形成的冷凝水会残留于容器内并稀释产品。

（2）双氧水（H_2O_2）灭菌　双氧水的杀菌（包括芽孢）效力已广为人知。现在多用双氧水与热处理相结合的灭菌方法。有关双氧水杀死耐热芽孢的研究报道很多，但不同的芽孢对双氧水的抵抗性与热致死特性是不同的。通常情况下，双氧水的灭菌效率随温度和 H_2O_2 浓度的增高而增大。残存枯草芽孢杆菌的对数值随时间呈直线下降。

目前，H_2O_2 灭菌系统主要有两种，一种是将 H_2O_2 加热到一定温度，然后对包装盒或包装材料进行灭菌。这种灭菌一般在 H_2O_2 水槽内进行；另一种是将 H_2O_2 均匀地涂布或喷洒于包装材料表面，然后通过电加热器或辐射或热空气加热蒸发 H_2O_2，从而完成杀菌过程。用于这种灭菌的 H_2O_2 中一般要加入表面活性剂以降低聚乙烯的表面张力，使 H_2O_2 均匀分布于包装材料表面上。实际生产中，H_2O_2 的体积分数为 30%~35%。

（3）紫外线辐射灭菌　紫外线的灭菌原理是细菌细胞中的 DNA 直接吸收紫外线而被杀死。最适合致死微生物的紫外线的波长是 250 nm，否则杀菌效果急剧下降。

（4）H_2O_2 与紫外线联合灭菌　H_2O_2 灭菌的机制有一种假设是 H_2O_2 分解产生的羟基能使芽孢失活，因此，其灭菌效果是 H_2O_2 分解的函数而不是 H_2O_2 本身的函数。基于这一原理，加热 H_2O_2 不仅能提高反应速度，还能促进 H_2O_2 的分解，从而提高灭菌效率。这种灭菌系统比用 H_2O_2 结合加热灭菌具有潜在的优势，因为使用了较低浓度的 H_2O_2（<5%），使环境的污染和产品中 H_2O_2 的残留量降低了。严格控制 H_2O_2 的浓度是非常必要的，因为高浓度的 H_2O_2 会导致灭菌效率的降低。目前，这种 H_2O_2 与紫外线辐射相结合的灭菌方式已被应用于无菌灌装的纸盒灭菌过程中。

2. 无菌灌装系统的类型

（1）纸卷成形包装系统　纸卷成形包装系统是目前使用最广泛的包装系统。包装材料由纸卷连续供给包装机，经过一系列成形过程进行灌装、封合和切割。纸卷成形包装系统主要分为两大类，即敞开式无菌包装系统和封闭式无菌包装系统。

①敞开式无菌包装系统：敞开式无菌包装系统的包装容量有 200mL、250mL、500mL 和 1000mL 等，包装速度一般有 3600 包/h 和 4500 包/h 两种形式。

②封闭式无菌包装系统：封闭式无菌包装系统最大的改进之处在于建立了无菌室，包装纸的灭菌是在无菌室内的双氧水浴槽内进行的，并且不需要润滑剂，从而提高了无菌操作的安全性。

这种系统的另一改进之处是增加了自动接纸装置并且包装速度有了进一步的提高。封闭式包装系统的包装容积范围较广，为100~1500mL，包装速度最低为5000包/h，最高为18000包/h。

（2）预成形纸包装系统　预成形纸包装系统目前在市场上也占有一定的比例但份额较少。这种系统纸盒是经预先纵封的，每个纸盒上压有折叠线。运输时，纸盒平展叠放在箱子里，可直接装入包装机。若进行无菌运输操作，封合前要不断地向盒内喷入乙烯气体以进行预杀菌。

（3）吹塑成形瓶装无菌包装系统　吹塑瓶作为玻璃瓶的替代，具有成本低，瓶壁薄，传热速度快，可避免热胀冷缩的不利影响的优点。从经济和易于成形的角度考虑，聚乙烯和聚丙烯广泛用于液态乳制品的包装中。但这种材料避光、隔绝氧气能力差，会给长保质期的液态乳制品带来氧化问题，因此，可在材料中加入色素来避免这一缺陷，但此举不为消费者所接受。随着材料和吹塑技术的发展，采用多层复合材料制瓶，虽然其成本较高，但具有良好的避光性和阻氧性。使用这种包装可大大改善长保质期产品的保存性。目前，市场上广泛使用的聚酯瓶就是采用了这种材料的包装。绝大部分聚酯瓶均用于保持灭菌而非无菌包装。

采用吹塑瓶的无菌灌装系统有三种类型：包装瓶灭菌-无菌条件下灌装、封合；无菌吹塑-无菌条件下灌装、封合；无菌吹塑同时进行灌装、封合。

3. 无菌灌装机与超高温加工系统的结合

无菌灌装机与超高温灭菌系统的结合首先要保证无菌输送，同时为降低加工成本要保证最大限度地使用单个设备，也就是说每个热处理系统可以连接一种以上的灌装机以加工和包装不同类型、容积的产品。

最简单的结合方法是超高温系统与无菌灌装直接相连，较复杂的设计是在系统中间安装无菌平衡罐。但即使加装无菌平衡罐，系统也要尽量简化，因为中间原料的数量越多，细菌污染的可能性越大，故障排除的难度也相应增大。无菌罐的采用给生产增加了许多灵活性，但同时也增大了微生物污染的危险性，因此，在选用无菌罐前要正确了解无菌罐的性能，还要在生产中严格监控。

（三）超高温处理对牛乳的影响

1. 对微生物的影响

原料乳中存在的细菌可以分为两大类：

①仅以营养细胞形式存在的细菌，这些细菌易于通过加热或其他方式致死。

②以营养细胞及芽孢混合形式存在，如芽孢生成菌。这些细菌以营养细胞形式存在时易于被杀死，而以芽孢状态存在时则很难被杀灭。

通常原料乳中含有细菌营养体和芽孢的混合菌丛，UHT处理需要杀灭原料乳中所有的微生物，但是在实际生产过程中，往往仍然有少量耐热芽孢并未被完全杀灭，这些耐热性细菌可能会造成瓶内灭菌乳的变质。由于嗜热脂肪地芽孢杆菌和枯草芽孢杆菌耐热能力较强，通常把它们作为检测UHT设备灭菌效率的试验微生物。

2. 对感官质量的影响

（1）色泽　牛乳的高温处理会导致牛乳色泽变化，主要包括：①热处理导致蛋白质的变性和聚集，使牛乳中反射性粒子增加，均质也会导致牛乳的逸光性降低。②由于热处理强度比巴氏杀菌大，有一定程度的糖氨反应和美拉德反应的发生，导致牛乳色泽变深，并伴随产生蒸煮味和焦糖味，最终出现大量的沉淀。因此，选择正确的温度和时间组合，使芽孢的失活达到满意的程度，而乳中的化学变化保持在最低水平是非常重要的。

一般热处理强度越大,乳中的乳果糖的含量越高。所以,可通过测定乳果糖和糠氨酸的含量,把 UHT 乳、巴氏杀菌乳和二次灭菌乳区别开。

(2) 风味　普遍认为刚经过 UHT 处理的牛乳香味较淡,主要风味特征是蒸煮味、UHT 酮味和灭菌焦糖化风味,这些蒸煮味很可能是产品中巯基释放的结果(尤其是乳清蛋白的变性导致牛乳中硫氢气味的产生)。产品贮存的最初几天,随着这些基团的氧化,产品风味会有显著改善。因此,风味改善速度与产品中氧的存在有很大关系。

3. 对营养价值的影响

UHT 处理对牛乳营养成分的影响如表 5-6 所示。

表 5-6　　　　　　　　　　　UHT 处理对牛乳组分的影响

成分	变化情况
脂肪	无变化
乳糖	临界变化
蛋白质	乳清蛋白部分变性
矿物质	部分转变成不溶性
维生素	水溶性大量损失

从表中可以看出,UHT 处理对脂肪、矿物质的营养价值影响较小,但经 UHT 处理后,乳中蛋白质和维生素的营养价值有一定的改变。

热处理对乳中的主要蛋白质——酪蛋白不构成影响。而乳清蛋白的变性并不说明 UHT 乳的营养价值就比原料乳低,相反,热处理提高了乳清蛋白的可消化吸收率。乳中必需氨基酸——赖氨酸在生产中的损失使产品的营养价值产生微小改变。然而赖氨酸的损失率仅为 0.4% ~ 0.8%,这一数值与巴氏杀菌乳的损失是相同的,二次灭菌乳有 6% ~ 8% 的赖氨酸损失。

乳中不同维生素的热稳定性差异较大。通常脂溶性维生素如维生素 A、维生素 D、维生素 E 对热稳定,而水溶性维生素如维生素 B_2、维生素 C、生物素和烟酸对热不稳定。UHT 乳的维生素 B_1 损失低于 3%,二次灭菌乳的损失为 20% ~ 50%。在瓶装式灭菌乳中其他热敏性维生素,如维生素 B_6、维生素 B_{12}、叶酸和维生素 C,损失率可高达 100%。但这些维生素,如叶酸和维生素 C 的损失主要发生在贮藏期间,是由于乳中或包装产品中含氧量高,贮藏期间发生氧化造成的。且牛乳并不是提供维生素 C 和叶酸的最好来源。

(四) UHT 产品贮藏过程中的物理化学变化

UHT 产品在贮藏过程中会发生一系列物理化学变化,这些变化很大程度取决于贮藏的温度。当贮藏温度降低时,这些变化的速度也会降低,但老化胶凝反应例外。

1. 酸度

UHT 乳的酸度也会随着时间的延长而增加。贮藏温度升高时,酸度增加的速度会更快,并且酸度增加的程度与老化凝胶化的出现没有关系。

2. 风味

UHT 乳在贮藏期间,影响风味的因素主要包括贮藏温度、时间和含氧量。产品中的含氧量主要取决于生产中采用的具体处理方法。然而,产品在更长的贮存时间内,包材的透气性对产品含氧量起着更重要的作用。

3. 老化胶凝化

老化胶凝化是 UHT 乳生产中最常见的问题，该反应最快可在产品生产 2~3 周后发生，但有些产品贮藏 1 年以上也未发生。老化凝胶化反应开始的时间很大程度上取决于贮藏的温度。贮藏温度为 4℃时，老化胶凝化甚至能永远不发生；15℃时，老化胶凝化反应明显提高；在 27℃时老化胶凝化反应的发生速度最快；当贮藏温度达到 40℃以上时，老化胶凝化反应被完全阻止（但样品会有很严重的褐变现象发生）。

4. 颜色

UHT 乳的色泽在贮藏过程中会变暗，变暗的速度很大程度上取决于贮藏的温度。色泽变暗是由于乳制品中发生美拉德反应的结果。当贮藏温度达到 30℃以上时，在几周内即可迅速导致产品褐变的发生。

5. 脂肪分离

对于非再制乳或非还原乳产品，脂肪分离是由于均质条件不恰当所致，这可能是由于总均质压力不够、均质机的二级均质压力不合理、均质阀有划痕或者旁通阀侧漏所致。对于再制乳或者还原乳产品，可以通过添加合适的乳化剂和稳定剂来避免脂肪分离。

三、保持灭菌乳

瓶装灭菌乳又称保持灭菌乳。从成品的特性来看，经过加工处理后，产品不含有任何在贮存、运输及销售期间能繁殖的微生物及对产品品质有影响的酶类。

嗜冷生物的蛋白酶和脂肪酶，特别是假单胞菌属，非常耐热，即使在瓶内灭菌也不足以充分灭活这些酶。因此，它们在生乳中不应该存在。特别是，应该避免使用存放一定时间的牛乳，因为在这些牛乳中可能已经生长了大量的嗜冷微生物。这些细菌尤其能在（几乎）完全生长的培养基（静止期）中产生耐热酶。

图 5-10 是瓶装灭菌乳生产工艺流程。

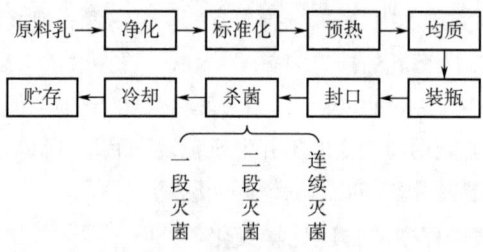

图 5-10 瓶装灭菌乳生产工艺流程

1. 原料乳的要求

对原料乳的理化特性、微生物种类和含量以及体细胞数的要求见 UHT 乳。

2. 预处理技术要求

瓶装灭菌乳的预处理，即净乳、冷却、贮乳、标准化、预热均质等技术要求同巴氏杀菌乳。

3. 装瓶、封口

消毒乳可灌装到许多容器中，常见的有玻璃瓶、塑料瓶。灌装、封口的主要目的是为了便于分送和零售，防止外界杂质混入成品中，防止微生物再污染，保持风味和防止吸收外界气味而产生异味和维生素等成分的损失。

(1) 玻璃瓶　可以多次循环使用，破损率可以控制在 0.3% 左右。与牛乳接触不起化学反应，无毒，光洁度高，易于清洗。缺点为质量大，运输成本高，易受日光照射产生不良气味，造成营养成分损失。回收的空瓶微生物污染严重。这就意味着玻璃瓶带来的污染可能大大增加，所以乳品厂应对回收的玻璃瓶进行彻底清洗和消毒。

(2) 塑料瓶　塑料瓶多用聚乙烯或聚丙烯塑料制成。具有瓶体轻，运输成本小，破损率少，循环使次数多，耐碱液及次氯酸洗涤和杀菌处理等优点。特别是聚丙烯能耐 150℃ 的高温，具有刚性，耐酸、碱盐性能均佳的优点。缺点为旧瓶表面易磨损，污染程度大，不易清洗和消毒；在较高的室温下，数小时后即产生异味，影响质量和合格率。

4. 灭菌

灭菌乳的灭菌方法有三种：一段灭菌、二段灭菌和连续灭菌。

(1) 一段灭菌　牛乳先预热到约 80℃，然后灌装到干净的、加热的瓶子中，瓶子封好盖后放入灭菌釜中，在 110~120℃ 温度下灭菌 10~40min，经冷却后取出。

(2) 二段灭菌　牛乳在 130~140℃ 预热 2~20s，此预热可在管式或板式热交换器中靠间接加热办法进行或者用蒸汽直接喷射牛乳，当牛乳冷却到 80℃，灌装到干净的、热处理过的瓶子中，封盖后再放入灭菌釜中进行灭菌。后一段热处理不需要像前一段那样强烈，因第二段杀菌的主要目的只是为了消除第一段杀菌后灌装重新感染的细菌。

(3) 连续式灭菌　牛乳被加热到 135℃ 或更高的温度，保持数秒后，冷却到 30~70℃，装入干净的经加热的瓶中，封口后进入水压塔灭菌。乳瓶缓慢地通过灭菌器中的加热区和冷却区往前输送，这些区段的长短应与处理中各个阶段所需求的温度和停留时间相对应。

5. 保质期

瓶内灭菌牛乳的变质可能是由于热处理不足造成的。由于热处理不足，枯草芽孢杆菌、循环芽孢杆菌、凝结芽孢杆菌或嗜热硬脂芽孢杆菌的芽孢在灭菌后存活了下来。枯草芽孢杆菌有较耐热的芽孢，这种细菌可使瓶内灭菌的牛乳变质。如果牛乳贮存在热带条件下，它可能会受嗜热嗜铬双歧杆菌污染，因为它有耐热芽孢。在原料乳中减少这些芽孢的数量和 UHT 预热步骤都有助于贮存。硬脂嗜热菌不能在 35℃ 以下生长。在灌装过程中污染的细菌芽孢数量极少，可采取 UHT 预灭菌后进行温和的瓶内灭菌的方式。如果包装不是完全密封（例如，由于不合适的冠软木塞），那么牛乳也可能被再次污染，从而变质。

细菌生长引起的 UHT 牛乳变质通常是由再污染引起的。很明显，变质的类型是由再污染细菌的种类决定的。甚至可能发生病原体的再污染，但可能没有明显的恶化现象。到目前为止，有一些因 UHT 牛乳被葡萄球菌污染而引起的食物中毒的报道，但很罕见。

UHT 牛乳由于耐热细菌酶的存在而发生的酶促变质，如凝胶化或产生苦味、腐臭或腐味，只能通过优质原料来防止。由牛乳蛋白酶引起的变质，例如，产生苦味，主要发生在需要将 UHT 牛乳在更高温度，如在热带国家贮存较长时间（例如，长达 6 个月）。更强烈的加热可以部分地防止这种情况。另外，一些乳牛场现在生产加热时间更短的直接加热的 UHT 牛乳（例如，在 145℃ 下加热 0.6 s），尽可能减少与低巴氏杀菌牛乳味道偏离，这意味着它将取代巴氏杀菌。尽管没有细菌腐败，这种牛乳在环境温度下只能保存 2~3 周，因为会产生黏稠和变苦味等变化，主要是由于纤溶酶活性引起的裂变现象。如果产品被冷藏，这个时间可以延长到大约 6 周。UHT 牛乳在贮存过程中的非酶变性可能与氧化、光照影响和美拉德反应有关。

通过在不同温度下（主要是30℃和55℃）孵育样品来检查瓶内灭菌牛乳的保存质量。例如，几天后可以确定气味、味道、外观、酸度、菌落数量和氧气压力。原则上，UHT 牛乳的无菌性可以用同样的方法来验证。从统计学的观点来看，需要对大量的样品进行无菌检查。氧气压力的测量可以快速完成，但它只适用于刚刚包装后，仍含有一些氧气的产品；O_2 压力的降低说明微生物在生长，也可以通过生物发光测量细菌 ATP 的增加。灭菌牛乳最好在保质期测试结果出来并符合产品标准后才出售。

第四节　调制乳与含乳饮料

一、调制乳

（一）概念

调制乳也称再制乳，指用脱脂乳粉同奶油（butter）或无水奶油（butter oil）等乳脂肪以及水混合勾兑而成的符合 GB 19301—2010《食品安全国家标准　生乳》成分的液态乳制品。其成分与鲜乳相似，也可以强化各种营养成分，也可以用它来制成其他乳制品，如再制甜炼乳、再制淡炼乳等。

（二）加工工艺

再制乳的加工方法大致可以分为以下几种：

(1) 全部均质法　先将脱脂乳粉和水按比例先混合成脱脂乳，再添加无水黄油、乳化剂和芳香物等，充分混合。然后全部通过均质，再消毒、冷却制成产品。

(2) 部分均质法　先将脱脂乳粉与水按比例混合成脱脂乳，然后取部分脱脂乳，在其中加入所需的全部无水黄油成高脂乳（含脂率为 8%~15%）。将高脂乳进行均质，再与其余的脱脂乳混合，经消毒、冷却而制成产品。

(3) 调制法　先用脱脂乳粉、无水黄油等混合制成炼乳，然后用杀菌水稀释而成。

再制乳所用的原料（脱脂乳粉、无水黄油）都是经过热处理的，其成分中的蛋白质及各种芳香物质受到一定的影响。因此，各国常把加工成的再制乳与鲜乳按比例混合后，再供应市场（通常质量比为 50∶50）。鲜乳必须先经杀菌，否则要求在混合后再杀菌。

1. 原料质量要求

(1) 乳粉　用于再制乳制备的乳粉根据热处理条件可分为三类，即高热、中热和低热乳粉。其中，低热乳粉生产时原料乳的热处理条件为 92℃保温 15s，中热乳粉是 73~75℃保温 1~3min；高温乳粉是 80~85℃保温 30min。一般来讲，使用脱脂乳粉制备再制乳时，宜选用低温加热而溶解度高的乳粉，产品风味良好，但中低热脱脂乳粉的使用会使长保质期产品的保质期缩短。乳粉在复原过程中会经历最适合嗜热微生物生长的温度，因此乳粉中嗜热芽孢数应低于 500CFU/g，嗜热菌数应低于 5000CFU/g。再制乳生产中所用脱脂乳粉的标准如表 5-7 所示。

表5-7　　　　　　　　　　　　　　　　脱脂乳粉的质量标准

项目	指标
水分	<4.0%
脂肪	<1.25%
滴定酸度（以乳酸计）	0.1%~0.15%
溶解度指数	>1.25%
细菌数	<1.0×10^4 CFU/g
大肠杆菌	阴性
滋味、气味	无异味

(2) 奶油　再制乳的风味主要来自脂肪中的挥发性脂肪酸，因此，必须严格控制脂肪的质量标准。通常需注意防止氧化以确保产品不产生风味缺陷。无水奶油的质量标准如表5-8所示。

表5-8　　　　　　　　　　　　　　　　无水奶油的质量标准

项目	指标
脂肪	>99.8%
水分	<0.1%
游离脂肪酸	<0.3%
铜	<0.05mg/kg
铁	<0.02mg/kg
大肠杆菌	阴性
滋味、气味	无异味，具有奶油固有的香气

(3) 水　水是再制乳制品的主要成分，水的质量经常被忽略。还原乳使用的水必须是饮用水。一般水的总硬度（相当于碳酸钙）不应该超过100mg/kg，总不溶物应低于500mg/kg，最好在350mg/kg以下。

(4) 乳化剂和稳定剂　乳化剂是乳浊液的稳定剂，是一类表面活性剂，主要通过在油水界面形成膜来减少脂肪分离。当乳化剂分散在分散质的表面时，形成薄膜或双电层，可使分散相带有电荷，这样就能阻止分散相的小液滴互相凝结，使形成的乳浊液比较稳定。通常用于UHT再制乳加工的乳化剂包括单、双甘酯和大豆磷脂酰胆碱。乳化剂亲水胶体可作为产品的稳定性胶体，通过增加水相黏度，增加产品的黏度，改善口感，降低脂肪分离速度。主要乳化亲水胶体包括阿拉伯胶、果胶、琼脂、海藻酸盐、CMC、水解胶体等。现在也有许多公司生产的复合乳化剂、稳定剂，用于再制乳生产，可以提高产品的热稳定性，提高加工和贮藏过程中脂肪的悬浮和稳定性，并通过形成更满意的黏度和更丰满的口感来提高产品的感官质量。

(5) 其他

①盐类：再制乳制备过程中使用的盐类主要包括强化性盐类和稳定性盐类。其中，强化性盐类是为了补充牛乳中某些元素的含量而添加的，包括各种钙盐、锌盐等；稳定性盐类主要用

来提高再制乳的稳定性，包括柠檬酸盐、磷酸盐等。

②风味料：天然和人工合成的香精，以改善口感和香味。

③色素：常用的有胡萝卜素、安那妥等，以改善产品的色泽。

2. 工艺要点

(1) 水与脱脂乳粉的混合　用 40~55℃ 的水溶解脱脂乳粉，此温度下脱脂乳粉溶解度最佳。良好溶解度的指标为 50mL 再制乳中有不高于 0.25mL 不溶性沉淀物。当乳粉刚与水混合时，乳粉颗粒在水中呈悬浊颗粒，只有当乳粉不断分散溶解、吸水润湿后，乳粉才能以胶体状态分布于水中，这个过程就是水合过程。因此，水与脱脂乳粉混合后，要有一定的水合时间，这不仅能改进成品的外观、口感、风味，还能减少杀菌中的结垢，需要 20~30min。在此过程中，由于乳粉加入搅拌时混入大量空气，易引起后续巴氏杀菌器的焦化结垢、均质机中产生空穴，引起均质困难、增加脂肪氧化的风险等。因此，一般用脱气机进行真空脱气。

(2) 无水奶油的加入　无水黄油的融化方法主要有以下几种：①将无水奶油在 45~50℃ 下保持 24~48h 使其完全融化。②把罐装的乳脂肪浸入 80℃ 的热水中，经 2~3h 乳脂肪融化。③将桶置于蒸汽通道中，约 2h 桶内乳脂肪融化。

融化好的乳脂肪被输送到带有夹层的保温罐中并保持温度。随后加入到混合罐中，开动搅拌器，使乳脂肪在脱脂乳中分散开来。一定要注意：乳脂肪的加入必须是在脱脂乳水合完成之后。

(3) 均质　由于无水奶油在加工过程中失去了脂肪球膜，因此，在还原为再制乳后，虽然经过均质，但由于缺乏膜的保护，脂肪颗粒仍容易再凝聚。因此，要求均质后脂肪球直径为 1~2μm。经过均质后，不仅把脂肪分散成了微细颗粒，而且促进了其他成分的溶解水合过程。从而对产品的外观、口感、质地都有很大改善。一般采用两段式均质，压力为 15~20MPa，温度 65℃。

(4) 杀菌　再制乳的生产一般采用 72℃ 保持 15s 的巴氏杀菌的方法。在加工中，如果想要减少加热乳特有的蒸煮味，最好采用低温或中低温加热的乳粉，并进行最低限度的巴氏杀菌；如果想要蒸煮味，那么既可选用高温加热的乳粉，又可提高巴氏杀菌温度。

(5) 鲜乳的加入　再制乳所用的原料都是经过热处理的，其成分中的蛋白质及各种芳香物质受到一定影响。因此，常把加工成的再制乳与鲜乳按 1:1 质量比混合后供应市场。鲜乳必须先经过杀菌，也可以在混合后再进行杀菌处理。

(6) 平衡罐　再制乳通常直接从生产线到包装，但为了防止在生产线或包装线上的突然停机，生产线上需要缓冲罐，即平衡罐。如果是灭菌乳，这一缓冲罐必须是无菌罐，以避免二次污染。

(7) 包装　包装必须非常严密，这是为了防止再制乳的氧化；保护乳不受有害影响，如异物、污垢、空气、湿度和光线的影响，而且保证包材与乳产品接触后不得发生反应；包装材料也应该有足够的强度，不能被产品软化，不影响乳产品的味道和气味，且能在板条箱中或纸箱中堆垛。

典型的大型再制乳连续生产线如图 5-11 所示。

奶油被计量泵泵入混料罐中，水经计量加入到一个混料罐中。因为脱脂乳粉在温水中比在冷水中更易溶解，使水在泵送途中被板式换热器加热。当罐被灌满一半时，循环泵启动，水流过旁通管道，从混料罐进入一个高速混料系统。混料罐的搅拌器在启动循环泵的同时开始启动，

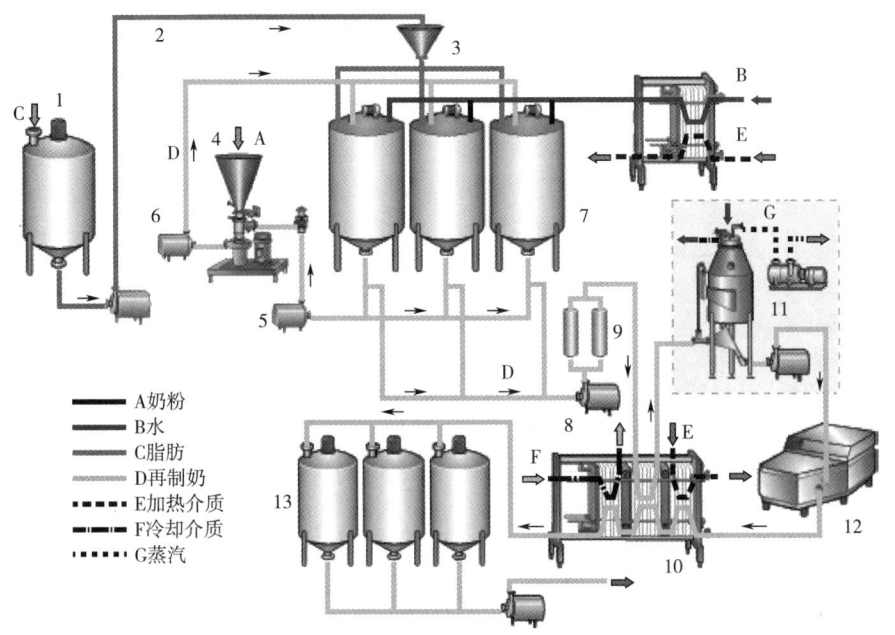

图5-11 带有脂肪混入混料缸的再制乳生产线

1—脂肪贮罐 2—脂肪保温管 3—脂肪计量斗 4—水粉混合器 5—循环泵 6—增压泵 7—混料罐
8—排料泵 9—过滤器 10—板式热交换器 11—真空脱气器 12—均质机 13—贮罐

水连续流入罐中,同时加工也在进行直至达到特定的量。当所有的乳粉已被加入后,搅拌器和循环旁路被关闭,同时罐中物被静置直至所有的脱脂乳粉完全溶解。在水温为35~45℃的条件下,完全溶解过程约需20min。随后,搅拌器再次启动,同时混料器与下一批罐连接进行再制乳生产。这时无水奶油从脂肪贮罐中加入,其加入量经计量斗进行计量。脱脂乳、脂肪混合物由泵从满载的混料罐中送往一个双联过滤器,滤去所有外来物质。在换热器中被预热后,产品泵入均质机,此时脂肪球被完全分散。在混粉操作过程中,产品吸入大量的空气,这些空气会导致在巴氏消毒器上产生结垢以及均质问题,可在均质前的生产线上加上一个真空脱气罐以减少这些问题,产品被预热到比均质温度高7~8℃的温度,然后在脱气罐中闪蒸,在此真空度可调整,以使产品出口具有正确的均质所需温度。在板式热交换器中均质乳被巴氏杀菌并冷却,随后泵入贮罐或直接包装。

(三) 复原乳

复原乳就是用全脂乳粉或全脂浓缩乳为原料加水勾兑而成的,符合 GB 19301—2010《食品安全国家标准 生乳》成分的液态乳,又称还原乳。复原乳有别于再制乳,再制乳是将脱脂乳粉与水混合并加入适当的无水黄油加工而成的液态乳。

为了满足广大消费者对优质液态乳的需要,国家要求在巴氏杀菌乳的生产中不允许添加复原乳,大力提倡和鼓励在灭菌乳的生产中全部使用生鲜乳。考虑到生产和市场状况,可以适当生产复原乳,但必须使用合格的原料,严格按照国家有关标准进行生产,不得掺杂使假。我国规定,在生产灭菌乳时,如果采用复原乳,则必须在配料表中标明复原乳的含量。在热带和亚热带气候条件下,或者在一些比较紧急的情况下,进行工业化生产复原乳是十分有意义的。复原乳经过巴氏杀菌或者 UHT 处理,就可以像鲜乳一样进行填充和包装。此外,复原乳也可用于乳品厂发酵剂培养物的制备，以便为微生物提供标准化条件。

复原乳的加工方式有两种：一种是在鲜牛乳中掺入比例不等的全脂乳粉或全脂浓缩乳；另一种是以全脂乳粉或全脂浓缩乳为原料生产的饮料。以乳粉为原料制备复原乳的工艺流程如图 5-12 所示。

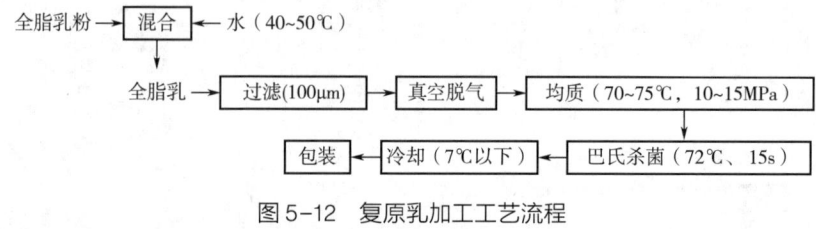

图 5-12　复原乳加工工艺流程

复原乳制品的生产以混合、分散、水合、乳化和溶解操作为特征。这些过程与再制乳加工使用的过程基本相同。

二、含乳饮料

风味乳饮料在国内外市场上已出现多年，由于它除了具有乳香味外，又带有草莓味等水果味或巧克力味等其他风味，两种风味相融合使风味乳饮料的风味独特，因此它深受广大消费者的欢迎，尤其是受到儿童和年轻人的欢迎。

市场上常见的风味乳饮料有草莓乳、香蕉乳、巧克力乳、咖啡乳等产品，采用的包装形式主要有无菌包装和塑料瓶包装。与无菌包装产品相比，塑料瓶包装的产品均采用二次灭菌，因此，产品的风味较无菌包装产品要差，营养成分损失也较多。但塑料瓶包装产品也有其优点，即产品在运输时的抗机械损伤能力较强。

（一）概述

1. 定义

乳饮料是指以新鲜牛乳为原料（含乳 30% 以上），加入水与适量辅料如可可、咖啡、果汁和蔗糖等物质，经有效杀菌制成的具有相应风味的含乳饮料。根据 GB 21732—2008《含乳饮料》，乳饮料中的蛋白质含量应大于 1%。乳饮料除了添加一些影响味道的添加剂外，还添加了其他成分，例如稳定剂，这有助于乳饮料结构稳定和成分分布均匀。基本产品可以添加牛乳蛋白，或者在饮料中添加乳清等成分。

2. 分类

含乳饮料通常分为中性含乳饮料和酸性含乳饮料两大类。

（1）中性含乳饮料　又称风味含乳饮料，是以鲜乳、乳粉或其他乳蛋白为原料，加入饮用纯水、糖，也可添加果汁、茶、植物提取液等其他辅料，配制而成的中性饮料制品。

（2）酸性含乳饮料　按其加工工艺又可分为调配型酸性含乳饮料（formulated milk）和发酵型酸性含乳饮料（fermented milk）。

①调配型酸性含乳饮料：以鲜乳、乳粉或其他乳蛋白为原料，加入饮用纯水、糖、酸味剂，也可添加果汁、茶、植物提取液等其他辅料，配制而成的酸性饮料制品。成品中蛋白质含量不低于 1.0% 的称乳饮料，蛋白质含量不低于 0.7% 的称乳酸饮料。

②发酵型酸性含乳饮料：以鲜乳或乳制品为原料，经乳酸菌类培养发酵制得的乳液中加入

水、甜味剂等调制而得的活性（非杀菌型）或非活性（杀菌型）的饮料。成品中蛋白质含量不低于 1.0% 的称乳酸菌乳饮料，蛋白质含量不低于 0.7% 的称乳酸菌饮料。

（二）中性含乳饮料

1. 中性含乳饮料标准

（1）感官指标　应具有加入物相应的色泽和风味，质地均匀；无脂肪上浮；无蛋白颗粒；允许有少量加入物沉淀；无任何不良气味和滋味。具体应符合表 5-9 的规定。

（2）理化指标　应符合表 5-10 的规定。

（3）卫生指标　应符合表 5-11 的规定。

表 5-9　　　　　　　　　　　含乳饮料感官指标

项目	要求
滋味与气味	特有的乳香滋味和气味或具有与加入辅料相符的滋味和气味；发酵产品具有特有的发酵芳香气味和滋味；无异味
色泽	均匀乳白色、乳黄色或带有添加辅料的相应色泽
组织状态	均匀细腻的乳浊液，无分层现象，允许有少量沉淀，无正常视力可见外来杂质

表 5-10　　　　　　　　　　　含乳饮料理化指标

项目	指标
脂肪含量/%	≥1.0
蛋白质含量/%	≥1.0
总砷（以 As 计）/（mg/L）	≤0.2
铅（Pb）/（mg/L）	≤0.05
铜（Cu）/（mg/L）	≤5.0

表 5-11　　　　　　　　　　　含乳饮料微生物指标

项目	指标
菌落总数/（CFU/mL）	≤10000
大肠菌数/（MPN/100mL）	≤40
霉菌/（CFU/mL）	≤10
酵母/（CFU/mL）	≤10
致病菌（沙门氏菌、志贺氏菌、金黄色葡萄球菌）	不得检出

2. 巧克力风味乳的加工工艺

常见的风味乳饮料有草莓乳、香蕉乳、巧克力乳、咖啡乳等产品，所采用的包装形式主要有无菌包装和塑料瓶包装。其中，添加可可或者巧克力的乳制品是最广为人知和最受欢迎的乳饮料。巧克力风味乳及饮料一般以新鲜牛乳或乳粉为主要原料，然后加入糖、可可粉、稳定剂、香精或色素等，再经热处理而制得。具体的工艺流程如图 5-13 所示。

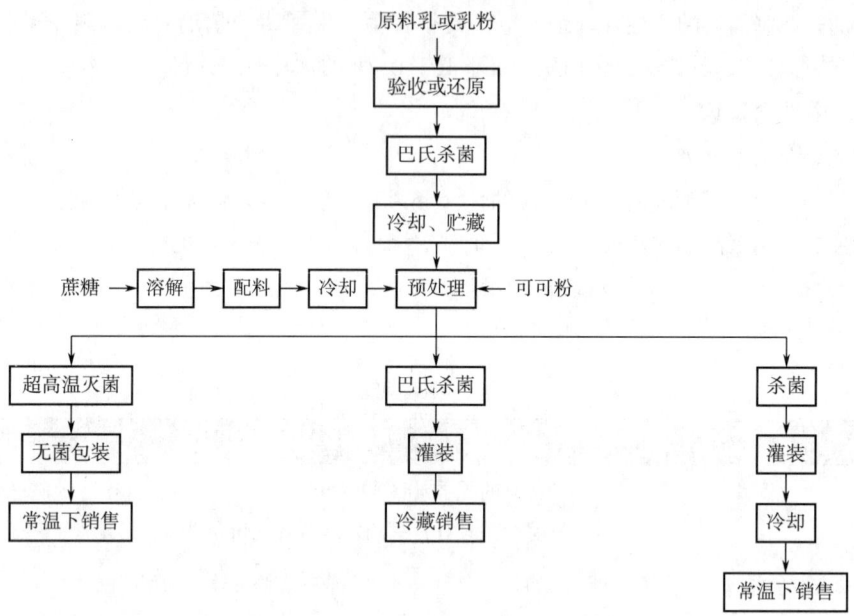

图 5-13　巧克力风味乳饮料工艺流程

将原料乳或者乳粉经过验收或还原后，经过巴氏杀菌得到乳液，之后将乳液冷却至 40℃ 并在贮罐中贮藏。蔗糖等溶解后将稳定剂、香精或色素等辅料以及经过预处理的可可粉混合进行预混合，这样有利于粉末颗粒的良好水合，提高了分散性。将混合好的稳定剂和可可粉等辅料与进行混合，通过在混合容器中的剧烈搅拌或者通过回路泵送使乳液和可可粉等辅料实现均匀分布。在均匀混合后，使用选定的热处理工艺进行热处理。选择相应的冷却和填装工艺作为热处理的一个过程。巴氏杀菌的产品冷却至 4℃，并装入瓶子或者单向容器中。UHT 灭菌处理的产品冷却至 20℃，并进行无菌包装填充。对于灭菌产品，在进行灭菌罐装后，需要在罐装容器中进行二次灭菌处理。

计算可可乳产量时，必须考虑牛乳和可可粉的不同密度以及不同数量（牛乳的体积以升为单位，粉末的质量以千克为单位）。将 50kg 甜可可粉添加到 1000L 牛乳中，可获得 1019L 成品。

（1）原料及配方　巧克力风味乳及饮料中原料乳的含量为 35%~90%，可可粉含量为 1%~1.5%，蔗糖含量为 5%~8%，其典型的配方如表 5-12 所示。

表 5-12　　　　　　　　　　巧克力乳饮料配方　　　　　　　　　　单位:%

成分	用量	成分	用量
原料乳（乳粉）	35~90	香兰素或麦芽酚	适量
糖	5~8	香精	适量
可可	1~1.5	食盐	适量
稳定剂	0.036~0.3	色素	适量

（2）技术要点

①原料要求：应符合 GB 19301—2010《食品安全国家标准　生乳》的规定及其他相应原辅材料的标准和有关规定。若采用乳粉溶解还原生产含乳饮料，乳粉也必须符合标准后方可使用，

而且必须使用适当的设备对乳粉进行还原。

②原料乳或乳粉：必须使用高质量的原料乳或乳粉为原料，若原料乳或乳粉的蛋白质稳定性差，会影响设备的连续运转时间，并使产品出现沉淀、分层等质量问题。

若采用乳粉制备乳饮料，需对其进行溶解还原。乳粉还原可采用低温长时法即用 10℃ 水溶解后过夜，还可采用中温还原法即用 50~60℃ 水溶解乳粉，待乳粉完全溶解后，停止搅拌，让乳粉在此温度下水合 20~30min。当水温从 10℃ 增加到 50℃ 的过程中，乳粉的润湿性随之上升；在 50~100℃，温度上升，润湿度不再增加且有可能下降。一般情况下，新鲜的高质量乳粉所需水合时间最短，水合时间不充足将导致最终产品带有"粉笔末"缺陷。

③巴氏杀菌：将原料乳（还原乳）先进行巴氏杀菌，并冷却至 4℃。

④糖溶液的配制：先将糖溶解于热水中配制成糖浆，煮沸 15~20min，再经过滤后加入到原料中。

⑤可可粉的预处理：可可粉是由可可豆经过压榨磨粉得到的脂肪含量低于 10% 的低脂肪产品。可可粉末的整体颗粒粒度为 10~30μm，pH 5.0~7.0。由于可可粉中含有大量的芽孢，同时有许多颗粒，因此为保证灭菌效果和改进产品的口感，在加入到牛乳中前，可可粉必须经过预处理。一般可可粉的质量不同，采用的热处理强度也不同。生产实践中，一般先将可可粉溶于热水中，然后将可可浆加热到 85~95℃，并在此温度下保持 20~30min，最后冷却，再加入到牛乳中。这样做主要是因为当可可浆受热后，其中的芽孢菌因生长条件不利而变成芽孢；可可浆再冷却后，这些芽孢又因生长条件有利转变为营养细胞，这样在以后的灭菌工序中就很容易再将这些细菌杀死。

⑥稳定剂的溶解：一般用 5~10 倍的糖颗粒与稳定剂先进行混合，然后溶解于 45~65℃ 的软化水中。常用的稳定剂有卡拉胶、甘油一酯等。胶态微晶纤维素（MCC）在中性含乳饮料中也能起到很好的稳定作用，特别是当与卡拉胶复配使用时具有协同作用，但 MCC 不耐酸，只有在 pH>3.8 的体系中才具有较好的稳定效果。

⑦配料：将所有的原辅材料加入到配料罐中后，低速搅拌 15~25min，以保证所有的物料混合均匀，尤其是稳定剂能均匀分散于乳中，提高分散性。为保证可可粉、稳定剂能完全与牛乳混合，最好在灭菌前将混合料冷却至 10℃ 以下，并在此温度下老化 4~6h。稳定剂的均匀分布是决定可可乳良好口感的先决条件。

⑧灭菌：由于可可粉中含有大量芽孢，因此，巧克力乳饮料的灭菌强度较一般风味乳饮料要强。对超高温灭菌的巧克力乳饮料来说，常采用的灭菌方式为 137℃ 保持 4s。而对二次灭菌的巧克力乳饮料来说，一般先采用超高温灭菌（135~137℃ 保持 2~3s），然后灌装后再进行 115~121℃ 保持 15~20min 的灭菌，最后冷却到 25℃ 温度以下。

在生产巧克力乳饮料时，通常灭菌系统中都有脱气和均质处理装置。脱气一般放在均质前，主要是为除去原料中以及前处理过程中混入的空气，以免最终产品中空气含量过高，影响产品的感观、营养成分以及对均质头造成损坏。均质可放在灭菌前，也可放在灭菌后。一般来讲，灭菌后均质产品的口感及稳定性较灭菌前均质要好，但操作比较麻烦，且操作不当易引起细菌的再污染。通常先对巧克力乳饮料进行脱气处理，脱气后的乳饮料的温度一般为 70~75℃，此时再进行均质，就可达到好的均质效果，常使用的均质压力为 25MPa。为保护均质机，最好在配料罐和灭菌设备之间先进行过滤处理（一般为 100 目的滤网）。

⑨冷却：为保证加入的稳定剂如卡拉胶起到应有的作用，在灭菌后应迅速将产品冷却至

25℃以下。

3. 奶茶的加工工艺

奶茶通过对风味的改良和改进，近年来奶茶吸引的消费者数量不断增加，尤其受到青少年和年轻人的青睐。奶茶是以牛乳或者乳粉和茶汤为主要原料，辅以 β-环状糊精、乙基麦芽酚、蔗糖和甘油一酯等添加剂，再经热处理杀菌制得的中性含乳饮料。

（1）工艺流程　具体工艺流程如图5-14所示。

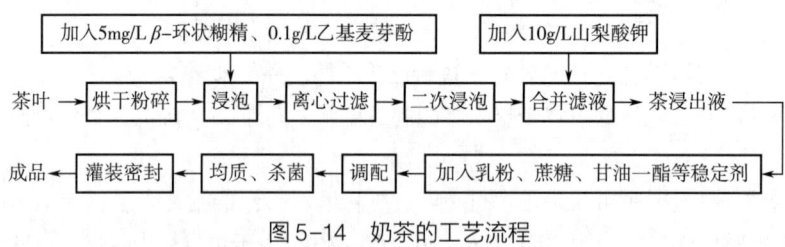

图5-14　奶茶的工艺流程

（2）技术要点

①原料要求：应符合 GB 19301—2010《食品安全国家标准　生乳》的规定及其他相应原辅材料的标准和有关规定。若采用乳粉溶解还原生产含乳饮料，乳粉也必须符合标准后方可使用，而且必须使用适当的设备对乳粉进行还原。所使用的茶叶应符合 GB 2763—2021《食品安全国家标准　食品中农药最大残留限量》的规定。

②烘干粉碎：将符合标准的茶叶在烘干机内烘干，温度要求不低于90℃，时间不低于30min。烘干过程之后应将茶叶进行摊晾冷却，冷却后用粉碎机粉碎，粉碎后的粒度要求不高于 500μm。

③浸泡、离心过滤：将水加热至70～100℃，将茶叶浸提5～12min，并加入5mg/L β-环状糊精和0.1g/L 乙基麦芽酚。按照茶叶与水质量1∶10 至1∶60 的比例进行浸提，之后用离心机在1500r/min 的条件下重复操作两次。为保留奶茶的香气成分以及提高奶茶品质，加入5mg/L的 β-环状糊精和0.1g/L 乙基麦芽酚进行增香。在混合滤液之后加入10g/L 山梨酸钾的目的是抑制茶液的"冷浑浊"现象，得到干净清澈的茶体。

④加入乳粉、蔗糖、甘油一酯：将浸出液泵入带有搅拌器的配料罐中，温度不低于70℃，加入适量的乳粉、蔗糖、甘油一酯等稳定剂，不断搅拌直至乳粉等辅料全部溶解。

⑤均质、杀菌：使乳粉和茶体乳化均匀，防止乳脂肪上浮，将混合后的奶茶转入高压均质机进行均质，温度在65℃，压力为15～20MPa。要求均质后的脂肪球直径在1μm 以下。均质后的奶茶利用 UHT 技术处理灭菌。

⑥灌装、密封：杀菌后的奶茶，在无菌条件下可灌装至无菌容器内。

⑦包装、成品：灌装后的成品贮存24～48h，无异常变化即可打包入库。

（三）调配型酸性含乳饮料

调配型酸性含乳饮料是指用乳酸、柠檬酸、苹果酸或果汁将牛乳的pH 调整到酪蛋白的等电点（pI 4.6）以下而制成的一种乳饮料。根据国家标准，这种饮料的蛋白质含量应大于1%，因此，它属于乳饮料的一种。调配型酸性含乳饮料在国内市场上发展迅速，每年的增长速度几乎都在20%以上。

(1) 工艺流程

调配型酸性含乳饮料具体的工艺流程如图 5-15 所示。

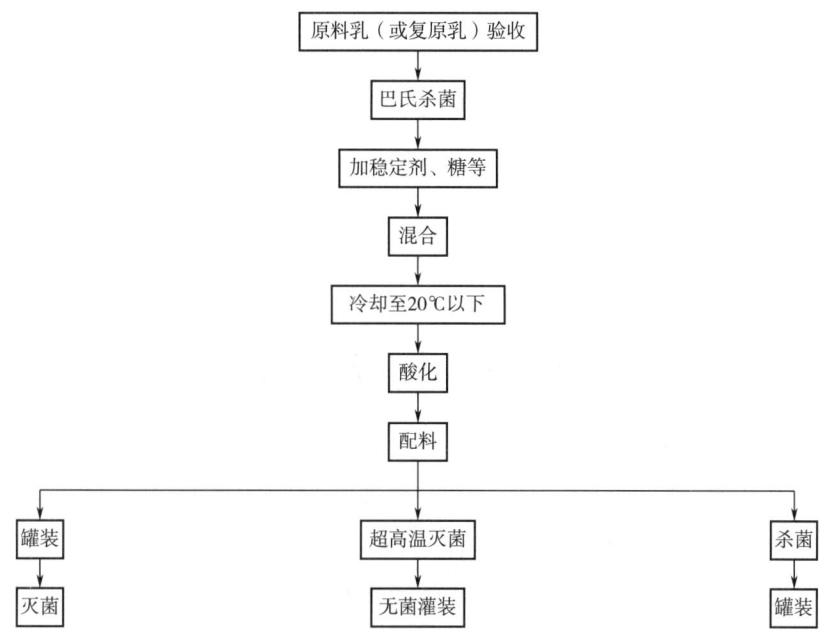

图 5-15　调配型酸性含乳饮料的工艺流程

(2) 操作要点

①原料乳：原料乳质量同巴氏杀菌乳，生产酸性乳饮料也可使用复原乳。

②乳粉的还原：用大约一半的水量来溶解乳粉，在保证乳粉能还原良好的前提下，水温应尽可能低。因为高温下不易控制，很难达到理想的酸化效果。

③稳定剂的溶解：操作要点见中性含乳饮料。在酸性含乳饮料中常采用羧甲基纤维素（CMC）、瓜尔豆胶、变性淀粉的复配以提高饮料的稳定性。

④混合：将稳定剂溶液、糖溶液等杀菌、冷却后加入到巴氏杀菌乳中，混合均匀后，再冷却至20℃以下。

⑤酸化：酸化过程是调配型酸性含乳饮料生产中最重要的步骤，成品的品质取决于调酸过程。

a. 为得到最佳的酸化效果，酸化前应将牛乳的温度降至20℃以下。

b. 为保证酸溶液与牛乳充分均匀混合，混料罐应配备一只高速搅拌器（2500~3000r/min）。同时，酸液应缓慢地加入到配料罐内，以保证酸液能迅速、均匀地分散于牛乳中。加酸过快会使酸化过程形成的酪蛋白颗粒变得粗大，产品易产生沉淀。

c. 有条件的工厂，可将酸液薄薄地喷洒到牛乳的表面，同时进行足够的搅拌，以保证牛乳的界面能不断更新。从而得到较缓慢、均匀的酸化效果。

d. 为易于控制酸化过程，通常在使用前应先将酸液稀释成10%或20%的溶液。同时为避免局部酸度偏差过大，可在酸化前的原料中加入一些缓冲盐类，如柠檬酸钠等。

e. 为保证酪蛋白颗粒的稳定性，在升温及均质前，应先将牛乳的pH降至4.6以下。

⑥配料：酸化过程结束后，将香精、色素、有机酸等配料加入到酸化的牛乳中，同时对产品进行标准化。

⑦杀菌：由于调配型含乳饮料的pH一般为3.8~4.2，因此，它属于高酸食品，其杀灭的对象菌为霉菌和酵母菌。通常采用高温瞬时的巴氏杀菌或低温长时间杀菌方法。理论上说，采用95℃、30s的杀菌条件即可，但考虑到各个工厂的卫生情况及操作情况，通常大多数工厂对无菌包装的产品，均采用105~115℃、15~30s的杀菌条件，也有一些厂家采用110℃、6s或137℃、4s的杀菌条件。对包装于塑料瓶中的产品来说，通常在灌装后，再采用80~85℃、20~30min的杀菌条件。杀菌设备中一般都有脱气和均质处理装置，常用的均质压力为20MPa和5MPa。

第五节　其他液态乳

随着人们生活水平的提高以及对健康饮食的关注，具有特定功能和针对特定人群的功能性液态乳被消费者日益重视，如高钙牛乳、低乳糖牛乳、高铁牛乳和膳食纤维牛乳等。本节简要介绍高铁牛乳、膳食纤维牛乳以及无乳糖低脂高蛋白牛乳。

一、高铁牛乳

（一）铁缺乏现状

1. 缺铁现状

铁缺乏是世界范围的最常见的营养缺乏病。世界卫生组织（WHO）规定：成年男性血红蛋白浓度低于130g/L、女性低于120g/L属于贫血。据此规定，《中国居民营养与慢性病状况报告（2020年）》表明：我国18岁及以上居民贫血率为8.7%，6~17岁儿童青少年贫血率为6.1%，孕妇贫血率为13.6%。

2. 防治缺铁性贫血

从出生后5个月左右开始，人体就会受到可能缺铁的困扰，为了避免这种情况出现，防治缺铁性贫血可从以下4点着手：①0~6个月以内的婴儿尽量用母乳喂养。②无法用母乳时尽量用以牛乳为基本配方的强化铁配方粉。③食用强化铁的谷物食物。④对低体重的婴儿要额外补充铁。强化铁的婴儿配方乳粉和谷类食品都能有效预防缺铁性贫血，但婴儿配方乳粉中铁的含量不得超过3mg/100kcal（1kcal=4.186kJ）。

（二）高铁牛乳的生产工艺

高铁牛乳采用三价的焦磷酸铁（含铁量8%）作为强化剂，添加乳铁蛋白作为铁的吸收载体。目前，市场上常见补铁产品的常用补铁制剂主要有卟啉酸铁（血红素铁）、乳酸亚铁、葡萄糖酸亚铁、硫酸亚铁等。血红素铁具有较好的吸收性能，但产品色泽太深，不宜用于乳制品。乳酸亚铁等二价铁制剂具有铁锈味、刺激肠胃、色泽偏棕黄、吸收率低等缺点。

高铁牛乳的生产工艺见图5-16。

由于乳铁蛋白遇热变性，因此需选用卫生指标非常好的乳铁蛋白，而且是在牛乳杀菌后通过无菌（非严格）操作加入到熟乳中；该工艺也同样适用于用维生素C作铁的吸收促进剂类高铁牛乳。

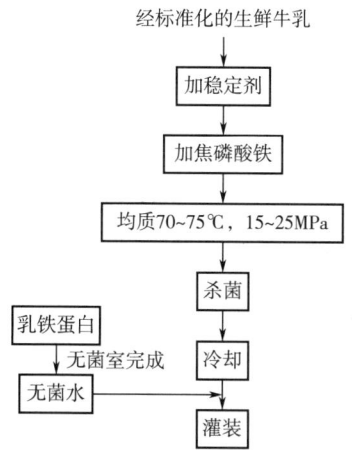

图 5-16　高铁牛乳的工艺流程

(三) 产品特点

1. 理化指标

产品铁含量为 1mg/100mL，这样基本能满足缺铁消费者的需求，在正常情况下也不会出现铁摄入过量的现象。

2. 产品特点

产品补铁同时，强化了促铁吸收因子（乳铁蛋白），一方面完善了高铁的功能，另一方面能起到一定的调节免疫功效。

二、膳食纤维牛乳

人类认识膳食纤维（dietary fiber，DF）是从公元前 6 世纪开始的，它的名称先后经历过"粗粮""粗纤维"，然后人们先后从生理功能和分析方法角度对其进行定义和分类。

(一) 膳食纤维概述

2000 年 3 月，美国谷物化学家协会给膳食纤维的定义是：膳食纤维是植物的可食部分或类似的碳水化合物，其在人类的小肠中难以消化和吸收，在大肠中会全部或部分发酵分解。膳食纤维包括多糖、低聚糖、木质素及相关的植物物质。膳食纤维具有促进通便及/或降低血中胆固醇及/或降低血糖的有益健康的生理效果。

膳食纤维可分为可溶性膳食纤维（soluble dietary fiber，SDF）和不可溶性膳食纤维（insoluble dietary fiber，IDF）。虽然可溶性膳食纤维在小肠不能被人体消化和吸收，但在大肠中可被其他微生物分解成短链脂肪酸（如乙酸、丙酸和丁酸），经测定 SDF 的热量为 4cal/g。不溶性膳食纤维不能被人体大肠的微生物分解，所以它的热量为 0。

美国临床化学学会的定义指出，膳食纤维应该包括：①不可消化但可发酵的直链淀粉、支链淀粉、改性淀粉、纤维素、半纤维素、菊粉、多聚果糖、阿拉伯木聚糖、阿拉伯半乳聚糖、果胶和水状胶体等多糖，还包括葡聚糖、焦糊精等新的碳水化合物，以及其他类似的碳水化合物。②聚合度在 3~10 的短链低聚糖，如麦芽糊精、α-半乳糖苷和低聚果糖。③腊、软木脂和角质等脂肪酸的衍生物。④木质素。⑤以碳水化合物为基础、与植物膳食纤维相似的、不可消化和吸收的食品配料。

(二) 强化膳食纤维的牛乳

1. 配方

由于目前很多公司提供的膳食纤维都是可溶性的，纯 DF 含量一般在 82%～85%。根据膳食纤维日摄入量 20～30 g，产品膳食纤维含量定于 4g/100mL，所以产品的 DF 添加量为 50kg/t。事实上，这种添加量在国内普通产品中是较难实现的，主要是因为成本较高（市场价最低也接近 45 元/kg，所以每吨产品的膳食纤维增加成本 2000 元以上，除非适用于保健食品）。

2. 工艺

可溶性膳食纤维牛乳工艺很简单，如图 5-17 所示。

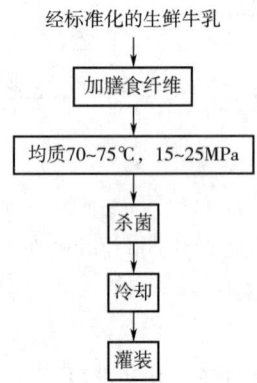

图 5-17 可溶性膳食纤维牛乳生产工艺

3. 产品特点

采用可溶性膳食纤维生产的牛乳，产品没有沉淀、色泽没有任何变化，黏度增加非常少。由于牛乳当中含有几乎所有的营养素，但只是不含膳食纤维，所以强化膳食纤维的牛乳正好能够弥补牛乳中膳食纤维缺乏的缺陷。

三、无乳糖低脂高蛋白牛乳

随着我国民众生活水平的提高、保健意识的加强、对健康理念不断加深，运动健身越来越成为一种大众化趋势。针对运动疲劳的市售诸多运动饮料大多仅补充能量、水、维生素和电解质，但是没有考虑到机体也需要进行蛋白质的补充。有研究表明，每天摄取 20～25g 的优质蛋白质特别适合运动后的身体恢复，蛋白质能够补充骨骼肌的能量供应。蛋白质是由体内存在的游离氨基酸经过脱水缩合而成，同时蛋白质也可以作为能源物质，参与促进蛋白质的合成和肌肉的增长，有利于机体脂肪的减少，并能缓解中枢疲劳。而且随着现代人生活水平的提高，日常脂肪含量摄入含量过多，成为导致心脑血管和肥胖症的主要原因之一。因此，经过脱脂操作后的牛乳所产生的热量远低于未经过脱脂的牛乳，故十分适合限制脂肪摄入量和日常注意身材的人群的饮用。此产品将牛乳进行脱脂脱糖处理，并同时向其中加入了一些人体所需的蛋白质。所以该产品既适用于乳糖不耐受的人群，又比较适合日常进行大量运动健身的人群来补充蛋白质。

(一) 生产工艺

1. 配方

加入 84% 脱脂生牛乳、1.5% 浓缩乳清蛋白（WPC）-60、2.5% WPC-87、2.5% 分离乳清蛋白（WPI）-93、1% 的稀奶油、1% 中链甘油三酯、0.075% 硬脂酰乳酸钠、0.075% 大豆磷脂、0.08% 乳糖酶。

2. 工艺

无乳糖低脂高蛋白牛乳生产工艺很简单，如图 5-18 所示。

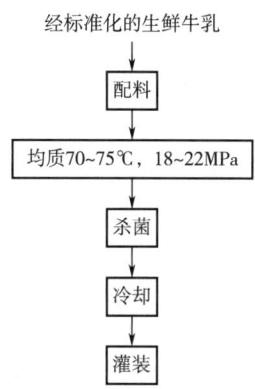

图 5-18 无乳糖低脂高蛋白牛乳生产工艺

(二) 产品特点

最终产品颜色略带微黄色；无沉淀、无凝块及机械杂质；口感丝滑；奶香味十足、无其他任何异味。最终理化指标为：脂肪 1.4%、蛋白质 8.0%、无乳糖成分。按照每瓶 250mL 规格计算，1 瓶该产品可为大众运动人群提供大约 20 g 的优质乳蛋白，满足普通运动人群的额外蛋白质补充。

> **思考题**
>
> 1. 什么是巴氏杀菌乳？简述其生产工艺以及控制要点。
> 2. 简述巴氏杀菌乳的特点及其在贮存过程中的变化。
> 3. 什么是 ESL 乳？ESL 乳有哪些生产方法？各有什么特点？
> 4. 什么是灭菌乳？灭菌乳有哪些生产方法？各有什么特点？
> 5. 简述 UHT 灭菌乳的生产工艺以及加工要点。
> 6. 谈谈灭菌乳在保质期间容易出现的主要问题及其控制措施。
> 7. 什么是再制乳？再制乳的加工方法有哪些？
> 8. 什么是复原乳？
> 9. 含乳饮料的定义是什么？含乳饮料主要分为哪两类？
> 10. 巧克力乳的常见质量问题及解决方法？
> 11. 调配型酸乳饮料的主要生产工艺流程是什么？常见的质量问题及解决方法？

思政小模块

发展特色畜乳，助力乡村振兴

中华民族饲养乳畜、食用乳和制作乳制品的历史悠久。据史料记载，早在6000年前，仰韶文化、大汶口文化遗址出土就有大量的牛、羊、马的骨化石，背溪文化遗址出土的"圣水牛"骨化石，安阳出土的甲骨文，记有"豕""物牛""马""妳"等文字。"妳"即"乳"，证明古代已开始养牛取乳。我国少数民族利用黄牛、牦牛挤乳食用的历史，可追溯到5000多年前。我国幅员辽阔，自然环境复杂多样，形成了各具特色的地理区域，拥有丰富的特色畜乳（水牛乳、牦牛乳、山羊乳、绵羊乳、骆驼乳、马乳和驴乳）资源。

①水牛乳：水牛乳是国际上公认的营养含量高、口感好的优质乳制品，其干物质含量高达18.44%，而普通牛乳为13%；乳脂率为7.94%，而普通牛乳为3%~3.5%。水牛乳口味香醇浓厚，无膻味，胆固醇低，维生素、微量元素丰富，尤其是酪蛋白含量高，能进行高质量乳制品的深加工。

②牦牛乳：牦牛乳被称为"天然浓缩乳"，是高原地区各族人民重要的食品和乳品加工原料，其干物质、蛋白质、脂肪、乳糖、矿物质等含量都高于其他牛种，同时牦牛乳中还含有大量普通牛乳中没有的共轭亚油酸（CLA）。

③羊乳：羊乳以其营养丰富、易于吸收等优点被视为乳品中的精品，被称为"乳中之王"，是世界上公认的最接近母乳的乳品。羊乳的脂肪颗粒体积为牛乳的1/3，更利于人体吸收。

④骆驼乳：骆驼乳营养丰富、甘甜浓郁，乳蛋白质、脂肪含量高，乳糖含量低，素有"沙漠白金"的美誉，是一种营养均衡的全价食品，含有丰富的免疫球蛋白IgG、IgA，没有β-乳球蛋白，具有抗过敏、抗氧化、降压等生物学功能。

⑤马乳和驴乳：马乳的乳脂肪细腻，酪蛋白含量与乳清蛋白的比例与母乳接近，更易被人体吸收和利用；驴乳是最接近母乳的乳中珍品，其营养成分比例接近母乳的99%。

特色畜乳是我国乳业的重要组成部分，也是边远山区或少数民族地区独具特色的重要产业，对促进农民增收、推动区域发展和实现乡村振兴具有重要意义，应深入挖掘特色畜乳品质特性及功能特点，努力提升自身技能和素养，运用自己所学专业知识，为农业高质量发展插上科技翅膀，积极投身乡村振兴的实践，为农业、农村、农民干点实事，助力我国乳业高质量发展。

第五章微课视频

液态乳制品

第六章 发酵乳制品

> **本章目标与重难点**
>
> **学习目标：** 掌握发酵乳和酸乳的定义、酸乳生产的工艺流程和操作要点、酸乳的主要质量缺陷和控制方法，乳酸菌饮料和其他发酵乳制品的加工技术和要点。
>
> **思政目标：** 了解我国传统发酵乳制品文化以及微生物对我国经济社会发展的作用，培养民族自豪感，提升创新精神及科学素养。
>
> **重点和难点：** 本章重点为酸乳发酵剂的制备、凝固型和搅拌型酸乳的工艺流程和操作要点，难点为配乳的主要质量缺陷和控制方法。

第一节 概述

一、发酵乳定义

根据联合国粮食与农业组织（FAO）、世界卫生组织（WHO）与国际乳品联合会（IDF）于1992年发布的标准，发酵乳的定义为：乳或乳制品在特征菌的作用下发酵而成的酸性凝乳状产品。在保质期内，该类产品中的特征菌必须大量存在，并能继续存活和具有活性。GB 19302—2010《食品安全国家标准 发酵乳》将发酵乳定义为：以生牛（羊）乳或乳粉为原料，经杀菌、发酵后制成的pH降低的产品。发酵乳通常是指牛乳经乳酸菌发酵而成的，同时还有一些发酵类的乳制品是由其他哺乳动物如母羊、母山羊或母马的乳汁发酵而成的。发酵乳类的制品是一个综合名称，包括酸乳、开菲尔、发酵酪乳、酸奶油、发酵脱脂乳、乳酒（以马乳为主）等。

二、发酵乳营养与功能特性

传统上，发酵乳因其口感、风味、质地等感官特性以及它们可以被加工成许多其他类型的食品而受到广泛的欢迎，近年来，发酵乳又因较高的营养价值和保健功能备受关注。这些益处除了与原料乳中的大量高营养价值的物质有关外，更重要的是与发酵乳中所采用的微生物有关。当人体服用发酵乳中的活性微生物，经其诱导变化而对肠道环境产生积极的影响，其次是发酵中的代谢产物也起到了健康促进效果。

1. 提高蛋白质利用率

乳酸菌需要多种氨基酸来满足生长需求，但乳中缺乏足够的氨基酸来支持其生长，因此乳酸菌会分泌蛋白酶降解乳蛋白，利用其降解产物。人工胃酸模拟试验表明，服用发酵乳后，其中的蛋白颗粒粒径显著降低，与不发酵的乳蛋白相比，非蛋白氮和氨基酸的含量线性增加。这意味着发酵后的乳蛋白的消化吸收利用率明显增加。

2. 缓解乳糖不耐症

当乳发酵后，乳中的乳糖降解形成乳酸，结果乳中的乳糖含量降低。事实上，如果给患有乳糖不耐症的人服用发酵乳，与服用未发酵乳相比，乳糖不耐症状明显得到缓解。产生这种益处的主要原因是乳中的乳糖在发酵后显著减少。此外，乳酸菌中的乳糖酶还可以在肠胃系统中分解乳糖，导致乳糖浓度下降。

3. 改善钙的吸收

与其他食物相比，乳中不仅含有丰富的钙质元素，而且对人体而言，乳被看作是优于其他食品的最佳的钙质来源。动物模型试验表明，乳酸参与了骨中钙质元素的利用过程，当患有骨质疏松的小鼠饲喂含有长双歧杆菌的乳粉后，小鼠的骨密度和骨强度显著增加，这表明发酵乳可以增加钙质元素的吸收。

4. 改善肠道微生物菌群平衡

消化道表面积很大，存在丰富的微生物类型。这些肠道微生物菌群受到各种疾病影响，破坏其功能，如某些病原微生物可引起腹泻或便秘等。发酵乳制品对肠道健康的有益作用已有广泛报道，例如，饮用发酵乳后可以明显减轻婴儿腹泻、因过量服用抗生素或营养不良而产生的腹泻症状。同时，临床试验证实，在饮用发酵乳后，人体粪便中的双歧杆菌数量明显上升，而粪便中的一些腐败成分数量显著下降。

5. 降低血清胆固醇含量

大量进食发酵乳或许可以降低人体血清胆固醇水平，研究表明，若每天饮用 720mL 酸乳，21d 后饮用者的血清胆固醇水平明显下降。

6. 抗高血压作用

血管紧张肽转化酶（ACE）能促使血压升高。目前，ACE 抑制剂已广泛应用于医学实践中，并证明对高血压患者是极为有效的。酸乳属于具有较强 ACE 抑制活性的食品之一，同样某些干酪品种中的短肽也表现出了很强的 ACE 抑制活性。临床研究表明，每天饮用 95mL 的发酵乳，8 周后能显著降低高血压患者的收缩压和舒张压。正是基于这样的研究结果，日本已开发生产了具有特殊健康用途的 "FOSHU" 发酵乳饮料。

7. 预防癌症作用

动物模型试验表明，给小鼠饲喂含有嗜酸乳杆菌的发酵乳可以推迟癌细胞出现的时间，饮用酸乳或瑞士乳杆菌发酵乳能减少癌症的发病指数。发酵乳抗癌的主要依据是乳酸菌具有抗突变的活性，且能改善肠道微生物菌群的平衡。此外，饮用发酵乳也具有抑制癌细胞生长的效果。已经报道，几种发酵乳制品，如酸乳，由嗜酸乳杆菌、德氏乳杆菌保加利亚亚种和唾液链球菌嗜热亚种共同发酵的牛初乳以及由瑞士乳杆菌发酵的乳制品，都有很好的抑制癌细胞增殖的效果。

8. 免疫调节作用

免疫系统不仅保护身体不受细菌和病毒的感染，而且对过敏或自我免疫失调等疾病都有重要的作用。发酵乳中的乳酸菌可以激活巨噬细胞和 NK（natural killer）细胞，这类细胞的激活，对感染的抵抗和自身免疫力的提高都有重要的作用。许多报道表明，服用发酵乳对缓解过敏反应也有很好的益处。

三、发酵乳的分类

1. IDF 分类

按 IDF 的分类方式，发酵乳可分为两大类、四小类。

（1）嗜热菌发酵乳

①单菌发酵乳：如嗜酸乳杆菌发酵乳、德氏乳杆菌保加利亚亚种发酵乳等。

②复合菌发酵乳：采用德氏乳杆菌保加利亚亚种和唾液链球菌嗜热亚种制备的酸乳就是其中最主要的一种。

（2）嗜温菌发酵乳

①经乳酸发酵而成的产品：这种产品中常用的菌种有乳酸乳球菌属及其亚属、肠膜明串珠菌和干酪乳酪杆菌等。

②经乳酸和酒精发酵而成的产品：如开菲尔、酸马奶酒等。

2. 其他分类方式

（1）意大利学者 Vittorio Bottazzi 依据酸度、代谢成分、质地结构和保质期长短将发酸乳分为以下几种类型。

①非常酸的发酵乳制品：如酸乳。

②略微酸的发酵乳制品：如酪乳。

③酸性-酒精性发酵乳制品：开菲尔乳。

④略酸和质地黏稠的发酵乳：如斯堪的纳维亚长酸乳（long-milk）和芬兰酸乳（viili）。

⑤具有长时间保存期的发酵乳：如 labneh。

（2）Oberman 和 Libudzisz 基于发酵乳中的优势微生物类型，将传统的发酵乳制品划分为四组，见表6-1。

表6-1　　　　　　　　　　　　　　　　　发酵乳类型

类型	所采用的菌种	范例
Ⅰ	嗜温型乳酸球菌和明串珠菌菌株	酪乳、酸奶油、斯堪的纳维亚酪乳、taet-mjolk、kjadder-milk、villi、smetanka、aerin
Ⅱ	乳杆菌菌株	保加利亚酸乳、日本 Y 品牌发酵乳
Ⅲ	嗜热型球菌和乳杆菌	酸乳、prostockvasha、ryazhenka、varenets、skyr、ayran、gioddu、tan、tulum、torba、kurut、leben、dahi、lassi、snezhanka、gruzovina
Ⅳ	乳酸菌与酵母菌构成的混合发酵剂，有时也含有微球菌和醋酸杆菌	开菲尔、酸马奶酒、brano、hooslank、ahentitsa、maconi

①类型Ⅰ发酵乳：这种类型的发酵乳属于典型的斯堪的纳维亚和中东欧地区的发酵食品，占优势的微生物菌群是嗜温性的乳酸链球菌和明串珠菌。这类乳酸菌通常生长在 10~40℃，最佳

生长温度约为 30℃。由嗜温性微生物发酵制作的乳品的重要特征是它的黏稠性和芳香风味（由柠檬酸和乳糖发酵而形成）。通常，应用乳球菌和明串珠菌做发酵剂的菌种有乳酸乳球菌乳酸亚种、乳脂乳球菌、乳酸乳球菌乳酸亚种丁二酮变种、肠膜明串珠菌乳脂亚种和肠膜明串珠菌等。前两个种主要是产生乳酸，被称为有机酸生产者。而后者主要是发酵柠檬酸形成一些重要的代谢产物如乙醛、CO_2 和丁二酮等，被称为风味物质生产者。通常，类型Ⅰ发酵乳主要包括：发酵酪乳、酸奶油、斯堪的纳维亚酪乳、viili、taet-mjolk（taet-mjolk or taette）和 kjadder-milk、aerin 和 smetanka 等品种。

②类型Ⅱ发酵乳：这种类型的发酵乳主要是基于仅由乳杆菌属的菌株作为发酵剂来划分的，是保加利亚和阿塞拜疆部分地区极富特色的乳制品。参与发酵过程的菌株是嗜热型细菌，属于德氏乳杆菌保加利亚亚种。在日本，常借助干酪乳酪杆菌的一个特殊变异菌株（是一株从寄主肠道中分离到的菌株）来制作发酵乳，这种发酵乳饮料在日本、欧洲及北美市场极受欢迎。类型Ⅱ发酵乳主要包括保加利亚酸乳、益力多和嗜酸乳杆菌乳等品种。

③类型Ⅲ发酵乳：这一类乳品发酵的微生物属于嗜热型的乳酸细菌，主要是从中东欧和地中海地区自然发酵的乳中分离得到的，因为这些地区的夏季温度常超过 40℃。尽管发酵这类乳品的乳酸菌仅仅包括两个种：唾液链球菌嗜热亚种和德氏乳杆菌保加利亚亚种，但由于构成这两个种的菌株在生理学和代谢活性上存在很大的变异，所以由它们发酵制成的乳品拥有不同的营养和健康功效以及不同的风味特征。类型Ⅲ发酵乳主要包括酸乳、ryazhenka、prostokvasha、varenets、gioddu、skyr、snezhanka 和 ayran 等品种。

④类型Ⅳ发酵乳：在生产加工这一类型的发酵乳制品中，除乳酸菌外，占优势的微生物还包括酵母菌。乳酸菌既可以是嗜温性的，也可以是嗜热性的菌株，它们来自不同的种。酵母菌主要由克鲁维酵母、假丝酵母和糖酵母的菌株构成。发酵乳中的主要代谢物是乳酸和乙醇，所以这类产品也可以被称作酸性-酒精性发酵乳。在亚洲和中东地区，这类产品是十分普遍的，特别适宜于家庭发酵乳产品的制作。类型Ⅳ发酵乳主要包括开菲尔乳、酸马奶酒、brano milk 和 maconi 等品种。

四、发酵乳生产工艺

除了酸乳以外，世界各地大约有 400 多个不同类型的传统和工业化生产的发酵乳的品种。这些类型的发酵乳的生产工艺却有着很多相似之处。图 6-1 对有关类型发酵乳的生产工艺基本流程进行了简要总结。

五、酸乳定义

在 IDF 的定义中，酸乳是一种半固体的乳产品，由加热处理的标准化乳的混合物，经唾液链球菌嗜热亚种和德氏乳杆菌保加利亚亚种的协同作用发酵而得到凝固乳制品，最终产品中必须含有大量活菌。GB 19302—2010《食品安全国家标准　发酵乳》中，酸乳的定义为：以生牛（羊）乳或乳粉为原料，经杀菌、接种唾液链球菌嗜热亚种和德氏乳杆菌保加利亚亚种发酵制成的产品。以 80% 以上生牛（羊）乳或乳粉为原料，添加其他原料，经杀菌、接种唾液链球菌嗜热亚种和德氏乳杆菌保加利亚亚种发酵前或后添加或不添加食品添加剂、营养强化剂、果蔬、谷物等制成的产品称为风味酸乳。

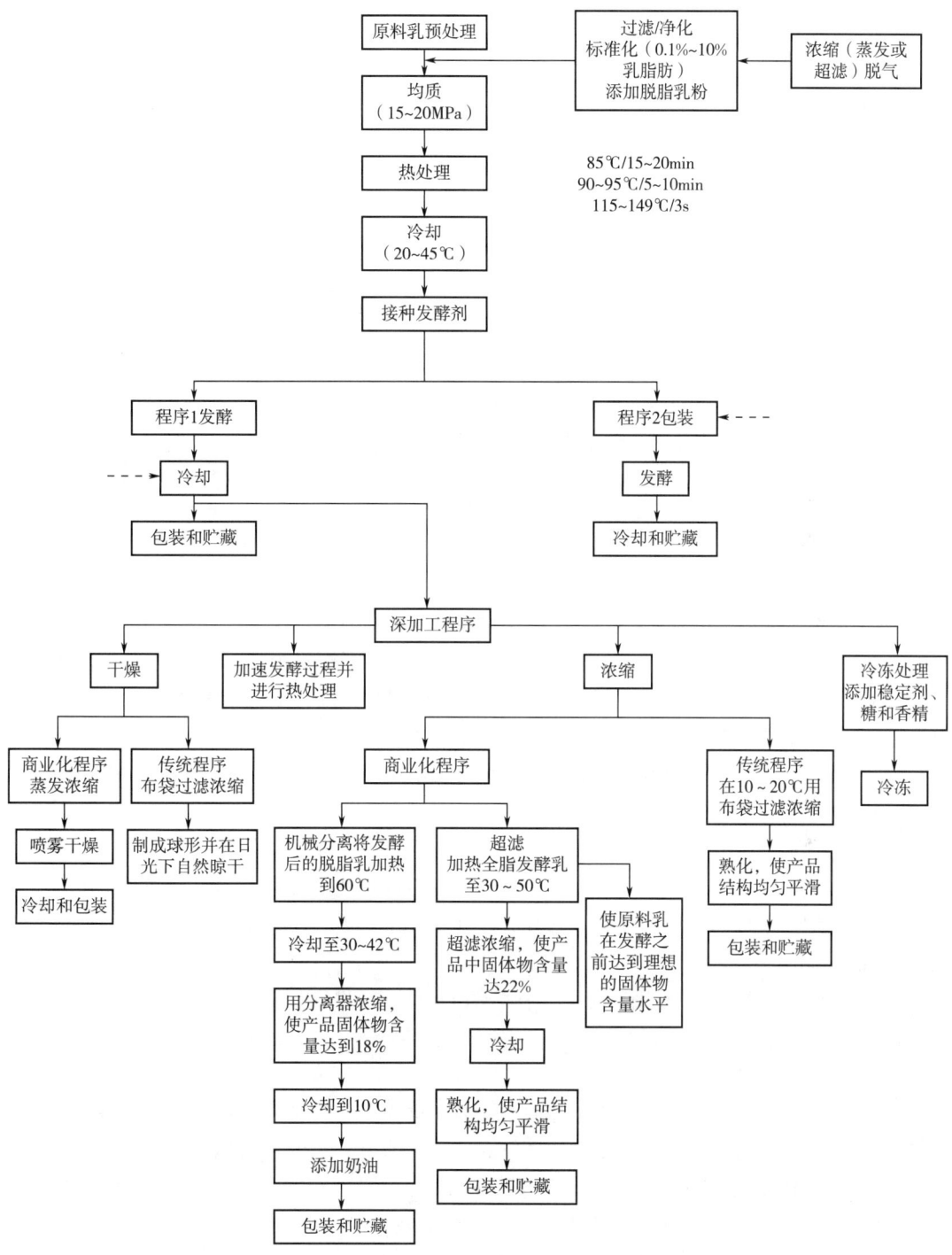

图6-1 发酵乳生产工艺流程

(图中带箭头虚线指生产中添加不同类型的风味成分)

六、酸乳分类

1. 按成品的组织状态分类

（1）凝固型酸乳 其发酵过程在包装容器中进行，从而使成品因发酵而保留其凝乳状态。

（2）搅拌型酸乳 成品先发酵后灌装而得。发酵后的凝乳已在灌装前和灌装过程中搅碎而成黏稠状组织状态（因此得其名）。

2. 按成品口味分类

（1）天然纯酸乳 产品只有原料乳加菌种发酵而成，不含任何辅料和添加剂。

（2）加糖酸乳 产品是由原料乳和蔗糖加入菌种发酵而成，在我国有时也被列为调味酸乳的范围。

（3）调味酸乳 在天然纯酸乳和加糖酸乳的基础上，添加香味料而成的产品。

（4）果料酸乳 在天然纯酸乳为基础，添加糖、果料等而成的产品。

（5）复合型酸乳 又称作营养健康型酸乳，通常是在酸乳中强化不同的营养物质（维生素、矿物质、纤维素等）或在酸乳中混入不同的辅料（谷物、干果等）而成。这种酸乳在欧美国家比较流行，可作为早餐食用。

3. 按发酵后的加工工艺分类

（1）浓缩酸乳 将正常酸乳中的部分乳清除去而得到的浓缩产品。

（2）冷冻酸乳 在酸乳中加入果料、增稠剂或乳化剂，然后进行凝冻处理而得到的产品。

（3）充气酸乳 发酵后，在酸乳中加入部分稳定剂和起泡剂（通常是碳酸盐），经均质处理。这类产品通常是以充 CO_2 的酸乳碳酸饮料形式存在。

（4）酸乳粉 通常使用冷冻干燥法或喷雾干燥法将酸乳中约95%的水分除去而制成酸乳粉。

4. 按菌种分类

（1）酸乳 通常仅指用德氏乳杆菌保加利亚亚种和唾液链球菌嗜热亚种发酵而得的产品。

（2）双歧杆菌酸乳 酸乳菌种中含有双歧杆菌（*Bifidobacterium bifidum*），如法国的bio，日本的mil-mil。

（3）嗜酸乳杆菌酸乳 酸乳菌种中含有嗜酸乳杆菌（*Lacticaseibacillus acidophilus*）。

（4）干酪乳酪杆菌酸乳 酸乳菌种中含有干酪乳酪杆菌（*Lacticaseibacillus casei*）。

5. 按原料乳中脂肪含量分类

这种酸乳的分类主要是根据酸乳中脂肪的含量不同而加以区别，由于不同国家和地区对不同级别乳中脂肪含量的不同而略有差别。据FAO/WHO的规定，可分为以下几类：

（1）全脂酸乳 酸乳中脂肪含量不低于3.0%。

（2）部分脱脂酸乳 酸乳中脂肪含量为0.5%~3.0%。

（3）脱脂酸乳 酸乳中脂肪含量不高于0.5%。

（4）高脂酸乳 西方国家生产的一类特殊的酸乳制品，酸乳中脂肪含量在7.5%左右，如法国的一种称为希腊酸乳（Greek yoghurt）的产品。

第二节　发酵剂选择与制备

一、发酵剂概念与种类

(一) 发酵剂概念和作用

发酵剂（starter culture）是一种能够促进乳的酸化过程，含有高浓度特定微生物培养物的产品。无论是发酵乳制品还是酸乳制品，质量优良的发酵剂都是必不可少的，其在产品生产中的作用主要体现在以下几方面。

①利用乳糖，代谢产生乳酸。
②产生芳香性的物质，如丁二酮、乙醛等物质，使得酸乳带有典型的风味。
③代谢分泌一些酶类，降解脂肪、蛋白质等大分子物质，从而使得酸乳更利于消化吸收。
④原料乳酸化的过程中，使得周围环境pH降低，抑制致病菌生长。

(二) 发酵剂种类

1. 按发酵剂制备过程分类

通常用于乳酸菌发酵的发酵剂的制备有三个阶段，即三种类型：乳酸菌纯培养物、母发酵剂和生产发酵剂。

(1) 乳酸菌纯培养物　即一级菌种，一般多接种在脱脂乳、乳清、肉汁等培养基中，或者用升华法制成冻干粉状菌苗（能较长时间保存并维持活力）。

当生产单位取到菌种后，即可将其移植于灭菌脱脂乳中，恢复活力以供生产需要。实际上一级菌种的培养就是纯乳酸菌转种培养、恢复活力的一种手段。

(2) 母发酵剂　即一级菌种的扩大再培养，是生产发酵剂的基础。母发酵剂的质量优劣直接关系到生产发酵剂的质量。

(3) 生产发酵剂　母发酵剂的扩大再培养，是直接用于实际生产的发酵剂。

2. 按使用发酵剂的目的分类

根据菌种可将发酵剂分为混合发酵剂、单一发酵剂和补充发酵剂。

(1) 混合发酵剂　德氏乳杆菌保加利亚亚种和唾液链球菌嗜热亚种按1:1或1:2的比例混合的酸乳发酵剂，且两种菌比例的改变越小越好。

(2) 单一发酵剂　将每一种菌株单独活化，生产时再将各菌株混合在一起。

(3) 补充发酵剂　为增加酸乳的黏稠度、风味或增强产品的保健目的，可以选择以下菌种，一般可单独培养或混合培养后加入乳中。

①产黏发酵剂：此类发酵剂一般都可以产生胞外多糖，胞外多糖属于异质性多糖，本身呈现为黏稠状或带有荚膜，可致使发酵乳的黏度增加、提高胶体的稳定性。为了保证产品质量，要防止产黏菌过度增殖，经常将产黏发酵剂与德氏乳杆菌保加利亚亚种或唾液链球菌嗜热亚种分开培养。

②产香发酵剂：当生产的天然纯酸乳的香味不足时，可考虑加入特殊产香的德氏乳杆菌保加利亚亚种菌株或唾液链球菌嗜热亚种丁二酮产香菌株。

③加入干酪乳酪杆菌：发酵乳 Yakult 的发酵剂就是由嗜酸乳杆菌、干酪乳酪杆菌和双歧乳杆菌组合发酵而成的。

3. 按发酵剂的形态分类

根据菌种的物理形态可分为三种：液态菌种、粉状菌种和冷冻菌种。

（1）液态菌种　价格比其他类型的菌种便宜，使用方法简单，缺点是菌种活力经常变化，尤其是长距离的运输会导致菌种活力的下降。

（2）粉状菌种　粉状菌种一般是由培养至最多菌种量的液态菌种经冷冻干燥制成。与液态菌种相比，粉状菌种更好地保持了活力和稳定性，可减少再次活化的次数，因此可以减少污染，保证产品的品质。

（3）冷冻菌种　深度冷冻菌种是在液态菌种处于最强活性时，通过深度冷冻浓缩菌种而制成。包装形式为70mL灌装，并充入液态氮。与粉状菌种相比，超级浓缩冷冻菌种可以直接接种于原料乳中，乳品企业不必再制备工作发酵剂，减少了生产环节和工序。

二、常用发酵剂菌种

根据 FAO 关于酸乳的定义，酸乳中的特征菌为唾液链球菌嗜热亚种和德氏乳杆菌保加利亚亚种。大多数酸乳中球菌和杆菌的比例为1∶1或2∶1，杆菌不能占优势，否则酸度太强。影响球菌和杆菌比例的因素之一是培养温度，在40℃时大约为4∶1，而45℃时大约为1∶2（图6-2）。在酸乳生产中，以2.5%~3%的接种量和2~3h的培养时间，要达到球菌和杆菌1∶1的比例，最适接种和培养温度为43℃。在培养期间，制备发酵剂的人员要定时检查酸度发展情况，并随程序要求检查以获得最佳效果。

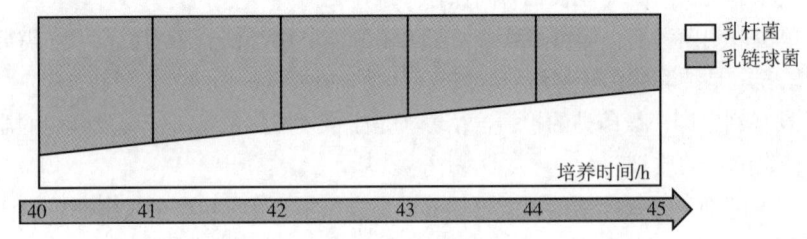

图6-2　培养温度对杆菌与球菌数量的影响

酸乳生产中的常用发酵剂菌种及其特性如表6-2所示。

表6-2　常用发酵剂菌种及其特性

种类	菌种名称	最适生长温度/℃	最大耐盐性/%	产酸（pH）	柠檬酸发酵
乳杆菌类	瑞士乳杆菌	40~50	2	2.5~3.0	-
	乳酸乳杆菌	40~50	2	1.5~2.0	-
	德氏乳杆菌保加利亚亚种	40~50	2	1.5~2.0	-
	嗜酸乳杆菌	35~40	—	1.5~2.0	-

续表

种类	菌种名称	最适生长温度/℃	最大耐盐性/%	产酸（pH）	柠檬酸发酵
链球菌类	乳酸链球菌	30 左右	4~6.5	0.8~1.0	-
	乳脂链球菌	25~30	4	0.8~1.0	-
	丁二酮链球菌	30 左右	4~6.5	0.8~1.0	+
	唾液链球菌嗜热亚种	40~45	2	0.8~1.0	-
	嗜柠檬酸明串珠菌	20~25	—	小	+

三、发酵剂选择

根据生产目的不同选择适当的菌种。选择时以产品的主要技术特性，如产香性、产酸力、产黏性及蛋白水解力等作为发酵剂菌种的选择依据。一般选择质量优良的发酵剂应从以下几方面考虑。

1. 产酸能力

不同的发酵剂产酸能力会有很大的不同。判断发酵剂产酸能力的方法有两种，即测定酸度和绘制产酸曲线（酸度随发酵时间的变化曲线）。酸度的测定就是检测发酵剂产酸的能力，实际上也是常用的活力测定方法。

通常情况下，产酸能力强的发酵剂在发酵过程中容易导致产酸过度和后酸化过强，所以生产中一般选择产酸能力中等或较弱的发酵剂。

2. 后酸化

后酸化是指酸乳生产中终止发酵后，发酵剂菌种在冷却和冷藏阶段仍能继续缓慢产酸，它包括三个阶段：①从发酵终点（42℃）冷却到19℃或20℃时酸度的增加。②从19℃或20℃冷却到10℃或12℃时酸度的增加。③在0~6℃冷库中冷藏阶段酸度的增加。

后酸化度也可以用酸度曲线来评定，由于酸乳的后酸化经常改变产品的滋味、气味和组织状态，因此，酸乳生产中应选择后酸化尽可能弱的发酵剂，以便控制产品质量。

3. 产香性

一般酸乳发酵剂产生的芳香物质为乙醛、丁二酮、丙酮和挥发性酸。优质的酸乳必须具备良好的滋味、气味和芳香味，因此选择产生滋味、气味和芳香味满意的发酵剂是非常重要的，常采用的评价方法有：

（1）感官评价 进行感官评价时应考虑样品的温度、酸度和存放时间对品评的影响。品尝时样品温度应为常温，因为低温对味觉有阻碍作用；酸度不能过高，酸度过高会将香味完全掩盖；样品要新鲜，用生产24~48h内的酸乳进行品评为佳，因为这段时间内是滋味、气味和芳香味的形成阶段。

（2）挥发性酸的量 挥发性酸是酸乳产生滋味、气味和香味的一类物质，通过测定挥发性酸的量可以判断芳香物质的产生量。挥发性酸含量越高就意味着产生的芳香物质含量越高。

（3）乙醛生成能力 乙醛是形成酸乳的典型风味的主要成分，不同的菌株产生乙醛能力不同，因此，乙醛生成能力是选择优良菌株的重要指标之一。

4. 黏性物质的产生

发酵剂在酸乳发酵过程中产黏有助于改善酸乳的组织状态和黏稠度，特别是酸乳干物质含量不太高时显得尤为重要。在生产中，若正常使用的发酵剂突然产黏，则可能是发酵剂质量问题所致。一般情况下，产黏发酵剂往往对酸乳的发酵风味会有不良影响，因此，选择这类菌株时最好和其他菌株混合使用。

5. 蛋白质的水解性

乳酸菌的蛋白水解活性一般较弱，如唾液链球菌嗜热亚种在乳中只表现很弱的蛋白水解活性，德氏乳杆菌保加利亚亚种则可表现较高的蛋白水解活性，能将蛋白质水解，产生大量的游离氨基酸和肽类。影响蛋白质水解活性的因素主要有：

（1）原料乳类型　来源于乳牛、绵羊、山羊的乳中氨基酸含量分别为 10mg/100mL，3.78mg/100mL 和 20.6mg/100mL。此外，相对于另外两种类型的乳，山羊乳的丙氨酸、赖氨酸、谷氨酸、丝氨酸和苏氨酸含量相对都较高。由此可见，氮源的差异会影响发酵剂降解蛋白质的能力。

（2）温度　蛋白质的水解主要是由于发酵剂产生的蛋白酶所致，因此，影响微生物的代谢活性和酶的活力的温度都可改变蛋白质的水解度，低温（如3℃冷藏）蛋白质水解活性低，常温下增强。

（3）pH　不同的蛋白水解酶具有不同的最适 pH，在不同的 pH 环境下，发挥作用的蛋白酶以及蛋白质的水解程度都不相同。通常情况下，pH 过高易积累蛋白质水解的中间产物，给产品带来苦味。

（4）球菌与杆菌　不同菌株产生的蛋白酶种类和蛋白质水解活性也有很大的区别。唾液链球菌嗜热亚种和德氏乳杆菌保加利亚亚种的比例和数量会影响蛋白质的水解程度，德氏乳杆菌保加利亚亚种表现出很高的蛋白酶活力，所以发酵中杆菌与球菌的比例越高，相应的酸乳中氨基酸含量就越高。

（5）贮藏时间　贮藏时间长短对蛋白质水解作用也有一定影响。酸乳中蛋白质的水解程度直接影响了酸乳的质量。蛋白质的水解增加了酸乳的可消化性，但也会使得产品的黏度下降，加快酸乳的后酸化，影响产品的感官质量。酸乳若保质期长，就要选择蛋白质水解能力弱的菌株。

四、发酵剂制备

发酵剂的制备是乳品厂生产酸乳中最困难也是最关键的工艺之一。现代化乳品厂加工量很大，发酵剂制作的失败会导致重大的经济损失。因此，必须慎重地选择发酵剂的生产工艺及设备。

（一）与发酵剂有关的专有名词

(1) 商品发酵剂　从专门的发酵剂公司或研究所购得的原始菌种。

(2) 母发酵剂　指在生产厂中用商品发酵剂或纯培养菌种制备的发酵剂。要每天制备，它是乳品厂各种发酵剂的起源。

(3) 中间发酵剂　指生产大量发酵剂的中间环节。

(4) 工作发酵剂　又称生产发酵剂，是指直接用于生产酸乳的发酵剂。

(5) 直投式发酵剂（DVI 或 DVS）　指高浓度和标准化的冷冻或冷冻干燥发酵剂菌种，可供生产企业直接加入到热处理的原料乳中进行发酵，无需对其进行活化、扩培等其他与处理工作的发酵剂。直投式发酵剂可以单独使用，也可以混合使用。

发酵剂的制备要求的卫生条件极高，要把可能带来污染的酵母菌、霉菌、噬菌体的污染概率降低到最低限度，母发酵剂应该在有正压和配备空气过滤器的单独房间中制备。对设备的清洗系统也必须仔细地设计，以防清洗剂和消毒剂的残留物与发酵剂接触而污染发酵剂。中间发酵剂和生产发酵剂可以在离生产近一点的地方或在制备母发酵剂的房间里制备，发酵剂的每一次转接都要在无菌条件下操作。

（二）培养基选择

1. 母发酵剂、中间发酵剂的培养基制备

母发酵剂、中间发酵剂的培养基一般选用高质量的、具有恒定成分的、无抗生素残留的脱脂乳粉作培养基，比用普通脱脂乳做培养基更可靠，原因是发酵剂风味方面的反常现象更容易表现出来。用特级脱脂乳粉按 10%~12% 的干物质制成的再制脱脂乳。推荐杀菌温度和时间是 90℃保持 30min，也可以用蒸汽高压锅杀菌 121℃保持 15min。

2. 工作发酵剂的培养基制备

工作发酵剂的培养基可用高质量无抗生素残留的脱脂乳粉或全脂乳粉制备，有些乳品厂也使用精选的高质量鲜乳做培养基。

（三）发酵剂调制

1. 菌种复活及保存

在无菌操作条件下接种到灭菌的脱脂乳试管中多次传代、培养，而后保存在 0~4℃冰箱中，每隔 1~2 周转接一次。但在长期转接过程中，可能会有杂菌污染，造成菌种退化或菌种老化、裂解。因此，还应进行不定期的纯化处理，以除去污染菌和提高活力。

2. 母发酵剂调制

取脱脂乳量 1%~2% 的充分活化的菌种，接种于盛有灭菌脱脂乳的三角瓶中，混匀后，放入恒温箱中进行培养。凝固后再移入灭菌脱脂乳中，如此反复 2~3 次，使乳酸菌保持一定活力。

3. 工作发酵剂制备

将脱脂乳、新鲜全脂乳或复原脱脂乳（总固形物含量 10%~12%）加热到 90℃保持 30~60min 后，冷却到 42℃（或菌种要求的温度）接种母发酵剂，发酵到酸度>0.8% 后冷却到 4℃。此时生产发酵剂的活菌数达 $1\times10^8 \sim 1\times10^9$ CFU/mL。

制取生产发酵剂的培养基最好与成品的原料相同。生产发酵剂的量为发酵乳的 1%~2%，为了缩短生产周期，最高不超过 5%。发酵剂调制步骤如图 6-3 所示。

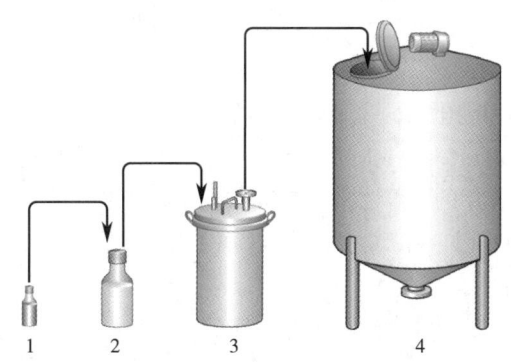

图 6-3 发酵剂调制步骤

1—商品菌种 2—母发酵剂 3—中间发酵剂 4—生产发酵剂

五、发酵剂质量要求

生产酸乳的乳酸菌发酵剂的质量，应符合下列各项指标要求。

①凝块应有适当的硬度，均匀而细滑，富有弹性，组织状态均匀一致，表面光滑，无龟裂，无皱纹，未产生气泡及乳清分离等现象。

②具有优良的风味，不得有腐败味、苦味、饲料味和酵母味等异味。

③若将凝块完全粉碎后，质地均匀，细腻滑润，略带黏性，不含块状物。

④按规定方法接种后，在规定时间内产生凝固，无延长凝固的现象。测定活力（酸度）时符合规定指标要求。

为了不影响生产发酵剂要提前制备，可在低温条件下短时间贮藏。

第三节 酸乳加工

一、原料选择与预处理

（一）原料选择

1. 原料乳

各种动物的乳均可作为生产酸乳的基本原料，但目前世界上大多数酸乳多以牛乳为原料，近年来，也有以山羊乳、水牛乳等其他哺乳动物的乳汁作为原料乳的酸乳产品出现。原料乳要求符合 GB 19301—2010《食品安全国家标准 生乳》规定，菌落总数控制在 $2 \times 10^6 \text{CFU/mL}$ 以下。

2. 甜味剂

在酸乳中加入甜味剂的主要目的是为了减少酸乳特有的酸味感觉，使其口味更柔和，更易被消费者所接受。酸乳中最广泛使用的甜味剂是蔗糖，我国酸乳生产用蔗糖应符合 GB 13104—2014《食品安全国家标准 食糖》标准。考虑到过多的蔗糖会影响酸乳发酵时间，通常建议蔗糖的使用量最好不超过 10%。近年来，在顺应控糖健康化消费新趋势下，"零添加蔗糖酸乳"成为酸乳市场的热门产品，因此一些甜味剂也应用得越来越多，如聚葡萄糖、赤藓糖醇、三氯蔗糖、麦芽糖醇、安赛蜜、阿斯巴甜、木糖醇等。

3. 稳定剂和乳化剂

在酸乳中使用稳定剂和乳化剂的主要目的是提高酸乳的黏稠度并改善其质地、状态与口感。在酸乳中可以使用的稳定剂和乳化剂有许多种类，其来源、功能和使用剂量和条件各不相同。为了避免单一稳定剂作用的局限性，越来越多的产品中使用复合型稳定剂，以达到产品对稳定性的要求。FAO/WHO 允许在酸乳中应用的多种稳定剂和乳化剂，如表 6-3 所示。

表 6-3　　　　　　　　　　　　FAO/WHO 允许在酸乳中使用的添加剂

天然胶	改性胶	合成胶
植物胶类	纤维素衍生物（1）	多聚体
阿拉伯胶（1，3）	CMC	聚乙烯衍生物
黄芪胶（1）	甲基纤维素	
卡拉胶	羟基纤维素	
果胶（2，3）	羟丙基纤维素	
植物籽粉	微晶纤维素	
洋槐胶（1）	微生物发酵物	
瓜尔豆胶（1）	葡聚糖	
海草类	黄原胶（1）	
琼脂（2，3）	其他衍生物	
藻酸盐（1，2，3）	丙二醇海藻盐	
角叉胶（2，3）	预明胶化淀粉	
红藻胶（1，2，3）	改性淀粉	
谷物淀粉类	羧甲基淀粉	
小麦淀粉	羟基淀粉	
玉米淀粉	羟丙基淀粉	
动物类		
明胶		
酪蛋白		
蔬菜类		
大豆蛋白		

注：1. 除果胶、明胶、淀粉添加量为 10g/kg 外，其余允许的最大添加量为 5000mg/kg。

　　2.（　）中的 1，2，3 分别指增稠剂、胶凝剂和稳定剂。

4. 果料

随着人们对酸乳口味要求的提高，市场上果料酸乳越来越受到消费者的欢迎，但在果料的选用上应注意以下几点：

（1）干物质含量　果料中干物质的含量可以在 20%~68% 之间，较低的干物质含量有助于果料与酸乳的相容，但需使用增稠剂以防止在大包装中果粒的漂浮。

（2）果料加入比例　用于果料酸乳中的果料含量由该果料酸乳的具体特征决定，我国果料酸乳的果料加入量通常在 6%~10%，国外一般在 15% 以上。

（3）pH　果料的 pH 应接近酸乳的 pH，应防止因果料的混入而影响酸乳的质量。果料的含糖总量直接影响成品的甜度，选用时必须从总体上予以考虑。

（4）果料质地　通常用黏稠度来衡量。用于酸乳中的果料通常较稠，具体黏稠度由所用设备和成品特征要求决定。

（5）果料含糖量　由于这一指标直接影响了最终产品的甜味和风味，选用时要从整体进行考虑。

（6）果料的卫生指标应严格加以控制　国内外常用的果料及其他配料（包括巧克力等）微

生物标准见表6-4。

表6-4　　　　　　　　　　果料和其他配料的微生物标准

果料（果酱）	菌数	其他配料（包括巧克力等）	菌数
霉菌	<10个/g	霉菌	<10个/g
酵母	<1个/g	酵母	<10个/g
大肠菌群	阴性	大肠菌群	阴性
菌落总数	<1000CFU/g	菌落总数	<2000CFU/g

（二）预处理

1. 标准化

（1）脂肪含量标准化　如果仅考虑质量的话，乳中较高的脂肪含量对酸乳的风味和均一性有非常积极的影响。一般来讲，4%的脂肪含量能产生风味香甜的酸乳。就酸乳的组织状态的均一性而言，降低脂肪含量对均一性的影响可以通过提高非乳脂固体的含量来弥补。乳脂均质化的最佳浓度约为3.5%，均质后会对酸乳的风味产生积极的影响。

（2）总固体物含量　提高乳的总固体物水平可以改善酸乳的质地和风味。一般认为15.5%~16%的总固体含量可以获得最佳品质的酸乳（国内为11.5%左右）。一般可以采用下列方式提高乳的总固体物水平。

①添加乳粉：脱脂乳粉应用更加广泛，一般推荐的添加量为3%~4%，若太高，酸乳中会出现乳粉味。

②浓缩：这种办法广泛用于酸乳生产中，通常在均质化和加热处理之前经蒸发先完成，去掉10%~15%的水分，总固体水平提高2%~4%，与加入乳粉的效果相似。

③添加乳清粉：在酸乳生产中可添加的乳清类产品有乳清蛋白浓缩物、乳清蛋白分离物、乳清蛋白水解物、变性乳清蛋白、单一乳清蛋白分离物（whey protein fraction），如α-乳清蛋白。乳清粉的用量一般控制在1%~2%，太多有乳清味。研究报道，乳清蛋白粉用量在0.6%~4.0%可以产生更多的乙醛，增加黏度，降低凝块的缩水性，改善感官特性，提高低pH下的缓冲能力。脱脂乳粉与乳清粉（WP）添加量之比为75∶25（总固形物为12g/100g）时可生产出优良的酸乳。

④添加酪蛋白粉：在酸乳生产中可添加的酪蛋白粉有酸性酪蛋白、皱胃酶酪蛋白、酪蛋白酸盐（Na^+、K^+、Ca^{2+}、NH_3-caseinate）。添加10g/L酪蛋白粉黏度增加16%~87%，缩水性下降26.5%~30%。

⑤添加酪乳粉：酪乳粉是制备甜性奶油的副产物——酪乳喷雾干燥而成，其组成与脱脂乳粉类似，但富含磷脂，具有优良的乳化性能。在制备低脂酸乳时，酪乳粉可最高取代50%的脱脂乳粉而不影响质量，也可采用新鲜酪乳加脱脂乳粉来制造优质酸乳。

⑥采用超滤和反渗透工艺：这两种改善乳原料的方式可以在室温下完成，可以避免乳中化学成分因加热而遭破坏。尽管这两种方法主要用于乳清生产，但在发酵乳中也有报道。用超滤法浓缩乳的总固体水平到18%~20%，可以生产出平滑黏稠的具有典型酸味的酸乳，且省去了均质化过程。一般建议用反渗透或超滤方法浓缩乳到13%~15%的总固体物水平。

2. 均质

原料配合后进行均质处理，可使原料充分混匀，阻止奶油上浮，保证乳脂肪均匀分布，有利于提高酸乳的稳定性和稠度,并使酸乳质地细腻,口感良好。均质所采用的压力以 20~25MPa 为佳,温度 60~65℃。

3. 热处理

热处理的主要目的是杀灭原料乳中的杂菌,确保乳酸菌的正常生长和繁殖;钝化原料乳中对发酵菌有抑制作用的天然抑制物;热处理使牛乳中的乳清蛋白变性,以达到改善组织状态,提高黏稠度和防止成品乳清析出的目的。通常原料乳经过 90~95℃ 并保持 5min 的热处理效果最好。

4. 接种

热处理后的乳要马上降温到发酵剂菌种最适生长温度,用德氏乳杆菌保加利亚亚种与唾液链球菌嗜热亚种的混合发酵剂时,温度 43℃,接种量要根据菌种活力、发酵方法、生产时间的安排和混合菌种配比的不同确定。一般生产发酵剂,其产酸活力均在 0.7%~1.0%,此时接种量应为 2%~4%。加入的发酵剂应事先在无菌操作条件下搅拌成均匀细腻的状态,不应有大凝块,以免影响成品质量。

接种是造成酸乳受微生物污染的主要环节之一,应严格注意操作卫生,防止细菌、酵母、霉菌、噬菌体及其他有害微生物的污染。发酵剂加入后要充分搅拌,使发酵剂与原料乳混合均匀。

二、凝固型酸乳加工工艺

(一) 工艺流程

凝固型酸乳加工工艺流程见图 6-4,生产线示意图见 6-5。

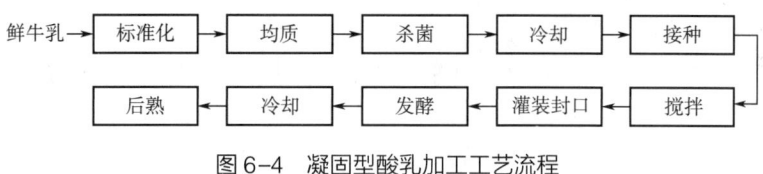

图 6-4 凝固型酸乳加工工艺流程

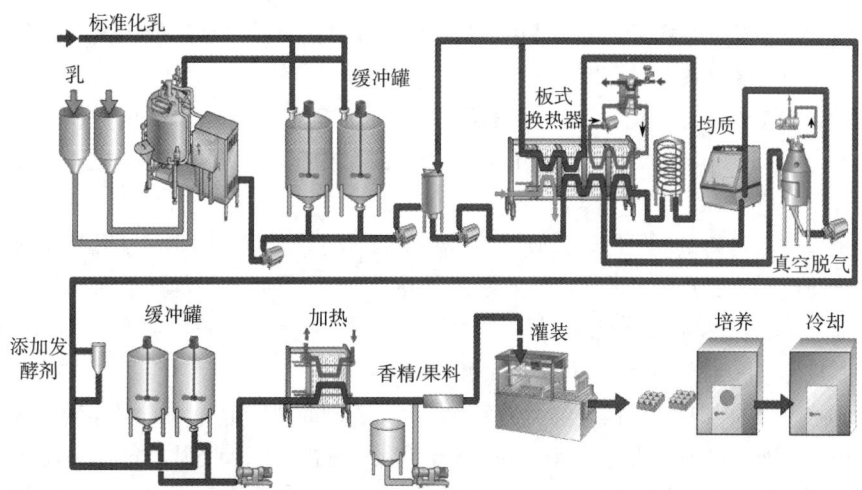

图 6-5 凝固型酸乳生产线示意图

(二) 工艺要求与操作要点

(1) 原料乳的质量要求　凝固式酸乳原料乳质量比一般乳制品原料乳要求高。除按规定验收合格外，还必须满足以下要求：①总乳固体物不低于11.5%，其中非脂乳固体不低于8.5%。②不得使用含有抗生素或残留有效氯等杀菌剂的鲜生乳，一般乳牛注射抗生素后4d内所产的乳不得使用，因为常用的发酵剂菌种对抗生素和残留杀菌剂、清洗剂非常敏感。③不得使用患有乳房炎的牛乳，否则会影响酸乳的风味和蛋白质的凝胶力。

(2) 配料　国内生产的酸乳一般都要加糖，添加量一般为4%~7%。加糖的方法是先将用于溶糖的原料乳加热到50℃左右，再加入砂糖，待完全溶解后，经过滤除去杂质再加入到标准化乳罐中。

(3) 预热、均质、杀菌、冷却　一般来说，预热、均质、杀菌和冷却都是在由预热段、杀菌段、保持段、冷却段组成的板式换热器和外接的均质机联合完成的。冷却至45℃，稍高于发酵温度的原因是在后续的接种和灌装过程中温度会略有下降。

(4) 接种　接种前应将发酵剂充分搅拌，使作为发酵剂的凝乳完全破坏。接种是造成酸乳受微生物污染的主要环节之一，因此应严格注意操作卫生，防止霉菌、酵母、细菌噬菌体和其他有害微生物的污染，特别是在不采用发酵剂自动接种设备的情况下更应如此。发酵剂加入后，要充分搅拌10min，使菌体与杀菌冷却后的牛乳完全混匀。还要注意保持乳的温度，特别是对非连续灌装工艺或采用效率较低的灌装手段时，因灌装时间较长，保温就更为重要。发酵剂的用量主要根据发酵剂的活力而定。

(5) 灌装　接种后经充分搅拌的牛乳应立即连续地灌装到零售容器中。凝固型酸乳的容器使用最多的是玻璃瓶，主要特点是能很好地保持酸乳的组织状态，容器没有有害的浸出物质，但运输比较沉重，回收、清洗、消毒麻烦。塑料杯和纸盒虽然不存在上述缺点，但在凝固型酸乳"保形"方面却不如玻璃瓶。因此，塑料杯和纸盒主要用于搅拌型酸乳的灌装。

(6) 发酵　用德氏乳杆菌保加利亚亚种与唾液链球菌嗜热亚种的混合发酵剂时，温度保持在41~42℃，培养时间2.5~4.0h（2%~4%的接种量）。灌装后的包装容器放入敞口的箱子里，互相之间留有空隙，使培养室的热气和冷却室的冷气能到达每一个容器。箱子堆放在托盘上送进培养室。在准确控制温度的基础上，能够保证质量的均匀一致。发酵应注意避免振动，否则会影响组织状态；发酵温度应恒定，避免忽高忽低；发酵室内温度上下均匀；掌握好发酵时间，防止酸度不够或过度以及乳清析出。

达到凝固状态时即可终止发酵，一般发酵终点可依据如下条件来判断。①滴定酸度达到80°T以上。②pH低于4.6（典型的为4.5）。③表面有少量水痕。④倾斜酸乳瓶或杯，乳变黏稠。

(7) 冷却　发酵好的凝固酸乳，应立即移入0~4℃的冷库中，迅速抑制乳酸菌的生长，以免继续发酵而造成酸度升高。正常情况下降温到18~20℃，这时的关键是要立刻阻止细菌进一步生长，也就是说在30min内温度应降至35℃左右，接着在30~40min内把温度降至18~20℃，最后在冷库把温度降至5℃，产品贮存至发送。

(8) 冷藏后熟　在冷藏期间，酸度仍会有所上升，同时风味成分双乙酰含量会增加，风味物质继续产生，而且多种风味物质相互平衡形成酸乳的特征风味，通常把这个阶段称为后成熟期。试验表明，冷却24h，双乙酰含量达到最高，超过24h又会减少。因此。发酵凝固后须在0~4℃贮藏24h再出售，通常把该贮藏过程称为后成熟，一般最大冷藏期为7~14d。

(三) 凝固型酸乳质量缺陷及控制

(1) 凝固不良或不凝固　影响因素如下。

①原料乳质量：乳中含有抗生素、防腐剂，会抑制乳酸菌生长，影响正常发酵，从而导致酸乳凝固性差；原料乳掺水，使乳的总干物质含量降低；掺碱中和发酵所产的酸，都会造成酸乳凝固不好。因此，必须把好原料验收关，杜绝使用含有抗生素、农药、防腐剂及掺碱、掺水牛乳生产酸乳。对掺水的牛乳，可适当添加脱脂乳粉，提高其总干物质含量。

②发酵温度与时间：发酵温度与时间低于乳酸菌发酵的最适温度与时间，会使乳酸菌凝乳能力降低，从而导致酸乳凝固性降低。另外，发酵室温度不均匀也会造成酸乳凝固性降低。因此，生产中一定要控制好发酵温度与时间，并尽可能保持发酵室温度恒定。

③噬菌体污染：噬菌体污染是造成发酵缓慢、凝固不完全的原因之一。可通过发酵活力降低，产酸缓慢来判断。国外采用经常更换发酵剂的方法加以控制。此外，由于噬菌体对菌的选择作用，两种以上菌种混合使用也可减少噬菌体危害。

④发酵剂活力：发酵剂活力弱或接种量太少会造成酸乳的凝固性下降。对一些灌装容器上残留的洗涤剂（如氢氧化钠）和消毒剂（如氯化物）也要清洗干净，以免影响菌种活力，确保酸乳的正常发酵和凝固。

⑤加糖量：加糖量过大，产生高渗透压，抑制了乳酸菌的生长繁殖，也会使酸乳不能很好凝固。实际生产中要选择好最佳的加糖量，既能给产品带来良好的风味，又不影响乳酸菌的生长。

(2) 乳清析出

①原料乳热处理不当：热处理温度偏低或时间不够，就不能使大量乳清蛋白变性，而变性乳清蛋白可与酪蛋白形成复合物，能容纳更多的水分，并且具有最小的脱水收缩作用（syneresis）。据研究，要保证酸乳吸收大量水分和不发生脱水收缩作用，至少使75%的乳清蛋白变性，这就要求85℃保持20~30min或90℃保持5~10min的热处理。

②发酵时间：发酵时间过长或过短，都会有乳清分离，发酵时间过长，酸度过大破坏了乳蛋白质已经形成的胶体结构，使乳清分离出来；发酵时间过短，胶体结构还未充分形成，也会造成乳清析出。因此，酸乳发酵时，应抽样检查，发现牛乳已完全凝固，就应立即停止发酵；若凝固不充分，应继续发酵，待完全凝固后取出。

③其他因素：原料乳总干物质含量低、接种量过大、机械振动等也会造成乳清析出。生产中，添加适量的氯化钙，可减少乳清析出，也可赋予产品一定的硬度。

(3) 风味不良　生产过程中常出现以下不良风味。

①无芳香味：主要由菌种选择及操作工艺不当引起。正常的酸乳生产应保证两种以上的菌混合使用并选择适宜的比例，任何一方占优势均会导致产香不足，风味变劣。高温短时发酵和固体含量不足也是造成芳香味不足的因素。芳香味主要来自发酵剂酶分解柠檬酸产生的丁二酮物质。所以原料乳中应保证足够的柠檬酸含量。

②酸乳的不洁味：主要由发酵剂或发酵过程中污染杂菌引起。污染丁酸菌可使产品带刺鼻怪味，污染酵母菌不仅产生不良风味，还会影响酸乳的组织状态，使酸乳产生气泡。

③酸乳的酸甜度：酸乳过酸、过甜均会影响质量。发酵过度、冷藏时温度偏高和加糖量较低等会使酸乳偏酸，而发酵不足或加糖过高又会导致酸乳偏甜。因此，应尽量避免发酵过度现象，并在0~4℃条件下冷藏，防止温度过高，严格控制加糖量。

④原料乳的异臭：牛体臭、氧化臭味及由于过度热处理或添加了风味不良的炼乳或乳粉等制造的酸乳也是造成其风味不良的原因之一。

(4) 表面有霉菌生长　酸乳贮藏时间过长或温度过高时，往往在表面出现有霉菌。黑斑点易被察觉，而白色霉菌则不易被注意。这种酸乳被人误食后，轻者有腹胀感觉，重者引起腹痛下泻。因此，要严格保证卫生条件并根据市场情况控制好贮藏时间和贮藏温度。

(5) 口感差　优质酸乳柔嫩、细滑，清香可口。但有些酸乳口感粗糙，有砂状感。这主要是由于生产酸乳时，采用了高酸度的乳或劣质的乳粉。因此，生产酸乳时，应采用新鲜牛乳或优质乳粉，并采取均质处理，使乳中蛋白质颗粒细微化，达到改善口感的目的。

三、搅拌型酸乳加工工艺

(一) 工艺流程

搅拌型酸乳加工工艺流程见图6-6，生产线示意图见6-7。

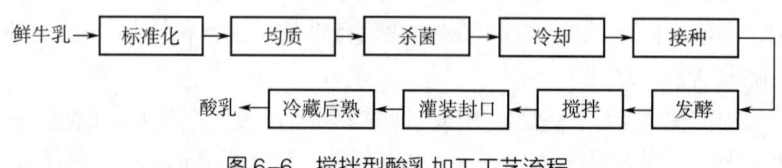

图6-6　搅拌型酸乳加工工艺流程

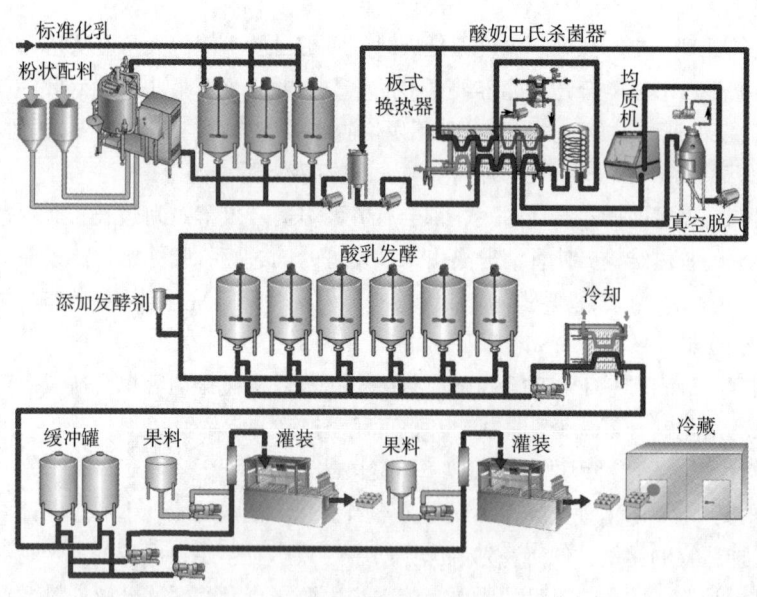

图6-7　搅拌型酸乳生产线示意图

(二) 工艺要求与操作要点

搅拌型酸乳的加工工艺及技术要求基本与凝固型酸乳相同，其不同点主要是凝固型酸乳是先灌装再发酵，而搅拌型酸乳是先大罐发酵，再冷却后搅拌灌装。

搅拌型酸乳的加工操作要点如下。

1. 发酵

搅拌型酸乳的发酵在发酵罐中进行,应控制好发酵罐的温度,避免忽高忽低,发酵罐上部和下部温度差不超过 1.5℃。典型的搅拌型酸乳生产的培养条件为 42~43℃,2.5~3h;考虑到迟滞期较长,用浓缩、冷冻和冻干菌种直接加入酸乳培养罐时培养条件为 43℃,4~6h。

2. 凝块冷却

搅拌型酸乳冷却的目的是快速抑制细菌的生长和酶的活性,以防止发酵过程产酸过度及搅拌时脱水。在酸乳完全凝固(pH 4.2~4.5)时开始冷却,产品的温度应在 30min 内从 42~43℃ 冷却至 15~22℃,冷却过程应稳定进行,冷却过快将造成凝块收缩迅速,导致乳清分离;冷却过慢则会造成产品过酸和添加果料的脱色。搅拌型酸乳的冷却可采用片式冷却器、管式冷却器、表面刮板式热交换器、冷却罐等冷却,至搅拌适宜温度。

3. 搅拌

通过机械力破坏凝胶体,使凝胶体的粒子直径达到 0.01~0.4 mm,并使酸乳的硬度和黏度及组织状态发生变化。在搅拌型酸乳的生产中,这是一道重要工序。

(1) 搅拌的方法 机械搅拌使用宽叶片搅拌器,搅拌过程中应注意既不可过于激烈,又不可过长时间。搅拌时应注意凝胶体的温度、pH 及固体含量等。通常搅拌开始用低速,以后用较快的速度。

(2) 搅拌时的质量控制

①温度:搅拌的最适温度 0~7℃,此时适于亲水性凝胶体的破坏,可得到搅拌均匀的凝固物,既可缩短搅拌时间还可减少搅拌次数。在 20~25℃ 的中温区域进行搅拌时,酸乳凝胶体的黏度随着搅拌的进行逐渐减小,但机械应力消失后,凝胶粒子可以重新配位,从而使黏稠度再度增大,酸乳凝胶体经历了一个从溶胶状态又回到凝胶状态的可逆性变换过程,这个过程有助于提高酸乳的黏稠度。若在 38~40℃ 左右进行搅拌,凝胶体易形成薄片状或砂质结构等缺陷。根据以上分析,并结合生产实际,若要使 40℃ 的发酵乳降到 0~7℃ 不太容易,所以开始搅拌时发酵乳的温度以 20~25℃ 为宜。

②pH:酸乳的搅拌应在凝胶体的 pH 达 4.7 以下时进行,若在 pH 4.7 以上的条件搅拌,则会因酸乳凝固不完全、黏性不足而影响其质量。

③干物质:较高的乳干物质含量对搅拌型酸乳防止乳清分离能起到较好的作用。

④管道流速和直径:凝胶体在通过泵和管道移送,流经片式冷却板片和灌装过程中,会受到不同程度的破坏,最终影响到产品的黏度。凝胶体在经管道输送过程中应以低于 0.5m/s 的层流形式出现。若以高于 0.5m/s 的湍流形式出现,胶体的结构将受到严重破坏,破坏程度取决于管道长度和直径。管道直径不应随着包装线的延长而改变,尤其应避免管道直径突然变小。

4. 混合、灌装

冷却到 15~22℃ 以后,酸乳就准备包装。果料和香料可在酸乳从缓冲罐到包装机的输送过程中加入,通过一台可变速的计量泵连续地把这些成分打到酸乳中,经过混合装置混合,保证果料与酸乳彻底混合。果料计量泵与酸乳给料泵是同步运转的。果料也可在发酵罐内用螺旋搅拌器搅拌混合。

对带固体颗粒的果料或整个浆果进行充分的巴氏杀菌时,可以使用刮板式热交换器或带刮板装置的罐。杀菌温度应能钝化所有有活性的微生物,而不影响水果的味道和结构。热处理后的果料在无菌条件下灌入灭菌的容器中是十分重要的,发酵乳制品经常由于果料没有足够的热处理引起再污染而导致产品腐败。在连续生产中,应采用快速加热和冷却的方法,既能保证质量,又经济。添加物有时也采用天然果汁浓缩液,使酸乳形成所需的色泽和风味,有时也添加各种香料。

5. 冷却、后熟

将灌装好的酸乳于 0~7℃冷库中冷藏 24h 进行后熟,进一步促使芳香物质的产生并改善黏稠度。

(三) 长保质期搅拌型酸乳的生产

酸乳的热处理是延长其保质期的另一种方法。根据使用的温度,产品可以冷藏或常温贮存。热处理温度取决于许多因素,例如,牛乳质量、牛乳预处理、酸乳 pH、水果质量、粒度、稳定剂类型和最终产品的微生物要求。所有类型的酸奶(搅拌、凝固、饮用和浓缩)都可以通过加热延长保质期,其原理是灭活发酵剂细菌及其酶,灭活污染物,如酵母菌和霉菌。

生产长保质期搅拌型酸乳时,发酵罐中的凝结物可以在 60~70℃下热处理几秒钟。这种热处理将最小化后酸化,如果在较高的卫生条件下包装,酸乳在冷藏库中的保质期可达 1~2 个月。如果生产适于环境温度贮存的酸乳,加热温度应在 75~110℃范围内持续几秒钟,基于牛乳质量、牛乳处理、酸奶 pH 等因素,产品保质期可更长。热处理后可能会造成产品的黏度降低和乳清分离,这些问题可以通过使用稳定剂重塑产品的流变特性来改善。

长保质期搅拌型酸乳的热处理可以使用不同的处理方案:

①酸乳和水果混合,一起进行热处理和冷却。
②酸乳和水果在混合前分别进行热处理和冷却。
③酸乳经过热处理和冷却,水果经过热处理并与冷酸乳混合。

在所有情况下,产品包装应使用无菌灌装机以防止再次感染,生产方法如图 6-8 所示。

(四) 搅拌型酸乳质量缺陷及控制

1. 砂状组织

酸乳在组织外观上有许多砂状颗粒存在,不细腻。砂状结构的产生有多种原因,在生产搅拌型酸乳时,应选择适宜的发酵温度,避免原料乳受热过度,减少乳粉用量,避免干物质过多和较高温度下的搅拌。

2. 乳清分离

酸乳搅拌速度过快、过度搅拌或泵送造成空气混入产品,将造成乳清分离。此外,酸乳发酵过度、冷却温度不适及干物质含量不足也可造成乳清分离现象。因此,应选择合适的搅拌器搅拌并注意降低搅拌温度。同时可选用适当的稳定剂,以提高酸乳的黏度,防止乳清分离,其用量为 0.1%~0.5%。

3. 风味不正

除了与凝固型酸乳的相同因素外,风味不正的原因还有在搅拌过程中因操作不当而混入大量空气,造成酵母和霉菌的污染。酸乳较低的 pH 虽然抑制几乎所有细菌生长,但却适于酵母和霉菌的生长,造成酸乳的变质和产生不良风味。

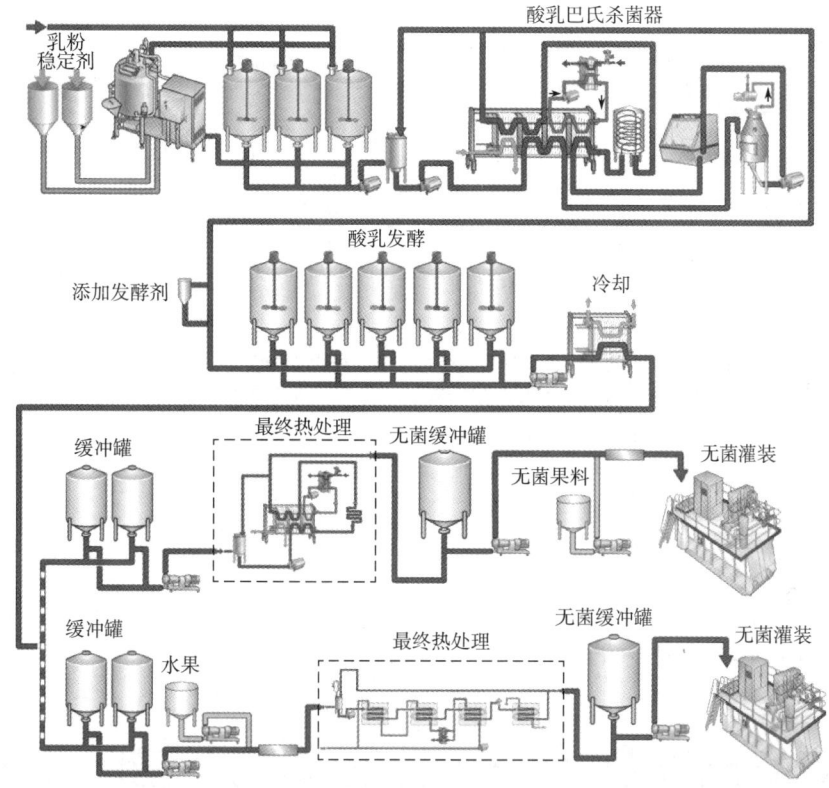

图6-8 长保质期搅拌型酸乳生产线示意图

4. 色泽异常

在生产中因加入的果蔬处理不当而引起变色、褪色等现象时有发生。应根据果蔬的性质及加工特性与酸乳进行合理的搭配和制作，必要时还可添加抗氧化剂。

(五) 发酵乳质量标准

要符合我国发酵乳 GB 19302—2010《食品安全国家标准　发酵乳》。

(1) 感官要求　应符合表6-5的规定。

(2) 理化指标　应符合表6-6的规定。

(3) 微生物限量　应符合表6-7的规定。

(4) 乳酸菌数　应符合表6-8的规定。

(5) 其他

①发酵后经热处理的产品应标识"××热处理发酵乳""××热处理风味发酵乳""××热处理酸乳"或"××热处理风味酸乳"。

②全部用乳粉生产的产品应在产品名称紧邻部位标明"复原乳"；在生牛（羊）乳中添加部分乳粉生产的产品应在产品名称紧邻部位标明"含××%复原乳"，"××%"是指所添加乳粉占产品中全乳固体的质量分数。"复原乳"与产品名称应标识在包装容器的同一主要展示版面；标识的"复原乳"字样应醒目，其字号不小于产品名称的字号，字体高度不小于主要展示版面高度的1/5。

表 6-5　　　　　　　　　　　　　　发酵乳感官要求

项目	要求	
	发酵乳	风味发酵乳
色泽	色泽均匀一致，呈乳白色或微黄色	具有与添加成分相符的色泽
滋味和气味	具有发酵乳特有的滋味、气味	具有与添加成分相符的滋味和气味
组织状态	组织细腻、均匀，允许有少量乳清析出；风味发酵乳具有添加成分特有的组织状态	

表 6-6　　　　　　　　　　　　　　发酵乳理化指标

项目		发酵乳	风味发酵乳
脂肪* （g/100g）	≥	3.1	2.5
非脂乳固体/ （g/100g）	≥	8.1	—
蛋白质/ （g/100g）	≥	2.9	2.3
酸度/°T	≥	70.0	

注：*仅适用于全脂产品。

表 6-7　　　　　　　　　　　　　　发酵乳微生物限量

项目	采样方案*及限量（若非指定，均以 CFU/g 或 CFU/mL 表示）			
	n	c	m	M
大肠菌群	5	2	1	5
金黄色葡萄球菌	5	0	0/25g（mL）	—
沙门氏菌	5	0	0/25g（mL）	—
酵母 ≤	100			
霉菌 ≤	30			

注：*样品的分析及处理按 GB 4789.1—2016《食品安全国家标准　食品微生物学检验总则》和 GB 4789.18—2010《食品安全国家标准　食品微生物检验　乳与乳制品检验》执行。

表 6-8　　　　　　　　　　　　　　发酵乳乳酸菌数

项目	限量/ [CFU/g（mL）]
乳酸菌数* ≥	$1×10^6$

注：*发酵后经热处理的产品对乳酸菌数不作要求。

四、饮用型酸乳加工工艺

饮用型酸乳，通常黏度低、脂肪含量低，在许多国家很受欢迎。饮用型酸乳的组成可以与搅拌酸乳的组成相同，也可以通过用水稀释等方式降低干物质含量。

用于生产饮用型酸乳的酸乳是以普通方式在发酵罐中发酵生产。为了获得稳定的无沉淀饮用型酸乳，冷却前应在产品中添加稳定剂（通常是果胶，但也使用改性淀粉或 CMC）。添加果胶的酸乳在冷却前进行均质,以获得最佳的稳定效果。饮用型酸乳的生产线如图 6-9 所示。

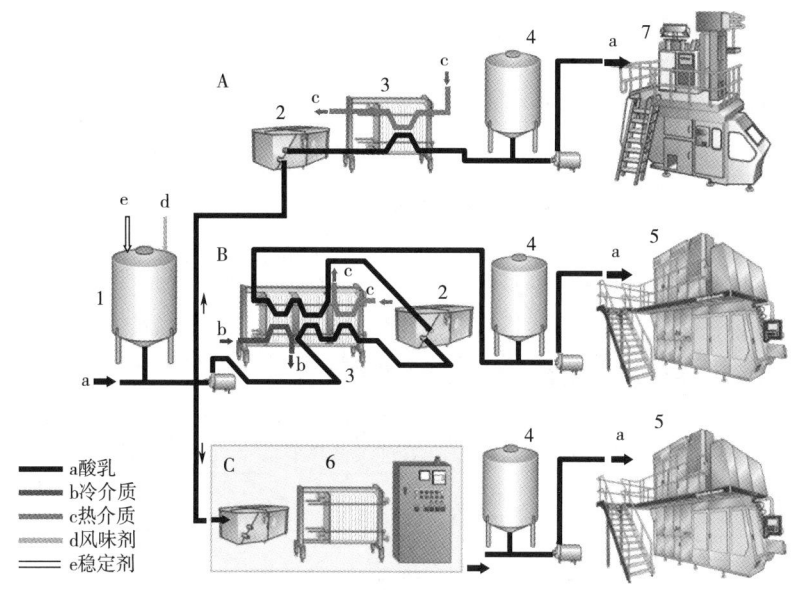

图 6-9 饮用型酸乳生产线示意图

1—混合罐　2—均质机　3—板式换热器　4—缓冲罐　5—无菌灌装　6—UHT 处理　7—灌装

A—均质和冷却。保质期:冷藏 2~3 周

B—均质、巴氏杀菌、无菌包装。保质期:冷藏 1~2 个月

C—均质、UHT 处理、无菌包装。保质期:室温下几个月

第四节　乳酸菌饮料

一、乳酸菌饮料定义与分类

1. 乳酸菌饮料定义

乳酸菌饮料是一种发酵型的酸性含乳饮料,通常以牛乳或乳粉、植物蛋白乳(粉)、果蔬汁或糖类为原料,经杀菌、冷却、接种乳酸菌发酵剂培养发酵,然后经稀释而成。

2. 乳酸菌饮料分类

(1) 按加工工艺分类

①活性乳酸菌饮料:即加工完成后不经过杀菌工艺。

②非活性乳酸菌饮料:即加工完成后经过后杀菌工艺。

在国外,乳酸菌饮料已有很长的历史,主要是短保质期的活菌型产品。超高温灭菌的非活性乳酸菌饮料始于 20 世纪 70 年代末欧洲的荷兰,它具有味道好,保质期长(常温 6 个月),无需冷链运输等优点。

(2) 按配料类型分类

①酸乳型乳酸菌饮料：是在酸乳的基础上将其破碎，配入白糖、香料、稳定剂等通过均质而制成的均匀一致的液态饮料。

②果蔬型乳酸菌饮料：是在发酵乳中加入适量的浓缩果汁（如柑橘、草莓、苹果、椰汁、芒果汁等）或蔬菜汁浆（如番茄浆、胡萝卜汁、玉米浆、南瓜汁等）共同发酵后，再通过加糖、稳定剂或香料等调配、均质后制作而成。

二、乳酸菌饮料生产工艺

乳酸菌饮料的加工方式有多种，目前，生产厂家普遍采用的方法是：先将牛乳进行乳酸菌发酵制成酸乳，再根据配方加入糖、稳定剂、水等其他原辅料，经混合、标准化后直接灌装或经热处理后灌装。乳酸菌饮料的加工工艺流程，见图6-10。

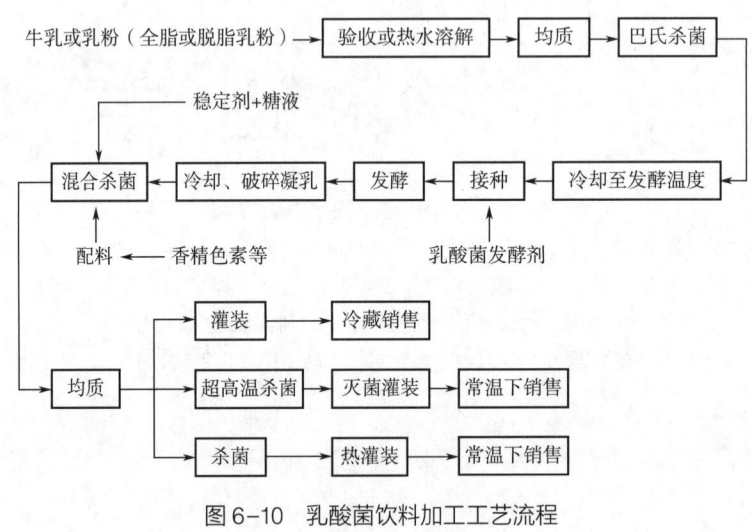

图6-10 乳酸菌饮料加工工艺流程

三、乳酸菌饮料生产工艺要求

1. 发酵前原料乳成分的调整

建议发酵前将调配料中的非脂乳固体含量调整到15%~18%，可通过添加脱脂乳粉，或蒸发原料乳，或超滤，或添加酪蛋白粉、乳清粉来实现。

2. 冷却、破乳和配料

发酵过程结束后要进行冷却和破碎凝乳，破碎凝乳可以通过边碎乳、边混入已杀菌的稳定剂、糖液等混合料的方式进行。一般乳酸菌饮料的配方中包括酸乳、糖、果汁、稳定剂、酸味剂、香精和色素等，厂家可根据自己的配方进行配料。混料时先将白砂糖与稳定剂、乳化剂、螯合剂等一起搅拌均匀，加入70~80℃的热水中充分溶解，经杀菌、冷却后，同果汁、酸味剂一起与发酵乳混合并搅拌，最后加入香精等。

3. 均质

均质处理是防止乳酸菌饮料沉淀的一种有效的物理方法。通常用胶体磨或均质机进行均质，使其液滴微细化、提高料液黏度、抑制粒子的沉淀，并增强稳定剂的稳定效果。乳酸菌饮料较适宜的均质压力为20~25MPa，温度53℃左右。

4. 杀菌

发酵调配后的杀菌目的是延长饮料的保存期。经合理杀菌、无菌灌装后的饮料，其保存期可达3~6个月。由于乳酸菌饮料属于高酸食品，故采用高温短时巴氏杀菌即可达到商业无菌，也可采用更高的杀菌条件如95~108℃、30s或110℃、4s。生产厂家可根据自己的实际情况，对以上杀菌制度作相应的调整，对塑料瓶包装的产品来说，一般灌装后采用95~98℃、20~30min的杀菌条件，然后进行冷却。

5. 果蔬预处理

在制作果蔬乳酸菌饮料时，要首先对果蔬进行加热处理，以起到灭酶作用，通常在沸水中放置6~8min。经灭酶后打浆或取汁，再与杀菌后的原料乳混合。

第五节　其他发酵乳制品的生产

一、发酵稀奶油

发酵稀奶油又称酸性奶油，在很多国家已有多年使用历史，作为一种食品原料，这种产品有许多不同的应用，在烹调方面，它和酸乳一样可以用作调味料。

发酵稀奶油是指经过乳酸菌发酵而成的呈酸性的稀奶油。发酵剂含有乳酸链球菌和乳脂链球菌，还有丁二酮链球菌和嗜柠檬酸明串珠菌用于产香。酸奶油是表面光亮、质地均匀、相对黏稠的产品，脂肪含量一般为10%~12%或20%~30%；口感柔和而略带酸味。

酸奶油和其他发酵产品一样，保质期较短。对产品质量来说，严格的卫生管理是非常重要的。酵母和霉菌能在不密封的包装里存活，可污染酸奶油的表面。如果贮存时间延长，破坏β-乳球蛋白的乳酸细菌酶变得活跃起来，会使酸奶油变苦，酸奶油也会失去它的风味，CO_2和其他产香物质通过包装散发。

发酵稀奶油的生产包括以下六个环节。

1. 标准化

需要将脂肪含量调整至产品所规定的值，为了增加固形物含量可以添加脱脂乳粉。

2. 均质

稀奶油需要均质，含脂肪10%~12%的稀奶油均质压力通常为15~20MPa，温度为60~70℃，均质温度的增加有利于稠度的改善。含脂肪20%~30%的稀奶油均质压力相对低一些，因为酪蛋白含量低，不足以覆盖扩大的总脂肪表面，一般为10~12MPa。均质不能保证所要求的质构和黏度，因此通常需用一些添加剂，如变性淀粉、明胶和果胶等。

3. 热处理

均质以后的稀奶油要进行热处理，通常条件是90℃，5min。如果均质技术与热处理能很好地匹配，也可采用其他时间、温度的组合。

4. 接种和包装

经过热处理的稀奶油冷却至接种温度18~21℃，然后添加1%~2%的生产发酵剂。

5. 发酵

一般可以将物料灌装到零售容器中转移至培养室进行发酵（类似于凝固型酸乳）或在发酵罐中发酵。发酵条件取决于采用短时还是长时凝固法，典型的短时凝固法是 30~32℃，5~6h，长时凝固法是 20~22℃，14~16h。无论何种条件下的发酵都应考虑最终产品的 pH，当达到预定的 pH 时，产品就要迅速冷却。

6. 灌装

如果产品的发酵不是在零售容器中进行的，那么发酵时一旦达到所要求的 pH，就立即开始灌装。包装好的产品被转移至冷藏库，配送之前贮藏在一个适宜的温度范围内（3~6℃）。

二、开菲尔

开菲尔起源于前苏联的高加索山区，长期以来人们利用橡木桶或牛皮袋从事开菲尔家庭制作，发酵剂是一种称为开菲尔粒的不溶于水的颗粒物。20 世纪初期，开菲尔就已经成为东欧地区极负盛名的发酵乳饮料。

开菲尔的原料一般为山羊乳、绵羊乳或牛乳。俄罗斯消费量最大，每人每年大约消费量为 5L，其他许多国家也生产开菲尔。开菲尔是黏稠、均匀、表面光泽的发酵产品，口味新鲜酸甜，略带一些酵母味。产品的 pH 通常为 4.3~4.4。

开菲尔粒由蛋白质、多糖和几种类型的微生物群（如酵母、产酸、产香形成菌）等组成。在整个菌落群中酵母菌占 5%~10%。开菲尔粒呈淡黄色，大小如小菜花，直径 15~20mm，形状不规则。它们不溶于水和大部分溶剂，浸泡在乳中膨胀并变成白色。在发酵过程中，乳酸菌产生乳酸，而酵母菌发酵乳糖产生乙醇和二氧化碳。在酵母菌的新陈代谢过程中，某些蛋白质发生分解从而使开菲尔产生一种特殊的酵母香味。乳酸、乙醇和 CO_2 的含量可由生产时的培养温度来控制。

1. 开菲尔传统制作方法

可以用不同的方式来制作开菲尔，图 6-11 和图 6-12 所示为两种开菲尔乳的传统制作方法和工艺流程。

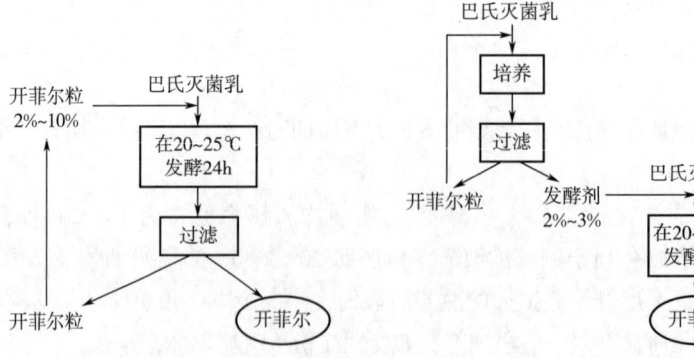

图 6-11 开菲尔传统制作工艺一　　图 6-12 开菲尔传统制作工艺二

从图 6-11 可以看出，经巴氏灭菌后牛乳被冷却到 25℃ 左右，按 2%~10% 的比例接种活化的开菲尔粒，在 20~25℃ 发酵培养 24h，直到乳酸度达到 0.68%~0.90% 时终止发酵。然后，过滤除去开菲尔粒获得的开菲尔经冷藏成熟后即可饮用。滤出的开菲尔粒可以加入到新鲜的巴氏灭菌乳中，进行新一轮发酵。开菲尔粒可重复使用，而且在多次使用过程中，开菲尔粒自身也在不断地生长和增殖。对暂不使用的开菲尔粒，可以将其加入到一部分鲜牛乳中保存，或用冷水冲净后放入无菌水中保存，保存温度4℃，期限8~10d。若开菲尔粒保存时间较长，可以采用冷冻干燥的方法，这样可以降低开菲尔粒的含水量，使其中的微生物处于暂时的休眠状态，保存期限延长到12~18个月。

与前一种工艺相比图6-12中的方法更适用于大型工业化发酵生产开菲尔乳。该工艺分为两个步骤：第一步是从开菲尔粒到制备母发酵剂的过程，这一过程类似于开菲尔乳制作的第一种方法，只不过所得到的含有活菌的发酵产物不是作为饮料饮用，而是作为生产发酵剂使用。第二步是将所得到的生产发酵剂按2%~3%的比例接种到巴氏灭菌乳中，20~25℃发酵12~18h，终止发酵后经冷藏成熟便可饮用。

2. 开菲尔的工业化生产方法

用于生产开菲尔的牛乳通常不经过强化。开菲尔可以用全脂、低脂或者脱脂牛乳制作。最开始的处理与其他发酵乳制品相同。1988年IDF的调查显示，在欧洲，搅拌型和凝固型开菲尔（图6-13）都有应用，而搅拌型更为常见。培养温度和时间在不同的国家有很大的不同。

在20~24℃，用开菲尔发酵剂培养12~14h就可以形成凝块，但如此短的培养时间不足以使乳酸菌和酵母菌积累足够浓度的代谢物以提供风味、香味和质地。如图6-13所示，实际中采用长时间培养（14~20h）快速冷却，短时间培养缓慢冷却，或采用成熟期。俄罗斯的方法是：用2%~3%的起始发酵剂（母发酵剂）滤液或者3%~5%的次级发酵剂在22~25℃培养10~12h，然后在10~12h之内冷却到8~10℃。起始发酵剂可在开菲尔粒分离后得到，而次级发酵剂是由接种初级发酵剂的牛乳培养得到的。接种量和发酵剂类型影响最终产品的感官特性。风味和质地可以根据当地人的爱好而加以调整。通常，得到的开菲尔是奶油色的，质构光滑，但对酵母味的要求不太一致，也可以生产水果味的开菲尔。较低的温度更适合酵母菌的生长。在成熟和贮藏过程中会继续产生乙醇和二氧化碳。开菲尔在贮藏过程中有可能出现塑料和纸包装的胀包。

在北欧国家，开菲尔用带有铝箔层压的硬纸盒进行包装。这种包装能避免二氧化碳的损失，因此可以保证好的保藏品质，但需在2~4℃下贮存。即使在这个温度范围顶部的压力也可能略有上升。为了避免包装胀包，已经开发出允许二氧化碳透过的包装。

三、酸牛乳酒和马奶酒

东欧国家大量生产这类发酵乳制品，而且在西方也产生了一定的影响。这类产品的加工原料乳来自山羊、绵羊和乳牛，因原料的不同而有各自的命名，其中马奶酒最为著名。马奶酒，也称作酸马奶，在中国和蒙古马奶酒也被称作airag、arrag（艾日格）或chige、chegee、chigo（策格），意为"发酵马奶子"。马奶酒起源于西亚或中亚游牧民族中，早在2000多年前，我国东汉就有制作酸马乳的记载了。

马奶酒是以新鲜的马乳为原料，经乳酸菌和酵母菌等微生物共同自然发酵形成的酸性低酒精含量的乳饮料。这类产品的发酵剂通常有一个复杂的混合菌群，包括乳酸菌和不同种类的酵母菌。在酸牛乳酒中，乳杆菌通常占整个微生物总数的65%~80%，其余的20%~35%由乳球菌、链球菌、不同类型的乳糖和非乳糖发酵的酵母菌组成（如啤酒酵母和开菲尔假丝酵母）。

自然发酵的马奶酒中微生物组成受当地的环境、气候、制作方法、发酵温度和发酵时间等因素的影响。马奶酒在发酵成熟的过程中，乳酸菌和酵母菌构成了优势生物类群，赋予马奶酒

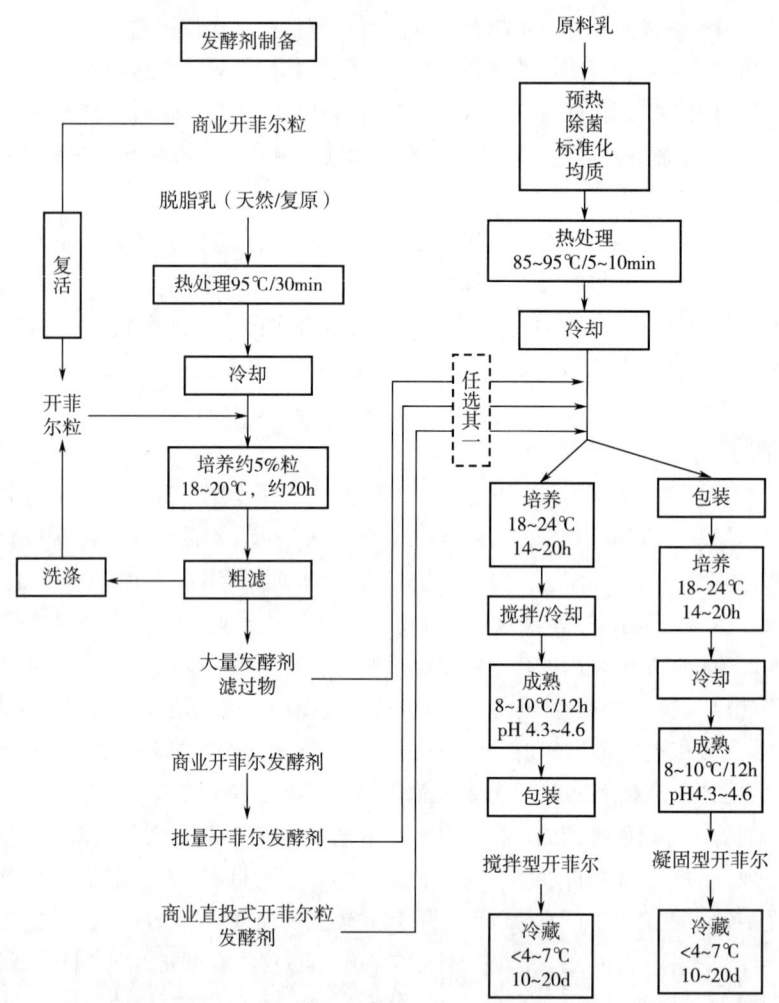

图 6-13 开菲尔工业化生产流程

独特的风味特征,同时这类微生物及其代谢产物又提供了具有特殊疗效的生物活性物质。马奶酒在酪蛋白等电点并不会凝固,主要是因为马乳的酪蛋白含量低,发酵过程中生成乳蛋白沉淀一直保持悬浮状态,而不是凝乳状,最终产品是酸性,有酵母味,且有类似于酸乳的香味。

1. 马奶酒家庭制作工艺

有关马奶酒发酵乳的家庭制作程序如下:①3~10份新鲜马乳(按体积算,杀菌温度90℃,时间20~30min)与1份以前留下来的马奶酒混合,混合物被放在专用于马奶酒制作的羊皮袋子中。②每隔1h,用棍子对乳进行搅动。③发酵温度为20~22℃,有时也可以在25~32℃进行发酵。④当出现很强的泡沫和特殊的酸味时(3~8h后),新鲜的马奶酒被制作完成并可以被饮用(又称甜性马奶酒)。⑤初始的甜性马奶酒需要在低温(温度在10℃以下)下进一步被熟化,经24h的熟化即得到风味较中等的产品,若熟化期超过2~4d就可以获得风味极其强烈的产品。马乳中蛋白质的水解程度与发酵时间、发酵温度、贮藏条件以及参与发酵的微生物种类有关。

2. 马奶酒现代生产工艺

现代马奶酒也是利用马乳制成的,类似于传统加工程序,即经过灭菌的新鲜马乳接种30%的特制发酵剂,发酵温度为28℃,同时每隔1~2h搅拌一次(搅拌速度430~480r/min,时间5~

20min），直到达到要求的酸度（0.7%~0.8%）。然后，新鲜马奶酒被冷却到20℃装瓶、封盖并在4~5℃贮藏24h。发酵剂是由1份在37℃预先培养7h的德氏乳杆菌保加利亚亚种和2份在30℃预先培养15h的酵母菌构成。根据配置工序，将马乳添加到这种已经混合好的菌种中进行培养，直到酸度达到1.4%时终止发酵。

有研究者提出了一种新制作的马奶酒发酵剂，它是由乳酸乳球菌乳酸亚种、德氏乳杆菌保加利亚亚种和乳酸酵母以及醋化醋杆菌（0.02%）构成。利用这种发酵剂能够生产出口感极为特殊的马奶酒，而且制作出的马奶酒的贮藏期被明显延长（约14d以上）。根据研究，在所谓的烈性马奶酒（酸度达0.90%，乙醇含量为1.5%）中，细菌和酵母菌的活菌数分别为$4.97×10^7$CFU/mL和$1.43×10^7$CFU/mL。由于马乳原料缺乏，工业化生产马奶酒实际上是较少的，所以，在俄罗斯和蒙古正开展利用牛乳代替马乳来制作马奶酒的新技术研究工作。通用的马奶酒制作工艺如下：

（1）制备2份发酵剂，一份含有嗜热型的乳酸菌，其培养条件为35~37℃，6~7h。另一份发酵剂含有能发酵乳糖的酵母菌，其培养条件为28~30℃，15~18h。

（2）将2份发酸剂与少量的马乳混合，继续在26~29℃进行培养。定期加入鲜乳直到3~4d后发酵剂生产完成。

（3）将发酵剂按大约30%的量添加到鲜乳中，在26~29℃条件下发酵2h，同时伴有搅拌过程，以便允许空气进入来促进酵母菌的生长。发酵后的马乳静置，入瓶并密封。

四、发酵酪乳

奶油搅拌过程中分离出来的液体被称作酪乳，是甜奶油或酸奶油生产的副产品，脂肪含量约0.5%，有较高的如磷脂酰胆碱等脂肪的膜成分。天然传统发酵酪乳是利用甜奶油酪乳为原料，经调配后接种嗜温性发酵剂在21~24℃下发酵，因为当温度超过24℃后，产酸菌株比产香菌株生长速度快，最终产品缺乏特殊的丁二酮风味。通过所用的发酵剂是嗜温性的乳酸乳球菌，商业化的酪乳发酵剂主要是由乳酸乳球菌乳酸亚种、乳脂乳球菌、乳酸乳球菌双乙酰变种以及肠膜名串珠菌乳脂亚种构成。天然传统发酵酪乳的生产工艺流程见图6-14。

传统上发酵酪乳含7%~10%的固形物，包括3.5%~4.9%乳糖、约0.5%乳酸、2.7%~3.8%含氮化合物和0.6%~0.75%灰分，脂肪含量为0.3%~1.0%。在俄罗斯、波兰、捷克、芬兰、德国等国家，天然发酵酪乳作为饮品销售，有时被用作动物饲料。因其保质期短（4~7℃下7d），受原料酪乳影响很难获得质量一致的产品，因此消费量较低，多为当地销售或饮用。

为了克服天然传统发酵酪乳产生异味和不易贮存等缺点，市场上出现了商业化发酵酪乳，其通过新鲜的脱脂乳或低脂乳，通常脂肪不超过1%，在80~95℃热处理5~30min，然后冷却到22℃接种1%~3%的嗜温发酵剂或直投式发酵剂，在21~24℃发酵确保产酸菌株和产香菌株平衡生长。由于乳中柠檬酸量随季节变化，建议乳中补充1~2g/L的柠檬酸或柠檬酸钠以通过产香菌株获得足够高水平的双乙酰（2~3mg/kg）。可选择的添加剂除了柠檬酸或柠檬酸钠外，还有稳定剂（0.01%~0.02%）、营养型碳水化合物甜味剂、调味剂、脱脂乳粉、酪乳粉或乳清粉（15~20g/L）、NaCl（1g/L）、0.02g/L的冻干黄油片或黄油粒。培养15~20h后，通过柔和的搅拌破坏pH 4.6~4.7条件下（0.75%~0.85%滴定酸度）形成的凝块。过度的剧烈搅动、不适当的冷却、使用不适合的泵送入罐装机械均导致质地损失。冷却必须与乳酪搅拌协调，通常在破碎酪乳凝快前冷却15min，然后包装，进一步冷却和贮藏。商业化发酵酪乳生产流程见图6-15。

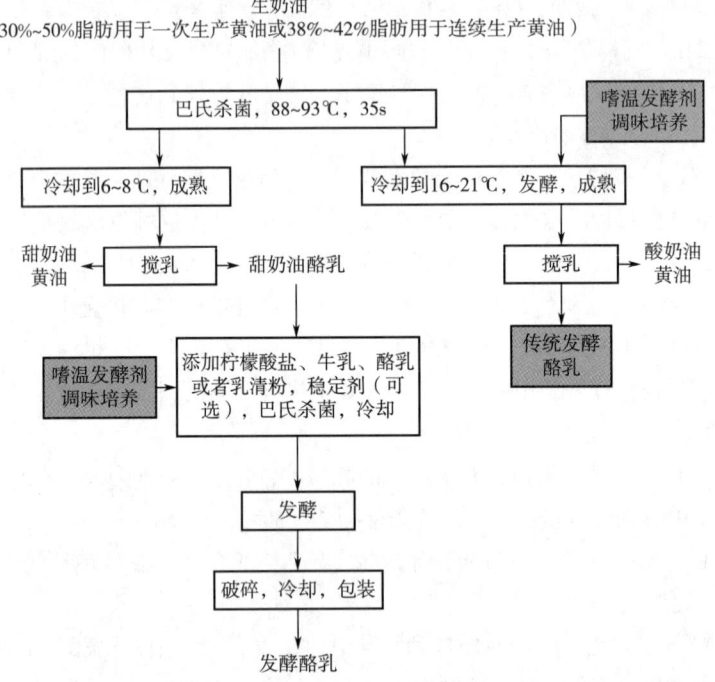

图 6-14　天然传统发酵酪乳生产工艺流程

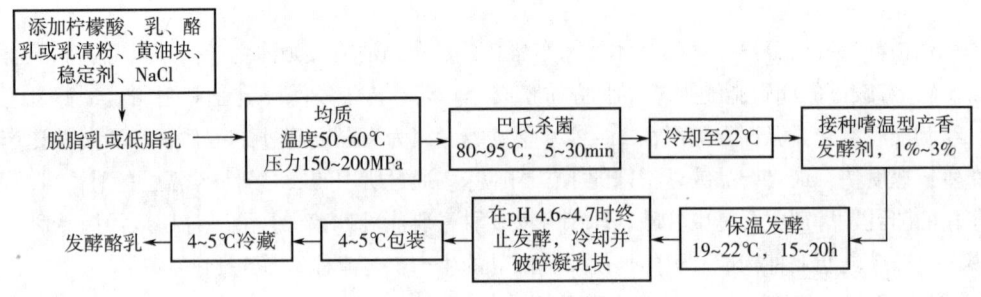

图 6-15　商业化发酵酪乳生产流程

思考题

1. 什么是酸乳？酸乳是如何分类的？各有什么特点？
2. 酸乳的营养价值和保健功能有哪些？
3. 生产酸乳所用的原料有哪些？选择果料时有哪些注意事项？
4. 什么是发酵剂？发酵剂在工业生产中有什么作用？
5. 发酵剂有几种类型？各有什么特点？
6. 工业生产中选择发酵剂要注意些什么？
7. 怎样调制发酵剂？发酵剂的质量要求有哪些？怎样进行鉴定？
8. 简述凝固型酸乳的生产工艺流程和操作要点。

9. 简述凝固型酸乳的质量缺陷和控制方法。
10. 简述搅拌型酸乳的生产工艺流程和操作要点。
11. 简述搅拌型酸乳的质量缺陷和控制方法。
12. 什么是乳酸菌饮料？乳酸菌饮料有哪些类型？
13. 什么是发酵稀奶油和发酵酪乳？发酵稀奶油和发酵酪乳的生产原料是什么？
14. 开菲尔的生产工艺要点是什么？
15. 结合本章所学习的内容，试述国内外发酵乳制品的发展趋势和方向。

思政小模块

我国传统发酵乳制品的发展史

我国传统发酵乳制品是中华食文化的代表，不仅至今是国人的生活必需，而且持续深刻影响着整个人类饮食文明。我国古代就有制作和食用发酵乳制品的记载，古时人们称此为"酪"。北魏贾思勰所著《齐民要术》详细记叙了乳制品加工技术，这部巨著是世界上最早的食品加工百科全书，其中也提到了"酪"的制作工艺；唐朝乳业兴旺，孙思邈所著《千金要方》中就对"酪"的功效有描述"味甘酸微寒，无毒。补肺脏，利大肠"，当时的中医理论已经意识到了发酵乳制品可对肺脏和肠道带来健康益处。

我国传统发酵乳的发展可以分为中原地区和边疆游牧民族地区两条演变脉络。对于我国边疆游牧民族来说，乳制品是他们重要的饮食来源。游牧民族通过发酵方式将液态并且容易变质的乳汁转变为固态易于保存和运输的发酵乳制品，这是发酵技术产生和传承过程中最为重要的目的。千百年间，从匈奴、鲜卑、契丹到现在依然生活在中国北方草原的蒙古族，这些游牧民族掌握了乳制品的发酵技术和一些乳制品种类的制作技术。《游蒙日记》中记有内蒙古蓝白两旗、乌珠穆沁、苏尼特等地乳制品销往内地，有的乳制品还输出国外，日本在18世纪时曾由内蒙古的克斯克腾旗引入酸乳加工技术。到了近代，为满足中国人民乳制品摄入的需要，1923年中国人建立了第一个乳品厂，在上海成立了最早的乳业行业组织，命名为"上海奶业公会"。1928年上海路升牛乳公司生产酸牛乳，是我国最早利用乳酸菌发酵生产的酸乳制品。

中华人民共和国成立初期，受时代发展和国情影响，我国乳制品工业并没有太大发展。进入20世纪80年代中期，随着改革开放的逐步深入，乳制品的需求开始升温，到了20世纪90年代中期，含活性乳酸菌的酸乳开始引领潮流，成为消费者追求的新产品，各大城市的酸乳需求和生产快速上升，并开始向乡镇和农村市场拓展。进入21世纪后，消费者的健康意识进一步提升，对于酸乳的需求也从单纯的好喝上升到了更多的健康需求，发酵乳制品不仅成为推动我国乳业发展的主导产品，而且成为乳制品产品结构调整的重要方向和今后的发展趋势。

我国的乳品文化博大精深，传统发酵乳制品的发展史蕴含专注创新的工匠精神，应在弘扬我国传统发酵乳制品文化的基础上，挖掘新产品开发的思路，开发出高品质的发酵乳制品。

第六章微课视频

发酵乳制品

第七章 干酪

本章目标与重难点

学习目标： 了解干酪的概念、分类，干酪发酵剂的种类及作用，皱胃酶的作用及凝乳酶代用品的种类特性，天然干酪加工技术及质量控制方法，再制干酪的加工技术及质量控制方法，模拟干酪及酶修饰干酪的定义及生产工艺。

思政目标： 对我国传统干酪的文化及加工技术有所了解，培养民族自豪感，结合当今快速发展的加工技术，能够基于干酪相关理论知识，解决干酪风味、品质等问题。

重点和难点： 本章重点为天然干酪的加工工艺流程、技术要点及质量控制方法，再制干酪的加工工艺流程、技术要点及质量控制方法。难点为皱胃酶的作用原理及影响其凝乳的因素，模拟干酪和酶修饰干酪的生产技术。

第一节 概述

干酪是最古老的加工食品之一，其生产历史悠久。公元前3000年，苏美尔人就记载了大约20种软干酪。相传，一位阿拉伯商人为了穿越沙漠，用一个羊胃制成的皮袋装了乳汁，以备路上食用，皮袋中含有皱胃酶，再加上日晒和颠簸，皮袋中的乳凝固，然后又被振碎将凝乳与乳清分离，形成了干酪。

一、干酪定义

干酪（cheese）是指在乳中（也可以用脱脂乳或稀奶油等）加入适量的乳酸菌发酵剂和凝乳酶（rennin），使乳蛋白质（主要是酪蛋白）凝固后，排除乳清，将凝块压成所需形状而制成的产品。制成后未经发酵成熟的产品称为新鲜干酪；经长时间发酵成熟而制成的产品称为成熟干酪。国际上将这两种干酪统称为天然干酪（natural cheese）。

另外，FAO和WHO制定了国际上通用的干酪定义：干酪是以乳、稀奶油、脱脂乳或部分脱脂乳、酪乳或这些产品的混合物为原料，经凝乳酶或其他凝乳剂凝乳，并排除乳清而制得的新鲜或发酵成熟的产品。国际上通常把干酪扩展为三大类，即天然干酪、再制干酪（processed cheese）和干酪食品（cheese food），这三类干酪的主要规格如表7-1所述。

表 7-1　　天然干酪、再制干酪和干酪食品的主要规格

名称	规格
天然干酪	以乳、稀奶油、部分脱脂乳、酪乳或混合乳为原料，经凝固后，排出乳清而获得的新鲜或成熟的产品，允许添加天然香辛料以增加香味和滋味
再制干酪	用一种或一种以上的天然干酪，添加食品安全标准所允许的添加剂（或不加添加剂），经粉碎、混合、加热融化、乳化后而制成的产品，含乳固体40%以上。此外，还有下列两条规定： ①允许添加稀奶油、奶油或乳脂以调整脂肪含量。 ②为了增加香味和滋味，所添加的香料、调味料及其他食品必须控制在乳固体的1/6以内。但不得添加脱脂乳粉、全脂乳粉、乳糖、干酪素以及不是来自乳中的脂肪、蛋白质及碳水化合物
干酪食品	用一种或一种以上的天然干酪或融化干酪，添加食品安全标准所规定的添加剂（或不加添加剂），经粉碎、混合、加热融化而成的产品，产品中干酪比例须占50%以上。此外，还规定： ①所添加的香料、调味料或其他食品须控制在产品干物质的1/6以内。 ②添加的非乳脂肪、蛋白质、碳水化合物不得超过产品的10%

另外，GB 5420—2021《食品安全国家标准　干酪》中关于干酪的术语和定义，作出如下规定：干酪是成熟或未成熟的软质、半硬质、硬质或特硬质、可有包衣的乳制品，其中乳清蛋白/酪蛋白的比例不超过牛（或其他乳畜）乳中的相应比例（乳清干酪除外）。干酪由下述方法获得：

①乳和/（或）乳制品中的蛋白质在凝乳酶或其他适当的凝乳剂的作用下凝固或部分凝固后（或直接使用凝乳后的凝乳块为原料），添加或不添加发酵菌种、食用盐、食品添加剂、食品营养强化剂，排出或不排出（以凝块后的蛋白质凝块为原料时）乳清，经发酵或不发酵等工序制得的固态或半固态产品。

②加工工艺中包含乳和（或）乳制品中蛋白质的凝固过程，并赋予成品与①所描述产品类似的物理、化学和感官特性。

以上两种方法均可以添加有特定风味的其他食品原料，如白砂糖、大蒜、辣椒等；所得固态产品可加工为多种形态，且可以添加其他食品原料防止产品粘连。有特定风味的其他食品原料和防止产品粘连的其他食品原料总量不超过8%。

同时定义了成熟干酪（ripened cheese）：生产后不能马上使（食）用，应在一定温度下存放一定时间，以通过生化和物理变化产生该类干酪特性的干酪；霉菌成熟干酪（mould ripened cheese）：主要通过干酪内部和（或）表面的特征霉菌生长而促进其成熟的干酪；未成熟干酪（unripened cheese）：未成熟干酪（包括新鲜干酪）是指生产后不久即可使（食）用的干酪。

关于再制干酪，GB 25192—2022《我国食品安全国家标准　再制干酪和干酪制品》中的定义为：以干酪（比例大于50%）为主要原料，添加其他原料，添加或不添加食品添加剂和营养强化剂，经加热、搅拌、乳化（干燥）等工艺制成的产品。

二、干酪分类及主要干酪品种

(一) 干酪分类

据不完全统计,全世界共有干酪 900 余种,其中较著名的有 400 余种。有些干酪间的区别仅是干酪的大小、包装方法、原产地或名称的不同,还有些种类的干酪加工方法、风味、质地很相似。有些干酪,在原料和制造方法上基本相同,由于制造国家或地区不同,其名称也不同。干酪种类的划分和命名,主要依据干酪的原产地、制造方法、干酪的外观、理化性质和微生物学特性等项内容而进行。

国际酪农联盟 (IDF 1972) 曾提出以水含量为标准,将干酪分为硬质、半硬质、软质三类,并根据成熟的特征或固体物中的脂肪含量来分类的方案。现在习惯上以干酪的软硬度及与成熟有关的微生物来进行分类和区别。IDF 规定了干酪的分类标准 (表 7-2),将干酪分为 395 个品种。目前,天然干酪的分类是基于干酪的硬度与成熟特征,见表 7-3。

表 7-2　　　　　　　　　　　　　　干酪分类标准

原料乳	干酪类型	特征		组成
		内部	外观	
牛乳 绵羊乳 山羊乳 水牛乳	硬质干酪 半硬质干酪 软质干酪 半软质干酪 酸凝干酪 乳清干酪	大圆孔 中圆孔 小圆孔 不规则孔 无孔 青纹 白霉 加香料 加植物	硬、干外皮 硬、油性外皮 软、油性外皮 软、白霉外皮 软、绿霉外皮 软外皮、外涂石蜡 无外皮	干物质中脂肪含量 (FDM) 无脂物中水分含量 (MNFM)

表 7-3　　　　　　　　　　　　　　主要天然干酪的品种

干酪类型	与成熟有关的微生物	MNFM/%	主要品种	原产地
软质干酪	不成熟	61~69 (40~60)	农家干酪 (Cottage Cheese) 稀奶油干酪 (Cream Cheese) 里科塔干酪 (Ricotta Cheese)	美国
	细菌成熟		比利时干酪 (Limburg Cheese) 手工干酪 (Hand Cheese)	比利时、意大利
	霉菌成熟		法国浓味干酪 (Camembert Cheese) 布里干酪 (Brie Cheese)	法国

续表

干酪类型	与成熟有关的微生物	MNFM/%	主要品种	原产地
半硬质干酪	细菌成熟	54~63 (38~45)	砖状干酪（Brick Cheese） 莫扎瑞拉干酪（Mozzarella Cheese）	德国
	霉菌成熟		法国羊乳干酪（Roquefort Cheese） 青纹干酪（Blue Cheese）	丹麦、法国
硬质干酪	细菌成熟	49~56 (30~40)	高达干酪（Gouda Cheese） 艾达姆干酪（Edam Cheese）	荷兰
	细菌成熟（丙酸菌）		埃门塔尔干酪（Emmental Cheese） 瑞士干酪（Swiss Cheese）	瑞士、丹麦
特硬干酪	细菌成熟	<41 (30~35)	帕马森干酪（Parmesan Cheese） 罗马诺干酪（Romano Cheese）	意大利

另外，按照凝乳方法的不同，干酪也可分为酸凝干酪和酶凝干酪两种。酸凝干酪和酶凝干酪的主要区别在于在酸和热的作用下，酶凝干酪更富弹性和伸缩性，水分含量较少，所以保质期较长。目前，在世界的干酪总产量中，酸凝干酪约占25%，酶凝干酪约占75%。酸凝干酪通常不经成熟作为鲜食干酪。

（二）主要干酪品种

1. 契达干酪（Cheddar Cheese）

契达干酪是一种坚硬的干酪，起源于英国西部契达村，是世界上最广泛生产的品种。契达干酪是经细菌成熟的硬质干酪，产品呈淡黄色至橙黄色，干酪内部有不规则的细纹，成熟1个月至3年。美国联邦法规要求契达干酪的最小乳脂含量应为固体质量的50%，最大水分含量39%，脂肪含量32%，蛋白质含量25%左右，含食盐1.8%左右。一般可作为制作再制干酪的原料。

2. 科尔比干酪（Colby Cheese）

科尔比干酪是一种水洗凝乳干酪，不如契达干酪坚硬。它的水分含量不超过40%，其固体含量不低于50%的乳脂。科尔比干酪的颜色通常是深黄色至橘色，这是通过添加少量天然色素（如胭脂树红）来实现的。

3. 高达干酪

高达干酪源于荷兰南部和乌特勒克地区，是世界上最受欢迎的干酪之一，占世界干酪消费量的50%~60%。高达干酪是一种长成熟期的半硬质干酪，其质地会随着成熟时间的延长而变得坚实，具有特殊的香甜风味。短熟的高达干酪具有轻微的坚果香味，而陈年高达干酪则具有一定的香甜味。市场上的高达干酪会使用不同颜色的蜡皮进行区别，短成熟期的高达干酪通常覆盖有黄色、橘色或红色的蜡皮，而长成熟期的高达干酪通常会以黑色蜡皮进行包装。成品含水分40%，脂肪31%，蛋白质24%左右。一般可作为制作再制干酪的原料。

4. 罗马诺干酪

罗马诺干酪是用牛乳、羊乳或山羊乳的混合物制成的，它容易磨碎，并且具有颗粒状质地，并且可能具有坚硬而脆的外皮。它的水分含量不超过34%，其固体含量不低于38%的乳脂。

5. 布里干酪

布里干酪一种原产于法国东北部的一种软质干酪，外皮为白色，内部呈淡白色并掺杂有浅灰色纹理。布里干酪以全脂或半脱脂牛乳为原料，经凝乳酶凝乳后，排出乳清，经腌制并接种青霉，成熟至少4~5周。成品含水分48%，脂肪26%，蛋白质19%左右。

6. 法国羊乳干酪

法国羊乳干酪，又称罗克福干酪，是蓝纹干酪的一种，与产于意大利的古冈佐拉干酪、英国的斯蒂尔顿干酪并称世界三大蓝纹干酪。源于法国南部，欧盟法律规定只有在苏宗尔河畔的罗克福尔村的岩洞中发酵成熟的蓝纹干酪才能享有法国羊乳干酪的名字。产品呈现白色并带有蓝绿色纹理，质地半软，成熟期3个月左右。成品含水分41%，脂肪32%，蛋白质19%左右。

7. 稀奶油干酪

稀奶油干酪是北美最受欢迎的软质干酪之一，在美国非常流行。早在2000年前后，我国就提出发展稀奶油干酪，认为它是我国消费者最容易接受的干酪品种之一，但近年来此产品发展并不理想。稀奶油是一种软质、酸凝的未经成熟的全脂干酪产品，色泽洁白，质地细腻，口感微酸。成品一般含水分48%~52%，脂肪33%以上，蛋白质10%，食盐0.5%~1.2%。

8. 农家干酪

农家干酪是以脱脂乳为原料，不需要经过成熟阶段的新鲜干酪，含水量较高，在70%左右。农家干酪主要可以分为两种，一种是不使用凝乳酶的高酸小块凝乳，另一种是使用凝乳酶生产的低酸大块凝乳。农家干酪一般含脂肪4%，蛋白质10%，食盐1.2%左右。农家干酪生产方式与我国内蒙古等地区的一些类似干酪产品的生产方式相似。

9. 菲达干酪

菲达干酪是最著名的希腊干酪之一，占希腊干酪总消费量的70%左右。欧盟立法规定只有在北马其顿共和国，色雷斯地区，希腊中部地区、色萨利，以及伯罗奔尼撒半岛和莱斯沃斯岛生产的干酪才可称为菲达干酪。在欧盟以外地中海东部其他地区和黑海周边地区生产的类似干酪通常被称为白卤干酪。菲达干酪是一种柔软的盐渍白干酪，由山羊乳或绵羊乳和山羊乳混合制成，结构致密，小孔或无孔，几乎没有裂痕，没有外皮。通常以浸没在盐水中的大块凝乳形式保存，其味道浓烈且口味发咸并具有一定的颗粒感。成品含水分56%，脂肪20%，蛋白质15%左右。

10. 帕马森干酪

帕马森干酪是原产于意大利帕尔马省的一种细菌成熟的特硬质干酪。产品呈淡黄色，硬质而易碎，断面呈颗粒状，一般为两次成熟，需要3年左右的时间进行成熟。这种干酪保存性好，一般含水分25%~30%，脂肪26%，蛋白质36%~38%。这种干酪成熟度高，风味强烈，质地硬，粉碎后呈小颗粒，在我国可以用作佐餐调味料，使食物呈现出浓郁的西式餐饮风味。

三、干酪组成及营养价值

（一）干酪组成

干酪除含有丰富的蛋白质、脂肪和矿物质外，还含有维生素及微量成分等其他营养成分。

1. 水分

由于不同种类干酪对原料乳加热条件、非脂乳固体含量、凝固状态等因素不同，水分含量存在差别，如软质干酪为40%~60%，半硬质干酪为38%~45%，硬质干酪为30%~40%，特硬质干酪为30%~35%。

干酪的水分与干酪的形体及组织状态有关系，影响干酪的发酵速度。水分多时，酶的作用迅速，发酵时间短，则形成刺激性风味；水分少时，则发酵时间长，形成酯类风味。所以在制造干酪过程中调节水分十分重要。

2. 脂肪

脂肪一般占干酪固形物的45%以上。原料乳的脂肪率与干酪的产率、组织、质量等方面有关系。脂肪分解生成物是干酪风味的重要成分。同时，干酪中的脂肪使组织保持特有的柔韧性和湿润性，赋予干酪浓厚优雅的风味特征。

3. 酪蛋白

酪蛋白为干酪蛋白质的重要成分。原料乳中的酪蛋白被酸或凝乳酶作用而凝固成凝块，形成干酪特有的组织。酪蛋白分解会产生水溶性的含氮化合物、肽、氨基酸等物质，形成干酪独特的组织和风味。

4. 白蛋白、球蛋白

这两类蛋白被机械地包含在干酪的凝块中，并不被酸或凝乳酶凝固。在原料乳经高温加热制成的干酪中白蛋白及球蛋白含量较多。但能引起乳清蛋白完全变性的高温处理，会给酪蛋白的凝固带来不良影响，形成的凝块较软。

5. 乳糖

干酪中的乳糖含量很少，而且在干酪成熟2周后几乎完全消失。原料乳中的乳糖大部分转移到乳清中。残留在干酪凝块中的乳糖，有以下作用：①乳酸菌的活性依赖于乳糖，乳糖促进乳酸发酵，从而抑制杂菌繁殖，同时由于乳酸菌的繁殖产生蛋白酶，促进干酪成熟。②一部分乳糖会变成羰基化合物，也是形成风味的物质之一。

6. 无机质

干酪的无机质中含量最多的是钙和磷。无机质在干酪成熟过程中与蛋白质的可融化现象有关。另外，原料乳中的钙可促进凝乳酶作用形成凝块。如果原料乳经高温长时间处理使不溶性钙增加，会抑制凝块的形成。同时，钙又是乳酸杆菌等一些乳酸菌成长所必需的成分。

现将几种主要干酪的组成成分列于表7-4。

表7-4　　　　　　　　　　不同干酪的组分含量

干酪名称	类型	水分/%	热量/(kJ/100g)	蛋白质/%	脂肪/%	钙/(mg/100g)	磷/(mg/100g)	维生素A IU/100g	维生素B_1(mg/100g)	维生素B_2(mg/100g)	维生素B_5(mg/100g)
契达干酪	硬质（细菌发酵）	37.0	1680	25.0	32.0	720	478	1310	0.03	0.46	0.1
农家干酪	软质（新鲜不成熟）	79.0	563	17.0	0.3	250	175	10	0.03	0.28	0.1

续表

干酪名称	类型	水分/%	热量/(kJ/100g)	蛋白质/%	脂肪/%	钙/(mg/100g)	磷/(mg/100g)	维生素A IU/100g	维生素B_1(mg/100g)	维生素B_2(mg/100g)	维生素B_5(mg/100g)
艾达姆干酪	硬质（细菌成熟）	33.8	1634	31.7	28.4	850	640	900	0.04	0.50	—
法国羊乳干酪	半硬（霉菌发酵）	40.0	1541	21.5	30.5	315	184	1240	0.03	0.61	0.2
法国浓味干酪	软质（霉菌成熟）	52.2	1256	17.5	24.7	105	339	1010	0.04	0.75	0.8

（二）干酪营养价值

干酪中各营养成分几乎都优于牛乳和酸乳，蛋白质和脂肪含量约为酸乳和牛乳的10倍，因此，干酪享有"乳中黄金"的美誉。干酪在生产及成熟过程中，由于微生物及酶的共同作用而发生复杂的微生物和化学变化，使蛋白质与脂肪进一步分解，提高其在人体内的吸收转化率。在干酪生产过程中，牛乳中的大部分乳糖会进入乳清中，干酪凝乳中残留的乳糖通常会被发酵菌发酵成乳酸。除了新鲜干酪，大多数干酪都不含乳糖或者只含微量的乳糖。因此，乳糖不耐受者可以食用干酪而不会产生不良影响。

除此之外，有研究表明，干酪等发酵乳制品比非发酵乳制品（牛乳）具有更高的抗氧化能力，这主要是由于发酵过程及干酪成熟期间会产生含硫氨基酸（如半胱氨酸）、磷酸盐、维生素A、维生素C、类胡萝卜氧化物歧化酶、过氧化氢酶、谷胱甘肽过氧化物酶、牛乳低聚糖、锌、硒等具有抗氧化性的成分。

第二节 干酪发酵剂

一、发酵剂分类

大多数干酪生产需要在凝乳前添加不同种的乳酸菌，其作用是产生乳酸促进凝乳及乳清的排出，并抑制有害菌的生长，同时也可产生乙酸、乙醛及双乙酰等风味物质。添加的菌种被称为发酵剂。

（一）乳酸菌发酵剂

乳酸菌为革兰氏阳性菌，过氧化氢酶阴性，不产生芽孢，鸟嘌呤（G）和胞嘧啶（C）含量低，厌氧或兼性厌氧的一类细菌。通常呈现球状、球杆状和杆状。乳酸菌可广义地分为嗜温菌和嗜热菌。嗜温菌包括乳球菌和明串珠菌，最适生长温度30~33℃，在温度低于20℃和高于

39℃时，产酸基本停止；嗜热乳酸菌包括唾液链球菌嗜热亚种、德氏乳杆菌保加利亚亚种、瑞士乳杆菌及德氏乳杆菌乳酸亚种（乳酸乳杆菌），最适生长温度为40~45℃。由于气候变化，嗜热乳酸菌产品主要在亚热带和热带地区开发，而嗜温乳酸菌的干酪主要在温带地区开发。除此之外，在成熟的硬质及半硬质干酪中还发现了片球菌和非发酵剂乳酸菌等。

（二）二级发酵剂

二级发酵剂是表面成熟干酪所使用的发酵剂，其特征是表面覆盖一层霉菌或细菌，对干酪的外观、风味和质构影响非常大，且能够大大缩短干酪成熟时间。二级发酵剂主要包括表面霉菌（如白地霉）、内部霉菌发酵剂（如娄地青霉），以及表面涂抹细菌发酵，产品包括表面成熟干酪和霉菌成熟干酪。

表面成熟干酪主要有两种类型：霉菌成熟干酪和细菌表面涂抹干酪。对霉菌干酪来说，已使用的菌种主要有卡地干酪青霉菌（$P.\ camemberti$）、娄地青霉菌（$P.\ roqueforti$）和白地霉菌（$Geotrichum\ candidum$）。另外，念珠青霉菌（$Penicillium\ candidum$）或白酪青霉菌（$Penicillium\ caseicoluom$）是$P.\ camemberti$的白色变种。商业中应用的$P.\ camemeberti$或白色青霉菌（$Penicillium\ album$）菌株为灰色或蓝灰色菌丝体。这些发酵剂在使用时可直接添加到干酪乳中或喷撒在生新鲜干酪的表面。棒状杆菌或酵母被用于生产细菌表面涂抹干酪。其接种方法是直接加在干酪乳中，或者先接种在盐水或含盐乳清中，而后刷到干酪表面。

（三）辅助发酵剂

辅助发酵剂（adjunct cultures）通常分离自质量好的干酪。在干酪成熟期发挥作用，加速干酪的成熟，并带来良好的风味。对辅助发酵剂菌种的研究主要集中在干酪乳酪杆菌（$Lacticaseibacillus\ casei$）、副干酪乳酪杆菌（$Lacticaseibacillus\ paracasei$）、鼠李糖乳酪杆菌（$Lacticaseibacillus\ rhamnosus$）、植物乳植杆菌（$Lactiplantibacillus\ plantarum$）和弯曲广布乳杆菌（$Lactilactobacillus\ curvatus$）等嗜温型乳杆菌和一些小球菌。

二、发酵剂作用

干酪发酵剂有三大功能：一是在干酪制作过程中产酸，促进凝乳及凝块收缩；二是产酸抑制致病菌和腐败细菌的生长，赋予干酪食品安全特性；三是涉及干酪的风味、质地及营养价值。具体如下。

①发酵乳糖产生乳酸，降低pH，pH降低有助于凝乳颗粒收缩（伴随着乳清排出，凝块收缩）。使得能影响干酪坚实度的钙盐和磷酸盐离子释放出来，增加凝乳颗粒的硬度。

②通过产酸菌抑制巴氏杀菌后残存的细菌和再污染的细菌，这些菌需要乳糖但无法承受乳酸。有的菌种还可以产生相应的抗生素，较好地抑制产品中污染杂菌的繁殖，保证成品的品质。

③干酪发酵剂的正确选择会促进产品风味物质的形成，如果酸度太低，干酪会产生苦味、水果味和腐臭味；酸度太高的干酪质地易碎，颜色斑驳。同时，在成熟过程中，某些微生物可以产生相应的蛋白质酶及脂肪酶，从而提高干酪制品的营养价值和消化吸收率。

④利用乳酸菌产胞外多糖，可以提高干酪的黏度、稳定性和水合作用。产胞外多糖的乳酸菌能够增加低脂干酪的功能特性，例如，具有优良的水合性能及保水能力的胞外多糖，可以提高低脂莫扎瑞拉干酪的融化性，提高低脂干酪的水合作用和产量。胞外多糖还可以被用作细菌素或产细菌素乳酸菌的表面载体。

⑤由于丙酸菌的发酵，使乳酸菌所产生的乳酸还原，产生丙酸和 CO_2 气体，在某些硬质干酪产生特殊的孔眼特征。

三、发酵剂制备

（一）乳酸菌发酵剂制备方法

1. 培养基选择

①母发酵剂和中间发酵剂培养基的制备：一般选用高质量的、具有恒定成分的、无抗生素残留的脱脂乳粉作培养基，比用普通脱脂乳作培养基更可靠，原因是发酵剂风味方面的反常现象更容易表现出来。也可以选择用特级脱脂乳粉按 10%~12% 的干物质制成的再制脱脂乳，其推荐杀菌温度和时间是 90℃保持 30min，或用蒸汽高压锅杀菌 121℃保持 15min。

②工作发酵剂培养基的制备：可用高质量、无抗生素残留的脱脂乳粉或全脂乳粉制备，有些乳品厂也使用精选的高质量鲜乳作培养基。

2. 发酵剂调制

（1）菌种的复活及保存　在无菌操作条件下接种到灭菌的脱脂乳试管中多次传代、培养。而后保存在 0~4℃冰箱中，每隔 1~2 周转接 1 次。但在长期转接过程中，可能会有杂菌污染，造成菌种退化或菌种老化、裂解。因此，还应进行不定期的纯化处理，以除去污染菌和提高活力。

（2）母发酵剂的调制　取脱脂乳量 1%~2% 的充分活化的菌种，接种于盛有灭菌脱脂乳的三角瓶中，混匀后，放入恒温箱中进行培养。凝固后再移入灭菌脱脂乳中，如此反复 2 或 3 次，使乳酸菌保持一定活力。

（3）工作发酵剂的制备　将脱脂乳、新鲜全脂乳或复原脱脂乳（总固形物含量 10%~12%）加热到 90℃保持 30~60min 后，冷却到 42℃（或菌种要求的温度）接种母发酵剂，发酵到酸度>0.8% 后冷却到 4℃。此时生产发酵剂的活菌数达 $1×10^8$~$1×10^9$ CFU/mL。

制取生产发酵剂的培养基最好与成品的原料相同。生产发酵剂的量为发酵乳的 1%~2%，为了缩短生产周期最高不超过 5%。

（二）霉菌发酵剂（mold starter）调制

这种发酵剂的调制除了使用的菌种及培养温度有差异外，基本方法与乳酸菌发酵剂的制备方法相似。将除去表皮后的面包切成小立方体，盛于三角瓶。加适量水并进行高压灭菌处理。此时，如加少量乳酸增加酸度则更好。将霉菌悬浮于无菌水中，再喷洒于灭菌面包上。置于 21~25℃的恒温箱中经 8~12d 培养，使霉菌孢子布满面包表面。从恒温箱中取出，约 30℃条件下干燥 10d，或在室温下进行真空干燥。最后研成粉末，经筛选后，盛于容器中保存。

第三节　凝乳酶

一、皱胃酶

皱胃酶是利用犊牛的皱胃提取的一种凝乳酶，使用它所生产的干酪不仅风味佳，而且安全性高，联合国粮农组织和世界卫生组织的联合食品标准委员会及联合食品添加剂专家委员会于

1937年制定的食品添加剂安全评价表已对皱胃酶作出了安全的评价,即皱胃酶的人体每日允许摄入量"不需要特殊规定",通俗地说皱胃酶是一种无毒无害的天然食品添加剂。

皱胃酶是生产干酪最常用的凝乳酶,可以分为液状、粉状及片状三种制剂。但是随着世界干酪产业不断发展和小牛犊供应量的下降,小牛犊皱胃酶的供应不能满足生产的需要,因此,提高动物源凝乳酶产量和质量,寻找和开发新的动物源凝乳酶仍然是当前研究的热点。根据来源,代用酶分为植物性、动物性及微生物代用凝乳酶,但还没有达到完全代替皱胃酶的程度。

(一) 皱胃酶来源

早在公元前6世纪,小牛皱胃酶已被应用于干酪制作中,是人类最早用于食品生产的酶之一,其中主要有凝乳酶 (chymosin, EC3.4.23.4, 结构见图7-1)、胃蛋白酶A (pepsin A, EC 3.4.23.1) 和胃亚蛋白酶 (gastriscin 或 pepsin B 或 pepsin C, EC3.4.23.3)。随着干酪工业的发展,干酪产量逐年增加,对皱胃酶需求量不断增大,目前,小牛皱胃酶的供应量仅能满足世界干酪产量所需凝乳酶的20%~30%。小牛皱胃酶的供需矛盾和价格高昂等因素,使得寻求其替代物成为乳品领域科学研究的热点之一。在地中海沿岸国家,来源于小型反刍动物(小绵羊、小山羊)凝乳酶被广泛用于生产多种原产地保护 (protected designation of origin, PDO) 干酪,如意大利的干酪 Fiore Sardo、Pecorino Romano 和 Canestrato Pugliese 以及希腊的菲达干酪。这种凝乳酶除了具有蛋白水解活力外,还具有使干酪产生特征风味的解脂酶活性。解脂酶主要为胃前脂肪酶 (pregastric lipases, PGLs) 和胃前酯酶 (pregastric esterases, PGEs)。PGEs 的解脂作用影响游离脂肪酸 (free fatty acid, FFA) 的含量和比例,在 Fiore Sardo、Pecorino Romano 和 Canestrato Pugliese 干酪成熟过程中水解脂肪酸生成 FFA,最终使得这些干酪呈现辛辣的特征风味。

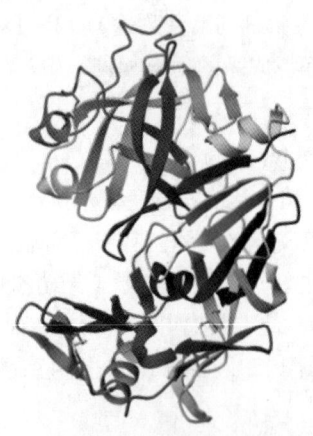

图 7-1 凝乳酶结构

(二) 皱胃酶性质

小牛皱胃酶是一种酸性天冬氨酸蛋白酶,底物专一性近似于胃蛋白酶。其等电点 pI 为 4.45~4.65,作用的最适 pH 4.8 左右,小牛皱胃酶凝乳活性与蛋白水解活性的比值 (C/P) 较大,大概在 4.00 左右。在 35~50℃时,其相对酶活力可达到 95% 以上,高于 50℃时,酶活则显著降低。小牛皱胃酶的热稳定性较好,可以在 55℃保持 70% 左右的相对酶活力,在 40~55℃时酶活保持稳定。温度高于 55℃时,酶活力会降低到 50% 以下,在 60℃及以上会彻底失活。在

pH 3~5.8，酶活力保持在60%以上，若pH在该范围之外，酶活力显著降低。pH>7.5，小牛皱胃酶会彻底失活。

目前，皱胃酶已在分子水平上得到了研究。该酶的结晶在19世纪60年代就已经获得，是含323个氨基酸残基的单链多肽，相对分子质量为35600。其结构已经建立，并已获得相当数量二级与三级结构的数据与信息。从一级结构上看，小牛皱胃酶含有丰富的二羧基氨基酸和β-羟氨酸。二级结构含有大量的β结构，β结构是由大量正向平行和反向平行的β-折叠和少量α-螺旋组成。三级结构整体呈肾形，大小为4.0nm×6.0nm×6.5nm，含有3个二硫键以维持结构的稳定，若二硫键被破坏或损伤，会直接影响酶活。在其N端和C端之间存在一个分裂深沟，该深沟中有两个氨基酸活性位点（Asp_{34}和Asp_{216}）。此外，该酶有三个变体形式，标记为变体A、变体B和变体C。A和B是等位基因，两者在243氨基酸位点不同，A为Asp，对κ-酪蛋白的活性更高，B为Gly，使酶结构更加稳定。C则是由A自行去除3个氨基酸残基Asp_{286}-Glu_{287}-Phe_{288}得到的。用DEAE纤维素色谱层分析法来分离，可将皱胃酶分成A、B、C三种，皱胃酶A和皱胃酶B分别来自皱胃酶原，即皱胃酶的前体A和B，而皱胃酶C则是皱胃酶A的降解产物。皱胃酶A、皱胃酶B、皱胃酶C的活力分别为120RU/mg、100RU/mg、50RU/mg。

（三）皱胃酶制备工艺

1. 液态皱胃酶提取工艺（图7-2）

①采样：要求采取出生后数周内的犊牛皱胃，即第四胃。犊牛和成年牛的胃部有不同之处，初习采样时应注意鉴别。成年牛由于长期反刍，其瘤胃容积特大，而其皱胃容积较小，哺乳期的犊牛瘤胃、网胃及瓣胃均不发达，故其皱胃容积相对较大，皱胃采样部位可从瓣皱口起直至幽门为止。若为便于吹气干燥，两端可多取部分瓣胃及十二指肠。

②清洗：清洗胃壁的脂肪及杂物，用冷水轻轻冲洗，冲除胃内残渣。清洗时间不宜过长，动作要轻，以冲洗至没有异常气味为度，以减少皱胃酶的损失。

③预处理：如果等待使用皱胃酶，可在皱胃清洗称重后剪切成细条，然后立即进行提取。若非等待使用时，可在清洗称重后，用氯化钠腌制防腐，结扎两端，将胃吹成气泡状，或将皱胃剖开，平摊在板上，置于阴凉通风处干燥，然后剪切成干燥的细条，贮存备用。

④浸提：以氯化钙溶液为浸提液，按照胃的大小，一个胃使用浸提液1000~1200mL，平均分3次提取，置于褐色玻璃瓶中放在0~10℃的低温处，前两次各浸提3~5d，第三次浸提2~3d。浸提过程中每天应轻轻摇荡数次。也可将浸提液pH调整至4.5加入苯甲酸钠作防腐剂，在常温条件下浸提。

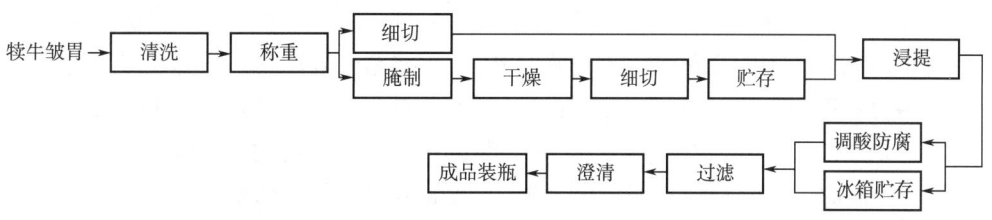

图7-2 液态皱胃酶的提取工艺流程

⑤过滤澄清：提出液用滤布或四层纱布过滤，滤液澄清24h，吸取上清液即为液态皱胃酶，测定效价后即可使用。供近期内使用的皱胃酶可置于褐色玻璃瓶中，在冰箱中密闭保存。

2. 粉剂皱胃酶的提取工艺（图7-3）

粉剂皱胃酶提取的预处理工艺与液态皱胃酶是相同的，现从浸提工序起加以说明。

①浸提：采用氯化钠溶液为浸提液。按照胃的大小，一个胃使用浸提液1000~1200mL，平均分3次浸提，前两次各浸提3~5d，第三次浸提2~3d。可用褐色玻璃瓶作间歇浸提器，置于0~10℃的低温处浸提，浸提过程中每天应轻轻摇荡数次。

②过滤、澄清：提出液用滤布或四层纱布过滤，滤液澄清24h，然后进一步盐析处理。

③盐析、过滤：在澄清的提出液中添加100~150g/L氯化钠，搅拌使其溶解，除去浮在表面的白沫，在快速搅拌下徐徐加入2mol/L盐酸，直至形成大量的絮状物。将容器移入冰箱静置5~10h，使絮状物分层，吸除清液，把絮状物移入布氏漏斗过滤24h。漏斗内存留的膏状物可进行干燥，也可直接作膏状皱胃酶使用。

④添加填充稳定剂：为了使成品酶保持稳定并调整其效价，可在干燥前添加适当的填充料及稳定剂。

⑤喷雾干燥：将膏状物移入培养皿，置于真空干燥器中干燥，干燥温度不宜超过45℃。干燥过程中可将物料翻动1次，以加速干燥。干燥接近结束时，把物料移入研钵研成粉末，装入褐色瓶中，尽量装满以排除空气，然后再继续干燥一段时间即可完成真空干燥操作，干燥后的粉剂皱胃酶是灰白色的粉末，具有良好的流动性。将粉剂皱胃酶加盖密封，取样测定效价后即为成品，可在阴凉干燥处保存备用。

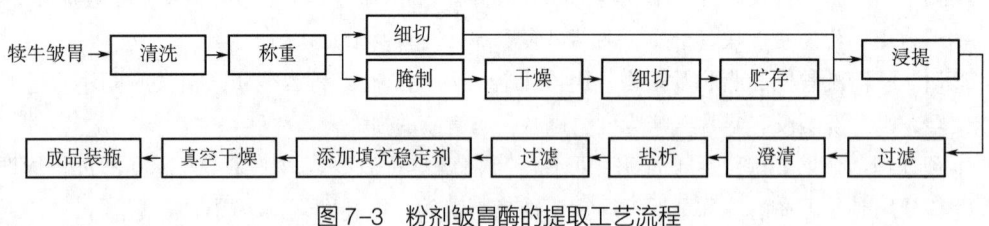

图7-3 粉剂皱胃酶的提取工艺流程

二、凝乳机制

凝乳酶是一种以凝乳酶原前体形式存在于反刍哺乳动物胃中，且具有凝乳作用的酸性天冬氨酸蛋白酶，可以有限地剪切κ-酪蛋白中Phe_{105}-Met_{106}段的肽键，消除蛋白分子间的排斥力，从而形成凝乳。

早在19世纪80年代就有人指出了凝乳酶的凝乳机制，即牛乳蛋白质在凝乳酶的作用下降解成副酪蛋白和非蛋白氮，副酪蛋白在钙的作用下发生凝结。随着研究的深入，现在公认的凝乳过程主要包括两个阶段，如图7-4所示：第一阶段是对κ-酪蛋白中Phe_{105}-Met_{106}连接的肽键进行水解，生成亲水性糖巨肽和副κ-CN；第二阶段是待糖巨肽水解掉80%之后，在Ca^{2+}作用下，α_s-酪蛋白和β-酪蛋白分子间形成化学键，促使副κ-CN聚集形成三维网状凝胶。十二烷基硫酸钠-聚丙烯酰胺凝胶电泳（sodium dodecyl sulfate-polyacrylamide gels electrophoresis，SDS-PAGE）、二维凝胶电泳和质谱研究手段等蛋白质组学方法进一步阐明了凝乳酶的凝乳机制。通常κ-CN的水解度要达到80%~90%时才能发生凝乳，在凝乳第二步非酶反应过程中，pH的降低、温度的升高以及Ca^{2+}浓度的增加均可加速干酪凝乳过程。

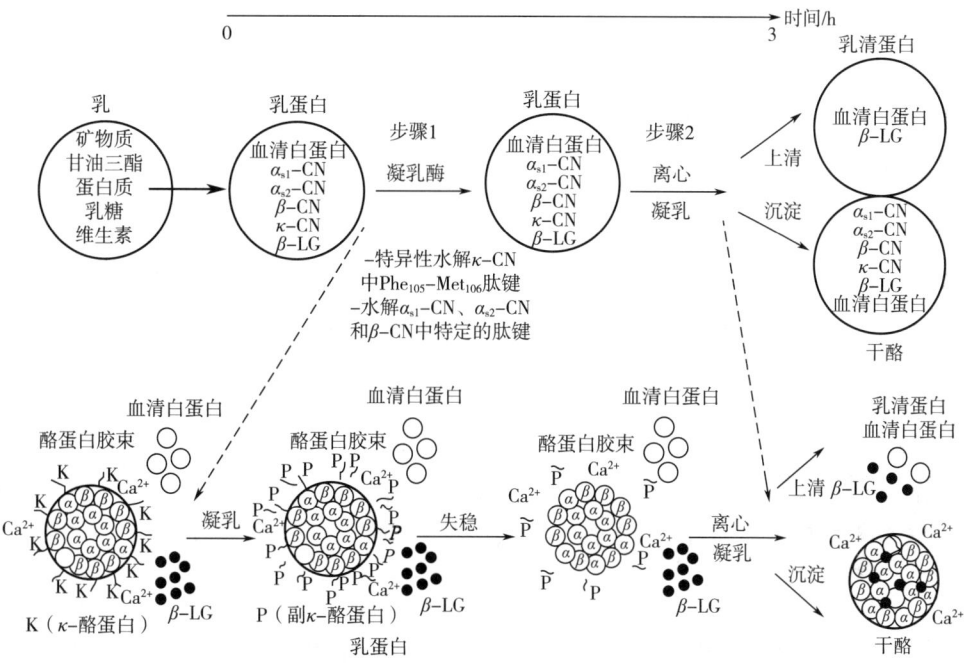

图 7-4 凝乳酶凝乳机制

第四节 天然干酪一般生产工艺

干酪，又称芝士或乳酪等，干酪在乳制品中种类最多。根据美国农业部介绍，世界上干酪的种类达 900 种以上，其中比较著名的有 400 种左右。

一、天然干酪生产工艺

各种天然干酪的生产工艺基本相同，只是在个别工艺环节上有所差异。半硬质干酪契达干酪生产的基本工艺如图 7-5 所示。

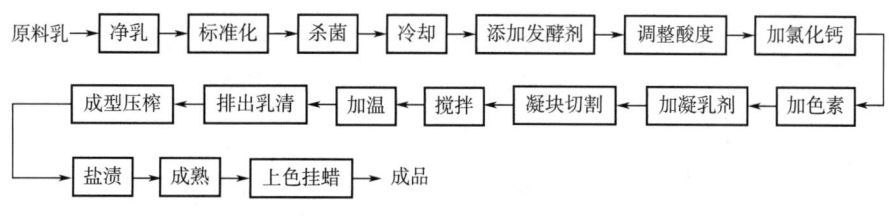

图 7-5 契达干酪生产工艺流程

二、天然干酪生产工艺要求

(一) 原料乳的预处理

生产干酪的原料乳,必须经感官检查、酸度测定(牛乳18°T,羊乳10~14°T)或酒精检验,必要时进行青霉素及其他抗生素试验。检查合格后,进行原料乳的预处理。

生产干酪的鲜乳挤出后应尽快用于生产,如果牛乳已经过1~2d的贮存,且到达乳品厂后12h内仍不能进行加工处理,最好采用预杀菌的方法(图7-6)。预杀菌是指缓和的预处理,在65℃加热15s,随后冷却至4℃。预杀菌处理后,牛乳呈磷酸酶阳性,预杀菌的目的是抑制乳中嗜冷菌的生长。预杀菌后的乳可在4℃条件下继续贮存12~48h。

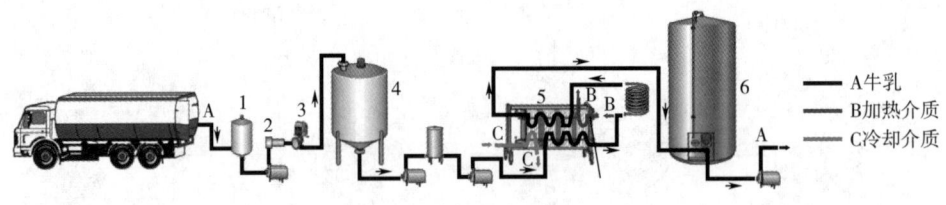

图7-6 干酪乳的收乳排布

1—脱气装置 2—过滤器 3—牛乳流量计 4—中间贮存 5—预杀菌和冷却或仅为冷却 6—乳仓

1. 净乳

某些形成芽孢的细菌在巴氏杀菌时不能被杀灭,对干酪的生产和成熟造成很大危害。例如,丁酸梭状芽孢杆菌在干酪的成熟过程中产生大量气体,破坏干酪的组织状态,且产生不良风味。用离心除菌机进行净乳处理(图7-7),不仅可以除去乳中大量杂质,而且可以除去乳中90%的细菌,对密度较大的芽孢菌特别有效。

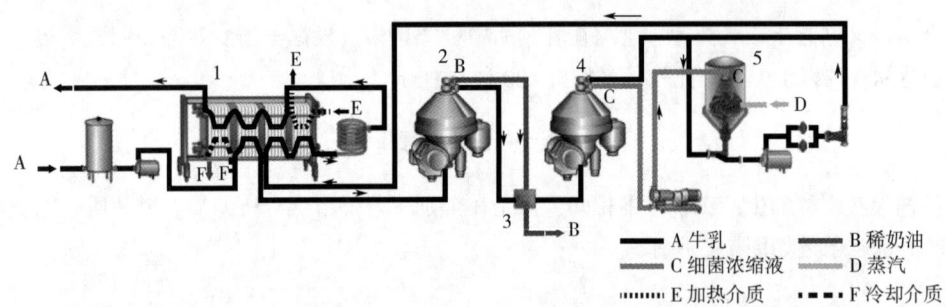

图7-7 带有连续排放细菌浓缩液并对细菌浓缩液灭菌的离心除菌过程

1—巴氏杀菌器 2—离心分离机 3—自动标准化系统 4—两相离心除菌机 5—注入式灭菌器

2. 标准化

为了保证每批干酪的质量均一,组成一致,成品符合标准,并缩小偏差,在加工之前要对原料乳进行标准化处理(图7-8)。

首先,要准确测定原料乳的乳脂率和酪蛋白的含量,调整原料乳中的脂肪和非脂乳固体之间的比例,使其比值符合产品要求。生产干酪时对原料乳的标准化不同于前面所讲的标准化,这里除了对脂肪标准化外,还要对酪蛋白以及酪蛋白/脂肪的比例(C/F)进行标准化,一般要求 C/F=0.7。

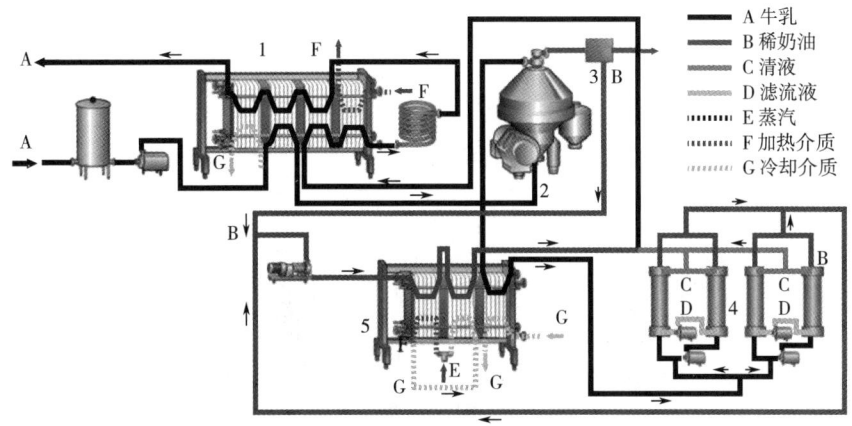

图 7-8 牛乳处理与干酪乳脂肪标准化装置
1—巴氏杀菌器 2—离心分离机 3—自动标准化系统 4—两个微滤套管装置 5—灭菌装置

3. 原料乳的杀菌

为了杀灭原料乳中的致病菌和有害菌,使酶类失活,使干酪质量稳定、安全卫生,要对原料乳进行杀菌处理。加热杀菌使部分白蛋白凝固,留存于干酪中,可以增加干酪的产量。杀菌温度、时间会直接影响干酪的质量。如果温度过高,时间过长,则会使更多的蛋白质受热变性,从而破坏乳中盐类离子的平衡,进而影响皱胃酶的凝乳效果,使凝块松软,收缩作用变弱,易形成水分含量过高的干酪。因此,在实际生产中多采用 63℃、30min 的保温杀菌(LTLT)或 71~75℃、15s 的高温短时杀菌(HTST)。常采用的杀菌设备为保温杀菌罐或片式热交换杀菌机。在生产过程中常添加适量的硝酸盐(硝酸钠或硝酸钾)或过氧化氢以确保杀菌效果,并防止或抑制丁酸菌等产气芽孢菌。特别注意,过多的硝酸盐会抑制发酵剂的正常发酵,影响干酪的成熟和成品风味,所以要控制好硝酸盐的添加量。

(二) 添加发酵剂和预酸化

原料乳在经过杀菌后,直接打入干酪槽(cheese vat)中。干酪槽为水平卧式长椭圆形不锈钢槽,且有保温(加热或冷却)夹层及搅拌器(手工操作时为干酪铲和干酪耙)。将干酪槽中的牛乳冷却到 30~32℃后按操作要求加入发酵剂。

常用的发酵菌都是由几种菌种混合而成的发酵剂,即混合菌种发酵剂。混合发酵剂中有两个或更多的菌种相互之间存在共生关系,这些发酵剂不仅能生产乳酸,还能生成香味物质和二氧化碳,而二氧化碳则是孔眼干酪和小气孔型干酪生成空穴所必需的。单菌株发酵剂主要用于以生成乳酸和降解蛋白质为目的的干酪,如契达干酪及相关类型的干酪。

1. 发酵剂的加入

应根据制品的质量和特征,选择合适的发酵剂种类和组成。取原料乳量的 1%~2% 的发酵剂,制好工作发酵剂,边搅拌边加入,并在 30~32℃条件下充分搅拌 3~5min。为了促进凝固和正常成熟,加入发酵剂后应进行短时间的发酵,以保证充足的乳酸菌数量,此过程称为预酸化。经 10~15min 的预酸化后,取样测定酸度。

2. 调整酸度

添加发酵剂并经 30~60min 发酵后，酸度应为 0.18%~0.22%，但乳酸发酵酸度很难控制。为使干酪成品质量一致，可用 1mol/L 的盐酸调整酸度，一般调整酸度至 0.21% 左右。具体的酸度应根据干酪的种类而定。

（三）加入添加剂

为了使加工过程中凝块硬度适宜、色泽一致，防止产气菌的污染，保证成品质量一致，要加入相应的添加剂和调整酸度。添加剂包括氯化钙、色素、二氧化碳（图 7-9）、硝石等。

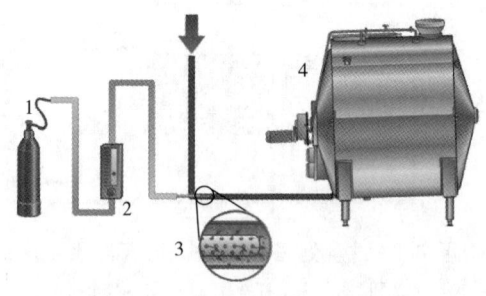

图 7-9 二氧化碳添加到干酪乳中
1—气筒（或一组 12 个气筒或带蒸发器的液气贮缸） 2—流量计 3—多孔喷射管 4—干酪生产缸

（四）添加凝乳酶和凝乳的形成

通常按凝乳酶效价和原料乳的量计算凝乳酶的用量。用 10g/L 食盐水将酶配成 20g/L 的溶液，并在 28~32℃下保温 30min。然后加到乳中，充分搅拌均匀（2~3min）后加盖。如果凝乳酶添加量太少，会造成凝乳强度差，蛋白质和脂肪成分在乳清析出过程中损失过多，干酪产率低；如果凝乳酶添加量过多，滞留在干酪中的酶过多，会导致干酪在成熟过程中水解过度，从而影响干酪的风味和功能特性。

为促进凝乳酶分散，自动计量系统可实现用适量水稀释凝乳酶并通过分散喷嘴将凝乳酶喷洒在牛乳表面。这个系统最初应用于大型（10000~20000L）密封的干酪槽或干酪罐。凝乳的形成添加凝乳酶后，在 32℃条件下静置 30min 左右，即可使乳凝固，达到凝乳的要求。

（五）凝块切割

凝块切割（图 7-10）分为手工切割和机械切割。

（六）凝块的搅拌及加温

凝块切割后（此时测定乳清的酸度），开始用干酪耙或干酪搅拌器轻轻搅拌。刚刚切割的凝块颗粒对机械处理非常敏感，因此，搅拌必须很缓和并且必须足够快，以确保颗粒能悬浮于乳清中。凝块沉淀在干酪的底部会导致形成黏团，这会使搅拌机械受很大力。黏团会影响干酪的组织而且导致酪蛋白的损失。经过 15min 后，搅拌速度可稍微加快。与此同时，在干酪槽的夹层中通入热水，使温度逐渐升高。升温的速度应严格控制，初始每 3~5min 升高 1℃，当温度升至 35℃时，每 3min 升高 1℃。当温度达到 38~42℃（应根据干酪的种类具体确定终止温度）时，停止加热并维持此时的温度。在整个升温过程中应不停地搅拌，以促进凝块的收缩和乳清的渗出，防止凝块沉淀和相互粘连。另外，升温的速度不宜过快，否则，干酪凝块收缩过快，表面形成硬膜，影响乳清的渗出，使成品水分含量过高。在升温过程中还应不断地测定乳

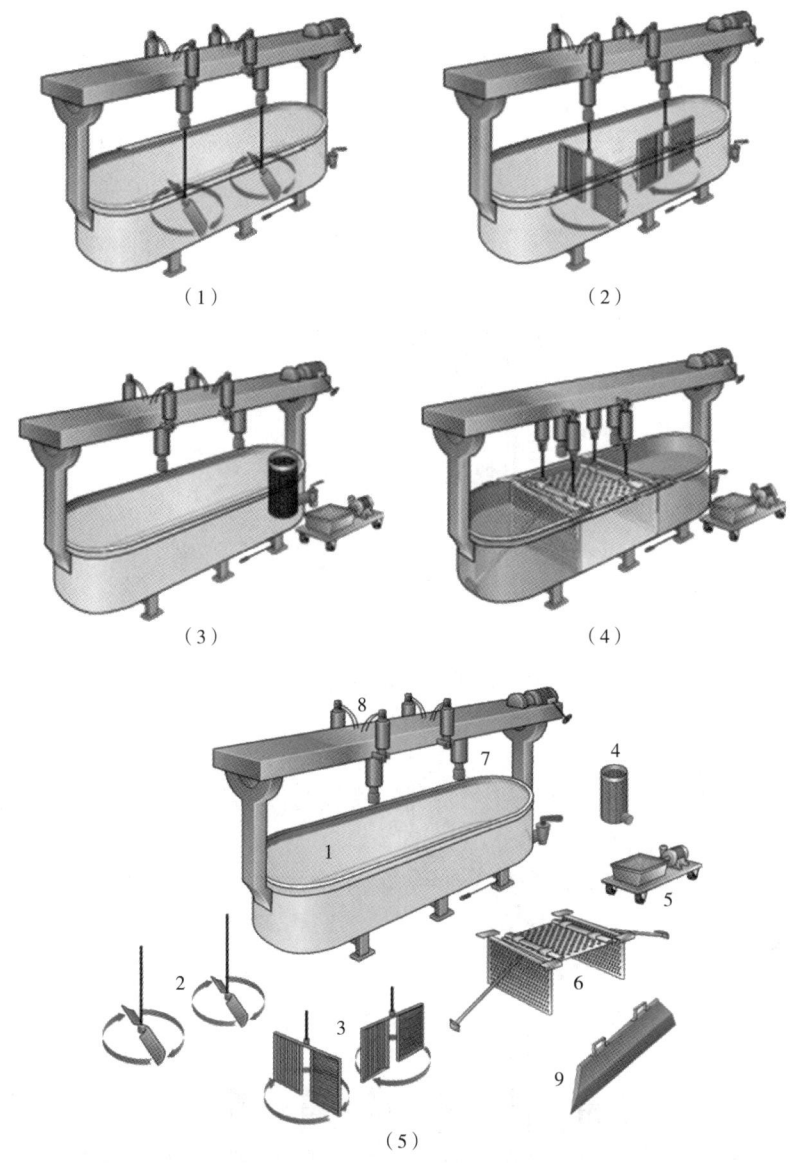

图 7-10 带有干酪生产用具的普通干酪槽
(1) 槽中搅拌　(2) 槽中切割　(3) 乳清排放　(4) 槽中压榨　(5) 干酪槽设备
1—带有横梁和驱动电机的夹层干酪槽　2—搅拌工具　3—切割工具　4—置于出口处过滤器干酪槽内侧的过滤器
5—带有一个浅容器小车上的乳清泵　6—用于圆孔干酪生产的预压板　7—工具支撑架
8—用于预压设备的液压筒　9—干酪切刀

清的酸度以便控制升温和搅拌的速度。总之，升温和搅拌是干酪制作工艺中的重要过程，它们关系到生产的成败和成品质量的好坏，因此，必须按工艺要求严格控制和操作。凝块的机械处理和由细菌持续生产的乳酸有助于挤出颗粒中的乳清。

(七) 排除乳清

乳清排除是指将乳清和凝乳颗粒分离的过程。在搅拌升温的后期，乳清酸度达 0.17%~0.18%时，凝块收缩至原来的一半，用手捏干酪粒感觉有适度弹性或用手握一把干酪粒，用力压出水分后放开,如果干酪粒富有弹性,搓开仍能重新分散时,即可排除全部乳清。乳清由干酪槽底部通过金属网排出。此时应将干酪粒堆积在干酪槽的两侧,促进乳清的进一步排出。此操作也应按干酪种类的不同而采取不同的方法(图 7-11)。排除的乳清脂肪含量一般约为 0.3%,蛋白质 0.9%。若脂肪含量在 0.4%以上,证明操作不理想,应将乳清回收,作为副产物进行综合加工利用。

图 7-11 凝块和乳清于滚动式过滤器中分离
1—凝块乳清混合物 2—排放凝块 3—乳清出口

(八) 堆积

乳清排除后,将干酪粒堆积在干酪槽的一端或专用的堆积槽中,上面用带孔木板或不锈钢板压 5~10min,压出乳清使其成块,这一过程即为堆积。有的干酪种类,在此过程中还要保温,调整排出乳清的酸度,进一步使乳酸菌达到一定的活力,以保证成熟过程对乳酸菌的需要。

(九) 压榨成形

压榨是指对装在模中的凝乳颗粒施加一定的压力。压榨可进一步排除乳清,使凝乳颗粒成块,并形成一定的形状,同时表面变硬(图 7-12)。

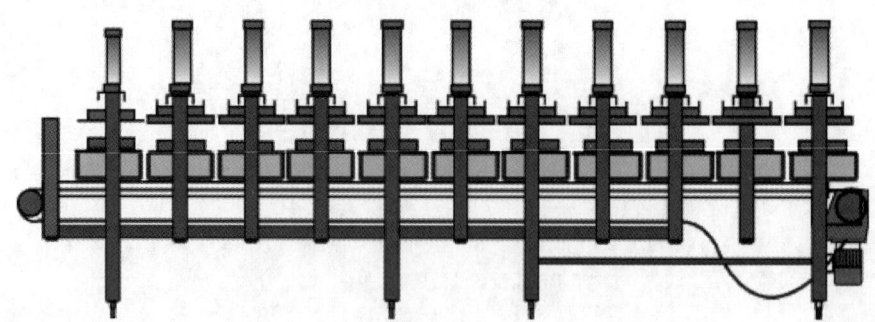

图 7-12 传送压榨

(十) 加盐

1. 加盐目的

加盐的目的在于改进干酪的风味、组织和外观,排除内部乳清或水分,增加干酪硬度,限制乳酸菌的活力,调节乳酸的生成和干酪的成熟,防止和抑制杂菌的繁殖。

2. 加盐方法

加盐的方法（图7-13）有干盐法、湿盐法和混合法。

(十一) 成熟

将生鲜干酪置于一定温度（10~12℃）和相对湿度（RH，85%~90%）条件下，经过一定时期（3~6个月，按成熟度进行确定），在乳酸菌等有益微生物和凝乳酶的作用下，使干酪发生一系列的物理和生物化学变化，并形成干酪特有的风味、质地和组织状态的过程，称为干酪的成熟。成熟的主要目的是改善干酪的组织状态和营养价值，增加干酪的特有风味。

(十二) 干酪贮存

1. 贮存目的

贮存的目的是创造一个尽可能控制干酪成熟循环的外部环境，使干酪更适于食用。在这个过程中，各种干酪形成特有的风味、组织状态的一致性和切面的外观、干酪皮，而且对于每一类型的干酪，特定的温度和相对湿度组合在成熟的不同阶段，必须在不同贮室中加以保持。在贮藏成熟阶段，应有效地防止水分的蒸发以及被生物污染造成的变质。

2. 贮存条件

在贮存室中，不同类型的干酪要求不同的温度和相对

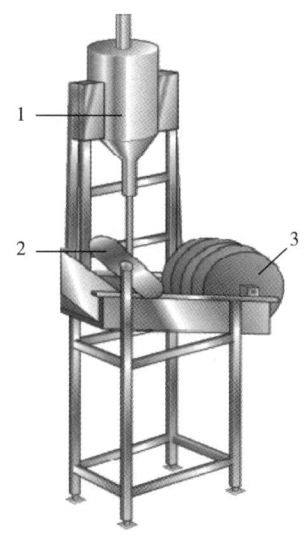

图7-13 用于帕斯塔-费拉塔类干酪的干盐机

1—盐容器 2—用于干酪的熔融的液位控制 3—槽轮

湿度。环境条件对成熟的速率、质量损失、硬皮形成和表面菌丛至关重要，换句话说，对干酪的全部自然特征至关重要。带有硬表皮的干酪，通常大部分是硬质、半硬质类型的，干酪具有一层塑料或石蜡或蜂蜡的外装。无硬皮干酪，由塑料膜或可收缩塑料袋包装。干酪的包装具有双重目的：防止水分过量损失并防止表面被微生物污染和染上灰尘。

3. 空气调节的方法

在干酪成熟贮存中，通常需要一个完善的空气调节系统来保证必要的温度和湿度条件。由于干酪的水分必须去除，如果干酪周围空气的湿度太高，这一过程就很困难。进来的空气必须经冷凝器去除水分，然后对脱除水分的空气进行控制并加热到要求的条件。使空气湿度在贮存室内均匀分布，空气的分送管路也许有所补益，但管路很难不被霉菌污染。因此，在设计上必须考虑分送管路能够清洗和消毒。

4. 贮存平面布置与空间要求

干酪的平面布置取决于干酪类型。在贮存间安装永久性干酪架对于硬质和半硬质干酪的存放一直是比较方便的方法（图7-14）。8~10kg/块的干酪一层一层地放置在干酪架的格板上，这样一个贮存间的贮藏能力为300~350kg/m³。干酪架的间隔为0.6m宽，贮藏室中间主通道通常为1.50~1.80m，将干酪架放置在轮车上或用天车吊起干酪架的方法减少了干酪架之间的间隙，使干酪架彼此可以靠得较近，并只在需要时进行挪动，这样的系统使贮存室的贮存能力加大了30%~40%，但由于这种类型的干酪架的费用较高，使得贮存室和建筑的费用也增大了30%~40%。

图 7-14 干酪机械化贮存室，调湿空气经塑料喷嘴被吹入每一层干酪

三、干酪成熟的生物化学特性

(一) 干酪成熟的微生物学和生物化学特性

1. 干酪成熟的微生物学特性

除了鲜干酪以外，其他的干酪在经凝块化处理后，全部要经过一系列的微生物、生物化学和物理方面的变化。这些变化涉及乳糖、蛋白质和脂肪，并由三者的变化形成成熟循环。这一循环随硬质、中软质和软质干酪的不同而有很大区别。同时，每一类群的干酪随种类不同也会有显著差别。

2. 干酪成熟的生物化学特性

干酪成熟的生物化学特性包括水分的减少、脂肪的分解以及风味物质的形成等。

(二) 干酪成熟的条件及影响成熟的因素

1. 干酪成熟的条件

干酪的成熟通常在成熟库（室）内进行。成熟时低温比高温效果好，成熟温度为 5~15℃。细菌成熟硬质和半硬质干酪相对湿度为 85%~90%，而软质干酪及霉菌成熟干酪相对湿度为 95%。当相对湿度一定时，硬质干酪在 7℃ 条件下需 8 个月以上的成熟，在 10℃ 时需 6 个月以上，而在 15℃ 时则需 4 个月左右。软质干酪或霉菌成熟干酪需 20~30d。

2. 影响成熟的因素

(1) 成熟期　干酪的成熟度与成熟期的长短密切相关。随着成熟期的延长，水溶性含氮物增加。

(2) 温度　在其他条件相同时，水溶性含氮物的增加与温度成正比。但温度升高程度必须在工艺允许的范围内。一般来说，低温会缩短凝乳中微生物生长期和降低生化反应速度，高温会促进这些反应。事实上，升温会使干酪的性质发生剧烈改变。因为每个反应速度随温度的变化并不相同，任意提高温度反而使一些释放不良风味的反应成为主要分解反应。

(3) 水分　由于水分含量控制着其中溶质的浓度，而这些溶质通过对微生物细胞壁渗透作用和控制微生物的代谢来影响菌体变化，高水分干酪中微生物生长快于低水分干酪，且前者成熟速度比后者快。

(4) 质量　在同一条件下，质量大的干酪成熟度好。

(5) 食盐　食盐多的干酪成熟较慢。
(6) 凝乳酶量　在同一条件下，酶量多者，成熟较快。

第五节　再制干酪加工

以干酪（比例大于50%）为主要原料，添加其他原料，添加或不添加食品添加剂和营养强化剂，经加热、搅拌、乳化（干燥）等工艺制成的产品称为再制干酪。其营养价值高，富含乳蛋白、乳脂肪、维生素和矿物质等，且乳糖含量极低，适于乳糖不耐症人群的需求。

再制干酪中的脂肪占总干物质的30%~45%，但含脂率较低或较高的品种也有生产。在其他方面，组分完全取决于水分含量和用于生产的原材料。与契达干酪等天然干酪相比，再制干酪的微观结构是一种稳定的水包油乳液，由水合乳化酪蛋白的再形成凝胶网络支撑。这种独特的微观结构为再制干酪提供了多种功能特性，如不融化和融化的质地，可以通过不同的方式进行设计，以获得具有定制最终用途功能的产品。在食品行业的零售和服务部门，再制干酪用于各种食品应用，如比萨饼、汉堡、冷冻和货架稳定主菜、蘸酱、酱、汤等。

相对于天然干酪而言，再制干酪有以下特点：

①产品种类繁多，可以将各种不同组织和不同成熟程度的干酪，制成质量一致的产品，不同的产品具有不同的特性，如切片性、融化性和流动性。

②由于在加工过程中进行加热杀菌，食用安全、卫生，并且具有良好的保存特性。

③产品采用良好的材料密封包装，贮藏中质量损失少。

④通过加热、乳化等工艺，消除了天然干酪的强烈刺激气味，口感柔和均一，组织和风味独特。

⑤大小、质量、包装能随意选择，并且可以添加各种风味物质和营养强化成分，较好地满足消费者的需求和喜好。

一、原辅料及其对再制干酪品质的影响

1. 加工原料——天然干酪

天然干酪是再制干酪生产过程中最重要的原材料，因此，选择合适的原料是成功生产的关键。原料干酪会对干酪的风味和质地产生影响，而且随着干酪种类和成熟度的变化，干酪在融化过程中的状态会明显发生变化。

2. 加工辅料

(1) 乳化剂　在再制干酪的生产过程中，乳化剂的使用没有一个固定的原则，使用乳化剂的种类和特性取决于最终产品的要求和生产加工过程中的许多变化因素。常用的乳化剂包括磷酸盐和柠檬酸盐等，它们会对再制干酪的质地、硬度、流变性及pH等产生一定的影响。

(2) 乳清粉和乳粉　它们是再制干酪的生产过程中使用得比较普遍的两种成分，乳清粉的添加可以弥补在干酪制作过程中一些乳固体的损失。而乳清粉和乳粉中的乳糖对再制干酪产生的影响较大，它会影响再制干酪的风味、质构以及营养成分等。

(3) 着色剂　再制干酪中添加色素主要是为了强化干酪的色泽，使它满足消费者对产品的

特殊感官要求。色素的使用必须符合相应国家的法规要求。

再制干酪使用的其他辅料还包括稳定剂、酸度调节剂、酪蛋白粉、风味物质、黄油和稀奶油等，这些辅料都有一定的调整干酪组成，提供蛋白质含量，提高再制干酪的延展性和稳定性，赋予再制干酪芳香风味的作用，是再制干酪生产过程中不可或缺的成分。黄油、乳脂肪或奶油可以添加到再制干酪中以增加脂肪含量，或者生产高脂肪再制干酪，或者在添加乳化盐或其他无脂肪物质后补偿材料干物质中脂肪含量的减少。添加脂肪可以降低再制干酪的黏度，使其质地更加柔软。

二、再制干酪加工工艺

干酪的生产加工始于刮削和洗涤，随后熔融。在大加工厂内切成片、条的干酪连续被融化，而在小工厂就传送至不同类型的加热釜。在国外，再制干酪中最常见的加热方法是直接蒸汽喷射。再制干酪包括两个主要阶段：一是成分选择和配方，以制备均匀的预混合料，二是预混合料的烹饪以制备巴氏杀菌的、均匀的半固体产品，随后成型、包装、冷却和贮存以生产最终再制干酪。

加工通常在真空下进行。从加热和乳化的角度上看这一点是有益的。这一操作也除去了异味并使水分含量调节更容易一些。

（一）工艺流程

再制干酪的加工工艺流程如图7-15所示。

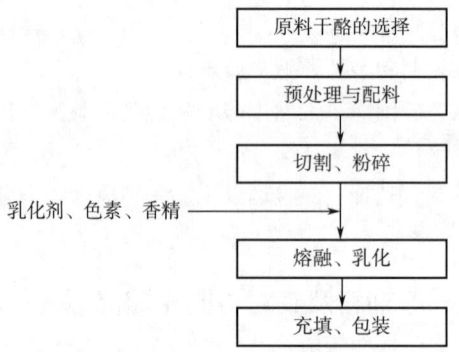

图7-15 再制干酪加工工艺流程图

（二）工艺要求

1. 原料干酪的选择

原则上，任何种类的干酪都可用于再制干酪的生产，但考虑到技术和产品标准化的需要，主要选择细菌成熟的硬质干酪，一般多使用高达、艾达姆和契达干酪等。为满足制品的风味及组织，成熟7~8个月，风味浓的干酪占20%~30%。为了保持组织滑润，成熟2~3个月的干酪占20%~30%，搭配中间成熟度的干酪50%，使平均成熟度在4~5个月，含水分35%~38%，含可溶性氮0.6%左右。过熟的干酪，由于有的析出氨基酸或乳酸钙结晶，不宜作原料。有霉菌污染、气体膨胀、异味等缺陷者不能使用。

2. 原料干酪的预处理

原料干酪的预处理室要与正式生产车间分开。预处理包括除掉干酪的包装材料，削去表皮，清理表面等。外包装的去除可以通过手工或者专门的设备来进行。干酪皮的去除可用手动或半自动式器械实施，随后要对原料干酪进行清洗。原材料 pH 的差别可通过混合不同 pH 的干酪来调整。

3. 切割与粉碎

用切碎机将原料干酪切成块状，用混合机混合。然后用粉碎机粉碎成 4~5cm 的面条状，最后用磨碎机处理。近来，此项操作多在再制干酪蒸煮机（又称熔融釜）中进行。干酪的最佳切割方式是使用一把两面握的切割刀或者是一条在两端装有木头把手的金属丝来进行的手工切割。目前，大部分的工厂使用机器进行切割。它们都是通过液压进行制动，并配备有多种不同的切割工具。使用这些设备，可以以任何方式得到任何尺寸大小的干酪。将预切割的干酪进行粉碎，可以确保生产过程中正常的融化。

4. 熔融、乳化

在再制干酪蒸煮机（图 7-16）中加入适量的水，通常为原料干酪重的 5%~10%。成品的含水量为 40%~55%，但还应防止加水过多造成脂肪含量的下降。按配料要求加入适量的调味料、色素等添加物，然后加入预处理粉碎后的原料干酪，开始向熔融釜的夹层中通入蒸汽进行加热。当温度达到 50℃ 左右，加入 1%~3% 的乳化剂，如磷酸钠、柠檬酸钠、偏磷酸钠和酒石酸钠等。这些乳化剂可以单用，也可以混用。混合物在蒸煮机中被加热至 70~95℃ 或更高（取决于再制干酪的类型），蒸汽直接注入可以缩短加热时间，凝块型干酪加热需 4~5min，而涂布干酪需 10~15min，加热过程中，保持持续搅拌以免烘焦。最后，将温度升至 60~70℃，保温 20~30min，使原料干酪完全融化。

加乳化剂后，如果需要调整酸度，可以单用乳酸、柠檬酸、乙酸等，也可以混合使用。成品的 pH 5.6~5.8，不得低于 5.3，涂布干酪的 pH 应为 5.6~5.9，对于需切成片的干酪类型，pH 应为 5.4~5.6。乳化剂中，磷酸盐能提高干酪的保水性，可以使干酪形成光滑的组织状态；柠檬酸钠有保持颜色和风味的作用。在进行乳化操作时，应加快釜内的搅拌器的转数，使乳化更完全。在此过程中应保证杀菌的温度。一般杀菌条件为 60~70℃、20~30min，或 80~120℃、30s 等。乳化完成时，应检测水分、pH、风味等，然后抽真空进行脱气。

5. 充填、包装

再制干酪随后从加热釜中卸出进到不锈钢容器中，送至包装站倾入到包装机进口料斗。包装机通常为全自动并能以不同质量和形状来包装产品，一般干酪在加热温度下热包装。但涂布型干酪应尽可能迅速冷却下来，并应在包装后经过一个冷却隧道，快速冷却可提高干酪的涂布特性。另外，块型干酪也要缓慢冷却。

选择与乳化机能力相适应的包装机。包装材料多使用玻璃纸或涂塑性蜡玻璃纸、铝箔、偏氯乙烯薄膜等。包装的量、形状和包装材料的选择，应考虑到食用、携带、运输方便。包装材料既要满足制品本身的保存需要，还要保证卫生安全。

再制干酪的包装形式很多，其中最为常见有：三角形铝箔包装，偏氯乙烯薄膜棒状包装，纸盒、塑料盒包装，薄片或干粉包装等。而为了食用方便，现在市场上的再制干酪绝大多数是以个人食用为主的小包装产品，因为这种包装形式恰好符合现代社会人们的消费习惯。

6. 贮藏

包装后的成品再制干酪，应静置在 10℃ 以下的冷藏库中定形和贮藏。这比原料贮藏室的温度稍高。但是，贮藏温度不能太低，以避免在随后的运输过程中，由于缺乏冷却设备而在内包装层上形成沉积。

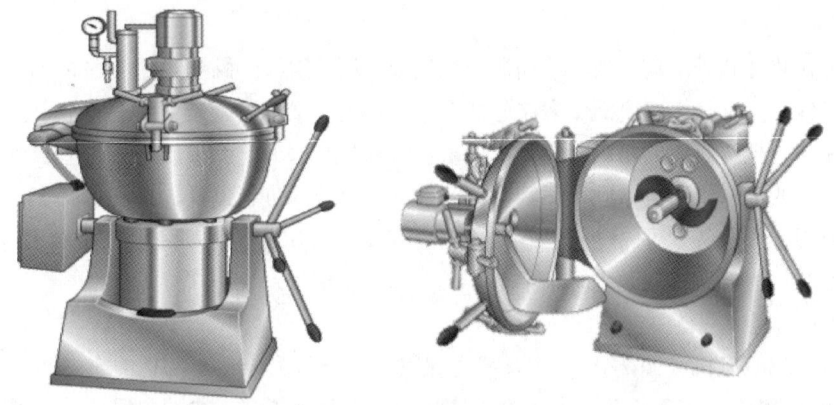

图 7-16　再制干酪蒸煮机的外形及内部构造

第六节　模拟干酪及酶修饰干酪生产

一、模拟干酪

模拟干酪是干酪类似物（analogue cheese）的一种。干酪类似物是天然干酪替代物（substitute cheese）、天然干酪模拟物（imitation cheese）和一些再制干酪产品的总称。模拟干酪是将植物油或脂肪、蛋白质、其他成分和水混合，在加热、机械搅拌和乳化盐的作用加工成的均匀光滑的混合物。干酪类似物又被称作类似干酪产品（cheese-like product），是由天然或改性乳配料为主要原料，添加非乳脂和蛋白质制成的干酪。由于使用了非乳品来源蛋白或脂肪制成，因此也称为仿干酪、类干酪。

根据干酪成分和营养情况的不同，干酪类似物可以分为模拟干酪（天然干酪模拟物）或替代干酪（天然干酪替代物）。在美国，FDA 条例规定：如果干酪类似物可以替代和类似其他干酪，但是营养上不及所替代和类似的干酪（如一些必需营养成分的缺失），它可以被视为一种模拟干酪；如果在营养上不存在不及所替代和类似干酪的问题，它就被视为一种替代干酪。

根据所用的蛋白质和（或）脂肪原料不同，可以将模拟干酪分为乳源性模拟干酪、部分乳源性模拟干酪和非乳源性模拟干酪（图 7-17）。乳源性模拟干酪是以乳蛋白和乳脂肪为原料加工而成；部分乳源性模拟干酪是以乳蛋白和植物油为原料加工而成；非乳源性模拟干酪则以植物蛋白和植物油为原料加工而成。

模拟干酪的发展是与方便食品行业的发展紧密相连的。从模拟干酪的形状上讲，随着方便食品的持续流行，人们开发出了块状、片状、丝状甚至是流体状的干酪来满足现代食品工业的需求。

从模拟干酪的用途上分，主要为低水分模拟莫扎瑞拉干酪和模拟契达干酪，它们主要用

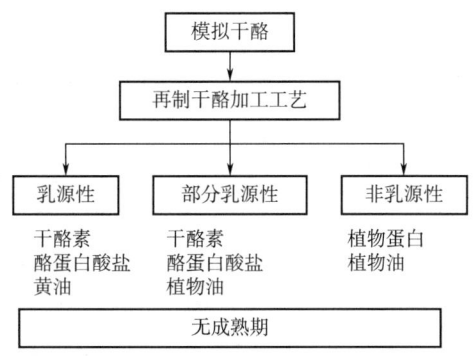

图 7-17 根据蛋白质和脂肪来源的模拟干酪分类

在比萨饼和汉堡中。另外，还有应用在三明治、沙拉、干酪蘸料和一些快餐类食品中的模拟干酪。

（一）模拟干酪的配料

模拟干酪是用乳成分或替代乳的非乳成分加工的。每一类物料都有多种物质可供选择，配方不同加工的模拟干酪的性质也不同。模拟干酪中所用的主要原料见表 7-5。

表 7-5　　　　　　　　　　　模拟干酪的主要配料表

原料类型	主要功能	常用配料举例	添加量/%
乳蛋白	产品主要组分，赋予产品一定的质构和功能特性、加热时产品的物化稳定性	干酪素、酪蛋白酸盐、乳清蛋白	18~24
植物蛋白	产品蛋白组分，替代乳蛋白，降低成本	大豆蛋白、花生蛋白	
脂肪	产品主要组分，赋予产品期望的质构，融化性和一定的风味	乳脂肪、黄油、花生油、大豆油	22~28
乳化盐	使产品形成稳定的结构，影响产品的质构和功能特性	柠檬酸盐、磷酸盐	0.5~2.5
胶体	提高产品的稳定性	黄原胶、瓜尔豆胶	0.0~0.3
淀粉	替代酪蛋白，降低产品成本	改性淀粉	
脂肪替代物	降低脂肪含量，改善营养结构	膳食纤维、菊粉	
酸味剂	控制最终产品的 pH	柠檬酸、乳酸	0.2~1.0
风味物质	赋予产品各种风味	酶改性干酪	0.5~3.0
色素	达到所期望的色泽	胭脂红、胭脂黄	0.04
甜味剂	增加产品的甜味	玉米糖浆、蔗糖	
防腐剂	抑制微生物的生长，延长产品保质期	Nisin、山梨酸钾	0.1

续表

原料类型	主要功能	常用配料举例	添加量/%
矿物质和维生素	强化产品的营养，提高营养价值	氧化锌、氯化铁、维生素A、叶酸	0.0~0.5

1. 蛋白质来源

模拟干酪的蛋白质主要来自干酪素和酪蛋白酸盐。另外，乳清蛋白和乳蛋白浓缩粉（蛋白质含量85%左右）也可作为蛋白质源加工模拟干酪。近些年来，作为一类可供选择的高乳蛋白产品——全乳蛋白（TMP）也逐渐被用在模拟干酪的生产中。

酪蛋白酸盐是一种"两亲性"蛋白，被广泛应用在涂抹型模拟干酪的生产中。酸凝干酪素的价格较低，但是其加工的模拟干酪质构和口感都比较差，很少直接应用于模拟干酪的生产中。酶凝干酪素加工的模拟干酪具有良好的风味，并且在贮藏期间稳定性好，主要用于半硬质块状模拟干酪的生产中，尤其是模拟莫扎瑞拉干酪，它能赋予干酪较好的延伸性和拉丝性。

近些年，关于蛋白替代物的研究较多，蛋白替代物不仅可以降低干酪的生产成本，还能加工成期望的功能性质产品。蛋白替代物主要是一些变性淀粉类，如天然或改性的玉米淀粉、马铃薯淀粉等。

2. 脂肪来源

在干酪替代物的最初生产中，黄油一直是其传统的脂肪来源，但是现在已经被价格更低廉的动物或植物脂肪所代替。目前，在模拟干酪的生产中应用的氢化植物油主要有大豆油、花生油、棕榈油、棉籽油、椰子油和玉米油。

3. 风味来源

模拟干酪的最大缺陷是它的风味不能接近于天然干酪，但这又是模拟干酪可以开发出各种新风味的突破点，加入不同的风味成分，可以把干酪调和成需要的风味。为使模拟干酪与天然干酪在风味上尽可能接近，一些人工或天然的香精被广泛应用在模拟干酪中，例如，一些酶改性干酪（EMC）。国外有很多研究表明，通过添加一些合适的酶或微生物，经热处理并在适宜温度下成熟，模拟干酪可达到任何的风味。另外，模拟干酪在微生物对蛋白水解、自身脂肪酶的分解以及应用一些风味剂的条件下，也可以使干酪达到所期望的风味。

4. 其他成分来源

模拟干酪是配方类食品，除了蛋白质、脂肪和水三大主要成分外，还需添加乳化盐、食盐、食品级酸、膳食纤维、风味物质、色素、食用性胶和营养强化剂等其他食品成分。

乳化盐被广泛地应用于模拟干酪的生产中。与再制干酪产品相比，乳化盐对模拟干酪的具体影响机制还不完全了解。乳化盐影响脂肪乳化程度的排序如下：三聚磷酸盐>焦磷酸盐=多聚磷酸盐>磷酸氢二钠>柠檬酸钠。但是在相同的浓度下，与磷酸盐相比，柠檬酸钠可以导致酪蛋白更大程度的解离，因此柠檬酸钠对钙离子的螯合能力更强。

pH和食盐添加量的变化对模拟干酪的质构和功能性也起着关键作用。模拟干酪的pH主要通过食品级酸来调节，考虑到对风味的影响，一般将干酪的pH控制在4.7~6.0，甚至是对风味影响更好的5.1~5.7。

为了使模拟干酪具有等同于天然干酪的营养价值,可在模拟干酪的生产后期添加适量的维生素和矿物质。

(二) 模拟干酪的加工工艺

模拟干酪的加工除了要选择各种合适的配料,还要应用适合的加工工艺。从工艺学角度上讲,产品最终的功能特性取决于所选的原料和加工工艺。所以,模拟干酪可以被视为工程类产品。

1. 加工基本原理

模拟干酪结构的形成过程即是借助乳化盐、热及剪切作用,使蛋白质、脂肪等原料间发生相互作用的过程。酶凝干酪素作为模拟干酪的唯一蛋白质来源时,基本加工原理是:酶凝干酪素从微观上看,每个干酪素颗粒都可以看成是一个微小的、经干燥的脱脂乳干酪,其中的酪蛋白以副酪蛋白的形式聚合成团。酶凝干酪素的典型结构单元是蛋白质-钙-蛋白质,在结构中钙发挥着"钙桥"的作用,它将副酪蛋白分子交联在一起;其另一典型特征是在水中不易溶解。与天然干酪相似,酪蛋白聚合物的完整性靠各种作用力共同维持。模拟干酪加工时在热的作用下,乳化盐的阴离子吸引蛋白质-钙-蛋白质结构中的钙离子,使之发生离子交换反应,将部分副酪蛋白酸钙转变成带负电的副酪蛋白酸钠,这一离子交换过程,增加了副酪蛋白的水合度和溶解度。另外,在加热搅拌和乳化脂肪滴对蛋白基团吸引的作用下,水合的副酪蛋白酸盐将分散、游离状态的脂肪滴包裹,完成对油相的乳化,再经热装模成型和冷却的过程,模拟干酪形成了以酪蛋白为基质,脂肪包裹在其中的特殊结构(图7-18)。

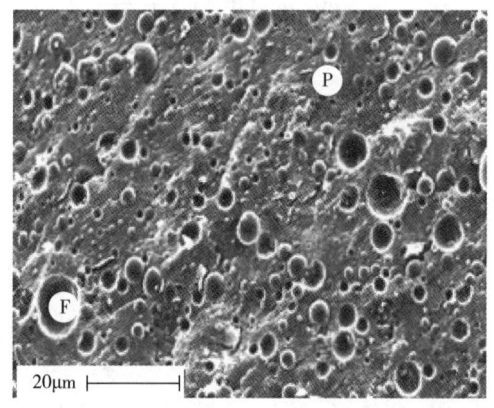

图7-18 模拟莫扎瑞拉干酪的扫描电镜图

P—蛋白质基质 F—脂肪滴

2. 加工工艺

不同类型模拟干酪的加工工艺稍有不同,但总体上与再制干酪的生产工艺非常相似,所以模拟干酪的生产设备大多采用再制干酪的生产设备,如原料输送系统、熔融釜、倾倒设备、物料排出管道和输送泵等。根据加热融化方式的不同,可以将模拟干酪的生产工艺分为间歇式生产工艺和连续化生产工艺。

模拟干酪大多以间歇式工艺为主。由于间歇式熔融釜的类型不同,所采用的加工工艺也不尽相同。配料的添加顺序影响蛋白质的水合性及产品的最终品质。图7-19所示的是目前比较常用的一种模拟干酪商业化间歇式加工工艺。

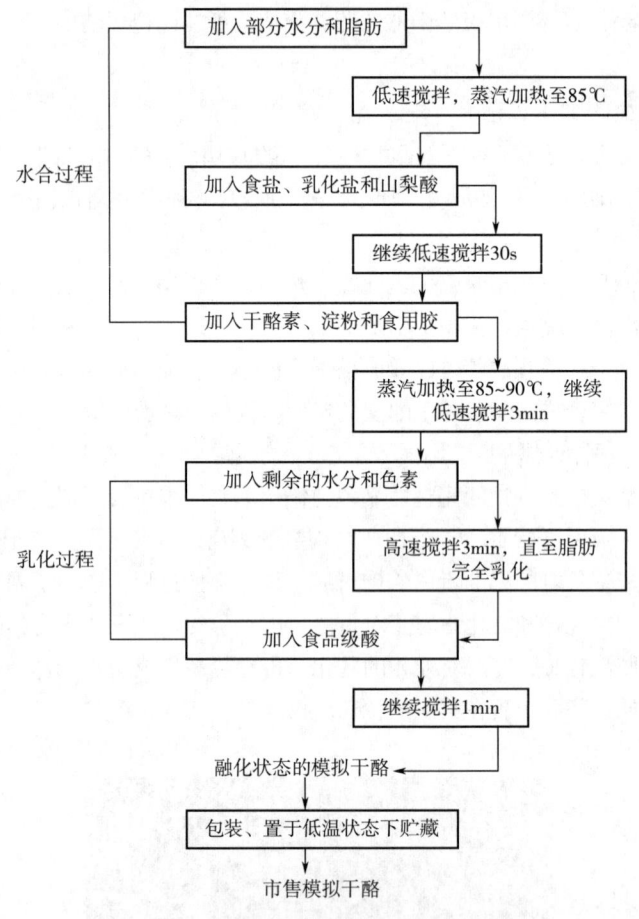

图 7-19　商业化间歇式模拟干酪生产流程

模拟干酪中产量最大的是模拟莫扎瑞拉干酪，低水分模拟莫扎瑞拉干酪的工艺流程如图 7-20 所示。

二、酶修饰干酪

酶修饰干酪（enzyme modified cheese，EMC）是指采用酶工艺方法处理干酪或干酪中间产品，使其提高风味或处理某些特色风味中的某一类风味物质后所得的浓缩性干酪风味物质。

酶修饰干酪是以 19 世纪 70 年代用来研究干酪成熟的模拟系统"干酪浆"为基础，研究加速天然干酪时发展起来的干酪风味产品。酶修饰干酪产品在欧洲分类为预制调味料，其质地与各种各样现有干酪商品相类似或略有一些改变，然而其风味强度大大增加，风味强度甚至是天然干酪的 5~25 倍。现在酶修饰干酪已成为重要的干酪类型，并在英国法规中享有一般认为安全（GRAS）认证，可加到指定种类的巴氏杀菌再制干酪中、无标准的同样干酪中、非传统的低脂和无脂干酪中和各种预制食品中。酶修饰干酪与天然干酪的比较如表 7-6 所示。

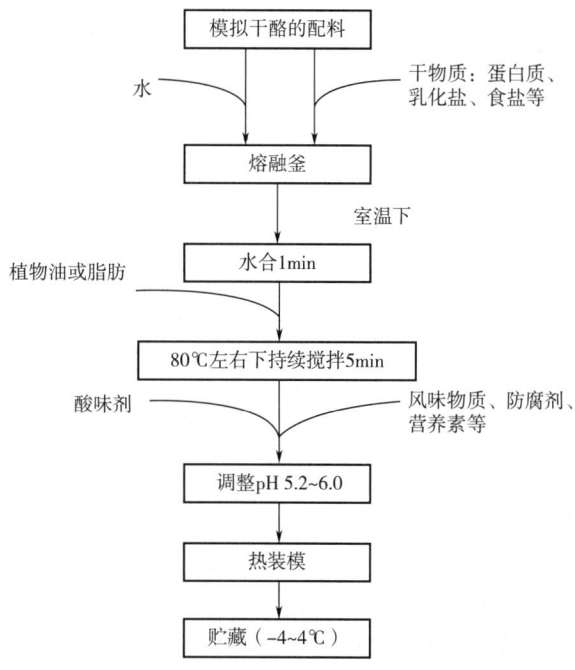

图7-20 低水分模拟莫扎瑞拉干酪的基本加工工艺

表7-6 酶修饰干酪（EMC）与天然干酪的区别

参数	EMC	天然干酪品种（契达、高达、瑞士、蓝纹）
生产原料	干酪凝块、天然干酪、酪蛋白酸盐、奶油	牛乳、奶油
添加剂	水、乳化剂、酶（蛋白酶、肽酶、脂酶或其组合），增效剂（谷氨酸钠、酵母提取物、双乙酰）	发酵剂、附属发酵剂、氯化钙、凝乳酶、食盐
发酵	时间24~72h，温度30~45℃	加工时酸化（5~24h）或稍后
热处理	凝块和水浆巴氏杀菌以抑制微生物生长，酶的热处理［高温处理干酪浆（约85℃，30min）以终止酶的反应］	干酪和乳清混合物的热处理 高达干酪加热到36℃，契达干酪加热到39℃，瑞士干酪加热到55℃
成熟	加工后无需成熟操作	成熟时间0.5~48个月 成熟温度4~23℃
风味起源	外源酶（引起广泛的蛋白质和脂肪水解）	牛乳、凝乳剂、发酵剂以及非发酵剂中的物质引起的蛋白质水解、脂肪水解以及糖醇解（残留的乳糖、乳酸盐和柠檬酸盐的代谢）

续表

参数	EMC	天然干酪品种 （契达、高达、瑞士、蓝纹）
终产品	糊状或粉状，高风味强度，保质期长	固体，低风味强度，成熟后保质期相对较短
法定参数	无明确法律参数	常有明确干酪的法律参数（pH、盐含量、干物质中脂肪含量、水分含量，生产技术）

生产酶修饰干酪时，酶的选择是非常重要的，这直接影响风味的产生。作为修饰作用的酶类主要为人为添加的游离酶，即为外源性酶，如蛋白酶、脂酶、肽酶或其组合等。干酪中由蛋白质降解转化而来的风味化合物包括肽类、氨基酸以及氨基酸在转氨酶、脱羧酶等作用下进一步代谢生成的酮、酸、醇、酚、醚、吲哚、胺等，甲硫醇是契达干酪的重要风味化合物，牛乳脂肪是干酪中的主要酯类，在酯酶的作用下被降解为脂肪酸和甘油，脂肪酸进一步代谢形成游离脂肪酸、醇和内酯。蛋白质水解和脂肪分解产生风味物质。商业化生产的酶修饰契达干酪中的脂肪水解度远高于天然契达干酪中的脂肪水解度。然而，脂肪的过度水解会使短链脂肪酸与长链脂肪酸含量不平衡最终导致产品出现酸臭及皂臭味。一般酶改性干酪中，酶的选择取决于成本、底物特性、加工设备及对产品最终所期望的风味。

1. 酶修饰干酪生产工艺

生产酶修饰干酪的基本步骤为，新鲜干酪或未成熟干酪经均质、灭菌后添加酶的混合物（蛋白酶、肽酶、脂酶可能还有细菌发酵剂），混合物依据酶的活性的大小在一段必要的时间里发生作用，然后杀菌破坏微生物和酶的反应，最后将产物喷雾干燥或做成膏状出售。目前，工业生产可用两种不同的方法进行加工，分别称为组合法和一步法（图7-21）。一步法工艺包括脂肪和蛋白质的同时水解，而在组合法中，几种风味成分是分别产生的，所有的成分混合在一起形成酶修饰干酪。

生产技术要点如下：

（1）前处理　选择的原料干酪要置于一些塑料的、铝的或者不锈钢的清洁的容器中贮藏。而在生产过程中，原料的取用要尽可能在一个独立的、有良好的通风和光照的房间内以避免污染。原料干酪在切割前都需用纯净水进行清洗。

大部分工厂使用的是机器进行切割，它们都是通过液压进行制动，并配备有多种不同的切割工具，使用这些设备，可以以任何方式得到任何尺寸大小的干酪。

在目前的酶修饰干酪工业化生产中，将相同的种类或者不同种类的原料干酪进行混合称重，一般每批500~2000kg。

（2）混合搅拌　为避免原料干酪由于氧化作用而产生的一些腐臭风味，以及在后续加工过程中产生的浓度差异，一般要进行混合搅拌。在酶修饰干酪工业化生产中，以1000kg的切割原料干酪为例，一般会加入200L的水并可自主选择加入乳化盐类。混合时要对预混合原料的干物质含量和pH进行测定然后根据这些值进行调整，防止干酪产生膨胀。

（3）巴氏杀菌　酶修饰干酪的生产工艺流程中一般要进行两次巴氏杀菌。第一次原料混合搅拌后可采取72℃、10min的巴氏杀菌，第二次加入修饰酶发酵后可采取72℃、35min或者

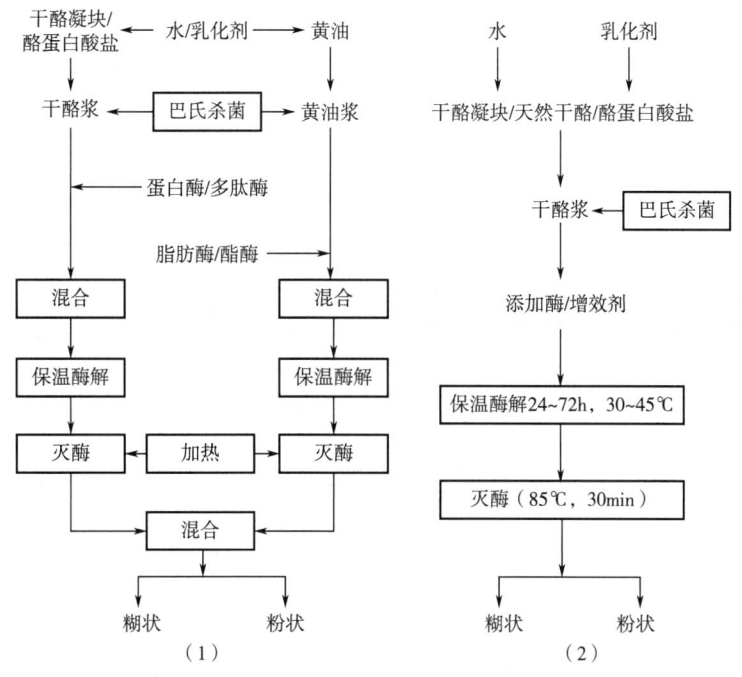

图 7-21 酶修饰干酪（EMC）的加工工艺
（1）组合法　（2）一步法

85℃、30min 的巴氏杀菌。

2. 酶修饰干酪发展趋势

酶修饰干酪的制备过程强化并加速了天然干酪中的主要风味生成反应的途径，是一种生产浓郁干酪风味物质很经济的方法。市面上已有的酶修饰干酪包括很多种干酪风味，应用最多的是契达酶修饰干酪，根据不同的感官特性可以添加到不同的食品中，如沙拉酱、蘸酱、汤、酱、快餐、调味料、脆片零食、意大利面食、干酪模拟食品、冷冻食品、微波食品、即食餐、罐头食品、饼干、蛋糕、小点心、馅料、乳蛋饼、干酪涂抹料、低脂和无脂干酪食品等。

目前，酶修饰干酪大多是作为全脂干酪风味替代物添加到无脂和低脂食品中，还有添加到契达干酪中生产快速成熟契达干酪。添加中度水解的酶修饰干酪可以显著改善模拟干酪的风味，其中决定模拟干酪风味的强度及可接受性的基本成分是丁酸（一种浓郁的芳香短链脂肪酸）。酶修饰干酪的添加不会影响模拟干酪的整体特性，但 pH 会影响成品的质构和风味（低 pH 会降低干酪硬度，但同时能提高游离短链脂肪酸的水平）。作为加强干酪风味的一种经济、稳定的方法，酶修饰干酪的生产日益标准化，相关的质构特性出现了建模和优化研究。

第七节　典型干酪加工

一、埃门塔尔干酪

埃门塔尔干酪产自瑞士埃门塔尔，于 15 世纪中叶开始生产，富有弹性，稍带甜味，是一种熟化硬质干酪。干酪外观呈象牙色，或者淡黄色、黄色，质地富有弹性、可切片但不粘连，并有数目不一的、有规则分布的、或明或暗、樱桃及核桃大小的气孔，质量通常为30~40kg。干酪在加工销售时可以带有或者不带坚硬、干燥的外皮；典型风味为清淡、似坚果、有甜味。埃门塔尔干酪加工工艺如图7-22所示，具体介绍如下。

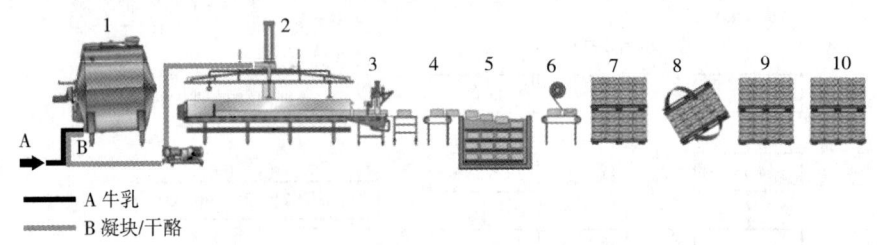

图 7-22　埃门塔尔干酪加工工艺
1—干酪槽　2—凝块全压的压榨槽　3—卸料和切割装置　4—传送带　5—盐化　6—包于薄膜和纸箱中
7—在绿干酪室中的排架干酪　8—翻转干酪　9—发酵贮存室　10—成熟贮存

1. 原料乳验收

由于传统埃门塔尔干酪采用未经巴氏杀菌的新鲜牛乳生产，乳牛的食物全部为青草和干草，不使用饲料，因此原料乳应是新鲜无抗牛乳，无不良气味，无掺假掺杂，每 100 g 原料乳的脂肪指标为 3.10%~3.30%，蛋白质为 2.95%~3.10%，密度为 1.029~1.031g/cm³，75%酒精试验呈阴性。

2. 标准化

用于生产埃门塔尔干酪的原料乳要进行标准化，通常根据最终产品脂肪含量进行，通过分离奶油或添加脱脂乳对原料乳进行标准化，使得最终蛋白质与脂肪含量比为 1∶1，注意不得使用脱脂乳粉。当原料乳中的芽孢含量比较高时，应先经过分离机或微滤机处理，以减少芽孢含量。

3. 加入发酵剂

将牛乳预热到 37℃，并注入干酪槽内，然后将唾液链球菌嗜热亚种、瑞士乳杆菌和谢氏丙酸杆菌组成的发酵剂直接加入牛乳中，并搅拌均匀，预发酵 10~15min。

4. 加入凝乳酶

添加凝乳酶的作用是促使牛乳中的蛋白质凝结，为排出乳清提供条件。凝乳酶在使用前，通常用 10 倍的纯净水稀释成酶溶液，混合均匀后直接加入，然后搅拌 3~5min，整个凝乳时间通常是 30~40min，当乳清的 pH 达到 6.6 时说明凝乳结束。

5. 切割

人为使用干酪切割刀时先缓慢水平切割，然后再垂直切割，最后上下横切，切割成小立方块，切割时间大约 5min，切割后要将凝乳粒静置 3~5min。

6. 保温搅拌

当切割的凝乳粒达到适宜大小后开始搅拌，随着凝乳粒变得结实，逐渐升高搅拌速度，整个保温搅拌的时间是 50~60min，并且 pH 达到 6.50~6.55，凝乳粒在此期间要变得足够结实和富有弹性。

7. 升温搅拌

升高温度会促进凝乳粒的收缩，有利于乳清排出，使凝乳粒变硬，形成稳定的质构。将干酪槽的温度在 30min 时间内由 37℃ 上升到 52℃，升温速度要缓慢，每 5min 升高 1.5~2.0℃。

8. 排乳清

当乳清的 pH 达到 6.30~6.40，同时，抓起一把干酪槽中的凝乳粒，然后再使其自然散落，说明效果较好，即可将乳清排出。排出干酪槽中的一部分乳清，然后将凝乳粒堆积在一起，使凝乳粒上部与乳清的液位持平，将凝乳粒全部浸泡在乳清中，以保持凝乳粒的温度。

9. 压榨

使用双层的纱布将凝乳粒盖上，然后放上平板进行压榨，增加压力，保持 15~30min，压力为 30~50g/cm^2，排出干酪槽中的乳清，再将凝乳粒静置 1h。把平板和纱布取出，同时清除掉干酪碎屑，再把纱布盖上，并且还要铺一层厚绒布，以吸收凝乳粒表面的水分，然后盖上平板并通过活动气缸逐渐施加压力，埃门塔尔干酪属于典型的硬质干酪，所以，需在室温下压榨 15~18h，压力为 300~400g/cm^2。

10. 盐渍

压榨结束后取出平板和纱布，测量凝块的 pH 为 5.30~5.40，将凝块切成大小适宜的干酪坯，然后放入到 210~230g/L 的盐水溶液中至少盐渍 48h，并且经常搅动盐水，以使暴露在盐水以外的干酪表面进行盐渍。盐渍后，在送入贮存室之前，无硬皮干酪要用薄膜包裹起来，装入纸箱或大储箱里，为取得良好的形状和形成更为一致的孔眼，要求干酪在贮存时要不停翻转。

11. 包装

盐渍完成后，将干酪浸入盐水里，以洗去表面的食盐颗粒，然后存放在 10℃ 的环境中，表面干燥后采用真空包装机包装。真空包装的袋子一定要大，因为干酪内部的气孔形成后，干酪的体积会增加 15%~20%。

12. 成熟

将真空包装后的干酪放入 8~12℃ 环境中，进行冷却和预成熟 3~4 周，然后在 22~25℃ 条件下进行发酵以产生特有的气孔，气孔形成需要 6~7 周，最终把干酪放入成熟室中，温度控制在 2~5℃，成熟时间 4~12 个月。温和的埃门塔尔干酪至少需要成熟 4 个月，成熟 8 个月的埃门塔尔干酪才可以称为成熟干酪，而 12 个月后才是完全成熟，在成熟后期气孔停止产生，而风味的产生则继续进行。

二、契达干酪

契达干酪原产于英国的契达村，是以牛乳为原料，经细菌成熟的硬质干酪。现在美国大量生产，故又称"美国干酪"。成品含水 39% 以下，脂肪 32%，蛋白质 25%，食盐 1.4%~1.8%。香味浓郁，色泽呈白色或淡黄色，质地均匀，组织细腻，表面光滑，具有该干酪特有的纹理图案。

1. 原料乳的预处理

原料乳经验收、净化后进行标准化使酪蛋白与乳脂肪的比为 0.69~0.71。采用巴氏杀菌 63~65℃ 保温 30min，再冷却至 30~32℃，注入事先杀菌处理过的干酪槽内。

2. 发酵剂和凝乳酶的添加

当原料乳的温度在 30~32℃ 时添加原料乳量 1%~2% 的发酵剂。搅拌均匀后，加入原料乳量 0.01%~0.02% 的 $CaCl_2$，要均匀添加。静置发酵 30~40min，酸度达到 0.18%~0.20% 时，再添加 0.002%~0.004% 的凝乳酶，使用粉状凝乳酶时，应用 1%（质量分数）的盐水将其配成 2%（质量分数）的溶液，沿干酪槽边缘徐徐加入并进行搅拌，搅拌时注意避免产生泡沫，添加完继续搅拌 4~5min 后，静置凝乳。

3. 切割、加温搅拌及排除乳清

凝乳酶添加后 20~40min，凝乳充分形成，即可进行切割，一般大小为 0.5~0.8cm；切后乳清酸度一般应为 0.11%~0.13%。在温度 31℃ 下搅拌 25~30min，促进乳酸菌发酵产酸和凝块收缩渗出乳清。然后排除 1/3 量的乳清，开始以每分钟升高 1℃ 的速度加温搅拌。当温度最后升至 38~39℃ 后停止加温，继续搅拌 60~80min。当乳清酸度达到 0.20% 左右时，排除全部乳清。

4. 凝块的反转堆积

排除乳清后，将干酪料堆积在干酪槽的一端或专用的堆积槽内，上面用带孔或不锈钢板压 90min，压出部分乳清使其成块。将干酪粒堆积 10~15min，以排除多余的乳清，凝结成块，厚度为 10~15cm，此时乳清酸度为 0.20%~0.22%。将呈饼状的凝块切成 15cm×25cm 大小的块，进行反转堆积，视酸度和凝块的状态，在干酪槽的夹层加温，一般为 38~40℃。每 10~15min 将切块反转叠加 1 次。一般每次按 2 枚、4 枚的次序反转叠加堆积。在此期间应经常测定排出乳清的酸度，当酸度达到 0.5%~0.6%（高酸度法为 0.75%~0.85%）时即可。全过程需要 2h 左右，该过程比较复杂，现已多采用机械化操作。

5. 破碎与加盐

堆积结束后，将饼状干酪块用破碎机处理成 1.5~2.0cm 边长的碎块。破碎的目的在于加盐均匀、定型操作方便、除去堆积过程中产生的不愉快气味。然后采取干盐撒布法加盐。当乳清酸度为 0.8%~0.9%，凝块温度为 30~31℃ 时，按凝块量的 2.5%~3% 加入食用精盐粉。一般分 2 或 3 次加入，并不断搅拌。以促进乳清排出和凝块的收缩，调整酸的生成。生干酪含水 40%，食盐 1.5%~1.7%。

6. 压榨成型

将凝块装入专用的定型器中在一定温度下（27~29℃）进行压榨。开始预压榨时压力要小，并逐渐加大。用规定压力 0.35~0.40MPa 压榨 20~30min，整形后再压榨 10~12h，最后正式压榨 1~2d。

7. 成熟

成型后的生干酪放在温度 10~15℃、相对湿度 85% 条件下发酵成熟。开始时，每天擦拭反转 1 次，约经 7d 后，进行涂布挂蜡或塑料袋真空热缩包装。整个成熟期 6 个月以上。若在 4~10℃ 条件下，成熟期需 6~12 个月。包装后的契达干酪应贮存在冷藏条件下，防止霉菌生长，以延长产品保质期。

图 7-23 为契达干酪高度机械化的生产流程。凝块一般由标准化和巴氏消毒后的牛乳制成。在酸度达到 0.2% 乳酸度时，经过 2~2.5h 的加工，凝块和乳清混合物从干酪槽通过泵输送到连续加工的契达机，一般不进行乳清的预排放。为保证连续供料，按计算后合适数量的干酪槽依次按一定时间间隔，例如，每 20min 排放 1 次。经过大约 2.5h 的堆酿操作，包括磨成干酪条，在酸度约为 0.6% 时加干盐，酪条被吹送到酪坯成形机，为实现加工连续化保证成形酪坯的数量。每一酪坯从契达机中出来后，被手工推入塑料包装袋，装袋的酪坯随后送到一个真空密封机械，密封后的干酪经称重后被送入包装机装入纸盒，随后被送到排架上，排架一装满，用叉车将之送入成熟室，在成熟室中，干酪将在 4~8℃ 条件下贮存 4~12 个月。

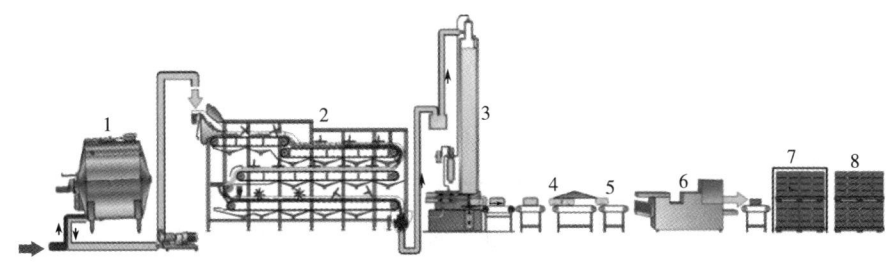

图 7-23　契达干酪机械化生产流程
1—干酪槽　2—契达机　3—坯块成形及装袋机　4—真空密封机　5—称重
6—纸箱包装机　7—排架　8—成熟贮存

三、高达干酪

高达干酪又称荷兰高达干酪，是世界上著名的干酪之一，出产于荷兰南部和乌得勒克地区，其普通型直径 30 cm，厚 10 cm，圆形，质量为 5~15kg，风味温和，是一种半硬质类型干酪。高达干酪是最知名的圆孔干酪类型的代表，其机械化生产流程如图 7-24 所示，具体介绍如下。

1. 原料乳标准化

要生产出质量稳定的高达干酪，首先要保证原料乳组成的恒定，但是牛乳成分受各种因素影响波动较大，现有的原料乳不一定合乎标准，所以要对原料乳进行标准化，标准化后乳的含脂率为 2.8%~3.2%。

2. 原料乳预处理

脂肪调节后要对原料乳净乳，主要为了去除乳中的杂质和细菌。由于高达干酪需排出大量乳清，所以不需要均质，因为均质抑制乳清排出。净乳后要进行杀菌，要求巴氏杀菌 63~65℃加热 30min，当原料乳杀菌后冷却到 30℃，有利于发酵剂的酸生成。

3. 添加氯化钙和硝酸钾

当原料乳冷却到 30℃时添加氯化钙。氯化钙的添加量通常为 0.01%，过量加入使干酪产生苦味，影响口感及风味。同时还要添加硝酸钾，添加量通常为 0.02%。氯化钙和硝酸钾加入前要用灭菌水溶解（水温 80℃左右）或煮沸，配成饱和溶液。溶解后分别边搅拌边缓慢加入，避免乳中产生气泡。

4. 添加发酵剂

当凝乳槽内的原料乳温度降至 30℃时添加发酵剂。使用的发酵剂可以是液态发酵剂，也可以是浓缩冷冻干燥发酵剂。发酵剂添加后要匀速搅拌均匀，避免乳中产生气泡，待发酵 30min 左右，添加凝乳酶。此时的 pH 应在 6.45 左右。

5. 添加凝乳酶

当发酵剂加入 30~60min 后加凝乳酶，在这段时间内使发酵剂充分产酸。温度要保持 30℃，添加量为 0.0015%~0.003%，用灭菌后的蒸馏水冷却至 10℃以下溶解，比例约为 1∶20。

6. 凝块切割

当凝块达到所要求的硬度时要对凝块进行切割。高达干酪切割刀尺寸范围在 5~10 mm，以 7 mm 最为理想。切割刀要有横刀和竖刀两个。切割时先横切后竖切，倾斜插入，倾斜取出，防止搅碎凝块。由于在切割过程中凝乳不断翻动，总的切割时间不要超过 10min（最好低于

5min)。切割刀具要快速通过凝乳,而不要来回拖动。切割后要慢慢搅拌,以免搅碎凝块。并保持温度30℃,搅拌15min。

7. 排除乳清

排除乳清是酪蛋白分子的重整过程,水分从酪蛋白网状结构空隙中被挤出,可以最终形成一个紧密的酪蛋白网状结构。影响排乳清的最重要因素是温度、切割后的pH下降(产酸速度)及压力。切割凝乳后pH下降越大,将会有越多的乳清排出,在切割后漂烫的温度越高,凝块水分越低。排乳清后要对凝块边搅拌边加温。

高达干酪生产要求两次加温。第一次要求用80℃左右的热水以2min升高1℃的速度升温,升到34℃后快速搅拌15min,再排1/3乳清。然后再用80℃左右的热水以2min升1℃的速度升温,直至升到38℃。继续搅拌,随时测pH,在搅拌过程中温度要保持38℃,直至pH 6.1~6.2,排掉全部乳清。

8. 堆积

当排掉全部乳清后,开始堆积。堆积时把凝块堆放在凝乳槽的一侧,排放掉大部分乳清,利用少量乳清保温(乳清没过凝乳块即可)。压上重物,压重物以0.2kg乳/千克重物为标准。压30min,使乳清进一步排出。堆积时也要保持一定的温度(大约35℃左右)。

9. 压榨成形

凝乳块堆积成形后装入模具。每个模具装干酪11~12kg,模具是底部带孔的不锈钢锅,还有2个带孔的不锈钢盖。用布包好后装入模具进行压榨,凝块装入模具后,预压榨15min,使干酪形成特定形状。

10. 正式压榨

干酪压榨成形后,把干酪翻个,进行正式压榨。干酪压榨的目的在于使松散凝乳颗粒成为紧密的能包装的固定形状,同时排出游离的乳清。压榨前凝块温度要降低,低于液体脂肪的固化温度,夏季降至23.9℃,冬季降至26℃,压榨的压力应在85~95kPa,高达干酪一般正式压榨90min左右即可。

11. 冷却

把压榨后的模具放入冷水中,进行冷却,冷却水温在5~10℃之间,冷却一夜。次日取出浸渍。

12. 浸盐

干酪块冷却后需浸盐,所用盐水质量浓度通常是160~250g/L。新鲜的盐水中一般要加1g/L氯化钙进行处理以防止酪蛋白酸钙转化为可溶的酪蛋白酸钠。盐水的pH应与干酪的pH一致,通常盐水的pH在5.2~5.6。盐水pH要用盐酸或乳酸调整。盐水温度夏天控制在12℃,冬天12~14℃。高达干酪要求浸盐2 d。浸泡过程中要每天翻转干酪,盐水还要不时搅拌防止盐水浓度分层。最好每天用比重计测定盐水浓度,保证盐水浓度恒定。干酪取出用干布包好,放在发酵室中,每天换布翻转,4~5 d后取下布,涂层,继续成熟。

13. 涂层

干酪表面涂层可以使干酪表面成熟和抑制霉菌生长的作用。干酪在盐浸后进行涂层挂蜡,目的是防止霉菌侵入。

14. 成熟

不同品质的干酪对成熟室中的温度和湿度要求不同,成熟的时间也各不相同。高达干酪的成熟温度为 10~11℃，相对湿度为 75%~85%，成熟时间为 4~6 个月。在这期间每天翻转擦拭干酪。干酪涂层有裂痕或脱落还要再涂层，避免干酪表面长霉。发酵室要每天消毒，干酪架、发酵室墙壁、棚顶要定期刷洗消毒。

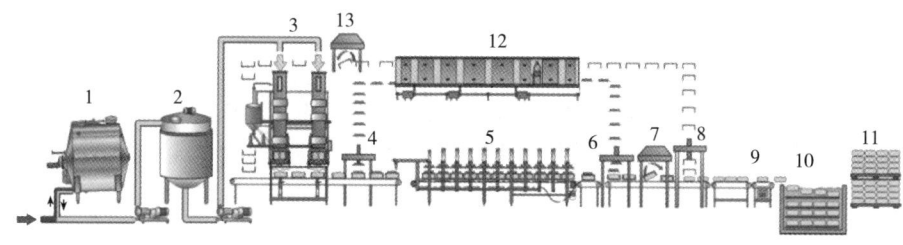

图 7-24　高达干酪机械化生产流程

1—干酪槽　2—缓冲缸　3—预压机　4—模具加盖装置　5—传送压榨装置　6—脱盖装置　7、8—脱模装置
9—称重装置　10—盐化系统　11—成熟贮存　12—模具与盖的清洗机　13—模具翻转装置

四、夸克干酪

夸克干酪（Quark Cheese）是一种不经成熟的酸脂肪凝块干酪，主要在欧洲生产的发酵凝乳干酪。夸克通常与稀奶油混合，有时也会拌有果料和调味品，不同国家生产的产品标准不同，其非脂干固物为 14%~24%。夸克干酪机械化生产流程如图 7-25 所示，具体介绍如下。

1. 原料乳杀菌

制作干酪的鲜牛乳必须是无抗新鲜牛乳，并且符合以下标准：牛乳的相对密度为 1.029~1.031，脂肪 3.5%~4.0%，蛋白质 2.8%~3.0%（均为质量分数），牛乳的 pH 为 6.6 左右，然后进行杀菌，采用 72℃，15s 巴氏杀菌或 65℃，30min 进行消毒杀菌。

2. 添加发酵剂

发酵剂发酵乳糖产生乳酸，缩短凝乳时间，促进切割后凝块中乳清的排出，提高凝乳酶的活力，防止杂菌的繁殖。添加过程中，应边搅拌边加入，充分搅拌使其发酵产生乳酸。冷却至 25~28℃ 后添加发酵剂，发酵剂的添加量为 3%~5%（质量分数）。加入菌种之后，还可加 2% 的酸乳，改善其风味。

3. 添加凝乳酶

凝乳酶的添加量为 0.01%~0.15%。使用时以 1%（质量分数）的食盐水稀释成 2%（质量分数）的溶液，缓慢地加入到牛乳中，并轻轻搅拌均匀。由于制作夸克干酪时加入的凝乳酶极少，因此，添加时先用少量蒸馏水稀释，使凝乳酶和原料乳充分混匀。

4. 切割凝块

pH 对夸克干酪的校正产率和感官品质有显著影响，在一定范围内，切割 pH 越高，成品干酪的颗粒感越强，产率越低，但切割 pH 过低会导致干酪口味过酸。对凝块进行切割，切割的尺寸对于成品软质干酪的含水量有较大的影响。在试验中将凝块切割为 4cm 边长的尺寸时，其口感最佳。

5. 排乳清

采用上进料分离机分离乳清，转速为 2400~3600r/min，分离 20min，以达到分离乳清的目的。离心力对夸克干酪的理化性质及产品出品率有显著影响。

6. 包装、冷藏

使用塑料果冻杯，经加热压膜达到包装效果。其优点为操作简单易行，成本较低，而且能够很好地防止霉菌生长。包装后的干酪置于4℃的冰箱中冷藏。

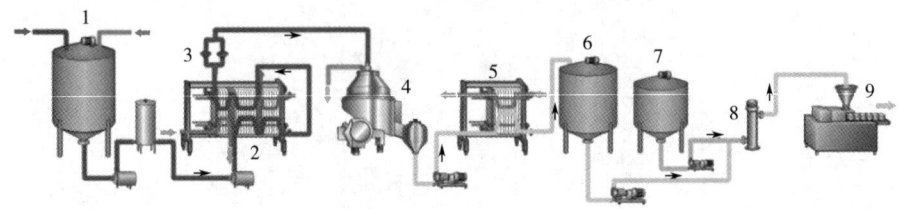

图 7-25 夸克干酪机械化生产流程

1—成熟罐 2—用于初次杀菌的板式热交换 3—过滤系统 4—夸克分离机
5—板式热交换器 6—缓冲罐 7—稀奶油罐 8—水力混合器 9—包装机

五、农家干酪

家农干酪是以脱脂乳、浓缩脱脂乳或脱脂乳粉的还原乳为主要原料而制成的一种不经成熟并伴有稀奶油的新鲜凝块状软质干酪。成品水分含量在80%以下（通常70%~72%），由于在生产过程中的彻底清洗而酸度较低。在世界各国较为普及，以美国的产量最大，在法国、英国、日本也有生产。成品中常加入稀奶油、食盐、调味料等，作为佐餐干酪，一般多配制成沙拉或糕点。农家干酪属典型的非成熟软质干酪，它具有爽口、温和的酸味，光滑、平整的质地。因为农家干酪是非常易腐的产品，制作农家干酪的所有设备及容器都必须彻底清洗消毒以防杂菌污染。农家干酪机械化生产流程如图7-26所示，具体介绍如下。

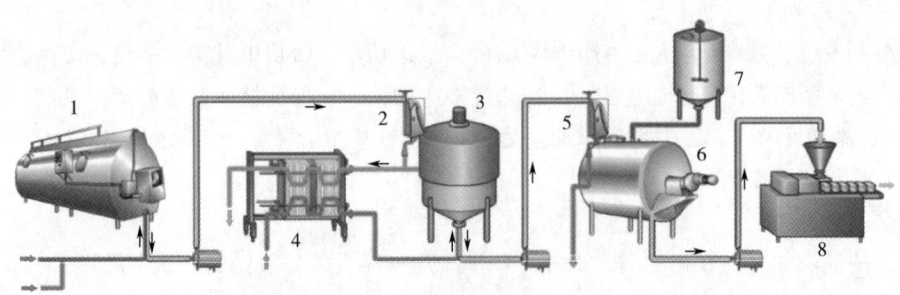

图 7-26 农家干酪的机械化生产流程

1—干酪槽 2—乳清过滤器 3—冷却和清洗罐 4—板式热交换器
5—过滤器 6—凝块与稀奶油混合罐 7—稀奶油贮罐 8—灌装机

1. 巴氏杀菌

优质脱脂乳在63℃ 30min 或75℃/15s 条件下进行高温短时杀菌，或进行62℃/30min 的批次杀菌，冷却。杀菌时要注意避免热处理过度，因为过热会使牛乳的等电点升高，清蛋白变性使持水能力增强，从而导致凝乳过软过弱，不易切割。

2. 注入干酪槽

将巴杀后的脱脂乳泵送至干酪槽，并冷却到25~30℃。注意避免牛乳起沫。空气会导致凝块浮起、凝乳弱、终产品碎。

3. 加入适量发酵剂

发酵剂（多由乳酸链球菌和乳油链球菌组成）的添加量为5%。一旦牛乳注满干酪槽，就开始添加菌种，在32℃发酵预酸化30min。在保证菌种均匀分散的前提下，搅拌尽可能地少。

4. 添加氯化钙

为了改善凝固性能，提高干酪质量，可适量加入氯化钙。按原料乳量的0.01%加入。

5. 添加凝乳酶

加入2mL/1000L凝乳酶，添加时先用无氯水稀释，然后马上添加，在32℃下保温静置凝乳5~6h。凝乳酶可以提高凝乳性能并提高得率。也可以不加凝乳酶，但当不加凝乳酶时，应在稍高一些的pH时就开始切割。如果等到凝乳很结实时再进行切割，将会导致最终产品过于粉碎。

农家干酪生产者可以选择三种方式去生产特性产品：长时凝乳方法；半时凝乳方法；短时凝乳方法。这三种方法差别综合见表7-7。

表7-7 农家干酪不同生产形式的加工数据

加工阶段	长时	半时	短时
切割前需时间/h	14~16	8	5
凝乳温度/℃	22	26.5	32
发酵剂加入量/%	0.5	3	5
凝乳酶（强度 $1:10^4$）/（mg/kg）	2	2	2

6. 切割

当pH达到4.6时一般按照6~10mm尺寸进行切割。切割要尽可能地均匀。凝块的尺寸较小可以更快地出乳清，但是也会使得产品容易产生沙砾感。对农家干酪的切割时机，pH比滴定酸度更准确。要保证pH计经过校准以及良好的维护，pH为4.6~4.7时进行切割（等电点）。

7. 静置后升温

静置15~35min，使切面愈合。凝乳块脱水收缩，强度增加，能够耐受升温时的搅拌。逐渐升温至43℃，然后加速升温至最终温度（51~57℃），升温时间一共90min。

8. 排乳清

小心地将凝块向后推，把滤网放到出口处，排出所有乳清。

9. 清洗

农家干酪要经过2~3次清洗，清洗水的温度很重要。

①第一次水洗：水温大约为26℃，加水量与原来乳的量相等。保持15min，排掉。

②第二次水洗：水温10~15℃，加水量约为原乳量的3/4。保持15min，将水排掉。

③第三次水洗：水温应尽可能地低（0~4℃），加水量约为原乳量的1/2。保持15min（或等温度变得稳定），将水排掉。

10. 加入稀奶油

加入稀奶油后的农家干酪的典型脂肪含量为5%~10%（全脂）或2%（低脂），添加比例约为1:1。通常向稀奶油混合物中加入盐，最终产品中的盐含量为0.75%~1%。

思考题

1. 简述干酪的概念、种类和营养价值。
2. 试述凝乳酶的作用原理及影响凝乳形成的因素。
3. 试述天然干酪的一般生产工艺和操作要点。
4. 简述再制干酪的概念及种类。
5. 简述再制干酪的加工工艺流程及工艺条件。
6. 再制干酪与天然干酪相比有哪些优点?
7. 什么是模拟干酪?试简述模拟干酪的加工工艺。
8. 什么是酶修饰干酪(EMC)?简述酶修饰干酪的加工工艺。

思政小模块

我国的传统干酪制品

近年来,人们对于营养和健康的需求日益增加,干酪俗称"乳黄金",我国干酪行业的市场规模一直处于上升状态。我国传统上干酪的生产主要集中在新疆、西藏等少数民族聚集地区,各民族根据自己的生活习惯及地区特点,使用山羊乳、牦牛乳、水牛乳等原料生产干酪,这些民族特色干酪有着独特的特点和优势。

1. 新疆酸凝干酪

新疆少数民族历来就有食用干酪的习惯,这种习俗已经流传很久,牧民通常会用多余的牛乳制成干酪,也就是通常说的"奶疙瘩"。奶疙瘩过去是长期游牧在我国西北草原地区的哈萨克族人的主要食物之一,牧民在放牧的时候会将其随身携带,以便在饥饿和体能下降时及时补充能量,牧民将其亲切称为草原上的"阿勒玛"。

2. 蒙古干酪

与欧洲酶凝乳干酪的制作手法不同,蒙古传统干酪通常是将新鲜的牛乳放在室温下自然发酵,待其酸化凝固之后进行加热以排干乳清,之后将其放入模具或木质托盘中,通过施加一定的外力来挤压成型,最后待其自然干燥之后便可直接食用。

3. 藏族牦牛乳干酪

青藏高原是多个少数民族的聚居地,青藏高原牧区的少数民族均有食用干酪的习惯,其中藏族尤甚,牧民通常会将多余的牦牛乳按照当地的传统制作工艺制成酥油和干酪等,其中的干酪也就是常说的"曲拉"。

4. 云南乳饼

乳饼是云南传统发酵食品,也是乳酸菌的重要来源。其以牛、羊乳经发酵制作而成,口感独特美味,具有较高的营养价值。同时,乳饼的吃法很多,可以迎合不同地区的饮食习惯。

干酪是重要的高品质乳制品,也是我国调优乳品结构、促进乳业振兴、增加乳品消费的重要抓手。干酪并非舶来品,我国拥有悠久的干酪文化和丰富的民族特色干酪制品,但是这些民族特色干酪尚未标准化和产业化,需提升生产干酪的品质和产量降低生产成本,避免杂菌污染。应当勇于探索前沿科技,夯实自己的理论基础及加工技能,改进生产技术,在保留民族特色的同时,积极创新,让其更能满足我国消费者的需求。

第七章微课视频

干酪

第八章 乳粉

本章目标与重难点

学习目标： 了解乳粉的概念、种类、化学组成及生产方法，掌握全脂普通乳粉的工艺流程、操作要点、乳粉的理化特性、质量缺陷及控制，婴幼儿配方乳粉的配方设计理论依据、生产方法及最新进展；了解功能性乳粉和其他乳粉的生产。

思政目标： 树立正确的职业道德观，提升对我国婴幼儿乳粉质量的信心，将提升我国乳制品品质与国际竞争力视为己任，增强专业使命感和社会责任感。

重点和难点： 本章重点为全脂普通乳粉的生产工艺流程及操作要点、婴幼儿配方乳粉的配方设计理论依据及其生产方法；难点为乳粉质量缺陷及控制。

第一节 乳粉种类与化学组成

一、乳粉定义

乳粉是指以新鲜乳为全部原料，或以新鲜乳为主要原料，添加一定数量的植物或动物蛋白质、脂肪、维生素、矿物质等配料，通过冷冻或加热的方法除去乳中几乎全部的水分，干燥而成的粉末。乳粉是一种营养价值高、贮藏期长、方便运输的产品。

二、乳粉种类

根据所用原料、原料处理及加工方法不同，乳粉主要有以下种类。

(1) 全脂乳粉　全脂乳粉是指新鲜全脂乳，经过消毒、浓缩、干燥而制成的乳粉，其乳原料可以为牛乳或羊乳。

(2) 脱脂乳粉　将鲜乳中的脂肪分离除去后用脱脂乳干燥而成。此部分又可以根据脂肪脱除程度分为无脂、低脂及中脂乳粉等。

(3) 部分脱脂乳粉　是指仅以乳为原料，添加或不添加食品添加剂、食品营养强化剂，脱去部分脂肪，经浓缩、干燥制成的粉状产品。

(4) 加糖乳粉　在乳原料（牛/羊乳）中添加一定比例的蔗糖或乳糖后干燥加工而成。

(5) 调制乳粉　以生牛（羊）乳或其加工制品为主要原料，添加其他原料，添加或不添加食品添加剂和营养强化剂，经加工制成的乳固体含量不低于70%的粉状产品。如婴儿乳粉、中老年乳粉、孕妇乳粉等。

（6）乳清粉　利用制造干酪或干酪素的副产品乳清制造而成的乳粉。可分为一般乳清粉、脱盐乳清粉、脱乳糖乳清粉等。

（7）功能性乳粉　在鲜乳中添加一定的功能活性因子经干燥后加工而成的能够调节人体生理功能，适宜特定人群食用，不以治疗疾病为目的的一类乳粉。如降糖乳粉、早产儿乳粉、补钙乳粉。

（8）乳油粉　鲜乳中添加一定比例稀奶油或在稀奶油中添加部分鲜乳后加工而成。

（9）酪乳粉　利用制造奶油时的副产品酪乳制造的乳粉。

（10）冰淇淋粉　鲜乳中配以适量香料、蔗糖、稳定剂及部分脂肪等经干燥加工而成。

（11）麦乳精粉　鲜乳中添加麦芽、可可、蛋类、饴糖、乳制品等经干燥加工而成。

（12）充填乳粉　脱脂乳和非乳脂肪混合而成。

第二节　一般乳粉生产

一、概述

一般乳粉的生产工艺流程包括原料乳验收、预处理与标准化、浓缩、喷雾干燥、冷却贮存和包装等，但不同乳粉的生产工艺流程会存在差别，具体体现在均质、浓缩及干燥等方面，例如，生产全脂乳粉、全脂甜乳粉以及脱脂乳粉时一般不必经过均质操作，但若乳粉的配料中加入植物油或其他不易混匀的物料时，就需要进行均质操作。均质时的压力一般控制在14~21MPa，温度控制在60℃为宜。浓缩方面，一般要求原料乳浓缩至原体积的1/4，乳干物质达到45%左右。浓缩后的乳温度一般为47~50℃，不同的产品浓缩标准如表8-1所示。

表8-1　　　　　　　　　　　　　乳粉的浓缩标准

乳粉种类	浓度/°Bé	相应乳固体含量/%
全脂乳粉	11.5~13	38~42
脱脂乳粉	20~22	35~40
全脂甜乳粉	15~20	45~50

二、乳粉生产工艺

1. 全脂乳粉、脱脂乳粉、全脂加糖乳粉

全脂（全脂加糖）乳粉生产工艺如图8-1所示。

脱脂乳粉生产工艺如图8-2所示。

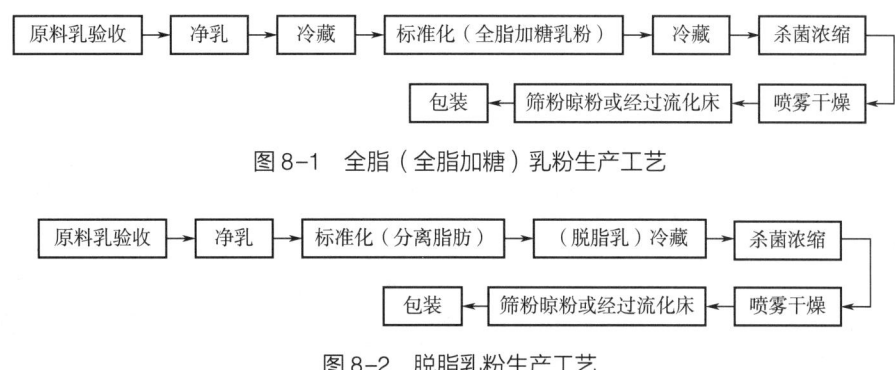

图 8-1 全脂（全脂加糖）乳粉生产工艺

图 8-2 脱脂乳粉生产工艺

2. 调味乳粉

调味乳粉生产工艺如图 8-3 所示。

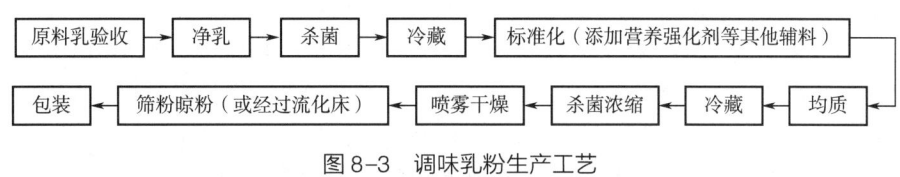

图 8-3 调味乳粉生产工艺

三、乳粉颗粒功能特性

乳粉的质量受其物理、功能、生化、微生物和感官属性影响，所有这些属性都是相互关联的。当乳粉用于复合和用于各种食品生产时，乳粉的物理和功能特性尤其重要。当乳粉用作食品成分时，应该是奶油色或白色，没有异味，容易水化、分散和溶解在水中。决定乳粉质量的基本特性，以及最容易发现缺陷的地方，包括乳粉结构、溶解度、含水量、焦粒、流动性、泛水性、氧化变化、风味、颜色和微生物污染。因此，乳粉的特征不仅包括其组成（蛋白质、碳水化合物、脂肪、矿物质和水），还包括其微生物和物理特性，如散装和颗粒密度、瞬间特性、流动性、浸润性、吸湿性、结块度、乳清蛋白氮指数、热稳定性、不溶性指数、分散性指数、沉降性指数、复水时间、游离脂肪、闭塞空气、间隙空气、颗粒大小、水分活度（A_w）、玻璃化转变温度（T_g）等。这些特性取决于干燥参数（喷雾干燥器的类型、喷嘴/轮子、压力、结块和空气的热力学条件，如温度、相对湿度和速度），喷洒前浓缩物的特性（组成/理化特性、黏度、热敏性和水的可用性）以及贮存条件。

1. 颗粒大小与形状

乳粉颗粒的大小与形状因操作方法和工艺条件不同而异。一般用滚筒法生产的乳粉，呈不规则的片状，不含有气泡。喷雾法生产的乳粉，常具有单个或几个气泡，乳粉颗粒呈单球状或葡萄状。压力喷雾的乳粉颗粒直径为 10~100μm；离心喷雾的乳粉颗粒大小为 30~200μm；大颗粒速溶乳粉颗粒大小为 100~800μm；脱脂乳粉颗粒直径为 40~60μm。这些颗粒含有闭塞的空气和分布在颗粒内部的大的中央空泡或小的空泡。喷雾干燥脱脂乳粉颗粒表面通常起皱，但高蛋白乳粉颗粒表面光滑。同一批样品中存在不同形态的颗粒主要因为单个颗粒暴露在喷雾干燥室内的干燥条件不同。而雾化方法对颗粒的结构没有特殊的影响。

乳粉颗粒的大小对乳粉的冲调性、复原性、分散性及流动性有很大影响。当乳粉颗粒达

150μm 左右时，冲调复原性最好；小于 75μm 时，冲调复原性较差。

2. 乳粉中的气泡

喷雾干燥的乳粉都含有气泡，气泡的位置不一定在乳粉颗粒的中心，其体积和数量也不一致。压力喷雾法干燥的全脂乳粉颗粒中含有 7%~10%（体积比）空气；脱脂乳粉颗粒中约含 13% 的空气；离心喷雾法干燥的全脂乳粉含 16%~22% 的空气；脱脂乳粉约含 35% 的空气。含气泡多的乳粉浮力大，下沉性差，且易氧化变质。

3. 色泽与风味

正常乳粉的色泽呈淡黄色，滋味、气味应具有牛乳的特有乳香而微甜风味。一旦色泽和风味改变，乳粉质量将会发生改变。使用加碱中和的原料乳时，乳粉的色泽会加深，滋味、气味劣化；喷雾干燥时，温度过高或时间过长，会使乳粉色泽加深，甚至呈深褐色有焦粉。保藏温度高，乳粉中水分超过 5% 时，乳粉的颜色会变褐，甚至产生陈腐味及氧化味。

4. 密度

乳粉的密度有三种表示方法：表观密度、容积密度、真密度。

（1）表观密度　表观密度表示单位容积中乳粉的质量。它包括颗粒间空隙中的空气，与乳粉大小及内部结构有关。一般滚筒干燥的乳粉表观度为 0.3~0.5g/mL，喷雾干燥的乳粉表观密度大，为 0.5~0.6g/mL。表观密度大，则单位质量所占容积小，有利于包装。

表观密度是一个非常复杂的属性，并且受多种因素的影响，这些因素包括燃料浓度、燃料温度、燃料发泡性、牛乳预热、燃料成分、雾化器类型、颗粒温度和粒度分布等。喷嘴雾化比离心雾化产生的粉末具有更高的表观密度。制造工艺和条件对表观密度有很大影响，这主要是由于封闭空气的影响。因此，减少闭塞空气的步骤会增加密度。干燥前将浓缩物的含气量降至最低、增加浓缩物的总固体含量（离心雾化可以使用较高的浓度）、降低喷雾压力或使用大孔板都是减少堵塞空气的工艺步骤。此外，粒度分布的均匀性越差，堆积越紧密，表观密度越高。颗粒的形状和大小也影响粉末颗粒的表观密度。

（2）容积密度　容积密度表示乳粉颗粒的密度。它包括乳粉颗粒内部的气泡，而不包括乳粉颗粒间空隙的气体。其大小表明颗粒组织松紧状态或含有气泡多少。颗粒的密度主要受被困空气量的影响。对颗粒密度有重要影响的加工因素包括黏度和干燥前浓缩物中的空气含量。喷雾雾化的类型会影响空气滞留。某些类型的离心喷雾乳粉比压力喷雾产品有更多的滞留空气。

（3）真密度　真密度是完全不包括空气的乳粉本身的密度。全脂乳粉的真密度大为 1.26~1.32g/mL，脱脂乳粉的真密度为 1.44~1.48g/mL。

乳粉的密度受板眼孔径、喷雾压力、浓缩乳浓度和黏度、干燥时的热风温度、出粉和输粉方式等因素的影响。一般浓度越高，乳粉的密度也越大，干燥温度增高时，因颗粒膨胀而中空，结果会使密度降低。

5. 乳粉的成分及其状态

①脂肪：乳粉颗粒中脂肪的状态随干燥方式和操作方法而异。脂肪状态对乳粉的保藏性有影响。压力喷雾乳粉因高压泵起到了一定的均质作用，因而脂肪球直径较小。一般为 1~2μm，离心法为 1~3μm。

乳粉中脂肪球的状态可以用四氯化碳溶剂抽提的方法加以观察，凡是能直接用四氯化碳从乳粉中抽提出来的脂肪都是游离脂肪。这种脂肪含量高时，乳粉极易氧化，不耐保藏，冲调性较差。滚筒干燥的乳粉中游离脂肪占脂肪总量的91%~96%；喷雾干燥的乳粉为3%~14%。因此，滚筒干燥的乳粉很容易氧化酸败变质。将浓缩乳均质可降低游离脂肪的含量。乳粉在出粉、运输和包装时，受到摩擦会使游离脂肪含量增加，乳粉在高温下贮藏、曝晒也会增加游离脂肪的含量。

②蛋白质：乳粉颗粒中蛋白质的状态，特别是酪蛋白的状态，与乳粉的冲调复原有关。在乳粉加工过程中要尽量保持乳蛋白质的原来状态，以获得良好的复原性。喷雾干燥乳粉中的蛋白质变性很少，但是即使是优质牛乳，在加工过程中如果受热条件控制稍有不当，也会引起乳蛋白变性，使乳粉溶解度降低，产生不溶性沉淀物。所生成的不溶性成分，主要是变性酪蛋白酸钙。

全脂乳粉冲调后，有的在表面出现一层泡沫浮垢，这是脂肪-蛋白质络合物，影响乳粉的复原性。当乳粉在高温下贮藏时，会增加这种络合物的产生。

③乳糖：新制成的乳粉所含的乳糖呈非结晶的玻璃状态。α-乳糖与β-乳糖的无水物保持平衡状态，其比例大致为1:1.6。乳粉中呈玻璃状态的乳糖，吸湿性很强，所以很容易吸潮。如果将乳粉放置在潮湿的空气中，乳糖则开始吸收水分逐渐变为含有一分子结晶水的结晶乳糖。由于乳糖的结晶，乳粉颗粒表面产生很多裂纹，脂肪就会逐渐渗出，同时外界的空气也很容易渗透到乳粉颗粒中，引起氧化变质。

④水分：乳粉中的水分与酪蛋白呈化学结合状态存在。水分含量过高，细菌容易繁殖，促使酪蛋白变质，而且贮藏温度较高时，又促使乳粉褐变；水分含量过低时，乳粉容易氧化变味。

6. 乳粉的溶解度与复原性

乳粉溶解度的高低反映乳粉中蛋白质的变性程度，优质乳粉的溶解度应达99.90%以上，甚至是100%。用水冲调复原时，应是均一的鲜乳状态，其中蛋白质和脂肪也都恢复成牛乳原来的良好分散状态。而质量差的乳粉用水冲调时，却不能完全复原成鲜乳状态。

粉末溶解度是质量标准要求的性能之一。在复溶过程中，粉末不溶性部分会沉淀在底部形成沉淀物，影响乳粉质量。乳粉溶解度降低主要是乳蛋白变性的结果，变性程度在很大程度上决定了乳粉的溶解度。乳的预热处理提高了最终重组产品的稳定性。滚筒干燥机中的乳与机器表面直接接触会导致乳蛋白高度变性，从而影响溶解度。离子（即离子平衡），包括pH和可能添加的盐，对蛋白质的稳定性和粉末的溶解性也有很大影响。

7. 乳粉的湿润性

湿润性表示乳粉颗粒的亲水性。尽管乳粉的溶解度达到99%以上，用水冲调复原时，却出现乳粉颗粒的结团浮于表面的现象，不都完全复原成鲜乳状态，这表明乳粉的湿润性差。湿润性与乳粉颗粒大小、密度、颗粒的表面活性、表面积、表面电荷、孔隙率和是否存在吸湿物质有关。乳粉颗粒如果是由细小颗粒附聚成较大的颗粒，形成了毛细管，湿润性显著增强。如在乳粉颗粒变形时，添加少量的食用润湿剂（如磷脂酰胆碱），湿润性显著提高，冲调时乳粉能迅速溶解。由于缺乏湿润性，乳粉与水接触后会结块。小颗粒和喷雾乳粉的对称形状加强了颗粒的紧密堆积，从而抑制了水的渗透。形状不规则的大颗粒（例如，滚筒干燥产生的颗粒）在空隙中有更多用于润湿的空间。乳粉中脂肪或游离脂肪的数量和分散程度对润湿性有负面影响。因为脂肪是疏水性的，所以它能抑制乳粉的润湿。为改善高脂粉末的润湿性，可以在粉末颗粒表面涂覆表面活性剂。磷脂酰胆碱是全脂乳粉速溶最常用的表面活性剂之一。

8. 可分散性

可分散性反映了粉末颗粒的湿态聚集体在与水接触时变得均匀分散的能力。此属性衡量产品是否为"速食"产品。全脂乳粉的分散性随团聚粒径的增大而增大，但随着团聚粉中细小颗粒（直径<90 mm）所占比例的增加，分散性逐渐降低。热处理对酪蛋白-乳清蛋白在加工过程中的分散性有重要影响。通过增加总固形物，增加加热温度会导致蛋白质发生更多不可逆的变化，特别是酪蛋白-乳清蛋白的相互作用，这往往不利于稳定分散。

乳粉的分散性可以通过以下方法来改善：热处理控制在最低限度；保温时间和温度降至最低；增加粉末的粒度；选择合适的雾化技术和参数。

9. 闭塞空气

闭塞空气量为一定质量颗粒的体积与相同质量的无空气牛乳固体的体积之间的差值（通过比色法测定）。每100g乳粉通常含有10～200mL的闭塞空气，主要影响因素包括燃料中的空气含量、选择用于喷雾干燥浓缩物的系统、雾化前和/或雾化过程中的搅拌作用、燃料的性质以及燃料形成稳定泡沫的能力。蛋白质的含量和状态对稳定泡沫的形成有显著影响，而脂肪的作用则相反。与脱脂牛乳相比，高脂浓缩液对起泡的敏感性要小得多。脱脂牛乳中的未饱和乳清蛋白更容易起泡。高热处理使乳清蛋白变性，减少起泡。总固体含量低的浓缩物比总固体含量高的浓缩物泡沫更多。

10. 流动性

流动性是粉末自由流动的能力。休止角、压缩性、刮刀角度和黏聚力或均匀系数是评价粉末流动性的主要标准。由于乳糖结晶不完全，一些乳粉中可能会形成结块。在正常条件下，粉末中大部分为 β-单水晶体，其余为无定形乳糖。如果产品没有密封包装，无定形乳糖会从潮湿的环境中吸收水分，形成单水晶体。这种结晶会导致乳粉结块，并导致乳粉失去自由流动特性。

乳粉的流动性与乳粉的颗粒大小、形状、密度和电荷有关。大颗粒比小颗粒（直径<90mm）更容易流动。此外，乳粉颗粒变化范围较大，较小颗粒可占据较大颗粒之间的空间，从而导致更紧密的堆积。可以通过添加各种添加剂，自由流动剂，吸湿化合物（如氧化硅、硅酸盐、磷酸钙、硬脂酸钙或改性淀粉）来改善乳粉流动性。这些添加剂通过覆盖粉末颗粒表面，减少了它们之间的任何黏附，从而减少了形成"湿桥（wet bridges）"的可能性。

11. 焦粒

乳粉颗粒在蒸发器和/或烘干机中的停留时间超过正常时间，并变得过热或灼伤进而形成焦粒。另外，干燥过程也会导致美拉德反应。加工和干燥参数以及粉末的贮存条件会影响颗粒颜色。通常，这些变化在用滚筒干燥方法干燥的粉末中更为普遍，而使用喷雾干燥较少会出现。

12. 热稳定性

乳粉的热稳定特性非常重要，特别是当这些乳粉用于热饮料、冰淇淋、调味汁、烘焙产品、重组淡炼乳和咖啡增白剂时。例如，脱脂乳粉作为重组炼乳生产的主要原料，必须具有足够的热稳定性，以承受灭菌温度。脱脂乳粉还必须有足够的热稳定性，以避免咖啡增白剂与热咖啡接触时出现"羽毛"（尽管咖啡增白剂加工过程中使用的添加剂有助于防止这种影响）。影响重组乳粉热稳定性的主要工艺因素是制粉预热阶段的热处理水平。此外，牛乳成分（蛋白质、盐平衡）和pH对乳粉的热稳定性有重要影响。

第三节 速溶乳粉与速溶工艺

一、速溶乳粉特点

速溶乳粉是采用某种特殊的工艺及设备所制成的粉末状制品,它有以下特点:

①速溶乳粉的颗粒直径大,一般为100~800μm。

②速溶乳粉的溶解性、可湿性、分散性等性能都得到极大改善,当用不同温度的水冲调复原时,只需搅拌一下,即迅速溶解,不结块,无需先调浆再冲调,减少了消费者冲饮的麻烦,即使用冷水直接冲调也能迅速溶解。

③速溶乳粉中的乳糖是呈结晶状的含水乳糖,在包装和保存过程中不易吸潮结块。

④由于速溶乳粉的直径大而均匀,减少了制造、包装及使用过程中粉尘飞扬的程度,改善了工作环境,避免了不应有的损失。

⑤速溶乳粉的比容大,表观密度低,则包装容器的容积相应增大,一定程度上增加了包装费用。

⑥速溶乳粉的水分含量较高,不利于保藏;对脱脂速溶乳粉而言,易于褐变,并具有一种粮谷的气味。

二、速溶乳粉生产工艺

(一)脱脂速溶乳粉的速溶干燥工艺

脱脂速溶乳粉的速溶工艺与全脂乳粉的工艺完全不同。脱脂乳粉的复原速度是由乳粉的质构所决定的。脱脂乳粉的速溶工艺是将乳粉颗粒附聚成大小为2~3 mm的多孔附聚物,附聚的过程增加了乳粉中空气的量,乳粉复原的过程是从乳粉中的空气被水替代时开始的,随后乳粉颗粒被润湿分散,最后真正的溶解开始。

普通脱脂乳粉中的乳糖呈不定形的玻璃状非结晶状态,是 α-乳糖与 β-乳糖的混合物,前者与后者的比值为1:1.5。这种乳粉具有很强的吸湿性能,当处于温度为35℃,相对湿度为70%的环境中,将普通脱脂乳粉放置4~10h,其水分含量将高达10%~12%,其后就不再吸水了,但乳糖已变成结晶状态。若此时将这部分已吸湿的脱脂乳粉再进行干燥,使吸湿的那部分水分蒸发掉,就得到乳糖呈结晶状态的乳粉。速溶脱脂乳粉就是根据上述原理制造的,其制造方法有以下几种。

1. 干燥室内直接附聚法

在同一干燥室内完成雾化、干燥、附聚、再干燥等操作,使产品达到标准要求的方法。从设备角度出发,一般采用增高干燥室高度或增大其直径、延长物料的干燥时间、使物料处在较低的干燥温度下等方法达到预期的干燥目的。通常喷雾器采用上下两层结构布置。从工艺角度考虑,一般采用提高浓缩乳的浓度,大孔径喷头压力喷雾,并降低高压泵使用压力,以得到颗粒较大的脱脂速溶乳粉。

直接附聚法的工作原理是,浓缩乳通过上层雾化器分散成微细的液滴,与高温干燥介质接触,瞬间进行强烈的热交换和质交换,则雾化的液滴形成比较干燥的乳粉颗粒。然后另一部分浓缩乳通过下层雾化器形成相当湿的乳粉颗粒,使湿的乳粉颗粒与上述比较干燥的乳粉颗粒保持良好的接触,并使湿颗粒包裹在干颗粒上。这样湿颗粒失去水分,而干颗粒获得水分而吸潮,以达到使乳粉附聚及乳糖结晶的目的。然后附聚颗粒在热介质的推动及本身的重力作用下,在干燥室内继续干燥并持续地沉降于底部卸出,最终得到干燥的产品。

但是,这种方法由于乳滴大,干燥时间延长,生产效率低。如果使用高温热风进行短时间干燥,由于蛋白质热变性,使产品质量变劣。所以应以尽可能延长低温恒速干燥时间为目的,采用塔式干燥机的方法。即在塔顶配列几个喷嘴,由一个喷嘴喷出比较湿的粒子,由其他喷嘴喷出比较干的粒子,使之互相接触,进行附聚团粒化(图8-4)。

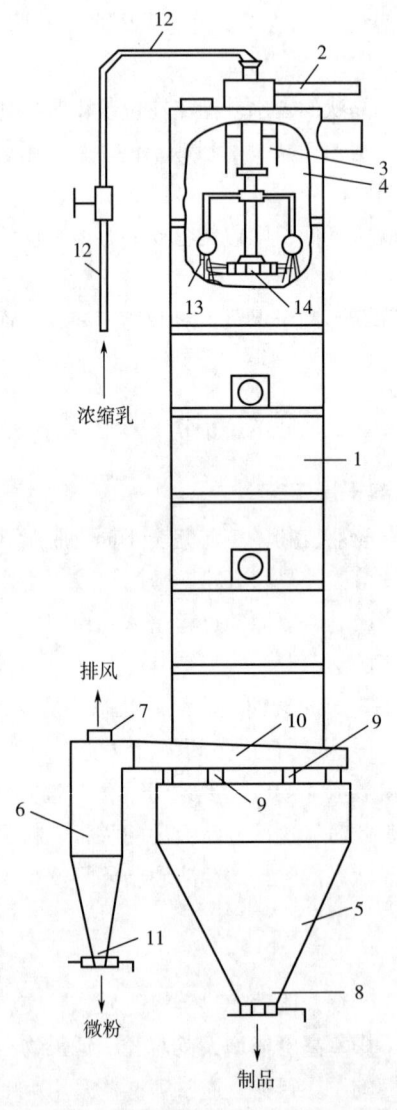

图8-4 一次制造法生产速溶乳粉流程
1—塔 2—热风入口 3—调节板 4—打孔板 5—底部 6—旋风分离器 7—排风口 8—制品取出口 9、10—旋风分离器导管 11—微粒子出口 12—浓缩乳导入管 13、14—喷雾头

2. 流化床附聚法

即二段干燥法，但在脱脂速溶乳粉生产时要求经第一干燥区喷雾干燥后最终获得水分含量高达10%~12%的乳粉，乳粉在沉降过程中产生附聚，沉降于干燥室底部时仍在继续附聚，然后将潮湿且已部分附聚的乳粉自干燥室卸出，进入第一级振动流化床继续附聚成为稳定的团粒，然后进入第二段干燥区的流化床及冷却床，最后经过筛板成为均匀的附聚颗粒（图8-5）。

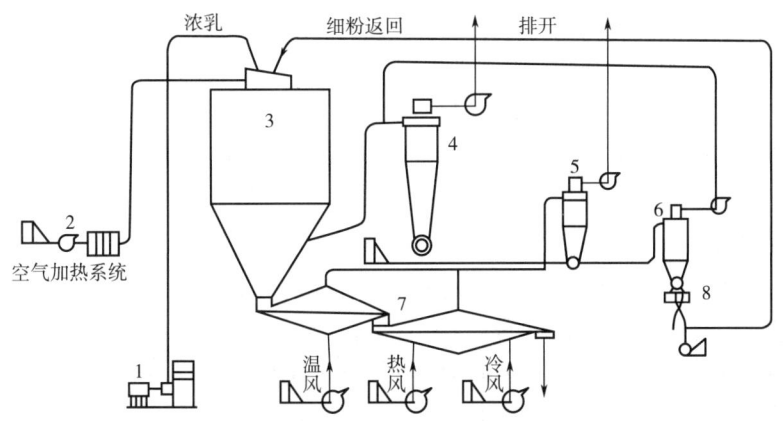

图8-5 直通法生产速溶乳粉流程

1—高压泵　2—空气加热系统　3—干燥室　4~6—旋风分离器　7—流化床　8—集粉器

3. 二次制造法

二次制造法生产脱脂速溶乳粉，是以喷雾干燥法生产的普通脱脂乳粉作为基粉（图8-6）。但其加工过程复杂，能源不经济，生产成本高，生产环节多，产品质量难以控制。

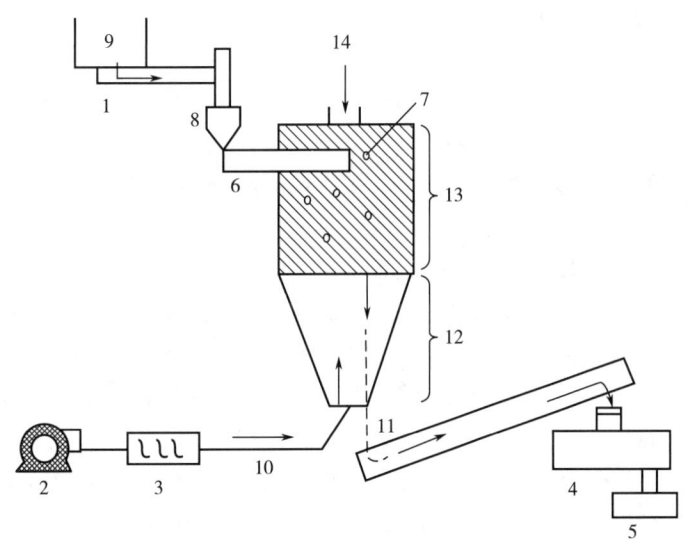

图8-6 二段法生产速溶乳粉流程

1—螺旋输送器　2—鼓风机　3—加热器　4—筛粉机　5—包装机　6—振动筛板　7—低压蒸气　8—加料斗
9—基粉　10—加热空气　11—速溶乳粉　12—再干燥　13—附聚吸潮　14—含水空气

二次制造法具体工艺介绍如下。

①基粉定量地注入加料斗，经振动筛板后均匀地洒布于附聚室内，与潮湿空气或低压蒸汽接触，使基粉的水分含量增高至10%~12%；并使乳粉颗粒相互附聚而颗粒直径增大，随之乳糖产生结晶。

②附聚的脱脂乳粉在流化床或与附聚室一体的干燥室内，与温度为100~120℃的热空气接触，再行干燥，使脱脂乳粉的水分含量达到应有的要求。

③在振动冷却床上以冷风冷却至一定的温度。

④过筛使颗粒大小均匀一致。

(二) 全脂速溶乳粉的干燥工艺

全脂速溶乳粉的制造较为复杂，除了考虑脱脂速溶乳粉的因素外，还得考虑脂肪对乳粉速溶性的影响因素。

1. 基粉的要求

全脂乳粉的速溶加工过程是从生产基粉开始，磷脂酰胆碱化的乳粉在25℃的水中具有速溶性。基粉除了要达到普通乳粉的标准外还要达到下列要求。

①游离脂肪的含量要尽量地低，这可通过在雾化前对浓缩乳进行均质来实现。

②颗粒的密度要尽可能地高，以增加沉降性，因此需要使用高浓度的浓缩乳以使包埋在乳粉颗粒中的空气达到最小值。将进风温度升高到170~180℃也可以增加乳粉颗粒的密度。

③乳粉颗粒应该是多孔附聚物，不能有细粉。绝大部分乳粉颗粒的直径应该为100~250μm，低于90μm的颗粒不应超过15%~20%。体密度应该在0.45~0.50g/cm³的范围内。为了达到这一要求，乳的浓缩度要高，雾化过程中要使用与干燥能力相适应的最低雾化速度。这种工艺条件会产生大颗粒的乳粉，从而延长干燥的时间，使得没有干燥完全的乳粉混合在一起的机会增多。为了克服干燥时间长的缺点，应该采用二级或三级干燥工艺，使干燥室中的温度比一级干燥温度低，从而得到的产品游离脂肪含量较低。

2. 工艺要求

用喷雾干燥法制造全脂速溶乳粉可采用一段法及二段法，但不论采用哪一种生产方法，其工艺过程中均包括下述两个关键性的环节。

(1) 采用高浓度、低压力、大孔径喷头，生产颗粒大且附聚颗粒直径较大和颗粒分布频率在一定范围内的乳粉，用以改善乳粉的下沉性。

(2) 喷涂磷脂酰胆碱以改善乳粉颗粒的润湿性、分散性，使乳粉的速溶性大为提高。

①全脂速溶乳粉的一次法制造方法：在喷雾干燥室内直接喷雾干燥制出含水量为5%~8%的全脂乳粉，此时呈热塑性状态，当沉降于干燥室底部时，因相互粘连而部分产生附聚；随即自干燥室内卸出进入第一级流化床附聚，然后进入第二级振动流化床，使其被从流化床的孔板吹上的热风干燥；而后喷涂磷脂酰胆碱，最终经冷却流化床冷却至50℃左右，或在第二级流化床末端，喷涂70℃的磷脂酰胆碱溶液，然后在下一级流化床的孔板下吹入50~60℃的热风使乳粉进一步干燥；最终过筛后即得到速溶全脂乳粉。

振动流化床孔板的截面积取决于喷雾干燥设备的生产能力，孔板的开孔率取决于风速，风速取决于风量，而风量取决于乳粉与介质间所需的热交换量。孔板上乳粉的厚度、流化速度及时间将直接影响到附聚、干燥和冷却的效果。若乳粉的流化床速度为2.2cm/s，则孔板的开孔率为2%，交错开孔，孔呈菱形，每孔的截面积相当于1mm直径的面积；孔板的厚度为1mm，冲压波高60mm、波长160mm的波纹板，同时振动流化床需控制一定的振动角度，这样可以使乳粉在孔板上产生抛掷运动，有利于附聚或热交换。

②喷涂磷脂酰胆碱：目的在于改善乳粉的润湿性。全脂乳粉含有25%以上的脂肪，乳粉颗粒或附聚团粒的外表面都有许多脂肪球存在，使颗粒表面游离脂肪增多，由于表面张力的影响，使乳粉在水中不易润湿而下降，因而也就不容易在水中溶解。磷脂酰胆碱是一种既亲水又亲油的表面活性物质，喷涂于乳粉颗粒的表面，可以增强乳粉颗粒的亲水性，提高乳粉的润湿性。磷脂酰胆碱的喷涂厚度为0.1~0.15μm，磷脂酰胆碱的用量为乳粉量的0.2%~0.3%，允许加入量为0.4%，用量如超过0.5%时，就能尝出磷脂酰胆碱的味道。磷脂酰胆碱使用时，需配成60%的无水乳脂溶液。其配比为磷脂酰胆碱60%，无水脂肪40%。

磷脂酰胆碱的热喷涂必须与干燥过程保持同步（图8-7），但要使喷涂设备的能力与干燥设备的能力保持一致的投资是相当巨大的。尽管乳粉可以趁热喷涂磷脂酰胆碱后进行包装，但喷涂室必须抽真空后再充入惰性气体。由于进行热喷涂的效果会在后续加工中被破坏，所以这一工序并没有很大的意义。而且由于后续的加工过程会使附聚的乳粉破碎，所以乳粉通常是从干燥器排出后在较冷的条件下进行磷脂酰胆碱的喷涂，但乳粉在喷涂磷脂酰胆碱后必须在50℃的条件下在流化床上保温5min，然后才能冷却。如果要对热粉暂存，那么必须存放在提筒或鼓筒中；如果乳粉要存放几天并已经被冷却，就无需使用充气喷涂法。使用风力输送和大筒贮藏也会导致乳粉的破碎，因此应该尽量避免。

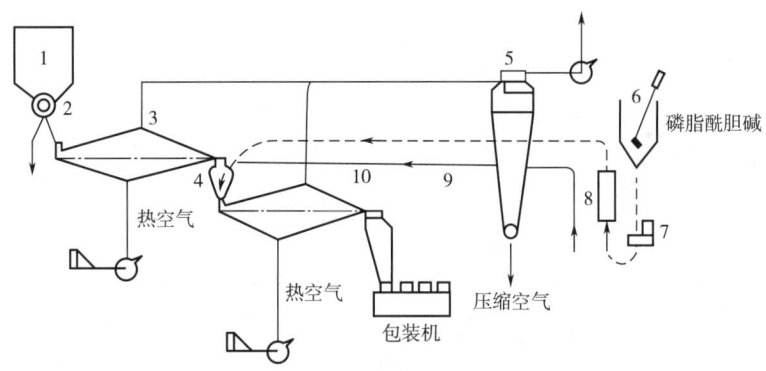

图8-7 喷涂磷脂酰胆碱流程
1—贮仓 2—鼓形阀 3—第一流化床 4—喷涂装置 5—风分离器
6—磷脂酰胆碱槽 7—泵 8—流量计 9—压缩空气 10—第二流化床

IDF第87号标准提供了速溶脱脂乳粉和速溶全脂乳粉的体密度和润湿性指标的检验方法，但仅给出了分散性的推荐值。当使用IDF的方法对速溶乳粉的润湿性进行测定时，速溶脱脂乳粉的润湿时间不应超过15s，速溶全脂乳粉的润湿时间不应超过10~15s。

在磷脂酰胆碱的喷涂过程中必须防止乳粉的物理性破碎以及水分的吸收。在对全脂乳粉进行喷涂时还要防止脂肪的氧化，因为附聚可以使得产品具有良好的速溶性，所以在乳粉被复原以前必须保持其较高的附聚度。附聚的乳粉即使有少量的破碎也会导致细粉的产生，从而降低乳粉的润湿性和分散性。附聚乳粉的破碎会使未覆盖表面活性剂的乳粉颗粒表面暴露，从而导致润湿性降低。

综上所述，采用喷雾干燥加流化床附聚、二次干燥技术的一段法生产全脂速溶乳粉、脱脂速溶乳粉等产品，操作简单，可利用现有的干燥设备，提高现有喷雾干燥设备的生产能力和热效率。但目前国内制造并使用的各种喷雾干燥设备尚存在着乳粉不能连续均衡地自干燥室内卸出、经常出现搭桥、乳粉粘壁严重等问题，有待于解决。

三、影响乳粉速溶的因素及改善方法

影响乳粉速溶的因素有以下几点。

（1）接触角　能够被水润湿，是因为水分可以通过虹吸作用被吸在乳粉颗粒之间的空隙中。乳粉的润湿性可以通过乳粉、水、空气三相体系的接触角测定出来，如果接触角小于90°，那么乳粉颗粒就能够被润湿。干燥的脱脂牛乳的接触角一般是20°左右，全脂乳粉的接触角为50°左右，对乳粉块的润湿与单个乳粉颗粒的润湿情况不同的原因还不清楚；全脂乳粉的有效接触角会更大一些，润湿角可能会大于90°（特别是当一部分脂肪是固体），这时水分不能渗入到乳粉块内部或者仅仅能够局部的渗入。其办法是将乳粉颗粒喷涂磷脂酰胆碱，从而增加了有效接触角。

（2）乳粉颗粒空隙　水分子对乳粉的渗透率和乳粉颗粒之间的空隙大小有直接关系，即乳粉颗粒越小，空隙就越小，渗透就越慢。如果乳粉颗粒的直径大小并不均一，小的颗粒可以填在大的颗粒的空隙之间，也会产生小的空隙。

渗透到乳粉内部的水分也可以因为毛细管作用将乳粉颗粒黏在一起，导致乳粉颗粒之间的空隙变小。毛细管的收缩作用可以将乳粉的体积减少30%～50%，蛋白质的吸水膨胀也会导致空隙变小，特别是在高蛋白粉中。

（3）乳糖等成分　乳粉中的一些成分，例如乳糖，溶解后会产生很高的黏度，从而阻碍了水分的渗透。这时乳粉会形成内部干燥、外部湿润的高度浓缩的乳块。

（4）其他　乳粉的其他性质也会产生一些影响，但通常不会带来什么麻烦。例如，连接在一起的乳粉颗粒在彻底润湿后是否能够很快地分开，以及乳粉颗粒的密度大小是否会使颗粒下沉（这与乳粉颗粒内部空隙的体积有关）。

速溶乳粉的生产过程一方面是改善乳粉的润湿性，另一方面是改变乳粉颗粒的大小，这要通过上述的附聚、喷涂磷脂酰胆碱等办法来解决。

第四节　婴幼儿配方乳粉生产

母乳是婴幼儿最理想的天然食物，母乳能够提供婴幼儿生长发育所需要的营养。WHO和联合国儿童基金会（UNICEF）建议婴儿应在出生后前6个月内接受纯母乳喂养。同时建议，6个月后婴幼儿进行母乳喂养时间至少到2周岁。我国也积极倡导母乳喂养，致力于提高母乳喂养率。《国民营养计划（2017—2030年）》提出，到2030年，0—6个月婴儿纯母乳喂养率应在2020年的数据基础（2020年设定为50%）上提高10%。然而，从中国发展研究基金会2019年发布的《中国母乳喂养影响因素调查报告》数据来看，中国婴儿6个月内纯母乳喂养率仅为29%。导致母乳低喂养率的原因主要包括社会节奏加快导致的乳母压力、乳母对纯母乳喂养的认知较为欠缺、有些乳母不能分泌母乳或者分泌的母乳不足等。在这种情况下，婴幼儿配方乳

粉被广泛使用。婴幼儿配方乳粉是以牛乳/羊乳等为主要原料,加入适量的维生素、矿物质和其他辅料,调节成分模拟母乳加工而成的婴幼儿配方食品。婴幼儿配方乳粉最早起源于19世纪的欧洲和美国,我国婴幼儿配方乳粉的研究和开发相对较晚。20世纪70年代,我国才正式开始婴幼儿配方乳粉的研究和开发。经过近50年的发展,我国婴幼儿配方乳已成为快速发展的新业态。

一、概述

母乳含婴儿前6个月生长发育所需的所有营养物质,也是6~23个月婴儿重要能量和营养来源,是婴儿最理想的食物。婴幼儿配方乳粉的设计原则是无限接近于母乳。然而,与人乳相比,牛乳在营养成分组成方面具有较多的差异,表8-2为牛乳与人乳的主要营养素差异。

表8-2 牛乳与人乳的主要营养素的对比

乳品种	热量/(kJ/100g)	水分/(g/100g)	总干物质/(g/100g)	蛋白质/(g/100g)	脂肪/(g/100g)	乳糖/(g/100g)	灰分/(g/100g)
人乳	251	88.0	11.8	1.4	3.1	7.1	0.2
牛乳	209	88.6	11.4	2.9	3.3	4.5	0.7

人乳与牛乳中蛋白质组成具有一定的差异性,具体的蛋白差异如表8-3所示,随着蛋白组学的发展,越来越多的研究者采用蛋白组学技术研究得到了人乳与牛乳中蛋白质组成和含量方面的差异性。

表8-3 人乳与牛乳中蛋白质组成的对比

蛋白质	人乳		牛乳	
	含量/(g/100mL)	占比/%	含量/(g/100mL)	占比/%
总含量	0.88	100	3.33	100
酪蛋白	0.42	47	2.21	66
乳清蛋白总量	0.68	77	0.69	21
α-乳白蛋白	0.15	17	0.12	3.5
β-乳球蛋白	0.00	—	0.30	9.0
血清白蛋白	0.05	6	0.03	1.0

牛乳与人乳的脂肪含量较接近,但构成不同,其中牛乳不饱和脂肪酸的含量低,而饱和脂肪酸高,且缺乏亚油酸。在母乳的脂肪中亚油酸含量为12.8%,而在牛乳中仅占总脂肪酸的2.2%左右。母乳中碳水化合物90%是乳糖,乳糖是婴儿食品中最好的碳水化合物来源。牛乳中乳糖含量比人乳少得多,牛乳中主要是α-型,人乳中主要是β-型。牛乳中的无机盐量较人乳高3倍多。

婴幼儿配方乳粉生产的最终目标是无限接近人乳,基于人乳和牛乳成分差异性研究的深入,各大乳企纷纷建立人乳数据库。随着研究的深入,婴幼儿配方乳粉的发展历程大致可分为5个阶段。

①第一阶段：简单向牛乳或炼乳中添加谷物、豆浆、蔗糖等，追求蛋白质、脂肪、碳水化合物、维生素和矿物质等基础营养素的均衡。

②第二阶段：开始追求在蛋白质的组成上与人乳更加接近，并且对营养素开始强化。人乳中酪蛋白与乳清蛋白比例为40:60，牛乳中为80:20，牛乳中乳清蛋白比例较低，因此通过向牛乳中添加脱盐乳清粉或浓缩乳清蛋白调整酪蛋白与乳清蛋白比例。配方中添加植物油提高不饱和脂肪酸比例，强化维生素、矿物质，添加牛磺酸、二十二碳六烯酸（DHA）、花生四烯酸（AA），并添加益生菌如双歧杆菌等。

③第三阶段：婴幼儿配方乳粉进一步追求配方设计精确化，在总体模拟乳清蛋白比例的基础上，更加精细化模拟人乳中蛋白组分，如提高 α-乳清蛋白比例，使之接近人乳中 α-乳清蛋白的比例（人乳 α-乳清蛋白占27%），更加有利于婴幼儿消化，并降低婴幼儿过敏发生率。

④第四阶段：在第三阶段婴幼儿配方乳粉发展的基础上，根据牛乳与人乳成分的差异性，进一步精细化设计配方，使其接近母乳。该阶段代表性技术为结构化脂肪（1,3-二油酸2-棕榈酸甘油酯，OPO），也就是母乳化脂肪，使2位棕榈酸比例高达40%以上。将OPO添加到婴幼儿配方乳粉中，使牛乳在脂肪酸组成与位置分布方面更接近母乳。

⑤第五阶段：随着对人乳成分研究的深入，开发制备多种功能性配料，应用于婴幼儿配方乳粉中，在智力、免疫调节、肠道微生态及营养吸收等方面进行改进。此外，在蛋白质总量及氨基酸构成，脂肪及脂肪酸构成等营养组分方面进一步模拟人乳。

（一）婴儿配方乳粉（0~6个月）配方设计依据

人类开始研究开发婴幼儿配方乳粉是从研究母乳成分以及母乳和牛乳营养成分差异开始的，并以母乳为标准，调整牛乳成分。婴幼儿配方乳粉在发展初期只是根据母乳和牛乳成分差异，宏观地模拟母乳，而对一些生物活性因子考虑较少。目前，随着研究的深入，对免疫球蛋白、乳铁蛋白、乳过氧化物酶、溶菌酶等活性物质逐渐明了，开发研制具有与母乳等同或生理功能相似的婴幼儿配方乳粉成为热点。一般常规的母乳化调整如下：

①调整乳清蛋白和酪蛋白的比例，达到母乳中蛋白质的比例（如乳清蛋白与酪蛋白之比为6:4）；同时，根据母乳中蛋白质组成不同进行组成上的调整（如相应添加 α-乳白蛋白、降低 β-乳球蛋白）。

②调整牛乳中饱和脂肪酸和不饱和脂肪酸的比例。牛乳与母乳相比，乳脂肪中必需脂肪酸含量较低，以亚油酸为例，在母乳中为3.5%~5%，在牛乳中为1%。低级脂肪酸或不饱和脂肪酸比高级脂肪酸或饱和脂肪酸更容易消化吸收。与母乳相比，牛乳的脂肪不容易被消化和利用。可采用亚油酸强化、脂肪酸结构的母乳化等措施提高牛乳脂肪的吸收率。

③调整配方乳中碳水化合物的比例，特别是调整 α-乳糖和 β-乳糖的比例为4:6，甚至可添加一些功能性低聚糖调节婴儿肠道菌群。

④根据母乳和牛乳中维生素、矿物质的差异进行强化，并添加一些生理活性物质。

（二）婴儿配方乳粉（0~6个月）配方设计原则

1. 能量

0~6个月龄婴幼儿处于生长发育比较快的时期，按体重计算，营养的需要量是成人的3倍以上。在生长发育方面消耗的能量约占总摄入能量的1/3，需167~209kJ/（kg·d）。用以维持基础代谢的能量消耗也多，需184~192kJ/（kg·d）。相对来说肌肉活动少，故在这方面消耗的能量较少，仅占总能量需要的8%。关于具体能量需求可参照我国婴幼儿配方乳粉的标准（GB 10765—2021《食品安全国家标准　婴儿配方食品》），产品在即食状态下每100mL所含能量应在250~295kJ。

2. 蛋白质、氨基酸、核苷酸类物质

研究表明，以牛乳蛋白为基础的婴儿配方食品中，蛋白质能量密度达到1.9g/100kcal（1kcal=4.186kJ）以上，足以满足婴儿需求，其身高、体重和血清蛋白等指标可达到母乳喂养的水平。以大豆或谷物蛋白为主的配方因其蛋白质的有效利用率较低，应适当提高其含量标准。

母乳中蛋白质的含量为1.0%~1.5%，酪蛋白与乳清蛋白含量比为4:6。而牛乳中酪蛋白含量高，在婴幼儿胃内易形成较大的坚硬凝块。从蛋白质消化性出发，可采用加入乳清蛋白或植物蛋白调整蛋白质的组成和含量。

除了对蛋白数量和种类的考虑外，还需要考虑满足婴幼儿必需氨基酸的要求。蛋白质在消化道中经酶作用分解成氨基酸后被吸收，机体利用被吸收的氨基酸合成自身的蛋白质。因此，机体对蛋白质的需求实际是对氨基酸的需要。蛋白质的氨基酸组成，尤其是其中必需氨基酸的组成决定了它的营养价值。

国际食品法典委员会（CAC）和欧盟食品科学委员会（SCF）对蛋白质质量有较严格的要求，两者都规定了婴儿配方食品中蛋白质每单位能量中各种必需氨基酸和条件必需氨基酸的含量必须等同于参照蛋白（母乳蛋白）中相应的氨基酸的含量。

牛磺酸是一种非蛋白氨基酸。人乳各个阶段的乳汁中都含有牛磺酸（5.1~11.9mg/100kcal）。配方食品中几乎不含牛磺酸，因此大多数婴儿配方食品中都有添加。强化牛磺酸的配方有可能对婴儿的体格及智力发育有促进作用。GB 10765—2021《食品安全国家标准　婴儿配方食品》将牛磺酸作为可选择性成分，最大值为16.7mg/100kcal。

人乳中肉碱含量为0.9~1.2mg/100kcal，牛乳中富含肉碱（50mg/100kcal），因此，以牛乳蛋白为基础的配方中不必强化。但若以大豆蛋白为基础的配方中几乎不含肉碱，必须强化。GB 10765—2021《食品安全国家标准　婴儿配方食品》规定婴儿配方食品中左旋肉碱的含量≥1.3mg/100kcal。

核苷和核苷酸在人体内可以合成，是非必需营养成分。国际标准中对核苷酸的添加不做强制规定，但如果添加则不许超过其规定的上限。SCF（2003）和CAC（2004）对于每种核苷酸添加量的规定：CMP≤2.5mg/100kcal，UMP≤1.75mg/100kcal，AMP≤1.5mg/100kcal，GMP≤0.5mg/100kcal，IMP≤1.00mg/100kcal，总量≤5.0mg/100kcal，以大豆蛋白为基础的婴儿配方食品本身含较高核苷酸，不允许再强化。

人乳胆碱含量在产后1周内数量可增加1倍，常乳中总可利用胆碱含量达12.6mg/100kcal。通常，配方食品中胆碱含量低于常乳，需要补充。GB 10765—2021《食品安全国家标准　婴儿配方食品》将胆碱作为可选择性成分，规定婴儿配方乳粉中胆碱的含量为20~100mg/100kcal。

人乳中的蛋白质除了为婴儿提供生长发育所必需的氨基酸和提供氮源以外，还有为一类蛋白质（如免疫球蛋白、乳铁蛋白等）提供一些生物学功能。通过向婴幼儿配方乳粉添加这些主要生理活性物质来增强配方乳粉的生物活性功能。

3. 脂类物质

牛乳中的乳脂肪含量平均在3.3%左右，与母乳含量大致相同，但质量上有很大差别。牛乳脂肪中的饱和脂肪酸含量比较多，而不饱和脂肪酸含量少。母乳中不饱和脂肪酸含量比较多，特别是不饱和脂肪酸中的亚油酸、亚麻酸含量相当高,是人体必需脂肪酸。精炼植物油富含不饱和脂肪酸,易被婴儿机体吸收。

婴儿配方乳粉中的脂肪主要依靠植物油来提高不饱和脂肪酸的含量,常使用的是精炼玉米油和棕榈油。其中,后者除含有可利用的油酸外还含有大量婴儿不易消化的棕榈酸,会增加婴儿血小板血栓的形成,故添加量不宜过多。

不饱和脂肪酸按其双键位置可分为 $\omega-3$ 系列不饱和脂肪酸和 $\omega-6$ 系列不饱和脂肪酸。$\omega-3$ 系列不饱和脂肪酸中最具代表性的是二十二碳六烯酸(DHA)、二十碳五烯酸(EPA)和 α-亚麻酸($C_{18:3}$)。近年来,这些脂肪酸逐渐被人们所重视,在婴儿配方乳粉中出现。我国 GB 2760—2024《食品安全国家标准 食品添加剂使用标准》规定:亚油酸和亚麻酸在婴幼儿配方食品中应按生产需要作为乳化剂适量使用。如果要添加花生四烯酸(ARA)和二十二碳六烯酸(DHA),需将酪蛋白酸钠作为其载体,酪蛋白酸钠的最大使用量为 1.0g/kg。

肌醇在新生儿血液中的高含量水平表明它在婴儿早期发育中有重要作用,可能对肺表面活性剂的形成和肺的发育有作用。人乳中肌醇含量较高,为 22~48mg/100kcal。美国 FDA 规定非乳基配方中肌醇含量为 4mg/100kcal,SCF 和 CAC 都规定婴儿配方中肌醇含量为 4~40mg/100kcal。我国 GB 10765—2021《食品安全国家标准 婴儿配方食品》将肌醇作为可选择性成分,其含量为 4~40mg/100kcal。

4. 碳水化合物

碳水化合物主要供给婴儿能量,促进发育。母乳中碳水化合物 90% 是乳糖,乳糖是婴儿食品中最好的碳水化合物来源。此外,新生儿也可消化吸收淀粉、葡萄糖和蔗糖等。由于蔗糖有导致婴儿龋齿的危险,果糖会对果糖不耐受的婴儿健康有危害,因此,如无特殊情况下配方应以乳糖为主,不应添加蔗糖和果糖。我国 GB 25596—2010《食品安全国家标准 特殊医学用途婴儿配方食品通则》规定:对于特殊医学用途婴儿配方食品,除特殊需求(如乳糖不耐受)外,首选碳水化合物应为乳糖和(或)葡萄糖聚合物。只有经过预糊化后的淀粉才可以加入到特殊医学用途婴儿配方食品中,不得使用果糖。但对于一些有先天缺乏乳糖酶的婴儿,配方中的乳糖可导致腹泻等现象的发生。对于这类有特殊需要的婴儿乳粉在设计时就要考虑无乳糖或低乳糖配方。

5. 维生素和矿物质

配方乳粉中也要充分强化维生素,满足婴幼儿生长发育所需要的日常维生素。配方中要强化维生素 A、维生素 B_1、维生素 B_2、维生素 B_6、维生素 B_{12}、维生素 C、维生素 D、生物素、泛酸、烟酸、维生素 K、维生素 E 和叶酸等。

牛乳中的矿物质含量高于母乳 3 倍,而婴幼儿的肾脏功能尚未健全,不能充分排泄体内蛋白质所分解的过剩电解质。特别是初生婴儿,相比于较大婴儿来说,在配方乳粉设计时对于灰分的考虑更应该注意,其灰分含量应该更低。在考虑采用乳清粉时,一般采用脱盐率>90% 或采用乳清浓缩蛋白和乳糖。微量的铜、镁、锰、铁等元素的存在对于婴幼儿的造血功能和发育极为重要,应该适当强化。

(三)婴儿配方乳粉(6~12 个月龄婴儿)

6~12 个月龄婴儿的营养需求不像前半年那样严格依据试验数据。实际上,6~12 个月龄婴儿的大部分营养素的推荐摄入量很大程度上依赖于在 0~6 个月龄婴儿获得的数据。当前的推荐摄入量除了考虑 6 个月以后活动水平增加以及一定程度生长速度减缓,也应该考虑到较小婴儿和较大婴儿的发育差别。尽管缺少 1 岁婴儿后半年营养素需求量的试验数据，很少有人认为这个年龄组的推荐摄入量需要进行全面修订。

(四) 婴儿配方乳粉（12~36 个月龄幼儿）

断乳或较大婴儿配方乳粉在欧洲已经很普遍，也已被引入美国。这些配方乳粉比标准婴儿配方乳粉含蛋白质稍多一些。存在的脂肪和碳水化合物的类型与标准婴儿配方乳粉相似（植物油、乳糖加玉米糖浆固形物）。还没有令人信服的证据证明这些配方乳粉优于标准的婴儿配方乳粉。

二、婴幼儿配方乳粉生产工艺

1. 婴幼儿配方粉生产工艺流程

婴幼儿配方乳粉有液体和粉末状两种产品形式。对于目前最为普遍的粉末状产品生产工艺主要有湿法和干法两种工艺。湿法工艺是指在液态下进行各种原材料的混合，再经均质、杀菌、浓缩、喷粉等工艺加工而成的粉末状产品；干法工艺是将配方粉中需要的所有原材料在固态粉末状条件下进行均匀混合所制备的粉末状产品。干法工艺获得的产品往往存在混合不均匀的问题，而湿法工艺也可能存在易结块等问题。目前，在乳品工业中，两种处理方法通常综合使用，湿法混合耐热原料，均质、杀菌、后进行喷雾干燥，干燥后的粉末通过干法工艺添加一些粉末状热敏性营养成分（如维生素、微量元素或碳水化合物）。婴幼儿配方乳粉干湿混合生产工艺流程如图 8-8 所示。

2. 婴幼儿配方粉生产工艺要点

湿法工段：

（1）原料乳的验收　原料乳验收必须符合国家生鲜牛乳收购的质量标准 GB 19301—2010《食品安全国家标准　生乳》规定的各项要求，严格地进行感官检验、理化性质检验和微生物检验。如不能立即加工需贮存一段时间，必须净化后经冷却器冷却到 4~6℃，再打入贮槽进行贮存。牛乳在贮存期间要定期搅拌和检查温度及酸度。

（2）净乳　用离心净乳机净乳。

（3）配料　辅料经杀菌隧道进入车间，称量后辅料送至投料站，在投料结束后，开动振动筛，保证所有物料进入输粉设备。开启高速剪切，脱盐乳清粉、乳清蛋白粉和乳糖经输粉设备进入配料罐溶解，加入低聚糖、肌醇、牛磺酸、核苷酸等营养素溶液，最后加入食用植物调和油。

（4）均质、杀菌、浓缩　混合料均质条件一般控制在 40~50℃，18MPa 左右；杀菌条件为 88~96℃，36s；浓缩后的物料浓度控制在 46% 左右。

（5）喷雾干燥　进风温度为 140~160℃，排风温度为 80~88℃。所有乳粉都必须满足水分残留量标准，婴幼儿配方乳粉的水分含量要求为 ≤5.0%。

干法工段：

（6）原辅料验收　对需要用的包材和添加剂严格验收，验收合格后置阴凉、干燥的库房中密封贮存。

（7）称量　按照配方要求进行称量。

（8）预混、干混　将称量好的配料与部分湿法工段生产的半成品进行预混，按照配方要求将剩余半成品进行干混，混合 8~10min，开启出料口将物料输入到乳粉仓中。

（9）包装　将听罐杀菌后，进行灌装、金属探测、封合。

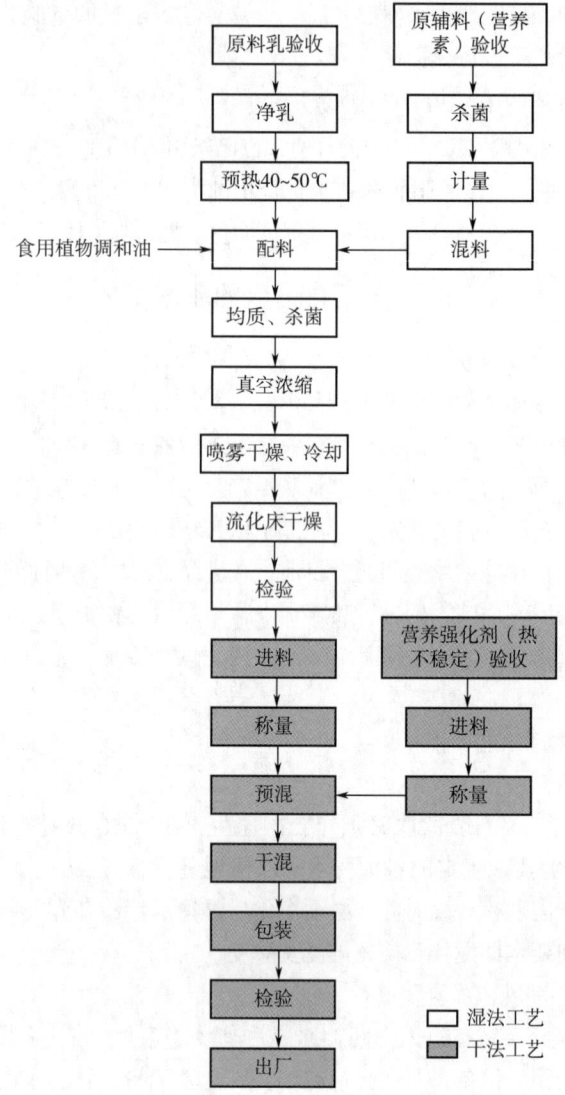

图 8-8　婴幼儿配方乳粉干湿混合生产工艺流程

三、婴幼儿配方乳粉研究进展

虽然 2016—2019 年我国新出生人口有下降趋势,但 2019 年的新出生人口仍达 1500 万左右。在这些新出生婴幼儿中,部分婴儿由于各种疾病影响,不能用母乳或普通婴儿配方食品喂养。特殊医学用途婴儿配方食品就成为了有疾病困扰的婴幼儿一段时间内的唯一或主要食物来源。根据 GB 25596—2010《食品安全国家标准　特殊医学用途婴儿配方食品通则》规定,针对 0~12 月人群的特殊医学用途婴儿配方食品主要有 6 种:早产/低出生体重婴儿配方、母乳营养补充剂、无乳糖配方或低乳糖配方、乳蛋白深度水解配方或氨基酸配方、乳蛋白部分水解配方、氨基酸代谢障碍配方。

1. 早产/低出生体重婴儿配方

足月儿是指胎龄满 37~42 周,体重 2.5kg 以上的活产新生儿。早产儿(preterm infant)是胎龄不足36周的活产新生儿。出生低体重儿（low birth weight infant，LBW）是指出生体重不足2500g的新生儿。由于许多早产儿同时也属于低出生体重儿，因此通常将这两个群体作为一个整体考虑。根据2012年发布的《早产儿全球报告》显示，全球每年有1500万早产婴儿，占全部新生儿的1/10。据统计，我国每年约有120万早产儿出生，数量居全球第二位。早产是婴幼儿、儿童期生长迟缓、感染性疾病、发育落后的重要原因。随着医疗技术的发展，非常小的低出生体重婴儿也能存活。早产儿与低出生体重儿和足月儿的营养需求存在较大差别，在能量方面，早产/低出生体重婴儿能量需求较高，为110~120kcal/d。早产/低出生体重婴儿对蛋白质需求量较高，为2.5~3.6g/100kcal，对钙、磷、钠、钾等矿物质以及维生素A、维生素D、维生素E需求量较高。在进行早产/低出生体重婴儿配方设计时，参考的标准主要有《早产儿与低出生体重儿营养需求》、美国FDA标准、美国儿科学会标准以及GB 25596—2010《食品安全国家标准 特殊医学用途婴儿配方食品通则》。GB 25596—2010《食品安全国家标准 特殊医学用途婴儿配方食品通则》中对早产儿/低出生体重婴儿配方产品要求如下：①能量、蛋白质及某些矿物质和维生素的含量应高于本标准必需成分的相关规定。②早产/低出生体重婴儿配方应采用容易消化吸收的中链脂肪作为脂肪的部分来源，但中链脂肪不应超过总脂肪的40%。整体的设计原则为：调整能量和蛋白质于相应范围之内，添加乳清蛋白粉调节乳清蛋白和酪蛋白的比例；添加中链甘油三酯（MCT）促进脂肪吸收，添加结构油脂（OPO），模拟母乳脂肪酸构成，调节矿物质含量，使渗透压低于33mosm/100kcal，添加低聚半乳糖（GOS）和低聚果糖（FOS），促进肠道益生菌增殖。

2. 母乳营养补充剂

母乳营养补充剂（human milk fortifier，HMF），又称母乳强化剂，是为早产儿设计的一种液态或粉状的具有特殊医学用途的婴儿配方食品。粉末产品因为不稀释母乳这一显著特点而广受消费者欢迎。虽然早产儿母乳在营养、免疫和代谢方面有诸多优势，但是随着泌乳期的延长，母乳中营养成分将不能够满足早产儿的营养需求。因此，母乳营养补充剂就是为补充母乳中蛋白质、维生素和矿物质等营养素的不足，为早产/低出生体重婴儿提供充足的能量和营养素而特别设计的。在配方设计时，一般添加优质蛋白提高蛋白质含量；为防止婴儿呕吐，添加一些淀粉糖来提高稠度；此外，还会添加一些中链甘油三酯（MCT），为婴幼儿提供良好的脂肪。国内外大量的研究数据显示，在进行母乳喂养的同时使用母乳营养补充剂，可支持早产儿出生后的体格发育，有利于早产宝宝短时间内体重、身长、头围的增长，实现追赶性生长。除此之外，喂养母乳的同时使用母乳营养补充剂有利于早产儿脑部和免疫系统及早期的语言和视力发育。美国儿科学会和欧洲儿科胃肠病学、肝病学和营养协会推荐，母乳喂养的早产/低出生体重儿，使用含蛋白质、矿物质和维生素的母乳营养补充剂，以确保满足预期的营养需求。我国《早产/低出生体重儿喂养建议》中指出胎龄<34周、出生体重<2000g的早产儿应首选强化母乳喂养。母乳强化剂的添加时间是当早产儿耐受100mL/（kg·d）的母乳喂养之后，将HMF加入母乳中进行喂养。一般按标准配制的强化母乳的能量密度可达80~85kcal/100mL。此后根据生长情况降低母乳强化的能量密度，如半量强化（73kcal/100mL）。

3. 无乳糖配方或低乳糖配方

乳糖在自然界中仅存在于哺乳动物的乳汁中，对婴幼儿的生长发育具有重要的作用。然而，由于小肠黏膜乳糖酶缺乏，有些婴幼儿会出现乳糖消化吸收障碍而引起的腹胀、腹泻、腹痛等一系列临床症状，称为乳糖不耐受（lactose intolerance，LI）。在我国，患有乳糖不耐受症的婴幼儿人群比例较高，可达46.9%~70.0%。对于患有乳糖不耐症的婴幼儿，需要根据症状轻重选择食用无乳糖或低乳糖配方食品。GB 25596—2010《食品安全国家标准 特殊医学用途婴儿配方食品通则》对无乳糖配方或低乳糖配方的主要技术要求中提到了"配方中以其他碳水化合物完全或部分代替乳糖"。根据 GB 25596—2010《食品安全国家标准 特殊医学用途婴儿配方食品通则》问答规定，粉末状无乳糖配方食品中乳糖含量应低于 0.5g/100g 干粉，粉末状低乳糖配方食品中乳糖含量低于 2g/100g 干粉。对于以牛乳为基料的无乳糖配方，去除乳糖的方法主要有两种，分别为乳糖酶预水解技术以及膜分离技术。采用乳糖水解酶对牛乳中乳糖进行预先水解，可只水解乳糖，保留蛋白质和脂肪等营养素。而采用膜技术进行乳糖分离，可能会同时造成一些维生素和矿物质的流失，目前膜分离技术在工业中应用较少。益生菌在人体肠道中可分泌 β-半乳糖苷酶从而改善机体对乳糖的吸收，因此，益生菌也常被添加到婴幼儿配方乳粉中。

4. 乳蛋白部分水解配方、乳蛋白深度水解配方或氨基酸配方

中国疾病预防控制中心妇幼保健中心发起的《中国城市婴幼儿过敏流行病学调查》的统计数据显示，家长自报曾发生或正在发生过敏性疾病症状的 2 岁以下的婴幼儿比例高达 40.9%。其中，由乳蛋白引发的过敏排第一。牛乳蛋白过敏（cow milk protein allergy, CMPA）是指牛乳蛋白不能完全消化进入机体，作为抗原刺激机体产生免疫应答，表现出呕吐、腹泻、低烧、湿疹等程度不同的过敏症状。患有牛乳蛋白过敏的婴幼儿可根据过敏程度选用乳蛋白部分水解配方、乳蛋白深度水解配方或氨基酸配方。

乳蛋白通过酶水解后可降低其抗原性，蛋白质水解后，通过超滤以除去未水解的蛋白质和大肽。蛋白质水解后由于疏水氨基酸的暴露一般会产生苦味。蛋白质部分水解不仅可大大降低过敏性，同时也不会或很少产生苦味。部分水解物中一般相对分子质量<10000，90% 以上<6000。对于乳蛋白过敏的婴幼儿，采用乳蛋白部分水解物为基料的配方可延缓或防止敏感婴儿过敏症的发生。乳蛋白部分水解的配方不能用于患有遗传性过敏症的婴儿。对于高度过敏或遗传性过敏症的婴儿，应选用深度水解的配方和游离氨基酸配方。深度水解乳粉将蛋白分子降解为氨基酸和短肽链。氨基酸乳粉用游离氨基酸完全取代蛋白质分子，而不改变营养组成，使婴幼儿的免疫系统能够更好吸收。

深度水解婴儿配方乳和氨基酸婴儿配方乳单独食用或者与其他食物配合食用时，其能量和营养成分能够满足 0~6 个月婴幼儿的生长发育需求。GB 25596—2010《食品安全国家标准 特殊医学用途婴儿配方食品通则》对乳蛋白深度水解配方或氨基酸配方的主要技术要求中提到了：①配方中不含食物蛋白。②所使用的氨基酸来源应符合 GB 14880—2012《食品安全国家标准 食品营养强化剂使用标准》或该标准附录 B 的规定。③可适当调整某些矿物质和维生素的含量。

对牛乳蛋白、大豆分离蛋白、酪蛋白水解物不耐受的婴儿可以食用氨基酸基配方乳粉。目前有一种氨基酸基配方乳粉在美国销售，并且以粉末的方式存在。这种配方乳粉以固体玉米糖浆、游离氨基酸和混合植物油作为大量营养元素的来源。

牛乳蛋白过敏产品多采用乳清蛋白水解技术。研究发现，有过敏风险的婴儿，食用深度水解酪蛋白配方乳粉喂养可显著降低青春期时湿疹的累积发病率、哮喘及过敏性鼻炎的发病率，而深度水解乳清蛋白配方粉则对以上过敏性疾病的发生无显著性效果。此外，水解蛋白有利于疝气的调理。一些证据表明，易患疝气的婴儿可能对以牛乳为基料的配方中免疫球蛋白敏感。

5. 氨基酸代谢障碍配方

氨基酸代谢障碍配方食品适用于氨基酸代谢障碍婴儿。以改善患儿症状，减轻智力损害，同时为患儿提供必要的、充足的营养素以维持其正常生长发育的需求。配方特点：①不含或仅

含有少量与代谢障碍有关的氨基酸,其他的氨基酸组成和含量可根据氨基酸代谢障碍适当调整。②所使用的氨基酸来源应符合 GB 14880—2012《食品安全国家标准　食品营养强化剂使用标准》或 GB 25596—2010《食品安全国家标准　特殊医学用途婴儿配方食品通则》的规定。③可适当调整某些矿物质和维生素的含量。低苯丙氨酸配方是专为患有苯丙酮酸尿证（一种先天性代谢疾病）的婴儿制备的,营养全面,一般采用酪蛋白水解物,苯丙氨酸含量<0.08%。

除以上常见的特殊医学用途婴幼儿配方食品,婴幼儿配方粉中还有一些抗回流配方、特殊病儿用的高能量或高营养密度配方、低灰分配方、低磷配方。

(1) 抗回流配方　有些婴儿进食后会发生胃-食道回流现象,即胃内容物不自觉地回流到食管中,给婴儿带来很大的痛苦。一些食用胶类或增稠剂,如刺槐豆胶、大米淀粉添加到配方中会增加进食后食物的黏度,可有效地降低回流的发生。

(2) 特殊病儿用的高能量或高营养密度配方　对于一些所谓的"妊娠龄小"的婴儿或很难存活的婴儿,手术前或手术后护理的婴儿,或患有先天性心脏病以及患有囊肿性纤维化的婴儿,需选用高营养密度配方或称为高能配方,这种婴儿配方在蛋白质方面一般以乳清蛋白为主,能量密度达 3766kcal/L。

(3) 低灰分配方　新生儿肾脏在结构和功能上尚不成熟,过多摄入无机成分增加了婴儿肾脏负担,易引起高电解质血症、脱水症及水肿等疾病,所以,应尽可能使灰分含量保持在较低水平。

通过合理的选择配料,使用 D90 乳清粉或用乳清蛋白浓缩物和乳糖替代乳清粉将产品的灰分水平控制在3%以内甚至更低,使产品更接近母乳的灰分含量,以适应婴儿肾脏的负担能力。

(4) 低磷配方　人乳含磷 150～175mg/L（约 3.3mg/100kJ）,钙磷比为 2∶1。牛乳含磷 1000mg/L,或 20mg/100kJ。牛乳含磷高,喂养新生儿后,往往因磷摄入过多,新生儿的甲状旁腺功能未完善,不能分泌甲状旁腺激素以调节磷平衡,从而引起血钙降低,出生后第 1 周就可发生搐搦。肾小球滤过率<20mL/min 的肾功能不全病人可出现高磷血症、甲状旁腺功能低下和假甲状旁腺功能低下等内分泌疾病,也可出现高磷血症。

婴儿配方乳粉中的磷主要来源于牛乳、乳清粉以及矿物质添加剂。过多的磷酸盐能在肠道中和钙形成不溶物,影响钙的吸收。

矿物质添加剂尽量少用磷酸盐,合理地选择配料、降低产品中灰分含量可大大降低成品中磷（特别是磷酸盐）的含量。

第五节　功能性乳粉生产

一、免疫乳粉

1. 免疫及免疫乳粉的概念

免疫（immunity）是指机体接触"抗原性异物"或者"异己成分"的一种特异性生理反应,是机体在进化过程中获得的"识别自身、排斥异己"的一种重要生理功能。

免疫乳粉是指在鲜牛乳的干燥过程中,通过一定保护措施和工艺添加一定量的免疫活性物质而制得的,能够增强机体对疾病的抵抗力、抗感染、抗肿瘤以及维持自身生理平衡的乳粉。

在提高机体免疫力的物质中，最重要的是母初乳中具有的生物活性物质，这些物质在牛初乳中含量较高。关于牛初乳中的免疫球蛋白、各种活性因子的生物功能和相关内容见第十三章。另外，天然存在的具有免疫调节作用的物质还包括生物活性多糖，也是免疫乳粉配方中的重要成分之一。

2. 免疫乳粉配方

免疫乳粉的配方如表8-4所示。

表 8-4　　　　　　　　　　免疫乳粉基本配方　　　　　　　　　　单位：kg/t 产品

原料	用量	原料	用量
鲜牛乳	4000	核苷酸（包括 AMP、CMP、GMP、UMP、IMP 5 种）	0.3
全脂乳粉	350		
脱脂乳粉	120	初乳粉	50
活性多糖物质	2	β-胡萝卜素	0.002
牛免疫球蛋白	10	大豆磷脂酰胆碱	2

3. 免疫乳粉生产工艺

在免疫乳粉的制造过程中，最重要的是如何在乳粉的生产工艺中保持免疫因子的生物活性，其生产工艺见图8-9。

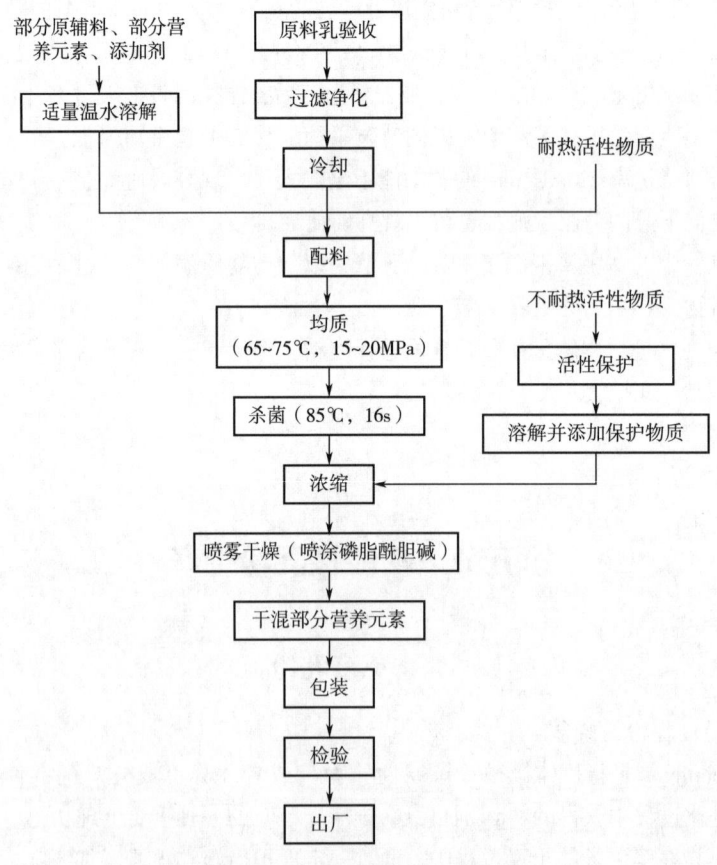

图 8-9　免疫乳粉基本生产工艺

二、降血糖乳粉

糖尿病是一种内分泌代谢性疾病。糖尿病患者的饮食首先要确定日需总热量的合理供给，使各种营养素之间保持适当比例，以适应其代谢的变化。日常总热量应该根据患者的体型、年龄、劳动强度等因素而定。

降血糖乳粉是在保证乳粉中各种营养成分之外，添加食源性生物活性肽，配合维生素和各种微量元素，能够改善糖尿病患者的胰岛素抵抗现象，增强细胞对胰岛素的敏感性，降低血糖。

降血糖乳粉适合糖尿病患者食用，其基本配方如表8-5所示。

表8-5　　　　　　　　　　降血糖乳粉基本配方　　　　　　　　单位：kg/t产品

原料	用量	原料	用量
鲜牛乳	3770	精炼植物油	50
脱脂乳粉	450	可溶性纤维	50
吡啶甲酸铬	0.025	乳清浓缩蛋白	35

该类乳粉的生产与婴幼儿配方乳粉的生产工艺类似，不再详细说明。

三、降血脂乳粉

心脑血管疾病是近年来严重危害人们健康的疾病，动脉粥状硬化的产生有许多原因，其中最关键的因素是高脂血症，即血胆固醇和血甘油三酯浓度的升高。一般来说，血液中胆固醇浓度每上升1%，冠心病死亡率上升2%，因而保持血液中的胆固醇浓度在正常范围内对于预防动脉粥样硬化和心脑血管疾病是至关重要的。

降血脂乳粉是以鲜牛乳、脱脂乳粉、精炼大豆油、精炼玉米油、DHA及大豆分离蛋白等为原料，按照一定的比例进行配料，经过杀菌、喷雾干燥等生产工艺制作而成，能够有效预防和改善动脉粥样硬化，降低人体血脂水平及改善高脂血症，从而降低心脑血管疾病风险。

降血脂乳粉适用于高血脂症患者食用，其基本配方如表8-6所示。

表8-6　　　　　　　　　　降血脂乳粉基本配方　　　　　　　　单位：kg/t产品

原料	用量	原料	用量
鲜牛乳	3390	精炼大豆油	120
脱脂乳粉	400	DHA（6.25%）	10
精炼玉米油	55	大豆分离蛋白	150

降血脂乳粉生产工艺与婴幼儿配方乳粉的生产工艺类似，不再详细说明。

第六节　其他乳粉生产

一、脱脂乳粉

脱脂乳粉是以脱脂乳为原料，经过杀菌、浓缩、喷雾干燥而制成的蛋白质不低于非脂乳固体的34%、脂肪不高于2.0%的粉末状产品。脱脂乳粉自身经添加或不添加食品营养强化剂即可作为终端食品，同时也可作为其他食品的原料。脱脂乳粉的质量应符合国家标准，GB 19644—2024《食品安全国家标准 乳粉》。

鲜乳经过验收、过滤后，加温到35~38℃，经过离心分离机进行乳脂分离，可同时获得稀奶油和脱脂乳。脱脂乳采用与全脂乳粉大致相同的生产方式产出脱脂乳粉。根据乳粉中脂肪的含量，可将脱脂乳粉分为全脱脂乳粉及部分脱脂乳粉。脱脂乳粉因其脂肪含量较少，易保存，不易发生氧化作用，广泛应用于乳制品、乳饮料、再制炼乳、糖果、焙烤等食品领域，是最重要的乳原料之一。

1. 普通脱脂乳粉工艺

脱脂乳粉的生产工艺流程见图8-10。

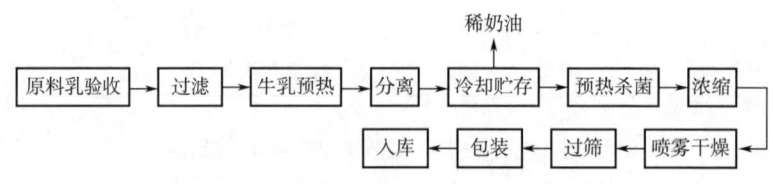

图8-10 脱脂乳粉生产工艺流程

脱脂乳粉的生产工艺流程及设备与全脂乳粉大体相同，但是整个加工过程中如果加热温度不适当将引起脱脂乳中的热敏性乳清蛋白质变性，从而影响乳粉的溶解度。因此，生产脱脂乳粉时某些工艺条件还需区别于全脂乳粉。

2. 脱脂乳粉生产操作要点

（1）牛乳的预热与分离　原料乳要求及预处理同全脂乳。将牛乳预热至38℃左右进行乳脂分离，一般要求控制脱脂乳的含脂率在0.1%以下。

（2）预热杀菌　脱脂乳中所含的乳清蛋白热稳定性差，在杀菌和浓缩时易引起热变性，使乳粉制品溶解度降低。乳清蛋白中含有巯基，热处理时易使制品产生蒸煮味。

为使乳清蛋白质变性程度不超过5%，并且减弱或避免蒸煮味，又能达到杀菌抑酶目的，脱脂乳的预热杀菌温度以80℃，保温15s为最佳条件。

（3）真空浓缩　脱脂乳的蒸发浓缩温度不宜超过65.5℃，浓度为15~17°Bé，乳固体含量可控制在36%以上。如果浓缩温度超过65.5℃，则乳清蛋白质变性程度将超过5%。为了减少对乳清蛋白质变性影响，多采用真空浓缩，尤其是多效真空浓缩，乳的温度控制在65.5℃以下，受热时间较短。

（4）喷雾干燥　普通方法生产的脱脂乳粉因其乳糖呈非结晶型的玻璃状态，具有较强的吸湿性，极易结块，为了改变这一缺点，提高脱脂乳粉的冲调性，脱脂乳粉多采取特殊的干燥方法生产速溶脱脂乳粉。

二、稀奶油粉

稀奶油粉由液体奶油的喷雾干燥制得，通常含脂肪40%~80%，水分0.5%~2.0%，以及其他非脂乳固体、添加物等。稀奶油粉与液体奶油相比，其保藏性好，便于运输、使用，多应用于制造点心、冰淇淋、复原乳及其他制品等。

生产的工艺流程几乎与全脂乳粉相同，但是，由于该产品含脂率高，容易在干燥器内壁、旋风分离器及输送装置上发生附着，所以，干燥和设备的清洗操作较为复杂。在干燥过程后，如果不冷却至熔点以下，脂肪会发生分离、结块的现象，降低产品质量，特别是脂肪含量高（50%）时，为了喷雾干燥容易，必须在稀奶油中添加乳化剂、稳定剂、蔗糖等。

稀奶油粉一般采用喷雾干燥法进行生产，如果采用泡沫干燥法，则流动性、分散性和复原性更好。

三、速溶稀奶油粉

速溶稀奶油粉是由脱脂乳、乳清在经过脱盐处理后添加稀奶油、植物油、乳化剂、乳糖、香料等均质后，喷雾干燥制成，也可以使用干酪素溶液（用粒状活性炭脱臭）代替脱脂乳和乳清。速溶稀奶油粉可以作为咖啡、红茶等产品的配料。干酪素对咖啡较乳清蛋白稳定，但在此类产品中应尽量避免引入与酪蛋白溶解性、凝固性有关的钙离子，否则将产生蛋白质的絮凝，为了防止发生这种现象，可应用缓冲剂或减少钙，以及屏蔽游离钙等措施。为实现这个目的，添加适量的磷酸氢二钠与磷酸氢二钾盐使制品中磷的含量在 500~600mg/100g 时效果良好，风味也未受到影响。喷雾干燥后用流化床附聚团粒化后，可进一步提高产品的溶解性与分散性。其组成的一例如表 8-7。

表 8-7　　　　　　　　　　速溶稀奶油粉的组成　　　　　　　　　　单位:%

脂肪	蛋白质	乳糖	无机盐	灰分
28	13	54	2	3

四、奶油粉

奶油粉的生产与稀奶油粉的生产方法相同，但须在奶油或含脂率高的稀奶油中添加一定量的非脂乳固体之后再进行喷雾干燥。其组成的一例如表 8-8。

表 8-8　　　　　　　　　　奶油粉的组成　　　　　　　　　　单位:%

乳脂肪	柠檬酸干酪素	盐混合物	乳化剂	非脂乳固体	水分
82.0	6.6	0.5	3.7	6.6	0.6

按上述组成，将稀奶油与其他配料混合，或将这些混合物与水配成含总固体 50.55% 的溶液，pH 在 6.7 以下，经均质后，进行喷雾干燥。

为了使粉的流动性好，按冷却后的奶油粉添加 0.15% 硅酸铝钠。要特别注意高压均质，高温、高压喷雾会增加稀奶油粉的游离脂肪。

五、冰淇淋粉

冰淇淋粉是将普通冰淇淋混合原料经过配料、杀菌、均质、冷却、老化、蒸发浓缩、喷雾干燥而制成的一种粉末状冰淇淋混合粉料。用这种冰淇淋粉，按每千克加 1.65~1.70kg 水，即可复原成相当于普通冰淇淋混合原料的化学组成。

冰淇淋粉加水复原后，可以不经过老化阶段，直接进行冷冻、包装、硬化，所以，这种冰淇淋粉对于制造冰淇淋的中小型冷饮加工厂来说非常便利，可省去一般的配料及标准化计算、杀菌、均质、冷却、老化等手续，而且也可省去这些过程中所使用的必要机器设备和很多容器（如贮罐等），因此也就省去了对这些机器设备和容器的洗涤、消毒等频繁操作，可大大节约水、蒸汽和洗涤剂；另一个优点是使用冰淇淋粉制造出来的冰淇淋产品组成是稳定的，可以经常保持稳定不变的化学组成。

例如，将冰淇淋粉加水复原后，再加热到60℃，然后冷却至4.0~4.5℃，放置一夜，这样再一次地进行一段老化，可以使制出的产品冰淇淋的组织构造和外观形态有所提高，但并不显著，所以一般不再经过这一阶段而直接进行冷藏。

用冰淇淋粉制造的冰淇淋，与普通方法制造的冰淇淋进行对比，在相同的条件、相同的化学组成情况下，经加热到60℃，然后冷却到4.0~4.5℃，保持过夜后进行冷冻则两种产品在组织构造、外观形态和风味上没有区别，两者的膨胀率也完全相同，为100%，而且膨胀率达到100%所需的时间，也几乎完全相同。

使用冰淇淋粉制造冰淇淋，当加水复原时应注意选择用水，凡含有矿物质过多以及具有氯气臭味的水，不应直接使用。

冰淇淋粉的一般化学组成与性质见表8-9。

表8-9　　冰淇淋粉的一般化学组成与性质

成分	指标
脂肪含量/%	27.5~28.5
非脂乳固体含量/%	27.5~28.5
糖含量/%	39~40
稳定剂含量/%	1.0
水分含量/%	2.0
铜含量/%	<2
铁含量/%	<3
杂菌数/（个/g）	<50 000
酸度/°T	复原后20以下
复原后膨胀率达到100%所需时间/min	<10

①脂肪和蛋白质：一般含27%以上的脂肪。蛋白质27.5%以上。

②糖类：含有40%的糖分，复原后制成的冰淇淋中含有16%以上的糖分。添加糖分不仅使成品具有适口的甜味，而且提高了营养价值，并使冰淇淋的组织构造和形体保持良好。配料时一般使用质量优良的蔗糖、果糖。

③蛋品类：加入适量的全蛋或蛋黄，可有助于增加膨胀率、缩短冷冻时间。

思考题

1. 什么是乳粉？乳粉主要有哪些种类？
2. 在乳粉生产中，干燥方法主要分为哪几类？
3. 试述全脂普通乳粉一般生产工艺流程及操作要点。
4. 全脂甜乳粉加糖方法有哪几种？实际生产中应如何选择？
5. 真空浓缩对于乳粉加工有何意义？
6. 简述乳粉的速溶工艺方法。
7. 乳粉密度有哪几种表达方法？
8. 乳粉常见的质量缺陷有什么？分析其产生原因。
9. 什么是乳粉的溶解度？影响乳粉溶解度的因素有哪些？
10. 婴幼儿乳粉配方设计理论依据是什么？对各种成分是如何调配的？
11. 试述婴幼儿配方乳粉的最新进展。

思政小模块

《乳制品质量安全提升行动方案》

2020年12月30日国家市场监管总局发布国市监食生〔2020〕195号通知，印发《乳制品质量安全提升行动方案》（以下简称《方案》）。《方案》指出，近年来，市场监管部门深入贯彻党中央、国务院决策部署，严格落实"四个最严"要求，把乳制品作为食品安全监管工作重点，着力加强质量安全监管，乳制品质量安全总体水平不断提升。国家食品安全监督抽检结果显示，我国乳制品、婴幼儿配方乳粉合格率连续6年达到99%以上，违法添加物三聚氰胺连续11年未检出。目前，我国乳制品行业正处于高速增长向高质量发展转型升级的关键阶段，需要着力提高企业自主研发能力、食品安全管理能力、产品竞争力和美誉度。

《方案》提出，到2023年，乳制品监督检查发现问题整改率达到100%，规模以上乳制品生产企业实施危害分析与关键控制点体系达到100%，婴幼儿配方乳粉生产企业质量管理体系自查与报告率达到100%，乳制品生产企业自建自控乳源比例进一步提高，产品研发能力进一步增强，产品结构进一步优化，生产工艺进一步改进，乳制品消费信心进一步增强。《方案》明确，重点落实三大任务推动开展乳制品质量安全提升行动：一是强化法规标准体系建设，构建更加科学、合理的监管法规体系，支持企业采用新技术、新工艺生产新产品；二是强化落实企业主体责任，督促乳制品企业加强食品安全管理，严格生产全过程控制，加强低温乳制品冷链贮运设施建设，加大研发创新投入，增强产业链供应链自主可控能力；三是强化质量安全监督管理，严格乳制品生产许可与日常监督检查，加强对婴幼儿配方乳粉产品配方科学性、安全性的注册审查，督促婴幼儿配方乳粉生产企业对体系检查发现问题整改到位。

乳粉的发明是我国古代人民的智慧体现，我国也第一个创造出乳粉这一概念并进行生产应用，近十年我国始终严把乳品质量关，我国乳制品、婴幼儿配方乳粉合格率连续6年达到99%以上，应当对我国婴幼儿乳粉质量有十足的信心，既要具备专业的知识技能，还要具备良好的专业使命感和社会责任感，将提升我国乳粉品质与国际竞争力视为己任。

第八章微课视频

乳粉

第九章 冰淇淋和其他类型冷冻饮品

本章目标与重难点

学习目标： 了解冰淇淋的概念、种类、化学组成及生产方法；掌握冰淇淋的工艺流程、操作要点、冰淇淋的结构特性、质量缺陷及控制；理解影响冰淇淋膨胀率的因素；了解雪糕等其他类型冰淇淋的生产。

思政目标： 对我国传统乳制品文化及加工技术有所了解，培养民族自豪感，结合当今快速发展的加工技术，培养开拓进取和创新意识。

重点和难点： 本章重点为冰淇淋的生产工艺流程及操作要点；难点为冰淇淋的质量缺陷及控制、影响冰淇淋膨胀率的因素。

第一节 冰淇淋分类与组成

一、冰淇淋的定义

冰淇淋是冷冻饮品中的一种。除冰淇淋以外，冷冻饮品还包括雪糕、冰棍、雪泥、甜味冰、食用冰等产品。根据我国国家标准GB/T 31114—2014《冷冻饮品 冰淇淋》规定，冰淇淋（ice cream）指"以饮用水、乳和（或）乳制品、蛋制品、水果制品、豆制品、食糖、食用植物油等的一种或多种为原辅料，添加或不添加食品添加剂和（或）食品营养强化剂，经混合、灭菌、均质、冷却、老化、冻结、硬化等工艺制成的体积膨胀的冷冻饮品"。冰淇淋在不同的国家也有不同的定义与要求。冰淇淋应含有一定量的脂肪和非脂乳固体，其中脂肪既可以是乳脂肪，也可以是植脂，根据产品类型而异。在美国，要求冰淇淋产品中的脂肪必须来源于乳，且含量在10%以上，而对蛋白质含量没有限定；而在欧盟国家标准里，冰淇淋乳脂肪含量为5%~10%不等。

二、冰淇淋分类

冰淇淋的种类繁多，分类方法各异，包括按乳脂含量分类、加入辅料分类以及冰淇淋硬度分类等。

1. 按乳脂含量分类

(1) 全乳脂冰淇淋　主体部分乳脂含量在 8% 以上（不含非乳脂）的冰淇淋。又可继续分成清型全乳脂冰淇淋和组合型全乳脂冰淇淋两种。清型全乳脂冰淇淋不含颗粒或块状辅料，如奶油冰淇淋、巧克力冰淇淋等。组合型全乳脂冰淇淋是以全乳脂冰淇淋为主体，与其他种类冷冻饮品和（或）巧克力、饼坯等食品组合而成的食品，其中全乳脂冰淇淋含量>50%，如蛋卷奶油冰淇淋。

(2) 半乳脂冰淇淋　主体部分乳脂含量≥2.2%的冰淇淋。包括清型半乳脂冰淇淋和组合型半乳脂冰淇淋两种。清型半乳脂冰淇淋不含颗粒或块状辅料，如香草半乳脂冰淇淋、草莓半乳脂冰淇淋等。组合型半乳脂冰淇淋是以半乳脂冰淇淋为主体，与其他种类冷冻饮品和（或）巧克力、饼坯等食品组合而成的食品，其中半乳脂冰淇淋含量大于 50%，如脆皮半乳脂冰淇淋、三明治半乳脂冰淇淋等。

(3) 植脂冰淇淋　主体部分乳脂含量<2.2%的冰淇淋。这类产品中含有植物油脂（如棕榈油、椰子油）、人造奶油。植脂冰淇淋又可分成清型植脂冰淇淋、组合型植脂冰淇淋两种。清型植脂冰淇淋不含颗粒或块状辅料，如豆乳冰淇淋、可可植脂冰淇淋等。组合型植脂冰淇淋是以植脂冰淇淋为主体，与其他种类冷冻饮品和（或）巧克力、饼坯等食品组合而成的制品，其中植脂冰淇淋含量>50%，如巧克力脆皮植脂冰淇淋、华夫夹心植脂冰淇淋等。

2. 按加入辅料分类

(1) 清型冰淇淋　不含颗粒和块状辅料的制品，如奶油冰淇淋、酸乳冰淇淋、香草冰淇淋、可可冰淇淋等。

(2) 组合型冰淇淋　主体冰淇淋所占比例不低于 50%，和其他种类冷冻饮品或巧克力饼坯、坚果碎、什锦水果等组合而成的制品，如蛋卷冰淇淋、三明治冰淇淋、布丁冰淇淋等。

3. 按照冰淇淋硬度分类

(1) 软质冰淇淋　现制现售，供鲜食。在 $-5 \sim -3°C$ 下制造，因此含有大量的未冻结水，其脂肪含量和膨胀率相当低。一般膨胀率为 30%~60%，凝冻后不再速冻硬化。

(2) 硬质冰淇淋　通常使用小包装，有时包裹巧克力外衣。在 $-25°C$ 或更低的温度下，经搅拌凝冻后低温速冻而成。由于未冻结水的量低，因此质地较硬。硬质冰淇淋有较长的保质期，一般可达数月之久，膨胀率为 100% 左右。

4. 按添加物位置分类

(1) 夹心冰淇淋　这种冰淇淋是把添加物置于中心位置，例如，夹心冰砖是把水果等添加物夹在冰砖的中心而得的产品。

(2) 涂层冰淇淋　这种冰淇淋是把添加物，如巧克力，涂布于冰淇淋外面而制成的产品。

三、冰淇淋组成

国际标准水平及中国各种冰淇淋的组成成分分别见表 9-1、表 9-2。

表 9-1　　　　　　　　　冰淇淋的组成成分（国际标准水平）　　　　　　　　单位：%

冰淇淋类型	乳脂肪量	非脂乳固体量	糖类量	稳定剂及乳化剂量	总固型物量
高脂冰淇淋	10~15	8~11	<14	0.3~0.5	38~42

续表

冰淇淋类型	乳脂肪量	非脂乳固体量	糖类量	稳定剂及乳化剂量	总固型物量
中脂冰淇淋	8~10	7~9	<15	0.3~0.5	34~38
低脂冰淇淋	6~8	6~7	>15	0.3~0.5	30~34

表9-2　　　　　　　　冰淇淋的组成成分（中国标准水平）　　　　　　　　单位：%

成分	脂肪	非脂乳固体	糖分	稳定剂、乳化剂	香料、色素	总固形物
配方Ⅰ	3.0	11.7	15.0	0.35	适量	30.50
配方Ⅱ	6.0	11.0	15.0	0.35	适量	32.35
配方Ⅲ	8.0	11.0	15.0	0.30	适量	34.30
配方Ⅳ	10.0	10.5	15.0	0.30	适量	35.80
配方Ⅴ	12.0	10.0	14.0	0.30	适量	36.30
配方Ⅵ	16.0	10.0	14.0	0.30	适量	40.30

四、冰淇淋结构

冰淇淋的物理结构呈现一个复杂的物理化学系统，它主要由以下三部分组成：

（1）冰晶　由水凝结而成，平均直径4.5~5.0μm，冰晶之间的平均距离为0.6~0.8μm。

（2）气泡　由空气经搅刮器的搅打而形成的大量微小气泡，平均直径为11.0~18.0μm。气泡之间的平均距离为10.0~15.0μm。

（3）未冰冻物质　它们呈液态存在。该液体内还含有不少凝固的脂肪粒子、乳蛋白质、不溶性盐类、乳糖结晶粒子、蔗糖和其他糖类以及在真溶液内的可溶性盐类。

冰淇淋的内部微观结构，主要是由上述固体、气体和液体组成的一个三相系统。冰淇淋的结构与其口感有重要的关系。气泡被分散在埋有无数冰晶粒子的液体内，冻结的冰晶和气泡占了绝大多数的冷冻泡沫，脂肪球凝聚并包围气泡形成分散体系，蛋白质和乳化剂交替包围脂肪球，而连续相由高浓度的未冻结的糖溶液组成。1g典型的冰淇淋包含平均直径为1μm的脂肪球1.5×10^{12}个，可达到$1m^2$的表面积；平均直径为50μm的气泡8×10^6个，表面积达到$0.1m^2$。

第二节　冰淇淋生产主要原辅料

一、水和空气

水和空气是冰淇淋的重要成分，在冰淇淋中，水是连续相，可呈液态或固态，或是这两种物理状态的混合体。空气是通过水脂乳浊液而散布在混合料内。乳浊液由液态水、冰结晶体和凝结的乳脂肪球组成。水和空气的分界面被一层未冻薄膜所稳定。除了空气之外，冰淇淋内可以使用其他气体，如将液态氮（N_2）或无毒的惰性气体充入混合料内，或将干冰添入混合料内

以 CO_2 取代空气。

二、脂肪

脂肪是冰淇淋最重要的成分之一，由于脂肪在凝冻时形成网状结构，赋予了冰淇淋、雪糕特有的细腻润滑的组织和良好的质构。同时，脂肪中含有许多风味物质，通过与乳品冷饮中蛋白质及其他原料作用，赋予乳品冷饮独特的芳香风味。一般脂肪熔点在29~40℃，凝固点为15~25℃，而冰的熔点为0℃，因此，适当添加脂肪，可以增加冰淇淋、雪糕的抗融性，延长冰淇淋、雪糕的货架寿命。

冰淇淋中脂肪含量在6%~12%最为适宜，雪糕中含量在2%以上。若使用量低于此范围，不仅影响冰淇淋的风味，而且使冰淇淋的发泡性降低；若高于此范围，冰淇淋、雪糕成品形体就会过软。乳脂肪的来源有鲜稀奶油、冻结稀奶油、无盐奶油、无水奶油、鲜乳、炼乳、全脂乳粉等，但由于乳脂肪价格昂贵，目前普遍使用相当量的植物脂肪来取代乳脂肪，主要有起酥油、人造奶油、棕榈油、椰子油等，其熔点性质类似于乳脂肪，为28~32℃。使用植物油导致冰淇淋与使用乳脂的冰淇淋在色泽和风味上略有差别，可添加食用色素和香味料弥补。在一些国家禁止在冰淇淋中使用植物油。

三、非脂乳固体

非脂乳固体是牛乳总固形物除去脂肪所剩余的蛋白质、乳糖及矿物质的总称。其中，蛋白质具有水合作用，在均质过程中它与乳化剂一同在生成的小脂肪球表面形成稳定的薄膜，确保油脂在水中的乳化稳定性，同时在凝冻过程中促使空气很好地混入，并能防止乳品冷饮制品中冰结晶的扩大，使其质地润滑。蛋白质还可消除脂肪的油腻感，给产品以柔和、圆润的感觉，增强适口性。乳糖的柔和甜味及矿物质的隐约盐味，赋予制品显著风味特征。限制非脂乳固体的使用量，主要原因在于防止其中的乳糖呈过饱和而渐渐结晶析出砂状沉淀，一般推荐其最大用量不超过制品中水分的16.7%。非脂乳固体可以由鲜牛乳、脱脂乳、乳酪、炼乳、乳粉、酸乳、乳清粉等提供，冷饮食品中的非脂肪乳固体，以鲜牛乳及炼乳为最佳。若全部采用乳粉或其他乳制品配制，由于其蛋白质的稳定性较差，会影响组织的细致性与冰淇淋、雪糕的膨胀率，易导致产品收缩，特别是溶解度不良的乳粉，则更易降低产品质量。

四、蛋与蛋制品

蛋与蛋制品加入冷冻饮品混合原料中，能形成永久性乳化的能力，其主要是由于磷脂酰胆碱的关系。在冷冻饮品中，蛋与蛋制品也适合作为一种稳定剂使用。可供使用的蛋制品主要包括全蛋、蛋黄、冰全蛋、冰蛋黄、全蛋粉及蛋黄粉。由于磷脂酰胆碱具有乳化剂和稳定剂的性能，使用鸡蛋或蛋黄粉能形成持久的乳化能力和稳定作用，所以适量的蛋品使成品具有细腻的"质"和优良的"体"，并有明显的牛乳蛋糕的香味。一般蛋黄粉用量为0.5%~2.5%，若过量，则易呈现蛋腥味。

五、甜味料及甜味剂

甜味料具有提高甜味、充当固形物、降低冰点、防止冰的再结晶等作用，对产品的色泽、香气、滋味、形态、质构和保藏有着极其重要的影响。

蔗糖为最常用的甜味料，一般用量为 14%～16%，过少会使制品甜味不足，过多则缺乏清凉爽口的感觉，并使料液冰点降低（一般增加 2% 的蔗糖则其冰点相对降低 0.22℃），凝冻时膨胀率不易提高，易收缩，成品容易融化。蔗糖还能影响料液的黏度，控制冰晶的增大。较低葡萄糖当量值（DE 值）的淀粉糖浆能使乳品冷饮玻璃化转变温度提高，降低制品中冰晶的生长速率。工业生产上普遍采用果葡糖浆来部分地代替蔗糖。果葡糖浆在冰淇淋中的应用，有助于提高冰淇淋的硬度和咀嚼性，使产品口感更丰润圆滑，提供更好的抗融特性，产生和强化了水果的风味，延长了成品的保质期。一般以代替蔗糖的 1/4 为好。

除常用的甜味料白砂糖、淀粉糖浆外，很多甜味料，如蜂蜜、转化糖浆，以及甜味剂，如天门冬酰苯丙氨酸甲酯（阿斯巴甜）、L-α-天冬氨酰-N-（2,2,4,4-四甲基-3-硫化三亚甲基）-D-丙氨酰胺（阿力甜）、乙酰磺胺酸钾（安赛蜜）、环己基氨基磺酸钠（甜蜜素）、甜菊糖、罗汉果甜苷、山梨糖醇、麦芽糖醇、葡聚糖（PD）等普遍被配合使用。但如超过蔗糖用量的 1/2，则风味将受影响。

六、乳化剂

乳品冷饮中常用的乳化剂有甘油一酯、蔗糖脂肪酸酯（蔗糖酯）、聚山梨酸酯（又称吐温，Tween）、山梨醇酐脂肪酸酯（Span）、丙二醇脂肪酸酯（PG 酯）、磷脂酰胆碱、大豆磷酯、三聚甘油硬脂酸甘油一酯等。乳化剂的添加量与混合料中脂肪含量有关，一般随脂肪量增加而增加，其范围为 0.1%～0.5%，复合乳化剂的性能优于单一乳化剂。鲜鸡蛋与蛋制品，由于其含有大量的磷脂酰胆碱，具有永久性乳化能力，因而也能起到乳化剂的作用。

七、稳定剂

冷冻饮品生产中常用的稳定剂有明胶、琼脂、果胶、CMC、瓜尔豆胶、槐豆胶、黄原胶、卡拉胶、海藻酸钠、藻酸丙二醇酯、魔芋胶、变性淀粉等。其添加量依原料的成分组成而变化，尤其是依总固形物含量而异，一般在 0.1%～0.5%。

八、复合乳化稳定剂

随着科技进步，在冰淇淋生产中已广泛采用复合乳化稳定剂来替代单体乳化剂和稳定剂。复合乳化稳定剂的品种越来越多，主要是适合不同脂肪、蛋白质、糖类、总干物质含量的冰淇淋产品的专用添加剂。复合乳化稳定剂是将多种单体乳化剂和稳定剂，经特殊工艺加工，使其均匀混合成为大小均一、流动性强的细小颗粒状的复合体。通常根据冰淇淋混合原料中脂肪含量确定复合剂的使用量，脂肪含量越高，则使用复合剂的量就越少。高脂冰淇淋的总干物质量高，意味着低水分，这样具有持水作用的稳定剂用量相对地要少些。

复合稳定剂常用的复配组合如下：①瓜尔豆胶/卡拉胶/黄原胶/甘油一酯、甘油二酯与蔗糖酯。②瓜尔豆胶/卡拉胶/黄原胶/甘油一酯、甘油二酯与吐温 80。③瓜尔豆胶/卡拉胶/黄原胶/甘油一酯、甘油二酯。④卡拉胶/刺槐豆胶/甘油一酯、甘油二酯与蔗糖酯。⑤瓜尔豆胶/卡拉胶/甘油一酯、甘油二酯。⑥CMC/海藻酸钠/瓜尔豆胶/甘油一酯、甘油二酯。⑦CMC/明胶/甘油一酯、甘油二酯与蔗糖酯。⑧CMC/刺槐豆胶/卡拉胶/甘油一酯、甘油二酯与蔗糖酯。⑨CMC/卡拉胶/瓜尔豆胶/甘油一酯、甘油二酯等。

九、香味剂

冷冻饮品中所用的香料按其来源不同，可以分为天然和合成两大类。天然香料含有复杂的组成成分，并非单一的化合物，因此，合成香料难以百分之百模拟天然香料的风味。天然香料包括动物性香料和植物性香料两种，而在冷冻饮品中使用的主要是植物性香料，例如可可、咖啡、香草、草莓、桂花等。

合成香料即食用香精，又分油溶性香精和水溶性香精两大类。油溶性香精是以精炼植物油、甘油、丙二醇等作稀释剂调和香料而制成的，而水溶性香精是以蒸馏水、乙醇、丙二醇或甘油为稀释剂调和香料而制成的。在冷冻饮品中广泛采用水溶性食用香精，不宜采用油溶性食用香精。

要使冷冻饮品得到设计产品预期的香味，除了香精本身的品质好以外，香精的用量及调配也是极其重要的环节。香精用量过多，会使消费者有触鼻的刺激感觉；用量过少，则造成香味不足，不能达得应有的增香效果。一般食用香精的使用量在冷冻饮品中为 0.075% ~ 0.100%，但实际用量的多少尚需根据食用香精的品质及工艺条件而定。

香精和香料都有一定挥发性，对需要加热均质和杀菌的冰淇淋等冷食，应该尽可能在加热后冷却时或在加工处理的后期添加，以减少呈香物质的挥发损失。食用香精多为液体，用量杯、量筒计量比较方便；但为了控制使用量，用质量法比较有利于准确计量。这样可以排除体积质量和温度所引起的误差。

十、食用色素

广泛应用于食品的食用色素，按其来源及性质可分为食用天然色素和食用合成色素两大类：

(1) 食用天然色素　包括来源于动植物组织中的色素，以及微生物发酵产生的色素。常见的植物色素有胡萝卜素、叶绿素、花青素、姜黄素等，微生物色素有核黄素及红曲色素等，动物色素有虫胶红素等。

(2) 食用合成色素　又称食用合成染料，属于人工合成色素。合成的食用色素种类很多，有 60 余种，根据其化学特性来分，有硝基、偶氮、吡唑酮、三苯甲烷、荧光黄、靛族以及恩醌类、喹啉类等。就其应用来分，有水溶性、油溶性、醇溶性等。

常用的着色剂有红曲色素、姜黄色素、叶绿素铜钠盐、焦糖色素、红花黄、β-胡萝卜素、辣椒红、胭脂红、柠檬黄、日落黄、亮蓝等。

色素在使用前，尤其是在试制新产品时，都应先调配成 100~150g/L 的质量浓度后再使用。对色素的称量必须准确，通常用微量天平进行。此外，标准色液应按每次用量配制，因配制好的色素溶液色素容易析出和变质。配制色素溶液用加温的纯净水。各种添加剂的用量一定要严格按照 GB 2760—2014《食品安全国家标准　食品添加剂使用标准》的规定。

第三节　冰淇淋生产工艺

一、冰淇淋生产工艺流程

冰淇淋等冷冻饮品的工艺流程见图 9-1。

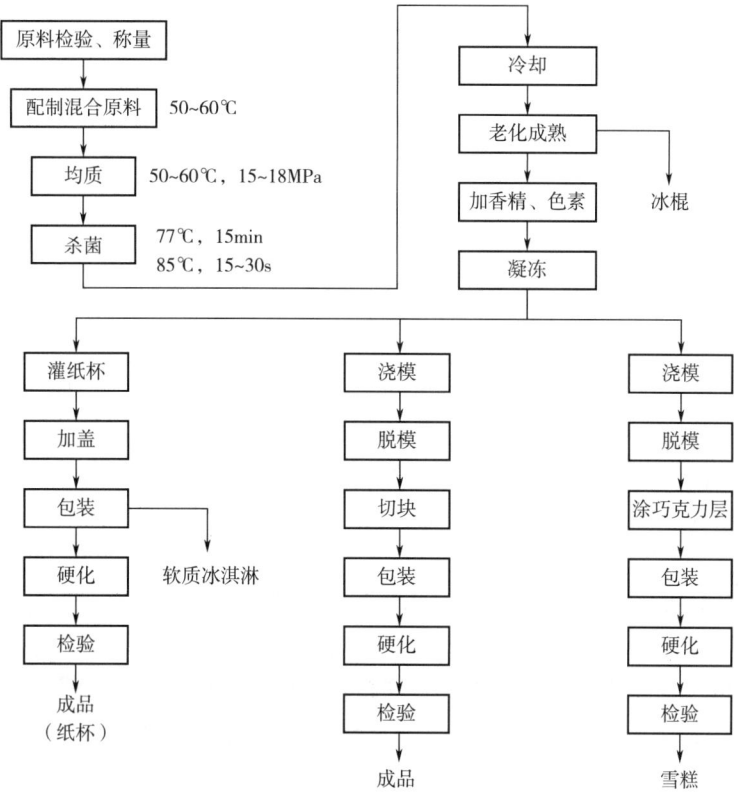

图 9-1 冰淇淋等冷冻饮品工艺流程

二、冰淇淋生产工艺要求

（一）原材料验收与贮存

原材料依其物理状态贮存于罐、乳仓、桶或袋中。干物料用量相应比较小，如乳清粉、稳定剂和乳化剂。可可粉通常为袋装运送。糖和乳粉可由重复使用容器运送，用压缩气吹入贮仓。大量使用的原材料，如糖和乳粉，也可用袋装贮送，用特殊设备倒袋。液体产品如牛乳、稀奶油、炼乳、葡萄糖浆和植物油由罐运送。生牛乳在贮存之前需冷却到5℃，而甜炼乳、葡萄糖浆和植物油则必须贮存于相对较高温度（30~50℃）以保持黏度足够低才能进行泵送。乳脂以无水乳脂（AMF）的形式运送，如果是奶油，就需先融化脂肪再泵送入贮缸并保持温度在35~40℃，在此种情况下可以准备一到两班生产所用批量，以防止乳脂肪的氧化，否则应贮存于厌氧环境下。

（二）原料配比与计算

冰淇淋原料配比的计算即为冰淇淋混合原料的标准化。在冰淇淋混合原料标准化的计算中，首先应掌握配制冰淇淋的原料的成分，然后按冰淇淋质量标准进行计算。表 9-3 为典型冰淇淋组成。脂肪主要由牛乳、稀奶油、奶油或植物油提供，香精和色素可先溶解于水中，非脂乳干物质为除脂肪以外的乳成分，如蛋白质、盐类、乳糖等，糖为液态或固态蔗糖（糖中10%可能是葡萄糖或甜味剂），乳化剂和稳定剂为单酯类、海藻盐、明胶等。膨胀率指产品中的空气量。其他成分主要如鸡蛋、果料和巧克力碎等皆可在加工过程中加入。

表 9-3　　　　　　　　　　　　　典型冰淇淋的组成　　　　　　　　　　　　单位:%

冰淇淋类型	脂肪含量	非脂干物质含量	糖添加量	乳化剂、稳定剂添加量	水分含量	膨胀率
甜点冰淇淋	15	10	15	0.3	59.7	110
冰淇淋	10	11	14	0.4	64.4	100
冰乳	4	12	13	0.6	70.4	85
莎白特	2	4	22	0.4	71.6	50
冰果	0	0	22	0.2	77.8	0

1. 原料配比的原则

原则上要考虑脂肪与非脂乳固体物成分的比例，总干物质含量，糖的种类和数量，乳化剂、稳定剂的选择与数量等。在冰淇淋混合料配方计算时，还需要适当考虑原料的成本和对成品质量的影响。例如，为适当降低成本，结合具体产品品质要求，在一般奶油或牛乳冰淇淋中可以采用部分植物油或优质氢化油代替奶油。

2. 配方的计算

首先，必须知道各种原料（表 9-4）和冰淇淋质量标准，作为配方计算的依据。例如，现备有脂肪含量 30%、非脂乳固体含量 6.4% 的稀奶油，脂肪含量 4%、非脂乳固体含量 8.8% 的牛乳，脂肪含量 8%、非脂乳固体含量 20%、糖含量 40% 的甜炼乳，以及蔗糖等原料。拟配制 100kg 脂肪含量 12%、非脂乳固体含量 11%、蔗糖含量 14%、明胶稳定剂 0.5%、乳化剂 0.4%、香料 0.1% 的混合料。试计算各种原料的用量。

表 9-4　　　　　　　　　　　冰淇淋主要原料成分表　　　　　　　　　　单位:%

原料名称	原料成分			
	脂肪	非脂乳固体	糖	总固形物
稀奶油	30	6.4	—	36.4
牛乳	4	8.8	—	12.2
甜炼乳	8	20	40	68
蔗糖	—	—	100	100

（1）计算稳定剂、乳化剂和香精的需要量

稳定剂（明胶）：$0.005 \times 100 = 0.5$（kg）；乳化剂：$0.004 \times 100 = 0.4$（kg）；香料：$0.001 \times 100 = 0.1$（kg）。

（2）求出乳与乳制品和糖的需要量　由于冰淇淋的乳固体含量和糖类分别由稀奶油、原料牛乳、甜炼乳引入，而糖类则由甜炼乳和蔗糖引入，故可设：稀奶油的需要量为 A，原料牛乳需要量为 B，甜炼乳的需要量为 C，蔗糖的需要量为 D。

则：$A+B+C+D+0.5+0.4+0.1=100$（kg）。

各种原料采用的物料量如下。

脂肪：$0.3A+0.04B+0.08C=12$；

非脂乳固体：$0.064A+0.088B+0.2C=11$；

糖：$0.4C+D=14$。

解上述方程式，分别得：$A=26.98$kg（稀奶油），$B=41.03$kg（原料乳），$C=28.31$kg（甜炼乳），$D=2.68$kg（蔗糖）。

（3）核算

①100kg 混合原料中组成要求如下。

脂肪：$100×0.12=12$（kg）；非脂乳固体：$100×0.11=11$（kg）；蔗糖：$100×0.14=14$（kg）。

②所配制的 100kg 混合原料中成分现状如下。

脂肪量：共 11.99kg。由稀奶油引入：$26.98×0.3=8.09$（kg）；由原料乳引入：$41.03×0.04=1.64$（kg）；由甜炼乳引入：$28.31×0.08=2.26$（kg）。

非脂乳固体：共 11.0kg。由稀奶油引入：$26.98×0.064=1.73$（kg）；由原料乳引入：$41.03×0.088=3.61$（kg）；由甜炼乳引入：$28.31×0.2=5.66$（kg）。

蔗糖：共 14.0kg。由甜炼乳引入：$28.31×0.4=11.32$（kg）；由蔗糖引入：2.68（kg）。

③将上述计算的冰淇淋原料的配合比例汇总于表 9-5 中。

表 9-5　　　　　　　　　　冰淇淋混合原料的配合比例　　　　　　　　　　单位：kg

原料名称	配合比	脂肪	非脂乳固体	糖	总干物质
稀奶油	26.98	8.09	1.73	11.32	9.82
原料乳	41.03	1.64	3.61	2.68	9.25
甜炼乳	28.31	2.26	5.66		19.24
蔗糖	2.68				2.68
稳定剂（明胶）	0.5				0.5
乳化剂	0.4				0.4
香料	0.1				0.1
合计	100	11.99	11	14	37.99

（三）原辅料的预处理与混合

按照规定的产品配方，核对各种原材料的数量后，即可进行配料。冰淇淋混合原料的配制一般在杀菌缸内进行，杀菌缸应具有杀菌、搅拌和冷却的功能。配制时注意事项如下：

①原料混合的顺序宜从浓度低的液体原料，如牛乳等开始，其次为炼乳、稀奶油等液体原料，再次为砂糖、乳粉、乳化剂、稳定剂等固体原料，最后以水作容量调整。

②混合溶解时的温度通常为 40~50℃。

③鲜乳要经 100 目筛进行过滤、除去杂质后再泵入缸内。

④乳粉在配制前应先加温水溶解，并经过过滤和均质再与其他原料混合。

⑤砂糖应先加入适量的水，加热溶解成糖浆，经 160 目筛过滤后泵入缸内。

⑥人造黄油、硬化油等使用前应加热融化或切成小块后加入。

⑦冰淇淋复合乳化、稳定剂可与其 5 倍以上的砂糖拌匀后，在不断搅拌的情况下加入到混合缸中，使其充分溶解和分散。

⑧鸡蛋应与水或牛乳以质量比 1∶4 的比例混合后加入，以免蛋白质变性凝成絮状。

⑨明胶、琼脂等先用水泡软，加热使其溶解后加入，必要时先与 4 倍糖混合。

⑩淀粉原料使用前要加入其量的 8~10 倍的水并不断搅拌制成淀粉浆，通过 100 目筛过滤，

在搅拌的前提下徐徐加入配料缸内,加热糊化后使用。

⑪香料在凝冻前添加为宜,待各种配料加入后,充分搅拌均匀。

混合料的酸度以 0.18%~0.2% 为宜。酸度过高应在杀菌前进行调整,可用 NaOH 或 NaHCO$_3$ 进行中和,但不得过度,否则,会产生涩味。

一般而言,干物料需称重,而液体物料既可称重,也可以进行容积计量。在小型工厂,生产能力小,所以全部干物料通常称重后加入到混料缸中,这些缸都能间接加热并带有搅拌器。大型工厂生产使用自动化设施,这些设施一般按生产商特定要求进行制造。缸中的原料被加热并混合均匀,随后进行均质和巴氏杀菌。在大型生产厂通常有两个混料缸,其生产能力按巴氏杀菌器的每小时生产能力设计,以保证一个稳定的连续流动。干物料,尤其是乳粉通常被加入到一个混料单元,在此液体循环流过,形成一定喷射状态将乳粉吸入到液体中。在液体返回到缸之前,液体被加热到 50~60℃ 以提高溶解。液态物料如乳、稀奶油、糖液等经计量泵入到混料缸。

(四)混合料的均质

1. 均质的目的

①冰淇淋的混合料本质上是一种乳浊液,里面含有大量粒径为 4~8μm 的脂肪球,这些脂肪粒与其他成分的密度相差较大,易于上浮,对冰淇淋的质量十分不利,故必须加以均质使混合原料中的乳脂肪球变小。细小的脂肪球互相吸引会使混合料的黏度增加,能防止凝冻时乳脂肪被搅成奶油粒,以保证冰淇淋产品组织细腻。

②通过均质作用,强化酪蛋白胶粒与钙及磷的结合,使混合料的水合作用增强。

③适宜的均质条件是改善混合料起泡性、获得良好组织状态及理想膨胀率冰淇淋的重要因素。

④均质后制得的冰淇淋组织细腻,形体润滑松软,具有良好的稳定性和持久性。

2. 均质的条件

(1)均质压力的选择 压力的选择应适当。压力过低时,脂肪粒没有被充分粉碎,乳化不良,影响冰淇淋的形体;而压力过高时,脂肪粒过于微小,使混合料黏度过高,凝冻时空气难以混入,给膨胀率带来影响。合适的压力,可以使冰淇淋组织细腻、形体松软润滑,一般选择压力为 14.7~17.6MPa。

(2)均质温度的选择 均质温度对冰淇淋的质量也有较大的影响。当均质温度低于 52℃ 时,均质后混合料黏度高,对凝冻不利,形体不良;而均质温度高于 70℃ 时,凝冻时膨胀率过大,也有损于形体。一般较合适的均质温度是 65~70℃。

(五)混合料的杀菌

冰淇淋混合料一般采用巴氏杀菌法,杀菌条件一般为:间歇式巴氏杀菌 75~77℃、20~30min,高温短时巴氏杀菌 80℃、25s,超高温巴氏杀菌 100~128℃、3~4s。如果使用淀粉,则必须提高杀菌温度或延长杀菌时间。近年来,适用于冰淇淋配料杀菌的高温巴氏杀菌设备被广泛使用,应用最多的是 80℃、25s 高温短时巴氏杀菌法。

(六)混合料的冷却

冷却是使物料降低温度的过程。均质、杀菌后的混合料温度较高。如大于 5℃,则易出现脂肪分离现象,需要将其迅速冷却至 2~4℃ 后输入到老化缸(冷热缸)进行老化。但一般不将混合原料冷却至0~1℃，因料温过低易产生冰结晶，而影响冰淇淋质量。冷却过程可在板式热交换器或圆筒式冷缸中进行。冷却的目的在于：

（1）防止脂肪上浮　混合原料经均质后，脂肪球碎裂成脂肪微粒，但其不稳定，加上温度偏高，料液细度较低，脂肪球易相互聚集而上浮。及时将料温降低，使其黏度增加，脂肪球就不易聚集和上浮。

（2）利于老化的进行　须采用高效的冷却设备，使物料在较短的时间内，冷却至老化所需温度。但不宜过低，不可将其冷却至0℃或更低。因料温过低易产生大量冰结晶，反而影响冰淇淋质量。

（3）稳定产品质量　如混合料温度长期过高会使酸度增加，影响香味，甚至影响凝冻。及时冷却则可避免这些缺陷，稳定产品质量。

（七）混合原料的老化

老化是将经均质、冷却后的混合料置于老化缸中，在2~4℃的低温下使混合料在物理上成熟的过程，又称"成熟"或"熟化"。

1. 老化的目的

目的是促进脂肪、蛋白质和稳定剂的水合作用，稳定剂充分吸收水分使料液黏度增加。成为良好与稳定的乳浊液，以利于凝冻搅拌时膨胀率的提高，缩短凝冻操作的时间，并改善冰淇淋的形体与组织。老化期间的物理变化导致在以后的凝冻操作使搅打出的液体脂肪增加，随着脂肪的附聚和凝聚促进了空气的混入，并使搅入的空气泡稳定，从而使冰淇淋具有细致、均匀的空气泡分散，赋予了冰淇淋细腻的质构，增加了冰淇淋的融化阻力，提高了冰淇淋的贮藏稳定性。

2. 老化的条件

老化操作的参数主要为温度和时间。一般制品老化时间为2~24h。老化时间与温度有关，随着温度的降低，老化的时间也将缩短。例如，在2~4℃时，老化时间不低于4h；而在0~1℃时，只需2h。若温度过高，如高于6℃，则时间再长也难有良好的效果。混合料的组成成分与老化时间有一定关系，干物质越多，黏度越高，老化时间越短。一般说来，老化温度控制在2~4℃，时间为6~12h为佳。

为提高老化效率，也可将老化分两步进行。先将混合料冷却至15~18℃，保温2~3h，此时混合料中的稳定剂得以充分与水化合，提高水化程度；然后，将其冷却到2~4℃，保温3~4h，这可大大提高老化速度，缩短老化时间。

3. 老化过程中的物料内部变化

（1）干物料的完全水合作用　尽管干物料在物料混合时已溶解了，但仍然需要一定的时间才能完全水合。完全水合作用的效果体现在混合物料的黏度以及后来的形体，奶油感、抗融性和成品贮藏稳定性上。

（2）脂肪的结晶　在老化的最初几个小时，会出现大量脂肪结晶。甘油三酯熔点最高，结晶最早，离脂肪球表面也最近，这个过程重复地持续着，因而形成了以液状脂肪为核心的多壳层脂肪球。乳化剂的使用会导致更多的脂肪结晶，保持液体状态脂肪的总量取决于所含的脂肪种类，液态和结晶的脂肪之间保持一定的平衡是很重要的。如果使用不饱和油脂作为脂肪来源，结晶的脂肪就会较少，这种情况下所制得的冰淇淋其食用质量和贮藏稳定性都会较差。

（3）脂肪球表面蛋白质的解吸　老化期间冰淇淋混合物料中脂肪球表面的蛋白质总量减

少。含有饱和的甘油一酯的混合物料中蛋白质解吸速度加快。通过电子显微镜观察发现，脂肪球表面乳化剂的最初解吸是黏附的蛋白质层的移动，而不是单个酪蛋白粒子的移动。在最后的搅打和凝冻过程中，由于剪切力相当大，界面结合的蛋白质可能会更完全地释放出来。

4. 老化的设备

冰淇淋混合料冷却与老化设备根据工厂的生产能力而异。一般中小型工厂可采用间歇式冷却系统，即设置 1000L 或 2000L 冷缸来贮存混合料进行老化。而大型工厂则可采用现代化的半自动或全自动老化程控系统来完成。

（1）间歇式老化系统　间歇式老化系统可选用 1000L、2000L 冷缸数台组合使用。这个系统较简单，可选购国产设备来解决。冰淇淋混合料进行老化的贮缸，通常为三层不锈钢板焊接制成的圆筒形冷缸。该缸能通过夹层中冰水冷却和保温，确保混合料在 2~4℃ 的温度下持续老化 4h 或更长的时间。

（2）自动化老化系统及其装置　其优点是整个系统全封闭，能防止细菌二次污染。其工艺技术条件的控制都通过计算机程控系统，整个系统的清洗采用就地清洗（CIP）系统。该系统能与后道凝冻工序连接，做到连续供料。

全自动老化系统是根据工厂日产量为依据而组合的。老化罐的总容量为 1.8×该工厂每天的混合料量。其典型系统是由 4 个容量为 2000L 或 4000L 的贮罐组成。如工厂每天要同时生产几种不同风味的冰淇淋产品，则老化贮罐可增加至 5~6 个。这一系统可进行就地清洗消毒，但在清洗每个罐和凝冻机管线前，必须由人工连接。

（八）冰淇淋的凝冻

凝冻是冰淇淋生产中最重要的工序之一，是冰淇淋的质量、可口性、产量的决定因素。它是将混合原料在强制搅拌下进行冷冻，这样可使空气呈极微小的气泡状态均匀分布于混合原料中，而使水分中有一部分（20%~40%）呈微细的冰结晶。这些小冰结晶的产生和形成对于冰淇淋质地的光滑、硬度、可口性及膨胀率来说都是必需的。

当冰淇淋被凝冻至适当稠度和硬度时，就可以从凝冻机中挤出进行包装，并迅速转移到硬化室进行进一步冷冻，完成冰淇淋的硬化过程。

凝冻工序对冰淇淋的质量和产率有很大影响，其作用在于冰淇淋混合原料受制冷剂的作用而降低了温度，逐渐变厚而成为半固体状态，即凝冻状态。搅拌器的搅动可防止冰淇淋混合原料因凝冻而结成冰屑，尤其是在冰淇淋凝冻机筒壁部分。在凝冻时，空气逐渐混入而使料液体积膨胀。

由于稳定剂和乳化剂的存在，使分散状态均匀细腻，并具有一定形状。在冰淇淋生产中，凝冻过程是将混合料置于低温下，在强制搅拌下进行冰冻，使空气以极微小的气泡状态均匀分布于混合料中，使物料形成细微气泡密布、体积膨胀、凝结体组织疏松的过程。

1. 凝冻的目的

（1）使混合料更加均匀　经均质后的混合料还需添加香精、色素等，在凝冻时由于搅拌器的不断搅拌，使混合料中各组分进一步混合均匀。

（2）使冰淇淋组织更加细腻　凝冻是在 -6~$-2℃$ 的低温下进行的，此时料液中的水分会结冰，但由于搅拌作用，水分只能形成 4~$10\mu m$ 的均匀小结晶（图 9-2），使冰淇淋的组织细腻、形体优良、口感滑润。

（3）使冰淇淋获得适当的膨胀率　在凝冻搅拌过程中，空气的混入（图 9-2）可使冰淇淋

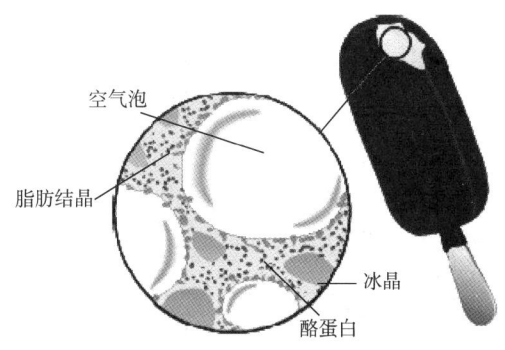

图 9-2 冰淇淋的结构

的体积增加，质地变得松软，适口性得到改善。

（4）提高冰淇淋稳定性　凝冻后，由于空气气泡传导的作用，可使产品的抗融化作用增强。

（5）加速硬化成型进程　由于搅拌凝冻是在低温下操作，因而能使冰淇淋料液冻结成为具有一定硬度的凝结体，即凝冻状态，经包装后可较快硬化成形。

2. 凝冻的过程

冰淇淋料液的凝冻过程大体分为以下三个阶段：

（1）液态阶段　料液经过凝冻机凝冻搅拌一段时间（2~3min）后，料液的温度从进料温度4℃降低到2℃。由于此时料液温度尚高，未达到使空气混入的条件，故称这个阶段为液态阶段。

（2）半固态阶段　继续将料液凝冻搅拌2~3min，此时料液的温度降至-2~-1℃，料液的黏度也显著提高。由于料液的黏度提高了，空气得以大量混入，料液开始变得浓厚而体积膨胀，这个阶段为半固态阶段。

（3）固态阶段　此阶段为料液即将形成软冰淇淋的最后阶段。经过半固态阶段以后，继续凝冻搅拌料液3~4min，此时料液的温度已降低到-6~-4℃，在温度降低的同时，空气继续混入，并不断地被料液层层包围，这是冰淇淋料液内的空气含量已接近饱和。整个料液体积不断膨胀，料液最终成为浓厚、体积膨大的固态物质，此阶段即是固态阶段。

3. 冰淇淋在凝冻过程发生的变化

（1）空气混入　在混合物料进入凝冻机前，空气同时混入其中。冰淇淋一般含有50%（体积分数）的空气，由于搅拌器转动的机械作用，空气被分散成小的空气泡，其典型的直径为50μm。空气在冰淇淋内的分布状况对成品质量最为重要，空气分布均匀就会形成光滑的质构、奶油的口感和温和的食用特性。而且，抗融性和贮藏稳定性在相当程度上取决于空气泡分布是否均匀、适当。

（2）水冻结成冰　由于冰淇淋混合物料中的热量被迅速转移走，水冻结成许多小的冰晶，混合物料中大约50%的水冻结成冰晶，这取决于产品的类型。灌装设备温度的设置常比出料温度略低，这样就能保证产品不至于太硬。但是值得强调的是，若出料温度较低，冰淇淋质量就提高了，这是因为冰晶只有在热量快速移走时才能形成，在随后的冻结（硬化）过程中，水分仅凝结在产品中的冰晶表面上。因此，如在连续式凝冻机中形成冰晶多，则最终产品中的冰晶就会少，质构更光滑，贮藏中形成冰屑的趋势也会大大减小。

4. 冰淇淋的膨胀率

冰淇淋在凝冻过程中，会出现体积膨胀的现象，又称膨化或者增容。其原因是混合原料在凝冻过程中，空气被混入冰淇淋中形成许多细小的气泡从而使体积增加。同时，混合原料中水的凝结成冰晶，也会使体积增加。冰淇淋的体积膨胀，可使混合原料凝冻与硬化后得到优良的组织与形体，其品质比不膨胀或膨胀不够的冰淇淋适口，且更为柔润与松散。这是其质构方面与冰棍和雪糕最大的差别。微小的气泡均匀地分布于冰淇淋组织中，可以起到稳定和阻止热传导的作用，可使冰淇淋成型硬化后较持久不融化，并且弱化冷食的"凉"的口感，有利于非夏季的产品销售。对于混合型冰淇淋来讲，膨化可以增加体系的黏度，使果料、巧克力球等配料的混合更均匀。从经济的角度来看，混合原料的膨胀会使同体积下产品的成本有所降低。

冰淇淋的膨胀率指冰淇淋混合原料在凝冻时，制品体积增加的百分率。若冰淇淋的膨胀率控制不当，则得不到优良的感官品质。膨胀率过高，则组织松软；过低时，则组织坚实，冰晶较大、口感粗糙。冰淇淋制造时应控制一定的膨胀率，使其具有优良的组织和形体。奶油冰淇淋最适宜的膨胀率为 90%~100%，果味冰淇淋则为 60%~70%。

冰淇淋的膨胀率可用浮力法测定，即用冰淇淋膨胀率测定仪测量冰淇淋试样的体积，同时称取该冰淇淋试样的质量并用密度计测定冰淇淋混合原料（融化后冰淇淋）的密度，以体积百分数计算膨胀率，如式（9-1）所示。

$$X(\%) = \frac{V - V_1}{V_1} \times 100 = \left(\frac{V}{m/\rho} - 1\right) \times 100 \quad (9-1)$$

式中　V——冰淇淋试样的体积，cm^3；
　　　m——冰淇淋试样的混合原料质量，g；
　　　ρ——冰淇淋试样的混合原料密度，g/cm^3；
　　　V_1——冰淇淋试样的混合原料体积，cm^3（m/ρ）。

影响冰淇淋膨胀率的因素主要有两个方面。

（1）原料方面

①乳脂肪及其他脂肪：含量越高，混合料的黏度越大，越有利于膨胀。但乳脂肪含量过高时，则效果反之。一般乳脂肪含量在 6%~12% 时，膨胀率最好。

②非脂肪乳固体：非脂肪乳固体含量高，能提高膨胀率，一般为 10%。

③含糖量高，冰点降低，会降低膨胀率，一般以 13%~15% 为宜。

④适量的稳定剂，能提高膨胀率；但用量过多则黏度过高，空气不易进入而降低膨胀率，一般不宜超过 0.5%。

⑤无机盐对膨胀率有影响。如钠盐能增加膨胀率，而钙盐则会降低膨胀率。

（2）操作方面

①均质适度，能提高混合料黏度，空气易于进入，使膨胀率提高；但均质过度则黏度高、空气难以进入，膨胀率反而下降。

②在混合料不冻结的情况下，老化温度越低，膨胀率越高。老化的温度和时间控制不当，会造成游离脂肪增加、黏度降低、乳化效果差等问题，导致膨胀率降低。

③混合原料通常采用巴氏杀菌，相比于瞬间高温杀菌，巴氏杀菌法混合料变性少，膨胀率高。

④空气混入量合适才能得到较佳的膨胀率，应注意控制。

⑤凝冻机的构造、转速、凝冻时间均对膨胀率有影响。适当延长凝冻时间，可以提高起泡性和膨胀率。但凝冻时间过长则会造成脂肪凝聚和析出，使得液体脂肪量增加产生消泡作用，导致起泡性和膨胀率下降。

5. 凝冻设备与操作

凝冻机是混合料制成冰淇淋成品的关键设备，凝冻机按生产方式分为间歇式的小型手摇冰淇淋机、立式凝冻机和连续式凝冻机等，可按生产能力选用。图9-3和图9-4分别为连续凝冻机和它的凝冻工作部构造。混合料从老化缸不断被泵送入充有制冷剂的夹套冷冻桶。凝冻机的冷冻温度为-6~-3℃，冷冻过程非常迅速，这一点对形成细小冰晶非常重要。凝冻在冷冻桶内表面的混合料被桶内的旋转刮刀连续不断刮下来。混合料在混入空气后容积增加，即"膨胀"，通常膨胀率为80%~100%，即每升混合料配0.8~1L的空气。冰淇淋离开连续凝冻机的组织状态与软冰类似，大约有40%的水分被冷冻成冰。这样产品就可以泵送到下一段工序：包装、挤出或装模。果酱、坚果或巧克力的碎片在凝冻之后可以立即加入到冰淇淋中去。这一过程可通过在冰淇淋生产上连接波纹管泵或一个干物料填充器来完成。

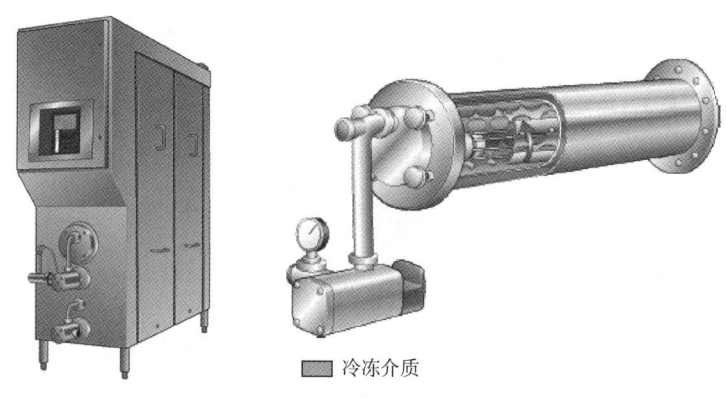

图9-3　连续式凝冻机　　图9-4　连续式凝冻机凝冻工作部位

（九）灌装成型

凝冻后的冰淇淋必须立即成型和硬化，以满足贮藏和销售的需要，根据销售的要求进行分装成型。冰淇淋的分装成型，系根据所制产品品种的形态要求，采用各种不同类型的成型设备来进行的。

1. 成型与包装的目的

经凝冻后的冰淇淋呈半流体状，通常称为软质冰淇淋。它的组织为无定形的，故必须通过成型与包装工序灌装成型并经硬化，使其食用方便，并且便于贮藏、运输和销售。

2. 包装的形式

（1）供零售用的大包装冰淇淋　又称散装冰淇淋，采用一次性包装。容器一般是采用纤维板、卡纸或食用塑料制成，都具有防潮功能，经消毒处理后可使用。采用不同类型的自动定量灌装机分装，其规格为5L、10L、20L等。

（2）供零售用的小包装冰淇淋　国际上通用的直接供零售的小包装品种，从包装容器材质来分有纸质和塑料两大类。灌装成型的形状有砖状、杯状、块状、锥形、棒块状和异形状等多种。单个质量有50g、70g、80g、90g、100g、120g、150g、300g、500g等多种规格。适应家庭消费的家庭装的纸盒或食用塑盒冰淇淋有 1000g、2000g、2500g 等几种。

3. 成型的方式与方法

灌装成型的方式有多种，主要是根据工厂生产规模、品种类型、班产量等因素来确定灌装成型设备的型号。灌装成型设备一般有以下类型：

（1）模具加手工操作　传统的小冰砖（块状产品）、雪糕和棒冰等均采用模具灌装成型冻结。此种方式目前仅小型工厂采用。

（2）机械灌装、手工辅助　这类方式使用单功能或多功能的杯状灌装机、锥形蛋筒灌装机。块状或砖状挤压成型切块机、双色或三色塑盒灌装机、蛋糕形挤压成型机、挤压异形成型机等。目前中型工厂选用此种方式。

（十）硬化

为了保证冰淇淋的质量，便于销售与贮藏运输，已凝冻的冰淇淋在分装和包装后，必须迅速地进行一定时间的低温（-40～-25℃）冷冻，使其组织状态固定、硬度增加的过程称为硬化。

1. 硬化的目的

（1）保持预定的形态　冰淇淋经成型后，变成了锥形、方形等形态，但这是由于容器使其成型，为使其固定不变，保持此形态，可以通过硬化来达到此要求。

（2）提高产品质量　由于硬化时温度很低，冰淇淋中大多数剩余水分在很短的时间内迅速完成结晶过程，这时所产生的冰晶极其细微，产品更加细腻润滑。

（3）便于运输和销售　软质冰淇淋质地柔软，是很难运输的。但是经过低温硬化，温度可低至-40～-25℃，这时的冰淇淋，有较好的硬度和强度，在运输时能抵抗一般外力而保持原来形状，也便于销售。

2. 硬化的设备

冰淇淋分装和包装后，应立即采用硬化室或速冻隧道进行急冻硬化。冰淇淋硬化的优劣，对产品的最后品质有着至关重要的影响。硬化迅速则表面融化少，组织中冰结晶细，成品细腻轻滑、口感好；若硬化迟缓，则部分冰淇淋融化，冰的结晶粗而多，成品组织粗糙，品质低劣。

冰淇淋的硬化设备，小批量生产采用硬化室，大批量生产则采用现代化的速冻隧道如图 9-5 所示，并与上一工序灌装或成型工序衔接连成连续与自动化生产线，这样能获得更好的硬化效果。

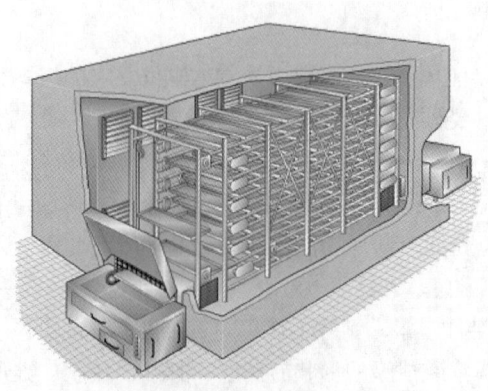

图 9-5　速冻隧道

(十一) 贮藏

冰淇淋从硬化设备输出后,应立即装箱,运至冷库贮藏,待检验合格即可作为成品投放市场销售。

1. 冰淇淋在贮藏冷库中的变化

①通过硬化室或速冻隧道硬化后的冰淇淋产品被送入冷库,一般温度在-30~-25℃(或更低)。在贮存中,由于冰结晶的长大而使剩余的5%~10%的自由水相冻结成微细的冰晶。

②冰淇淋的保质期首先取决于冷库里温度和发生的温度变化。另外,原料的情况也会影响冷库里的保质期。贮藏室的基本条件是与硬化室或速冻隧道的温度基本保持一致,以防止融化和再冻结的发生。否则,由于冰晶的长大导致最终产品中有冰屑出现。

③冰淇淋保存于-30~-25℃的温度,一般不会变味,可贮存12个月。冰淇淋贮存冷库的温度不得高于-23℃,并要温度差不大于2℃,相对湿度为85%~90%,但绝不能高于-21℃,否则,冰淇淋制品中部分冻结水分将融化,此时即使温度再下降,其品质仍会变得粗糙。温度的变化促使制品中乳糖结晶而形成砂状。因此,在贮藏期间应加强库房出入管理,确保库温的稳定,不宜忽高忽低,以免影响冰淇淋的品质。

2. 冰淇淋贮藏期

冰淇淋贮藏期一般为2~4个月。贮藏时间过长会使冰淇淋风味及组织变坏及干缩,如用金属容器盛装还会产生金属味。添加果仁的冰淇淋容易酸败,贮藏时间也不能过长。

第四节 冰淇淋质量标准及控制

一、冰淇淋质量标准

1. 感官要求

GB/T 31114—2014《冷冻饮品 冰淇淋》对冰淇淋的感官要求如表9-6所示。

表9-6 冰淇淋的感官要求

项目	要求					
	全乳脂		半乳脂		植脂	
	清型	组合型	清型	组合型	清型	组合型
色泽	色泽均匀,具有品种应有的色泽					
形态	形态完整,大小一致,不变形,不软塌,不收缩					
组织	细腻滑润,无气孔,具有该品种应有的组织特征					
滋味、气味	柔和乳脂香味,无异味		柔和淡乳香味,无异味		柔和植脂香味,无异味	
杂质	无正常视力可见外来杂质					

2. 理化指标

对冰淇淋的理化指标规定如表9-7所示。

表 9-7　冰淇淋的理化指标（GB/T 31114—2014《冷冻饮品　冰淇淋》）

项目		指标					
		全脂乳		半脂乳		植脂	
		清型	组合型	清型	组合型	清型	组合型
非脂乳固体 / （g/100g）	≥	6.0					
总固形物 / （g/100g）	≥	30.0					
脂肪 / （g/100g）	≥	8.0		6.0	5.0	6.0	5.0
蛋白质 / （g/100g）	≥	2.5	2.2	2.5	2.2	2.5	2.2

注：1. 组合型产品的各项指标均指冰淇淋主体部分。
　　2. 非脂乳固体含量按原始配料计算。

二、冰淇淋主要质量缺陷及控制措施

1. 冰淇淋风味缺陷及控制措施

（1）甜味不足　主要原因是配料发生差错，没有按规定量添加，以及在使用蔗糖代用品时没有按甜度要求计算用量，使甜度降低，或是因配料时加水过多。因此，要抽样化验含糖量与总干物质含量，加强配方管理工作，严格按配方标准加料。

（2）香味不正　主要是由于使用了不相称的香精，或加入香精量过多，以及香精品质低劣造成的。因此，对香精的用量和品质要严格控制。

（3）咸味　在冰淇淋中含有过高的非脂乳固体或者被中和过度，均能产生咸味。另外，在冰淇淋原料中采用含盐量较高的干酪或乳清粉，也能产生咸味。

（4）酸败味　主要是由细菌繁殖所产生。冰淇淋混合料的杀菌工序不当，杀菌工艺条件有误，或者是混合料在杀菌后放置过久，使微生物混入其中生长繁殖而引起。另外，采用高酸度的乳制品，如干酪、炼乳等，也可造成酸败味。因此，应严把原料质量关，同时杀菌工序严格按规操作。

（5）蒸煮味　在冰淇淋中，加入经高温处理的含有较高非脂乳固体的乳制品，或者混合原料经过长时间的热处理，均会产生蒸煮味。生产中严格控制热处理条件，避免物料长时间受热。

（6）烧焦味　主要是由于对某些原料处理时因温度过高产生烧焦现象而引起的，如花生冰淇淋或咖啡冰淇淋中，由于加热烧焦的花生仁或咖啡而引起，这就需要严格控制原料质量。另外，对料液加热杀菌时温度过高。时间过长或使用酸度过高的牛乳也会出现烧焦味。因此，要严格执行杀菌操作规程。

（7）油哈味　主要是因使用已经氧化变质的动植物油脂或乳制品而产生，因此，在使用油脂或含油脂多的原料时必须严控原料质量。

（8）氧化味　主要是由原料贮存时间过长或贮存条件不当，脂肪或类脂（如磷脂）的氧化引起的。Cu^{2+} 和 Fe^{2+} 可以加速脂类物质的氧化，甘油一酯和甘油二酯或聚山梨酸酯也能加速脂类物质的氧化。

（9）金属味　制造时采用铜或锡制设备，或由于装在马口铁听内的冰淇淋贮存过久，或因罐头已腐蚀，或用贮藏日久的炼乳罐头引起的。因此，应避免加工贮藏过程中物料及产品与铜锡等金属的接触。

（10）酸败味　这种气味的产生，主要是由于乳脂肪中丁酸水解、混合原料杀菌不彻底、细菌产生脂酶所致。

2. 组织缺陷及控制措施

（1）组织粗糙　在制造冰淇淋时，由于冰淇淋组织的总干物质量不足，砂糖与非脂乳固体量配合不当，所用稳定剂的品质较差或用量不足，混合原料所用乳制品溶解度差，均质压力不当，凝冻时混合原料进入凝冻机温度过高，机内刮刀的刀刃太钝，空气循环不良，硬化时间过长，冷藏温度不正常导致冰淇淋融化后再冻结等因素，均能造成冰淇淋组织中产生较大的冰结晶体而使组织粗糙。

（2）组织软塌/松软　这与冰淇淋含有多量的空气泡有关。这种现象是在使用干物质量不足的混合原料，或者使用未经均质的混合原料以及膨胀率控制不良时所产生的。

（3）面团状的组织　在制造冰淇淋时，稳定剂用量过多、硬化过程掌握不好，均能产生这种缺陷。

（4）组织坚实　含总干物质量过高及膨胀率较低的混合原料，所制成的冰淇淋会具有这种组织状态。

3. 形体缺陷及控制措施

（1）收缩现象　冰淇淋的收缩指冰淇淋成形后体积缩小的现象，是冰淇淋生产中重要的工艺问题之一。冰淇淋收缩的主要原因是由于冰淇淋硬化或贮藏温度变异，黏度降低和组织内部分子移动，从而引起空气泡的破坏，空气从冰淇淋组织内溢出。

冰淇淋在硬化室中被冷冻至很低的温度，硬化后转贮于冷藏库中。由于硬化室与冷藏库的温度不等，冰淇淋的温度将会逐渐上升，同时，在转贮至冷藏库的过程中，很可能受到一些撞击。在这种情况下，当冰淇淋温度升高时，则冰淇淋组织中空气泡的压力也相应增加。同样情况下，由于温度上升，冰淇淋表面开始受热而逐渐变软，甚至产生部分融化现象，同时黏度也相应降低。接近冰淇淋表面的空气气泡由于压力的增加而破裂逸出，变软或甚至融化的冰淇淋即陷落而代替逸出的空气，因此，冰淇淋发生体积缩小现象。这种体积缩小现象，即所谓冰淇淋的收缩。

冰淇淋的收缩，影响产品外观和商品价值，防止冰淇淋的收缩，从以下几方面考虑。

①采用品质较好、酸度低的鲜乳或乳制品为原料。

②冰淇淋混合原料中，糖分含量不宜过高，且不宜采用淀粉糖浆，以防凝冻点降低。

③在配制冰淇淋时用低温老化，这样可以防止蛋白质含量的不稳定。

④严格控制冰淇淋凝冻搅拌操作，防止膨胀率过高。

⑤快速硬化，组织中冰的结晶细小，融化慢，产品细腻、润滑，能有效地防止空气气泡的逸出，减小冰淇淋的收缩。

⑥严格控制硬化室和冷藏库内的温度，防止温度升降，尤其当冰淇淋膨胀率较高时更需注意，以免使冰淇淋受热变软或融化等。

（2）形体太黏　形体过黏的原因与稳定剂使用量过多、总干物质量过高、均质时温度过低以及膨胀率过低有关。

（3）有奶油粗粒　冰淇淋中的奶油粗粒，是由于混合原料中脂肪含量过高、混合原料均质不良、凝冻时温度过低以及混合原料酸度较高所形成的。

（4）融化缓慢　这是由于稳定剂用量过多、混合原料过于稳定、混合原料中含脂量过高以及使用较低的均质压力等所造成的。

(5) 融化后成细小凝块　一般是由于混合原料高压均质时，酸度较高或钙盐含量过高，而使冰淇淋中的蛋白质凝成小块。

(6) 融化后成泡沫状　由于混合原料的黏度较低或有较大的空气泡分散在混合原料中，因而当冰淇淋融化时，会产生泡沫。主要是制造冰淇淋时稳定剂用量不足或稳定剂选用不当没有完全稳定所造成。

(7) 冰的分离　冰淇淋的酸度增高，会造成冰分离的增加；稳定剂采用不当或用量不足，混合原料中总干物质不足以及混合料杀菌温度低，均能增加冰的分离。

(8) 冰砾现象　冰淇淋在贮藏过程中，常常会产生冰砾。冰砾通过显微镜的观察为一种小结晶物质，这种物质实际上是乳糖结晶体，因为乳糖在冰淇淋中比其他糖类更难溶解。冰淇淋长期贮藏在冷库中，在其混合原料中存在晶核、黏度适宜以及有适当的乳糖浓度与结晶温度时，乳糖便在冰淇淋中形成晶体。冰淇淋贮藏在温度不稳定的冷库中，容易产生冰砾现象。当冰淇淋的温度上升时，一部分冰淇淋融化，增加了不凝冻液体的量并降低了物体的黏度。这种条件利于分子的渗透，而水分聚集后再冻结使组织粗糙。

第五节　其他类型冷冻饮品

一、雪糕

雪糕（ice milk）是以饮用水、乳和（或）乳制品、蛋制品、水果制品、豆制品、食糖、食用植物油等的一种或多种为原辅料，添加或不添加食品添加剂和（或）食品营养强化剂，经混合、灭菌、均质、冷却、成型、冻结等工艺制成的冷冻饮品。雪糕的总固形物、脂肪含量较冰淇淋低。

膨化雪糕生产时需要采用凝冻技术，即在浇模前将料液输送到冰淇淋凝冻机内先进行搅拌，凝冻后再浇模、冻结，由于在凝冻过程中有膨胀率产生，故生产的雪糕组织松软，口感好，称为膨化雪糕。膨化雪糕较一般雪糕风味更好。

1. 雪糕的种类

根据 GB/T 31119—2014《冷冻饮品　雪糕》，雪糕按照产品的组织状态分为清型雪糕和组合型雪糕，其理化指标见表9-8，感官特征见表9-9。

(1) 清型雪糕　不含颗粒或块状辅料的制品，如橘味雪糕。

(2) 组合型雪糕　以雪糕为主体，与相关辅料（如巧克力等）组合而成的制品，其中雪糕所占质量分数>50%，如白巧克力雪糕、果汁冰雪糕等。

表9-8　雪糕的理化指标

项目		指标	
		清型	组合型
总固形物/（g/100g）	≥	20	20
蛋白质/（g/100g）	≥	0.8	0.4

续表

项目		指标	
		清型	组合型
脂肪/（g/100g）	≥	2.0	1.0

注：组合型指标均指主体。

表 9-9　　　　　　　　　雪糕的感官要求

项目	要求	
	清型	组合型
色泽	具有品种应有的色泽	
形态	形态完整，大小一致。插杆产品的插杆应整齐，无断杆，无多杆	
组织	冻结坚实，细腻滑润	具有品种应有的组织特征
滋味和气味	滋味、气味柔和纯正，无异味	
杂质	无正常视力可见外来杂质	

2. 雪糕的生产工艺流程及配方

（1）工艺流程　如图 9-6 所示。

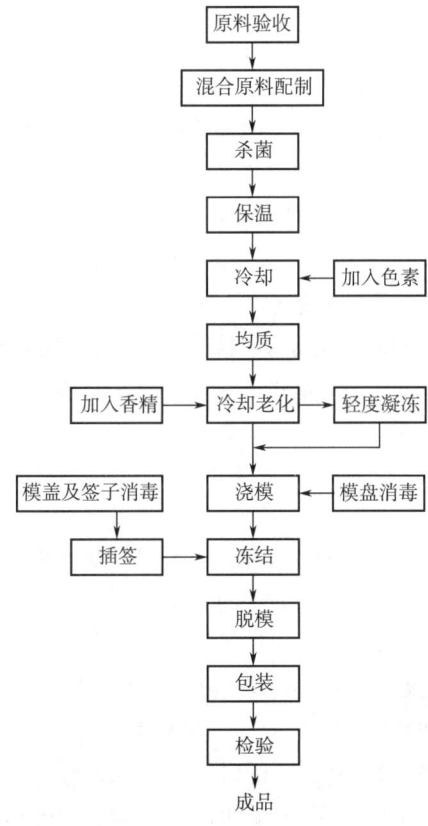

图 9-6　雪糕生产工艺流程

(2) 配方　根据国家标准，雪糕与冰淇淋在配方上，差别不大。砂糖13%~14%，淀粉1.25%~2.5%，牛乳32%左右，香料适量，糖精0.010%~0.013%，精炼油脂2.5%~4.0%，麦乳精及其他特殊原料1%~2%，着色剂适量。

3. 技术要点

雪糕生产时，原料配制、杀菌、冷却、均质、老化等操作技术与冰淇淋基本相同。普通雪糕不需经过凝冻工序直接经浇模、冻结、脱模、包装而成，膨化雪糕则需要凝冻工序。

(1) 混合料配制　配料时，可先将黏度低的原料如水、牛乳、脱脂乳等加入，黏度高或含水分低的原料如冰蛋、全脂甜炼乳、乳粉、奶油、可可粉、可可脂等依次加入，经混合后制成混合料液。在配制时需注意以下几点：

①对于冰蛋或自制的已结冰的鸡蛋浆，要将其先切成小块，并与牛乳和水混合，质量比为1∶4，在混合缸内加热，温度不能高于55℃，以免鸡蛋变成鸡蛋花。

②在使用淀粉前，要先用5~6倍的水将其稀释成淀粉浆，然后边搅拌边将淀粉浆加入混合缸内，加热温度为60~70℃，使其初步糊化，然后再通过泵循环过滤，将未溶化的淀粉颗粒及杂质过滤掉。将过滤过的淀粉浆打入杀菌缸内。

③要将可可脂与奶油切成小块，加热融化后一起在混合缸中过滤，再打入杀菌缸内。

④乳粉可与砂糖、水或牛乳一起搅拌混合，加热温度为75℃左右，过滤打入杀菌缸内。

(2) 杀菌　雪糕混合料的杀菌温度是85~87℃，时间为5~10min。

(3) 均质　均质时要求混合料温为60~70℃，均质压力为15~17MPa。均质后的料液可直接进入冷却缸中。

(4) 冷却　将均质后的混合料的温度降至4~6℃。一般冷却温度越低，则雪糕的冻结时间越短，这对提高雪糕的冻结率有好处。但冷却温度不能低于-1℃或低至使混合料有结冰现象出现，这将影响雪糕的质量。冷却缸的刷洗与消毒很重要，在混合料冷却前，必须彻底将冷却缸刷洗干净，然后再消毒。实践证明，清洗比消毒更重要。

(5) 浇模　浇模之前必须对模盘、模盖和用于包装的签子进行彻底清洗消毒，可用沸水煮沸或用蒸汽喷射消毒10~15min，确保卫生。浇模时应将模盘前后左右晃动，使模型内混合料分布均匀后，盖上带有签的模盖，将模盘轻轻放入冻结缸（槽）内进行冻结。

(6) 冻结　雪糕的冻结有直接冻结法和间接冻结法。直接冻结法即直接将模盘浸入盐水槽内进行冻结，间接冻结法即速冻库与隧道式速冻。进行直接速冻时，先将冷冻盐水放入冻结槽至规定高度，开启冷却系统；开启搅拌器搅动盐水，待盐水温度降至-28~-26℃时，放入模盘，注意要轻轻推入，以免盐水污染产品；待模盘内混合料全部冻结（10~12min），即可将模盘取出。

(7) 插签　一般要求签插得整齐端正，不得有歪斜、漏插及未插牢现象。当发现模盖上有断签时，要用钩子或钳子将其拔出。当模盖上的签子插好后，最后要用专用工具轻轻用力将插得高低不一的签逐一敲平。敲时不得用力过度，否则将影响拔签工作与产品质量（过紧的签子不易被拔下来）。敲签子的木板不能随意乱放，应放在规定的存放处；敲板每敲10~12个模盖后，要用含有效氯500mg/kg的氯水消毒一次，以确保卫生。

(8) 脱模　使冻结硬化的雪糕由模盘内脱下，将模盘进行瞬时加热，使紧贴模盘的物料融化而使雪糕易从模具中脱出。加热模盘的设备可用烫盘槽，其由内通蒸汽的蛇形管加热。

脱模时，在烫盘槽内注入加热用的盐水至规定高度后，开启蒸汽阀将蒸汽通入蛇形管，控制烫盘槽温度在 50~60℃ 左右；将模盘置于烫盘槽中，轻轻晃动使其受热均匀、浸数秒钟后（以雪糕表面稍融为度），立即脱模；产品脱离模盘后，置于传送带上，脱模即告完成。

（9）包装　包装时先观察雪糕的质量，如有歪签、断签及沾污上盐水的雪糕（沾污上盐水的雪糕表面有亮晶晶的光泽），则不得包装，需另行处理。取雪糕时只允许手拿木签、塑料签而不得接触雪糕体。包装要求紧密、整齐，不得有破裂现象。包好后的雪糕送到传送带上由装箱工人装箱。装箱时如发现有包装破碎、松散者，应将其剔除重新包装。装好后的箱面应印上生产品名、日期、批号等。

二、膨化雪糕

膨化雪糕的生产工艺基本同雪糕一样，只是多了一个凝冻工序，即在浇模前将雪糕混合料液送进间歇式冰淇淋凝冻机内搅拌凝冻后，再浇模。通过凝冻可以达到两个目的：一是使雪糕的质地更加松软，味道更加可口。二是凝冻后料液的温度在 -2~-1℃，有利于提高雪糕产品的质量。

1. 凝冻

雪糕凝冻操作生产时，凝动机的清洗与消毒及凝冻操作与冰淇淋大致相同，料液的加入量与冰淇淋生产有所不同，第一次的加入量约占机体容量的 1/3，第二次则为 1/2~2/3。加入的雪糕料液通过凝冻搅拌，外界空气混入，使料液体积膨胀，因而浓稠的雪糕料液逐渐变成体积膨大而又浓厚的固态。制作膨化雪糕的料液不能过于浓厚，因过于浓厚的固态会影响浇模质量。控制料液的温度在 -3~-1℃，膨胀率为 30%~50%。

2. 浇模

从凝冻机内放出的料液可直接放进雪糕模盘内，放料时尽量估计正确，过多、过少都会影响浇模的效率与卫生质量。已放进模盘的料液因过于浓厚而难以进入模子内，故需用无毒的橡皮刮将其刮平（橡皮刮是用一块不锈钢皮将橡皮夹在中间制成的），并稍微振动几下，目的是将料液振进模底。待模盘内全部整平后，盖好模盖即可冻结。

三、雪泥

雪泥（ice frost）又称冰霜，是用饮用水、食糖、果汁、乳制品等为主要原料，配以相关辅料，含或不含食品添加剂和食品营养强化剂，经混合、灭菌、凝冻或低温炒制等工艺制成的松软冰雪状（雪泥或冰屑状）的冷冻饮品。它与冰淇淋的不同之处在于含油脂量极少，甚至不含油脂，糖含量较高，组织较冰淇淋粗糙，和冰淇淋、雪糕一样是一种清凉爽口的冷冻饮品。

1. 雪泥种类

雪泥按照其产品的组织状态分为清型雪泥和组合型雪泥两种。根据行业标准 SB/T 10014—2008《冷冻饮品　雪泥》，雪泥的理化指标和感官要求分别见表 9-10 和表 9-11。

（1）清型雪泥　不含颗粒或块状辅料的制品，如橘子（橘味）雪泥、香蕉（香蕉味）雪泥、苹果（苹果味）雪泥、柠檬（柠檬味）雪泥等。

（2）组合型雪泥　以雪泥为主体，与相关辅料，如巧克力、饼坯等配合而成的制品，雪泥所占比例不低于 50%，如冰淇淋雪泥、蛋糕雪泥、巧克力雪泥等。

表 9-10　　　　　　　　　　　　　　　　雪泥的理化指标

项目	指标	
	清型	组合型
总固形物/%	≥16	≥16（雪泥主体部分）
总糖（以蔗糖计）/%	≥13	≥13（雪泥主体部分）

表 9-11　　　　　　　　　　　　　　　　雪泥的感官要求

项目	要求	
	清型	组合型
色泽	具有品种应有的色泽	
组织形态	呈冰雪状，不软塌，组织疏松，霜晶微细，入口即溶化，有砂质感	具有品种应有的组织形态特征
滋味和气味	香味纯正，具有品种应有的滋味和气味，无异味	
杂质	无肉眼可见外来杂质	

2. 雪泥生产工艺

雪泥的工艺流程同冰淇淋。

3. 操作技术要点

（1）配料　按规定配方及原料质量要求进行配料，配料的方法基本同冰淇淋的生产工艺。

（2）杀菌与添加色素　冰霜杀菌温度为80~85℃，保温10~15min，冰霜混合料经上述杀菌规程后，不但保证了混合料中淀粉的充分糊化与黏度增加，且达到杀菌的目的。添加色素时，应先将色素事先配制成10~100g/L的溶液，在料液保温时徐徐加入，而不是直接将色素加入料液内。

（3）冷却与添加香精及果汁　杀菌保温后的料液，用冷却设备迅速冷却至2~5℃。冷却温度越低，则冰霜的凝冻时间越短，但料液的温度不能低于-2℃，否则温度过低会造成料液输送困难。冷却后及时在搅拌的前提下徐徐加入添加香精及预经杀菌的果汁。

（4）凝冻与加入果肉　雪泥的凝冻多采用间歇式凝冻机。凝冻操作与生产冰淇淋时相似。不同的是向机内加入比冰淇淋多的冰霜料液，如第一次加入机容量80%的料液，第二次以后为机容量的70%，主要是因生产冰霜没有膨胀率的要求。料液一般经过12~18min凝冻搅拌变为松软的冰雪状的雪泥。如果生产果肉雪泥，要先对果肉进行杀菌处理，并将果肉冷却到2~5℃时，方可添加到凝冻机中。

（5）包装贮藏　凝冻后的雪泥通过冰淇淋灌注机或杯子灌装机灌注，包装形式为冰砖或杯型。包装好的冰霜产品应及时送至-20~-18℃的冷库内贮藏。

> **思考题**
>
> 1. 什么是冰淇淋？冰淇淋是如何分类的？
> 2. 在冰淇淋的生产中，原辅料的选择有哪些要求？
> 3. 试述冰淇淋基本生产工艺流程及操作要点。
> 4. 冰淇淋料液为何要进行老化，如何进行？
> 5. 进行凝冻、硬化时，在对温度的调节和控制方面有何具体要求？
> 6. 影响冰淇淋膨胀率的因素有哪些？
> 7. 冰淇淋制品常发生的一些质量缺陷有哪些，如何避免？
> 8. 冰淇淋发生收缩的原因是什么？如何加以控制？
> 9. 分析比较冰淇淋、膨化雪糕凝冻操作的工艺。
> 10. 雪糕在生产时，如何进行浇膜、脱膜？

思政小模块

冰淇淋的由来

冰制冷饮起源于中国，那时的帝王为了消暑，把冬天的冰取来，贮存在地窖里，到了夏天再拿出来享用。中国《周礼》记载，"凌人掌冰正……祭祀，共冰鉴。宾客，共冰"。唐朝末期，人们在生产火药时开采出大量硝石，发现硝石溶于水时会吸收大量的热，可使水降温到结冰，从此人们可以在夏天制冰。以后逐渐出现了做买卖的人，把糖加到冰里吸引顾客，这就是最早的"冰棍"。《酉阳杂俎》记载了"冰酪""酥山""酪饮"等冷冻食品。到了宋代，市场上冰的花样就多起来了，商人们还在里边加上水果或果汁。元代的商人甚至在其中加上果浆和牛乳，这和现代的冰淇淋已十分相似了。制造"冰淇淋"的方法直到13世纪才被意大利的旅行家马可·波罗带到意大利。

高品质营养冰淇淋的研究进展

《国民营养计划（2017—2030）》指出："以优质动物、植物蛋白为主要营养基料，加大力度创新基础研究与加工技术工艺……加快食品加工营养化转型"。因此，许多企业和科研机构加大对营养功能型的高品质冰淇淋产品的开发，在满足消费者营养需求的同时，提高冰淇淋的品质。

1. 低脂、高蛋白冰淇淋的研究

《中国食物与营养发展纲要（2014—2020年）》指出"保障充足的能量和蛋白质摄入量，控制脂肪摄入量，保持适量的维生素和矿物质摄入量"。现有的冰淇淋存在高糖、高脂、低蛋白等问题，不能满足人们的营养需求。近年来，肥胖症、高血压等慢性病高发，使得人们对低脂产品的需求越来越大。研究人员通过加入脂肪替代品代替部分脂肪，从而在保证原有口感的同时，降低冰淇淋中的脂肪含量。

2. 营养功能型冰淇淋的研究

通过加入益生菌、部分植物提取物、燕麦、大豆分离蛋白等具有功能性的原料，使冰淇淋

具备某种功能特性,从而辅助改善机体的不良状况。

我国的乳品文化博大精深,应夯实理论知识及加工技能,勇于创新,敢于创新,在弘扬我国传统乳制品文化的基础上,开发出高品质营养的冰淇淋产品。

第九章微课视频

冰淇淋和其他类型冷冻饮品

第十章 奶油

本章目标与重难点

学习目标： 了解奶油的概念、种类、特性和品质影响因素，以及不同种奶油的加工工艺和生产要求，掌握奶油的加工工艺及要求。

思政目标： 了解我国传统藏族酥油、内蒙古奶油等，培养民族自豪感，并结合当今快速发展的加工技术，提高学习积极性。

重点和难点： 本章重点为奶油的生产工艺及注意事项；难点为稀奶油、酸性奶油和甜性奶油生产的质量控制以及无水乳脂的生产技术。

第一节 奶油概念、种类与特性

一、概念

根据我国国家标准 GB 19646—2010《食品安全国家标准 稀奶油、奶油和无水奶油》，稀奶油、奶油和无水奶油的定义如下：

（1）稀奶油（cream） 以乳为原料，分离出的含脂肪的部分，添加或不添加其他原料、食品添加剂和营养强化剂，经加工制成的脂肪含量 10.0%~80.0% 的产品。

（2）奶油 又称黄油（butter），以乳和（或）稀奶油（经发酵或不发酵）为原料，添加或不添加其他原料、食品添加剂和营养强化剂，经加工制成的脂肪含量不小于 80.0% 的产品。

（3）无水奶油 又称无水黄油（anhydrous milk fat，AMF），以乳和（或）奶油或稀奶油（经发酵或不发酵）为原料，添加或不添加食品添加剂和营养强化剂，经加工制成的脂肪含量不小于 99.8% 的产品。

二、分类

1. 根据制造方法

（1）酸性奶油 以杀菌的稀奶油为原料，用纯乳酸菌发酵后加工而成的奶油，可分为加盐和不加盐两种，其产品具有微酸和较浓的乳香味，含 80%~85% 的乳脂肪。

（2）甜性奶油 以杀菌的甜性稀奶油（新鲜稀奶油）为原料而制成的奶油，可分为加盐和不加盐两种，甜性奶油风味平淡、滑腻，搅拌后不发酵。

（3）再制奶油　稀奶油与甜性奶油、酸性奶油经过融化，除去其中的蛋白质和水分而制成的奶油，具有独特的脂香味，含有95%以上的乳脂肪。

（4）无水奶油　无水奶油是以杀菌的稀奶油为原料，将稀奶油制成奶油粒后融化，除去其中的蛋白质并脱水，再经过真空压缩而制成的奶油。脂肪含量可达99.9%。

（5）连续式机制奶油　用杀菌的甜性奶油或酸性奶油，经连续式操作制造机加工而成，其水分及蛋白质含量较甜性奶油高，乳香味较高。

2. 根据脂肪含量

各种奶油的脂肪含量范围为：淡奶油（如咖啡奶油）>10%；鲜奶油>28%；重质奶油>35%；双重奶油>45%；凝结稀奶油>55%；黄油>80%；无水奶油>99.8%。

3. 根据是否加盐

奶油可分为无盐奶油、加盐奶油、重盐奶油。

4. 根据配料

奶油可分为一般奶油和花色奶油，如巧克力奶油、含糖奶油、果汁奶油等。

5. 根据脂肪来源

奶油可分为人造奶油（以植物油代替乳脂肪而制成的奶油）、奶油、奶油与人造奶油混合物。

三、奶油特性

奶油的物理结构为水在油中的分散系（固体系），即在脂肪中分散有游离脂肪球（脂肪球膜未破坏的一部分脂肪球）与细微水滴，为油包水（W/O）型结构。水滴中溶有乳中除脂肪以外的其他物质及食盐，因此也称为乳浆小滴。奶油的原料是生乳或稀奶油，而牛乳和稀奶油是一种O/W型乳状液，所以奶油加工中会发生一个相转化过程，即由O/W型乳状液转化为W/O型乳状液。实现这个相转换过程的条件有两个：一是脂肪球的破裂，使内部脂肪溢出；二是排除体系内的水分（排酪乳），使脂肪形成连续相，而少量的水构成奶油的分散相。脂肪球破裂的条件有三个：一是脂肪球数量充足（用含脂率控制）；二是脂肪适当结晶硬化（可采用低温处理）；三是机械作用促进脂肪球之间的碰撞和挤压（可采用搅拌、摔打等处理）。

奶油的主要成分包括：脂肪（>80%）、水（<16%）、非脂乳固体（<2%）、蛋白质（约0.7%）、钙和磷（约1.2%）等。奶油中还含有脂溶性的维生素A、维生素D和维生素E，以及微量的灰分、乳糖、酸、微生物、酶等。加盐奶油还含盐（1.2%~2.5%）。

成品奶油应呈均匀一致的白色或淡黄色，稠密且味纯；水分应分散成细滴，从而使奶油外观干燥；硬度应均匀，这样的奶油易于涂抹，并且到舌头上即时融化。颜色的深浅主要是由其中的胡萝卜素所决定，胡萝卜素占乳中维生素A总量的11%~50%。冬季时的奶油呈淡黄色，为了使奶油的颜色全年一致，秋冬之间往往加入色素以改善其色泽。奶油长期暴晒于日光下时，会自行褪色（在此要说明的是水牛乳的稀奶油制成的奶油是白色的，因为水牛乳不含胡萝卜素）。

酸性奶油比甜性奶油芳香味更浓，其芳香味主要来源于其中的丁二酮、甘油及游离脂肪酸等，丁二酮主要是发酵时细菌的作用而产生。而甜性稀奶油则应有稀奶油味，甜奶油允许有轻微的蒸煮味。用酸性稀奶油制作的奶油比用各种甜性稀奶油做的奶油具有更多特点，例如，芳香味更浓，奶油得率较高，且由于细菌发酵剂能抑制不良微生物的生长，因此在热处理后再次被杂菌感染的危险性较小。酸性稀奶油也有其缺点，酪乳也会被酸化，来自酸性稀奶油的酪乳比来自甜性稀奶油的酪乳有更低的 pH，有时酸酪乳要比甜性稀奶油所得的鲜酪乳难处理得多。酸性稀奶油的另一个缺点是它更容易被氧化，在酸性奶油生产中大部分金属离子进入脂肪相，使酸性奶油易于氧化，产生一种金属味，从而给酸奶油的化学保藏性带来影响。相比之下，生产甜性奶油时，金属离子随着酪乳排走了，被氧化的可能性极小。

第二节　稀奶油生产工艺

一、稀奶油分类

稀奶油制品通常是按照生产工艺、脂肪含量、杀菌方式等来分类。

1. 按生产工艺

（1）半脱脂稀奶油　脂肪含量为 12%~18%，用于咖啡、浇淋水果、甜点和谷物类早餐。

（2）一次分离稀奶油　脂肪含量为 18%~35%，用于咖啡、浇淋水果、甜点，或加在汤及风味配方食品中的浇淋稀奶油。

（3）发泡稀奶油（搅打奶油）　脂肪含量为 35%~48%，用作包括甜点、蛋糕和面点等馅心的填充物，蛋糕裱花等。

（4）二次分离稀奶油　脂肪含量>48%，用作甜点的浇淋、匙取稀奶油，加入蛋糕、面点中以增强起泡性等。

（5）凝结稀奶油　脂肪含量>55%，这是英国西南部生产的一种独特产品，以海峡群岛饲养的乳牛产的牛乳为原料，这种产品通常作为奶茶和甜点用稀奶油。

（6）再制稀奶油　是将乳脂、蛋白及乳化剂等配料按一定比例复配后制备的水包油乳液，与天然稀奶油相比，再制稀奶油的品质，尤其是乳化稳定性，较差。

2. 按热处理

分为巴氏杀菌稀奶油、UHT 稀奶油和保持式灭菌稀奶油。

二、稀奶油生产

稀奶油的生产工艺如图 10-1 所示。

（一）原料

制造稀奶油用的原料乳必须来自健康家畜，在滋味和气味、组织状态、脂肪含量及密度等方面都正常。含抗生素或消毒剂的稀奶油不能用于生产发酵稀奶油。

（二）稀奶油的分离

1. 分离方法

牛乳的脂肪含量为 3%~5%，要使乳中脂肪从牛乳中分离出来，根据物质相对密度的不同

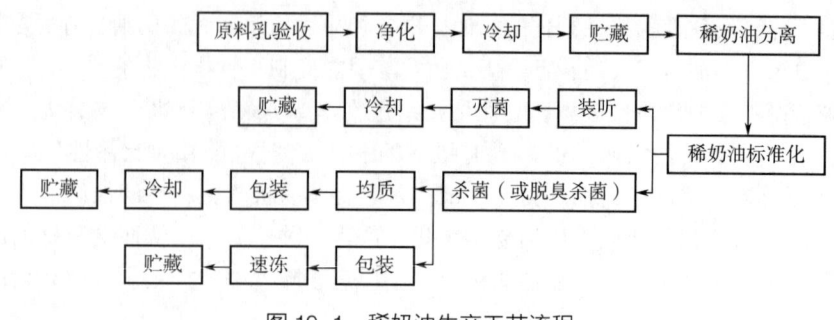

图 10-1 稀奶油生产工艺流程

可采用重力法和离心法。

重力法又称静置法。此法需要的时间长，且乳脂分离不彻底，所以不能用于工业化生产。离心法是采用牛乳分离机将稀奶油与脱脂乳迅速而较彻底地分开，因此它是现代化生产普遍采用的方法。

经过验收的牛乳，预热到30~40℃，然后泵送入分离机，或经过高位槽再流入分离机。分离牛乳用的分离机，有封闭式、半封闭式及开启式三种。前一种设备在分离过程中不会形成大量泡沫，后两种分离机一般不能达到这一要求，因此牛乳的分离宜采用封闭式牛乳分离机。

2. 影响分离机分离效果的因素

用分离机分离牛乳时，除了与分离机本身的结构和能力有密切关系外，更重要的是使用分离机的技术，分离机的转速、乳的温度、乳的杂质度以及乳的流量等都是影响分离效果的直接因素。

(1) 分离机的转速　分离机的转速因各种分离机的机械构造而异。一般来讲，转速越高分离效果越好，正常的工作应当保持在规定的转速以上，但最大不能超过其规定转速的10%~20%，过多地超过负荷，会使机器的寿命大大缩短，甚至损坏。如果转速过低，则分离不完全，会降低奶油的质量，故必须正确掌握分离机的转速。

(2) 乳的温度　温度低时，乳的密度较大，使脂肪的上浮受到一定的阻力，分离不完全，故乳在分离前必须加热。加热后的乳密度大大降低，同时由于脂肪球和脱脂乳在加热时膨胀系数不同，脂肪的密度较脱脂乳减低得更多，使乳脂肪更容易被分离。如果乳的温度太高，会产生大量不易消除的泡沫，故分离的最适温度应该控制在32~35℃。

(3) 乳的流量　在单位时间内乳流入分离机内的数量越少，乳在分离机中经过的时间就越长，分离杯盘间乳层越薄，分离也就越完全。但分离机的生产能力也随之降低，故对每一台分离机的实际能力都应加以测定，对未加测定的分离机，应按其最大生产量降低10%~15%来控制进乳量。

(4) 乳中杂质含量　乳中的杂质含量高，分离机内壁易被堵塞，分离能力降低。此外，当乳的酸度过高而产生凝块时，也会影响分离效果。

除了上面各个条件外，乳的含脂率和脂肪球的大小对分离效果也有影响。乳中含脂率高，分离后的稀奶油含脂率也高，但流失于脱脂乳中的脂肪也相对增加。也就是说，乳的含脂率与稀奶油的浓度及残留于脱脂乳中的脂肪均成正比。这一问题的补救方法，是将进入分离机的乳量适当减少，以延长分离时间，使分离趋于完善。

(三) 稀奶油的杀菌和真空脱臭

杀菌方法与消毒牛乳的方法基本相同。使用间歇式杀菌法（保持式杀菌法）对稀奶油进行杀菌时，应注意升温速度，即保持 2.5~3℃/min，并定期检查杀菌效果。稀奶油的杀菌温度和保持时间有以下几种方案：72℃，15min；77℃，5min；82℃~85℃，30 s；116℃，3~5 s 或再经过脱臭器以除去一些不良的气味，当使用直接蒸汽喷射杀菌法时，经过脱臭器还可除去因蒸汽喷入而增加的水分，保持总的化学成分符合原有的组成。

若生产稀奶油的原料乳来源于牧场，则稀奶油中会混有来源于牧草的异味。一般用专用的真空杀菌脱臭机来处理，在真空脱臭机中，稀奶油被喷成雾状，与蒸汽完全混合加热，在真空状态下将冷凝汽及挥发性物质排除。

(四) 稀奶油的冷却、均质、包装

在杀菌后，冷却至5℃前，宜进行一次均质。均质的目的在于保持良好口感的前提下提高黏度，改善稀奶油的热稳定性。均质的温度和压力必须根据稀奶油的质量进行仔细试验和选择。均质压力范围一般为 8~18MPa，均质温度为 45~60℃。均质泵可串联在加热设备系统中，也可在杀菌前进行均质。杀菌、均质后稀奶油应迅速冷却到 2~5℃，然后在此温度下保持 12~24h 进行物理成熟，使脂肪由液态转变为固态（脂肪结晶）。同时，蛋白质进行充分的水和作用，黏度提高。

在完成物理成熟后进行装瓶，或在冷却至 2.5℃后立即将稀奶油进行包装，然后在 5℃以下冷库（0℃以上）中保持 24h 以后再出厂。稀奶油的包装有 15mL，50mL，125mL，250mL，0.5L，1L 等规格。

第三节 甜性和酸性奶油生产工艺

一、生产工艺流程和生产线

起初在农场生产的奶油是为了家庭使用，那时用手工操作的奶油搅拌桶生产奶油，见图 10-2。规模化的奶油制造过程见图 10-3。图 10-4 是一条酸性奶油典型设备流程生产线，图中包括了在搅拌压炼机中的批量生产方式，和在一台奶油制造机中的连续生产方式，现在搅拌压炼机仍在使用，但是正被奶油制造机快速取代。

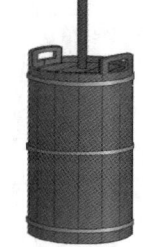

图 10-2 用于家庭奶油生产的传统手工搅拌桶

二、工艺要点

(一) 原料乳、稀奶油验收及质量要求

制造奶油用的原料乳必须是从健康牛上挤下来的，而且是滋味、气味、组织状态、脂肪含量及密度等各方面都正常的乳。含抗生素或消毒剂的稀奶油不能用于生产酸性奶油，如果有害的微生物已经繁殖，尽管这些有害微生物可通过热处理予以钝化，但这样的稀奶油也不能再用于生产，因此在生产过程的所有阶段，严格控制卫生是非常重要

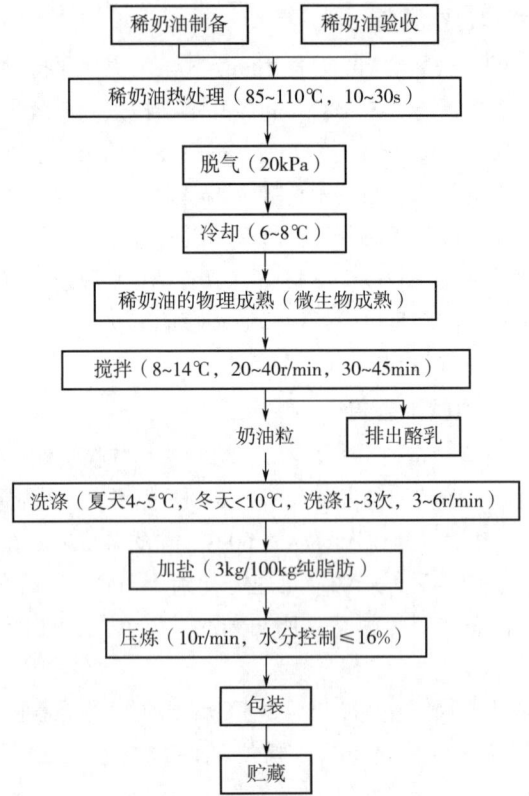

图 10-3 奶油生产工艺流程

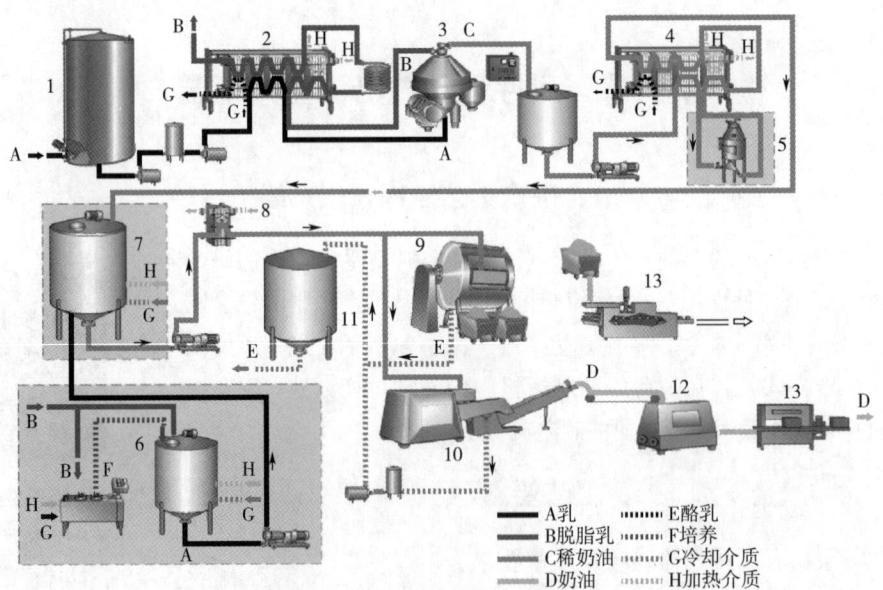

图 10-4 酸性奶油的批量和连续化生产的一般生产步骤

1—原料贮藏罐　2—巴氏杀菌机（牛乳预热和脱脂乳杀菌）　3—乳脂分离机　4—巴氏杀菌机（稀奶油杀菌）
5—真空脱气机　6—发酵剂制备系统　7—稀奶油的成熟和发酵　8—板式热交换器　9—奶油搅拌器
10—连续奶油制造机　11—酪乳暂存罐　12—带传动的奶油仓　13—包装机

的。乳牛品种、泌乳期及季节等因素会影响奶油的性质,因为有些乳牛的乳脂肪中油酸的含量高,制成的奶油比较软;在泌乳期的不同时期,乳中挥发性脂肪酸含量不同,油酸含量不同,制成的奶油软硬度不同;在春夏季,由于青饲料比较多,因此,油酸含量高,制成的奶油软。乳质量略差而不适于制造乳粉、炼乳时,也不可以作为制造奶油的原料。生产优质的产品必须要有优质原料,这是乳品加工的基本要求。例如,初乳由于含有乳清蛋白较多,末乳脂肪球小,均使脂肪不易分离。

(二) 原料乳初步处理

用于生产奶油的原料乳要经过过滤、净乳,其过程同前所述,而后冷藏并标准化。

1. 冷藏

冷藏原料到达乳品厂后,如不能立即用于生产,则应立即冷却到 2~4℃,并在此温度下贮存。因为有些嗜冷菌产生脂肪分解酶,并能经受 100℃ 以上的温度,所以防止嗜冷菌的生长是极其重要的。

2. 乳脂分离及标准化

生产奶油时必须将牛乳中的稀奶油分离出来,工业化生产采用离心分离技术。稀奶油的含脂率直接影响奶油的质量及产量。含脂率低时,较适于乳酸菌的发酵,可以获得香气较浓的酸性奶油;当稀奶油过浓时,则容易堵塞分离机,乳脂肪的损失量较多。为了减少加工时乳脂的损失和保证产品的质量,在加工前必须对稀奶油进行标准化。用间歇法生产新鲜奶油及酸性奶油时,稀奶油的含脂率以 30%~35% 为宜;以连续法生产时,规定稀奶油的含脂率为 40%~45%。由于稀奶油在夏季容易酸败,所以用比较浓的稀奶油进行加工。稀奶油标准化的计算如下。

【例 10-1】今有 120kg 含脂率为 38% 的稀奶油用以制造奶油。根据标准,需将稀奶油的含脂率调整为 34%,如用含脂率 0.05% 的脱脂乳来调整,应添加多少脱脂乳?

解:按皮尔逊法,

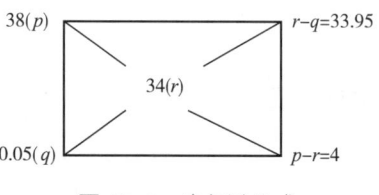

图 10-5 皮尔逊公式

从图 10-5 可以看出,33.95kg 稀奶油需加脱脂乳(含脂 0.05%)4kg,则 120kg 稀奶油需加的脱脂乳为:

$$\frac{120 \times 4}{33.95} = 14.14 \text{ (kg)}$$

另外,稀奶油的碘值是成品质量的决定性因素。高碘值的乳脂肪生产的奶油过软。因而可根据碘值,调整成熟处理的过程,使硬脂肪(碘值低于 28)和软脂肪(碘值高达 42)都可以制成硬度合格的奶油。

(三) 稀奶油中和

稀奶油的中和直接影响奶油的保存性和成品质量。稀奶油经中和后,可以改善奶油的香味,防止酸度过高酪蛋白凝固。制造甜性奶油时,奶油的pH(奶油中水相的pH)应保持在中性附近(6.4~6.8)。

1. 中和目的

中和的主要目的是防止高酸度稀奶油在杀菌时造成酪蛋白凝固,包裹脂肪进入到酪乳中,造成脂肪损失;改善奶油的香味;防止奶油在贮藏期间发生水解和氧化。

2. 中和程度

酸度在0.5%(55°T)以下的稀奶油可中和至0.15%(16°T)。酸度在0.5%以上的稀奶油可中和至0.15%~0.25%,以防止产生特殊气味和稀奶油变稠。

3. 中和方法

一般使用的中和剂为石灰或碳酸钠。石灰价格低廉,并可提高奶油营养价值。但石灰难溶于水,必须调成200g/L的乳剂徐徐加入,均匀搅拌,否则很难达到中和目的。碳酸钠易溶于水,中和速度快,不易使酪蛋白凝固,可直接加入,但中和时会迅速产生二氧化碳,如果容器过小,稀奶油易溢出。

(四) 真空脱气

将稀奶油加热到78℃后输送至真空机,真空室内稀奶油的沸腾温度为62℃左右。通过真空处理可将挥发性异味物质除掉,也会使其他挥发性成分逸出。

(五) 稀奶油杀菌

通过杀菌可以消灭能使奶油变质及危害人体健康的微生物;破坏各种酶以增加奶油的保存性。杀菌一般采用85~90℃的高温巴氏杀菌,但热处理不应过分强烈,以免产生蒸煮味。杀菌后冷却至发酵温度或成熟温度。

(六) 细菌发酵

发酵剂的制备与发酵乳一章中所述的相同。发酵剂菌种为乳酸链球菌、乳脂链球菌、嗜柠檬酸链球菌、副嗜柠檬酸链球菌、丁二酮乳链球菌。发酵剂必须是高活力的,在温度20℃下发酵7h后产酸达30°T,10h以后产酸应达45~50°T,当稀奶油的非脂部分的酸度达到90°T时发酵结束。发酵与物理成熟同时在成熟罐内完成。

(七) 稀奶油物理成熟及其热处理

1. 稀奶油物理成熟

稀奶油经加热杀菌融化后,需冷却至奶油脂肪的凝固点,以使部分脂肪变为固体结晶状态,这一过程称之为稀奶油物理成熟。成熟通常需要12~15 h。脂肪变硬的程度取决于物理成熟的温度和时间,随着成熟温度的降低和保持时间的延长,大量脂肪变成结晶状态(固化)。成熟温度应与脂肪最大可能变成固体状态的程度相适应。3℃时脂肪最大可能的硬化程度为60%~70%;6℃时为45%~55%。在某种温度下脂肪组织的硬化程度达到最大可能时的状态称为平衡状态。通过观察证实,在低温下成熟时平衡状态的发生要早于高温下的。例如,在3℃时,经过3~4h即可达到平衡状态,6℃时要经过6~8h,而在8℃时要经过8~12h。在13~16℃时,即使保持很长时间也不会使脂肪发生明显变硬现象,这个温度称为临界温度。

2. 稀奶油物理成熟的热处理程序

奶油的质构是一个复杂的概念,包括硬度、黏度、弹性和涂抹性等性能。乳脂中不同熔点脂肪酸的相对含量决定奶油硬度。软脂肪将生产出软而滑腻的奶油，而用硬乳脂生产的奶油，则硬而浓稠。如果采用适当热处理程序，使之与脂肪的碘值相适应，那么奶油的硬度可达到理想状态。这是因为热处理调整了脂肪结晶的大小、固体和连续相脂肪的相对数量。

①乳脂结晶化：巴氏杀菌引起脂肪球中的脂肪液化，但当稀奶油被冷却时，该脂肪一部分将产生结晶。冷却迅速则形成的晶体多而小，缓慢冷却则晶体少而大。冷却过程越剧烈，结晶成固体相的脂肪越多，在搅拌和压炼过程中，能从脂肪球中挤出的液体脂肪越少。脂肪结晶体通过吸附作用，将液体脂肪结合在它们的表面。如果结晶体多而小，总表面积就大，吸附的液体脂肪就多。这样从脂肪球中压出的液体脂肪量少，奶油就结实。如果结晶大而少，情况则正好相反，大量的液体脂肪将被压出，奶油就软。所以，须调整该稀奶油的冷却程序，使脂肪球中晶体的大小规格化，以生产硬度适宜的奶油。

②热处理程序：要使奶油硬度均匀一致，必须调整物理成熟的条件，使之与乳脂的碘值相适应（表10-1）。

表10-1　　　　　　　　　不同碘值的稀奶油物理成熟程序

碘值	温度程序/℃	发酵剂添加量/%
<28	8—21—20*	1
28~29	8—21—16	2~3
30~31	8—20—13	5
32~34	6—19—12	5
35~37	6—17—11	6
38~39	6—15—10	7
>40	20—8—11	5

注：*3个数字依次表示稀奶油巴氏杀菌后的冷却温度、加热酸化温度和成熟温度。

对于硬脂肪多的稀奶油，为得到理想的硬度所采用的热处理程序是：迅速冷却至约8℃，并在此温度下保持约2 h；用27~29℃的水徐徐升温至20℃~21℃，并在此温度下至少保持2 h；冷却至约16℃。对于中等硬度脂肪的稀奶油，随着碘值的增加，热处理温度相应地降低。碘值高达39的稀奶油，加热温度可降至15℃。在较低的温度下，酸化时间延长。对于软脂肪含量高的稀奶油，当碘值为39~40时，在巴氏杀菌后稀奶油冷却至20℃，并在此温度下酸化约5 h。当酸度约为33°T时冷却至约8℃。如果碘值为41或者更高，则冷却至6℃。

（八）添加色素

为了使奶油颜色全年一致，当颜色太淡时，须添加色素。常用胭脂树橙（annatto），它是天然的植物色素。30g/L的胭脂树橙溶液（溶于食用植物油中）称作奶油黄。通常用量为稀奶油的0.01%~0.05%。可以对照"标准奶油色"的标板，调整色素的加入量。添加色素通常在搅拌前直接加到搅拌器中的稀奶油中。

（九）稀奶油搅拌

将成熟后的稀奶油置于搅拌器中，利用机械的冲击力，使脂肪球膜破坏而形成奶油团粒，这一过程称为搅拌。图 10-6 是间歇式生产中的奶油搅拌机。当搅拌持续进行时，脂肪球聚合成奶油粒，越来越聚集，其过程见图 10-7。搅拌时分离出的液体称为酪乳。稀奶油转入搅拌器之前，先将温度调整到适宜的搅拌温度。稀奶油装入量一般为搅拌容器的 40%～50%，以留出起泡空间。

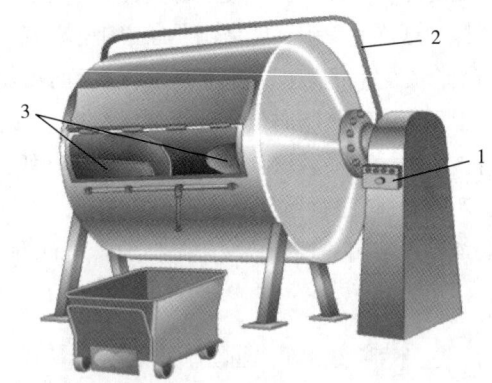

图 10-6　间歇式奶油搅拌机
1—控制板　2—紧急停止　3—角开挡板

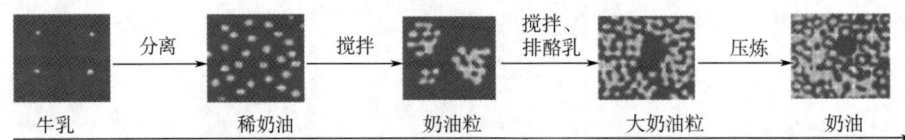

图 10-7　奶油形成的各个阶段（示意图）

1. 奶油粒的形成

稀奶油经过剧烈搅拌，形成蛋白质泡沫层。在表面张力作用和脂肪球与气泡的相互作用下，脂肪球膜不断破裂，液体脂肪不断从脂肪球内压出。随着泡沫的不断破裂，脂肪逐渐凝结成奶油晶粒（图 10-8）。随着搅拌的继续进行，奶油晶粒变得越来越大，并聚合成奶油粒。当窥观镜上观察到稀奶油变为较透明，同时有奶油粒时搅拌结束。停机观察时，形成的奶油直径以 0.5～1cm 为宜，搅拌最终的酪乳含脂率一般为 0.5% 左右。通过搅拌机内部的声音变化也可以判断搅拌的终点。影响奶油质量和搅拌时间长短的因素包括搅拌机旋转的速度、稀奶油的温度、稀奶油的酸度、稀奶油的含脂率、脂肪球的大小以及物理成熟的程度等。如酪乳中脂肪含量过高，则应从影响搅拌的因素中找原因。

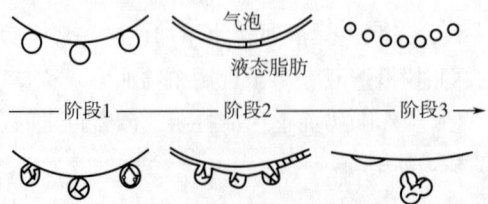

图 10-8　搅拌过程中脂肪球与气泡之间的相互作用

2. 搅拌回收率

搅拌回收率是衡量稀奶油中有多少脂肪已转化成奶油的指标，以酪乳中的脂肪占稀奶油中总脂肪的比例（%）来表示，该值应低于70%。图10-9中的曲线，表示一年中搅拌回收率的变化。酪乳的含脂率在夏季是最高的。

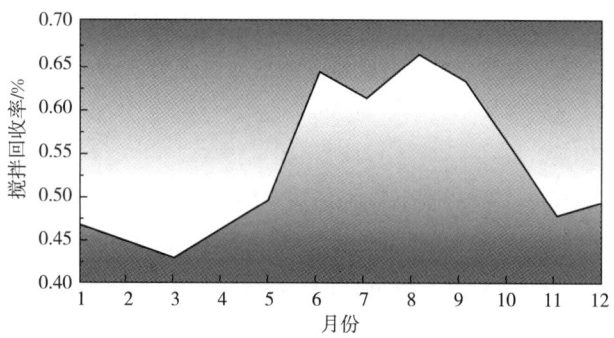

图10-9 一年中搅拌回收率的变化

3. 影响奶油粒形成的因素

（1）稀奶油的脂肪含量　稀奶油中含脂率的高低决定脂肪球间的距离。稀奶油含脂率越高则脂肪球间距离就越小，形成奶油粒的时间越短。但如果含脂率太高，搅拌时形成奶油粒过快，小的脂肪球来不及形成脂肪粒，使排出的酪乳中脂肪含量增高。一般稀奶油搅拌达到的适宜含脂率为30%~60%。

（2）物理成熟的程度　成熟良好的稀奶油在搅拌时产生很多泡沫，有利于奶油粒的形成，使流失到酪乳中的脂肪大大减少。搅拌结束时奶油粒大小因含脂率而异。一般脂肪率低的稀奶油搅拌结束时奶油粒为2~3mm，中等脂肪率的稀奶油搅拌结束时奶油粒为3~4mm，脂肪率高的稀奶油为5mm。

（3）搅拌的最初温度　实践证明，稀奶油适宜的搅拌温度为：夏季8~10℃，冬季11~14℃。若比适宜温度高或低时，均会延长搅拌时间，且脂肪的损失增多。稀奶油搅拌时温度在30℃以上或5℃以下，不能形成奶油粒，必须调整到适宜的温度进行搅拌才能形成奶油粒。

（4）搅拌机中稀奶油添加量　搅拌时，搅拌机中稀奶油添加量太多或者太少，均会延长搅拌时间。一般小型手摇搅拌机要装入其容积的30%~36%，大型电动搅拌机装入50%为宜。稀奶油如果装的过多，则因为形成泡沫困难而延长搅拌时间，但最少不能少于20%。

（5）搅拌的转速　稀奶油在非连续操作的滚筒式搅拌机中进行搅拌时，一般采用40r/min左右的转速。如转速过快或过慢，均延长搅拌时间（连续操作的奶油制造机除外）。

（十）奶油粒的洗涤

稀奶油经搅拌形成奶油粒后，排出酪乳，注入经过杀菌冷却后的水，进行洗涤。通过洗涤可以除去残留的酪乳，提高奶油的保藏性，同时调整奶油的酸度。用有异常气味的稀奶油制造奶油时，能使部分气味消失，并调整水分。但水洗会减少奶油粒的数量。

1. 水温

水洗用的水温为3~10℃，可按奶油粒的软硬、气候及室温等因素决定合适的温度。一般夏季水温宜低，冬季水温稍高。水洗次数为2或3次。稀奶油风味不良或发酵过度时可洗3次，通常2次即可。奶油太软需要增加硬度时，第一次的水温应较奶油粒的温度低1~2℃，第二次、第三次各降低2~3℃。水温降低过急时，容易产生色泽不均匀的奶油，每次的水量要与酪乳等量。

2. 水质

奶油洗涤后，有一部分水残留在奶油中，所以洗涤水应是质量良好，符合卫生要求的饮用水。细菌污染的水应事先煮沸再冷却，含铁量高的水易促进奶油脂肪氧化，须加注意。用活性氯处理洗涤水时，有效氯的含量不应高于200mg/kg。

（十一）奶油的加盐

加盐的目的是增加风味，抑制微生物的繁殖，提高奶油的保藏性。但酸性奶油一般不加盐。通常食盐的含量在10%以上，大部分的微生物（尤其是细菌类）就不容易繁殖。奶油中约含16%的水分，成品奶油中含盐量以2%为标准，此时奶油水中含盐量12.5%。因此，加盐在一定程度上能达到防腐的目的。由于在压炼时有部分食盐流失，因此在添加时应按2.5%~3%加入，食盐必须符合国家一级或特级标准。待奶油搅拌机中洗涤水排出后，将烘烤（120~130℃、3~5min）并过筛（30目）的盐均匀撒于奶油表面，静置10~15min，旋转奶油搅拌机3~5圈，再静置10~20min后即可进行压炼。

在间歇生产的情况下，盐撒在奶油的表面；在连续式奶油制造机中，则在奶油中加盐水。盐粒的大小不宜超过50μm，若盐粒较大则在奶油中溶解不彻底，会使产品产生粗糙感。盐的溶解性与温度关系不大，大约26%时达到饱和，加入盐水会提高奶油的含水量。为了减少含水量，在加入盐水前要保证奶油粒中的含水率合适。

（十二）奶油的压炼

1. 压炼的目的

由稀奶油搅拌产生的奶油粒，通过压制而凝结成特定结构的团块，该过程称为奶油的压炼。压炼的目的是使奶油粒变为组织致密的奶油层，使水滴分布均匀，使食盐完全溶解，并均匀分布于奶油中，同时调节奶油中的水分含量。

2. 压炼的过程和水分调节

奶油压炼一般分为三个阶段。压炼初期，被压榨的颗粒形成奶油层，同时表面水分被压榨出来。此时，奶油中水分显著降低。当水分含量达到最低限度时，水分又开始向奶油中渗透。奶油中水分含量最低的状态称为压炼的临界时期，压炼的第一阶段至此结束。压炼的第二阶段，奶油水分逐渐增加。在此阶段水分的压出与进入是同时发生。第二阶段开始时，这两个过程的进行速度大致相同。但是，末期从奶油中排出水的过程几乎停止，而向奶油中渗入水分的过程则加强，这样就引起奶油中的水分增加。压炼第三阶段的特点是，奶油的水分显著增高，且水分的分散加剧。根据奶油压炼时水分所发生的变化，使水分含量达到标准化，每个工厂应通过试验来确定在正常压炼条件下调节奶油中水分的曲线图。为此，在压炼中，每通过压榨轧辊3或4次，必须测定1次含水量。将不足的水量加到奶油制造器内，关闭旋塞后继续压炼，不让水流出，直到全部水分被吸收为止。压炼结束之前，再检查一次奶油的水分。如果已达到了标准再压榨几次，使其分散均匀。

在制成的奶油中，水分应成为微细的小水滴均匀分散。当用铲子挤压奶油块时，不允许有水珠从奶油块内流出。在正常压炼的情况下，奶油中直径小于15μm的水滴的含量要占全部水分的 50%；直径达 1mm 的水滴占 30%；直径大于 1mm 的大水滴占 5%。

3. 压炼的方法

压炼有采用批量奶油压炼机和连续压炼机两种方法。现代大型工厂都采用连续压炼机压炼。压炼结束后，成品奶油应是干燥的，奶油含水量要求在 16% 以下，水滴呈极微小的分散状态，奶油切面上不允许有水滴。普通压炼会使奶油中有大量空气，使奶油质量变差。通常奶油中含有 5%~7% 的空气。采用真空压炼可使空气含量下降至 1%，显著改善奶油的组织状态。

（十三）奶油的包装

压炼后的奶油，送至包装设备进行包装。奶油通常有 5kg 以上大包装和 10g~5kg 的小包装。根据包装的类型，使用不同种类的包装机器。外包装材料最好选用防油、不透光、不透气、不透水的包装材料，如复合铝箔、马口铁罐等。

奶油一般根据其用途可分为餐桌级奶油、烹调级奶油和食品工业级奶油。餐桌级奶油是直接涂抹面包食用（又称涂抹奶油），因此必须是优质的，都要用小包装。一般用硫酸纸、塑料夹层纸、铝箔纸等包装材料，也有用小型马口铁罐真空密封包装或塑料盒包装。烹调或食品加工级奶油一般都用较大型的马口铁罐、木桶或纸箱包装。小包装用的包装材料应具备下列条件，韧性好并柔软，不透气、不透水、不透油，具有防潮性，无味、无臭、无毒，能遮蔽光线，不受细菌的污染。奶油在贮藏期间由于氧化作用，脂肪酸分解为低分子的醛、酸、酮及酮酸等成分，形成各种特殊的臭味。当这些化合物积累到一定程度时，奶油则失去食用价值。为了提高奶油的抗氧化和防霉能力，可以在奶油压炼时添加或在包装材料上喷涂抗氧化剂或防霉剂。

小包装一般用半机械压型手工包装或自动压型包装机包装。包装规格：小包装有几十到几百克，大包装有 25~50kg，根据不同要求有多种规格。无论什么规格包装应特别注意：①保持卫生，切勿以手接触奶油，要使用消毒的专用工具。②包装时切勿留有间隙，以防发生霉斑或氧化等变质。

（十四）奶油的贮藏

为保持奶油的硬度和外观，奶油包装后应尽快进入冷库并冷却到 5℃，存放 24~48h。在 4~6℃ 的冷库中贮藏期一般不超过 7d；在 0℃ 冷库中，贮藏期 2~3 周；当贮藏期超过 6 个月时，应放入 -15℃ 的冷库中；当贮藏期超过 1 年时，应放 -25~-20℃ 的冷库中。一旦经过充分的冷却，以后即使温度上升也不会使它变得如同冷冻前在相同温度下那样软。贮藏时，成品奶油包装后须立即送入冷库内冷冻贮藏，冷冻速度越快越好。奶油出冷库后在常温下放置时间越短越好，在 10℃ 左右放置最好不要超过 10d。奶油的另一个特点是较易吸收外界气味，所以贮藏时应注意不得与有异味的物质贮藏在一起，以免影响奶油的质量。奶油运输时应注意保持低温，以用冷藏汽车或冷藏火车等运输为好，如在常温运输时，成品奶油到达用货部门时的温度不得超过 12℃。

（十五）奶油的连续化生产

奶油连续化生产的方法是在 19 世纪末采用的，但当时它们的采用是非常有限的。20 世纪 40 年代末这种方法得到了发展，产生了三种不同的工艺，它们都以传统方法，搅拌后离心分离浓缩或酸化为基础。以传统搅拌为基础的工艺之一是弗里茨（Fritz）法，现在主要在西欧使用。除了应用以此为基础的机器，奶油的制造与传统方法相同。除了由于水的均匀度差，使奶油表面稍粗糙和较稠密外,产生的奶油基本上也是一致的。

图10-10和图10-11为一台奶油制造机的截面图。稀奶油首先加到双重冷却且装有搅打设施的搅拌筒中,搅打设施由一台变速马达带动。

在搅拌筒中,进行快速转化,当转化完成时,奶油团粒和酪乳通过分离口,又称第一压炼口,在此奶油与酪乳分离。奶油团粒在此用循环冷却酪乳洗涤。在分离口,螺杆把奶油进行压炼,同时也把奶油输送到下一道工序。在离开压炼工序时,奶油通过一锥形槽道和一个打孔的盘,即榨干段,以除去剩余的酪乳,然后奶油颗粒继续到第二压炼段,每个压炼段都有自己不同的电机,使它们能按不同的速度操作以得到最理想的结果,正常情况下第一阶段螺杆的转动速度是第二段的两倍。紧接着真空压炼区可以通过高压喷射器将盐加入到喷射区。下一个阶段是真空压炼区,此段与一个真空泵连接,在此可将奶油中的空气含量减少到和传统制造奶油的空气含量相同。最后压炼阶段由四个小区组成,每个区通过一个多孔的盘相分隔,不同大小的孔盘和不同形状的压炼叶轮使奶油得到最佳处理。第一小区也有一喷射器用于最后调整水分含量,一旦经过调整,奶油的水分含量变化限定在0.1%以内,保证稀奶油的特性保持不变。

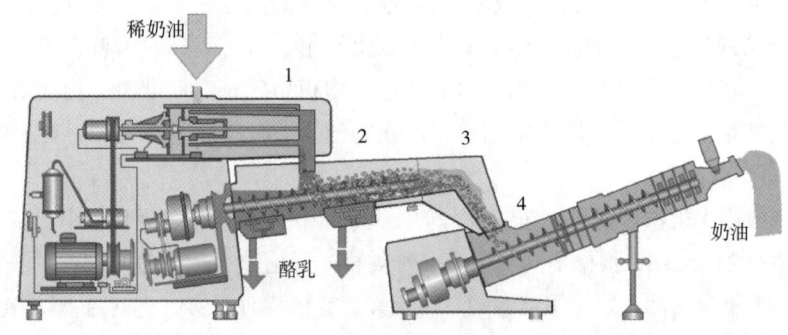

图10-10 连续奶油制造机
1—搅拌筒 2—压炼区 3—榨干区 4—第二压炼区

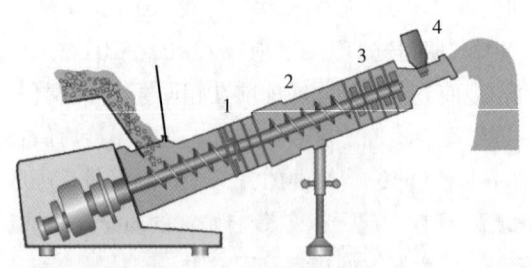

图10-11 真空压炼区
1—喷射区 2—真空压炼区 3—最后压炼阶段 4—水分控制设备

(十六) 奶油的质量缺陷及产生原因

1. 风味缺陷

(1) 鱼腥味 这是奶油贮存时很容易出现的异味,这是因为磷脂酰胆碱水解,形成三甲胺,如果脂肪发生氧化,这种缺陷更容易发生,生产中应加强杀菌和卫生措施。

（2）脂肪氧化与酸败味　脂肪氧化是空气中氧气和奶油中不饱和脂肪酸反应造成的，而酸败味是脂肪在脂肪水解酶的作用下生成低分子游离脂肪酸。应抑制产品中嗜冷菌的生长，应用真空等合适的包装。

（3）干酪味　奶油呈干酪味是生产卫生条件差，霉菌污染或原料稀奶油被细菌污染导致蛋白质分解造成的。

（4）肥皂味　是稀奶油中和过度或者中和速度过快，局部皂化引起的，应该减少碱的用量。

（5）金属味　由于奶油接触铜、铁设备而产生的金属味，应防止奶油接触生锈的铁圈或钢制阀门等。

（6）苦味　产生的原因是使用末乳或奶油被酵母污染。

2. 组织状态缺陷

（1）软膏状或黏胶状　压炼过度，洗涤水温度过高或稀奶油酸度过低和成熟不足等，总之液态油较多，脂肪结晶少形成黏性奶油。

（2）组织松散　压炼不足或搅拌温度低等造成液态油过少。

（3）沙状奶油　此缺陷出现在加盐奶油中，是盐粒较大未能溶解或中和时蛋白质凝固所致。

3. 色泽缺陷

（1）条纹状　此缺陷容易出现在干法加盐的奶油中，加盐不均，压炼不足导致。

（2）色暗而无光泽　压炼过度或稀奶油不新鲜。

（3）表面褪色　奶油暴露在太阳光下，发生光氧化造成的。

（4）色淡　由于奶油中胡萝卜素含量太少，致使奶油色淡，甚至白色。可以通过添加胡萝卜素调整。

第四节　无水奶油生产工艺

无水奶油（butter oil）又称无水乳脂（anhydrous milk fat，AMF），是一种几乎完全由乳脂肪构成的产品，保存期长，可以在低于10℃的温度下贮存几个月而质量不会下降。如果采用半透明密封包装，即使在热带气候，无水乳脂也能在室温下贮藏数月。在冷藏条件下，无水乳脂的贮存期可长达1年。无水乳脂主要应用于再制乳或还原乳的生产中，同时还广泛地应用于冰淇淋和巧克力工业，以及婴儿食品和方便食品的生产中。

一、无水奶油种类

根据国际乳业联合会标准 FIL-IDF，68A：1977，无水奶油可分为三种不同类型的产品。

1. 无水乳脂

必须含有至少99.8%的乳脂肪，并且必须是由新鲜稀奶油或奶油制成，不允许含有任何添加剂，如用于中和游离脂肪酸的添加剂。

2. 无水奶油脂肪

必须含有至少99.8%的乳脂肪，但可以由不同贮存期的奶油或稀奶油制成，允许用碱去中和游离脂肪酸。

3. 奶油脂肪

必须含有至少 99.3% 的乳脂肪，原材料和加工的要求和无水奶油脂肪相同。

二、无水奶油的生产工艺

(一) 生产工艺

无水乳脂的生产工艺有如下 3 种：

①普通稀奶油直接加工生产 AMF。

②通过奶油来生产 AMF。

③通过将乳脂分离成高熔点和低熔点的馏分进而生产 AMF。

图 10-12 是稀奶油生产 AMF 的工艺流程，图 10-13 展示的是通过稀奶油来生产 AMF 的生产线，其中脂肪含量为 30%～40% 的稀奶油进入缓冲罐，然后用离心泵转移到板式换热器中，在此处将其加热到 95℃（主要目的是使脂肪酶失活）。通过热回收部分将奶油冷却至 55～58℃。然后将奶油在分离器中浓缩至 70%～75% 的脂肪含量，并排出脱脂乳。奶油随后通过均质器，在其中乳化液破裂，脂肪球膜被破坏，然后到达特殊的分离器（浓缩器），在其中游离脂肪（黄油）被调节至最终脂肪含量。然后将包含完整脂肪球的水相通过缓冲罐返回到分离器，并再次通过整个过程。将脂肪在板式换热器中重新加热至 80℃，在真空干燥器中干燥至水分含量为 0.1%，并在板式换热器中冷却。

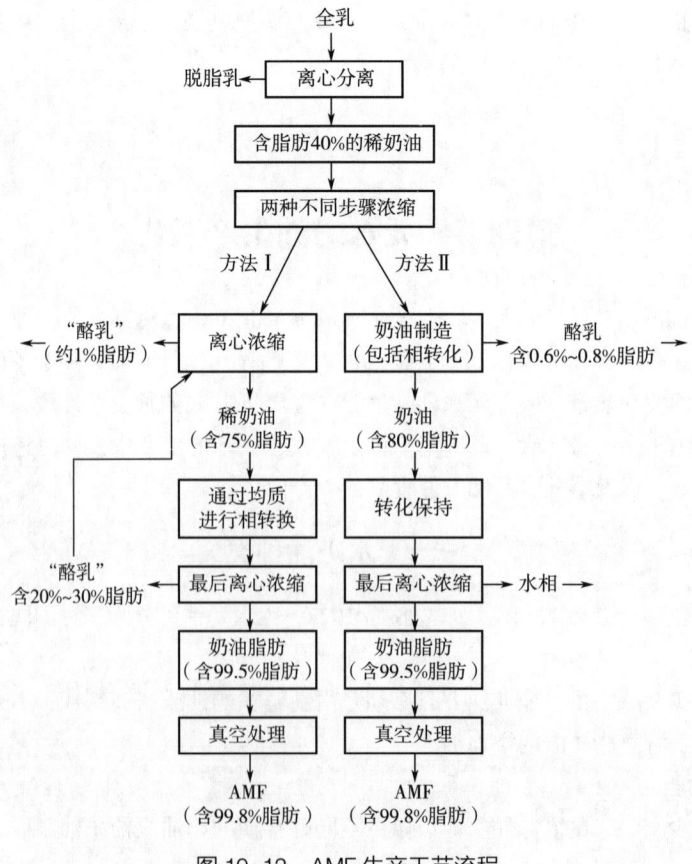

图 10-12 AMF 生产工艺流程

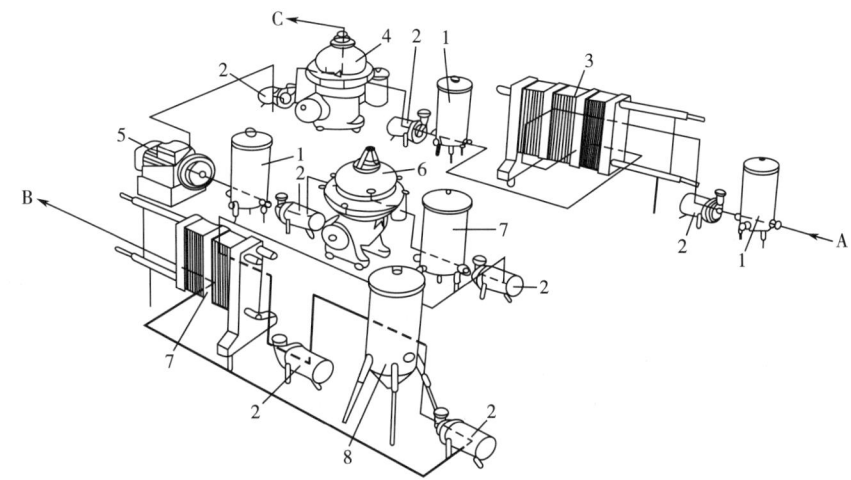

图 10-13 利用稀奶油生产无水奶油的生产线
A—奶油入口　B—无水奶油出口　C—脱脂牛乳出口
1—带有浮动装置的缓冲罐　2—离心泵　3—板式换热器　4—奶油浓缩器
5—均质器　6—脂肪浓缩器　7—板式换热器　8—真空干燥器

通过脂肪分馏生产 AMF 的生产线如图 10-14 所示,将黄油在 45~50℃的温度下转移到结晶罐中,由于将冷却控制在 20℃~24℃,因此高熔点甘油三酯在 6h 内结晶并沉降。在该处理开始之前,将表面活性剂(呈水溶液形式)添加到脂肪中,以促进晶体与液态脂肪的分离。离心泵将脂肪转移到混合器中,在该混合器中,较大的晶体生长成易于分离的大小,并转移到另一个混合器中,在混合器中与表面活性剂进行强烈混合。然后将由轻液体(游离油)、重液体(具有表面活性剂)和重脂肪晶体组成的共混物转移至分离器。纯净的游离油在轻相排放时排放,晶体与表面活性剂一起通过重相排放出口排放。晶体和表面活性剂在板式换热器中加热以融化,在分离器中分离,然后将表面活性剂返回到第二个混合器中。

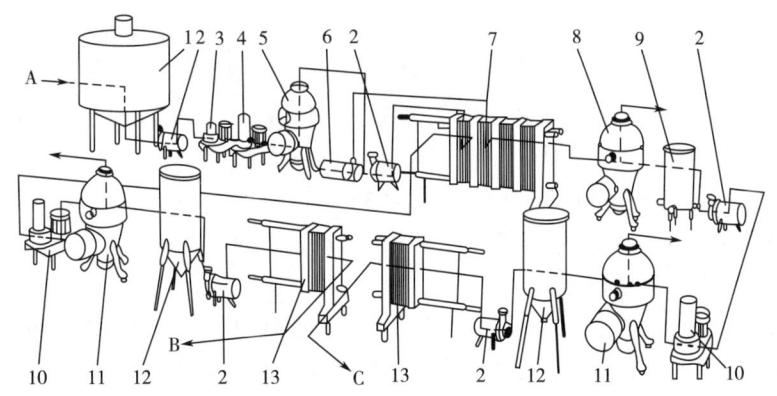

图 10-14 脂肪分馏生产 AMF 的生产线
A—脂肪入口　B—熔点较高的馏分　C—熔点较低的馏分
1—结晶罐　2—离心泵　3—混合器 1　4—混合器 2　5—分离器　6—计量泵　7—板式热交换器　8—分离器
9—带有浮动装置的缓冲罐　10—洗水混合器　11—洗水分离器　12—真空干燥器　13—板式冷却器

(二) 生产技术要求

1. 用稀奶油生产 AMF

使用稀奶油作为原料来生产无水乳脂的工艺是以乳化分裂原理为基础的。该工艺包括：先将稀奶油浓缩，然后把脂肪球膜进行机械分裂，从而使脂肪游离出来，这样就形成了一个连续相（含有分散水滴的连续脂肪相），分散的水滴能够从脂肪相中分离出来。可以用净化分离系统，也可以采用离心分离系统来释放脂肪。

使用含脂率 35%~40% 的稀奶油，为了有效地钝化脂肪酶，稀奶油在热交换器中进行巴氏杀菌，然后再冷却到 55~58℃。热处理后，稀奶油在专用的固体排除型离心机中浓缩到 70%~75% 的含脂率，再经浓缩的稀奶油流入均质机，脂肪粒在剪切等机械作用下变成直径更小的脂肪球，脂肪球的表面积大幅度增加，但含脂率 70%~75% 的稀奶油中没有足够的天然乳化剂分布在脂肪球表面，脂肪相互聚集，脂肪的连续相（破乳化作用）形成。原料乳脂中仍含有少量的脂肪球，即某些脂肪球的膜仍然是完整的，这些脂肪球必须除去，此过程在分离机中进行。经处理后，脂肪得到纯化，含脂率可达 99.5%，水分的含量为 0.4%~0.5%。将脂肪预热到 90~95℃，再送入真空干燥机，可得到水分含量低于 0.1% 的脱水乳脂肪，脱水乳脂肪冷却到 35~40℃，然后准备包装。用于处理稀奶油的 AMF 加工线上的关键设备是用于脂肪浓缩的分离机和用于相转换的均质机。

2. 用奶油生产 AMF

AMF 经常用奶油来生产，尤其是那些预计在一定时间内消费不了的奶油。当使用新生产的奶油作为原料时，通过最终浓缩要获得鲜亮的奶油有一些困难，奶油会产生轻微浑浊现象。当用贮存 2 周或更长时间的奶油生产时，这种现象则不会发生。产生这种现象的原因还不清楚。但在搅打奶油时需要一定的时间，奶油状态才会稳定。加热奶油样品时，新鲜奶油的乳浊液的色泽没有贮存一段时期奶油的乳浊液鲜亮。

不加盐的甜性稀奶油常被用作 AMF 的原料，但酸性稀奶油和加盐奶油也可以作为原料，贮存过一段时间的 25kg/盒奶油是该生产线的主要原料，另外也可以是在 -25℃ 下贮存过的冻结奶油。盒子被去掉后，奶油在加热设备中被直接加热融化，在最后浓缩开始之前，融化的奶油温度应达到 60℃。直接加热（蒸汽喷射）结果总会导致含有小气泡分散相的新乳状液形成，这些小气泡的分离十分困难，在连续的浓缩过程中与乳油浓缩到一起会引起浑浊。

融化和加热后，热产品被输送到保温罐，在此可以贮存 20~30min，主要是确保完全融化，但也是为了使蛋白质絮凝。产品从保温罐被输送到乳脂分离机最终浓缩，浓缩后上层轻相含有 99.5% 脂肪，再转到板式热交换器，加热到 90~95℃，再到真空浓缩器，最后再回到板式热交换器，冷却到包装温度 35~40℃。重相可以被输送到酪乳罐或废物收集罐，这是根据它们是否为纯净无杂质的或是否有中和剂污染来决定。

如果所用奶油直接来自连续的奶油生产机，也会和前面讲的用新鲜奶油的情况相同，出现云状油层上浮的可能，然而使用密封设计的最终浓缩器（分离机）通过调整机器内的液位就可以得到容量稍微少点的含脂肪 99.5% 的清亮油相。同时重相相对脂肪含量高一些，大约含脂肪 7%，容量稍微多一点，因此重相应再分离，所得稀奶油和用于制造奶油的稀奶油原料混合，再循环输送到连续奶油生产机。

3. AMF 的精制

对 AMF 精制有各种不同的目的和用途，精制方法举例如下：

(1) 磨光 磨光包括用水洗涤从而获得清洁、有光泽的产品，其方法是在最终浓缩后的脂肪中加入 20%~30% 的水，所加水的温度应该和脂肪的温度相同，保持一段时间后，水和水溶性物质（主要是蛋白质）一起又被分离出来。

(2) 中和 通过中和可以减少脂肪中游离脂肪酸的含量。高含量的游离脂肪酸会引起乳脂肪及其制品产生臭味。将质量浓度为 80~100g/L 的碱（NaOH）液加到乳脂肪中，其加入量和油中游离脂肪酸的含量要相当，大约保持 10s 后再加入水，加水比例和洗涤相同，最后皂化的游离脂肪酸和水相一起被分离出来，油应和碱液充分地混合，但混合必须柔和，以避免脂肪的再乳化，这一点是很重要的。

(3) 分级 分级是将脂肪分离成为高熔点脂肪和低熔点脂肪的过程。这些分馏物有不同的特点，可用于不同产品的生产。有几种分级脂肪的方法，但常用的方法不使用添加剂，其过程被简单地描述如下：将无水乳脂通常经洗涤所得到的尽可能高的"纯脂肪"融化，再慢慢冷却到适当温度，在此温度下，高熔点的分馏物结晶析出，同时低熔点的分馏物仍保持液态，经特殊过滤就可以获得一部分晶粒，然后再将滤液冷却到更低温度，其他分馏物结晶析出，经过滤又得到一级晶粒，可以一次次分级得到不同熔点的制品。

4. 分离胆固醇

分离胆固醇是将胆固醇从无水乳脂中除去的过程。分离胆固醇经常用的方法是用改性淀粉或 β-环状糊精（β-CD）和乳脂混合，β-环状糊精分子包裹胆固醇，形成沉淀。此沉淀物可以通过离心分离的方法除去。

5. 包装

无水乳脂可以装入大小不同的容器，例如，对家庭或饭店来说，1~19.5kg 的包装盒比较方便，而对工业生产来说，用最低容量为 185kg 的桶比较合适。通常先在容器中注入惰性气体氮气（N_2），因为 N_2 比空气重，装入容器后下沉到底部，又因为无水乳脂 AMF 比 N_2 重，当往容器中注 AMF 时，AMF 渐渐沉到 N_2 下面，N_2 被排到上层，形成一层"严密的气盖"保护 AMF，防止 AMF 吸收空气发生氧化反应。

第五节 新型涂抹制品

21 世纪以来，食用性脂肪消费模式已开始由奶油向人造奶油转移，在 19 世纪 80 年代，低脂产品的消费趋向已很明显。这些消费习惯的转变是使用越来越多的预制食品和对健康关注的结果。早在 19 世纪 70 年代，一些新的黄色脂肪产品已出现在了市场上，这些产品的优点是易在冷藏温度下涂布。同时一些特殊产品被开发出来，这些产品在具备奶油产品的风味的同时，满足了低脂的要求。在瑞典有两种已在市场上非常稳定的此类产品，即布里高特（Bregott）、拉特和拉贡（Latt & Lagom）。

1. 布里高特

布里高特加工工艺与奶油相似，也是经过搅拌，脂肪含量为 80%，其中乳脂肪占 50%~60%，液态植物油，如豆油或菜籽油占 20%~30%。植物油的加入改变了乳脂肪的流变特性，使产品具有更好的可涂布性。由于布里高特含有植物油，因而被分类为人造奶油。布里高特也可用于烹调。由于不添加色素,该产品的颜色随着一年中不同时间乳脂的色泽而变化。

2. 拉特和拉贡

拉特和拉贡在瑞典法定为"软"人造奶油(IDF 标准建议),意味着这种产品的脂肪含量必须为 39~41g/100g,此类产品又称米纳林(Minarine)。拉特和拉贡还含有酪乳中的蛋白质。该产品仅是一种涂布制品,不用于烹调和焙烤,考虑到其蛋白质含量很高,也不能用于油炸。

拉特和拉贡生产工艺类似人造奶油。乳油,或严格地讲,无水乳脂(AMF)和豆油或菜籽油按照在冷藏温度下可涂布的要求按比例进行混合,混合后产品在板式换热器中巴氏杀菌并在一个特殊的刮板冷却器中最终冷却。AMF 和酪乳蛋白的存在给产品以类似奶油的风味。生产这些产品以及奶油的新方法是 Tetra Blend 工艺。

思考题

1. 简述稀奶油的概念及加工工艺要点。
2. 简述奶油的概念和种类。
3. 简述稀奶油的标准化方法及必要性。
4. 简述稀奶油中和的目的及方法。
5. 简述稀奶油的物理成熟和要求。
6. 稀奶油采用哪些杀菌条件?
7. 简述稀奶油搅拌过程奶油粒形成机制。
8. 简述奶油缺陷及其产生原因。
9. 试述奶油的加工工艺及技术要点。
10. 试述无水奶油的生产过程。

思政小模块

我国传统奶油(黄油)制品

奶油(又称黄油)是一种常见的乳制品,由稀奶油通过机械相位转化产生,从水包油型变成油包水型,其所含的反式脂肪酸较少,短链脂肪酸较多,易被人体消化吸收。奶油因其加热融化后有独特的乳香味,良好的感官属性以及丰富的营养价值,使其被越来越多地应用于焙烤行业和餐饮业。大多数人认为奶油是一种舶来品,实际上奶油在我国具有悠久的历史文化,古代称之为"醍醐""酥"或"酥油"。

宋朝设有专门管理乳制品生产的机构,《宋史·职官志》记有:"乳酪院,掌供造酥酪",负责奶油、干酪的制造;南宋诗人杨万里在《除夜小饮,叹都下酥乳不至》一诗中写道:"雪韭霜菘酹岁除,也无牛乳也无酥"。北魏贾思勰所著《齐民要术》卷第六中就记载了"酥酪、干酪法"。目前,我国各地仍有许多不同形态的奶油制品,例如,藏族酥油。

酥油是一种常用食品,把牛乳或羊乳煮沸,充分搅动,冷却后凝结在上面的一层就是酥油。藏族谚语说:"没有骏马的草原不美,没有酥油的糌粑不香"。藏族民众打酥油茶、揉糌粑都离不开酥油。据史料记载,文成公主入藏时,带去了内地的茶叶,公主"使乳变成干酪,从乳取酥油"。元代宫廷食医忽思慧在《饮膳正要》中也记述了云白酥油的提取方法："取净牛奶子不住手用阿赤打取，浮凝者为马思哥油，今亦云白酥油"。文中"阿赤"是提取酥油的木器。提取酥油有专门的酥油桶，桶里有一个连杆木柄，倒上牛乳，盖上桶盖后，连续上下抽动连杆木柄数百上千次，黄澄澄的酥油块就全部浮在上面了。把酥油块用手捏成坨，挤去水分，丢进清水里泡一会儿，就可以食用了。

我国复杂多样的地理环境赋予了各地明显的饮食地域差别，几千年的历史文化孕育了各具特色的奶油制品。应当要充分发掘中国乳品特色，并结合特色文化思考我国奶油制品的创新与开发，努力提升自身技能和素养，勇于创新，敢于创新，为创造人民的美好生活贡献力量。

第十章微课视频

奶油

第十一章

炼乳

本章目标与重难点

学习目标： 掌握甜炼乳与淡炼乳的概念；掌握甜炼乳与淡炼乳的工艺流程与工艺要求及质量控制和常见质量缺陷；学会判断乳糖的结晶质量。

思政目标： 了解我国的传统乳制品文化及加工技术，培养民族自豪感，结合当今快速发展的加工技术，培养开拓进取和创新意识。

重点和难点： 本章重点为甜炼乳和淡炼乳的生产工艺及在生产和贮藏过程中的质量缺陷及控制措施；难点为影响乳浓缩的因素及判断乳糖的结晶质量的方法。

第一节 加糖炼乳生产

一、概述

炼乳（condensed milk）是一种浓缩乳制品，它是将新鲜牛乳经过杀菌处理后，蒸发除去其中大部分水分而制得的产品。加糖炼乳起源于法国和英国，目前，炼乳已大规模工业化生产，我国炼乳的主要品种是加糖炼乳及淡炼乳。

加糖炼乳也称全脂加糖炼乳（或甜炼乳），是指在原料乳中加入16%的蔗糖，经杀菌、浓缩至原体积40%左右而成的含糖乳制品。成品中蔗糖含量为40%~45%，水分含量≤28%。由于蔗糖在溶液中形成的渗透压能抑制成品中残留微生物的生长繁殖，从而使加糖炼乳在室温下能保存较长时间。

加糖炼乳曾普遍用于哺育婴儿，但因其蔗糖含量过多，不宜哺乳婴儿。以前凡是不易获得新鲜乳的地方，就可用炼乳代替；现在炼乳一般作为焙烤制品、糕点和冷饮等食品加工的原料，也可在喝咖啡或红茶时添加。

二、加糖炼乳生产工艺

(一) 加糖炼乳生产工艺流程

加糖炼乳的生产工艺流程及其生产线，分别如图 11-1 和图 11-2 所示。

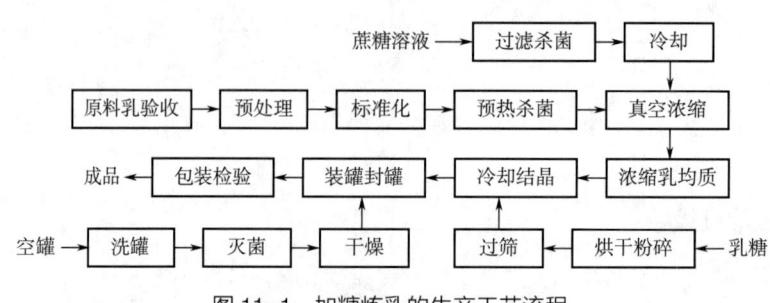

图 11-1 加糖炼乳的生产工艺流程

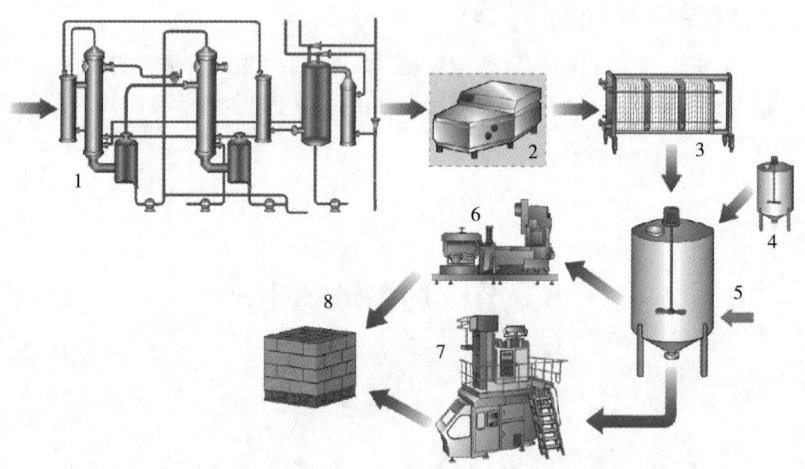

图 11-2 加糖炼乳的生产线示意图

1—真空浓缩　2—均质　3—冷却　4—添加糖浆　5—冷却结晶罐　6—罐装装罐机　7—纸盒包装机　8—贮存

(二) 加糖炼乳的工艺要求

1. 原料乳的验收及预处理

（1）原料乳的验收　要生产优质的加糖炼乳，必须采用新鲜的原料乳，符合 GB 19031—2010《食品安全国家标准　生乳》中的规定，严格按要求进行验收，控制芽孢数和耐热细菌的数量。因为在生产时真空浓缩过程中乳的实际受热温度仅为 65~75℃，而 65℃ 对芽孢菌和耐热细菌是较适合的生长条件，有可能导致乳的酸败。乳蛋白稳定性好，能耐受强热处理。这就要求乳的酸度不能高于 18°T，70% 酒精试验呈阴性，盐离子平衡，其中，盐的平衡主要受饲养季节、饲料和哺乳期的影响。因为加糖炼乳保存期常见的变稠、褐变和滋味、气味变差等缺陷与原料乳的质量有关，尤其是发酵酸度的增加对加糖炼乳变稠有关。

（2）预处理　验收合格的乳经称重、过滤、净乳、冷却后泵入贮乳罐。其中，净乳指的是牛乳在分离前先预热到 30~50℃，预热后利于牛乳与杂质的分离，但温度不能太高，否则会产生大量的气泡，不易消除。

2. 乳的标准化

乳的标准化是指调整乳中脂肪（F）与非脂乳固体（SNF）的比值，使成品符合脂肪与非脂乳固体含量之比。我国炼乳质量标准规定是8∶20，瑞典规定是8∶18 或 1∶2.25。标准化处理的关键是要求在采样、计算及计量上要做到精确，在实际操作时也要严格控制，因为一旦原料乳在标准化时有少许差别，那么蒸发浓缩后结果就会差好几倍。在实际生产中均以无脂干物质为计算基准，调整脂肪含量。在脂肪不足时要添加稀奶油，脂肪过高时要添加脱脂乳或用分离机除去一部分稀奶油。

（1）脱脂乳中非脂乳固体含量 X_{SNF1} 如式（11-1）计算：

$$X_{SNF1}=\frac{X_{SNF}}{100-X_{F1}}\times 100 \tag{11-1}$$

式中　X_{SNF1}——原料乳所得脱脂乳的非脂乳固体含量，%；

　　　X_{SNF}——原料乳的非脂乳固体含量，%；

　　　X_{F1}——脱脂乳的脂肪含量，%。

（2）稀奶油中非脂乳固体含量 X_{SNF2} 如式（11-2）计算：

$$X_{SNF2}=\frac{100-X_{F2}}{100}\times X_{SNF1} \tag{11-2}$$

式中　X_{SNF2}——原料乳所得稀奶油的非脂乳固体，%；

　　　X_{F2}——稀奶油的脂肪含量，%。

（3）含脂率不足时可添加稀奶油，添加量如式（11-3）计算：

$$C=\frac{X_{SNF}\times R-X_F}{X_{F2}-X_{SNF2}\times R}\times R\times M \tag{11-3}$$

式中　C——需添加稀奶油量或脱脂乳的量，kg；

　　　M——原料乳量，kg；

　　　X_F——原料乳的脂肪含量，%；

　　　R——成品中脂肪与非脂乳固体比值。

（4）含脂率过高时可添加脱脂乳，添加量如式（11-4）计算：

$$C=\frac{X_F-X_{SNF}\times R}{X_{SNF1}\times R-X_{F1}}\times R\times M \tag{11-4}$$

3. 预热杀菌

（1）预热杀菌目的　制造加糖炼乳时，在原料乳浓缩之前进行的加热处理称为预热，即预热杀菌。预热杀菌对产品的质量具有特殊作用。

①杀灭原料乳中的病原菌，抑制或破坏对成品质量有害的其他微生物，以保证产品的安全性；破坏和钝化酶的活力，防止成品产生脂肪水解、酶促褐变等不良现象，提高产品的贮藏性。

②对牛乳在真空浓缩前进行预热，可以保证沸点进料，使浓缩过程稳定进行，提高蒸发速度。若低温的原料乳进入浓缩设备，原料乳与加热器温差过大，骤然受热，易在加热器表面焦化结垢，影响传热效率与成品质量。

③使乳蛋白质适当变性，同时一些钙盐会沉淀下来，提高了酪蛋白的热稳定性，还可以获得适宜的黏度，防止成品出现变稠和脂肪上浮等现象。若采用预先加糖的方式，通过预热可以

使蔗糖完全溶解。

（2）预热杀菌的方法与条件　预热温度、保温时间等条件随着原料乳质量、季节及预热设备等不同而异。

①间歇式杀菌：采用76℃保持10~15min杀菌，小批量生产和散装炼乳宜用此法。

②连续式杀菌：采用78~80℃保持8~10s杀菌。

③超高温瞬时灭菌：采用118~122℃保持3~4s杀菌。此法杀菌和钝化酶的效率高，加糖炼乳组织状态较好，但在鲜乳质量差时，仍有变稠趋势。

（3）预热与产品变稠的关系　预热与产品变稠的关系，可归纳为：

①预热温度60~75℃，制品的黏度降低，变稠的倾向减小；但若小于65℃，黏度过低，脂肪可能分离。

②预热温度80~100℃，变稠倾向增加。

③预热温度在沸点以上时，变稠趋势减弱。用110~120℃瞬间加热，可抑制变稠。温度进一步提高，制品有变稀的趋势。

④用蒸汽直接预热，因为局部过热的影响，部分蛋白质易产生变性和膨润作用，使产品不稳定或变稠。

总之，预热温度在100℃附近最不利，在110~120℃瞬间加热或75℃加热10min左右的保持加热，比较适宜。

预热的目的不仅是杀菌，还关系到成品的保藏性、黏稠度等。因此，必须根据乳质的季节性变化对浓缩、冷却等工序条件加以综合考虑。应根据所用原料乳的质量状况，经过多次试验，制品保藏性稳定时，才可以确定预热条件，但仍需根据季节不同稍加变动，以保持产品质量。

4. 加糖

（1）加糖的目的　高浓度蔗糖溶液的高渗透压作用抑制了微生物的生长繁殖，增强了炼乳的保存性，且赋予产品甜味。蔗糖溶液的渗透压与其浓度成正比，就抑菌效果而言，糖浓度越高越好，但加糖量过高易产生糖沉淀等缺陷。一般来讲，加糖炼乳中若含有43%的蔗糖和25.5%的水分时，蔗糖水溶液将具有5.7MPa的渗透压，它能使残存的菌体严重脱水，难以增殖，甚至死亡，具有良好的防腐作用。

（2）糖的质量　炼乳主要使用蔗糖，纯度>99.6%，还原糖<0.1%。

使用质量低劣的蔗糖时，因其中含有较多的转化糖，会使成品在贮藏期间的变色和变稠速度加快，并引起发酵产酸而影响炼乳的质量，这也是蔗糖原料中要求转化糖含量<0.1%的原因。

有时用部分葡萄糖（不超过蔗糖的1/4，否则会有变稠的趋势）代替蔗糖以生产冰淇淋、糕点和糖果用的炼乳。这是由于这种糖比蔗糖成本低，甜味较柔和，同时也不易结晶，因此，对冰淇淋和糕点的组织状态有良好的效果。但这种制品容易褐化，保存中容易变稠，所以生产直接食用的加糖炼乳还是以添加蔗糖为佳。

（3）加糖方法　加糖炼乳在生产过程中采用不同的加糖方法，成品在保存期的增稠趋势有显著的差别。进糖越早，乳和糖接触的时间就越长，加糖炼乳变稠的趋势越显著。加糖方法选择不当会引起变稠或脂肪游离，方法选择适当可以延缓变稠或减少脂肪游离。

加糖方法应根据加糖炼乳的变稠、脂肪游离情况及所采用的预热条件、浓缩设备等作综合考虑，可以通过试验后确定。蔗糖加入的方法有如下几种。

①直接添加：将糖直接加于原料乳中，经预热杀菌后进入真空浓缩锅中进行浓缩。此法可

减少浓缩的蒸发水量，缩短浓缩时间，节约能源。缺点是会增加细菌及酶的耐热性，成品易变稠及褐变。在采用超高温瞬间预热及双效或多效降膜式连续浓缩时，可以使用这种加糖方法。

②预热杀菌后混合：原料乳和65%~75%的浓糖浆分别经预热杀菌，冷却至57℃后混合浓缩。此法适于连续浓缩的情况下，间歇浓缩时不宜采用。

③后进糖法：将杀菌后的蔗糖溶液，在单元投料中的牛乳全部进入单效浓缩罐后，或牛乳浓缩将近结束时吸入浓缩罐内。此法使用较普遍，对防止变稠效果较好，但浓乳初始黏度过低时易引起脂肪游离。

④先进糖法：真空浓缩时先进糖液，再进牛乳。本法主要是提高炼乳的初始黏度，防止加糖炼乳脂肪上浮。

⑤中间进糖法：先使原料乳总量的1/3~1/2进入浓缩罐浓缩，再入糖液，然后进入余下的牛乳浓缩。此法也是为了调节成品的初始黏度，兼顾到延缓变稠和减少脂离。

不同加糖方法与加糖炼乳黏度的关系见图11-3。

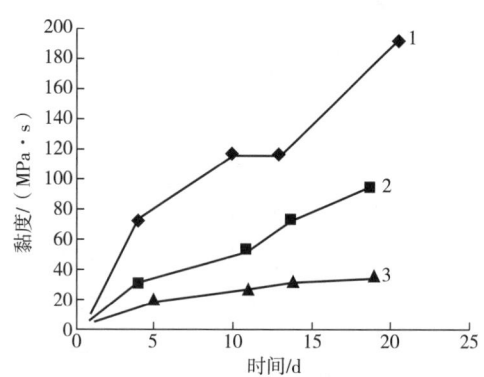

图11-3　不同加糖方法与加糖炼乳黏度的关系
1—糖与乳同时预热杀菌　2—糖浆与乳分别预热杀菌，混合后一起浓缩
3—糖浆预热杀菌后在浓缩后期加入

（4）加糖量　为了使细菌的繁殖受到充分抑制并达到预期目的，必须添加足够的蔗糖。加糖量一般用蔗糖比表示。蔗糖比决定加糖炼乳应含蔗糖的浓度，也是向原料乳中添加蔗糖量的计算标准，一般以62.5%~64.5%为最适宜。大于64.5%会有蔗糖析出，使产品组织状态变差；小于62.5%抑菌效果差。加糖量的计算步骤如下。

①蔗糖比的计算：蔗糖比又称蔗糖浓缩度，加糖炼乳中所加的蔗糖与水和蔗糖之和的比值就是蔗糖比，见式（11-5）。成品的蔗糖含量应在标准规定的范围内。

$$蔗糖比 = \frac{蔗糖含量}{蔗糖含量+水分含量} \times 100\%$$

或

$$蔗糖比 = \frac{蔗糖含量}{100-总乳固体含量} \times 100\% \tag{11-5}$$

②根据所要求的蔗糖比计算出炼乳中的蔗糖含量，见式（11-6）：

$$炼乳的蔗糖含量 = \frac{(100-总乳固体含量) \times 蔗糖比}{100} \tag{11-6}$$

【例11-1】总乳固体含量为28%，蔗糖含量为45%的炼乳，其蔗糖比是多少？

解：$$\text{蔗糖比} = \frac{45}{100-28} \times 100\% = 62.5\%$$

③根据浓缩比计算加糖量：所谓浓缩比是指炼乳中的总乳固体物含量与原料乳中的总乳固体物含量的比值。浓缩比和加糖量分别用式（11-7）和式（11-8）计算。

$$\text{浓缩比} = \frac{\text{炼乳中的总乳固体含量（\%）}}{\text{原料乳的总乳固体含量（\%）}} \tag{11-7}$$

$$\text{应添加的蔗糖量（kg）} = \frac{\text{炼乳中的蔗糖含量（\%）}}{\text{浓缩比}} \tag{11-8}$$

【例 11-2】以含脂率 3.16%，无脂干物质 7.88% 的原料乳，生产总乳干物质含量为 28%（其中脂肪 8%，无脂干物质 20%）的炼乳时，每 100kg 原料乳应添加多少蔗糖？

解：$$\text{浓缩比} = \frac{28}{3.16+7.88} = 2.54 : 1$$

或 $$\text{浓缩比} = \frac{20}{7.88} = 2.54 : 1$$

设炼乳中的蔗糖含量为 45%。则

$$\text{应添加的蔗糖量} = \frac{45}{2.54} = 17.72 \text{（kg）}$$

5. 浓缩

牛乳中水分含量 >88%，加糖炼乳含水约 26%，要通过浓缩除去多余的水分。浓缩的方法有常压浓缩、减压浓缩、冷冻浓缩、反渗透及超滤等。

浓缩目的在于除去部分水分，有利于保存；减少质量和体积，便于保藏和运输。一般采取真空浓缩，其具有节省能源，提高蒸发效能的作用；蒸发在较低温度条件下进行，保持了牛乳原有的性质；避免外界污染的可能性。

目前，我国加糖炼乳生产厂大多使用间歇式盘管真空浓缩锅。真空浓缩的条件控制得是否适当，对加糖炼乳的质量影响很大。例如，浓缩时间过长、温度过高、加热蒸汽压过高，会导致加糖炼乳变色、变稠或脂肪上浮。

（1）真空浓缩条件和方法　一般采用真空浓缩方式。浓缩控制条件为：温度 45~60℃；真空度 78.45~98.07kPa。

经预热杀菌的乳到达真空浓缩罐时温度为 65~85℃，可以处于沸腾状态，但由于水分蒸发使温度下降，因此要保持水分不断蒸发必须不断供给热量，这部分热量一般来自加热蒸汽，加热蒸汽由锅炉供给的饱和蒸汽，而牛乳中水分汽化形成的蒸汽称为二次蒸汽。

牛乳中水分汽化形成的蒸汽必须不断排除，否则它会凝结成水回流到牛乳中，使蒸发无法进行。除去二次蒸汽的方法，一般为冷凝法，即二次蒸汽直接进入冷凝器结成水而排除。二次蒸汽不被利用称为单效蒸发；如将二次蒸汽引入另一个蒸发器作为热源用，称为双效蒸发。

（2）浓缩终点的确定　浓缩终点的确定一般有三种方法。

①密度测定法：密度测定法使用的密度计一般为波美密度计，刻度范围为 30~40°Bé，每一刻度为 0.1°Bé。波美密度计应在 15.6℃ 下测定，但实际测定时不一定恰好是在 15.6℃，故须进行校正。温度每差 1℃，波美度相差 0.054°Bé，温度高于 15.6℃ 时加上差值；反之，则需减去差值。

15.6℃ 时加糖炼乳的波美度与相对密度关系如式（11-9）所示：

$$B = 145 - \frac{145}{d}$$

或
$$d = \frac{145}{145 - B} \tag{11-9}$$

式中　145——常数；

　　　d——温度为15.6℃时的相对密度；

　　　B——温度为15.6℃时的波美度，°Bé。

15.6℃时加糖炼乳的相对密度如式（11-10）计算：

$$d = \frac{100}{\dfrac{\text{脂肪含量\%}}{\text{脂肪密度}} + \dfrac{\text{非脂乳固体含量\%}}{\text{非脂乳固体密度}} + \dfrac{\text{蔗糖含量\%}}{\text{蔗糖密度}} + \dfrac{\text{水分含量\%}}{\text{水分密度}}} \tag{11-10}$$

【例11-3】含脂肪8.2%，非脂乳固体20.2%，蔗糖45.0%，水分26.2%的加糖炼乳，求48℃时的波美度为多少？

解

15.6℃的相对密度 $d = \dfrac{100}{\dfrac{\text{脂肪含量\%}}{0.93} + \dfrac{\text{非脂乳固体含量\%}}{1.608} + \dfrac{\text{蔗糖含量\%}}{1.589} + \text{水分含量\%}}$

即 $d = \dfrac{100}{\dfrac{8.2}{0.93} + \dfrac{20.2}{1.608} + \dfrac{45.0}{1.589} + 26.2} = 1.318$

换算为15.6℃时的波美度 $B = 145 - \dfrac{145}{1.318} = 34.99°\text{Bé}$

校正到48℃时的波美度 $B' = 34.99 - 0.054 \times (48 - 15.6) = 33.24°\text{Bé}$

然后与实测值比较，判断是否到达终点。

波美度和相对密度的换算也可以直接查表11-1。

表11-1　　　　　　　　　　波美度和相对密度换算表

波美度/°Bé	1/10 °Bé									
	0	1	2	3	4	5	6	7	8	9
	相对密度									
30	1.2609	1.2619	1.2630	1.2641	1.2652	1.2663	1.2674	1.2685	1.2697	1.2708
31	1.2719	1.2730	1.2741	1.2752	1.2763	1.2775	1.2786	1.2797	1.2808	1.2820
32	1.2831	1.2842	1.2854	1.2866	1.2877	1.2888	1.2890	1.2912	1.2923	1.2934
33	1.2946	1.2957	1.2968	1.2979	1.2991	1.3004	1.3016	1.3028	1.3040	1.3052
34	1.3063	1.3075	1.3087	1.3098	1.3110	1.3122	1.3134	1.3146	1.3158	1.3170
35	1.3182	1.3194	1.3206	1.3218	1.3230	1.3242	1.3254	1.3266	1.3278	1.3290
36	1.3302	1.3314	1.3326	1.3339	1.3352	1.3364	1.3376	1.3389	1.3401	1.3414
37	1.3426	1.3428	1.3451	1.3464	1.3476	1.3488	1.3500	1.3512	1.3525	103528
38	1.3551	1.3564	1.3577	1.3589	1.3602	1.3615	1.3627	1.3640	1.3653	1.3666
39	1.3679	1.3692	1.3705	1.3718	1.3731	1.3744	1.3757	1.3770	1.3783	1.3796
40	1.3809	1.3822	1.3836	1.3849	1.3862	1.3875	1.3888	1.3902	1.3915	1.3928

通常，浓缩乳样温度为48℃左右，若测得浓度为31.71~32.56°Bé时，即可认为已达到浓

缩终点。用相对密度来确定终点，有可能因为乳质变化而产生误差，通常辅以测定黏度或折射率加以校核。

当由于原料乳的酸度过高、浓缩过度或工艺条件选择不当等原因使浓乳黏度过高时，会使相对密度无法测定或误差较大。这种情况下用折光仪测定较为合适。

各种组成的加糖炼乳的相对密度及波美度的关系见表11-2。

表 11-2　　　　　　　　　加糖炼乳的相对密度及波美度的关系

组成			温度					
			15.6℃		37.8℃		48.9℃	
总固体含量/%	非脂乳固体含量/%	脂肪含量/%	相对密度	波美度/°Bé	相对密度	波美度/°Bé	相对密度	波美度/°Bé
73.00	20.12	8.05	1.3087	34.2	1.2947	33.0	1.2883	32.5
72.50	20.00	8.00	1.3065	34.0	1.2918	32.8	1.2853	32.2
71.25	19.66	7.86	1.3044	33.8	1.2888	32.5	1.2826	31.9
70.00	19.33	7.73	1.2988	33.4	1.2842	32.1	1.2778	31.5

②黏度测定法：浓缩乳温度的波动对黏度的影响很大，因此测定浓缩乳黏度来确定浓缩乳终点的方法现在已很少使用。黏度测定法可使用回转黏度计或毛式黏度计。测定时需先将乳样冷却到20℃，然后测其黏度，一般规定为0.10Pa·s。

通常乳品厂制造炼乳时，为了防止产生气泡、脂肪游离等缺陷，一般将黏度提高一些，到测定时如果结果大于0.10Pa·s，则可加入灭菌后的水加以调节。在20℃条件下，加水量可根据每加水0.1%黏度降低0.004~0.005Pa·s来计算。

③折射仪法：使用的仪器可以是阿贝折射仪或糖度计。

当温度为20℃、脂肪含量为8%时，加糖炼乳的折射率和总固体之间有如式（11-11）所示关系：

$$T = 70 + 444(n - 1.4658) \tag{11-11}$$

式中　T——加糖炼乳的总固体含量；

　　　n——加糖炼乳在20℃时的折射率。

根据该式进行计算，可以得出相应条件下的一系列总固体含量和折射率，汇总于表11-3。

表 11-3　　　　　　　含8%脂肪的加糖炼乳总固体含量和20℃时折射率

20℃时折射率	总固体含量/%	20℃时折射率	总固体含量/%
1.4600（67.83）	67.42	1.4660（70.36）	70.08
1.4610（68.25）	67.87	1.4670（70.77）	70.52
1.4620（68.70）	68.31	1.4680（71.17）	70.96
1.4630（69.12）	68.75	1.4690（71.56）	71.41
1.4640（69.54）	69.19	1.4700（71.98）	71.86
1.4650（69.96）	69.64	1.4710（72.39）	72.31

续表

20℃时折射率	总固体含量/%	20℃时折射率	总固体含量/%
1.4720 (72.79)	72.75	1.4760 (74.41)	74.52
1.4730 (73.20)	73.19	1.4770 (74.82)	74.96
1.4740 (73.60)	73.63	1.4780 (75.22)	75.41
1.4750 (74.01)	74.08	1.4790 (75.62)	75.86

注：1. 括号内的数是折光读数折算成折射仪糖度读数；

2. 总固体含量计算时，可采用内插法；

3. 加糖炼乳各组分的折光常数分别为水 0.20606，蔗糖 0.20614，乳脂肪 0.2868，无水乳糖 0.20814。

当脂肪含量为 8%，温度为 20℃时，若已知浓缩乳中总固体含量就能用该表查出相应的折射率，反之，也可基于折射率通过查表确定总固体含量。

使用手持糖度计来确定浓缩终点较为方便。手持糖度计是根据含糖量溶液的折射率与其浓度成正比的原理设计而成的。在测定糖液时，糖度计上的读数即是糖液的浓度；在测定加糖炼乳时，仅表示相应的关系，需和烘干法测定的结果对照修正；同时需注意的是由于它无法恒温在 20℃，所以其测定结果和气温、乳温的变化有关。

6. 浓乳均质

(1) 均质目的　炼乳在长时间放置后，会发生脂肪上浮现象，表现为在其上部形成稀奶油层，严重时一经振荡还会形成奶油粒，这大大影响了产品的质量，对此除在预热等步骤进行严格控制外，还可以采用均质工艺加以克服。

均质的目的主要有以下几点：破碎脂肪球，防止脂肪上浮；使吸附于脂肪球表面的酪蛋白量增加，进而改进黏度，缓和变稠现象；使炼乳易于消化吸收；改善产品感官质量。

(2) 均质工艺　均质后的脂肪球平均直径可以达到原来的 1/10，由 Stork's 定律可知，脂肪球上浮速度与其直径平方成正比，因此均质后的炼乳与原来相比稳定性提高了很多，脂肪球上浮速度极慢。另外，均质后脂肪球变小，数量却增加 1000 多倍，这使得脂肪球总表面积增加很多，提高了吸附的酪蛋白量，脂肪球的相对密度增大，浮力变小，使得脂肪上浮现象大大减缓。研究证明，当脂肪球破碎后，原先在其表面的一层保护膜被破坏，随后一些类似膜蛋白质的蛋白质会在其表面形成新膜。在新膜形成之前，这些脂肪球会因相互碰撞而聚合成团，这一现象与温度有关，温度越低，就越容易发生。

均质中最主要的两个工艺条件是压力和温度，两者决定了均质效果的好坏。压力过高或过低均对产品质量有所影响，压力过高会降低酪蛋白的热稳定性，过低则达不到破坏脂肪球的目的。选择一个合适的温度有助于控制均质时脂肪球的大小，同时又能防止脂肪球聚合成团，见表 11-4。

表 11-4　　　　　　　　　　均质温度和均质效果

均质后脂肪球直径/μm	不同均质温度的脂肪球的含量/%		
	20℃	40℃	65℃
0~1	2.3	1.9	4.3
1~2	29.3	36.7	74.4

续表

均质后脂肪球直径/μm	不同均质温度的脂肪球的含量/%		
	20℃	40℃	65℃
2~3	29.3	21.1	9.0
3~4	29.8	25.2	12.3
4~5	0	15.2	0
5~6	15.4	0	0

由表 11-4 可以看出，为了使 2μm 以下的脂肪球含量达到较高的比率，65℃是最适宜的均质温度。在实际操作中，均质温度一般为 50~65℃。由于浓缩后温度可达到 50℃，所以均质应放在浓缩后立即进行。

在炼乳加工中视具体情况可以采用一次或二次均质，国内多为一次均质。为了能更好地达到均质目的，在均质时还可以采用二段均质。第一段均质使脂肪球破碎，因此压力较高，第二段均质则对脂肪球进行进一步破碎分散，防止脂肪球互相集聚，使其能够均匀分散，压力相对较低。加糖炼乳均质压力一般为 10~14MPa，温度为 50~60℃。如果采用二次均质，第一次均质条件和上述相同，第二次均质压力为 3.0~3.5MPa，温度控制在 50℃左右。

7. 冷却结晶

加糖炼乳加工中冷却结晶是最重要的步骤。其目的在于及时冷却以防止炼乳在贮藏期间变稠，控制乳糖结晶，使乳糖组织状态细腻。

（1）乳糖结晶与组织状态的关系　乳糖的溶解度较低，室温下约为 18%，在含蔗糖 62%的加糖炼乳中溶解度只有 15%。而加糖炼乳中乳糖含量约为 12%，水分含量约为 26.5%，这相当于 100g 水中约含有 45.3g 乳糖，很显然，其中有的乳糖是多余的。在冷却过程中，随着温度降低，多余的乳糖就会结晶析出。若结晶晶粒微细，则可悬浮于炼乳中，从而使炼乳组织柔润细腻。若结晶晶粒较大，则组织状态不良，甚至形成乳糖沉淀。冷却结晶就是要创造适当的条件，促使乳糖形成多而细的晶体。

乳糖分子中有一个游离的半缩醛羟基（苷羟基），由于其位置的不同而形成 α-乳糖和 β-乳糖两种异构体，但 α-乳糖只要稍有水分存在就会与一分子结晶水结合，而变为 α-含水乳糖，即普通市售的乳糖。所以实际上共有三种类型的乳糖。β-乳糖的溶解度比 α-乳糖高。在乳中 α-含水乳糖与 β-乳糖有一定的比例，平衡状态时两种乳糖的比例依水温的变化而不同，见表 11-5。

表 11-5　　乳糖的溶解度

温度/℃	β-乳糖与α-乳糖平衡比例	最终溶解度/%			超溶解度
		总计	α-乳糖	β-乳糖	
0	1.65	10.6	4.0	6.6	19.9
10	1.62	13.1	5.0	8.1	24.4
20	1.59	16.1	6.2	9.9	30.4
30	1.57	19.9	7.7	12.2	37.0

续表

温度/℃	β-乳糖与α-乳糖平衡比例	最终溶解度/%			超溶解度
		总计	α-乳糖	β-乳糖	
40	1.54	24.6	9.7	14.9	43.9
50	1.51	30.4	12.1	18.3	51.0
60	1.48	37.0	14.9	22.1	59.0
70	1.45	43.9	17.9	26.0	—
80	1.43	51.0	21.0	30.0	—
90	1.40	59.0	24.6	34.4	—
100	1.33	61.2	26.3	34.9	—

如若在水中投入过量的 α-含水乳糖，待其溶解后达到饱和，得到 α-含水乳糖的溶解度，就是乳糖的最初溶解度，此时 α-乳糖尚未向 β-乳糖转化。在溶液中 α-乳糖与 β-乳糖能互相转化，如果将上述乳糖溶液振荡，再继续添加乳糖则仍可溶解，由于 α-乳糖逐渐转化为 β-乳糖，而 β-乳糖容易溶解，所以溶解度随之上升。当 α-乳糖的转化达到平衡，溶解度上升到一定值后不再上升，此时的溶解度即为最终溶解度（饱和状态溶解度）。实际上，最终溶解度是平衡状态时 α-乳糖溶解度和 β-乳糖溶解度的总和。

（2）乳糖结晶温度的选择　结晶温度是个重要条件，温度过高不利于迅速结晶，温度过低则黏度增大，也不利于迅速结晶，其最适温度视浓度而异。

把乳糖的饱和溶液冷却，则形成过饱和溶液，但尚未析出晶体，此刻的溶解度即为过饱和溶解度（又称超溶解度）。当进一步冷却时，则开始析出 α-含水乳糖晶体，从而打破了 α-乳糖与 β-乳糖的平衡。此时 β-乳糖向 α-含水乳糖转化，溶解度随之下降，相应地继续析出晶体，直至达到该温度的饱和状态，重新建立平衡为止。

若以乳糖溶液的浓度为横坐标，溶液温度为纵坐标，可以绘出乳糖的溶解度曲线，图 11-4 是乳糖在水中的溶解度曲线及强制结晶曲线。图中最终溶解度曲线表示在最终平衡状态时 100g 溶液中乳糖最大的溶解度。过饱和溶解度曲线是乳糖可能呈现的最大浓度。该图可以分为三个区域：最终溶解度曲线的左侧是溶解区；过饱和溶解度曲线的右侧是不稳定区，在不稳定区内乳糖将自然析出结晶；在最终溶解度曲线与过饱和溶解度曲线之间是亚稳定区，在亚稳定区内，处于过饱和状态的乳糖将要结晶而尚未结晶，在此状态下只要创造必要的条件，就能促使它迅速地生成大小均匀的细微晶体，这一过程就称为乳糖的强制结晶。研究表明，在亚稳定区内，大约高于过饱和溶解度曲线 10℃ 左右的位置有一条强制结晶曲线，通过这条曲线可以找到强制结晶的最适温度。

强制结晶过程中使浓缩乳的温度控制在亚稳定区内，当达到结晶的最适温度时，及时投入乳糖晶种，迅速搅拌并随之冷却，就能形成大量细微的晶体。

（3）晶种的制备　加糖炼乳冷却结晶过程于强制结晶的最适温度时投入乳糖晶种，不仅要求添加一定的数量，而且要求 α-含水乳糖的颗粒小于 5μm，才能达到乳糖晶体多而细的目的。因此晶种的制备是一项重要的工作。

晶种的制备包括烘干、研磨、过筛等。所选用的乳糖应是符合食用级的精制乳糖，乳糖的

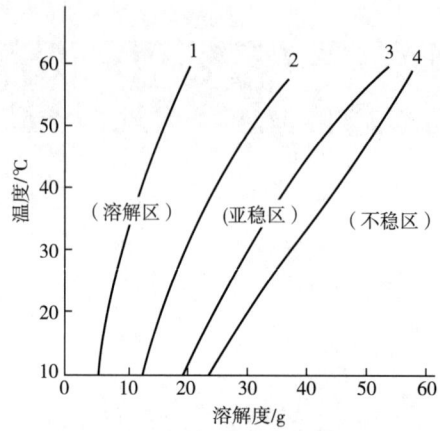

图 11-4 乳糖的溶解度曲线及强制结晶曲线

1—最初溶解度曲线 2—最终溶解度曲线 3—强制结晶曲线 4—过饱和溶解度曲线

含量应不低于 98.5%。

晶种粒径应在 5μm 以下。晶种制备的一般方法是取精制乳糖粉（多为 α-乳糖），在 100~105℃下烘干 2~3h，然后经超微粉碎机粉碎，再烘干 1h，并重新进行粉碎，通过 120 目筛就可以达到要求，然后装瓶、密封、贮存。晶种添加量为炼乳质量的 0.02%~0.03%。晶种也可以用成品炼乳代替，添加量为炼乳量的 1%。

（4）晶种加入温度　结晶温度是加糖炼乳结晶操作中的重要条件，也是促使结晶体多而细的重要条件。浓缩乳进行冷却时，乳温越低，过饱和度越高，呈现结晶的趋势越强。但由于乳温越低，黏度越高，反而会影响结晶的进行。而在强制结晶的最适温度时投入晶种，乳糖溶液的过饱和度高，结晶趋势强，炼乳的黏度还不致妨碍晶种的分散。因此，强制结晶的最适温度即为添加晶种的最适温度。

添加晶种的最适温度与乳糖的水溶液含量有关。如加糖炼乳中乳糖的水溶液含量为 31%，炼乳温度 54℃时，乳糖溶液尚未饱和，51℃时达饱和曲线，31℃时达强制结晶曲线，于此温度时加入乳糖晶种，21℃达到过饱和曲线。

确定添加晶种的最适温度，先计算出浓缩乳中乳糖的含量和在水中的含量，再在强制结晶曲线上查出最适温度。

【例 11-4】以含乳糖 4.8%、非脂乳固体 8.6% 的原料乳生产加糖炼乳，其蔗糖比为 62.5%，蔗糖含量为 45%，非脂乳固体为 19.5%，总乳固体为 28%，其添加晶种的最适温度为多少？

解：加糖炼乳的水分含量 = 100 − (28+45) = 27%

$$浓缩比 = \frac{19.5}{8.6} = 2.267$$

加糖炼乳中的乳糖含量 = 4.8 × 2.267 = 10.88%

$$加糖炼乳水分中的乳糖含量 = \left[\frac{10.88}{(10.88+27)}\right] \times 100 = 28.7\%$$

因此，按照所得水分中的乳糖含量，从结晶曲线上可查出，该加糖炼乳在理论上添加晶种的最适温度为 28℃ 左右。加糖炼乳冷却结晶一般的添加晶种的温度为 28~35℃。

(5) 冷却结晶方法　冷却结晶方法一般可分为间歇式及连续式两大类。

间歇式冷却结晶通常采用蛇管冷却结晶器，冷却过程可分为三个阶段：第一阶段为冷却初期，即浓乳出料后乳温在 50℃ 左右，应迅速冷却至 35℃ 左右；第二阶层为强制结晶期，继续冷却至接近 28℃，结晶的最适温度就处于这一阶段；第三阶段冷却后期，把炼乳冷却至 20℃ 后停止冷却，再继续搅拌 1h，即完成冷却结晶操作。

连续式冷却结晶采用连续瞬间冷却结晶机，这种设备与冰淇淋凝冻机相类似，炼乳在强烈的搅拌作用下，在几十秒到几分钟内，即可被冷却至 20℃ 以下。用这种设备冷却结晶，即使不添加晶种，也可以得到微细的乳糖结晶。而且由于强烈搅拌，使炼乳不易变稠，可防止褐变和污染。

(6) 结晶质量的判定

①强制结晶期乳糖结晶的初步判定：强制结晶期乳糖晶体处于成长初期，主要观测晶体的密度及是否均匀，以此来初步判断结晶的质量。冷却至 26℃ 时取样，用 100 倍显微镜检测。若视野内晶粒稀疏、大小不匀，则表明晶体粗大，应再保温搅拌一段时间；若晶粒细密如芝麻，则表明结晶正常。

②结晶后乳糖晶体的测定：用白金耳取一点搅拌均匀的加糖炼乳（如果是新制造的加糖炼乳，则以冷却完成后次日的为标准）放在载玻片上，以盖玻片轻轻压之，使成均匀的一层，用 450 倍显微镜检查。

晶体大小以晶体的长度为标准，用接目测微器中的标尺测量（标尺每小格的长度，应用标准标尺测定，一般为 3.3μm）。一个视野中乳糖晶体大小不一，只选出 5 颗最大的，并以 5 颗中最小的 1 颗为计算依据，并记下其直径（μm）。然后再如此重复 5 个视野，以 5 个视野计算的平均值作为报告数据。

乳糖晶体大小和数量与加糖炼乳的组织状态和口感关系密切。具体可参见表 11-6 列出的一些实验数据。

表 11-6　　　　　　乳糖结晶数量和大小与加糖炼乳组织状态的关系

每毫升加糖炼乳内的乳糖结晶数	乳糖晶体的直径/μm	组织状态	口感
400000	9.3	优良	细腻
300000	10.3	良好	尚细腻
200000	11.7	微沉淀	微细腻
100000	14.8	微沉淀	糊装
50000	18.6	沉淀	粉装
25000	23.4	沉淀多	稍呈砂状
12500	29.4	沉淀多	砂状

注：此加糖炼乳的组成为，总乳干物质含量 31.5%，脂肪 9%，蔗糖 42.5%，水 26%，乳糖 12.2%。

由表 11-6 可知，在该组成品加糖炼乳中每毫升乳糖结晶数为 30 万以上，乳糖晶体长度为 10.3μm 以下时所得产品的口感和组织状态都非常好。

以上为一具体条件下的质量判断，在一般情况下，乳糖晶体的质量判断一是看晶体大小，二是看晶体在炼乳中的分布是否均匀。晶体在 15μm 以下，在炼乳中分布均匀的为特级晶。晶体在 20μm 以下，15μm 以上为一级品，一级加糖炼乳较易产生沉淀，晶体分布较不均匀。晶体大小为 20~25μm 为二级品，此时乳糖晶体在炼乳中分布不均匀，产品口感呈砂状，并易产生沉淀。

近年来，乳糖酶已开始在乳品工业中应用。用乳糖酶处理乳可以使乳糖全部或部分水解，从而可以省略乳糖结晶过程，也不需要乳糖晶种及复杂的设备。在贮存中，可以从根本上避免出现乳糖结晶沉淀析出的缺陷，制得的加糖炼乳即使在冷却条件下贮存也不出现结晶沉淀。表 11-7 列出了炼乳添加乳糖酶后在冷藏过程中乳糖的分解情况。

表 11-7　　　　　　　　炼乳添加乳糖酶后在冷藏中乳糖的分解　　　　　　　　单位：%

种类	冷藏时间/d						
	1	2	3	4	5	7	11
全脂炼乳	—	17	—	—	34	—	—
脱脂炼乳	5	—	15	—	25	32	47
脱脂加糖炼乳	8	18	24	30	—	—	—

注：商品酵母乳糖酶添加量 0.67%（按乳糖重计），温度 4℃。

冷冻炼乳，即利用乳糖酶制造，能够冷冻贮藏而不会有结晶沉淀问题的炼乳。例如，将含 35% 固形物的冷冻全脂炼乳，在 -10℃ 条件下贮藏，用乳糖酶处理 50% 乳糖分解的样品 6 个月后相当稳定，而对照组则很不稳定。但是，这种炼乳在常温下贮藏时，乳糖水解会加剧成品褐变。

8. 包装和贮藏

冷却后的加糖炼乳一般含有大量气泡，如此时装罐，气泡会留在罐内而影响其质量。过去常用的方法是静置 5~6h，待气泡逸出后再灌装，该法相当费时。另一方法是用脱气设备迅速脱气或用真空封罐机封口，便可解决该问题。

传统上加糖炼乳罐装于经清洗灭菌的罐中，因此罐装后不再灭菌。现在也可将加糖炼乳罐装于无菌纸包装中。由于加糖炼乳罐装后不再杀菌，所以对灌装机和容器的卫生状况要加以注意，均应严格消毒，防止对炼乳造成二次污染。罐装应装满，并尽可能排除顶隙空气。封罐后经清洗、擦罐、贴标、装箱，然后入库贮藏。

炼乳的贮藏条件：炼乳贮藏应离开墙壁及保暖设施 30cm 以上，库温恒定，温度 <15℃，相对湿度 <85%。贮藏过程中，每月应翻罐 1~2 次，防止糖沉淀的形成。

加糖炼乳的成品标准 GB 13102—2022《食品安全国家标准　浓缩乳制品》中感官要求、理化指标和微生物限量见表 11-8、表 11-9 和表 11-10。

表 11-8　　　　　　　　　　加糖炼乳的感官要求

项目	要求
色泽	呈均匀一致的乳白色或乳黄色或产品应有的色泽
滋味、气味	具有乳的香味，甜味纯正

续表

项目	要求
组织状态	具有产品应有的组织状态，无正常视力可见异物；液体产品应无凝块无沉淀；黏稠状产品应组织细腻，质地均匀，黏度适中

表 11-9　　加糖炼乳的理化指标

项目		指标		
		全脂	部分脱脂	脱脂
蛋白质/（g/100g）	≥	非脂乳固体[a] 的 34%		
脂肪（X）/（g/100g）		$X \geq 8.0$	$1.0 \leq X < 8.0$	$X \leq 1.0$
乳固体[b]/（g/100g）	≥	28.0	24.0	24.0
非脂乳固体[a]/（g/100g）	≥	—	20.0	—
酸度/（°T）	≤	48.0		
水分/%	≤	27.0		

注：a 非脂乳固体（%）= 100% - 脂肪（%）- 水分（%）- 蔗糖（%）；
　　b 乳固体（%）= 100% - 水分（%）- 蔗糖（%）。

表 11-10　　加糖炼乳的微生物限量　　　　　　　　　　　　单位：CFU/g

项目	采样方案[a] 及限量			
	n	c	m	M
菌落总数	5	2	10^4	10^5
大肠菌群	5	1	10	100

注：a 样品的分析及处理按 GB 4789.1—2016《食品安全国家标准　食品微生物学检验　总则》和 GB 4789.18—2010《食品安全国家标准　食品微生物检验　乳与乳制品检验》执行。

（三）加糖炼乳生产和贮藏过程的质量缺陷及控制措施

1. 变稠（浓厚化）

加糖炼乳在贮存中，特别是在温度较高的环境下贮存，其黏度会逐渐增高，以致失去流动性，甚至成为凝胶状，这一过程称为变稠，此现象是加糖炼乳贮存中最常见的问题，其原因有微生物性和理化性两个方面。

（1）微生物性变稠　加糖炼乳由于芽孢杆菌、链球菌、葡萄球菌及乳酸杆菌等作用，这些细菌均为革兰氏阳性菌，它们可将加糖炼乳中的蔗糖和蛋白质作为碳源和氮源，通过自身的胞外酶进行代谢，产生甲酸、乙酸、丁酸及乳酸等有机酸，并分泌一种凝乳酶，而使加糖炼乳变稠。如原料乳污染了较多的细菌，即使细菌已死亡，但凝乳酶的作用并不消失，仍会出现加糖炼乳变稠现象。

为防止加糖炼乳发生微生物性变稠，要做到以下几点：加强各个生产工序的卫生管理，并将设备彻底清洗、消毒，避免微生物污染；采用 80℃ 保持 10~15min 的杀菌方法；保持一定的蔗糖浓度，利用蔗糖渗透压产生的防腐作用抑制乳中微生物的生长繁殖，蔗糖比以 62.5% ~ 64.0% 为最适宜（蔗糖比应在 62.5 以上，但超过 65% 会发生蔗糖析出结晶）；制品贮藏于 10℃ 以下。

（2）理化性变稠　加糖炼乳的理化性变稠是由于蛋白质胶体状态出现变化，即蛋白质由溶胶转为凝胶而产生的。理化性变稠主要与蛋白质和脂肪含量、蔗糖含量以及加入方法、盐类平衡、乳的酸度、贮藏条件、预热条件、浓缩工艺等有关。

①酪蛋白或乳清蛋白含量：因为理化性变稠与蛋白质的胶体膨润性或水合现象有关，所以酪蛋白或乳清蛋白含量越高，变稠现象越严重，乳蛋白（主要是酪蛋白）胶体状态的变化会引起从溶胶状态转变成凝胶状态。

②脂肪含量少：脂肪含量少的加糖炼乳变稠倾向会提升，所以脱脂炼乳显然易出现变稠现象，这是因为含脂制品的脂肪介于蛋白质粒子间，会防止蛋白质粒子的结合。

③蔗糖含量与加糖方法：蔗糖具有很强的渗透压，可使乳中酪蛋白的水合性降低，自由水增加，因此适当增加蔗糖含量，可降低加糖炼乳的变稠倾向，特别是在乳质不稳定的季节。加糖方法应在浓缩末期添加为宜。

④原料乳的酸度：酸度高会使酪蛋白胶粒不稳定，促进加糖炼乳变稠。如果酸度稍高，用碱中和可以减弱变稠倾向，中和后用于生产工业用炼乳，但若酸度过高，用碱中和也不能防止变稠。

⑤预热条件：预热温度和时间对变稠有显著影响。以 63℃、30min 条件预热时变稠的倾向较少，但是易引起脂肪上浮，同时因成品中留有解脂酶，致使产品脂肪分解产生臭味，所以不宜采用；75~100℃ 保持 10~15min 的预热能使产品很快变稠；而 110~120℃ 时反而使产品趋于稳定，但是由于加热温度过高，成品有变稀的倾向，并影响制品的颜色；采用超高温瞬时热处理可以防止变稠。

⑥浓缩工艺：浓缩温度越高、时间越长，就越易引起变稠。浓缩温度比标准温度高时，黏度增加，变稠的倾向也增加，尤其浓缩将近结束时，若温度超过 60℃，则黏度显著增高，贮藏中变稠倾向也增大。所以，最后浓缩温度应尽量保持在 50℃ 以下。另外，浓缩程度高时，干物质相应增加，黏度也就升高，随着黏度的升高，变稠的倾向也就增加，但变稠的倾向并不与干物质直接成比例。采用间歇式真空浓缩锅进行浓缩时，在浓缩末期停止输送蒸汽，但打开冷凝器和真空泵有利于抑制变稠倾向。

⑦贮藏条件：贮藏温度对产生变稠有很大影响。贮藏温度越高，时间越长就越容易引起变稠。优质制品在 10℃ 以下保存 4 个月不产生变稠现象，但在 20℃ 时变稠倾向有所增加，30℃ 以上时明显增加。

2. 胖罐（胖听）

胖罐又称胖听。加糖炼乳胖罐分为微生物性胖罐、物理性胖罐和化学性胖罐三种。

（1）微生物性胖罐　产品贮存期间由于微生物活动而产生气体，使罐头底、盖膨胀，严重的会使罐头破裂，这种胖罐称为微生物性胖罐。

可能产生气体的微生物主要有：酵母特别是耐高渗性酵母，使蔗糖分解产生乙醇及二氧化碳；乳酸菌分解乳糖产生乳酸。

产生微生物性胖罐的具体原因有：设备、容器、管道的清洗、消毒不及时、不彻底，或消毒后被二次污染；结晶缸或加糖炼乳贮存缸的盖不密闭，加糖炼乳长时间暴露在不洁的空气中，造成空气污染；使用含有转化糖较高的劣质蔗糖，为发酵创造条件。

防止微生物性胖罐的方法有：设计乳品车间时，设备管道的布置应紧凑，管道越短越好，弯头、节头越少越好，便于拆洗和消毒；应加强各生产工序的就地清洗工作，尤其是浓缩罐与结晶缸的清洗，盛装的容器要严格消毒灭菌；灌装时要尽量装满，减少顶隙和气泡，创造不利于好气性微生物生长、增殖的条件；对环境消毒可采取紫外线与乳酸熏蒸相结合的方法；不得使用潮湿、结块、含转化糖高的劣质蔗糖；产品尽量在较低温度下贮藏。

(2) 物理性胖罐 物理性胖罐又称假胖罐，是由于低温装罐，高温贮藏而引起的胀罐，其罐内炼乳并不变质，但影响外观。

物理性胖罐的形成原因有：装罐时装得太满，使封罐后罐内产生很大的压力；装罐温度过低，气温升高时造成底、盖凸起；罐盖膨胀线（圈）过浅或制造底、盖的马口铁太薄；封罐时底托板压力不足；搬运加糖炼乳箱时摔得太重。

防止物理性胖罐的方法有：装罐前宜将炼乳用温水加热至25~28℃，夏季加温还可防止罐头"出汗"生锈；底盖膨胀线（圈）宜用阶梯形，并有适当的深度；装罐时宜多装2g左右为宜，不要太满；封罐机上压头及底托板应做成与膨胀线（圈）相吻合的形状，可有效防止假胖罐，还可减少加糖炼乳挤出损失。

(3) 化学性胖罐 因为炼乳中酸性物质与罐内壁的铁、锡等发生反应后生成锡氢化物而产生氢气造成的。防止措施是使用符合标准的空罐，并控制乳的酸度。

3. 纽扣状凝块

加糖炼乳在常温贮存3~4个月后，有时在罐盖上出现白色、黄色乃至红棕色大小不等的干酪样凝块，其形状似纽扣，故称"纽扣"或纽扣状凝块。加糖炼乳贮存的时间越长，温度越高，纽扣状凝珠越大，严重的扩散至整个罐面。有纽扣状凝珠的加糖炼乳带金属臭及陈腐的干酪状气味，失去食用价值。

纽扣状凝珠主要是由霉菌引起的。产品被葡萄曲霉及其他霉菌所污染，在有空气和适宜的温度条件下，5~10d内生成霉菌菌落，2~3周后霉菌死亡，其分泌的酶促使加糖炼乳局部凝固，同时变色，产生异味，2~3个月后形成纽扣状凝珠，并渐渐长大。此外，还有几种球菌能形成白色纽扣状凝块，分布在盖上及罐内加糖炼乳中。

还有一种称作绿斑，加糖炼乳装罐后仅2~3d，个别罐盖的膨胀线（圈）上往往粘有灰绿色的小凝粒。大部分直径仅2~3mm，最大的有5~6mm，每个盖上有1或2个，多则10多个，圆球形或扁圆形，严重影响外观。绿斑是由化学原因引起，一般分布在罐盖膨胀线的露铁点或擦伤处。人为地将罐盖用刀尖划伤、结果在划伤的膨胀线上形成了几个绿斑。泡沫多的加糖炼乳会加剧绿斑的产生，使绿斑大而多。擦伤的罐口也会产生绿斑。

防止加糖炼乳纽扣状凝珠的发生，是要避免霉菌污染及防止加糖炼乳产生气泡。具体措施有：①加强卫生管理，所有管道设备，使用前应经过有效的杀菌，并防止再污染。装乳间用乳酸熏蒸消毒和足够数量的紫外线灯照射30min以上。②空罐及罐盖经120℃、2h杀菌。做到随消毒随使用，以免霉菌污染。③避免加糖炼乳暴露在空气中太久，贮存缸等要密闭，装乳间顶棚及墙壁定期用防霉涂料粉刷，并搞好厂区的环境卫生。④装罐要满，不留空隙；采用真空冷却结晶和真空封罐等措施，排除炼乳中的气泡，营造不利于霉菌生长繁殖的环境。⑤防止绿斑生成的措施是选用符合加糖炼乳罐头生产用的马口铁；制罐过程避免铁皮锡层擦伤，防止加糖炼乳产生泡沫。⑥加糖炼乳宜在15℃以下倒置贮存。

4. 乳糖晶体粗大和加糖炼乳组织粗糙

加糖炼乳组织粗糙，主要是由于乳糖晶体粗大所致。砂状炼乳是指乳糖结晶过大，以致舌感粗糙甚至有明显的砂状感觉。一般来说，乳糖晶体大小为 15~20μm，口感就会呈粉状或粗粉状感觉，20~30μm 有明显的砂状感觉，30μm 以上则有严重的砂状感。因此，乳糖晶体宜在 10μm 以下，而且大小均匀者为佳。

（1）乳糖结晶粗大的主要原因及防止方法

①乳糖晶种未磨细：如添加未经研磨的晶种，乳糖晶体都在 30μm 以上。研磨乳糖晶种，首先要烘干，选用超细微粉碎机研磨较好，并有足够的研磨时间或次数，磨后的晶种需经检验，使绝大部分颗粒达 3~5μm。

②晶种量不足：有时因粉筛过细，乳糖粉吸水黏结，晶种未经过秤等原因而影响晶种的添加量。

③加晶种时温度过高，过饱和程度不够高，部分微细晶体颗粒溶解。

④结晶缸（器）用毕后未经清洗，就进行下一锅的冷却结晶。

⑤冷却水温过高，冷却速度过慢。

⑥结晶缸搅拌器的转速过慢，或浓乳黏度过高，搅拌不均匀。采用真空冷却结晶器结晶效果较好。

（2）乳糖晶体在冷却结晶以后或贮存期间增大的原因

①冷却结束时未冷到 19~20℃：乳糖溶液的过饱和状态尚未消失，致使贮存期气温下降而继续结晶，晶体增大。

②冷却搅拌时间太短：乳糖溶液的过饱和状态尚未消失就停止搅拌，此后晶体继续长大，故冷却搅拌时间应不少于 2h。

③加糖炼乳贮存期间温度变化太大：当温度升高时，乳糖溶液由饱和状态变为不饱和状态，使微细的晶体溶解。降温时则转变为过饱和溶液，使乳糖晶体增大。因此，加糖炼乳应在较凉爽的仓库内贮存。

5. 棕色化（褐变）

加糖炼乳贮藏过程中颜色变深呈黄褐色，并失去光泽，严重时会生成褐色的凝块，这种现象称为棕色化（褐变），主要是由于乳中的蛋白质与蔗糖中所含的还原糖发生羰氨反应。加糖炼乳用含转化糖的不纯蔗糖，或并用葡萄糖时，褐变就会显著。褐变会降低加糖炼乳的营养价值，主要表现在外观及滋味恶化，物理性质变劣；维生素及必要的氨基酸分解；蛋白质的生理价值及消化性降低；生成有毒物质或代谢抑制物质，如丁酸、丙酸、H_2S 和 NH_4^+ 等。

为防止褐变的发生，生产加糖炼乳时，使用优质蔗糖和优质原料乳，并避免在加工中长时间高温加热，且贮藏温度在 10℃ 以下。

6. 糖沉淀

加糖炼乳贮藏一段时间或经培养以后，有时罐底会出现粉状或砂状沉淀，主要是乳糖的大晶体下沉所致。因为 α-含水乳糖在常温下的相对密度为 1.5453，而加糖炼乳相对密度为 1.30 左右，故大晶体势必会沉淀。炼乳中大晶体越多，加糖炼乳的黏度越低，则沉淀速度越快，沉淀量也越多。但 10μm 以下的微细晶体，在正常的初黏度下，是不会产生沉淀的。防止罐底沉淀的方法是保持晶体在 10μm 以下而且均匀，并控制适当的初黏度。

此外，当加糖炼乳的蔗糖比超过 64.5%，并在低温下贮存时，产生的蔗糖晶体也沉于罐底。

蔗糖的晶体更粗大,呈六角形,形状规则。乳糖晶体大部分呈长梯形,容易区别。防止蔗糖结晶的方法是加强标准化检验,提高检验的准确度,准确计量原料乳和白砂糖,控制蔗糖比在64.0%以内。销售到寒冷地区的产品,蔗糖比要更低一些。

7. 脂肪分离

当成品黏度低,均质不当,以及贮藏温度较高的情况下,易发生脂肪分离,静置时脂肪的一部分会逐渐上浮,形成明显的淡黄色膏状脂肪层。严重的贮藏1年后的脂肪黏盖厚度可达5mm以上,膏状脂肪层的脂肪含量为20%~60%,由于搬运装卸等过程的振荡摇动,一部分脂肪层又会重新混合,开罐后呈现斑点状或斑纹状的外观,这种现象会严重影响加糖炼乳的质量。

防止的办法是:①控制好黏度,也就是要采用合适的预热条件,使炼乳的初黏度不要过低。②浓缩时间不应过长,特别是浓缩末期不应拉长,而且浓缩温度不要过高,以采用双效降膜式真空浓缩装置为佳。③浓缩后采用均质处理,使脂肪球变小,并经过加热将乳中的脂酶完全破坏。

8. 酸败臭及其他异味

酸败臭是由于乳脂肪水解而生成的刺激味。这可能是由于在原料乳中混入了含脂酶多的初乳或末乳,或污染了能生成脂酶的微生物。另外,预热温度低于70℃使乳中脂酶残留,以及原料乳未先经加热处理就进行均质等都会使成品炼乳逐渐产生脂肪分解导致酸败臭味。但是一般在短期保藏情况下,不会发生这种缺陷。

此外,鱼臭、青草臭味等异味多为饲料或乳畜饲养管理不良等原因所造成。乳品厂车间的卫生管理也很重要。例如,使用陈旧的镀锡设备、管件和阀门等,由于镀锡层剥离脱落,也容易使炼乳产生氧化现象而具有异臭。如果使用不锈钢设备并注意平时的清洗消毒则可防止。

9. 柠檬酸钙沉淀(小白点)

加糖炼乳冲调后,有时会在杯底发现白色细小的沉淀,俗称"小白点"。这种沉淀物的主要成分是柠檬酸钙。因为加糖炼乳中柠檬酸钙含量约为0.5%,折算为每1L加糖炼乳中含柠檬酸钙19g,而在30℃下1L水仅能溶解柠檬酸钙2.51g。柠檬酸钙在加糖炼乳中处于过饱和状态,因此,柠檬酸钙结晶析出是必然的。

另外,柠檬酸钙的析出与乳中盐类平衡、柠檬酸钙的存在状态与晶体大小等因素有关。实践证明,在加糖炼乳冷却结晶过程中,添加15~20mg/kg的柠檬酸钙粉剂,特别是添加柠檬酸钙胶体作为诱导结晶的晶种,可以促使柠檬酸钙晶核形成提前,有利于形成细微的柠檬酸钙结晶,可减轻或防止柠檬酸钙沉淀的生成。

第二节 淡炼乳生产

一、概述

淡炼乳是将牛乳浓缩至原体积的40%,装罐后密封并经灭菌而成的乳制品。淡炼乳(又称双倍浓缩乳)色淡而具有奶油状外观,其制造方法与加糖炼乳的主要差异为不加糖及装罐后还要进行灭菌处理等,所以淡炼乳可在室温下长期保存。淡炼乳可像咖啡和稀奶油一样用于烹调,这一产品由全脂乳、脱脂乳或由脱脂乳粉、无水乳脂、水为主要成分的再制乳来生产。

二、淡炼乳生产工艺

(一) 淡炼乳加工工艺流程

淡炼乳的加工工艺流程及其生产线，分别见图 11-5 和图 11-6。

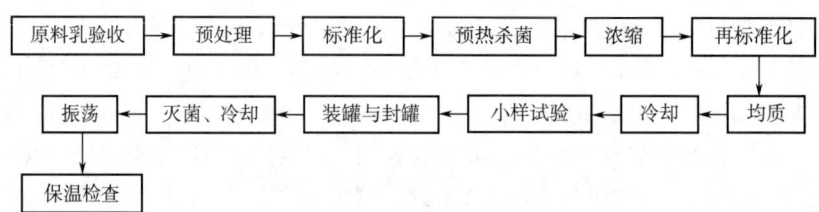

图 11-5　淡炼乳加工工艺流程

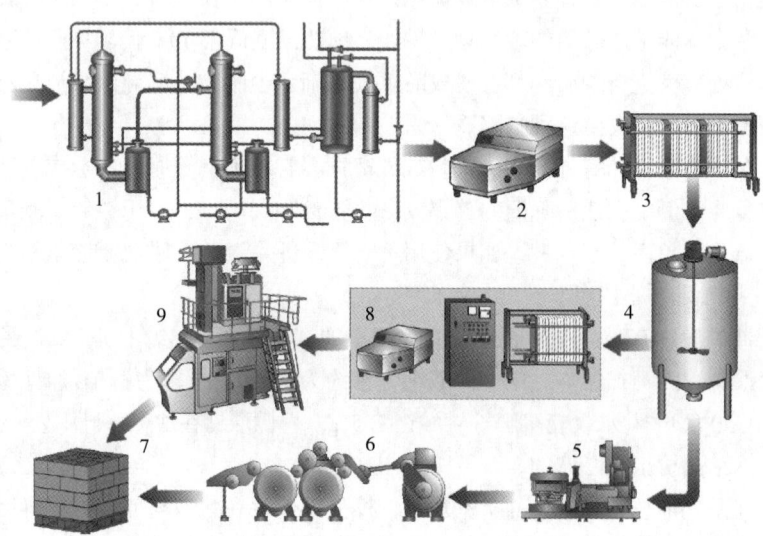

图 11-6　淡炼乳的生产线示意图

1—真空浓缩　2—均质机　3—冷却　4—中间罐　5—装罐　6—灭菌
7—贮存　8—超高温灭菌　9—无菌罐装（纸盒）

(二) 淡炼乳的工艺要求

1. 原料乳验收、预处理

生产淡炼乳对于原料乳的要求比生产加糖炼乳时对原料乳的要求严格，必须选择新鲜优质牛乳，脂肪含量应大于 3.2%，总乳固体含量 11.5%，酸度低于 18°T；要求热稳定性高，除进行一般常规检验、酒精试验外，还必须进行磷酸盐试验来测定原料乳中蛋白质的热稳定性。

磷酸盐试验的方法：取 10mL 牛乳注入试管中，加磷酸二氢钾溶液 1mL（将磷酸二氢钾 68.1g 溶于蒸馏水中，定容至 1000mL）充分混合后，把试管浸于沸水中 5min，取出冷却，观察有无凝固物出现，有凝固物的表示热稳定性差，不能用作淡炼乳的原料。

通过常规和上述验收合格的牛乳再经称量、过滤、冷却后，送贮乳罐贮存。

2. 原料乳的标准化

为了取得成分一致的产品，原料乳必须进行标准化，主要是使原料乳中的脂肪与非脂乳固体的比值符合成品中脂肪与非脂乳固体的比值，一级成品中所含的乳固体不低于26.0%，脂肪不低于8.0%。

3. 预热杀菌

预热的目的不仅是为了杀菌，而是由于适当的加热可使一部分乳清蛋白凝固，提高酪蛋白的稳定性，以防止灭菌时凝固，并赋予制品适当的黏度。

采用95~100℃、10~15min条件杀菌，使乳中的钙离子成为不溶性的磷酸三钙。如乳的预热温度低于95℃，尤其是80~90℃，则乳的热稳定性降低。高温加热会降低钙、镁离子的浓度，相应地减少了与酪蛋白结合的钙。适当高温可使乳清蛋白凝固成微细的粒子，分散在乳中，灭菌时不再形成凝块。因而随杀菌温度升高热稳定性也提高，但100℃以上黏度会降低，引起脂肪上浮，或产生加热臭、褐变以及盐类褐变沉淀的危险，所以仅提高杀菌温度也是不适当的。

采用高温瞬间杀菌方法可显著提高乳制品的稳定性，例如，采用预热条件为120~140℃、2~5s的乳固体含量为26%的成品稳定性，是采用95℃、10min预热条件的6倍。超高温处理可降低稳定剂的使用量，甚至可不用稳定剂仍能获得稳定性高、褐变程度低的产品。

为了提高乳蛋白质的热稳定性，在淡炼乳生产中允许添加少量稳定剂。常用的稳定剂有柠檬酸钠、磷酸氢二钠或磷酸二氢钠，添加量为100kg原料乳中添加磷酸氢二钠或柠檬酸钠5~25g，或者100kg淡炼乳中添加12~62g。稳定剂的用量最好根据浓缩后的小样试验来决定，通常按照最低添加量加入，使用过量会导致产品风味不好且易褐变的现象。

4. 浓缩

淡炼乳的浓缩过程与加糖炼乳基本相同，但是淡炼乳不加蔗糖，其乳干物质含量较低，可使用0.12MPa的蒸汽压力进行蒸发。浓缩时牛乳温度一般保持在54~60℃。若预热温度高，浓缩时沸腾剧烈，易起泡和焦管，应注意对加热蒸汽的控制。一般2.1kg的原料乳（乳脂肪3.8%、非脂乳固体8.55%）经浓缩可生产1kg淡炼乳（乳脂肪8%、非脂乳固体18%）。

由于淡炼乳的浓度较低，浓缩终点的判断常用波美计进行测定。需要注意的是：因为蒸发速度非常快，整个测定过程应该快速进行。一般情况下，当浓缩乳温度为50℃左右，取样测得的波美度为6.27~8.24°Bé或密度达到1.07左右时，即可大致判定浓缩已达终点。

5. 再标准化

原料乳已进行过标准化，浓缩后进行的标准化是使浓缩乳的总固形物控制在标准范围内，因为淡炼乳的浓度难于正确掌握，一般生产中都是浓缩到比标准略高的浓度，再加无菌水调整到要求的浓度，所以再标准化步骤通常被称为浓度标准化，也称加水。

加水量按式（11-12）计算：

$$加水量 = \frac{A}{F_1} - \frac{A}{F_2} \tag{11-12}$$

式中　A——单位标准化乳的全脂肪含量，%；

F_1——成品的脂肪含量，%；

F_2——浓缩乳的脂肪含量，%（可用脂肪测定仪或盖勃氏法测定）。

6. 均质

淡炼乳在长期放置之后会产生脂肪上浮现象，表现为其上部形成稀奶油层，甚至振荡还会形成奶油粒,影响产品的质量,所以要进行均质。通过均质可破碎脂肪球,防止脂肪上浮;使吸附于脂肪球表面的酪蛋白量增加,进而增加制品的黏度,缓和变稠现象;改善产品感官质量,使产品易于消化吸收。均质不应过于强烈,因为可能会影响蛋白质的稳定性,增加灭菌时乳凝集的危险。

淡炼乳大多采用二次均质,均质压力第一段为14~16MPa,第二段为3.5MPa左右,温度以50~60℃为宜。为了确保均质效果,可以对均质物料进行显微镜检视,如果有80%以上的脂肪球直径在2μm以下,就可以认为均质充分了。

7. 冷却

均质后的炼乳温度一般为50℃左右,如在这样的温度下停留时间过长,可能出现耐热性细菌繁殖或酸度上升的现象,从而使灭菌效果及热稳定性降低。另外,此温度下,成品的变稠和褐变倾向也会加剧。因此,淡炼乳均质后应及时迅速地将物料的温度降低,以防止产品变稠和褐变,同时提高产品的稳定性。

淡炼乳的冷却温度与装罐时间有关,当日装罐需冷却到10℃以下,次日装罐要求温度更低,一般在4℃以下以防止微生物繁殖。

8. 小样试验

在淡炼乳生产中,允许添加少量稳定剂,目的是使浓缩乳的盐类达到平衡,增加原料乳的稳定性,防止再次灭菌(即装罐灭菌)处理时发生蛋白凝固。根据盐类平衡性质,乳中的钙、镁与磷酸、柠檬酸之间保持适当的平衡,能增加乳蛋白质的稳定性。一般牛乳中钙、镁离子过剩,故加入柠檬酸钠、磷酸二氢钠、磷酸氢二钠,能使可溶性钙、镁减少,因而增加了酪蛋白的稳定性。

在原料乳杀菌前或杀菌后添加稳定剂的效果基本相同,但以浓缩后添加为好,准确添加量应根据小样试验结果确定。使用过量,产品风味不好易褐变。稳定剂的添加量大致一定时,可在杀菌前添加一部分,浓缩后再根据小样试验确定的结果准确补足总量,在装罐前加入到浓缩乳中。

(1) 小样试验目的　为了防止不可预见的变化而造成的产品的大量损失,可先进行小样试验。先按不同剂量添加稳定剂,试封几罐进行灭菌,然后开罐检查以决定稳定剂添加量、灭菌的温度和时间。

(2) 样品的准备　由贮乳罐中取浓缩乳小样,通常以原料乳0.25g/kg为限,加入不同剂量的稳定剂,如吸取质量浓度为41.1g/L的磷酸氢二钠溶液0.5mL、1.0mL、1.5mL、2.0mL、2.5mL、3.0mL,分别加入净重411g的浓缩乳罐中,稳定剂可配制成饱和溶液,用刻度为0.1mL和1mL吸管添加比较方便,分别装罐、封罐、摇匀,供做小样试验。

(3) 灭菌试验的方法　把样品罐装入小样用的灭菌机,采用116.5℃、16min保温之后,迅速冷却,冷却后即可取出小样开罐检查。灭菌条件应与批量生产条件保持一致。

(4) 开罐检查　检查的顺序是先检查有无凝固物,然后检查黏度、色泽、风味。检查有无凝固物时,可将试样放入烧杯中,观察烧杯上的附着状态,烧杯壁呈均匀乳白状态者为良好,如有斑纹状或有明显的附着物则不好,色泽呈稀薄的稀奶油色为良好。风味一般略有甜味,可稍有焦糖味。

如上述各项不合要求,可采用降低灭菌温度或缩短保温时间、减慢灭菌机转动速度等方法加以调整,直至达到要求为止。

黏度过高，会有热凝固倾向，此时，可把灭菌温度降低0.5℃或缩短灭菌时间0.5min；若黏度过低，则灭菌保温时，将回转式灭菌釜回转架暂停5min，以提高黏度。

总之，通过小样试验，确定批量生产的灭菌条件和稳定剂的添加量。

9. 装罐与封罐

按照小样试验结果添加稳定剂后，应立即进行装罐、封罐。

装罐时顶隙要留有余量，不可装满，一般成品的液面离顶盖应有5~6mm的间隙，以免灭菌时膨胀变形。装罐时的乳温应控制比室温高出5~10℃，如温度过高，淡炼乳产生泡沫，妨碍装罐工作，且灭菌后罐里会出现黄色条纹。装罐后进行真空封罐，以减少气泡量及顶隙中的残留空气，并且防止"假胖听"。封罐后应及时灭菌，若不能及时灭菌应在冷库中贮藏以防变质。

10. 灭菌、冷却

灭菌的目的是彻底杀灭微生物及酶类，使成品能够长期保藏，另外，适当高温处理可提高成品黏度，有利于防止脂肪上浮，并可给予炼乳特有的芳香味。不过淡炼乳的二次杀菌会引起美拉德反应而造成产品有轻微的棕色化，灭菌方法包括以下四种。

（1）保持式灭菌法（间歇式灭菌） 此法适于小规模生产，可用回转灭菌机进行，灭菌条件如下，升温（17~18min）→87℃（6~18min）→100℃（6~18min）→116℃（15min）→排气（5min）→冷却。

（2）连续式灭菌 适于大规模生产，此法可分为三个阶段：预热段、灭菌段和冷却段。封罐后罐内乳温在18℃以下，进入预热区预热到93~95℃，然后进入灭菌区，加热到114~119℃，经一定时间后，进入冷却区，冷却到室温。

（3）UHT连续灭菌机 此法可在2min内加热到125~138℃，并保持1~3min，然后急速冷却，全部过程只需6~7min。连续式灭菌法灭菌时间短，操作可实现自动化，适于大规模生产。

（4）使用乳酸链球菌素改进灭菌法 乳酸链球菌素是一种安全性高的国际上允许使用的食品添加剂，人体每日允许摄入量为每千克体重0~33000单位（1mg=1000单位）。淡炼乳生产中必须采用高的杀菌强度，但长时间的高温处理，使成品质量不理想，而且必须使用热稳定性高的原料乳。如果添加乳酸链球菌素，可减轻灭菌负担，且能保证淡炼乳的品质，并为利用热稳定性较差的原料乳提供了可能性。如1g淡炼乳中加100单位乳酸链球菌素，以115℃、10min的杀菌条件与对照组118℃、20min杀菌条件相比较，效果更好。

淡炼乳的包装通常有罐装（听装）和纸包装袋。前者采用装罐后保持灭菌处理，后者采用UHT处理后，进无菌灌装。

11. 振荡

如果灭菌操作不当或使用热稳定性较差的原料乳，则生产出的淡炼乳往往出现软的凝块，振荡可使凝块分散复原成均一的流体。使用振荡机进行振荡，往复冲程为6.5cm，300~400次/min，应在灭菌后2~3d内进行，室温下每次振荡1~2min。

12. 保温检查

淡炼乳可在0~15℃贮存很长时间，贮温如果过高，乳褐变，贮温过低，蛋白质凝集。淡炼乳应具有稀奶油样外观和色泽。淡炼乳出厂之前，一般还要经过保藏试验，即产品在25~30℃保温贮藏3~4周，观察有无胀罐，并开罐检查有无酸败、凝块、脂肪分离、沉淀等缺陷，必要时可抽取一定数量样品，于37℃保存6~10d加以观察及检查。

合格的产品即可擦净、贴标、装箱和出厂。

淡炼乳的成品标准（GB 13102—2022《食品安全国家标准 浓缩乳制品》）中感官要求和理化指标见表 11-11 和表 11-12，淡炼乳的微生物限量应符合商业无菌的要求。

表 11-11　　　　　　　　　　　　　淡炼乳的感官要求

项目	要求
色泽	呈均匀一致的乳白色或乳黄色或产品应有的光泽
滋味、气味	具有乳的滋味和气味
组织状态	具有产品应有的组织状态，无正常视力可见异物；液体产品应无凝块、无沉淀；黏稠状产品应组织细腻，质地均匀，黏度适中

表 11-12　　　　　　　　　　　　　淡炼乳的理化指标

项目	指标		
	全脂	部分脱脂	脱脂
蛋白质/（g/100 g）≥	非脂乳固体[a] 的 34%		
脂肪（X）/（g/100g）	$X \geq 7.5$	$1.0 < X < 7.5$	$X \leq 1.0$
乳固体[b]/（g/100g）≥	25.0	20.0	20.0
非脂乳固体[a]/（g/100g）≥	—	17.5	—
酸度/（°T）≤	48.0		
水分/% ≤			

注：a 非脂乳固体（%）=100%-脂肪（%）-水分（%）-蔗糖（%）；
　　b 乳固体（%）=100%-水分（%）-蔗糖（%）。

（三）淡炼乳生产和贮藏过程的质量缺陷及控制措施

1. 脂肪上浮

淡炼乳常出现脂肪上浮这一缺陷，这是由于黏度下降，或均质不完全而产生的。若适当控制热处理条件，使其保持适当的黏度，并注意均质操作，使脂肪球直径基本上都在 2μm 以下，即可防止脂肪上浮。解决方法同加糖炼乳。

2. 胀罐

淡炼乳的胀罐分为细菌性胀罐、化学性胀罐及物理性胀罐三种类型。

细菌性胀罐是由于细菌活动产气造成，主要是由于污染严重或灭菌不彻底，特别是受到耐热性芽孢杆菌污染。预防措施是防止污染和加强灭菌控制。

化学性胀罐是由于淡炼乳酸度偏高，同时贮存过久，乳中的酸性物质与罐壁的锡、铁等发生化学反应产生氢气导致的。

此外，物理性胀罐是由于装罐过满或运到高原、高空、高海拔、低气压场所可能出现的现象，即所谓的"假胖听"。

3. 褐变

淡炼乳经高温灭菌颜色变深呈黄褐色。灭菌温度越高、保温时间及贮藏时间越长，褐变现象越突出，其原因是发生了美拉德反应。

防止褐变的方法：①达到灭菌要求的前提下，避免过度的高温加热处理。②稳定剂不宜使用碳酸钠，因其对褐变有促进作用，可用磷酸二氢钠或柠檬酸钠，且稳定剂用量不要过多。③产品的贮存温度应在5℃以下。

4. 黏度降低

淡炼乳在贮藏期间一般会出现黏度降低的趋势，称为渐增性稀薄化。稀薄化程度与蛋白质的含量成反比，当黏度显著降低时，会出现脂肪上浮和沉淀现象。

影响黏度的主要因素是热处理过程，同时在贮藏时也会发生。贮藏温度越高，黏度下降越快，因此在5℃下贮藏可避免黏度降低，但在0℃以下贮藏易导致蛋白质不稳定。

5. 凝固

一般淡炼乳出现的凝固现象为细菌性凝固和理化性凝固。

（1）细菌性凝固　受到耐热性芽孢杆菌严重污染，灭菌不彻底或封口不严密的淡炼乳，由于微生物的生长产生乳酸或凝乳酶，均可导致淡炼乳产生凝固现象。细菌性凝固还大多伴有苦味、酸味和腐败味等，为了防止淡炼乳受到污染，应严密封罐和严格灭菌，这样可避免淡炼乳细菌性凝固。

（2）理化性凝固　若使用热稳定性差的原料乳，或生产过程中干物质含量过高、浓缩过度、均质压力过高、灭菌过度等均可能出现理化性凝固。

原料乳热稳定性差主要是酸度高、乳清蛋白含量高或盐类平衡失调而造成的，所以需严格控制热稳定性试验。盐类不平衡可通过离子交换树脂处理或适当添加稳定剂来解决。

正常情况下，牛乳经正确地进行浓缩操作和灭菌处理，是不会出现凝固现象的。如果浓缩过度，使乳固体含量过高，其热稳定性就降低。灭菌温度过高，保持时间长均会使热稳定性受到影响。

另外均质压力过高，例如，超过21MPa时会降低淡炼乳的乳凝固温度，所以要注意避免压力过高。

6. 蒸煮味和异臭味

蒸煮味是由于乳中的蛋白质长时间高温处理而分解，产生硫化物所致。由于淡炼乳要经过高温灭菌，所以常会出现该缺陷。蒸煮味的产生对产品口感有着很大的影响，防止方法主要是对热处理工艺的控制，避免长时间高温处理，用超高温瞬时灭菌法处理的淡炼乳一般不会有蒸煮味的产生。

异臭味产生主要是由于灭菌不完全，残留的细菌繁殖而造成了腐败、发苦和发臭的现象。

第三节　其他浓缩乳制品的生产

除炼乳外，还有一些浓缩乳制品，例如，植脂末、脱脂乳浓缩物、酪乳浓缩物等，其中有些属于直接消费的产品，有些是半成品或工业用品。

一、植脂末

植脂末（creamer）是替代再制加糖炼乳的一种"咖啡伴侣"产品，在饮用咖啡及茶时使用。严格地讲它不是一种浓缩乳,因为它不符合国际食品法典的标准,但是该产品具有广泛的市场需求。

这种类型产品从技术角度讲与加糖炼乳相似,但成分不同,配方有差异。这类产品都是基于下列配方原则:与加糖炼乳相比,减少了非脂乳固体,用植物油代替乳脂肪,而且脂肪含量增加了,并保持了产品的白色;替代了一部分非脂乳固体,通常使用乳清粉或其他较低成本的配料,因为增加了脂肪含量,又降低了蛋白含量,这样就容易缺少有效乳化脂肪的蛋白质,所以一般要添加乳化剂。由于减少了蛋白质含量,需要权衡一些配料来获得所需要的黏度,因此,可选择乳清粉和亲水胶,如卡拉胶。如果用乳清粉替代一部分脱脂乳粉,则增加了乳糖含量,因此有必要控制乳糖的结晶。

二、脱脂乳浓缩物

脱脂乳浓缩物(condensed skim milk)可应用于食品工业的许多领域。它是以脱脂乳粉或其他乳粉为原料来生产的。脱脂乳浓缩物的固形物含量相对较低,总固形物含量35%~40%。若固形物含量超过这一水平,产品的黏度、老化、凝胶化和乳糖结晶现象就会发生,给贮藏、运输和食用造成不便。

脱脂乳经过巴氏杀菌,并蒸发浓缩后,冷却至<7℃,贮藏于乳窖或乳箱中等待出售。这种产品的保质期较短,仅为2~3d。在生产中要注意避免污染,因为这种浓缩物并不再经过热处理。大肠杆菌和假单胞菌如果在产品中出现,表明是巴氏杀菌后二次污染引起的。

热处理的温度取决于产品的最终用途,脱脂浓缩乳常用于乳酪和甜品中。用于这两种产品的浓缩乳的巴氏杀菌条件应为75℃、15s或85℃、30s。温度越高,对产品的色泽和风味影响就越大。蒸煮味和较深的颜色对于乳酪和甜品来说是不利的,但对于汤料和调味品来说则是很重要的,这时选择的热处理温度就应高些。

当脱脂浓缩乳用于制作酸乳的原料时,预热处理条件应为95℃、30s,使乳清蛋白变性并促进乳清与酪蛋白之间相互反应,使黏度、稳定性和质地均得到提高。

三、酪乳浓缩物

酪乳是黄油生产的副产品,经过浓缩主要用于人造黄油和黄脂酱的生产。其组成为:水分25.24%、脂肪1.30%、无脂乳固形物30.78%及蔗糖42.68%,酪乳中的乳脂肪,对黄油的风味形成起主要作用。

酪乳浓缩物是以酪乳为原料(酸度<0.25%),按照加糖炼乳的生产方法进行生产。生产时,热处理和钙盐的添加会使酪乳中的蛋白质结构发生改变,从而提高黄脂酱的水相黏度。

乳糖水解乳清浓缩物主要应用于糖果业,以替代加糖浓缩乳。它的使用降低了焦糖黏性,使沉积更易发生,并降低了沉淀温度。也可用于焙烤食品如面包和早餐食品中,使着色更快并且减少烹饪时间。

四、焦糖化乳浓缩物

焦糖化乳浓缩物是通过糖浆混合加糖浓缩脱脂乳的方式生产,产品应用于谷物食品和糖果中。产品以加糖浓缩脱脂乳、乳糖水解乳清糖浆和植物油为原料,或以加糖浓缩脱脂乳、葡萄糖浆、植物油为原料。油可通过添加乳化剂或均质达到稳定。

焦糖化乳浓缩物的总固形物含量为74%，总糖含量为54%。混合物的热处理条件为85~115℃、4~12min。通过这种处理，美拉德反应、焦糖化、蒸煮味和黏度等都得到改善。此产品很适合做谷物食品和饼干夹心及糖果软心。

五、乳粉复原炼乳

复原炼乳的生产是通过将乳粉和无水奶油复水而得到的，主要应用于一些没有鲜乳或乳的产量受季节影响很大的地区作为鲜牛乳的替代品。

在生产过程中，首先将乳粉复原成为无脂干物质含量为18%、糖含量为8%的浓缩乳，浓缩乳的黏度为 $(1.3~1.8)\times10^{-2}Pa\cdot s$，然后将浓缩乳加热至25℃，与45~50℃下融化的奶油混合。混合物经过两级均质，第一级均质的压力为3.5MPa，第二级均质的压力为16MPa，然后将复原炼乳经过超高温灭菌后无菌包装。复原炼乳的稳定性比较差，这与原料所用的乳粉在生产过程中蒸发前预热时所受的热处理强度有关。目前，专用于此类生产的热稳定性好的高温脱脂乳粉已经投放市场。

思考题

1. 什么是炼乳？炼乳的种类有哪些？
2. 简述加糖炼乳的工艺流程及工艺要求。
3. 简述淡炼乳的工艺流程及工艺要求。
4. 影响乳浓缩的因素有哪些？
5. 乳糖冷却结晶的目的是什么？
6. 如何判断乳糖的结晶质量？
7. 加糖炼乳生产和贮藏过程的质量缺陷及控制措施有哪些？
8. 淡炼乳生产和贮藏过程的质量缺陷及控制措施有哪些？

思政小模块

炼乳背后的历史

炼乳是鲜乳经浓缩后加入或不加入白砂糖而制成的一种人类最早使用的工业化生产的乳制品，1827年法国人N. 阿佩尔（N. Appel）首先发明了高温浓缩牛乳制成炼乳的技术。1835年，英国人牛顿氏（Newrons）研究用真空浓缩法生产甜炼乳成功。1856年，美国人G. 博登（G. Borden）在一次海上旅行时，目睹了同船的几个婴儿因吃了变质牛乳而丧生的情况，于是萌发了研究牛乳保存技术的想法。经过反复试验，研制出采用减压蒸馏的方法将牛乳浓缩至原体积2/5左右的炼乳技术，且在炼乳中加入大量的糖（达到成品质量的40%以上），起到抑制细菌生长的作用，而获得美国的加糖炼乳发明专利。1884年，美国某公司的技师迈恩博格（Meinberg）发明了新的牛奶浓缩法，在炼乳灌装后进行高温灭菌，生产出了可长期保存的无糖炼乳（淡炼乳）。

20世纪初，炼乳开始进入中国。1926年，在浙江温州五马街开药店的吴百亨采用紫铜平锅法生产炼乳，经过无数次试验取得成功，然后到美国、日本采购真空浓缩锅和炼乳灌装机等先进设备，在现今浙江省瑞安市陶山镇荆谷创办了中国第一家真正工业化生产的乳制品企业，专门生产炼乳，并在当时的国民政府注册了中国乳制品工业第一个商标。

每类乳制品都有独特的发展历史，过去国外发明乳品的引进离不开我国乳品人的研究，应在今后的学习和工作中不断积累，努力提升自身技能和素养，利用自己的专业知识，为丰富多样的乳制品开发贡献力量。

第十一章微课视频

炼乳

第十二章

乳蛋白制品及乳糖

本章目标与重难点

学习目标： 了解乳蛋白制品和乳糖的概念、种类等概况；熟悉干酪素、乳清粉和乳清蛋白制品、乳糖、乳铁蛋白的用途；掌握干酪素、乳清粉和乳清蛋白制品、乳糖、乳铁蛋白的生产工艺。

思政目标： 掌握乳清副产物的综合利用及相关产品加工技术，了解国情，激发自强自立的信念，培养开拓进取和创新意识。

重点和难点： 本章重点为干酪素、乳清粉和乳清蛋白制品、乳糖、乳铁蛋白的工艺流程和操作要点；难点为乳铁蛋白的生产工艺。

第一节 干酪素生产

一、概述

干酪素的主要成分是酪蛋白，干酪素是以脱脂乳为原料，在皱胃酶、酸、乙醇作用下或加热至140℃以上后，生成的酪蛋白凝聚物经洗涤、脱水、粉碎、干燥生产出的成品。按照凝固条件，干酪素可分为以下几种。

1. 酸法干酪素

通过酸化脱脂乳至等电点（pI 4.6~4.7）而得。酸法干酪素可分为加酸法生产干酪素与乳酸发酵法生产干酪素，因所用酸的种类不同，加酸法干酪素包括盐酸干酪素、硫酸干酪素和醋酸干酪素等。工业上使用的干酪素，大多是酸法干酪素。

2. 酶凝干酪素

在酶作用下，酪蛋白转化为副酪蛋白，并在钙盐存在的情况下凝固，与钙离子形成网状结构而沉淀制得。通常用的酶是皱胃酶，但皱胃酶来源于犊牛的第四位皱胃，来源有限，价格昂贵，可用动物性蛋白酶（如胃蛋白酶）、植物性蛋白酶（如木瓜酶和无花果蛋白酶）、微生物蛋白酶（如微小毛霉凝乳酶）等来代替，尤其是微生物凝乳酶的发展更为迅速，可望成为皱胃酶的主要代用品。酶凝干酪素虽然与牛乳中的酪蛋白复合物有大致相同的相对分子质量及元素组成，但产品的性质有部分不同。

除了以上两种主要类型，还有一些其他比较重要的商业化干酪素品种。

3. 复合沉淀干酪素

将脱脂乳加热至高温，通常用氯化钙沉淀，得到酪蛋白/乳清蛋白混合物，这一复合沉淀含有乳清蛋白和酪蛋白酸钙。

4. 酪蛋白酸盐

一般为酪蛋白酸钠，由酸化酪蛋白溶解于氧氢化钠中获得。不同制造方法可获得不同质量的干酪素，要根据用途选择适当的方法。各种制品的特征由沉淀的温度、酸度、洗涤水量及干燥温度、时间等决定。

生产干酪素的原料有鲜乳和曲拉两种，我国干酪素的生产主要以曲拉为原料。世界上主要生产干酪素的国家有新西兰、澳大利亚、俄罗斯及乌克兰等国，且均以鲜乳为原料加工干酪素，主要干酪素种类为酶凝干酪素和酸法干酪素，其产品质量优于我国干酪素，价格要比我国所制干酪素高25%~30%。

干酪素的质量受原材料的影响很大，为生产高质量干酪素，脱脂乳不能被细菌污染，否则细菌发酵产酸会影响干酪素的色泽和稠度；另外，脱脂乳也不能过度加热，不仅会引起乳糖、酪蛋白和乳清蛋白组分之间的各种反应，而且会导致干酪素变黄甚至变为褐色。为此脱脂乳进行巴氏杀菌并可附带一个微滤设备除菌，并且为满足用于食品工业的干酪素的高质量要求，原料乳收购时应加强质量控制，减少微生物污染。

二、干酪素生产工艺

干酪素生产因其凝固条件不同，生产工艺也有区别，通常有以下几种。

（一）酶凝干酪素的生产工艺

乳中的酪蛋白胶粒由 κ-酪蛋白、α_s-酪蛋白、β-酪蛋白组成。κ-酪蛋白的氨基酸长链共有169个氨基酸，凝乳酶的作用点在105位氨基酸（苯丙氨酸）和106位氨基酸（甲硫氨酸）之间，106~169位氨基酸段是可溶性氨端，称糖巨肽，释放到乳清中；1~105位氨基酸段是不可溶部分，在钙离子存在下与 α_s-酪蛋白、β-酪蛋白生成钙桥，使微粒凝聚，成副 κ-酪蛋白，存在于凝块中。

1. 工艺流程

干酪素生产工艺流程如图12-1所示。

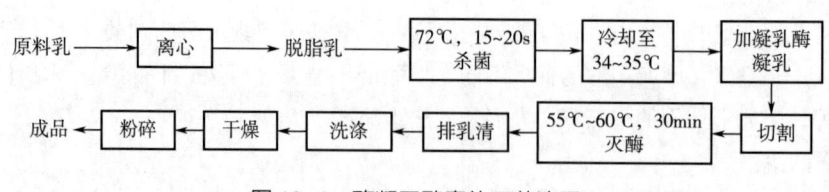

图12-1 酶凝干酪素的工艺流程

2. 工艺要求

原料乳加热至34~35℃，离心分离除去脂肪，得脱脂乳。脱脂乳中脂肪残留量会影响干酪素的质量，一般要求含脂率应在0.05%以下。脱脂乳经72℃保持15~20s的高温短时巴氏杀菌后，冷却至适宜凝乳酶生长的温度（约30℃），加凝乳酶凝乳，15~20min后形成凝块，随后切割凝块，同时加温至60℃，保持约30min，使凝乳酶失活，在该过程中需不断搅拌。之后进入排乳清和洗涤阶段。酶凝干酪素最早是在特制的干酪素缸中批量生产的，但目前已开始连续化生产。

(1) 批量洗涤　当最终温度达到时，排放乳清。同时将酪蛋白留在槽内。用水洗去乳清蛋白、乳糖和盐。洗涤在25~30℃间分两段或三段进行。当水排放后，酪蛋白进一步在过滤器或分离机中脱水，随后用热风进行干燥，直至水分含量达到12%，并最终磨成粉末，并在43~46℃下干燥。酶凝干酪素应为白色或轻微黄色。过暗的颜色可能是乳糖含量过高所致，是质量不良的表现。

(2) 连续洗涤　酶凝干酪素的逆向连续洗涤生产线如图12-2所示。在大批量生产中，干酪素的凝固仍在一系列的经过计算的干酪槽中批量进行，随后连续供入脱乳清和洗涤的设备。

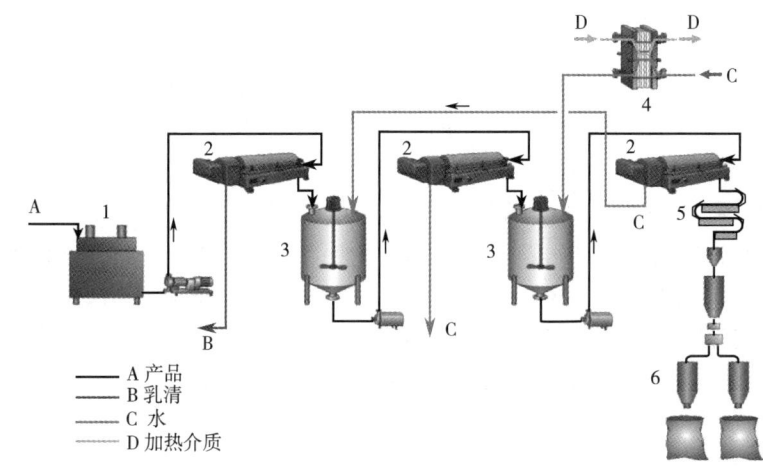

—— A 产品
—— B 乳清
—— C 水
—— D 加热介质

图12-2　酶凝干酪素的逆向洗涤生产线
1—用于干酪素生产的槽　2—倾析机　3—洗缸　4—加热器　5—干燥　6—磨碎、过筛与包装

在连续加工中，用倾析式离心机脱除乳清以减少洗涤水的用量，乳清在干酪素流经两个带搅拌器的洗涤缸前排放。在离开清洗段后，水/干酪素混合物流经另一个倾析机排出尽可能多的水分（此处排出的水分可注入第一个洗涤缸中循环利用），然后干燥。逆流洗涤比并流洗涤在用水上更经济。并流系统每洗涤1L脱脂乳需用1L水，而逆流洗涤1L脱脂乳仅需0.3~0.4L水，洗涤段的数目取决于对产品的要求，最少为两段洗涤。净水仅在末端供入。洗涤后的干酪素在倾析机中脱水至固形物含量达45%~40%。经振动式干燥器处理，干酪素被磨碎至大小为40目、60目或80目的颗粒，然后装袋（"目"是指每英寸上筛线数，40目对应为0.64mm）。

(二) 酸法干酪素的生产工艺

脱脂乳被酸化至酪蛋白的等电点，一般认为是4.6，但等电点随溶液中的中性盐类的存在而漂移，使pI可能为4.0~4.8。等电点是水中氢离子中和带负电的蛋白质胶体的阶段，导致酪蛋白胶体的沉淀（凝固），这个酸化过程可由生物自然发酵或通过添加无机盐酸如盐酸或硫酸等来完成。

1. 乳酸发酵干酪素

乳酸干酪素是由微生物发酵产酸酸化生产的，此法生产的干酪素溶解性较好，黏结力也较强。

(1) 工艺流程　乳酸发酵干酪素生产工艺流程如图12-3所示。

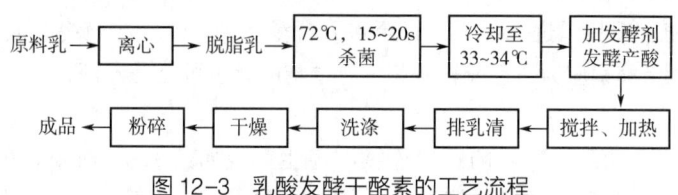

图12-3　乳酸发酵干酪素的工艺流程

(2) 工艺要求　此法生产干酪素时对脱脂乳的要求较高。脱脂乳必须新鲜，不含抗生素等药物，含脂率应在0.03%以下。脱脂乳经巴氏杀菌并冷却至33~34℃后，加入嗜温、不产气的发酵剂，添加发酵剂的量为2%~4%。酸化至要求的pH约需15h。如果酸化过程太快，将导致质量不均一、产量下降等问题。当酸度达到要求后，搅拌脱脂乳，并在板式热交换器中加热至50℃左右，经短时间保温，排乳清，此后与生产酶凝干酪素的生产工艺相同。

发酵酸度的控制是关键，酸度过高或过低都会造成乳中成分的损失，因此产率较低。

2. 加酸干酪素

工业用干酪素多为加酸干酪素，其加工损失少，含脂率较低。其中硫酸干酪素的灰分较高，质量较差，故以加盐酸最为普遍。加酸法干酪素生产中的"颗粒制造法"能形成小而均匀的颗粒，不使酪蛋白形成大而致密的凝块，因而被颗粒包围的脂肪较少，成品含脂率较低。而且粒状干酪素便于洗涤、压榨和干燥。这种干酪素遇碱易溶，黏结力很强。此法排出的乳清，也很适合制造乳糖。

(1) 工艺流程　加酸干酪素生产工艺流程如图12-4所示。

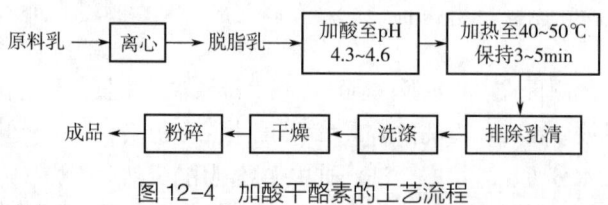

图12-4　加酸干酪素的工艺流程

(2) 工艺要求　原料乳分离得脱脂乳，使含脂率在0.03%以下。加入无机酸使脱脂乳pH达4.3~4.6，加热至40~50℃，保持不少于3min（一般3~5min），此时干酪素的圆滑凝粒形成。控制加热温度至关重要，如果温度过高，形成的颗粒较大；过低则形成的颗粒软而细，甚至不形成颗粒。此后排乳清等与生产酶凝干酪素的生产工艺相同。

以加盐酸为例，介绍其技术要点。①浓盐酸稀释：在稀释缸内加入需要量的30~38℃温水。浓盐酸过滤后导入稀释缸，搅拌均匀。按要求浓度配比，点制正常牛乳时浓盐酸与水的体积比为1:6，点制中和变质牛乳时浓盐酸与水的体积比为1:2。②加酸：脱脂乳加温至40~44℃，在不断搅拌下徐徐加入稀盐酸，使酪蛋白形成柔软的颗粒，加酸至乳清透明，所需时间3~5min，然后停止加酸，停止搅拌0.5min。开启搅拌器，第二次加酸应在10~15min内完成，不可过急，边加酸边检查颗粒硬化情况，准确地确定加酸终点。③加酸到终点时，乳清应清澈透明，干酪素颗粒均匀一致（大小 4~6mm）、致密结实、富有弹性、呈松散状态。乳清的最终滴定酸度为 56~68°T。停止加酸后，继续搅拌 0.5min，静置沉淀 5min，再放出乳清。

（3）生产线　图 12-5 为酸法干酪素的生产线。将脱脂乳加热至约 32℃，随后加入无机酸使脱脂乳的 pH 达 4.3~4.6，pH 经检验后，脱脂乳在板式热交换设备中加热至 40~50℃，保持约 2min，凝乳。在洗涤前，乳清/干酪素混合物经过倾析机，除去尽可能多的乳清，这样可以节约洗涤用水。图 12-5 为加酸干酪素的生产线。

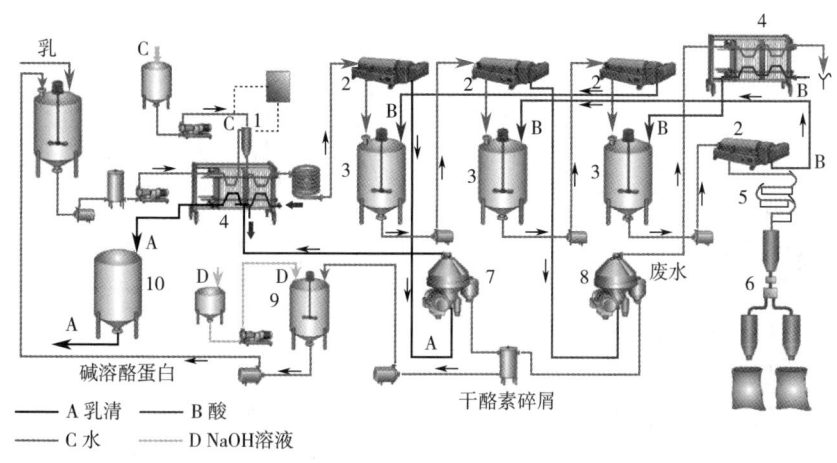

图 12-5　酸法干酪素的生产线
1—pH 控制　2—倾析离心机　3—洗缸　4—热交换器　5—干燥　6—粉碎过筛及包装
7—从乳清中回收干酪素碎屑　8—清洗水中回收碎屑　9—碎屑溶解　10—乳清贮存

由图 12-5 可见，酸化后的设备几乎与生产酶凝干酪素的基本相同。该生产线经历 3 次洗涤，并增加了从乳清中回收干酪素碎屑和从清洗水中碎屑回收的过程，图 12-6 是用于酶法干酪素、乳酸发酵干酪素、加酸干酪素生产的连续凝固、蒸煮和脱水装置。图 12-7 是用于酶法干酪素、乳酸发酵干酪素的凝块洗涤塔。

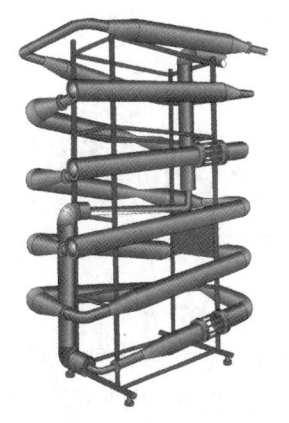 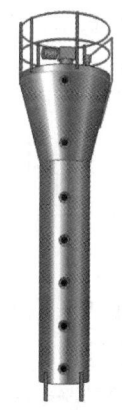

图 12-6　连续凝固、蒸煮和脱水装置　　图 12-7　凝块洗涤塔

(三) 复合沉淀干酪素的生产工艺

复合沉淀物中实际上含有乳中所有蛋白质组分。脱脂乳中加入少量氯化钙或酸，混合均匀，加热至85~95℃，并在此温度下保持1~20min，使酪蛋白与乳清蛋白间相互反应，生成高钙复合沉淀（加氯化钙）或低钙复合沉淀（加稀酸）。凝块洗涤、干燥成颗粒状，分为不溶复合沉淀物或可溶于碱液的沉淀物，后者加工方法如同酪蛋白酸钠生产一样，以生产可溶性或分散性复合沉淀物。

复合沉淀干酪素是脱脂乳中加酸（pH 4.6~5.3）或添加0.3~2g/L的钙，加热至85~95℃，并在此温度下保持1~20min，使酪蛋白与乳清蛋白间相互反应，生成高钙复合沉淀（加氯化钙）或低钙复合沉淀（加稀酸）。此法可回收乳中95%~97%的蛋白质，制造成本低廉并能回收营养价值高的乳蛋白质。

复合沉淀物由80%~85%的酪蛋白及15%~20%的乳清蛋白组成。复合沉淀物用40~60g/L的多磷酸盐溶解，用胶体磨粉碎溶解，根据用途分为高、中、低三种灰分含量的制品。

1. 高灰分制品

经过交换热的脱脂乳在保温罐中加热至88~90℃，用泵定量送乳时添加2g/L的氯化钙。混合物约用20s通过保温管，倾斜排出。凝块在此处被过滤网分离，洗涤1~2次。洗涤水pH 4.4~4.6。成品灰分含量为8%~8.5%。

2. 中灰分制品

在约45℃的脱脂乳中添加0.6g/L氯化钙，在保温罐中加热90℃，加热的脱脂乳在罐中停留10min，然后用泵送乳，这时在泵的前后注入经过稀释的酸，调整pH为5.2~5.3。在保温管中保持10~15s，然后同上述方法同样进行洗涤。添加的氯化钙约1/4残留于制品中。成品灰分含量为5.0%。

3. 低灰分制品

制法与上述略同，氯化钙添加量为0.3g/L，pH 4.5，90℃保持20min。成品灰分含量为3.0%。

(四) 酪蛋白酸盐的生产工艺

酪蛋白酸盐是酪蛋白与轻金属离子如钠离子或钙离子的化学合成物。酪蛋白酸盐可从鲜乳沉淀（湿的）酸法干酪素（湿酸干酪素）凝块或干制后酸法干酪素（干酸干酪素）中制取，通过与不同程度稀释的碱液反应制得。从酸法干酪素凝块或干酸干酪素到喷雾或滚筒干燥酪蛋白酸盐的基本生产步骤见图12-8。

图12-8 加酸干酪素的工艺流程

湿酸干酪素凝块固形物含量约45%，加水，使固形物含量至25%~30%；经胶体磨磨碎呈胶泥；加碱液溶解，使pH达6.7，碱可以是氢氧化钠、氢氧化钾、氢氧化钙或氨。碱液加入胶泥后，立即升高温度到60~75℃，以降低黏度。然后喷雾干燥得成品。

1. 酪蛋白酸钠

酪蛋白酸钠生产中最常用的碱为氢氧化钠溶液，质量浓度为100g/L，添加量一般为干酪素固体质量的 1.7%~2.2%，缓慢添加稀释碱液，使最终 pH 约为 6.7。其他碱液，如碳酸氢钠或磷酸钠，也可使用，但其用量和费用都比氢氧化钠高，只在特定要求下使用，如生产柠檬酸酪蛋白酸盐。一般浓度的酪蛋白酸钠溶液黏度非常大，因此其干固物含量限定在约 20%左右，使喷雾干燥顺利进行。

批量生产酪蛋白酸钠所需的溶解时间一般为 30~60min。为能有效实现自动化生产，酪蛋白酸钠溶液在进入喷雾干燥器时的黏度必须保持稳定，实际生产中常在喷雾干燥前把溶液预热至 90~95℃，使黏度达到最小。

图 12-9 是酪蛋白酸钠的挤出热煮系统，通过使用挤出热煮技术，可以从干酪素中生产出酪蛋白酸钠。

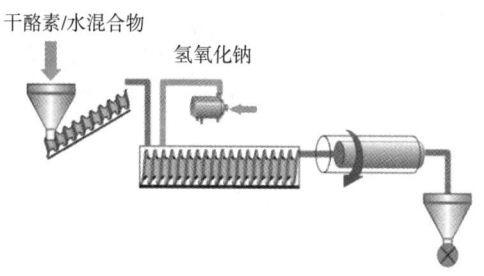

图 12-9 挤出热煮系统

以干燥干酪素作为原料，加水和碱后形成混合液，挤出，干酪素/水混合物可含有 10%~30%水分。这一加工是连续的、可控的，人员和空间要求减少，技术前景良好。

2. 酪蛋白酸钙

酪蛋白酸钙的制备过程与酪蛋白酸钠类似，二者主要区别是酪蛋白酸钙溶液受热不稳定，特别是 pH<6 时。在溶解过程中发现，酸法干酪素凝块与氢氧化钙间的反应速率远低于与氢氧化钠的反应速率，因此，干酪素可先溶于氨液中，然后加入氢氧化钙蔗糖液，滚桶干燥，在此加工阶段可蒸发掉绝大部分氨液。

3. 其他酪蛋白酸盐

酪蛋白酸钾为食用可溶性干酪素，其风味、溶解性、热稳定性、缓冲性良好，其制法如下：按脱脂乳量的 0.1%~0.3%添加磷酸氢二钾，并添加 0.5g/L 氢氧化钠以调节 pH；然后加热至 50~60℃溶解，使干酪素含量在 15%~16%；杀菌后，喷雾干燥。这种干酪素最好用粒状活性炭脱臭以获得良好的风味。

酪蛋白酸铝是酪蛋白与铝的合成物，用于医药行业或用作肉品生产中的乳化剂。酪蛋白重金属盐类包括银、汞、铁和铋，用于医疗行业；使用离子交换生产铁、铜酪蛋白酸盐，用于婴儿和保健食品。

(五) 干酪素的质量及其影响因素

1. 干酪素的质量标准

在国际上，干酪素一般分为：适合食用或特级、一级、二级品。干酪素在质量上最重要的是溶解性、黏结性及加工性等，脂肪含量尽可能少。我国还未正式出台食品级干酪素国家标准，现有企业标准 Q/GSTH 0001 S—2022《食品级干酪素》的质量标准如下：

①感官指标：应符合表 12-1 的规定。

表 12-1　　　　　　　　　　　食品级干酪素的感官指标

项目	要求	检测方法
色泽	乳白或稍带黄色,允许有少量深黄色	将样品内容物倒在净洁的烧杯中,在自然光下观测其色泽和杂质,嗅其气味,并品尝滋味
滋味、气味	具有淡淡的乳香味,无霉味、异味	
组织形态	固体颗粒或粉末状,大小均匀	
杂质	正常视力下无肉眼可见杂质	

②理化指标:应符合表 12-2 的规定。

表 12-2　　　　　　　　　　　食品级干酪素的理化指标

项目		指标			检验方法
		一级	二级	三级	
蛋白质(干基)/%	≥	90.0	88.0	86.0	GB 5009.5—2016《食品安全国家标准 食品中蛋白质的测定》
酪蛋白(占蛋白质)/%	≥	95.0	94.0	93.0	GB 31639—2023《食品安全国家标准 食品加工用菌种制剂》
水分/%	≤	12.0	12.0	12.0	GB 5009.3—2016《食品安全国家标准 食品中水分的测定》
脂肪/%	≤	2.0	4.0	6.0	GB 5009.6—2016《食品安全国家标准 食品中脂肪的测定》
酸度/°T	≤	50	60	80	GB 5009.239—2016《食品安全国家标准 食品酸度的测定》

③有害物质限量:应符合表 12-3 的规定。

表 12-3　　　　　　　　　　　食品级干酪素的有害物质限量

项目		指标	检验方法
铅(以 Pb 计)/(mg/kg)	≤	0.3	GB 5009.12—2023《食品安全国家标准 食品中铅的测定》
黄曲霉毒素 M_1/(μg/kg)	≤	0.5	GB 5009.24—2016《食品安全国家标准 食品中黄曲霉毒素 M 族的测定》

续表

项目	指标	检验方法
三聚氰胺/（mg/kg）	≤ 2.5	GB/T 22388—2008《原料乳与乳制品中三聚氰胺检测方法》

④微生物限量，应符合表12-4的规定。

表 12-4　　食品级干酪素的微生物限量

项目	采样方案及限量（若非指定，均以 CFU/g 表示)				检验方法
	n	c	m	M	
菌落总数	5	2	3×10^4	2×10^5	GB 4789.2—2022《食品安全国家标准 食品微生物学检验 菌落总数测定》
大肠菌群	5	1	10	10^2	GB 4789.3—2016《食品安全国家标准 食品微生物学检验 大肠菌群计数》第二法
金黄色葡萄球菌	5	2	10	10^2	GB 4789.10—2016《食品安全国家标准 食品微生物学检验 金黄色葡萄球菌检验》第二法
沙门氏菌	5	0	0/25g		GB 4789.4—2016《食品安全国家标准 食品微生物学检验 沙门氏菌检验》
单核细胞增生李斯特菌	5	0	0/25g		GB 4789.30—2016《食品安全国家标准 食品微生物学检验 单核细胞增生性李斯特氏菌检验》

注：样品的采样及处理按 GB 4789.1—2016《食品安全国家标准　食品微生物学检验　总则》和 GB 4789.18—2018《食品安全国家标准　食品微生物学检验　乳与乳制品检验》执行。

2. 影响干酪素质量的因素

干酪素质量控制的关键是有效控制脂肪和灰分的含量，一般干酪素成品含脂肪越低质量越佳；灰分含量与干酪素的物理特性有密切关系，其含量越低溶解度越高，黏结力越强。要想获得含脂率低的脱脂乳，必须采用分离效果好的分离机，并控制好影响脱脂乳含脂率的各种因素，必要时进行二次分离来获得含脂率低的脱脂乳。生产过程影响干酪素中灰分高低的因素，对酸法而言，最主要是加酸调 pH 操作。

三、干酪素用途

干酪素因其特殊性质有很多用途，而且有些作用是其他原料所不能代替的。目前干酪素主要在以下几个方面应用较多。

1. 食品工业

干酪素约有 15% 供食用，而且其用量在逐年增加。少量酶凝干酪素可用作再制干酪的原材料。酪蛋白酸钠是干酪素溶于稀释的碱液并在干燥塔中喷雾干燥制得，此粉比干酪素易溶解，在食品工业中的应用不断扩大，经常被用作熟肉制品中的乳化剂，也用作牛乳和稀奶油的一些组分。复合沉淀干酪素是蛋白共沉物，保留了乳中全部蛋白质和与酪蛋白结合的钙和磷，具有很高的营养价值和作为食品配料的良好功能特性。因此，干酪素在肉制品、冰淇淋和冷冻甜食、咖啡伴侣和植脂末、糖果、发酵乳制品、浓汤、烘焙食品、高脂肪含量粉、起酥油和涂抹油、速食早餐和饮料、婴儿食品、面食制品、运动饮料、干酪制品、营养机能食物等方面有广泛的应用。

2. 其他工业

干酪素主要用于纸面涂布、塑胶、黏着剂和酪蛋白纤维。酸法干酪素是世界市场的主要产品，一般用于化学工业。例如，在造纸中做添加剂，用于高质量纸张的磨光，因干酪素涂料容易染色且具有光泽，可做某些容器及特殊绘画用纸张。干酪素不含有脂肪、杂质颗粒或焦粒等杂物，不会在纸上形成空洞。

酶凝干酪素与福尔马林反应生成的多聚物可制成塑料，这种塑料具有象牙光泽，而且可自由染色，可做装饰品及文具。干酪素与稀碱反应生成的酪蛋白酸钠，在 55~60℃ 时最高浓度为 20%，溶解后黏度极大，具有很强的黏结力，常用于制造黏结剂；在同等浓度下，酪蛋白酸钙的黏度低于酪蛋白酸钠。另外，干酪素在皮革工业上用作上光涂色剂；在化妆品工业、医药工业上也有广泛用途。

第二节　乳清粉与乳清蛋白制品

一、概述

乳清是生产干酪或干酪素时的液态副产品，占生产加工乳容量的 80%~90%，并含有原料乳中营养成分的 50%，有可溶性蛋白、乳糖、维生素和矿物质。其固形物占原料乳总干物质的一半，乳清蛋白占总乳蛋白的 20%。从生产硬质干酪、半硬质干酪、软干酪和凝乳酶干酪素获得的副产品乳清称为甜乳清，pH 5.9~6.6；盐酸法沉淀制造干酪素而得到的乳清称为酸乳清，pH 4.3~4.6。表 12-5 所示为甜乳清和酸乳清的组成。甜乳清中非蛋白氮（NPN）约占 18%，其中约 30% 是尿素，其余为氨基酸和肽类（因凝乳酶作用于酪蛋白后，酶解糖巨肽）。

表 12-5　　　　　　　　　　　　　　　　乳清的组成

成分	甜乳清		酸乳清/%
	干酪乳清/%	干酪素乳清/%	
总固形物	6.4	6.5	6.5
水	93.6	93.5	93.50
脂肪	0.05	0.04	—
真蛋白	0.55	0.55	0.04
NPN	0.18	0.18	—
乳糖	4.8	4.9	4.90
矿物质（灰分）	0.5	0.8	0.80
钙	0.043	0.12	—
磷	0.040	0.065	—
钠	0.050	0.050	—
钾	0.16	0.16	—
氮	0.11	0.11	—
乳酸	0.05	0.4	0.40

注：表中"—"为没有统计。

（一）乳清粉种类

乳清粉属全乳清产品，它是以乳清为原料，采用真空浓缩和喷雾干燥工艺制成。乳清粉根据来源不同分为甜乳清粉和酸乳清粉，根据脱盐与否分为含盐乳清粉和脱盐乳清粉，表12-6 为乳清粉的大致组成。根据脱盐率的不同又有系列产品，一般为 50%~75% 或更高的产品。广泛应用于婴儿配方乳粉的是 75% 脱盐率的乳清粉。

表 12-6　　　　　　　　　　　不同乳清粉成分组成　　　　　　　　　　　单位:%

产品	脂肪	蛋白质	乳糖	灰分
乳清粉	1.1	12.9	74.5	8.15
部分脱盐乳清粉	2.0	15.0	78.0	—
部分脱糖乳清粉	1~4	16~24	60（最高）	11~27

因未脱盐乳清中保留牛乳中绝大多数无机盐，灰分较高，制品有涩味。脱盐乳清粉克服了上述缺点，拓宽了乳清粉的应用，它采用离子交换树脂法和离子交换膜法的电渗析法来达到脱盐的目的。由于乳清粉的乳糖含量高，极易吸潮，故限制了它的应用。可通过去除部分乳糖制得低乳糖乳清粉加以改善。事实上，随着乳糖的降低，该产品逐渐转向乳清浓缩蛋白。

（二）乳清蛋白制品种类

1. 乳清浓缩蛋白制品系列

乳清浓缩蛋白制品（WPC）系列通常有 WPC-34，WPC-50，WPC-60，WPC-75，WPC-80 五种数字代表制品中蛋白质的最低含量，其中 WPC-34 制品的理化指标十分接近脱脂乳粉。

生产上述产品的原则就是有选择性地充分去除乳清中的非蛋白组。依据去除程度可得到不同蛋白质含量的制品，乳清蛋白制品的典型组成如表12-7所示。

表12-7　　　　　　　　　　不同乳清蛋白制品的典型组成　　　　　　　　　　　　单位:%

产品	蛋白质	乳糖	脂肪	灰分	水分
WPC-34	34~36	48~52	3.0~4.5	6.5~8.0	3.0~4.5
WPC-50	50~52	33~37	5.0~6.0	4.5~5.5	3.5~4.5
WPC-60	60~62	25~30	1.0~7.0	4~6	3.0~5.0
WPC-75	75~78	10~15	1.0~9.0	4.0~6.0	3.0~5.0
WPC-80	80~82	4~8	1.0~6.0	3.0~4.0	3.5~4.5

2. 乳清分离蛋白

乳清分离蛋白（WPI）特指蛋白质含量不低于90%的乳清蛋白制品，要求在WPC的基础上更充分地去除非蛋白组分，通常需要离子交换技术与超滤技术相结合或超滤（UF）与微滤（MF）相结合制得。

（三）乳清加工产品开发

图12-10汇总了乳清处理的各种工艺及其最终产品。无论乳清后续怎样处理，第一阶段都是将乳清从乳脂肪和酪蛋白碎块中分离出来。

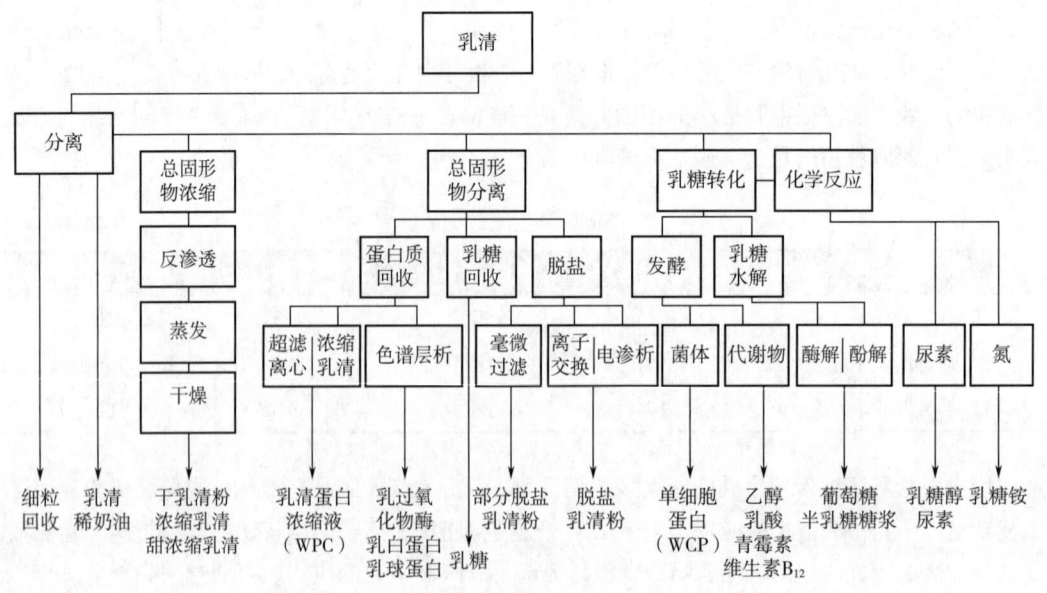

图12-10　乳清加工产品的开发

乳清是生产高质产品的一种重要原材料。以下介绍的是当前乳清产品的详细生产工艺。

二、乳清粉与乳清蛋白制品生产工艺

(一) 普通乳清粉生产工艺

1. 工艺流程

普通乳清粉的生产工艺流程如图 12-11 所示。

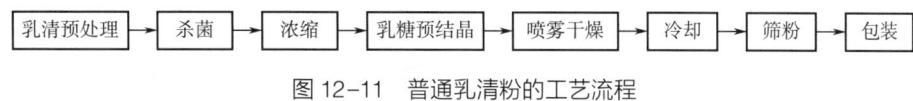

图 12-11 普通乳清粉的工艺流程

2. 工艺要求

(1) 乳清的预处理 生产干酪或干酪素排出的新鲜乳清,首先要除去乳清中的残留酪蛋白微粒,然后分离除去脂肪和乳清中的残渣。若不能及时进行加工处理,则要迅速冷却至10℃以下,以阻止微生物的生长,因为乳清的温度和成分有利于细菌生长。

乳清中残留的酪蛋白微粒对脂肪分离有不利的影响,故应首先除去;之后再用离心分离机除去脂肪。分离装置有旋转式过滤器、离心分离机等,如图 12-12 所示。乳清预热后,经旋转式过滤器回收酪蛋白颗粒,酪蛋白颗粒通常与干酪一样进行压榨,用于生产再制干酪。脂肪经离心分离机得到回收。乳清经预处理后去进一步加工。

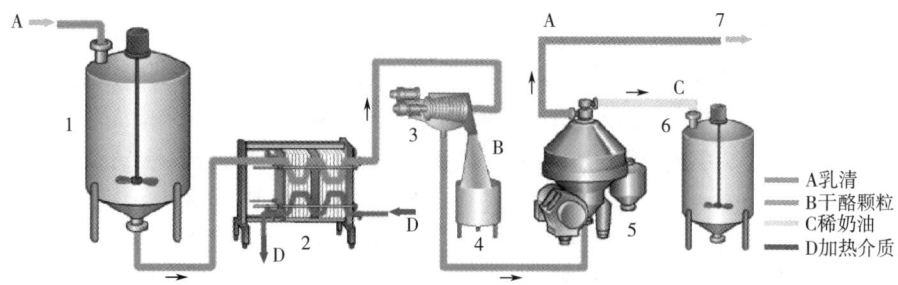

图 12-12 乳清中回收干酪颗粒与乳脂肪
1—乳清收集缸 2—板式换热器 3—旋转式过滤器 4—颗粒收集罐
5—离心分离机 6—稀奶油缸 7—乳清去进一步加工

(2) 杀菌 浓缩前先进行高温短时巴氏杀菌处理,杀菌条件为85℃、15s。

(3) 浓缩 乳清浓缩一般采用双效或多效降膜式蒸发器在真空下进行。将乳清浓缩至干物质含量30%左右,排出的浓缩液再与新鲜乳清混合成含量为10%~15%的中间乳清,再经另一套蒸发器浓缩至最终所需浓度。乳清的浓缩也可利用反渗透设备进行浓缩。

(4) 乳糖的预结晶 乳清浓缩至总固形物含量达45%~65%时,用板式换热器将浓缩液迅速冷却到30℃,进一步冷却到15~20℃,泵入结晶缸进行乳糖的预结晶。在结晶缸中,温度20℃左右下保温6~8h,并不停地搅拌,以获得尽可能小的乳糖结晶。当浓缩乳清中含有85%的乳糖结晶时,停止结晶。经乳糖结晶的浓缩乳清,喷雾干燥后不会吸湿,可制得无结块乳清粉。

(5) 喷雾干燥 乳清粉的喷雾干燥工艺基本上与乳粉相同,但采用浓缩乳清中乳糖预结晶工艺后,要求选用离心雾化喷雾器。

酸乳清即从酸法干酪素和农家干酪得到的酸乳清,这种乳清的乳酸含量较高,在喷雾干燥器内易结块,不容易干燥。采用中和作用并使用添加剂,如脱脂乳和谷类制品,可使酸乳清容易干燥。

(二) 脱盐乳清粉生产工艺

1. 乳清脱盐的原理

乳清含盐量相当高,其含量约为干物质含量的8%~12%,超过了人体对盐的需要量,可根据需求脱去各种类型的盐,部分脱盐可脱去25%~30%或几乎全部脱盐(脱去90%~95%)。部分脱盐后的浓缩乳清可用于生产冰淇淋、焙烤制品,甚至夸克干酪(一种粗制脱脂酸乳干酪),大部分脱盐后的浓缩乳清或乳清粉,应用于婴幼儿食品配方等其他广泛的制品领域中。脱盐包括脱去无机盐和有机盐离子如乳酸盐和柠檬酸盐等。

(1) 部分脱盐 主要是利用正交膜技术,该技术最大特点是能选择使纳米(10^{-9}m)级的粒子通过(即能使0.001μm以下的粒子通过),这种过滤称为毫微过滤或纳米过滤(NF)。NF是一种介于反渗透和超滤两者之间的,由压力驱动的膜分离技术。乳清NF工艺的关键是保证乳糖不能透过(透过量<0.1%),以避免滤出水的高生物耗氧量而带来的麻烦;而使某些单价离子如Na^+、K^+、Cl^-和一些分子质量小的有机粒子,如尿素、乳酸等与水一起渗出。

(2) 高度脱盐 采用电渗析和离子交换两种工艺。电渗析是一种以电位差为推动力,利用离子交换膜的选择透过性,从溶液中脱除阴阳离子的膜分离操作。离子交换是借助于固体离子交换剂(离子交换树脂)中的离子与稀溶液中的离子进行交换,以达到去除溶液中某些离子的目的。树脂的吸附能力有限,当它们充分饱和时,被吸附的盐类应被去除,树脂得以再次使用。通常树脂位于良好设计的固定柱筒中。

图12-13是电渗析设备的流程图,包括有大量的由阴、阳离子交换膜分隔成的隔段,其空间大约为1mm或更小,尾端联有电极对,每对电极板间有约200个间室。在末端的两个电极板分别设有漂洗流道,在流道中用酸化液循环,防止电极化学侵蚀。在处理乳清时,乳清和50g/L酸化盐水交替流过间室。电渗析板中的交替池分别起到浓缩和稀释的作用。乳清流经稀释池,而盐水流经浓缩池。当直流电通过液池,阳离子向负极迁移,阴离子向正极迁移。但这种迁移并非是完全自由的,因为膜板对相同电性的离子是一个屏障,阳离子可以通过正极膜板,但不能通过负极膜板。同样阴离子可以通过负极膜板,但不能通过正极膜板。其结果是乳清池中的离子流失。乳清因此被脱盐,而脱盐的程度取决于乳清的盐分含量、在电渗器中的停留时间、电流和流体黏度。

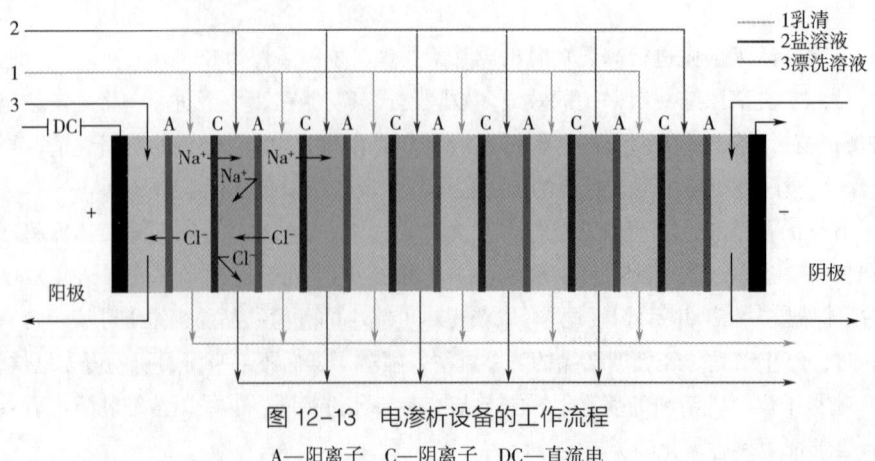

图12-13 电渗析设备的工作流程
A—阳离子 C—阴离子 DC—直流电

离子交换树脂是一种高分子多孔的塑料材料，依工艺所需制成直径在 0.3~1.2mm 的圆柱形。其主要特性就是自身带有电量，且可以与被处理溶液中带相同电荷的自由离子进行交换。以下是除去 NaCl 的过程，其中 R 为结合在不溶树脂上的交换能团。

阳离子交换：R—H+Na$^+$ = R—Na+H$^+$　　　　　　树脂处于带 H$^+$ 状态

阴离子交换：R—OH+Cl$^-$ = R—Cl+OH$^-$　　　　　树脂处于带 OH$^-$ 状态

多价离子常比单价离子具有更高的选择性，等价离子的选择性因其离子而异，离子的选择性也较高。乳品加工中常涉及的阳离子，其选择性排序为 Ca^{2+}>Mg^{2+}>K$^+$>Na$^+$；阴离子的选择性排序为柠檬酸根>HPO$_4^{2-}$>NO$_3^-$>Cl$^-$。

离子交换柱使用完成后，经漂洗，分别用稀释后的 HCl 和 NaOH（或氨水）进行复原，并用少量活性氯溶液对交换柱进行消毒。

目前，工业采用的离子交换树脂常见材料有聚苯乙烯和聚丙烯酸酯，其功能基团以化学方法键联在多孔结构上。典型的基团如下：

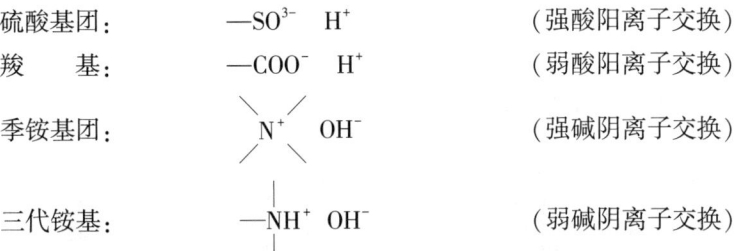

强酸和强碱的离子交换器分离范围十分广泛，pH 0~14，而弱酸和弱碱的离子交换器具有严格的 pH 界限。弱酸阳离子交换器通常不能用于 pH 0~7 的范围，而弱碱阴离子交换树脂则只在 pH 0~7 的低 pH 范围内反应。

从易于复原的角度考虑，尽可能使用弱树脂，因为复原分别需要的酸或碱的量仅比理论值高 10%~50%，而强树脂要高出 300%~400%，传统的脱盐生产中，强酸阳离子交换器在氢型中复原也配合一个弱碱交换器，弱碱交换器为 OH$^-$；用弱酸阳离子交换器取代一个强酸交换器，因为 H$^+$ 结合剂 OH$^-$ 的交换是非常有利的平衡。

2. 工艺流程

脱盐乳清粉生产工艺基本与普通乳清粉相同，所不同的是脱盐乳清生产所用的原料乳清经脱盐处理，改变乳清中的离子平衡。

用经脱盐处理后的乳清生产的脱盐乳清粉味道良好，蛋白质的质量、组织、稳定性、营养价值等都很好，用于制造婴儿食品或母乳化乳粉，更适合婴儿生理要求与生长需要。

3. 工艺要求

乳清脱盐常用毫微过滤、离子树脂法和离子交换膜的电渗析法。乳清经毫微过滤可得部分脱盐乳清粉，而经离子树脂法和电渗析法可到脱盐乳清粉。

（三）乳清浓缩蛋白制品生产工艺

乳清浓缩蛋白粉是由乳清经超滤（UP）后干燥得到的粉末。干粉中蛋白质含量为 35%~85%。可按蛋白质占总固形物的百分比大小来区分等级。

1. 工艺流程

乳清浓缩蛋白粉的生产工艺流程见图 12-14。

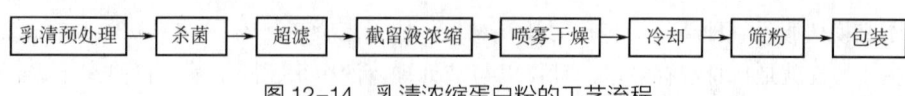

图 12-14 乳清浓缩蛋白粉的工艺流程

2. 工艺要求

(1) 乳清预处理　同普通乳清粉。

(2) 杀菌　用 72℃、15s 条件巴氏杀菌，在 6℃ 下冷藏。酸乳清通常不经巴氏杀菌，因为自然 pH (4.6) 下可导致乳清变性。

(3) 乳清超滤　超滤的适宜温度是 50℃（最高为 55℃）。对蛋白质含量超过 60%~65% 的产品，有必要采用重过滤。

(4) 干燥　超滤后的截留液需在 4℃ 冷藏条件下贮存，可采用 66~72℃ 保持 15s 热处理截留液，降低细菌总数。干燥前需将截留液浓缩以降低水分。采用特定设计的真空度高、蒸发温度低的降膜蒸发器能使蛋白质浓缩。最后采用离心、喷雾干燥使用的进、出口温度分别为 160~180℃ 和高于 80℃，视产品需要可采用流化床干燥。

3. 生产线

使用超滤加工乳清浓缩蛋白粉的生产线如图 12-15 所示。

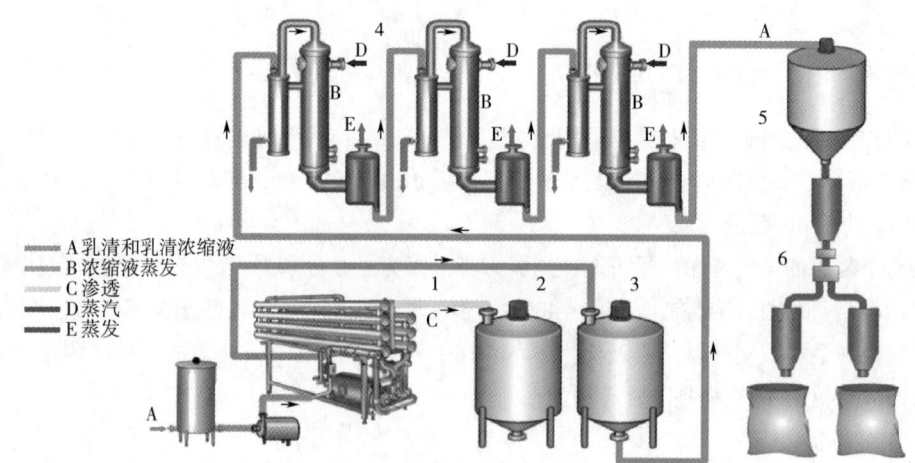

图 12-15　乳清浓缩蛋白粉生产线

1—超滤 (UF) 设备　2—渗透收集罐　3—乳清截留液缓冲缸　4—蒸发器　5—干燥　6—包装

要得到蛋白质含量为 35% 的制品，总干物质含量约为 9% 的液态乳清需浓缩 6 倍。例如，100kg 乳清浓缩度接近 6 (5.88) 倍时，产出约 17kg 截留液和 83kg 滤出液。截留液和滤出液的组分见表 12-8。在截留液中保留了几乎全部的真蛋白质和脂肪，滤出液中乳糖、NPN 和矿物质百分含量与天然乳清的一样。

表 12-8　截留液和滤出液的组分

成分	每 100kg 乳清		每 17kg 浓缩液		每 83kg 滤出液	
	质量/kg	含量/%	质量/kg	含量/%	质量/kg	含量/%
真蛋白	0.55	0.55	0.55	3.24	0	0

续表

成分	每100kg 乳清		每17kg 浓缩液		每83kg 滤出液	
	质量/kg	含量/%	质量/kg	含量/%	质量/kg	含量/%
乳糖	4.80	4.80	0.82	4.82	3.98	4.80
矿物质	0.80	0.80	0.14	0.82	0.66	0.80
NPN	0.18	0.18	0.03	0.15	0.15	0.18
脂肪	0.03	0.03	0.03	0.18	0	0
总干物质	6.36	6.36	1.57	9.24	4.79	5.78

要得到蛋白质含量为85%的截留液，液体乳清应先经过20~30倍的直接超滤，使其干物质含量约为25%。对截留液进行再次过滤可除去乳糖和矿物质，能提高总干物质中蛋白质的含量。在过滤进程中需向物料中加水，目的是分子质量小的，如乳糖、矿物质等，能透过膜过滤除去。一些浓缩乳清蛋白粉产品的组成见表12-9。

表12-9　　　　　　　　　　浓缩乳清蛋白粉产品的组成　　　　　　　　　　单位：%

总干物质中蛋白质含量	水分	粗蛋白（N×6.38）	真蛋白	乳糖	脂肪	矿物质	乳酸
35	4.6	36.2	29.7	46.5	2.1	7.8	2.8
50	4.3	52.1	40.9	30.9	3.7	6.4	2.6
65	4.2	63.0	59.4	21.1	5.6	3.9	2.2
80	4.0	81.0	75.0	3.5	7.2	3.1	1.2

（四）乳清分离蛋白

制备乳清分离蛋白（WPI）是以WPC为原料，通过超滤与微滤相结合技术，更充分地去除其中非蛋白组分而制得。微滤又称微孔过滤，是以多孔（微孔滤膜）为过滤介质，在0.1~0.3MPa的压力推动下，截留0.1~1μm的颗粒，微滤膜允许大分子有机物和无机盐等通过，但能阻挡住悬浮物、细菌、部分病毒及大尺度的胶体等透过。微滤属于精密过滤，具有高效、方便及经济的特点。

乳清蛋白浓缩液的脱脂生产线见图12-16。以MF设备对UF设备上截留下来的浓缩液进行处理，能够使80%~85%WPC液中的脂肪含量从7.2%降低到0.4%，MF能截留脂肪球和大部分细菌，脱脂的MF滤过液输送至第二个UF设备进一步浓缩。

由图12-16可见，乳清蛋白浓缩液在巴氏杀菌器中预热，离心分离乳清中稀奶油，回收脂肪含量25~30%的稀奶油，离心分离阶段也可除去细小微粒。之后，脱脂乳清巴氏杀菌和降温，冷却到55~60℃，存放在贮存罐；然后脱脂乳清被泵送到UF，在此处乳清被浓缩3倍，浓缩液再经泵送到MF设备，滤过液经过巴氏杀菌器回到收集罐。经过MF处理后的浓缩液，脂肪和细菌被分离收集，而脱脂浓缩液继续泵送到UF二次设备进一步过滤浓缩，最终得到含20%~25%干物质的浓缩液，经喷雾干燥制得WPI，包装前最大含水量小于4%。

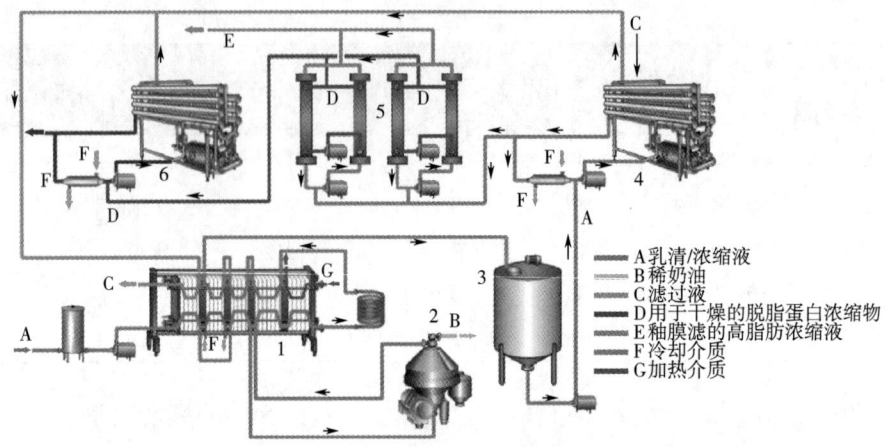

图 12-16　乳清蛋白浓缩液的脱脂生产线

1—巴氏杀菌器　2—离心分离器　3—贮存罐　4—UF 设备　5—MF 设备　6—二次 UF 设备

(五) 乳清粉和乳清蛋白粉的质量标准

1. 我国乳清粉标准和乳清蛋白粉标准

(1) 感官要求　参考 GB 11674—2010《食品安全国家标准　乳清粉和乳清蛋白粉》，应符合表 12-10 的规定。

表 12-10　　　　　　　　　　感官要求

项目	要求	检验方法
色泽	具有均匀一致的色泽	取适量试样置于 50mL 烧杯中，在自然光下观察色泽和组织状态。闻其气味，用温开水漱口，品尝滋味
滋味、气味	具有产品特有的滋味、气味，无异味	
组织状态	干燥均匀的粉末状产品、无结块、无正常视力可见杂质	

(2) 理化指标　参考 GB 11674—2010《食品安全国家标准　乳清粉和乳清蛋白粉》，应符合表 12-11 的规定。

表 12-11　　　　　　　　　　理化指标

项目	脱盐乳清粉	非脱盐乳清粉	乳清蛋白粉	检验方法
蛋白质/(g/100g) ≥	10.0	7.0	25.0	GB 5009.5—2016《食品安全国家标准 食品中蛋白质的测定》
灰分/(g/100g) ≤	3.0	15.0	9.0	GB 5009.4—2016《食品安全国家标准 食品中灰分的测定》

续表

项目	脱盐乳清粉	非脱盐乳清粉	乳清蛋白粉	检验方法
乳糖/（g/100g） ≥	61.0		—	GB 5413.5—2010《食品安全国家标准 婴幼儿食品和乳品中乳糖、蔗糖的测定》
水分/（g/100g） ≤	5.0		6.0	GB 5009.3《食品安全国家标准 食品中水分的测定》

（3）微生物限量　参考 GB 11674—2010《食品安全国家标准　乳清粉和乳清蛋白粉》，应符合表 12-12 的规定。

表 12-12　　　　　　　　　　微生物限量

项目	采样方案ª 及限量（若非指定，均以 CFU/g 表示）				检验方法
	n	c	m	M	
金黄色葡萄球菌	5	2	10	100	GB 4789.10—2016《食品安全国家标准 食品微生物学检验 金黄色葡萄球菌检验》平板计数法
沙门氏菌	5	0	0/25g	—	GB 4789.4—2016《食品安全国家标准 食品微生物学检验 沙门氏菌检验》

注：a 样品的分析及处理按 GB 4789.1—2016《食品安全国家标准　食品微生物学检验　总则》和 GB 4789.18—2010《食品安全国家标准　食品微生物学检验　乳与乳制品检验》执行。

2. 国外优级乳清粉的标准

（1）感官要求　乳清粉应具有新鲜乳清固有的滋味和气味，不得有酸味、异味等不良滋味和气味，颜色呈均匀的淡黄色，无结块，呈粒度均匀的粉末状物质。以 70℃水冲调不产生絮片及沉淀。甜乳清粉和酸乳清粉的质量标准见表 12-13。

表 12-13　　　　　　　　　　两种乳清粉的质量标准

成分	甜乳清粉	酸乳清粉
脂肪含量/%	≤1.5	≤1.5
水分含量/%	≤5.0	≤5.0
标准平板计数/（个/g）	≤50000	≤50000
大肠杆菌/（个/g）	≤10	≤10
焦粉颗粒/（mg/kg）	15	15

续表

成分	甜乳清粉	酸乳清粉
酸度（以乳酸计）/%	0.16	≥0.30
蛋白质含量/%	≥11	≥11
感官	色泽均匀明快	色泽均匀明快
气味和滋味	无非乳清气味和滋味	无非乳清气味和滋味

（2）理化指标　各项理化指标见表12-14。

表12-14　　　　　　　　　脱盐乳清粉的理化指标

项目	指标	项目	指标
水分含量/%	≤3.0	乳糖含量/%	≥75
脂肪含量/%	≤1.2	酸度（以乳酸计）/%	≤0.12
蛋白质含量/%	≥12	不溶解度指数/mL	≤0.3
灰分含量/%	≤3.0	杂质度/（mg/kg）	≤6

（3）卫生指标　各项卫生指标见表12-15。

表12-15　　　　　　　　　脱盐乳清粉的卫生指标

项目	指标	项目	指标
铅含量/（g/kg）	≤0.5	滴滴涕（DDT）含量/（mg/kg）	≤0.1
铜含量/（mg/kg）	≤4.0	黄曲霉毒素	不得检出
汞含量/（mg/kg）	≤0.02	大肠菌群近似数/（个/100g）	640
砷含量/（mg/kg）	≤0.1	菌落总数/（个/g）	<20000
亚硝酸盐含量（以NaNO计）/（mg/kg）	≤5	霉菌和酵母菌数/（个/g）	<50
硝酸盐含量（以NaNO计）/（mg/kg）	≤100	致病菌	不得检出

三、乳清粉与乳清蛋白制品用途

（一）乳清及乳清制品的应用范围

一些乳清及乳清制品的大致应用范围如表12-16所示。

表12-16　　　　　　　　　乳清及乳清制品的大致应用范围

应用范围	液态乳清	浓缩乳清或乳清粉					乳清蛋白浓缩物或粉			乳糖	
		天然	加糖	脱盐	脱蛋白	脱乳糖	脱盐	脱乳糖	脱盐脱糖	天然	精制
动物饲料	●	●		●	●	●					
婴儿食品				●			●	●	●		●
膳食				●			●	●	●	●	●
香肠				●			●				

续表

应用范围	液态乳清	浓缩乳清或乳清粉					乳清蛋白浓缩物或粉			乳糖	
		天然	加糖	脱盐	脱蛋白	脱乳糖	脱盐	脱乳糖	脱盐脱糖	天然	精制
汤类		●	●	●							
面包制品	●	●		●			●				
沙拉类		●		●							
乳清涂布产品/干酪		●									
天然干酪		●		●							
饮料	●								●		
联合食品		●	●	●							
药物制品											●
酵母制品	●										
工业制品										●	●

(二) 乳清蛋白的营养特性和应用

乳清蛋白是营养最全面的天然蛋白质之一。表 12-17 比较了乳清蛋白、酪蛋白、大豆浓缩蛋白、鸡蛋蛋白这四种蛋白的蛋白质效价 (PER)、生物价、蛋白质净利用率 (NPU),可以看出,乳清蛋白比其他几种来源的蛋白质更优越。乳清浓缩蛋白和乳清分离蛋白可应用于适合运动员、婴儿、健美爱好者及节食者的多种营养食品中。乳清蛋白富含支链氨基酸,即亮氨酸、异亮氨酸和缬氨酸,这些支链氨基酸非常适用于运动员饮料和食品。

表 12-17　　　　　　　　乳清蛋白的营养价值

蛋白质种类	蛋白质效价	生物价	蛋白质净利用率/%
乳清蛋白	3.1	104	92
酪蛋白	2.5	71	76
大豆浓缩蛋白	2.1	74	61
鸡蛋蛋白	3.9	100	94

第三节　乳糖

一、概述

乳糖是大多数哺乳动物乳汁中的主要碳水化合物,它是由半乳糖和葡萄糖在乳房中合成的,牛乳中的乳糖含量为3.23%~5.77%。乳糖在食品生产、制药等方面有着广泛的应用,同时又是乳清综合利用很好的副产品。在我国,由于干酪、干酪素及黄油的产量很低,故乳清产量也低,因此乳糖的生产技术有待发展。

(一) 乳糖的种类及溶解度

乳糖有两种异构体,即 α-乳糖及 β-乳糖。α-乳糖通常含一分子结晶水,熔点202℃,β-乳糖为无水物,熔点252℃,比 α-乳糖甜味强,溶解度也高。乳糖水溶液温度为20℃时,两者呈平衡状态(α-乳糖为37.3%,β-乳糖为62.7%),变为平衡乳糖。当加大量水时有一定量立即溶解的乳糖,这是 α-含水乳糖被溶解,称为初期溶解度。经过初期溶解后,乳糖的溶解量增加,最后达到该温度下的饱和点,即最初溶解的 α-乳糖逐渐转变为 β-乳糖,至终期溶解度时,α-乳糖和 β-乳糖达到平衡。将某一温度下的乳糖饱和溶液冷却到一定温度以下乳糖结晶,这种状态称为该温度下的饱和溶解度。上述关系见第一章第二节中乳糖的相关介绍。

(二) 生产乳糖的原料

生产乳糖所用的原料为生产干酪、酸凝乳、干酪素时所剩的乳清。乳清是一种总固形物量在6.0%~6.5%的不透明的浅黄色液体,主要成分为乳糖、部分的乳清蛋白和矿物质。乳清的化学成分随原料乳的来源和干酪生产工艺的不同而略有变化。乳清中的化学组成见表12-5。

二、生产工艺

(一) 粗制乳糖生产工艺

1. 工艺流程

粗制乳糖的生产工艺流程如图12-17所示。

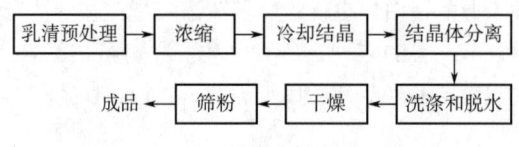

图12-17 粗制乳糖的生产工艺流程

2. 工艺要求

(1) 乳清的预处理 粗制乳糖所使用的原料为干酪乳清、酸干酪素乳清、凝乳酶干酪素乳清等。乳清中含有脂肪、白蛋白、球蛋白、微量酪蛋白及蛋白分解产物等,要进行净化处理,除去非糖物质——蛋白质和脂肪,以利于乳糖结晶。

除去乳清中蛋白质的方法常用两种:①加少量氯化钙及氢氧化钠,加热到90℃,酸干酪素乳清可用生石灰乳中和,然后加热到90℃。中和加热后,乳清中蛋白质几乎全部凝固析出,经压滤可得澄清乳糖溶液。②超滤可截留蛋白质和脂肪,滤液为乳糖溶液。

(2) 浓缩 用浓缩方法促进乳糖结晶,将预处理的乳清浓缩10~12倍,干物质含量达到60%~70%,乳糖的含量为54%~65%。通常采用真空浓缩的方法。为防止浓缩乳清色泽变深,蒸发最高温度不得超过70℃。乳清的浓度是否已达到终点,应该由浓缩乳清中干物质的含量以及温度来确定。反渗透法已应用于乳清浓缩,从膜透过液中回收乳糖,操作在常温下进行,营养成分损失较小;能耗低,仅为浓缩方法的1/3~1/2。

(3) 冷却和结晶 浓缩乳清要求有一定的过饱和系数,最适宜的乳糖过饱和系数约为1.8。

采用20~24℃结晶较好。在自然条件下结晶，结晶时间为48h。结晶方法常用以下两种。①自然结晶法：浓缩乳清在30~35h内逐渐冷却至10~15℃，一般在20h后，浓缩乳清温度不超过20℃。②强制结晶法：浓缩乳清在5h内冷却至10℃，加入晶种，并在此温度下保持10h，不断搅拌，全部结晶过程仅15h。

（4）结晶体的分离　结晶体与母液分离的方法有离心分离法及沉降法两种。如果结晶液蛋白质含量不高，结晶条件控制得好，母液黏度不高，可以用离心分离法使结晶体与母液分离，加水洗涤即可脱水。如果结晶液黏度很高，直接分离有困难，则可以加水稀释。通常加水量为结晶体量的1%~20%。

（5）洗涤和脱水　整个结晶体都经过水的喷射，离心脱水至没有水分离出为止。分离后的乳糖为淡黄色或黄色结晶，含水量不超过15%。

（6）乳糖的干燥　经洗涤脱水后的乳糖，其含水量在10%~15%，而成品含水量最多不能超过2%。虽然乳糖的焦化温度为120℃，但由于乳糖内还含有少量的蛋白质，所以若干燥温度超过80℃，也会产生焦化，从而影响成品色泽。干燥温度应保持在60~70℃，最好采用沸腾干燥或真空干燥。采用间歇干燥时，乳糖在干燥盘上的厚度以5~7mm为宜。干燥过程中要进行搅拌，以保证干燥的均匀。

另外，乳糖干燥可采用各种形式的干燥机。目前，国内主要在半沸腾床式干燥机、气流干燥机或流化床式干燥机中进行。半沸腾式干燥机及其工作原理与干酪素干燥机相同。

3. 乳糖加工的生产线

从乳糖生产线（图12-18）看出，乳清先在浓缩缸被蒸发浓缩到60%~62%，然后输送至结晶罐，在此处加入晶种。结晶缓慢进行（取决于时间/温度配比），结晶罐有冷却夹层，用于控制冷却温度，并装有特殊的搅拌器。加晶种的浓缩乳清送到笔式离心机，分离出乳糖晶体，并在流化床上干燥，然后粉状晶体经特殊的锤状粉碎机磨碎、过筛，最后进行乳糖的包装，为有效地从母液中分离乳糖晶体，结晶以形成晶体尺寸超过0.2mm为宜，晶体颗粒越大分离效果越好。从原理上说，结晶程度主要是由β-乳糖转变为所需的α-乳糖的数量而定，所以必须控制好浓缩物的冷却操作，使其达到最佳程度。

（二）精制乳糖生产工艺

粗制乳糖为淡黄色粉末结晶，有蛋白质、灰分等不纯物。乳糖精制可加各种盐类除去乳糖中不纯物，也可用离子交换树脂或离子交换膜的方法来精制。

1. 工艺流程

精制乳糖的生产工艺流程见图12-19。

2. 工艺要求

（1）粗糖溶解　在溶糖缸中加入适量水，加入粗制乳糖，还原为质量浓度约500g/L的溶液，并加入为粗制乳糖质量2%的活性炭，搅拌，使乳糖溶解与活性炭充分混合，加热至沸腾。糖液溶解后，糖液含量调节至51%~55%，调pH至5.8~6.2。糖液应保持在95℃以上，以利于压滤。糖液中的色素，连同中和产生的凝固蛋白质等被活性炭吸附。

（2）压滤　糖液、活性炭混合液通过板框压滤机滤出白色或淡黄色纯净的糖液，放入结晶罐内。

（3）结晶　糖液在间歇搅拌下进行自然结晶。糖液的温度降到45℃（冬季）、40℃（夏季）以下时可停止搅拌，结晶时间不超过18h（冬季不应超过15h）。

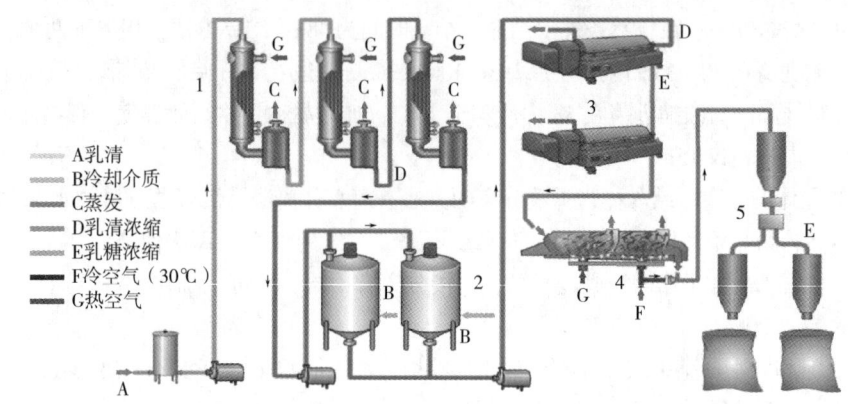

图 12-18 乳糖加工的生产线

1—浓缩缸　2—结晶罐　3—笔式离心机　4—流化床　5—包装

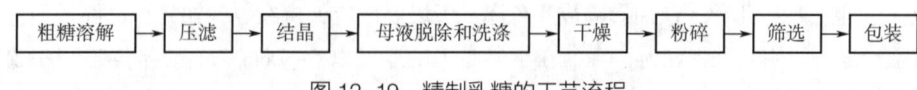

图 12-19 精制乳糖的工艺流程

(4) 母液的脱除及洗涤　结晶后糖液在离心脱水机中脱除母液，然后用无盐水或经活性炭吸附处理后的水洗涤，以除去残存的母液、可溶性蛋白质和盐类等。洗涤水温度为 10℃ 以下。

(5) 干燥、粉碎和筛选　精制湿乳糖可用架盘干燥箱干燥，每盘装糖厚度为 2~3mm 为宜，干燥温度为 75℃ 左右，严防焦糖。干燥过程中要经常搅拌，使干燥均匀，防止局部温度过高而焦化，成品精制乳糖水分含量应不大于 0.3%。干燥后精制乳糖经粉碎过筛后包装。

(6) 母液、洗涤水和活性炭中乳糖的回收　精制乳糖的母液和洗涤水中含有较多的乳糖，可使其浓缩和再结晶。浓缩程度为 35~38°Bé。回收的湿乳糖重新溶解以生产精制乳糖。

精制乳糖的得率为牛乳中乳糖含糖量的一半，即 2.35% 左右。

(三) 乳糖的质量标准

1. 我国粗制乳糖的质量标准

我国食用乳糖的质量标准应符合 GB 25595—2018《食品安全国家标准 乳糖》的规定。

(1) 原料要求　原料应符合相应的食品标准和有关规定。

(2) 感官要求　感官要求应符合表 12-18 的规定。

表 12-18　　　　　　　　　　　乳糖的感官指标

项目	要求	检验方法
色泽	白色或浅黄色	取适量试样置于洁净的白色盘（瓷盘或同类容器）中，在自然光下观察色泽和状态。闻其气味，用温开水漱口，品其滋味
滋味、气味	微甜无异味	
状态	晶体或粉状晶体	

(3) 理化指标　理化指标应符合表 12-19 规定。

表 12-19　　乳糖的理化指标

项目	指标		检验方法
乳糖（以干基计）/（g/100g）	≥	99.0	方法一：GB 5009.8—2023《食品安全国家标准　食品中果糖、葡萄糖、蔗糖、麦芽糖、乳糖的测定》，计算按乳糖含量×100/（100-水分含量）； 方法二：计算法，（100-水分含量-灰分含量）/（100-水分含量）
水分/（g/100g）	≤	6.0	GB 5009.3—2016《食品安全国家标准　食品中水分的测定》卡尔·费休法
灰分/（g/100g）	≤	0.3	GB 5009.4—2016《食品安全国家标准　食品中灰分的测定》

（4）污染物限量　污染物限量应符合 GB 2762—2022《食品安全国家标准　食品中污染物限量》的规定。

三、乳糖及其水解制品的应用

1. 在食品中的应用

①乳糖在过去主要用于婴儿配方乳粉，以提高配方中乳糖含量，达到人乳中乳糖含量水平。

②乳糖能应用于饮品、香料和肉制品，主要是因为它可以降低甜度、增强风味、延长保质期及降低成本。

③乳糖应用于糖果工业的主要原因是降低甜度、增强风味、提高色泽保持力、改善口感和延长保质期，特别是巧克力和糖果。生产糖浆中添加乳糖可改变糖浆的涂布性能。

④焙烤食品应用乳糖可以增加褐色，提高起酥油的润滑性能，抑制酵母发酵，作为风味及颜色的载体。

⑤啤酒工业中应用乳糖可以提高其口感，因为乳糖不被酵母发酵。

⑥乳糖可用作食品的糖衣，是通过吸收水分在食品表面形成糖衣。

⑦乳糖还可用于分散食品组分，提高速溶食品的分散性。

2. 在制药工业中的应用

最纯的乳糖可用于药品中片剂的制造。现在已将一大批不同容重、不同粒度和不同分散性的乳糖应用于制药工业中。乳糖还可作为青霉素制药的底物。

3. 乳糖水解制品

乳糖水解产品可以通过两种方法生产，酶法和加酸水解方法。在乳糖水解过程中，通过化学法或酶法，使乳糖变为葡萄糖和半乳糖。水解后的乳糖适合乳糖不耐症的人，甜度也比乳糖高，水解也改变了产品的功能特性。

思考题

1. 什么是干酪素？干酪素包括几类？
2. 酶法干酪素与酸法干酪素形成的原理有什么不同？

3. 食品级干酪素的感官指标和理化指标是什么？
4. 简述乳清粉和乳清浓缩蛋白制品的种类。
5. 乳清浓缩蛋白制品和乳清分离蛋白有什么区别和联系？
6. 简述乳清脱盐的方法和原理。
7. 简述乳糖结晶的方法。
8. 简述精制乳糖的生产工艺流程。
9. GB 25595—2018《食品安全国家标准 乳糖》中乳糖的感官指标和理化指标是什么？

思政小模块

攻克乳清制品加工核心关键技术

乳清是从制造干酪和干酪素的凝乳中分离出来的淡黄绿色清液或浆液。一般每生产 1kg 干酪可得 9kg 左右的乳清，乳清的营养成分相当于除去酪蛋白的脱脂乳，约占牛乳营养成分的 55%。乳清因其出众的营养和功能特性以及应用的广泛兼容性，已经成为全球食品和营养界关注的热点。在欧洲，已有 80% 的乳清得到利用，荷兰利用率最高，为 95%；德国、英国的利用率也近 70%；在美国已有 56% 的乳清用于加工，其中 35% 用在食品上。

乳清制品是婴幼儿配方乳粉的主要配料，在婴幼儿配方乳粉中的使用量高达 30%~50%，且功能性乳蛋白基料常作为营养强化剂在食品等领域大量使用。由于我国没有干酪产业，国产乳清制品匮乏，我国是乳清产品的最大进口国，进口量超过 8 万 t，乳铁蛋白、乳脂肪球膜蛋白、乳糖等原料全部依赖进口，缺少核心技术，价格和产品来源受控于国际同行。

随着我国科学技术的不断发展进步，生产加工规模的不断扩大，乳品工业快速发展，已成为我国国民经济的支柱产业之一，在乳清制品的加工利用上也从未停下脚步，例如，2014 年某乳业开发了乳蛋白浓缩物和乳清分离蛋白加工工艺，解决了乳清基料国产化的关键技术问题；2015 年，完成了脱盐乳清生产技术研究及产业化；2022 年完成行业内乳铁蛋白产业化零的突破，建成了行业内第一条乳铁蛋白自动化生产线，实现了乳铁蛋白的提取和保护。但我国在乳清制品的加工上仍有发展空间，乳品人应当认识到弥补技术产业不足的重要性，了解乳清制品加工新技术的发展趋势，开展功能性乳清制品关键技术研究，掌握相应的工程技术设计，减少对进口乳清制品的依赖，扭转"卡脖子"的局面。

第十二章微课视频

乳蛋白制品及乳糖

第十三章

乳中活性物质及功能性乳制品

本章目标与重难点

学习目标： 掌握牛初乳的生理活性成分、理化性质和牛初乳制品的加工工艺流程；乳生物活性肽的种类及制备方法、理解功能性乳制品的分类及免疫乳制品的生产加工。

思政目标： 对乳品营养与健康、膳食调整与控制有所了解，提高食品营养健康的意识，树立专业认同感，激发科技进步前沿知识的学习热情，树立社会责任感与使命感。

重点和难点： 本章重点为牛初乳的生理活性成分、理化性质和牛初乳制品的加工工艺流程；难点为免疫乳的生产加工。

第一节 牛初乳制品

一、牛初乳的成分与生理功能

牛初乳通常是指母牛产犊后 7d 内所分泌的乳汁，为乳糜管分泌物和分娩前干乳期累积于乳腺的血清成分，包括免疫球蛋白和其他血清蛋白的混合物。牛初乳的化学成分与常乳存在明显差异，随着泌乳时间的延长，其中蛋白质的含量下降，乳糖含量增加，其中蛋白质 5.0%，脂肪 4.3%，灰分 0.9%，含有丰富的维生素 A、维生素 D、维生素 E、维生素 B_{12} 和铁。除此之外，牛初乳突出的方面是它含有多种生物活性蛋白，包括免疫球蛋白（immunoglobulin, Ig）、乳铁蛋白（lactoferrin, Lf）、溶菌酶（lysozyme, Lz）、乳过氧化物酶（lactoperoxidase, Lp）、血清白蛋白（BSA）、β-乳球蛋白（β-Lg）、α-乳白蛋白（α-La）、维生素 B_{12} 结合蛋白（VB_{12}-binding proteins）、叶酸结合蛋白、胰蛋白酶抑制剂和各种生长刺激因子，是优良的纯天然健康食品。

1. 免疫球蛋白

免疫球蛋白是指具有抗体活性，能与相应的抗原发生特异性结合反应的球蛋白，占牛初乳总蛋白含量的 12%~33%。根据抗原性不同分为 5 类：IgG、IgA、IgM、IgD 和 IgE，其中，IgG 占总免疫球蛋白的 80%~90%，能部分取代人类的 IgA 功能。牛初乳中免疫球蛋白含量是人初乳的 50 倍，牛乳的 100 倍左右。

免疫球蛋白的生物学功能主要是活化补体、溶解细胞、中和细菌霉素，通过凝集反应防止微生物对细胞的侵蚀。IgG 分子小，较其他类 Ig 易透过毛细血管壁，转入组织液内，它几乎可以在一切组织中与抗原反应，IgG 能活化补体、溶解细菌以及通过胎盘向胎儿体内传递免疫力、增强胎儿和新生仔畜抗感染能力等。IgA 能激活补体交替途径，能凝集颗粒抗原及中和病毒，防止微生物附着于黏膜表层，从而有利于有机体把它们排出体外，它也可结合蛋白抗原，防止过敏反应的发生。IgM 可促进细胞吞噬、激活补体的经典途径、发生酶促连锁反应等一系列生物学效应。IgD 可能有与某些变态反应及自身免疫性疾病有关。IgE 能诱发生物活性物质，增强黏膜的通透性，它通过结合到肥大细胞和嗜碱性粒细胞膜受体上，如果再与特异性抗原结合，就会引起它们脱颗粒，释放组织胺等生物活性物质，引起过敏反应。

2. 乳铁蛋白

乳铁蛋白是一种铁结合性糖蛋白，相对分子质量约为 80000，牛初乳中乳铁蛋白的质量浓度约为 1.5~5.0mg/mL，为常乳中的 20 倍左右。乳铁蛋白的生物学功能主要为：促进铁的吸收；促进肠黏膜细胞的增殖，调节肠黏膜中巨噬细胞的功能；刺激溶菌酶活性再生；抗病毒效应等。

3. 乳过氧化物酶

过氧化物酶是在氢受体存在的情况下能氧化过氧化物的酶，乳过氧化物酶是一种参与抑菌的动物性蛋白质，它的电子给予体不同于给予卤素离子的植物过氧化酶。乳过氧化物酶与过氧化氢、硫氰根离子共同组成了具有抑菌和杀菌作用的体系，这一体系称为 LP 体系。LP 体系对许多细菌都可产生影响。对于某些细菌来说，这一作用可使细菌在一定时期被抑制。LP 对许多 G^+ 细菌，包括乳链球菌和乳杆菌，起抑制作用。而对大肠杆菌、假单胞菌、沙门氏菌等 G^- 细菌具有一定杀菌作用。

4. 溶菌酶

溶菌酶又称胞壁质酶或 N-乙酰胞壁水解酶。它于 1922 年在人的眼泪和唾液中发现并命名。它广泛存在于鸟、家禽的蛋清，哺乳动物的眼泪、唾液、血浆、尿、乳汁和组织（如肝肾）细胞中，其中以蛋清中含量最为丰富，而人的眼泪、唾液中的溶菌酶活力远高于蛋清中溶菌酶的活力。溶菌酶是一种碱性球蛋白，由 129 个氨基酸组成，相对分子质量 14200，等电点为 10.7~11.0，分子内有 4 个二硫键交联，对热极为稳定。

初乳中溶菌酶含量较高，而末乳期较低；冬季牛乳中溶菌酶含量较夏季高。当乳牛出现泌乳紊乱时，会伴随乳中溶菌酶的升高，例如，当乳房被金黄色葡萄球菌感染时，乳中溶菌酶含量会较通常状态下高，其结果是使感染的细菌数量迅速降低。溶菌酶作为乳中抗菌体系的一个成分，可以影响新生儿肠道菌群组成。

5. 细胞增殖因子

（1）表皮生长因子（epidermal growth factor, EGF）　EGF 是一种具有上皮细胞增殖作用的蛋白质类增殖因子。在牛初乳中仅有微量，且变化规律不明显，是人乳中特有的生长因子，它在人乳中的含量为 10ng/mL~1μg/mL，并随泌乳期的变化而变化。EGF 具有促进上皮细胞生长发育，增加小肠 DNA 含量及肠黏膜受体数量，改善酸分泌及肠道酶活性水平等重要功能。

（2）类胰岛素生长因子（insulin-like growth factor, IGF）　胰岛素样生长因子 I 和 II 是两种肽类化合物，相对分子质量约为 7500，其中 IGF-I 是牛初乳中最重要的促进生长因子，质量浓度多为 50~200μg/L，而常乳中 IGF-I 的质量浓度不到 10μg/L。IGF 具有能促进细胞增殖、分化和分泌的作用，能对所有胰岛素靶器官起经典的胰岛素效应，能促进脂肪和糖元合成等功能。

(3) 转移生长因子 (transforming growth factor, TGF)　TGF 因为它对转移细胞有生长刺激作用而得名。TGF 可分为 α、β、γ 型，牛初乳中 TGF-β 总量的 85%~95% 为 TGF-β2，在牛初乳中含量约为 74.5±4.4ng/mL，而在常乳中浓度为 4.3±0.8ng/mL。TGF 增殖因子在生物体内分布较广，具有多种生理功能。转移生长因子对细胞生长和免疫功能具有重要的协调作用，可以加速伤口愈合和组织修复，促进间质细胞增生。此外，在胚胎发育中，转化生长因子是一种控制细胞增生和分化的重要介质，对骨骼肌肉、皮肤的上皮组织分化起重要作用。

(4) 成纤维细胞生长因子 (fibroblast growth factor, FGF)　FGF 是从牛的脑和下垂体中分离出来的。牛初乳中的 FGF 成分在机体感染、创伤愈合过程中被激活，是对纤维芽细胞、间叶系细胞、神经细胞和上皮细胞有增殖作用的活性生长因子，它对血管内皮细胞也有较强的活性。FGF 分酸性 FGF (pH 5~6) 和碱性 FGF (pH 9.0)，二者的氨基酸排列顺序有 53% 是相同的，它们对于肝素和硫酸肝素有着相同的亲和能力。

6. 富脯氨酸多肽 (proline-rich polypepide, PRP)

富脯氨酸多肽因脯氨酸含量高 (22%) 而得名。PRP 是一种具有免疫双向调节的肽，即当机体免疫功能低下时，PRP 具有增强免疫功能的作用；当免疫系统反应过高时，如过敏反应、自体免疫疾病，PRP 具有抑制作用。除此之外，它还能增加皮肤血管的渗透性，诱导胸腺细胞成熟、转化成具有促进或抑制成熟功能的细胞等功能。

7. 乳中超氧化物歧化酶 (superoxide dismutase, SOD)

超氧化物歧化酶为一种金属酶。SOD 可催化超氧离子自由基发生歧化反应，生成氧气和水。牛乳中的 SOD 主要存在于脱脂乳部分。SOD 在维持生物体内超氧离子自由基的产生与消除的动态平衡中起重要作用。由于该酶可以清除自由基，所以对机体有很重要的保护作用；它可以防御自由基引起的细胞损伤，延长细胞寿命，还可以增强机体抗辐射损伤的能力。

8. 细胞因子 (cytokines)

如白介素 1、白介素 6、白介素 10 (interleukin 1, 6, 10)、肿瘤坏死因子 (tumor necrosis factor, TNF) 以及干扰素 (interferon) 等。

除上述成分外，牛初乳中还有许多其他生理活性物质，如 α-糖蛋白 (α-glycoproteins)、AP 糖蛋白 (AP glycolprotein) 及结合糖蛋白、α-巨球蛋白 (α-macroglobldin)、β-巨球蛋白 (β-macroglobldin)、补体 (C_3、C_4)、血清类黏蛋白 (orosomucoid)、$α_1$-胎蛋白 ($α_1$-fetoprotein)、血凝乳酶 (haemopexin)、结合珠蛋白 (haptoglobin)、胰蛋白酶抑制因子 (trypsin inhibitor)、胃动素 (motilin)、胃泌素 (gastrin) 等。

二、牛初乳制品的加工

新鲜初乳很少直接饮用，不仅在于食品卫生方面的考虑，关键还在于其组成和理化指标与常乳有较大差异。因此，牛初乳往往需要加工处理，生产出满足消费者需求的产品形式。从产品形式来看，牛初乳食品可以分为液态和固态，而固态主要有牛初乳粉、牛初乳片、牛初乳胶囊等多种形式。由于初乳中 IgG 是一种热敏成分，当受热温度超过 60℃ 容易变性而丧失活性。因此，以牛初乳为原料进行牛初乳粉生产时，如何保持制品中较高 IgG 含量和活性是比较关键性问题，乳粉工艺流程如图 13-1 所示。

(一) 牛初乳粉的生产工艺流程

牛初乳粉生产工艺流程如图 13-1 所示。

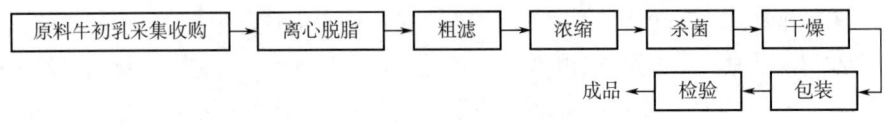

图 13-1　牛初乳粉生产工艺流程

(二) 操作技术要点

1. 牛初乳的收集

牛初乳原料应取自正常分娩健康乳牛 1~3d 的乳汁，蛋白质含量 5.0%~8.5%、IgG 含量 10~25mg/mL、脂肪含量 3.8%~8.0%、非脂乳固体含量 10%~14%、酸度 30°T。色泽浅黄，不得含有红色、绿色或其他肉眼可见的杂质；pH 6.2~6.5，相对密度为 1.03~1.06；全乳固体含量 ≥12%；不得含有凝块。初乳收购时，挤出的初乳应迅速冷却至 6℃ 以下，并在 2~4℃ 下贮存，搅拌防止自然凝乳并出现酸败。盛装初乳的桶、壶等器具应提前清洗干净，用蒸气或沸水杀菌后使用；尽可能减少初乳采集收购、贮运环节的微生物污染，以利于控制杀菌前初乳中细菌总数和酸度。

2. 离心脱脂

脱脂的目的主要有去除腥味，并防止脂肪氧化产生不良风味；提高初乳的流动性，利于加工；提高蛋白质相对含量，增强热稳定性。在脱脂过程中需要注意，要控制二次污染和微生物的生长和繁殖，以及酸度增加。

3. 粗滤

可采用 200 目的不锈钢丝网过滤。粗滤目的在于去除较粗的渣子或杂物，便于下一步的浓缩。

4. 浓缩

浓缩的目的是在干燥前去除乳中大多数水分，提高干燥效率。目前使用的初乳浓缩方法主要有超滤和真空浓缩。

5. 杀菌

杀菌方式及强度对成品的卫生质量、IgG 活性及感官、风味都有很大影响。因此，杀菌是初乳制品生产中的关键环节。常采用低温热杀菌或辐照杀菌。低温热杀菌可防止脂肪氧化，常用的杀菌方法为 72℃，保持 15s。辐照杀菌初乳中活性物质损失小，方法简便，但需有辐照设备，并应严格控制剂量，通常用 ^{60}Co 辐照，剂量 ≤8.4kGy。

6. 干燥

初乳干燥的目的是去除水分，使 IgG 活性成分大大浓缩，同时便于加工、贮存和食用。常用的干燥方法有冷冻干燥和低温喷雾干燥。将杀菌的浓缩物用冷冻干燥机在 -40℃ 条件下，干燥 33~36h，即得到冻干牛初乳粉末。牛初乳利用冷冻干燥工艺其 IgG 活性损失率低，工艺操作简单，设备成熟。其缺点是能耗大、成本高、生产能力小、效率低，属间歇生产方式。而采用低温喷雾干燥，干燥温度在 140℃，优点是生产连续，生产能力大、效率高、成本低。其缺点是 IgG 活性损失较冻干工艺高。

7. 包装

目前，市场上包装牛初乳粉采用的是四层复合铝膜，外包装纸盒，纸盒外采用热收缩膜保护。牛初乳粉也常以胶囊、片剂、小包装粉剂等形式销售。

第二节 乳生物活性肽

一、乳生物活性肽种类

乳蛋白是人类膳食优质蛋白质的重要来源，自1979年以来，越来越多的研究证实乳蛋白的分子中存在着具有多种生物活性的片段。这些在母体蛋白中并无活性的多肽，能经特定的蛋白酶水解释放，在人体内显示出不同的生物活性。活性肽种类很多，许多已经被分离和鉴定，乳蛋白活性肽因其源于天然食物蛋白以及生理功能的多样性，在膳食补充剂、保健食品及医药领域显示出良好的发展趋势。目前已发现的乳源生物活性肽按其功能可分为类吗啡肽、类吗啡拮抗肽、酪蛋白磷酸肽（casein phospeptides，CPPs）、血管紧张素转换酶（Angiotensin Converting Enzyme，ACE）抑制肽、抗血栓形成肽、免疫调节肽、酪蛋白糖巨肽（CMP）等。

1. 阿片肽

很多人都会感觉到晚上休息前喝杯牛乳会更容易入睡，婴儿在喂乳后也会变得异常安静。研究表明，这些现象都是由于乳在消化后产生了一种作用于神经系统的生物活性肽，即阿片肽所致。阿片肽受体可分为 μ、δ、κ 型，分别存在于动物的内分泌系统和肠道系统，具有内源性和外源性的配基，这些配基就是阿片肽。

内源性阿片肽也称典型的阿片肽，如脑啡肽、内啡肽和强啡肽等，分别是阿黑皮素、前脑啡肽和强啡肽原的前体物质，是动物体内产生的属于自己的"吗啡"，共同点是 N 末端序列是：Tyr-Gly-Gly-Phe。外源性阿片肽称为非典型的阿片肽、外啡肽（exorphins）又称外源吗啡或食物激素。主要存在于外源性食物中。

乳是外源性阿片肽的通常来源。一般把来自酪蛋白的阿片肽称作酪啡肽（casomorphin，CM），来自乳清蛋白的阿片肽，称为乳啡肽（lactorphins）。这些阿片肽可以直接作用于消化道中的阿片肽受体以影响胃肠道的运动或者作为胃肠道激素的外源性调节剂，也可能在小肠刷状缘降解成更小的疏水性阿片肽，穿过肠黏膜进入外周血液，再透过血脑屏障与中枢阿片受体结合，从而发挥其镇痛、呼吸抑制、促进睡眠、调节行为、刺激摄食等作用。

2. 降血压肽

降血压肽已在各种生物活性上有了深入研究，并且已作为一种功能性食物成分而投入实际使用。这些肽的功能是抑制血管紧张素转换酶。ACE（EC 3.4.15.1）是一种与血压调节相关的含锌金属酶。

血压是由许多不同的生化途径相互作用来控制的。主要的血压调节与肾素-血管紧张素系统（renin-angiotensin system，RAS）有关，RAS 开始于非活性前体血管紧张素原，这是唯一已知的前体血管紧张素和唯一已知的肾素（EC 3.4.23.15）底物。肾素作用于血管紧张素原，结果释放出血管紧张素I，其被血管紧张素转换酶进一步转化成活性肽类激素血管紧张素II。因此，它使血压和醛固酮升高，从而进一步抑制了血管舒缓激肽的降压作用。ACE 的抑制作用能够有效调节血压。大量的 ACE 抑制肽已从各种乳蛋白中酶解物中分离出来，这些酪蛋白衍生肽被称为酪激肽（casokinins），其序列已在 α-酪蛋白、β-酪蛋白和 κ-酪蛋白中发现。

虽然乳源性抗高血压肽的 ACE 抑制作用不如抗高血压药物明显，但来自食品，所以更安全，作用更温和，副作用更小，其突出优点是对高血压患者起到降血压的作用，对血压正常的人无降压作用。当前高血压已成为危及人们健康的主要疾病，如果在饮食中经常食用含有抗高血压肽的功能性食品，不仅可以预防和控制高血压的发生，而且对身体无害。

3. 抗血栓肽

来自 κ-酪蛋白的抗血栓肽也被认为是影响心血管系统的因素之一。在生理学方面，血液凝固和乳凝固是两个重要的凝固过程，并已被证明两者是相似的。

血液凝固的第一步是血小板的聚集，形成"网状物（mesh）"，并黏附于伤口部位。第二步是纤维蛋白原和凝血酶的相互作用，纤维蛋白原由凝血酶切割形成纤维蛋白，纤维蛋白通过聚合并结合到"网状物"上（更确切地说，是结合到 ADP 活化血小板表面的一个特定的结合位点上）凝结成块。

乳凝固取决于 κ-酪蛋白与凝乳酶的相互作用，因此，酶促水解对这些过程的开展是必要的。人纤维蛋白原 γ 链（f400~411）和牛 κ-酪蛋白（f106~116）的肽片段在结构和功能方面非常相似，来源于 κ-酪蛋白的肽被称为酪蛋白血小板因子（casoplatelins）。

来源于酪蛋白的其他酪蛋白血小板因子（f106~110、f106~112 和 f113~116）是 ADP 活化血小板的聚集和人纤维蛋白原 γ 链的结合到血小板表面的特异性受体区域的抑制剂。然而，能抑制血小板聚集的一个片段（103~111）却不能阻止纤维蛋白原与 ADP 处理过的血小板（ADP-treated platelets）的结合。

虽然这些抗血栓肽的潜在生理作用尚未确定，但是牛和人的酪蛋白糖肽（κ-caseinoglycopeptides）以及来自 κ-酪蛋白的两个抗血栓肽，在分别用牛乳配方乳粉或母乳喂养的新生儿血浆中可以检测到其生理活性浓度，表明这两种生物活性肽是在乳蛋白的消化过程中释放出来的。

4. 免疫调节肽

免疫活性肽是指一类存在于生物体内具有能刺激巨噬细胞的吞噬能力，抑制肿瘤细胞生长功能的多肽，这种多肽在体内一般含量较低，结构多样，是一种细胞信号传递物质，它通过内分泌、旁分泌、神经分泌等多种作用方式行使其生物学功能，沟通各类细胞间的相互联系。乳源免疫活性肽就是利用蛋白酶水解乳蛋白并从其酶解液中获得的一种具有免疫增强作用的短肽，对免疫系统具有重要的调节功能。

利用胰蛋白酶和胰凝乳蛋白酶水解牛乳酪蛋白可分离出具有免疫活性的免疫肽，即三肽 Leu-Leu-Tyr（β-酪蛋白 191~193 残基）和六肽 Thr-Thr-Met-Pro-Leu-Tyr（β-酪蛋白的 C 端）。该活性肽的主要功能是能激活 B 淋巴细胞和 T 淋巴细胞，增强其吞噬能力，从而使人体产生对细菌和病毒的直接抗性。当体内三肽含量达到 $0.1\mu mol$，六肽含量达到 $0.05\mu mol$ 时，就会有明显活性。

目前，已经从乳蛋白质的胰蛋白酶-胰凝乳蛋白酶降解产物中分离出多种免疫活性肽，免疫活性肽具有多方面的生理功能，它不仅能够增强机体免疫力，刺激机体淋巴细胞的增殖，增强巨噬细胞的吞噬功能，提高机体抵御外界病原体感染的能力，降低机体发病率，并具有抗肿瘤功能。

5. 金属结合肽

一些酪蛋白衍生肽能够结合金属离子，从而可作为体外生物载体。研究表明酪蛋白磷酸肽（CPP）可发挥作为金属载体的作用。酪蛋白磷酸肽有带负电荷的侧链氨基酸，这代表着矿物质的结合位点。

酪蛋白磷酸已显示出可与金属结合的能力，如钙、镁、铁、锌、铬、镍、钡、钴和硒。特别是限制了回肠末端的钙沉淀，这可以提高钙的吸收。然而，对于每一个酪蛋白磷酸肽片段，钙结合能力是不同的，研究表明，钙结合能力归因于磷酸化结合位点周围另外的氨基酸的影响，此外，酪蛋白磷酸肽上高浓度的负电荷氨基酸有助于其抵抗进一步的蛋白质水解。α-酪蛋白和β-酪蛋白在体内和体外消化后都会发现酪蛋白磷酸肽。

CCP 的金属结合能力对人体健康有积极的影响，研究表明，它能促进牙齿的珐琅质钙化，从而具有防龋效果，现在市售的口腔护理产品已运用了这些特性。

6. 抗菌肽

抗菌肽又称肽类抗生素，是由生物体产生的具有抗菌作用的小分子蛋白质，是宿主先天非特异性防御系统的重要组分。氨基酸数目小于 100，常带正电荷，它们通过破坏细胞膜结构、诱导细胞凋亡、抑制细胞呼吸和 DNA 合成等机制来达到抑菌作用，除了抑制细菌、真菌、原虫以外，还能抑制病毒的繁殖，特异性抑制某些肿瘤细胞的生长。目前，对于乳源性抗菌肽的研究主要集中在乳铁蛋白抗菌肽、少数几种乳酪蛋白源抗菌肽上。

7. 酪蛋白糖巨肽

酪蛋白糖巨肽是来源于κ-酪蛋白的 C 端残基 106~169 区域，存在于生产干酪或凝乳酶酪蛋白的副产物中，它是由一组含有不同糖类和不同磷含量的相同肽链组成的多肽。因 CMP 含有较多的碳水化合物，因此又称酪蛋白糖肽（caseinoglycopeptides）。酪蛋白糖巨肽在乳清中质量浓度为 1.2~1.5g/L，占乳清总蛋白质的 15%~25%，它们能用 Spherosil QMA 树脂从乳清中回收，具有重要的经济价值。CMP 的特点为：由于牛乳的κ-酪蛋白有 A 和 B 两个变种，因此 CMP 也有两种，分别为 CMPA 和 CMPB。两者不同点在于 CMP 区域的 136 位和 148 位残基，前者在这两处分别是苏氨酸和天冬氨酸残基，而后者是亮氨酸和丙氨酸残基；CMP 具有多相性，这是由其肽链所连的糖和磷酸盐不同决定的。来自初乳和常乳的 CMP 就连有不同的碳水化合物，因此，有时其功能也不完全相同；CMP 缺少芳香氨基酸，其碱性氨基酸、酸性氨基酸和羟基氨基酸的含量也比较低。这个特点使酪蛋白糖巨肽比较适于苯丙酮尿症患者；在 pH 6.6 时，CMP 的 111、112 和 116 位的三个亮氨酸残基处易被胰蛋白酶和胰凝乳蛋白酶切开而水解；其水解形成的肽一般也具有 CMP 的活性。

酪蛋白糖巨肽及其降解所得肽类生物活性主要有：

①抑制大鼠胃酸分泌和胃泌素释放的功能，同时可以抑制蛋白酶的活性。

②具有类吗啡活性。

③在新生儿肠道中有促进双歧杆菌生长和抑制大肠杆菌的作用，因而有利于婴幼儿的消化道健康并防止腹泻。

④抑制霍乱毒素与受体结合。

⑤抑制流感病毒红细胞凝集素。

⑥抗血栓形成。

因此，酪蛋白糖巨肽可广泛用于保健食品和医药中。

8. 酪蛋白磷酸肽

酪蛋白磷酸肽是以牛乳酪蛋白为原料，经单一酶或复合酶水解，再对其产物进行分离提纯而得到的含有成簇磷酸丝氨酸的多肽。酪蛋白酶解产生的酪蛋白磷酸肽的功能区结构主要有 α_{s1}-酪蛋白的 43~58 和 59~79 氨基酸残基构成的片段，α_{s2}-酪蛋白的 46~70 以及 β-酪蛋白的 1~25、1~28、33~48 氨基酸残基片段。其中，α_{s1}-酪蛋白氨基酸残基数为 199，含有 8 个磷酸丝氨酸，用胰蛋白酶作用于 α_{s1}-酪蛋白，可切断第 42~43 氨基酸残基之间和第 79~80 氨基酸残基之间的肽键，制得氨基酸残基数为 37，相对分子质量为 4600 的 α-CPPs 一级结构。β-酪蛋白由 209 个氨基酸残基构成，含 5 个磷酸丝氨酸（SerP）的单链，用胰蛋白酶作用 β-酪蛋白 N 端开始至第 25 个氨基酸残基为止，可得到含有 4 个 SerP 的 β-CP 一级结构。它们的共同部位是成串的磷酸丝氨酸和谷氨酸簇，其结构表示为 SerP-SerP-SerP-Glu-Glu。动物试验表明，酪蛋白可在动物体内形成 CPPs，并确定其结构为 SerP-SerP-SerP-Glu-Ile-Pro-Ash。可见，CPPs 是一类分子质量不均一的磷酸丝氨酸和谷氨酸短肽，因为 SerP 在不同酪蛋白磷酸肽中的位置不同，其中的磷酸解离常数也不同，所以不同 CPPs 的生理活性有差别。

酪蛋白磷酸肽可以有效提高人体钙、铁、锌等二价矿物质离子的吸收率和利用率，还具有固齿、健齿、修复龈齿的作用。CPPs 也正是着眼于提高钙的吸收利用率而开发的新型营养产品，它是目前为止实现了工业化生产的生物活肽型食品添加剂之一，它与维生素 D 相比吸收率高，无毒副作用，更能提高其他锌、铁等二价矿物质离子的吸收率。CPPs 可促进小肠下部不可饱和钙的被动扩散吸收，这种吸收不受年龄和维生素 D 的变化的影响。

二、酪蛋白磷酸肽的制备

酪蛋白磷酸肽是以牛乳酪蛋白为原料，经酶解、分离、纯化而制得的含有磷酸丝氨酰活性肽。由于特异性较差，分离得到的 CPPs 往往混杂有一定量的其他肽，产品氮磷物质的量之比较大，在体内或体外阻止磷酸钙沉淀的作用较小，使用效果较差。将 CPPs 初产品进一步纯化处理，对于提高产品的质量和档次有着极其重要的意义。

1. 制备方法

（1）酪蛋白水解 以酪蛋白质量的 15~16 倍加入脱矿物质水，常温搅拌分散后加盐酸调节 pH 至 4.5，待酪蛋白沉淀后离心分离。重新溶解于 12 倍重量的水中，添加乳化剂助分散，搅拌下加入氢氧化钠调节 pH 至 8.0，泵入夹层反应锅内。添加胰蛋白酶制剂（预先分散于 0.01mol/L 盐酸溶液中），30℃反应 1h，加盐酸调节 pH 至 4.5 终止酶反应。静置 2h 后，离心去除絮凝物，得到澄清、总固物含量 4.5%的肽溶液。

（2）CPPs 分离 第一次电渗析脱盐后，进 QAE-Sephadex A25 柱层析分离，富集 CPPs 溶液，第二次电渗析脱盐。

2. 工艺过程

目前，一般采用具有专一性蛋白酶如胰蛋白酶，胃蛋白酶-胰蛋白酶，凝乳酶-胰蛋白酶，碱性蛋白酶等水解酪蛋白制取 CPPs。典型 CPPs 制备工艺见图 13-2。

（1）原料 α-酪蛋白和 β-酪蛋白均可用于生产 CPPs。

（2）酶解 目前，用特异性的蛋白酶，如胃蛋白酶-胰蛋白酶或胰蛋白酶来水解酪蛋白制取 CPPs。也可采用 2709 碱性蛋白酶进行水解，生产 CPPs，水解条件为：底物质量浓度 100g/L，酶用量 1500IU/g，水解温度 45℃，pH 为 10.5，反应时间 150min。

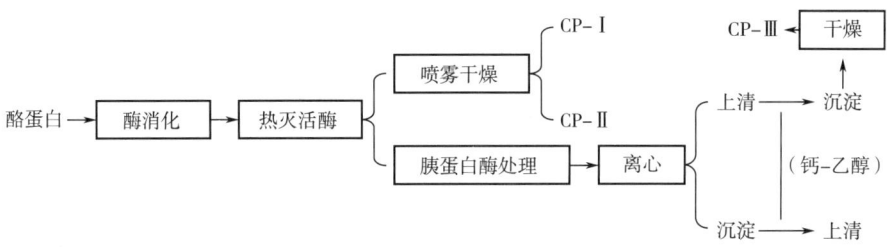

图 13-2　CPPs 的生产工艺流程

3. 分离提取

采用脱乙酰壳聚糖制备阴离子交换树脂提纯 CPPs，提取率可达 85%，纯度达 63%。利用阴离子交换色谱分离制备 CPPs，可获得富含 Na^+（0.01% Ca^{2+}，8.53% Na^+）和 Ca^{2+}（6.97% Ca^{2+}，0.23% Na^+）的产品。

第三节　功能性乳制品

一、概述

（一）功能性乳制品的概念

功能性乳制品指具有与生物防御、生物调整、恢复健康等有关的功能因子，经设计加工而成，对生物体有明显调整功能的乳制品。

（二）功能性乳制品分类

功能性乳制品种类很多，按照不同的分类标准可以有很多种类，其中根据乳制品具有的调节生理的作用，可以将其分为四大类。

1. 促进胃肠道健康的功能性乳制品

这类乳制品主要包括：益生菌产品，它对预防胃肠道疾病有一定功效，从而对保证人体胃肠道的健康有着很重要的意义；添加益生元类的产品，益生元是一种有益于促进肠道菌群生长的食品成分；低乳糖制品，低乳糖制品可以有效缓解人体内由于缺乏乳糖酶而引发的乳糖不耐症，市面上的零乳糖乳就具有这种功能。

2. 加强心血管健康的功能性乳制品

心血管疾病对人体的危害很大，世界上很多国家心血管疾病发生的概率正在逐步增加，功能性乳制品中也有很多应对这类疾病的产品，这类乳制品包括对高血压具有辅助控制作用的产品和对胆固醇有辅助控制作用的产品。

3. 对骨质疏松有改善作用的功能性乳制品

科学研究表明，钙对治疗骨质疏松有一定的作用，因此，含钙质丰富的功能性乳制品具有预防骨质疏松的功能。

4. 提高免疫力的功能性乳制品

除牛初乳类、益生菌类的产品可提高人体免疫力功能外，也可利用生物方法，生产加工免疫乳。即将乳牛接种，并将免疫球蛋白加入牛乳中，产生具有某种功能的免疫乳。

二、免疫乳

（一）免疫乳的概念

给哺乳动物（主要是指乳牛、乳山羊等）选择性地接种一些能够引起人或动物疾病的细菌、病毒或其他一些外来抗原，刺激机体发生免疫应答以分泌特异性的抗体（免疫球蛋白）进入乳中，这一过程称为高度免疫（hyperimmunization），这种含有特异性抗体的乳即为免疫乳（immune milk）。

动物与环境中存在的各种抗原（各种细菌、病毒等）经自然接触或通过接种都可以刺激机体产生相应的抗体。但在某些情况下，机体不发生免疫应答，这种现象称为免疫耐受性（immune tolerance），这一现象的发生是由于机体对抗原的敏感性长期被抑制。在高度免疫过程中，机体的免疫系统不断被刺激发生免疫应答，持续不断地产生高浓度的抗体进入乳中，这就是免疫乳生产的基本原理。

（二）免疫乳的作用机制

根据免疫应答的特异性，针对不同的疾病运用引起该疾病的直接或间接病原菌（或病毒）作为抗原对牛进行系统免疫可得到含有特异性的免疫乳，给人饮用可起到预防等目的。此功能是基于如下机制。

（1）人体肠道存在局部的分泌性免疫机制 肠道的局部免疫系统被肠道中病原微生物刺激肠黏膜后可产生特异性的免疫球蛋白 IgA，以控制病原微生物的感染、定植及增殖。这一肠道局部免疫机制对保持机体的健康具有重要的作用，但这一作用是有限的。当肠道局部免疫系统失调时（这一现象很常见），一些有害的病原微生物就会在肠道中大量增殖，最后导致肠道疾病如腹泻、肠炎等，以及非肠道疾病如类风湿关节炎、急性外围关节炎等的发生。现已表明，类风湿关节炎与肠道中一些微生物的增殖有关。

（2）对牛进行选择性免疫可获得具有特异性抗体的免疫乳 不同的免疫方法会导致乳中不同免疫球蛋白的产生占优势。对牛进行局部免疫，如乳房间接种，所产生的乳中 IgG 占优势；而系统免疫，如肌肉间接种，有利于乳中 IgG 的产生。但由于 IgG 是牛乳中主要的免疫球蛋白，因此采用系统免疫方法可得到具有高滴定度抗体的免疫乳。尽管乳中的 IgG 不同于肠道局部免疫产生的 IgA，但特异性的免疫可得到具有特异性的抗体，因而免疫乳中特异性的 IgG 同样具有肠道免疫产生的 IgG 的功能。

（3）用免疫乳通过口服对人进行被动免疫 乳中的免疫球蛋白只要到达肠道后仍具有活性，可特异性地中和清除肠道中的致病菌，肠道无需吸收抗体就可起到作用。同时，肠道中有害微生物的清除还有利于其中有益微生物的存活和定植。事实上，以乳作为载体，免疫球蛋白通过胃肠道时，由于乳中的其他组分，特别是酪蛋白及其他乳清蛋白可以"缓冲"或"淹没"其中的蛋白酶，从而使乳中的抗体免受其作用而保持其生物活性。

免疫乳中除抗体外还有许多非抗体组分如抗炎症因子，尽管目前还不十分清楚其作用机制，但可以肯定，这些非抗体组分在预防一些疾病中也起着不可低估的作用。

(三) 免疫乳的主要功能

①对关节炎患者，特别是类风湿关节炎患者，饮用特定的免疫乳可缓解肿胀、疼痛，改善关节的运动性及患者的精神状态。②有助于预防由轮状病毒和大肠杆菌等引起的腹泻。③有助于预防霍乱的发生及中和其毒素。④具有抗隐性疾病作用。⑤有助于预防龋齿及牙周炎等口腔疾病的发生。⑥有助于改善心血管功能，减少主动脉壁上脂肪的沉积和血栓的形成，有助于抗心脏老化。⑦有助于改善肺功能，减少吸烟的危害。⑧有助于抗破伤风毒素。⑨对高脂血症患者可辅助维持健康血脂水平。⑩免疫乳中的抗炎症因子，有抗感染及抗炎症作用。⑪促淋巴细胞免疫球蛋白合成因子。

(四) 免疫乳制品的生产加工

以免疫鲜乳作为原料可加工成各种乳制品，称为免疫乳制品（immune milk product）。可加工的制品包括巴氏杀菌免疫乳（pasteurized immune milk）、免疫乳粉（immune milk powder）、免疫酸乳（immune yoghurt）、UHT 免疫乳（UHT immune milk）、免疫乳清蛋白浓缩物（immune milk whey protein concentrate）等。

免疫乳制品的加工，第一要求原料乳中乳抗体的凝集价要>1:32，要求原料乳的卫生指标要达到一级乳的标准；第二要控制好加工过程中热处理的强度，以免破坏免疫乳中的抗体。只要热处理条件控制适宜，免疫乳中的 IgG 相对比较耐热。

1. 免疫初乳制品（IgG 基粉）

免疫初乳制品的主要活性物质为 IgG，保证其含量与活性是免疫乳的关键。生产一般采用 IgG 含量>20g/L 的免疫初乳作为原料，经过离心脱脂，使得脂肪含量<0.05%，采用酸沉淀或酶法凝乳沉淀脱除酪蛋白，获得免疫乳清后制备 IgG 基粉。以基粉作为主要原料，加以其他辅料，制备片剂或胶囊的免疫乳制品。其大致工艺流程见图 13-3。

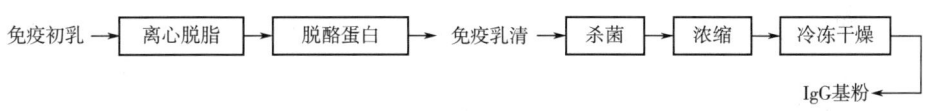

图 13-3 IgG 基粉生产工艺

2. 巴氏杀菌免疫乳

与牛初乳一样，用免疫乳直接生产巴氏杀菌乳的难度较大，对原料和配料的选择应该十分严格。生产的巴氏杀菌乳经特殊处理或调味后可被消费者接受。目前多采用免疫乳和牛乳（或乳粉）按一定的比例配合进行生产，生产工艺如图 13-4 所示。

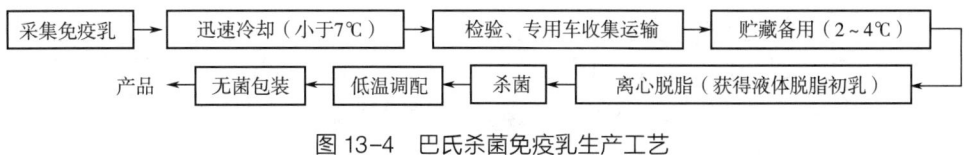

图 13-4 巴氏杀菌免疫乳生产工艺

免疫乳的杀菌条件采用 72℃、15s，注意控制杀菌温度和时间，以免变性结块或灭菌不彻底。约 7% 免疫球蛋白变性，其他配料须严格杀菌后再进行调配。

3. 含乳抗体的 UHT 免疫乳

以免疫鲜乳作为原料不能直接进行 UHT 生产，因为超高温处理会完全破坏 IgG 抗体活性，因此生产 UHT 免疫乳必须采用后添加的方法，最终制备 UHT 免疫乳要求 IgG 含量>0.5g/L，抗体效价>1：32，具体生产工艺见图 13-5。在 UHT 免疫乳生产中，要求 IgG 分离的纯度>90%，这样才能保证其分离物中不含有蛋白酶和脂肪酶，因为一旦这些酶存在会导致 UHT 免疫乳在存放过程中发生水解。

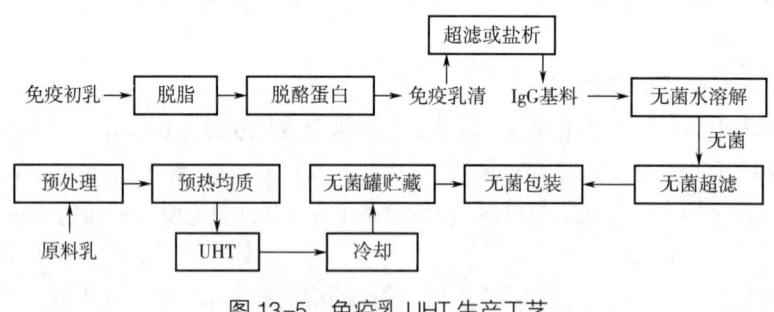

图 13-5 免疫乳 UHT 生产工艺

4. 免疫酸乳

（1）直接法　将免疫乳经 63℃保持 30min 杀菌并冷却到 42℃，接种酸乳发酵用菌唾液链球菌嗜热亚种（ST）和德氏乳杆菌保加利亚亚种（LB），然后于 42℃下发酵。与普通酸乳相比较，发酵过程中两种菌的产酸速度无明显差异，这说明免疫乳中的特异性 IgG 抗体对其生长没有影响，这是由 IgG 抗体的特异性决定的。

（2）间接法　间接法制备免疫酸乳是在普通乳中添加一定量的免疫初乳，然后经过杀菌、冷却、接种、发酵制备而成。在间接法制备免疫乳过程中，免疫乳的添加促进了两种发酵菌的产酸速度，而且具有剂量效应，这可能是由于初乳中所含的特殊物质所起的作用，如各种生长因子、低聚糖类。

无论是直接法还是间接法制备免疫乳，ST 和 LB 的混合发酵要比其单独发酵产酸速率快。这是由于两者具有共生关系，LB 胞外蛋白分解乳蛋白质产生的氨基酸和肽可促进 ST 的生长，同时 ST 生长过程中所产生的甲酸可促进 LB 的生长。在免疫乳发酵过程中 IgG 的活性保持不变。以免疫乳作为原料，经 LTLT 或 HTST 杀菌后，可生产免疫酸乳，这样的产品可同时发挥酸乳和免疫乳的健康作用。

5. 免疫乳粉

（1）工艺流程　免疫乳粉生产工艺如图 13-6 所示。

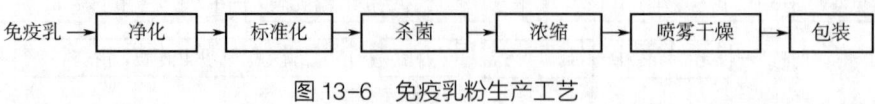

图 13-6 免疫乳粉生产工艺

（2）工艺要点

①免疫乳原料要求：免疫乳中乳抗体凝集价>1：32，卫生指标要达到一级乳的标准。

②净化：离心净乳机净乳，除去各种杂质。

③标准化：根据产品要求进行标准化。

④杀菌：采用 HTST 杀菌，如 72℃、30s，75℃、15s 等杀菌条件。
⑤浓缩：采用真空浓缩，浓缩温度不要超过 50℃，浓缩至固形物含量为 45%~55%。
⑥喷雾干燥：采用低温喷雾干燥法，进风温度 130~140℃，排风温度 60~70℃。
⑦免疫乳粉的加工要求：控制好加工过程中热处理的强度，以免破坏免疫乳中的抗体。

思考题

1. 牛初乳含有哪些生理活性物质？
2. 简述免疫球蛋白的主要生物学功能。
3. 简述牛初乳的理化性质。
4. 乳源活性肽主要有哪些？
5. 牛初乳制品主要有哪些种类？
6. 简述牛初乳粉的生产工艺流程。
7. 简述酪蛋白磷酸肽的生产工艺。
8. 根据乳制品具有的调节生理的作用，可将功能性乳制品分为哪几类？
9. 简述免疫乳的作用机制。
10. 简述主要免疫乳制品的种类及其工艺流程。

思政小模块

功能性乳制品：乳品行业未来创新方向

2016 年 10 月国务院根据十八届五中全会的战略部署，制定并发布了《"健康中国 2030"规划纲要》，推进健康中国建设，提高人民健康水平。国民健康水平是一个国家综合国力的体现，是中华民族实现民族的伟大复兴梦的基础。随着大健康产业的蓬勃发展，人们对于食品营养的追求越来越高，科学合理的营养膳食能有效改善营养状况、增强抵抗力。在国家卫健委发布的《新型冠状病毒感染的肺炎防治营养膳食指导》中，乳及乳制品是营养专家们多次提及的重点。

针对我国乳制品工业的未来发展，优化乳制品产品结构，开发功能乳品，以乳蛋白作为基料的新产品将是未来乳业的发展趋势。乳源功能物质的开发与利用将成为乳品行业发展的主要方向之一，目前各国利用膜分离技术将牛奶或乳清逐级分离得到乳源功能物质。近年来，一些新技术也被逐渐应用到乳功能物质的生产中，如低聚半乳糖等产品。精准营养是乳品营养与健康领域的重要研究方向。应重视基础营养研究，进一步挖掘乳中功能因子，突破功能因子的体外稳态保持及体内靶向递送技术，实现功能基料与相关产品的产业化，精准干预特殊人群健康，助力我国乳制品行业的转型升级，推动大健康产业的创新发展。

目前我国已是全球第二大功能性食品市场，不但要自己懂营养懂搭配，更要传播营养学的知识，做"人民健康的把关者"，将传统的食品加工与最新的科技发展结合，开创性的研究功能性乳制品，从专业化、营养化等角度，针对不同人群以及不同需求进行创新，让乳制品市场得到精准化发展，创新食品科技发展。

第十三章微课视频

乳中活性物质及功能性乳制品

主要参考文献

[1] 曹劲松. 初乳功能性食品 [M]. 北京：中国轻工业出版社, 2002.

[2] Chandan RC. Dairy processing & quality assurance: An overview [M]. London: Wiley, 2009.

[3] Chandan RC, Kilara A. Dairy ingredients for food processing [M]. New Jersey: Wiley-Blackwell, 2011.

[4] 陈志, 孙来华. 乳品加工技术 [M]. 北京：化学工业出版社, 2006.

[5] Fox PF, Guinee TP, Cogan TM, et al. Fundamentals of cheese science [M]. Berlin: Springer, 2000.

[6] Fox PF, McSweeney PL, Cogan TM, et al. Cheese: Chemistry, physics and microbiology: General aspects [M]. Boston: Elsevier Academic Press, 2004.

[7] Fuquay JW. Encyclopedia of dairy sciences [M]. 2nd Edition, New York: Academic Press, 2011.

[8] 谷鸣. 乳品工程师实用技术手册 [M]. 北京：中国轻工业出版社, 2009.

[9] 顾瑞霞. 乳与乳制品工艺学 [M]. 北京：中国计量出版社, 2006.

[10] 郭本恒. 功能性乳制品 [M]. 北京：中国轻工业出版社, 2001.

[11] 郭成宇, 吴红艳, 许英一. 乳与乳制品工程技术 [M]. 北京：中国轻工业出版社, 2016.

[12] 郭明若. 人乳生物化学与婴儿配方乳粉工艺学 [M]. 北京：中国轻工业出版社, 2018.

[13] 河北省食品检验研究院, 河北省食品安全科普教育基地. 食品安全科普文丛 第3辑 "日常十大类"食品安全科普解读 [M]. 北京：中国计量出版社, 2016.

[14] H. 罗金斯基, J. W. 富卡, P. F. 福克斯. 乳品百科全书（第二卷）[M]. 霍贵成, 译. 北京：科学出版社, 2009.

[15] 胡会萍, 张志强. 乳制品加工技术 [M]. 2版. 北京：中国轻工业出版社, 2019.

[16] 侯建平, 雒亚洲编著. 乳品机械与设备 [M]. 北京：科学出版社, 2010.

[17] Jensen JL, Mølgaard A, Poulsen JCN, et al. Camel and bovine chymosin: The relationship between their structures and cheese-making properties [J]. Acta Crystallographica Section D: Biological Crystallography, 2013, 69: 901-913.

[18] 孔保华. 乳品科学与技术 [M]. 北京：科学出版社, 2008.

[19] Hsieh JF, Pan PH. Proteomic profiling of the coagulation of milk proteins induced by chymosin [J]. Journal of Agricultural and Food Chemistry, 2012, 60 (8): 2039-2045.

[20] Koyer KF, Kirkeby P. Continuous production of analogue cheese [J]. Dairy Industries International, 2007, 7: 28-29.

[21] Tetra Pak. Dairy Processing Handbook [M]. Lund: Tetra Pak Processing Systems AB Publication, 2015.

[22] 李凤林，兰文峰．乳与乳制品加工技术［M］．北京：中国轻工出版社，2010．

[23] 李晓东．乳品工艺学［M］．北京：科学出版社，2011．

[24] 李晓东．新型干酪食品加工技术［M］．北京：科学出版社，2020．

[25] 李宇辉，尹丽娟，李开雄．乳清的营养价值及产品的综合利用现状［J］．乳业科学与技术，2010（3）：146-148．

[26] 连家威，张婧婕，韩迪，等．高品质营养冰淇淋的研究进展［J］．中国乳业，2019（11）：69-73．

[27] 刘宝林，姚秀雯．食品科学与工程类专业"课程思政"案例［M］．北京：化学工业出版社，2021．

[28] 马兆瑞，秦立虎．现代乳制品加工技术［M］．北京：中国轻工业出版社，2010．

[29] Saarela M．功能性乳制品［M］．张国农，译．北京：中国轻工业出版社，2009．

[30] Noronha N, Duggan E, Ziegler GR, et al. Inclusion of starch in imitation cheese: Its influence on water mobility and cheese functionality［J］. Food Hydrocolloids, 2008, 22: 1612-1621.

[31] 潘亚芬．乳制品生产与推广［M］．北京：化学工业出版社，2011．

[32] 任国谱，肖莲荣，彭湘莲．乳制品工艺学［M］．北京：中国农业科学技术出版社，2013．

[33] 秦渤智，孙万成．中国乳酪行业发展现状和趋势［J］．乳业科学与技术，2021，44（3）：37-42．

[34] Robinson RK. Dairy microbiology［M］. London: Elsevier, 1990.

[35]《乳业科学与技术》丛书编委会．发酵乳［M］．北京：化学工业出版社，2016．

[36] Spreer E. Milk and Dairy Product Technology［M］. New York: Marcel Dekker, 2017.

[37] Tamime AY, Law BA. Technology of cheesemaking［M］. 2nd Edition. New Jersey: Wiley-Blackwell, 2010.

[38] 吴祖兴．乳制品加工技术［M］．北京：化学工业出版社，2007．

[39] 徐兴利，黄家伟．《乳制品质量安全提升行动方案》发布［J］．食品界，2021（2）：2．

[40] Park YW．乳品中生物活性物质功能与应用［M］．陈合，舒国伟，陈立，等译．北京：化学工业出版社，2006．

[41] 詹现璞．乳制品加工技术［M］．北京：中国轻工出版社，2011．

[42] 赵新淮．乳品化学［M］．北京：科学出版社，2007．

[43] 张和平，张佳程．乳品工艺学［M］．北京：中国轻工业出版社，2018．

[44] 张和平，张列兵．现代乳品工业手册［M］．2版．北京：中国轻工业出版社，2012．

[45] 张兰威，蒋爱民．乳与乳制品工艺学［M］．2版．北京：中国农业出版社，2016．

[46] 张养东，伊冉，陈美庆，等．国家标准《乳粉》历年情况综述［J］．中国乳业，2021，（2）：59-73．

[47] 中国奶业协会，农业农村部奶及奶制品质量监督检验测试中心．中国奶业质量报告（2022）［M］．北京：中国农业科学技术出版社，2022．